重型机械标准

液压、润滑、密封及管路附件

（上）

全国机器轴与附件标准化技术委员会
中　国　标　准　出　版　社　编

中国标准出版社
北　京

图书在版编目(CIP)数据

重型机械标准.液压、润滑、密封及管路附件.上/全国机器轴与附件标准化技术委员会,中国标准出版社编.—北京:中国标准出版社,2018.1

ISBN 978-7-5066-8748-5

Ⅰ.①重… Ⅱ.①全…②中… Ⅲ.①机械—重型—标准—汇编—中国 Ⅳ.①TH-65

中国版本图书馆 CIP 数据核字(2017)第 249120 号

中国标准出版社出版发行
北京市朝阳区和平里西街甲 2 号(100029)
北京市西城区三里河北街 16 号(100045)

网址 www.spc.net.cn
总编室:(010)68533533 发行中心:(010)51780238
读者服务部:(010)68523946
中国标准出版社秦皇岛印刷厂印刷
各地新华书店经销

*

开本 880×1230 1/16 印张 41.25 字数 1 271 千字
2018 年 1 月第一版 2018 年 1 月第一次印刷

*

定价 215.00 元

出版说明

随着装备制造业的快速发展，国家将重型装备提到相当重要的位置。重型机械标准作为生产的依据，不仅在重型机械、矿山机械、冶金和起重运输行业得到贯彻和应用，而且在石油、化工、电力、轻工等行业的设备制造中也得到了广泛的应用，这对推动行业的技术进步、提高产品质量、降低成本起到了重要的作用。此外，重型机械标准在大型成套设备及技术引进与合作生产中，作为统一设计、制造与检验的依据，得到了国内外同行的一致认可，因此其用量非常大。

近几年，随着标准的大量制修订，新标准不断出现，读者迫切需要及时了解和掌握标准内容。为满足广大使用者对标准文本的需求，全国机器轴与附件标准化技术委员会和中国标准出版社共同合作，拟出版《重型机械标准》系列汇编。

本套汇编收集了截至2017年7月底以前批准发布的重型机械标准660多项，分6部分出版，内容主要包括：

——基础；

——材料；

——螺纹与紧固件；

——传动；

——液压、润滑、密封及管路附件；

——弹簧、轴承及其他零件和附件。

本汇编为液压、润滑、密封及管路附件部分，共收录132项标准，分上、下两册出版，上册内容包括：液压与气动装置、润滑元件及装置、密封；下册内容包括：管路附件。

鉴于本汇编收集的标准发布年代不尽相同，汇编时对标准中所用计量单位、符号未做改动。本汇编收集的国家标准的属性已在目录上标明(GB或GB/T)，年号用四位数字表示。鉴于部分国家标准是在标准清理整顿前出版的，故正文部分仍保留原样；读者在使用这些标准时，其属性以目录上标明的为准(标准正文“引用标准”中标准的属性请读者注意查对)。行业标准类同。

我们相信，本汇编的出版，对促进我国重型机械产品质量的提高和行业的发展将起到重要的作用。

编　者

2017年8月

目　录

液压与气动装置

注:本汇编收集的国家标准的属性已在本目录上标明(GB或GB/T),年号用四位数字表示。鉴于部分国家标准是在标准清理整顿前出版的,现尚未修订,故正文部分仍保留原样;读者在使用这些国家标准时,其属性以本目录上标明的为准(标准正义"引用标准"中标准的属性请读者注意查对)。行业标准的属性和年号类同。

润滑元件及装置

密　　封

液压与气动装置

ICS 23.100.01;01.080.30
J 20

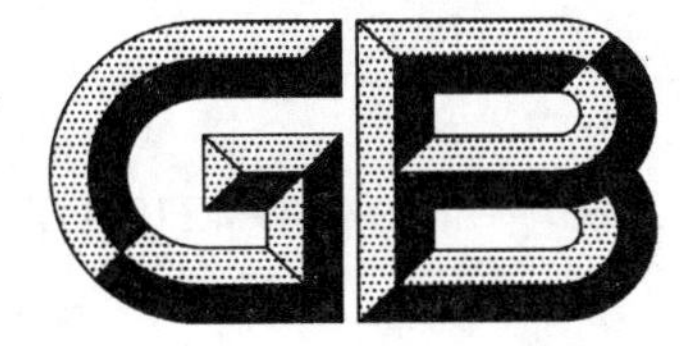

中华人民共和国国家标准

GB/T 786.1—2009/ISO 1219-1:2006
代替 GB/T 786.1—1993

流体传动系统及元件图形符号和回路图 第1部分:用于常规用途和数据处理的图形符号

Fluid power systems and components—Graphic symbols and circuit diagrams—Part 1:Graphic symbols for conventional use and data-processing applications

(ISO 1219-1:2006,IDT)

2009-03-16 发布　　2009-11-01 实施

中华人民共和国国家质量监督检验检疫总局
中国国家标准化管理委员会　发布

前　言

GB/T 786《流体传动系统及元件图形符号和回路图》分为两部分：

——第 1 部分：用于常规用途和数据处理的图形符号；

——第 2 部分：回路图。

本部分为 GB/T 786 的第 1 部分，等同采用 ISO 1219-1:2006《流体传动系统和元件　图形符号和回路图　第 1 部分：用于常规用途和数据处理应用的图形符号》(英文版)。

本部分等同翻译 ISO 1219-1:2006。

为便于使用，本部分做了下列编辑性修改：

——在“2 规范性引用文件”中，以相应的国家标准代替国际标准。

——ISO 1219-1:2006 的 8.5.26 条款号重复，在 GB/T 786.1 中进行调整，顺延 8.5.26～8.5.31 为 8.5.26～8.5.32。

——对 ISO 1219-1:2006 的 6.1.6.4 和 6.1.8.1 的图进行了修正。

——对 ISO 1219-1:2006 的 6.1.9.6 的“≥0.7”，修正为“>0.7”。

本部分代替 GB/T 786.1—1993《液压气动图形符号》，与前版相比主要变化如下：

——标准名称更改为《流体传动系统及元件图形符号和回路图　第 1 部分：用于常规用途和数据处理的图形符号》；

——在“1 范围”中，增加与 GB/T 20063《简图用图形符号》系列标准关系的说明；

——在“3 术语和定义”中，删除单独规定的“术语”，直接引用“GB/T 17446 确立的术语和定义”；

——增加第 4 章“标注说明”；

——第 5 章“总则”对本标准中所增加“注册号”给出应用说明；

——所给出的图形符号的表格结构更简洁，序列划分更便于应用，并增加“注册号”列。

本部分的附录 A 为资料性附录。

本部分由中国机械工业联合会提出。

本部分由全国液压气动标准化技术委员会(SAC/TC 3)归口。

本部分起草单位：北京机械工业自动化研究所、北京航空航天大学、无锡气动技术研究所有限公司。

本部分主要起草人：赵曼琳、李运华、蔡茂林、刘新德、杨燧然、李企芳。

本部分所替代标准的历次版本发布情况为：

——GB 786—1965、GB 786—1976、GB/T 786.1—1993。

流体传动系统及元件图形符号和回路图 第1部分：用于常规用途和数据处理的图形符号

1 范围

GB/T 786 的本部分建立了各种符号的基本要素，并制定了液压气动元件和回路图表中符号的设计规则。

本部分内容是 GB/T 20063 系列标准的综合应用。本部分中各类符号按照固定尺寸设计，以便于直接应用在数据处理系统中，并生成各种变量。

2 规范性引用文件

下列文件中的条款通过 GB/T 786 的本部分的引用而成为本部分的条款。凡是注日期的引用文件，其随后所有的修改单(不包括勘误的内容)或修订版均不适用于本部分，然而，鼓励根据本部分达成协议的各方研究是否可使用这些文件的最新版本。凡是不注日期的引用文件，其最新版本适用于本部分。

GB/T 4457.4 机械制图 图样画法 图线(GB/T 4457.4—2002,ISO 128-24:1999,MOD)

GB/T 16901.2 图形符号表示规则 产品技术文件用图形符号 第2部分：图形符号(包括基准符号库中的图形符号)的计算机电子文件格式规范及其交换要求(GB/T 16901.2—2000,eqv IEC 81714-2:1998)

GB/T 17446 流体传动系统及元件 术语(GB/T 17446—1998,idt ISO 5598:1985)

GB/T 17450 技术制图 图线(GB/T 17450—1998,idt ISO 128-20:1996)

GB/T 18594 技术产品文件 字体 拉丁字母、数字和符号的CAD字体(GB/T 18594—2001,idt ISO 3098-5:1997)

GB/T 18686 技术制图 CAD系统用图线的表示(GB/T 18686—2002, idt ISO 128-21:1997)

GB/T 20063(所有部分) 简图用图形符号(GB/T 20063—2006,ISO 14617:2002,IDT)

ISO 81714-1 产品技术文件用图形符号的设计 第1部分：基本规则

3 术语和定义

GB/T 17446 确立的术语和定义适用于本部分。

4 标注说明(引用 GB/T 786 的本部分)

决定遵守 GB/T 786 的本部分时，在试验报告、样本和商务文件中采用以下说明：“图形符号符合 GB/T 786.1—2009《流体传动系统及元件图形符号和回路图 第1部分：用于常规用途和数据处理的图形符号》”。

5 总则

5.1 元件符号的创建采用本部分规定的基本形态的符号，并考虑为创建元件符号而给出的规则。

5.2 大多数符号表示具有特定功能的元件或装置。部分符号表示功能或操作方法。

5.3 符号一般不代表元件的实际结构。

5.4　元件符号表示的是元件未受激励的状态(非工作状态)。对于没有明确定义未受激励状态(非工作状态)的元件的符号,应按本部分中列出的符号创建的特定规则给出。

注:此规则适用于在 GB/T 786.2 中给出的回路图。[1)]

5.5　元件符号应给出所有的接口。

5.6　符号应有全部油口、气口/连接口标识以及参数或组合装置所需的空间,这些参数包括压力、流量、电气连接等。

5.7　依据 ISO 81714-1,当创建图形符号时,可以对基本形态符号进行水平翻转或旋转。

5.8　符号按如本部分和 ISO 81714-1 中定义的初始状态来表示,在不改变它们含义的前提下可以将它们水平翻转或 90°旋转。

5.9　如果一个符号用于表示具有两个或更多主要功能的流体传动元件,并且这些功能之间相互联系,则这个符号应由实线外框包围标出(见 8.1.1)。

注 1:例如,方向控制阀控制机构的工作方式和过滤器堵塞指示不被认为是主要功能。

注 2:GB/T 786.1—1993 中的标示线为点画线,改实线外框后更加明确。

5.10　当两个或者更多元件集成为一个元件时,它们的符号应由点画线包围标出(见 8.1.3)。

5.11　本部分中的点线(非常短的虚线)用来表示邻近的基本要素或元件,在图形符号中不用。

5.12　本部分中的图形符号按照 GB/T 20063、ISO 81714-1 以及 GB/T 16901.2 中的规则来绘制。与 GB/T 20063 一致的图形符号按模数尺寸 M=2.5 mm,线宽为 0.25 mm 来绘制。为了缩小符号尺寸,本部分的图形符号按模数尺寸 M=2.0 mm,线宽 0.25 mm 来绘制。但是,对这两种模数尺寸,字符大小都应为高 2.5 mm,线宽 0.25 mm。可以根据需要来改变图形符号的大小以用于元件标识或样本。

5.13　字母尺寸和油/气口标识字符的尺寸应按照 GB/T 18594,字体形状 CB。

本部分中的每个图形符号按照 GB/T 20063 赋有唯一的注册号。变量位于注册号之后,用 V1、V2、V3 等表示。

对于 GB/T 20063 中仍未规定的注册号,使用基本的注册号。在流体传动领域,基本形态符号的注册号数字前用“F”来标识,应用规则的注册号数字前则由“RF”来标识。

符号的样品用“X”标识,范围 X10000～X39999 保留给流体传动技术领域。

6　液压应用实例			
6.1　阀			
6.1.1　控制机构			
	注册号	图　形	描　述
6.1.1.1	X10010 402V5 655V1 686V1 F041V1		带有分离把手和定位销的控制机构

1)　GB/T 786.2 正在制定中。

	注册号	图　　形	描　　述
6.1.1.2	X10020 402V5 711V1 201V2		具有可调行程限制装置的顶杆
6.1.1.3	X10030 402V5 655V1 684V1 F041V1		带有定位装置的推或拉控制机构
6.1.1.4	X10040 402V2 681V2 F041V1		手动锁定控制机构
6.1.1.5	X10050 402V5 685V1 F041V1	5	具有5个锁定位置的调节控制机构
6.1.1.6	X10060 402V5 711V1 2005V1 712V1		用作单方向行程操纵的滚轮杠杆
6.1.1.7	X10070 F019V2 211V1 402V5 F002V1	M	使用步进电机的控制机构
6.1.1.8	X10110 101V2 212V1		单作用电磁铁，动作指向阀芯

	注册号	图 形	描 述
6.1.1.9	X10120 101V2 212V2		单作用电磁铁，动作背离阀芯
6.1.1.10	X10130 101V2 212V4	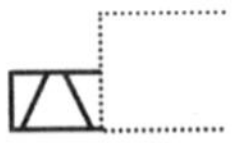	双作用电气控制机构，动作指向或背离阀芯
6.1.1.11	X10140 101V2 212V1 201V1	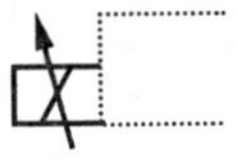	单作用电磁铁，动作指向阀芯，连续控制
6.1.1.12	X10150 101V2 212V2 201V1	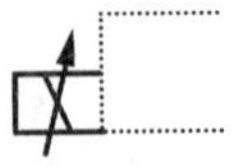	单作用电磁铁，动作背离阀芯，连续控制
6.1.1.13	X10160 101V2 212V4 201V1	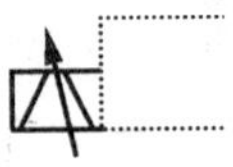	双作用电气控制机构，动作指向或背离阀芯，连续控制
6.1.1.14	X10170 101V2 212V2 244V1		电气操纵的气动先导控制机构
6.1.1.15	X10180 101V2 212V1 243V1 422V1		电气操纵的带有外部供油的液压先导控制机构
6.1.1.16	X10190 402V1 241V1 401V1	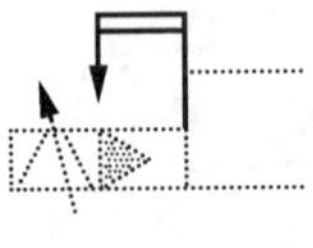	机械反馈

	注册号	图　形	描　述
6.1.1.17	X10200 101V2 243V1 212V4 201V2	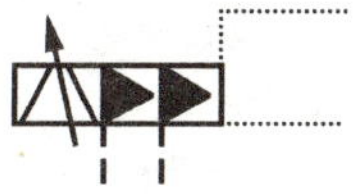	具有外部先导供油，双比例电磁铁，双向操作，集成在同一组件，连续工作的双先导装置的液压控制机构
6.1.2　**方向控制阀**			
6.1.2.1	X10210 101V7 F028V1 2172V1 2002V1 402V5 682V1 401V2		二位二通方向控制阀，两通，两位，推压控制机构，弹簧复位，常闭
6.1.2.2	X10220 101V7 F028V1 2002V1 101V2 212V1 2172V1 401V2	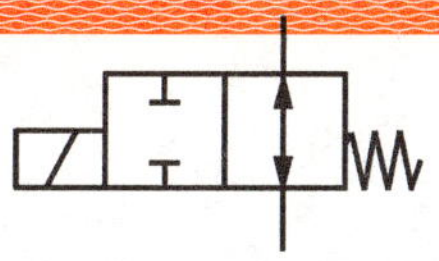	二位二通方向控制阀，两通，两位，电磁铁操纵，弹簧复位，常开
6.1.2.3	X10230 101V7 F026V1 F027V1 2002V1 101V2 212V1	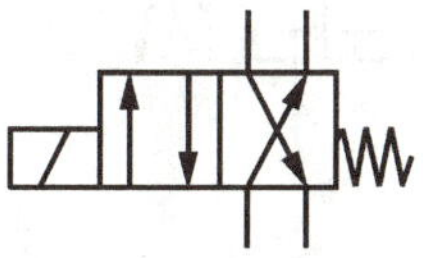	二位四通方向控制阀，电磁铁操纵，弹簧复位

	注册号	图形	描述
6.1.2.4	X10260 101V7 F026V1 F027V1 2172V1 402V5 682V1 F039V1 2172V1 401V2	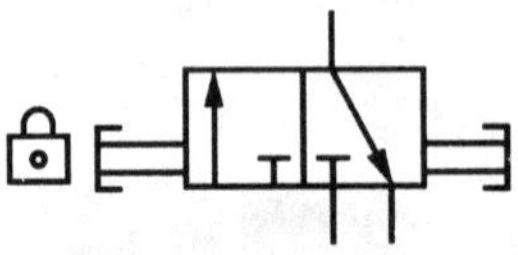	二位三通锁定阀
6.1.2.5	X10270 101V7 F026V1 F027V1 2172V1 2002V1 711V1 2005V1 402V5 401V2	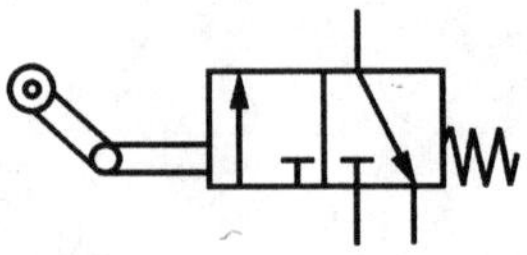	二位三通方向控制阀，滚轮杠杆控制，弹簧复位
6.1.2.6	X10280 101V7 F026V1 F027V1 2172V1 2002V1 101V2 212V1 401V2	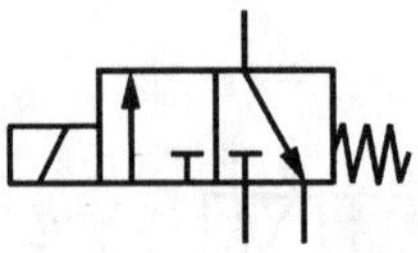	二位三通方向控制阀，电磁铁操纵，弹簧复位，常闭

	注册号	图　　形	描　　述
6.1.2.7	X10290 101V7 F026V1 F027V1 2172V1 2002V1 101V2 212V1 681V2 402V2 655V1 F041V1	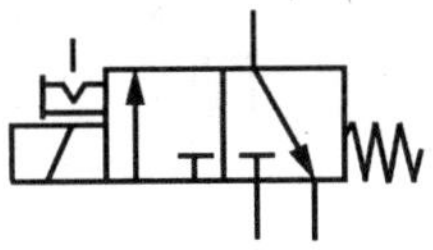	二位三通方向控制阀，单电磁铁操纵，弹簧复位，定位销式手动定位
6.1.2.8	X10320 101V7 F026V1 F027V1 2002V1 101V2 212V1 402V2	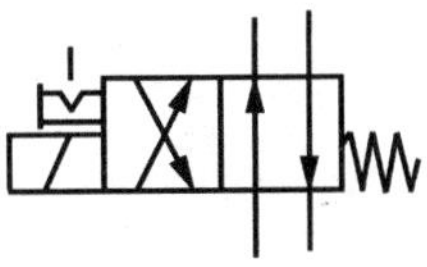	二位四通方向控制阀，单电磁铁操纵，弹簧复位，定位销式手动定位
6.1.2.9	X10330 101V7 F026V1 F027V1 101V2 212V1 655V1 F041V1 401V2	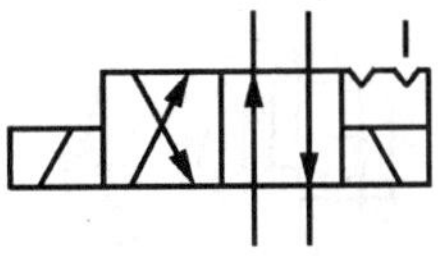	二位四通方向控制阀，双电磁铁操纵，定位销式（脉冲阀）

	注册号	图　　形	描　　述
6.1.2.10	X10350 101V7 F026V1 F027V1 2002V1 101V2 243V1 212V1 401V2	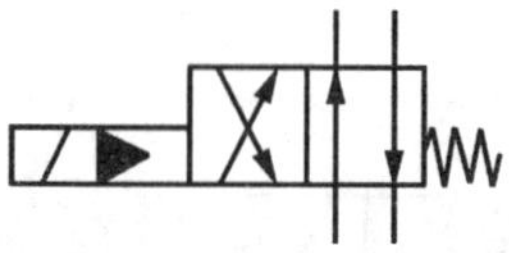	二位四通方向控制阀，电磁铁操纵液压先导控制，弹簧复位
6.1.2.11	X10360 101V7 F026V1 F027V1 2172V1 2002V1 212V1 401V2 F001V1	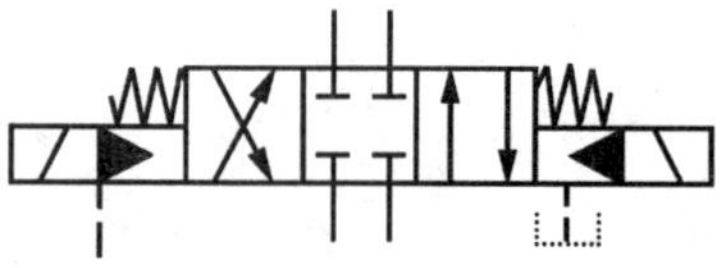	三位四通方向控制阀，电磁铁操纵先导级和液压操作主阀，主阀及先导级弹簧对中，外部先导供油和先导回油
6.1.2.12	X10370 101V7 F026V1 F027V1 2172V1 2002V1 101V2 212V1 F034V1 F031V1 501V1 401V2	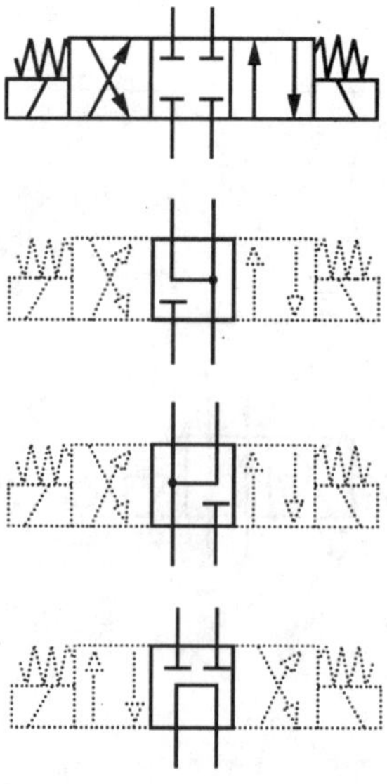	三位四通方向控制阀，弹簧对中，双电磁铁直接操纵，不同中位机能的类别

	注册号	图　　形	描　　述
6.1.2.13	X10380 101V7 F034V1 F026V1 2172V1 2002V1 243V1 F001V1 401V2	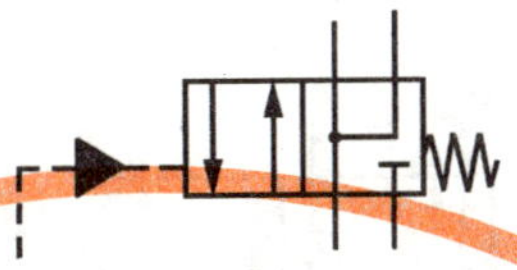	二位四通方向控制阀，液压控制，弹簧复位
6.1.2.14	X10390 101V7 F026V1 F034V1 2172V1 2002V1 243V1 F001V1 501V1 401V2		三位四通方向控制阀，液压控制，弹簧对中
6.1.2.15	X10400 101V8 F026V1 F027V1 2172V1 402V3 690V1 401V2	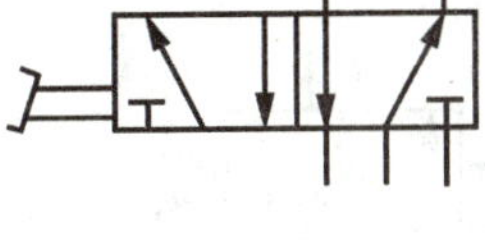	二位五通方向控制阀，踏板控制

	注册号	图　　形	描　　述
6.1.2.16	X10420 101V8 F032V1 242V1 F026V1 F027V1 2172V1 101V2 655V1 F041V1 402V3 688V1 401V2	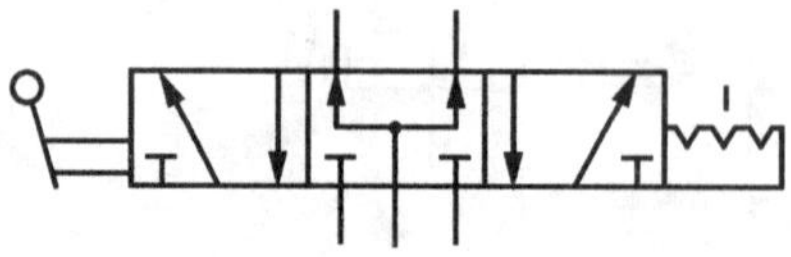	三位五通方向控制阀，定位销式各位置杠杆控制
6.1.2.17	X10480 101V7 F028V1 F029V1 2162V2 2163V2 101V2 212V1 101V5 F050V1	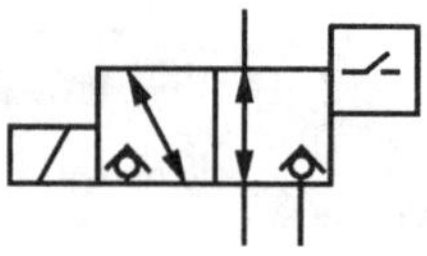	二位三通液压电磁换向座阀，带行程开关
6.1.2.18	X10490 101V7 F026V1 F027V1 2162V2 2163V2 2002V1 101V2 212V1 401V2	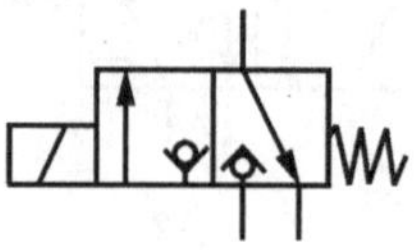	二位三通液压电磁换向座阀

	注册号	图　　形	描　　述
6.1.3　**压力控制阀**			
6.1.3.1	X10500 101V7 F026V1 2002V1 210V2 422V2 401V2	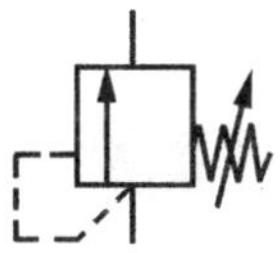	溢流阀，直动式，开启压力由弹簧调节
6.1.3.2	X10510 101V7 F026V1 2002V1 210V2 422V2 401V2 422V1	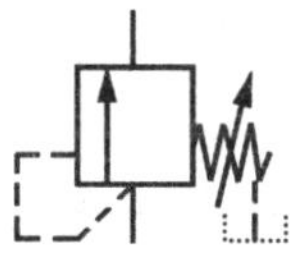	顺序阀，手动调节设定值
6.1.3.3	X10520 101V1 101V7 F026V1 2162V1 2163V1 422V2 501V1 401V1 422V1	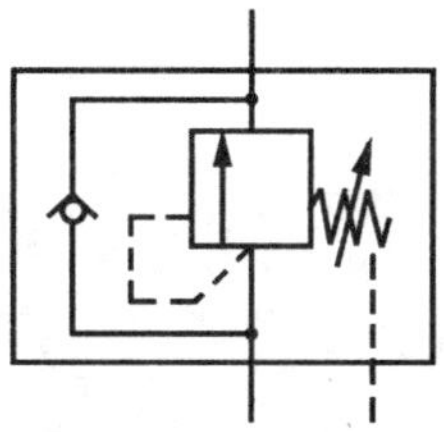	顺序阀，带有旁通阀
6.1.3.4	X10550 101V7 F026V1 2002V1 201V2 422V3 422V1 401V2	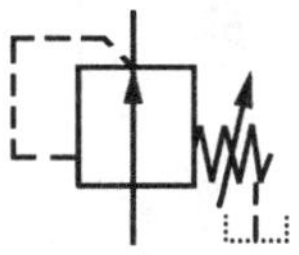	二通减压阀，直动式，外泄型

	注册号	图　形	描　述
6.1.3.5	X10560 101V7 F026V1 101V2 243V1 2002V1 201V2 422V3 401V2 422V1	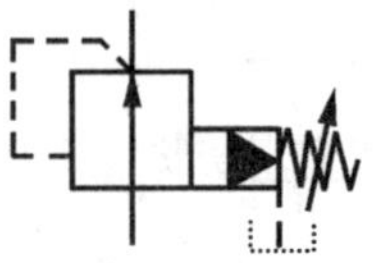	二通减压阀，先导式，外泄型
6.1.3.6	X10580 101V7 101V1 F026V1 2002V1 201V2 422V2 2162V1 2163V1 501V1 401V1	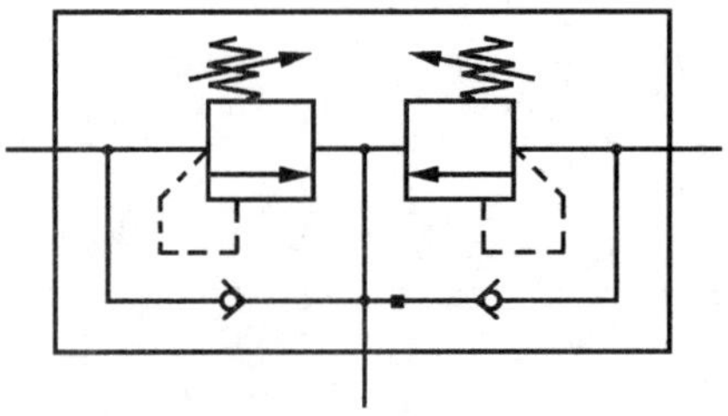	防气蚀溢流阀，用来保护两条供给管道
6.1.3.7	X10590 101V7 101V1 F026V1 422V2 2177V1 101V2 243V1 2002V1 201V2 2162V1 2163V1 501V1 401V1 422V1	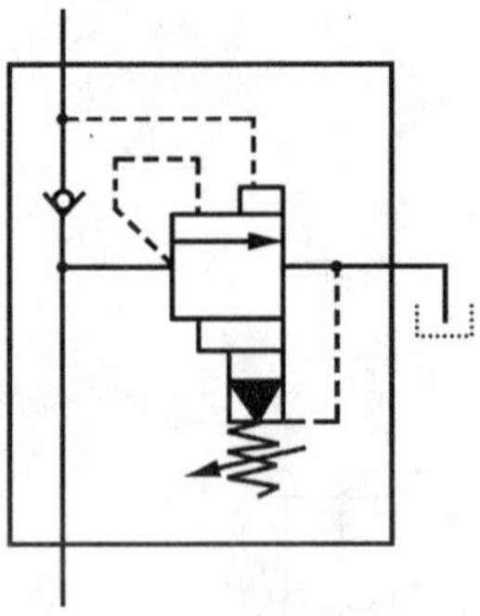	蓄能器充液阀，带有固定开关压差

	注册号	图　形	描　述
6.1.3.8	X10600 101V7 F026V1 422V2 101V2 2002V1 201V2 2172V1 212V1 422V1 501V1 401V1	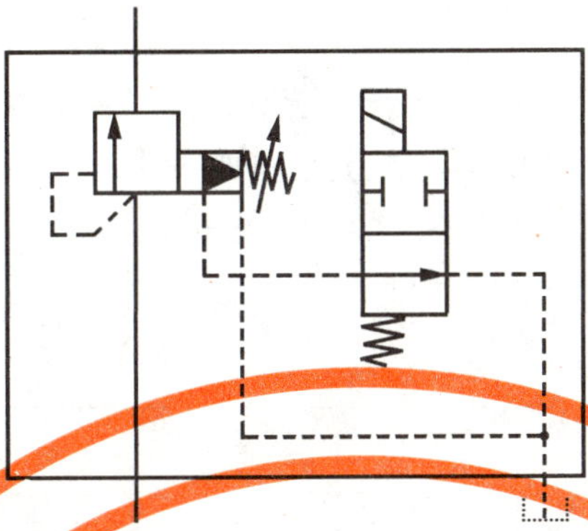	电磁溢流阀，先导式，电气操纵预设定压力
6.1.3.9	X10610 101V7 F028V1 422V4 2002V1 201V2 401V1 401V2	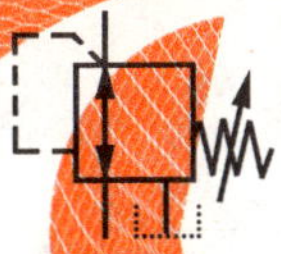	三通减压阀(液压)
6.1.4　流量控制阀			
6.1.4.1	X10630 401V1 2031V1 201V4		可调节流量控制阀
6.1.4.2	X10640 401V1 2031V1 201V4 2162V1 2163V1 501V1 401V1	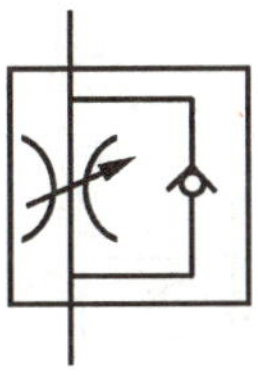	可调节流量控制阀，单向自由流动

	注册号	图形	描述
6.1.4.3	X10650 101V7 F028V1 2172V1 RF028 2002V1 402V5 712V1	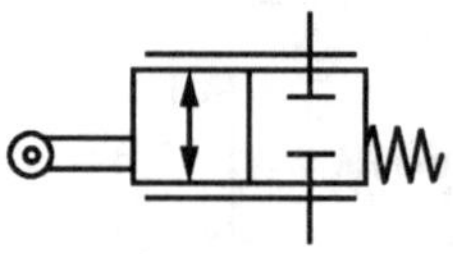	流量控制阀,滚轮杠杆操纵,弹簧复位
6.1.4.4	X10660 F022V1 F022V1 203V2 2162V1 2163V1 242V1 501V1 101V1 401V1	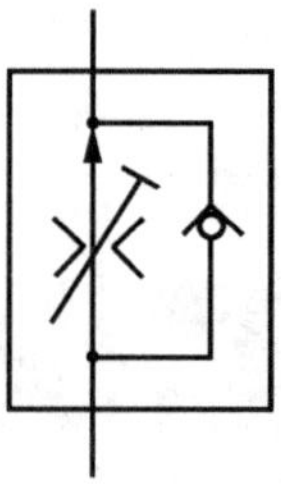	二通流量控制阀,可调节,带旁通阀,固定设置,单向流动,基本与黏度和压力差无关
6.1.4.5	X10670 F022V1 201V3 242V1 501V1 101V1 401V1	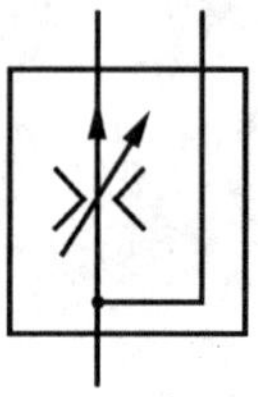	三通流量控制阀,可调节,将输入流量分成固定流量和剩余流量
6.1.4.6	X10680 F022V1 242V1 501V1 101V1 401V1	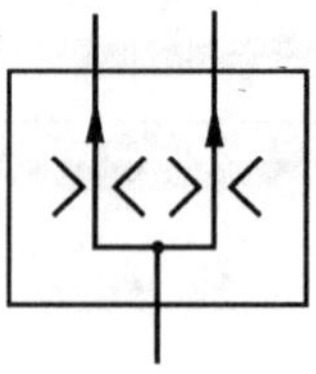	分流器,将输入流量分成两路输出
6.1.4.7	X10690 F022V1 242V1 501V1 101V1 401V1	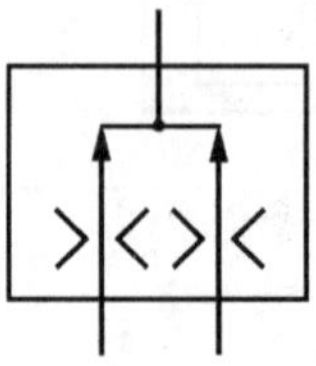	集流阀,保持两路输入流量相互恒定

	注册号	图　　形	描　　述
6.1.5　单向阀和梭阀			
6.1.5.1	X10700 2162V1 2163V1 401V1		单向阀，只能在一个方向自由流动
6.1.5.2	X10710 2162V1 2163V1 401V1 202V1		单向阀，带有复位弹簧，只能在一个方向流动，常闭
6.1.5.3	X10720 2162V1 2163V1 401V1 202V1 101V1 422V1	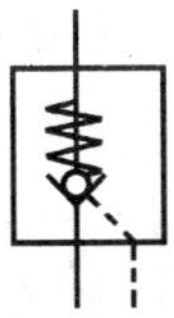	先导式液控单向阀，带有复位弹簧，先导压力允许在两个方向自由流动
6.1.5.4	X10730 101V1 2162V1 2163V1 422V1 401V1	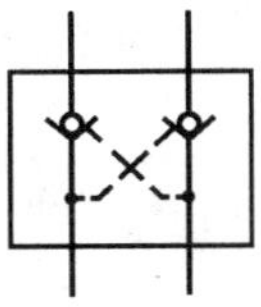	双单向阀，先导式
6.1.5.5	X10740 101V16 2162V1 2163V1 501V2 401V1 401V2	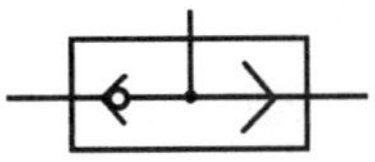	梭阀（“或”逻辑），压力高的入口自动与出口接通

	注册号	图　形	描　述
6.1.6 **比例方向控制阀**			
6.1.6.1	X10760 101V7 F026V1 F027V1 2172V1 RF028 101V2 212V1 201V2 2002V1	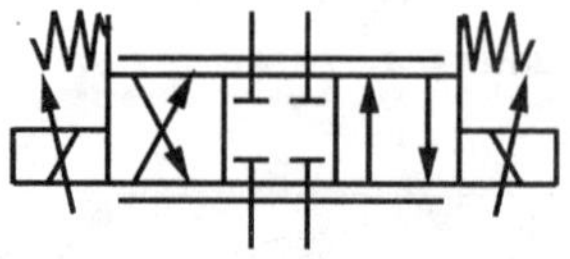	直动式比例方向控制阀
6.1.6.2	X10770 101V7 F026V1 F027V1 F032V1 2031V2 RF028 2172V1 101V2 212V1 201V2 2002V1	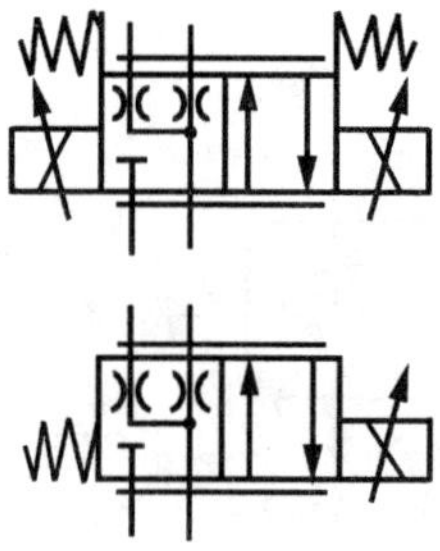	比例方向控制阀，直接控制
6.1.6.3	X10780 101V7 F026V1 F027V1 RF028 101V2 243V1 212V1 201V2 2002V1 753V1 F045V1 234V1 401V2 101V5 F052V1	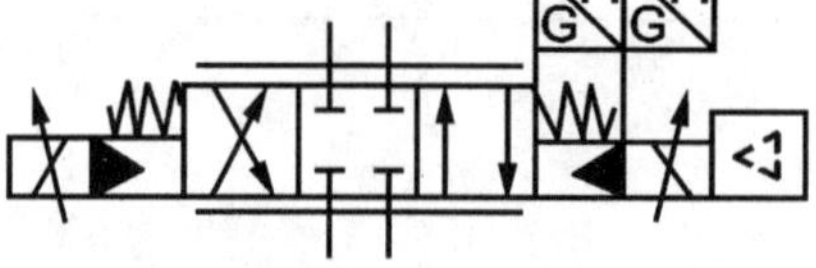	先导式比例方向控制阀，带主级和先导级的闭环位置控制，集成电子器件

	注册号	图形	描述
6.1.6.4	X10790 101V7 F026V1 F027V1 RF028 101V2 243V1 212V1 201V2 101V5 F052V1 2002V1 753V1 F045V1 234V1 2002V1 401V2		先导式伺服阀，带主级和先导级的闭环位置控制，集成电子器件，外部先导供油和回油
6.1.6.5	X10800 101V7 F026V1 F027V1 F033V1 2031V2 RF028 101V2 243V1 212V4 201V2 402V1 241V1 401V2	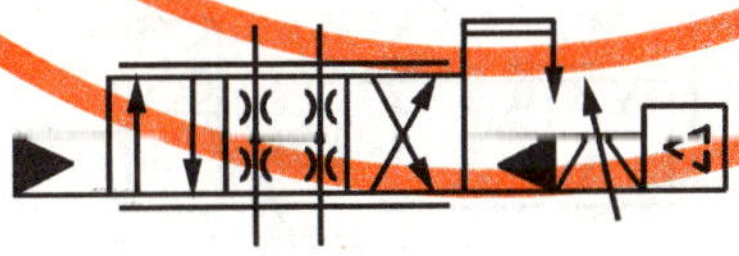	先导式伺服阀，先导级带双线圈电气控制机构，双向连续控制，阀芯位置机械反馈到先导装置，集成电子器件

	注册号	图　　形	描　　述
6.1.6.6	X10810 101V7 F026V1 F027V1 2172V1 RF028 101V13 F004V1 101V14 402V1 241V1 F019V2 211V1 F002V1 402V5 101V1 401V1	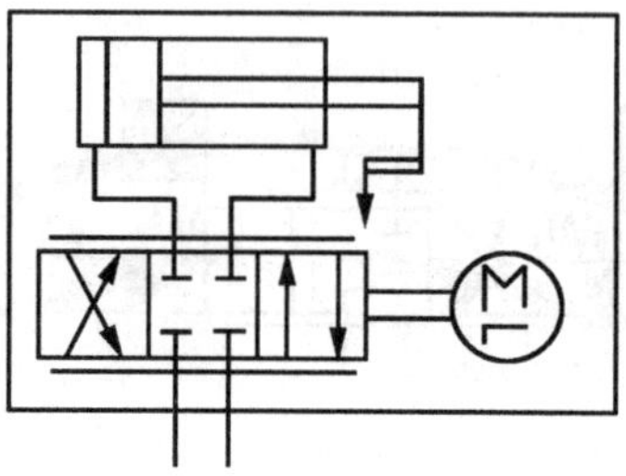	电液线性执行器,带由步进电机驱动的伺服阀和油缸位置机械反馈
6.1.6.7	X10820 101V7 F026V1 F027V1 2172V1 RF028 F034V1 2002V1 101V2 212V1 201V2 101V5 F052V1 753V1 F045V1 234V1	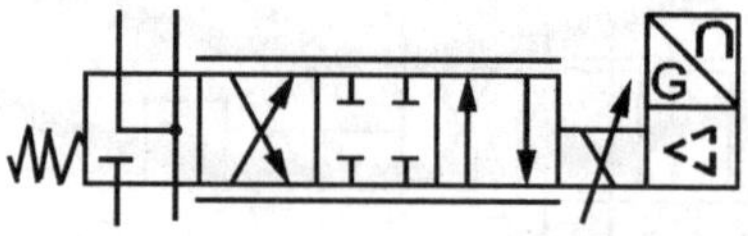	伺服阀,内置电反馈和集成电子器件,带预设动力故障位置

	注册号	图　形	描　述
6.1.7　**比例压力控制阀**			
6.1.7.1	X10830 101V7 F026V1 422V2 2002V1 101V2 212V1 201V2 401V2	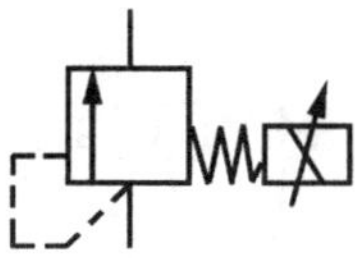	比例溢流阀，直控式，通过电磁铁控制弹簧工作长度来控制液压电磁换向座阀
6.1.7.2	X10840 101V7 F026V1 422V2 101V2 212V1 201V2 401V2 101V5 F052V1 401V2	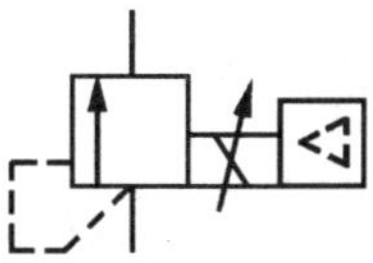	比例溢流阀，直控式，电磁力直接作用在阀芯上，集成电子器件
6.1.7.3	X10850 101V7 F026V1 422V2 2002V1 101V2 212V1 201V2 101V5 F052V1 753V1 F045V1 234V1 401V2	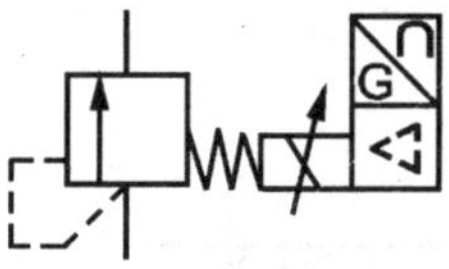	比例溢流阀，直控式，带电磁铁位置闭环控制，集成电子器件

	注册号	图　形	描　述
6.1.7.4	X10860 101V7 F026V1 422V2 2002V1 101V2 212V1 201V2 401V2 243V1 753V1 F045V1 234V1		比例溢流阀，先导控制，带电磁铁位置反馈
6.1.7.5	X10870 101V7 F028V1 422V4 101V2 243V1 2002V1 212V1 201V2 101V5 F052V1 753V1 F045V1 234V1 501V1 422V1 401V1	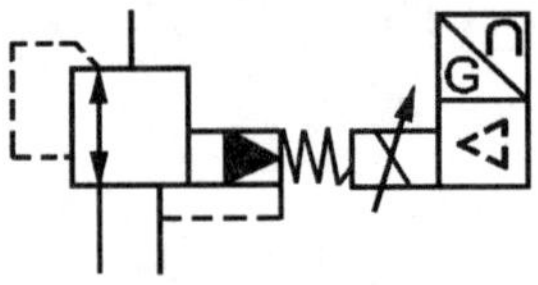	三通比例减压阀，带电磁铁闭环位置控制和集成式电子放大器
6.1.7.6	X10880 101V7 F026V1 101V2 243V1 212V1 201V2 101V5 F052V1 422V2 422V1 401V2	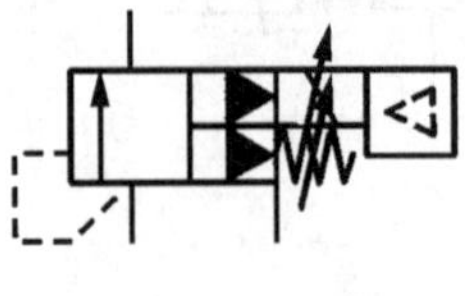	比例溢流阀，先导式，带电子放大器和附加先导级，以实现手动压力调节或最高压力溢流功能

	注册号	图　　形	描　　述
6.1.8　比例流量控制阀			
6.1.8.1	X10890 101V7 F028V1 2172V1 RF028 2002V1 101V2 212V1 201V2 401V2	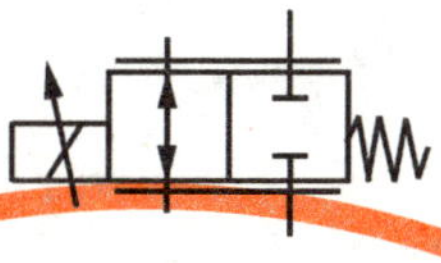	比例流量控制阀，直控式
6.1.8.2	X10900 101V7 F027V1 2172V1 RF028 2002V1 101V2 212V1 201V2 101V5 F052V1 753V1 F045V1 234V1 401V2		比例流量控制阀，直控式，带电磁铁闭环位置控制和集成式电子放大器
6.1.8.3	X10910 101V7 2172V2 F026V1 2172V1 RF028 2002V1 101V2 243V1 212V1 201V2 753V1 F045V1 234V1 101V5 F052V1 401V2	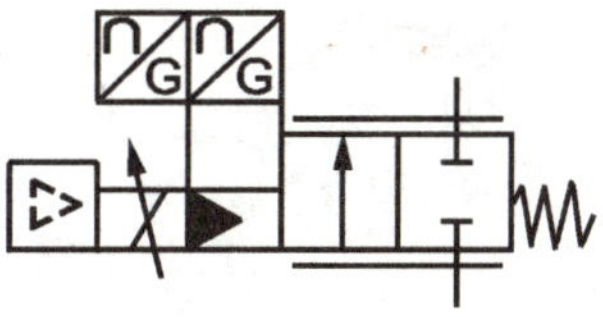	比例流量控制阀，先导式，带主级和先导级的位置控制和电子放大器

	注册号	图　　形	描　　述
6.1.8.4	X10920 201V3 242V1 101V2 212V4 201V2 401V1		流量控制阀，用双线圈比例电磁铁控制，节流孔可变，特性不受黏度变化的影响
6.1.9　二通盖板式插装阀			
6.1.9.1	X10930 F010V1 101V1 2002V2 401V2	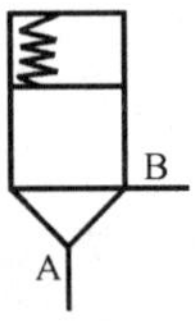 B A	压力控制和方向控制插装阀插件，座阀结构，面积1：1
6.1.9.2	X10940 F010V1 101V1 2002V2 401V2	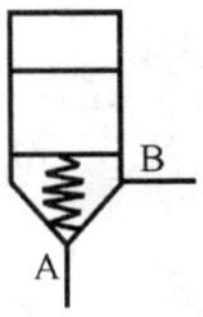 B A	压力控制和方向控制插装阀插件，座阀结构，常开，面积比1：1
6.1.9.3	X10950 F010V1 F011V1 2002V2 401V2	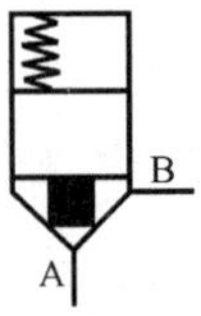 B A	方向控制插装阀插件，带节流端的座阀结构，面积比例≤0.7
6.1.9.4	X10960 F010V1 F012V1 2002V2 401V2	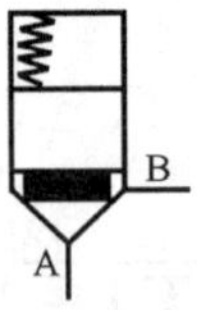 B A	方向控制插装阀插件，带节流端的座阀结构，面积比例>0.7
6.1.9.5	X10970 F010V1 F011V1 2002V2 401V2	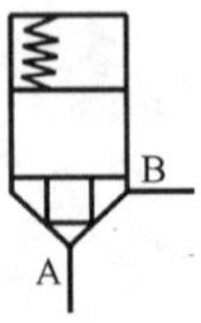 B A	方向控制插装阀插件，座阀结构，面积比例≤0.7

	注册号	图　　形	描　　述
6.1.9.6	X10980 F010V1 F012V1 2002V2 401V2	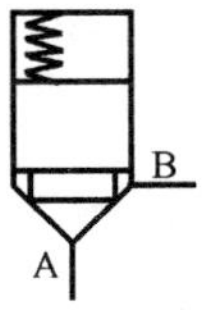 B A	方向控制插装阀插件，座阀结构，面积比例>0.7
6.1.9.7	X10990 F013V1 F014V1 2002V2 401V2	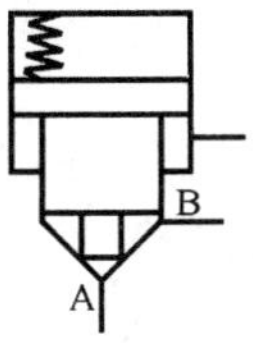 B A	主动控制的方向控制插装阀插件，座阀结构，由先导压力打开
6.1.9.8	X11000 F013V1 F015V1 2002V2 401V2	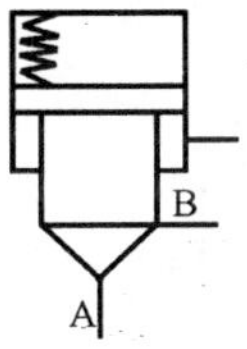 B A	主动控制插件，B端无面积差
6.1.9.9	X11010 F010V1 F011V1 2002V2 2031V2 401V2 RF034	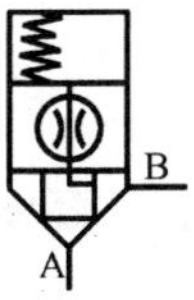 B A	方向控制阀插件，单向流动，座阀结构，内部先导供油，带可替换的节流孔(节流器)
6.1.9.10	X11020 101V10 101V11 2002V2 2031V2 501V1 401V1	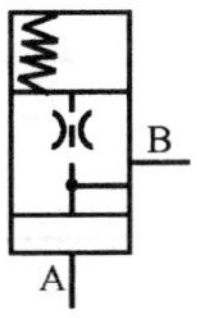 B A	带溢流和限制保护功能的阀芯插件，滑阀结构，常闭

	注册号	图　　形	描　　述
6.1.9.11	X11030 101V10 101V11 2002V2 2031V2 501V1 2162V2 6163V2 401V1 422V1	B A	减压插装阀插件，滑阀结构，常闭，带集成的单向阀
6.1.9.12	X11040 101V10 101V11 2002V2 2031V2 501V1 2162V2 6163V2 401V1 422V1	B A	减压插装阀插件，滑阀结构，常开，带集成的单向阀
6.1.9.13	X11050 F016V1		无端口控制盖
6.1.9.14	X11060 F016V1 2031V2 RF034 422V1	X	带先导端口的控制盖

	注册号	图　　形	描　　述
6.1.9.15	X11070 F016V1 2031V2 RF034 2172V1 F020V1 201V1 501V1 422V1 401V1	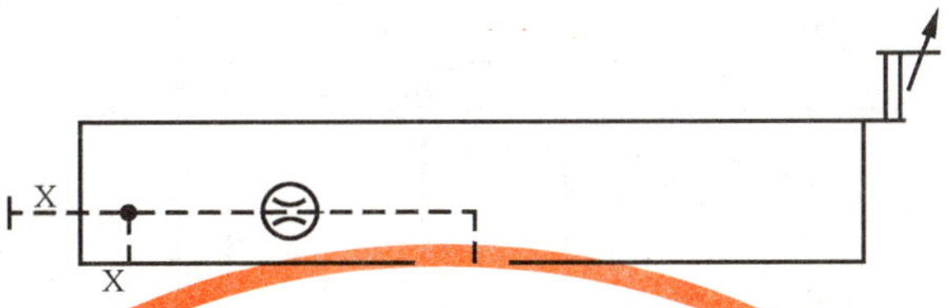 X X	带先导端口的控制盖，带可调行程限位器和遥控端口
6.1.9.16	X11080 F016V1 2031V2 RF034 501V1 422V1	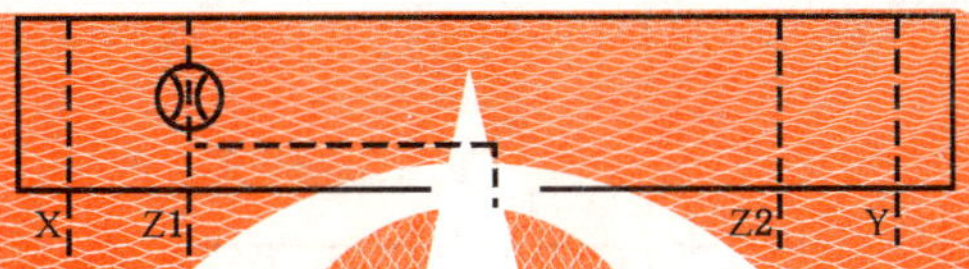 X Z1 Z2 Y	可安装附加元件的控制盖
6.1.9.17	X11090 F016V1 2031V2 RF034 101V16 2162V1 2163V1 501V2 401V1 422V1	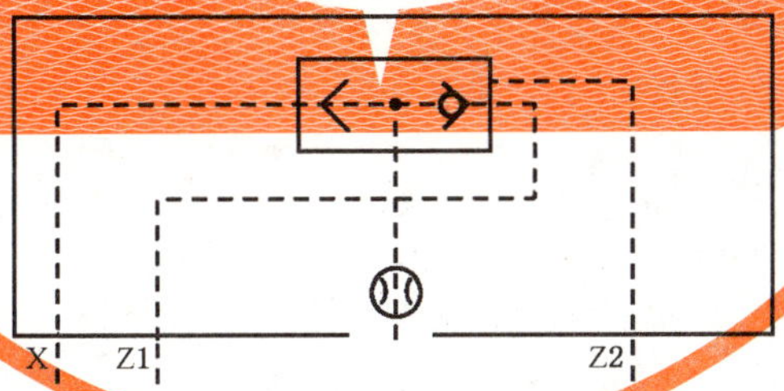 X Z1 Z2	带液压控制梭阀的控制盖
6.1.9.18	X11100 F016V1 2031V2 RF034 101V16 2162V1 2163V1 501V2 401V1 422V1	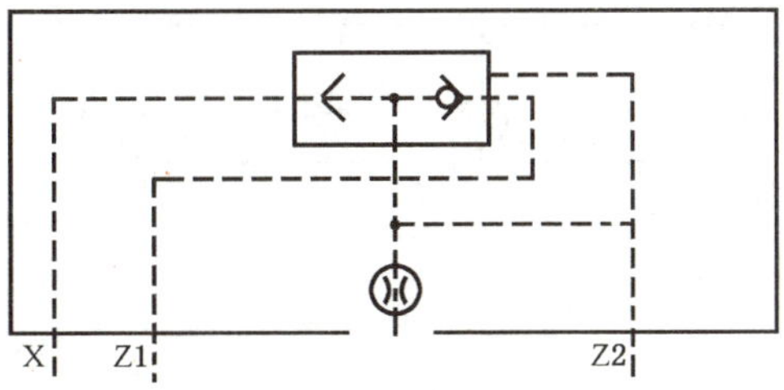 X Z1 Z2	带梭阀的控制盖

	注册号	图　形	描　述
6.1.9.19	X11110 F016V1 2031V2 RF034 101V16 2162V1 2163V1 501V2 401V1 422V1	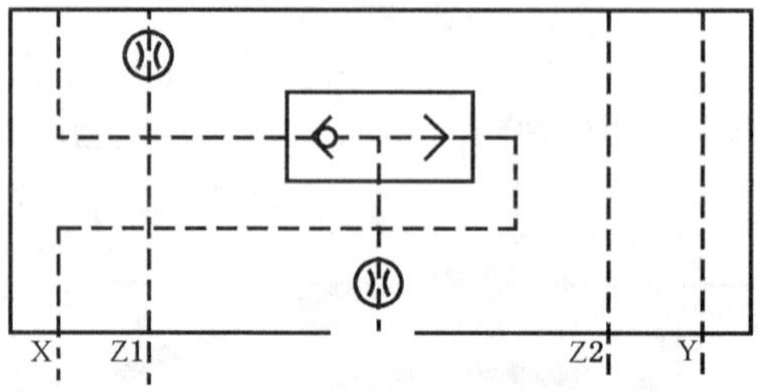 X Z1 Z2 Y	可安装附加元件，带梭阀的控制盖
6.1.9.20	X11120 F016V1 2031V2 RF034 501V1 101V7 F026V1 2002V1 210V2 422V2 401V2	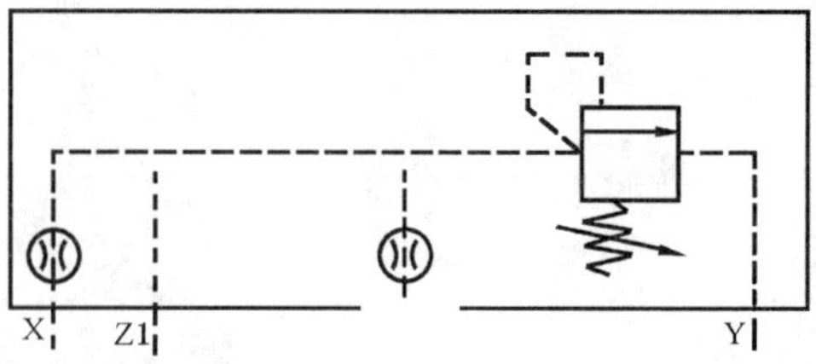 X Z1 Y	带溢流功能的控制盖
6.1.9.21	X11130 F016V1 2031V2 RF034 501V1 101V7 F026V1 2002V1 210V2 422V2 401V2 101V2 243V1	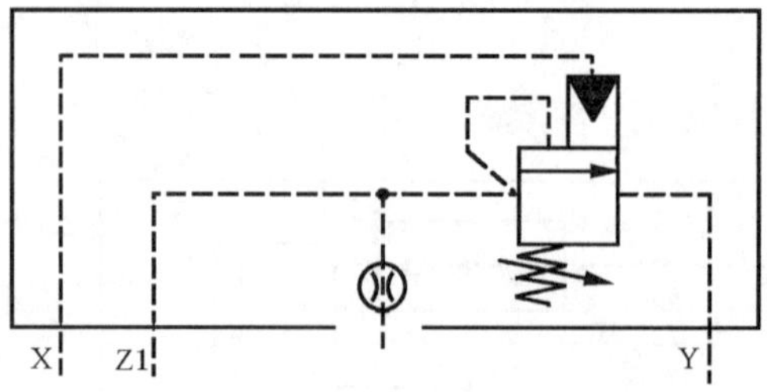 X Z1 Y	带溢流功能和液压卸载的控制盖

	注册号	图　　形	描　　述
6.1.9.22	X11140 F016V1 2031V2 RF034 501V1 101V7 F026V1 2002V1 210V2 422V2 401V2 2031V1 242V1 401V1	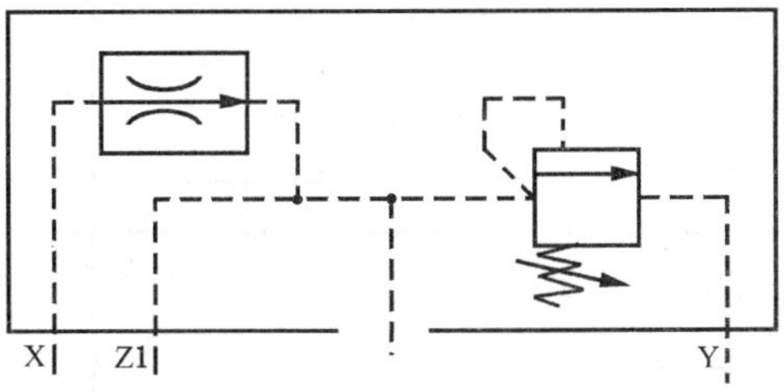 X Z1 Y	带溢流功能的控制盖，用流量控制阀来限制先导级流量
6.1.9.23	X11150 F016V1 2031V2 RF034 2172V1 F020V1 201V1 501V1 422V1 401V1 F010V1 F011V1 2002V2 401V2	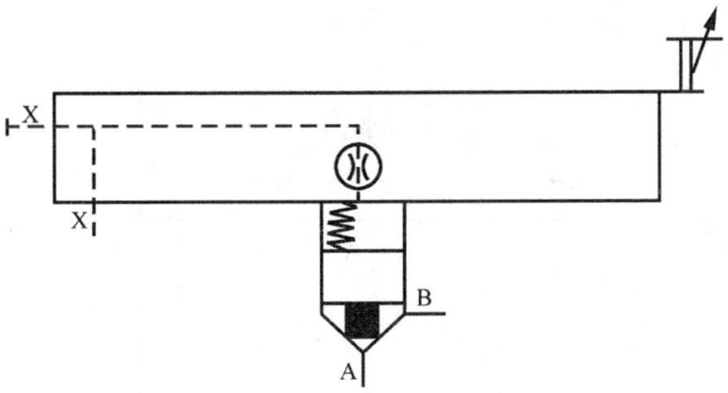 X X B A	带行程限制器的二通插装阀

	注册号	图　形	描　述
6.1.9.24	X11160 101V7 F026V1 F027V1 101V2 212V1 2002V1 F016V1 2031V2 RF034 501V1 422V1 F010V1 F011V1 2002V2 401V2	A B P T X Z1 Z2 Y B A	带方向控制阀的二通插装阀
6.1.9.25	X11170 101V7 F026V1 F027V1 101V2 212V1 2002V1 F016V1 2031V2 RF034 422V1 F013V1 F015V1 2002V2 401V2	A B P T X Z2 Y B A	主动控制，带方向控制阀的二通插装阀

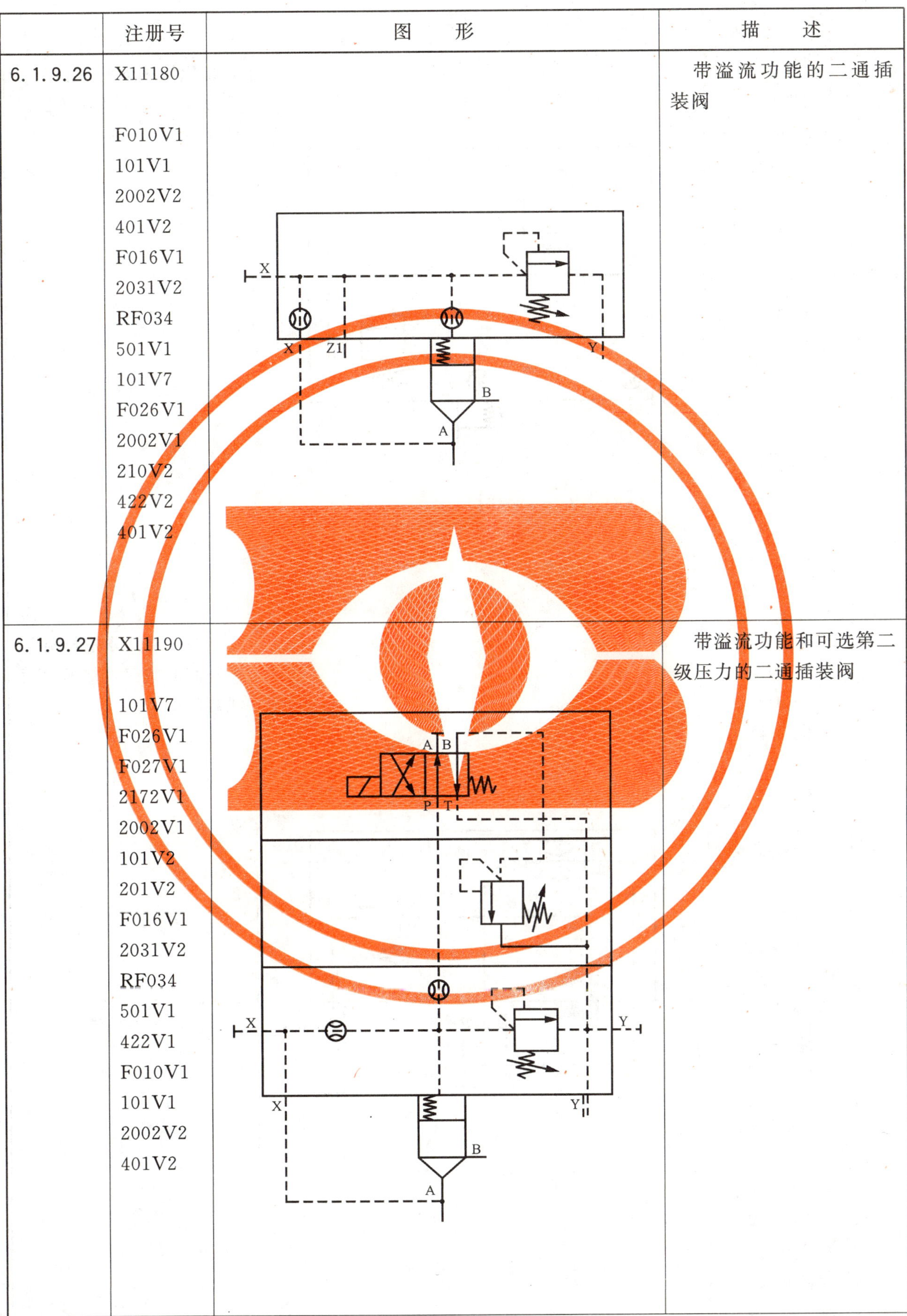

	注册号	图　　形	描　　述
6.1.9.26	X11180 F010V1 101V1 2002V2 401V2 F016V1 2031V2 RF034 501V1 101V7 F026V1 2002V1 210V2 422V2 401V2		带溢流功能的二通插装阀
6.1.9.27	X11190 101V7 F026V1 F027V1 2172V1 2002V1 101V2 201V2 F016V1 2031V2 RF034 501V1 422V1 F010V1 101V1 2002V2 401V2		带溢流功能和可选第二级压力的二通插装阀

	注册号	图　　形	描　　述
6.1.9.28	X11200 101V7 F026V1 F027V1 2172V1 2002V1 101V2 201V2 F016V1 2031V2 RF034 501V1 422V1 F010V1 101V1 2002V2 401V2	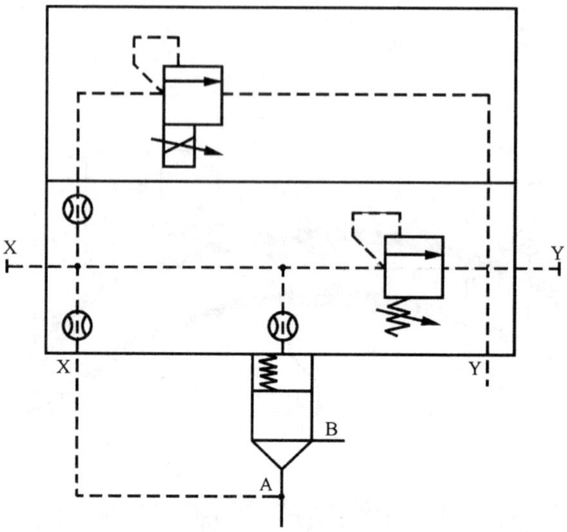 X Y X Y B A	带比例压力调节和手动最高压力溢流功能的二通插装阀
6.1.9.29	X11210 F016V1 2031V2 RF034 501V1 101V7 F026V1 2002V1 210V2 422V2 401V2 2031V1 242V1 101V10 101V11 2002V2 501V1 2162V2 6163V2 401V1 422V1	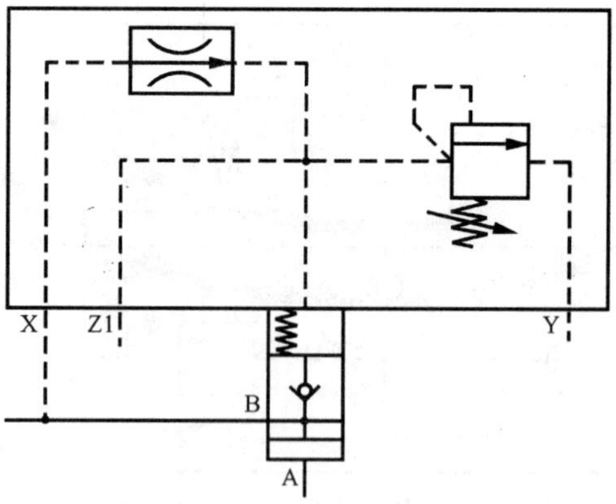 X Z1 Y B A	高压控制、带先导流量控制阀的减压功能的二通插装阀

	注册号	图　　形	描　　述
6.1.9.30	X11220 F016V1 2031V2 RF034 501V1 101V7 F026V1 2002V1 210V2 422V2 401V2 101V10 101V11 2002V2 501V1 401V1	X Y B A	低压控制、减压功能的二通插装阀
6.2　**泵和马达**			
6.2.1	X11230 2065V1 243V1 F017V1 201V5 401V2		变量泵
6.2.2	X11240 2065V1 243V1 F017V1 201V5 401V2 255V1 422V1		双向流动，带外泄油路单向旋转的变量泵

	注册号	图　形	描　　述
6.2.3	X11250 2065V1 243V2 F017V1 201V5 401V2 256V1	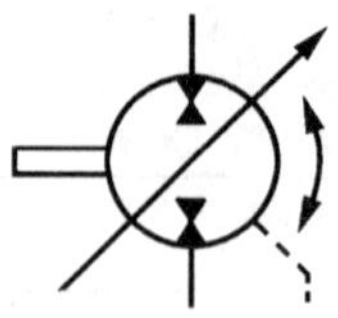	双向变量泵或马达单元，双向流动，带外泄油路，双向旋转
6.2.4	X11260 2065V1 243V1 F017V1 401V2 255V1 422V1	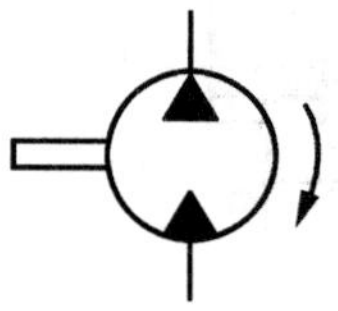	单向旋转的定量泵或马达
6.2.5	X11270 F003V1 243V2 402V3 688V1 401V2	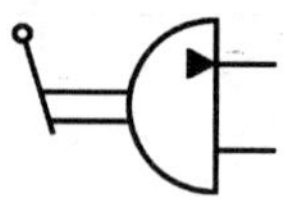	操纵杆控制，限制转盘角度的泵
6.2.6	X11280 F003V1 256V1 F017V1 401V2	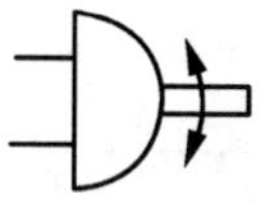	限制摆动角度，双向流动的摆动执行器或旋转驱动
6.2.7	X11290 F003V1 256V1 F017V1 401V2 2002V1	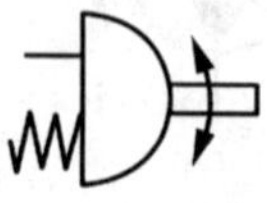	单作用的半摆动执行器或旋转驱动

	注册号	图　形	描　述
6.2.8	X11300 2065V1 243V1 F017V1 201V5 401V2 255V1 422V1 101V2 101V1 243V1	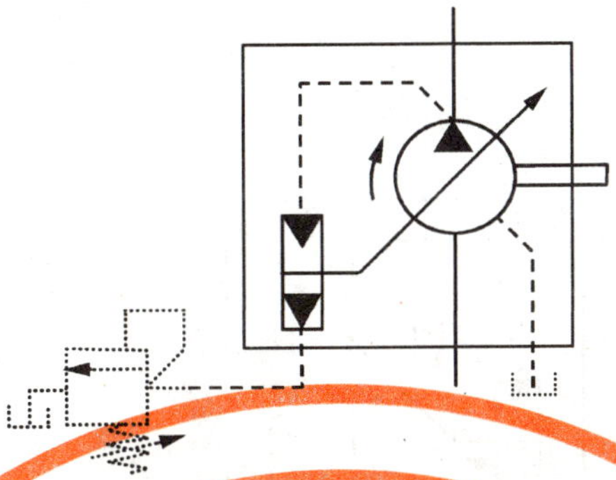	变量泵，先导控制，带压力补偿，单向旋转，带外泄油路
6.2.9	X11310 2065V1 243V1 F017V1 201V5 401V2 255V1 422V1 101V2 101V1 243V1 2002V1 201V2	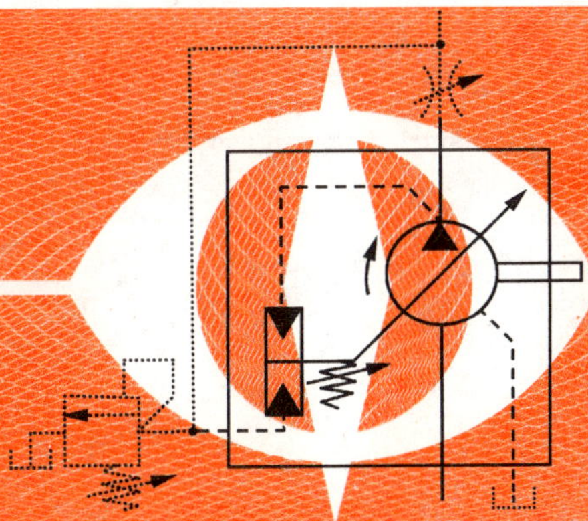	带复合压力或流量控制（负载敏感型）变量泵，单向驱动，带外泄油路
6.2.10	X11320 2065V1 243V1 F017V1 201V5 401V2 255V2 422V1 101V2 101V1 243V1 402V5 681V2	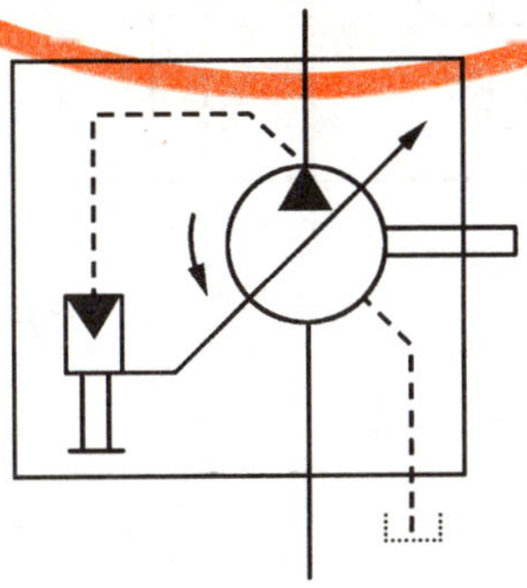	机械或液压伺服控制的变量泵

	注册号	图　　形	描　　述
6.2.11	X11330 2065V1 243V1 F017V1 201V5 401V2 255V2 422V1 101V2 101V1 243V1 212V1 210V2	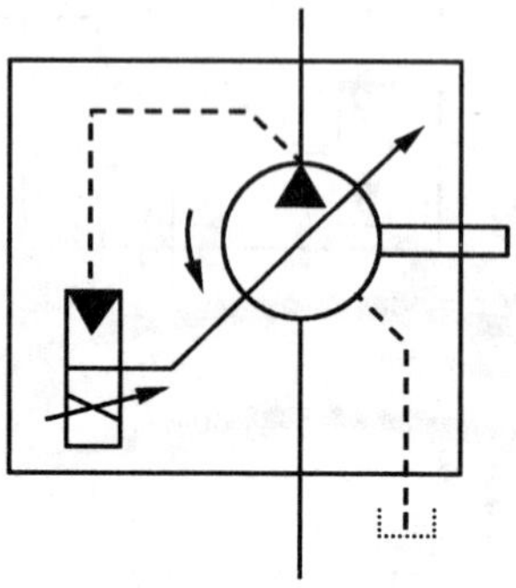	电液伺服控制的变量液压泵
6.2.12	X11340 2065V1 243V1 F017V1 201V5 401V2 255V2 422V1 101V2 101V1 243V1 2002V1 401V1	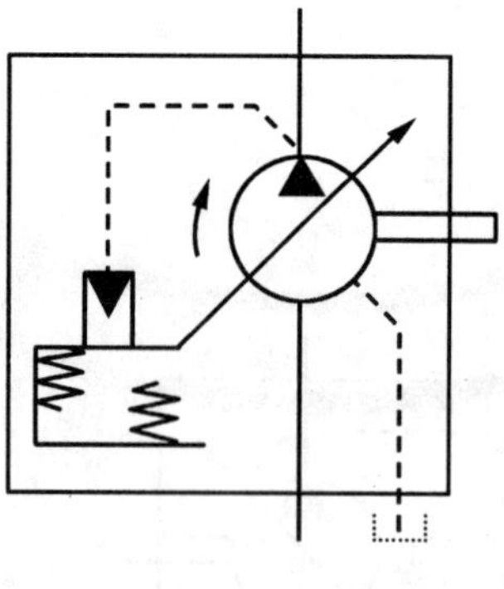	恒功率控制的变量泵

	注册号	图　　形	描　　述
6.2.13	X11350 2065V1 243V1 F017V1 201V5 401V2 255V1 422V1 101V2 101V1 243V1 2002V1 201V2 F020V1 201V1 501V1	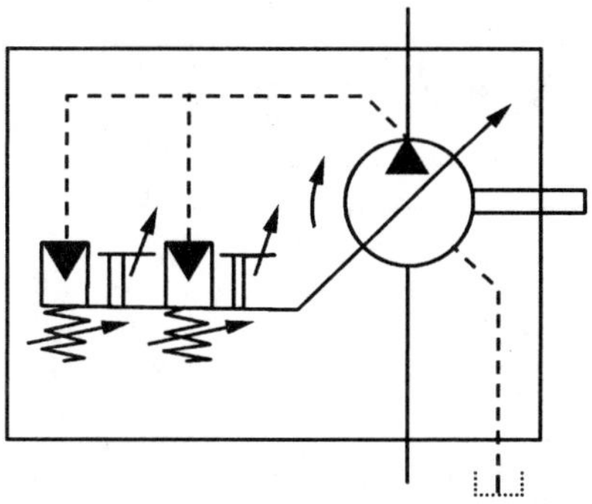	带两级压力或流量控制的变量泵,内部先导操纵
6.2.14	X11360 2065V1 243V1 F017V1 201V5 401V2 255V1 422V1 101V2 101V1 243V1 2002V1 201V2 F020V1 201V1 501V1 101V7 F026V1 F027V1	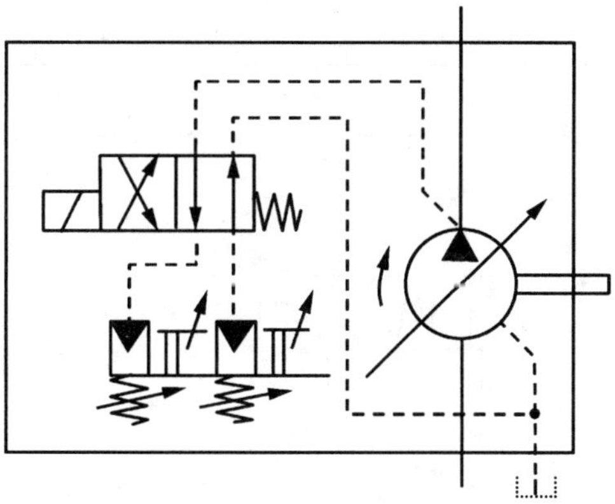	带两级压力控制元件的变量泵,电气转换

	注册号	图　　形	描　　述
6.2.15	X11370 2065V1 243V1 F017V1 201V5 401V2 255V1 422V1 501V1 101V1 401V1	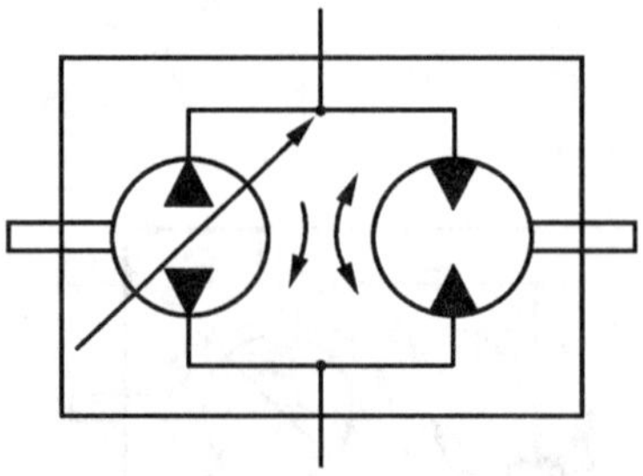	静液传动(简化表达)驱动单元,由一个能反转、带单输入旋转方向的变量泵和一个带双输出旋转方向的定量马达组成
6.2.16	X11380 2065V1 243V1 F017V1 201V5 401V2 101V7	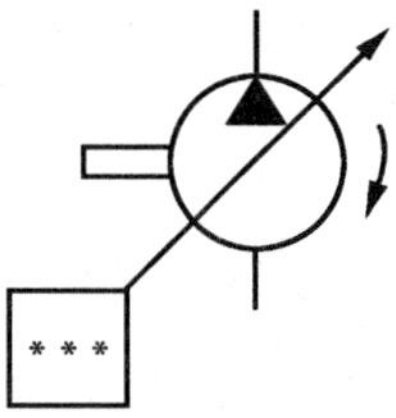 ***	表现出控制和调节元件的变量泵,箭头表示调节能力可扩展,控制机构和元件可以在箭头任意一边连接 *** 没有指定复杂控制器
6.2.17	X11430 2065V1 243V2 244V2 401V2	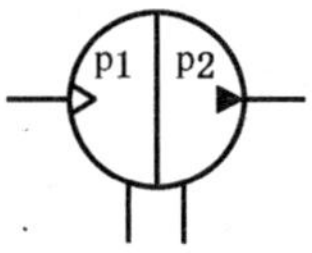 p1 p2	连续增压器,将气体压力 p_1 转换为较高的液体压力 p_2
6.3　缸			
6.3.1	X11440 101V13 2002V3 101V14 F004V1 401V2	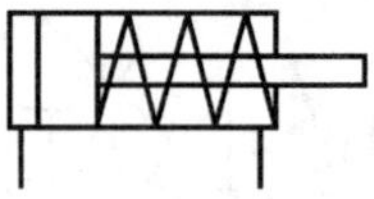	单作用单杆缸,靠弹簧力返回行程,弹簧腔带连接油口
6.3.2	X11450 101V13 101V14 F004V1 401V2	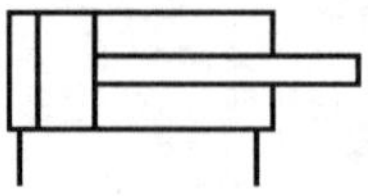	双作用单杆缸

	注册号	图　形	描　述
6.3.3	X11460 101V13 101V14 F004V1 F004V2 101V19 201V7 401V2	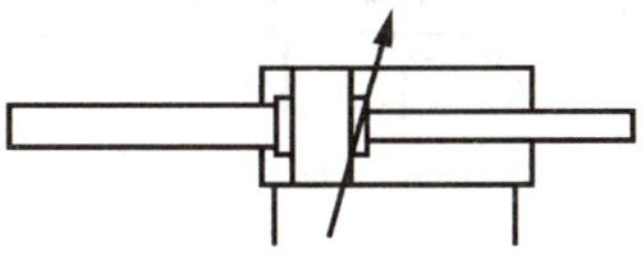	双作用双杆缸，活塞杆直径不同，双侧缓冲，右侧带调节
6.3.4	X11470 101V13 F006V1 F004V1 F003V1 201V1 401V2	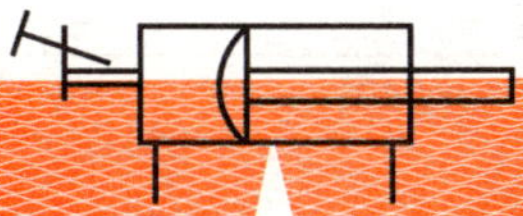	带行程限制器的双作用膜片缸
6.3.5	X11480 101V13 F004V1 F006V1 101V19 2002V3 2174V1 401V2	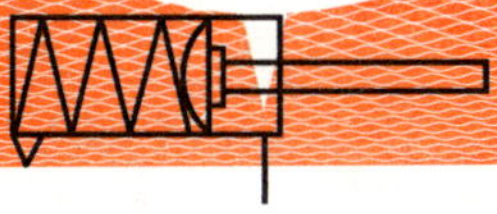	活塞杆终端带缓冲的单作用膜片缸，排气口不连接
6.3.6	X11490 101V22 101V18 401V2	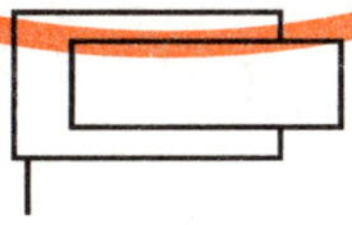	单作用缸，柱塞缸
6.3.7	X11500 101V22 F004V1 F004V3 401V2	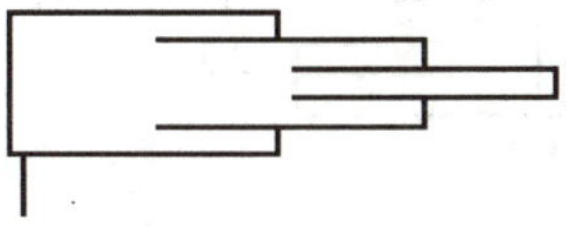	单作用伸缩缸

	注册号	图　　形	描　　述
6.3.8	X11510 101V22 F005V1 F005V2 401V2	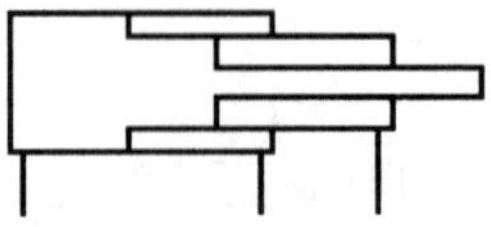	双作用伸缩缸
6.3.9	X11520 101V13 101V14 101V19 101V20	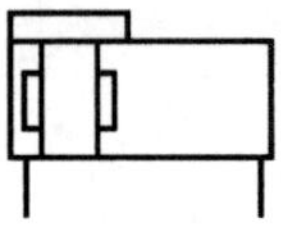	双作用带状无杆缸，活塞两端带终点位置缓冲
6.3.10	X11530 101V13 101V14 101V19 101V20 201V7 245V1 401V2	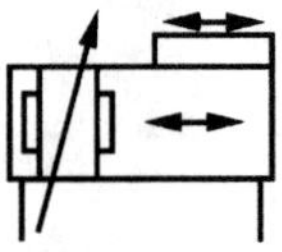	双作用缆绳式无杆缸，活塞两端带可调节终点位置缓冲
6.3.11	X11540 101V13 101V14 753V1 F045V1 F048V1 326V1 401V2	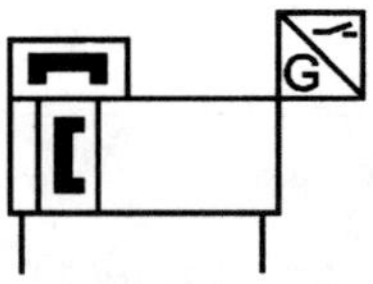	双作用磁性无杆缸，仅右边终端位置切换
6.3.12	X11550 101V13 101V14 F004V1 655V1 F041V1 401V2	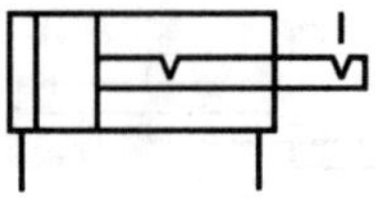	行程两端定位的双作用缸

	注册号	图　形	描　述
6.3.13	X11560 101V13 101V14 F004V1 753V1 F045V1 F048V1 401V2	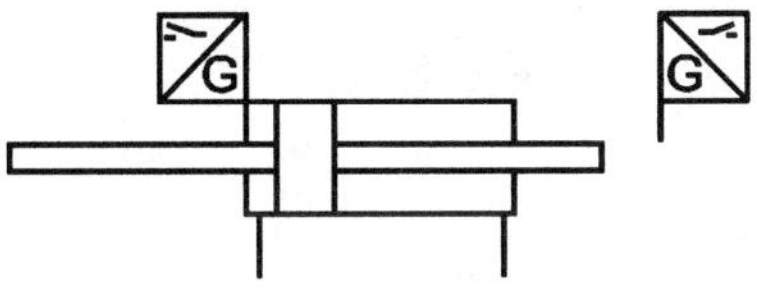 G G	双杆双作用缸，左终点带内部限位开关，内部机械控制，右终点有外部限位开关，由活塞杆触发
6.3.14	X11580 101V13 101V14 243V2 244V2 401V2	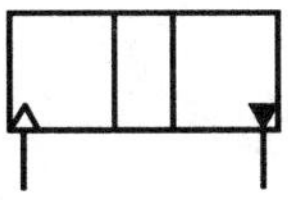	单作用压力介质转换器，将气体压力转换为等值的液体压力，反之亦然
6.3.15	X11590 F007V1 F008V1 243V2 244V2 401V2	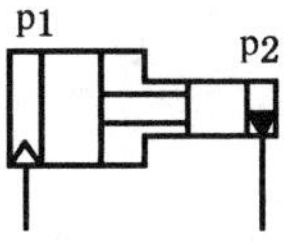 p1 p2	单作用增压器，将气体压力 p_1 转换为更高的液体压力 p_2
6.4　附件			
6.4.1　连接和管接头			
6.4.1.1	X11670 501V1 452V1		软管总成
6.4.1.2	X11680 F036V1 RF049	 1 2 3 1 2 3	三通旋转接头
6.4.1.3	X11690 2162V1 2172V1		不带单向阀的快换接头，断开状态

	注册号	图　形	描　述
6.4.1.4	X11700 2162V1 2163V1 2172V1		带单向阀的快换接头，断开状态
6.4.1.5	X11710 2162V1 2163V1 2172V1		带两个单向阀的快换接头，断开状态
6.4.1.6	X11720 2162V1 2172V1		不带单向阀的快换接头，连接状态
6.4.1.7	X11730 2162V1 2163V1 2172V1		带一个单向阀的快插管接头，连接状态
6.4.1.8	X11740 2162V1 2163V1 2172V1		带两个单向阀的快插管接头，连接状态
6.4.2　电气装置			
6.4.2.1	X11750 101V5 F017V1 2002V1 201V2 401V2	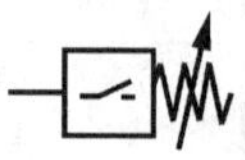	可调节的机械电子压力继电器

	注册号	图　　形	描　　述
6.4.2.2	X11760 753V1 F045V1 F048V1 201V1 401V1 401V2		输出开关信号、可电子调节的压力转换器
6.4.2.3	X11770 753V1 F045V1 234V1 401V2		模拟信号输出压力传感器
6.4.3　测量仪和指示器			
6.4.3.1	X11790 101V6 148V1 F056V1		光学指示器
6.4.3.2	X11800 101V6 235V1 148V1		数字式指示器
6.4.3.3	X11810 101V6 148V1 F057V1		声音指示器
6.4.3.4	X11820 F002V1 148V1 401V2		压力测量单元(压力表)

	注册号	图　形	描　述
6.4.3.5	X11830 F002V1 148V1 401V2		压差计
6.4.3.6	X11840 F002V1 148V1 402V5 685V1 401V2	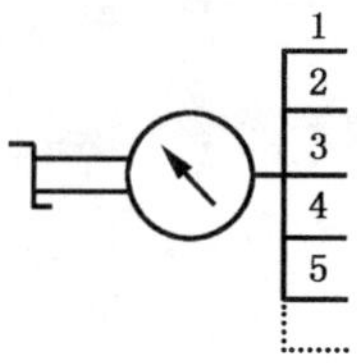 1 2 3 4 5	带选择功能的压力表
6.4.3.7	X11850 F002V1 F055V1 401V2	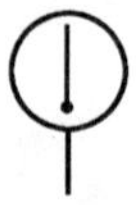	温度计
6.4.3.8	X11860 F002V1 F055V1 401V2 F049V1 201V1	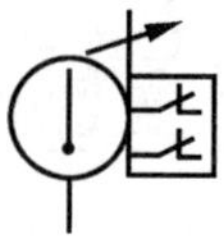	可调电气常闭触点温度计(接点温度计)
6.4.3.9	X11870 F002V1 1103V1 F058V1 401V2		液位指示器(液位计)
6.4.3.10	X11880 F002V1 1103V1 F058V1 401V2 F049V1	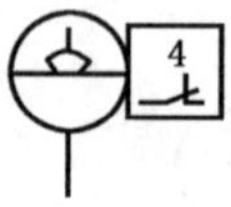 4	四常闭触点液位开关

	注册号	图　　形	描　　述
6.4.3.11	X11890 F002V1 1103V1 F058V1 401V2 148V1 101V6 235V1 234V1 F045V1 753V1	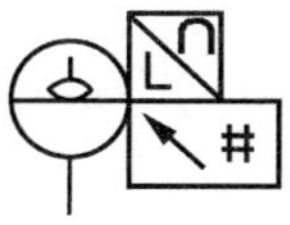	模拟量输出数字式电气液位监控器
6.4.3.12	X11900 F002V1 F054V1 401V2		流量指示器
6.4.3.13	X11910 F002V1 F054V1 401V2		流量计
6.4.3.14	X11920 F002V1 F054V1 401V2 101V6 235V1 148V1	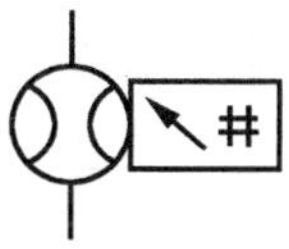	数字式流量计
6.4.3.15	X11930 F002V1 401V2 F025V1		转速仪
6.4.3.16	X11940 F002V1 401V2 F024V1		转矩仪

	注册号	图形	描述
6.4.3.17	X11950 101V6 F059V1 F050V1	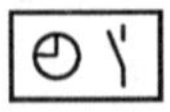	开关式定时器
6.4.3.18	X11960 101V5 F060V1	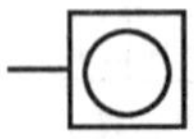	计数器
6.4.3.19	X11970 101V1 422V1 242V1 2061V1 401V1	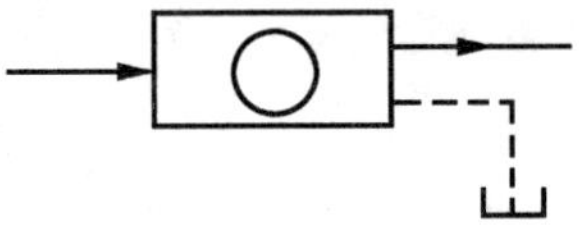	直通式颗粒计数器
6.4.4 过滤器与分离器			
6.4.4.1	X11980 101V15 F061V1 401V2	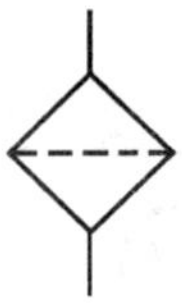	过滤器
6.4.4.2	X11990 101V15 F061V1 244V2 401V2	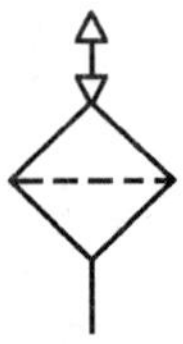	油箱通气过滤器
6.4.4.3	X12000 101V15 F061V1 326V1 401V2		带附属磁性滤芯的过滤器
6.4.4.4	X12010 101V15 F061V1 101V6 148V1 F056V1 401V2	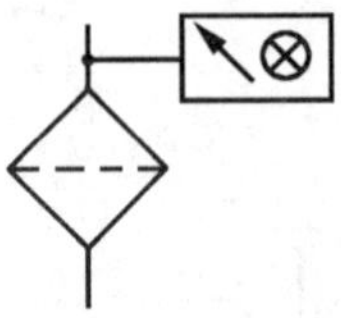	带光学阻塞指示器的过滤器

	注册号	图　形	描　述
6.4.4.5	X12020 101V15 F061V1 F002V1 148V1 422V1 401V2	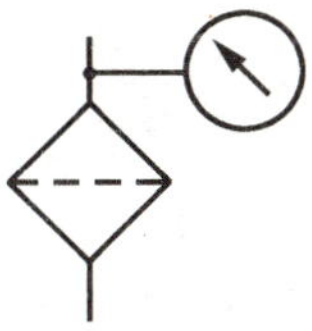	带压力表的过滤器
6.4.4.6	X12030 101V15 F061V1 2031V1 501V1 401V1	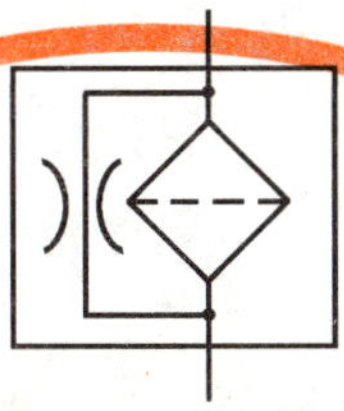	带旁路节流的过滤器
6.4.4.7	X12040 101V15 F061V1 2002V1 2162V1 2163V1 501V1 401V1	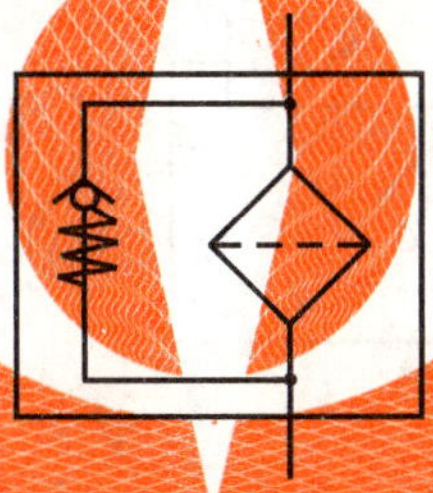	带旁路单向阀的过滤器
6.4.4.8	X12050 101V15 F061V1 2002V1 2162V1 2163V1 501V1 101V6 148V1 235V1 401V1	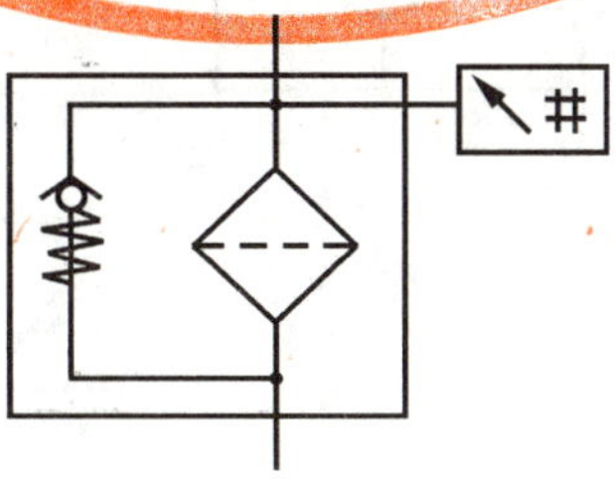	带旁路单向阀和数字显示器的过滤器

	注册号	图　　形	描　　述
6.4.4.9	X12060 101V15 F061V1 2002V1 2162V1 2163V1 501V1 101V6 148V1 235V1 401V1 101V5 F050V1 422V1	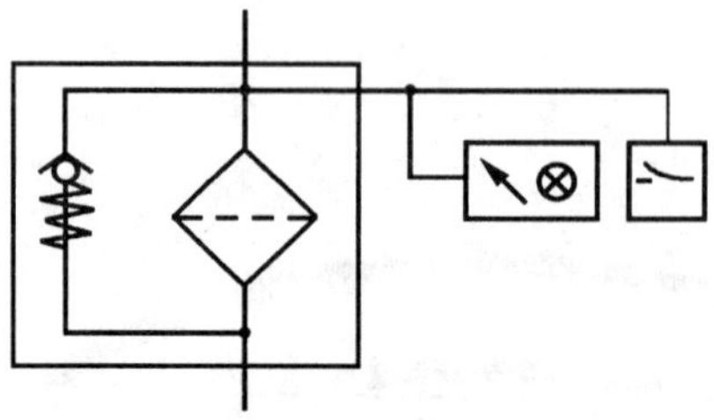	带旁路单向阀、光学阻塞指示器与电气触点的过滤器
6.4.4.10	X12070 101V15 F061V1 101V6 148V1 F056V1 401V2	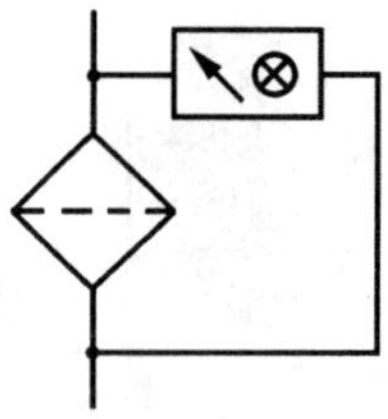	带光学压差指示器的过滤器
6.4.4.11	X12080 101V15 F061V1 F002V1 148V1 422V1 401V2 101V5 F050V1	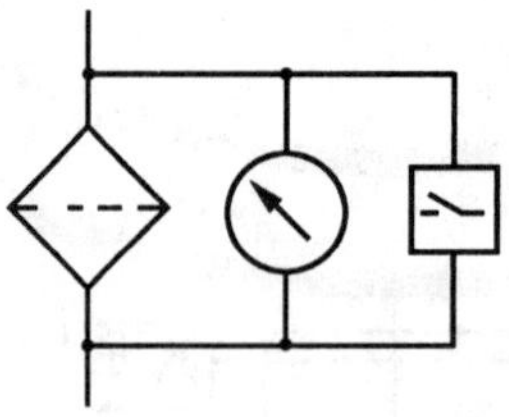	带压差指示器与电气触点的过滤器
6.4.4.12	X12090 101V15 F066V1 401V2	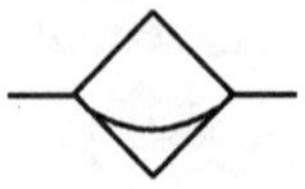	离心式分离器

	注册号	图　形	描　述
6.4.4.13	X12170 101V15 422V1 F037V1 401V1	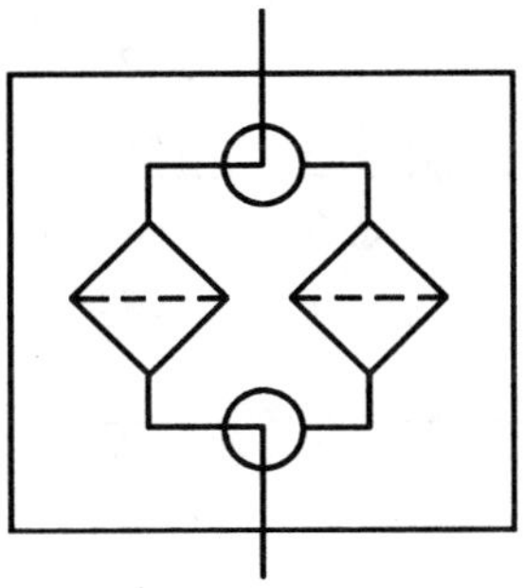	带手动切换功能的双过滤器
6.4.5　**热交换器**			
6.4.5.1	X12260 101V15 F067V1 401V1		不带冷却液流道指示的冷却器
6.4.5.2	X12270 101V15 F067V1 242V1 401V1	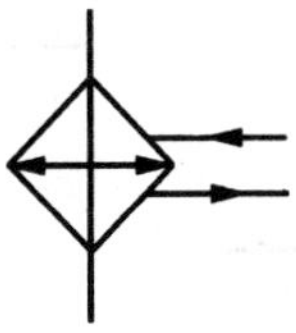	液体冷却的冷却器
6.4.5.3	X12280 101V15 F067V1 2065V1 F019V1 F072V1 402V5 401V2	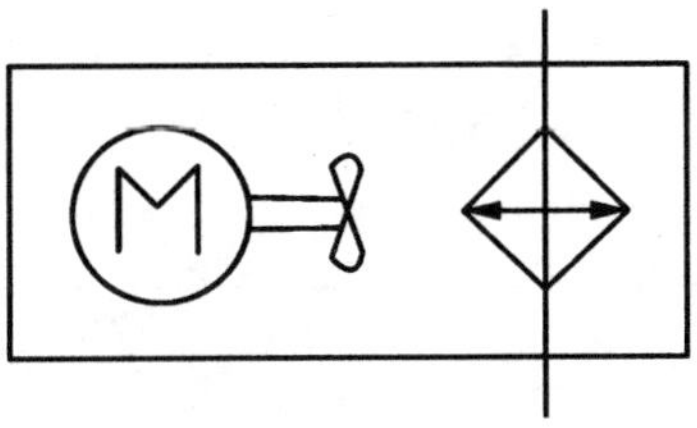	电动风扇冷却的冷却器
6.4.5.4	X12290 101V15 F067V1 401V1		加热器

	注册号	图　形	描　述
6.4.5.5	X12300 101V15 F067V1 401V1	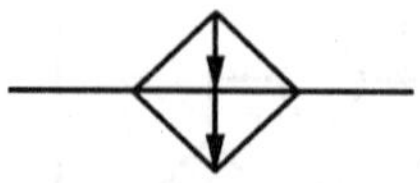	温度调节器
6.4.6　**蓄能器(压力容器,气瓶)**			
6.4.6.1	X12320 F069V1 244V2 401V1	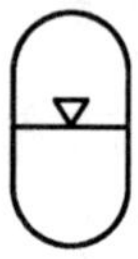	隔膜式充气蓄能器(隔膜式蓄能器)
6.4.6.2	X12330 F069V1 F006V1 244V2		囊隔式充气蓄能器(囊式蓄能器)
6.4.6.3	X12340 F069V1 101V14 244V2	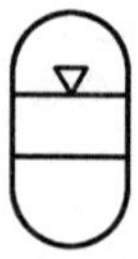	活塞式充气蓄能器(活塞式蓄能器)
6.4.6.4	X12350 F069V1 244V2		气瓶
6.4.6.5	X12360 F069V1 101V14 244V2 401V1	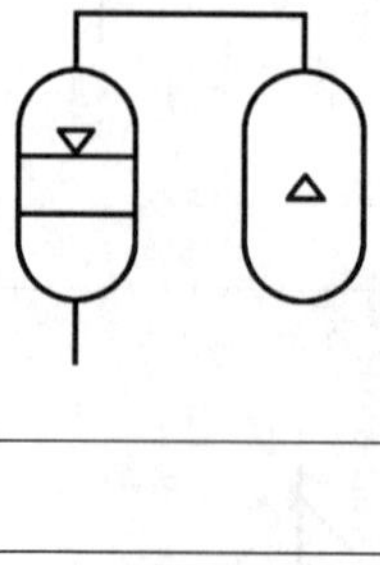	带下游气瓶的活塞式蓄能器
6.4.7　**润滑点**			
6.4.7.1	X12440 101V21		润滑点

7 气动应用实例

7.1 阀

7.1.1 控制机构

	注册号	图形	描述
7.1.1.1	X10010 402V5 655V1 686V1 F041V1		带有分离把手和定位销的控制机构
7.1.1.2	X10020 402V5 711V1 201V2	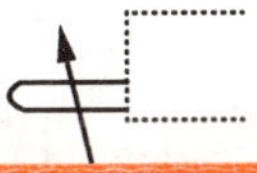	具有可调行程限制装置的柱塞
7.1.1.3	X10030 402V5 655V1 684V1 F041V1		带有定位装置的推或拉控制机构
7.1.1.4	X10040 402V2 681V2 F041V1	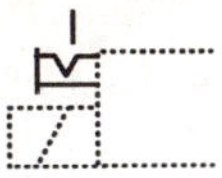	手动锁定控制机构
7.1.1.5	X10050 402V5 685V1 F041V1	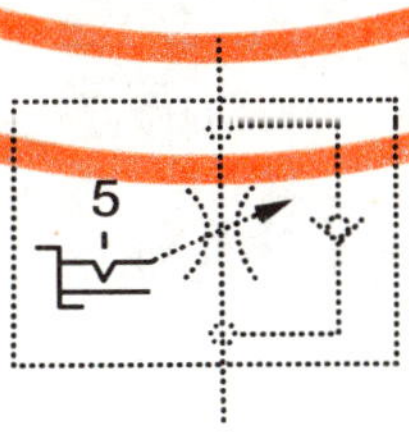 5	具有 5 个锁定位置的调节控制机构
7.1.1.6	X10060 402V5 711V1 2005V1 712V1	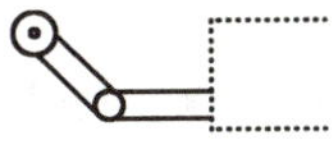	单方向行程操纵的滚轮手柄

	注册号	图　形	描　述
7.1.1.7	X10070 F019V2 211V1 402V5 F002V1	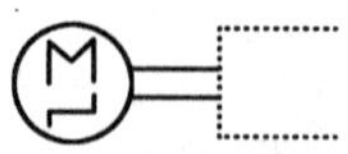	用步进电机的控制机构
7.1.1.8	X10080 101V2 244V1 401V1	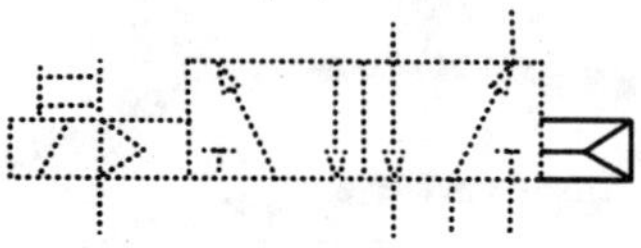	气压复位，从阀进气口提供内部压力
7.1.1.9	X10090 101V2 244V1 422V1 401V1	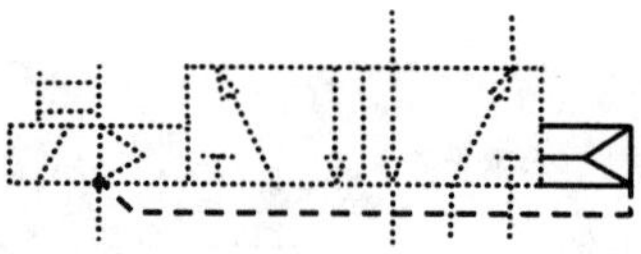	气压复位，从先导口提供内部压力 注：为更易理解，图中标识出外部先导线
7.1.1.10	X10100 101V2 244V1 401V1	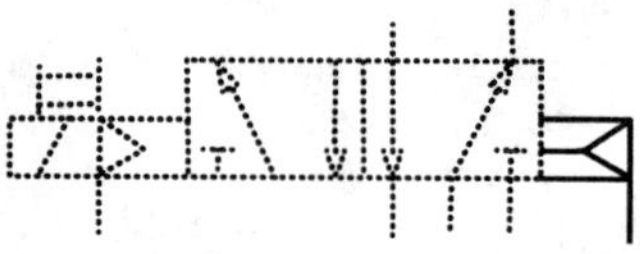	气压复位，外部压力源
7.1.1.11	X10110 101V2 212V1		单作用电磁铁，动作指向阀芯
7.1.1.12	X10120 101V2 212V2		单作用电磁铁，动作背离阀芯
7.1.1.13	X10130 101V2 212V4	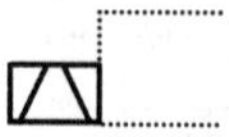	双作用电气控制机构，动作指向或背离阀芯

	注册号	图　形	描　述
7.1.1.14	X10140 101V2 212V1 201V1	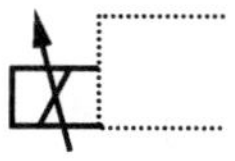	单作用电磁铁,动作指向阀芯,连续控制
7.1.1.15	X10150 101V2 212V2 201V1	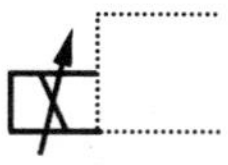	单作用电磁铁,动作背离阀芯,连续控制
7.1.1.16	X10160 101V2 212V4 201V1		双作用电气控制机构,动作指向或背离阀芯,连续控制
7.1.1.17	X10170 101V2 212V2 244V1	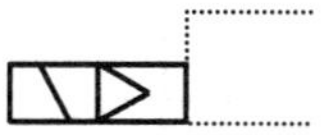	电气操纵的气动先导控制机构
7.1.2　方向控制阀			
7.1.2.1	X10210 101V7 F028V1 2172V1 2002V1 402V5 682V1 401V2	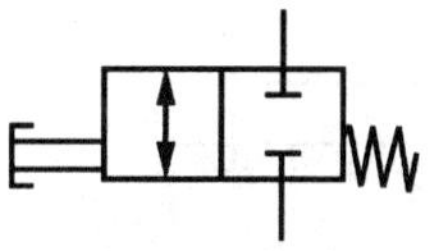	二位二通方向控制阀,两通,两位,推压控制机构,弹簧复位,常闭

	注册号	图　　形	描　　述
7.1.2.2	X10220 101V7 F028V1 2002V1 101V2 212V1 2172V1 401V2	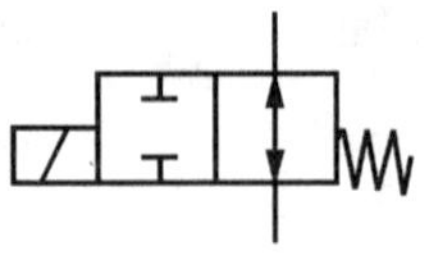	二位二通方向控制阀，两通，两位，电磁铁操纵，弹簧复位，常开
7.1.2.3	X10230 101V7 F026V1 F027V1 2002V1 101V2 212V1	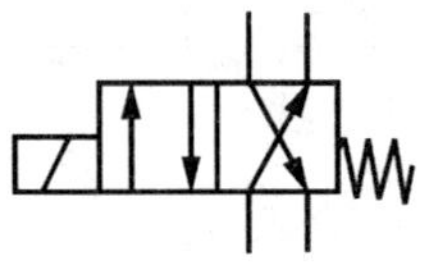	二位四通方向控制阀，电磁铁操纵，弹簧复位
7.1.2.4	X10240 101V7 F026V1 F021V1 401V1 101V2 212V1 2002V1 244V1	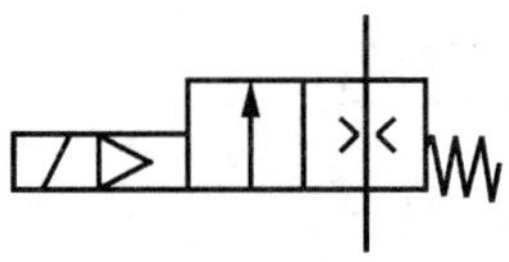	气动软启动阀，电磁铁操纵内部先导控制
7.1.2.5	X10250 101V1 101V7 2172V1 F026V1 101V2 244V1 2031V1 201V4 501V1	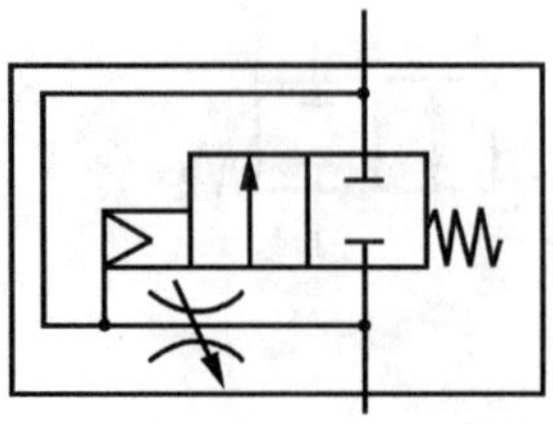	延时控制气动阀，其入口接入一个系统，使得气体低速流入直至达到预设压力才使阀口全开

	注册号	图　　形	描　　述
7.1.2.6	X10260 101V7 F026V1 F027V1 2172V1 402V5 682V1 F039V1 2172V1 401V2	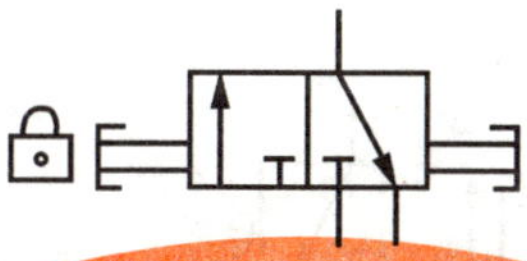	二位三通锁定阀
7.1.2.7	X10270 101V7 F026V1 F027V1 2172V1 2002V1 711V1 2005V1 402V5 401V2	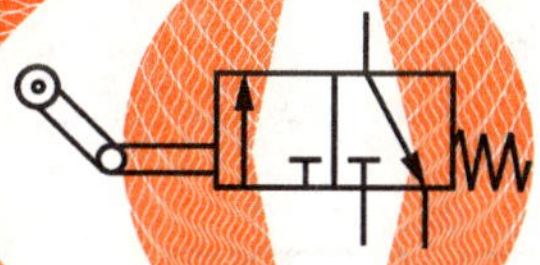	二位三通方向控制阀，滚轮杠杆控制，弹簧复位
7.1.2.8	X10280 101V7 F026V1 F027V1 2172V1 2002V1 101V2 212V1 401V2	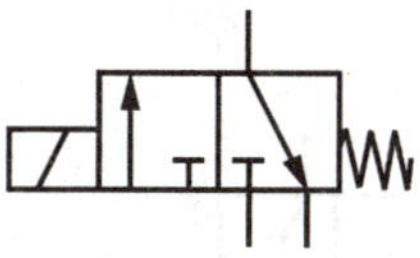	二位三通方向控制阀，电磁铁操纵，弹簧复位，常闭

	注册号	图　　形	描　　述
7.1.2.9	X10290 101V7 F026V1 F027V1 2172V1 2002V1 101V2 212V1 681V2 402V2 655V1 F041V1	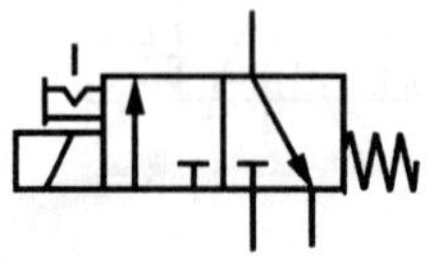	二位三通方向控制阀，单作业电磁铁操纵，弹簧复位，定位销式手动定位
7.1.2.10	X10300 101V7 F026V1 F027V1 2172V1 2002V1 401V2 402V2 101V5 F060V1 244V1	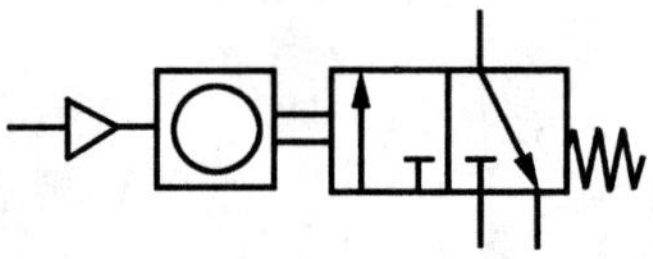	带气动输出信号的脉冲计数器
7.1.2.11	X10310 101V7 F026V1 F027V1 2172V1 2177V1 244V1 401V1 401V2	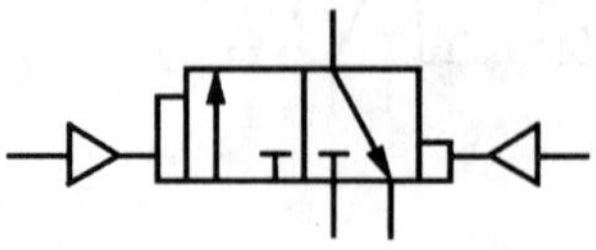	二位三通方向控制阀，差动先导控制

	注册号	图　　形	描　　述
7.1.2.12	X10320 101V7 F026V1 F027V1 2002V1 101V2 212V1 402V2	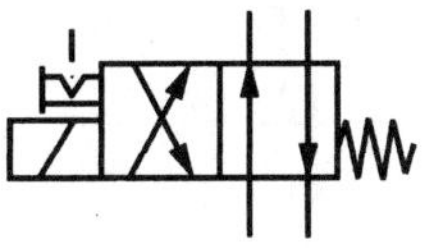	二位四通方向控制阀，单作用电磁铁操纵，弹簧复位，定位销式手动定位
7.1.2.13	X10330 101V7 F026V1 F027V1 101V2 212V1 655V1 F041V1 401V2	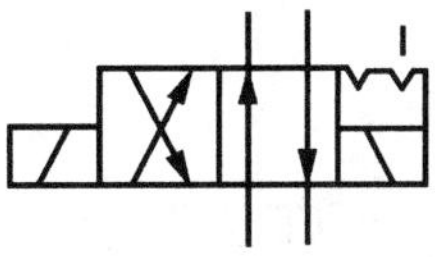	二位四通方向控制阀，双作用电磁铁操纵，定位销式(脉冲阀)
7.1.2.14	X10340 101V7 F026V1 F027V1 2172V1 101V2 244V1 F042V1 2002V1 401V2	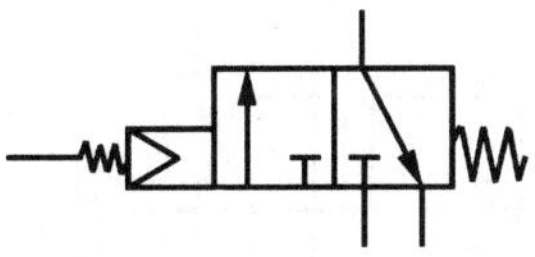	二位三通方向控制阀，气动先导式控制和扭力杆，弹簧复位

	注册号	图　　形	描　　述
7.1.2.15	X10370 101V7 F026V1 F027V1 2172V1 2002V1 101V2 212V1 F034V1 F031V1 501V1 401V2	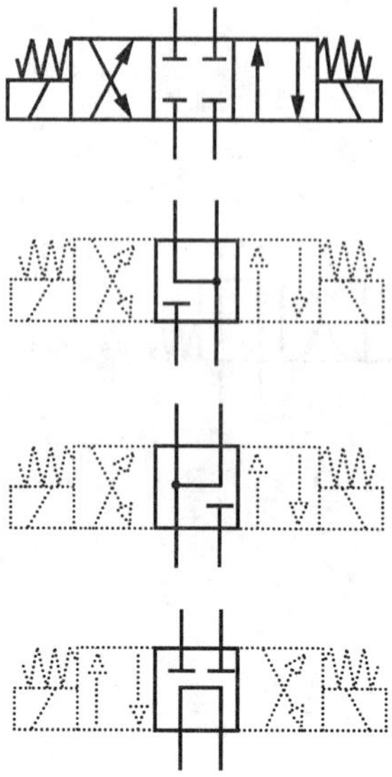	三位四通方向控制阀，弹簧对中，双作用电磁铁直接操纵，不同中位机能的类别
7.1.2.16	X10400 101V8 F026V1 F027V1 2172V1 402V3 690V1 401V2	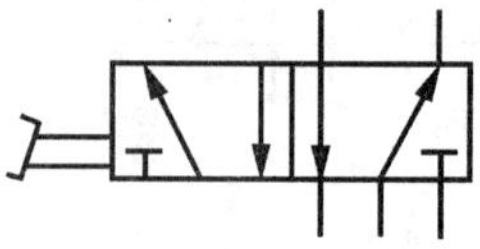	二位五通方向控制阀，踏板控制
7.1.2.17	X10410 101V8 F026V1 F027V1 2172V1 101V2 244V1 401V1 F047V1 401V2	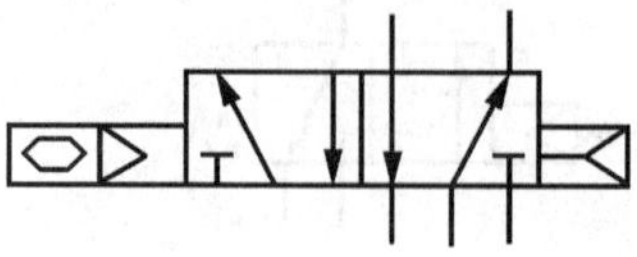	二位五通气动方向控制阀，先导式压电控制，气压复位

	注册号	图　　形	描　　述
7.1.2.18	X10420 101V8 F032V1 242V1 F026V1 F027V1 2172V1 101V2 655V1 F041V1 402V3 688V1 401V2	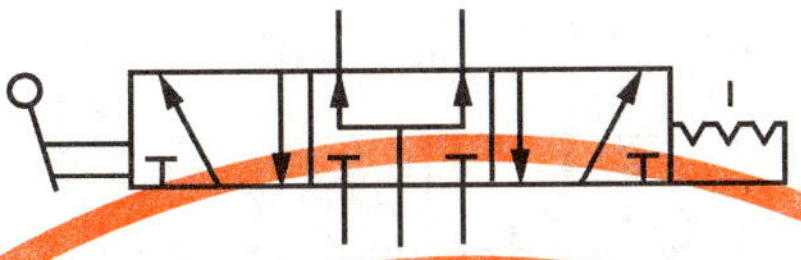	三位五通方向控制阀，手动拉杆控制，位置锁定
7.1.2.19	X10430 101V8 F026V1 F027V1 2172V1 2002V1 101V2 244V1 212V1 402V2 F041V1 401V2		二位五通气动方向控制阀，单作用电磁铁，外部先导供气，手动操纵，弹簧复位
7.1.2.20	X10440 101V8 F026V1 F027V1 2172V1 101V2 244V1 212V1 402V1 681V1 401V1 401V2 422V1	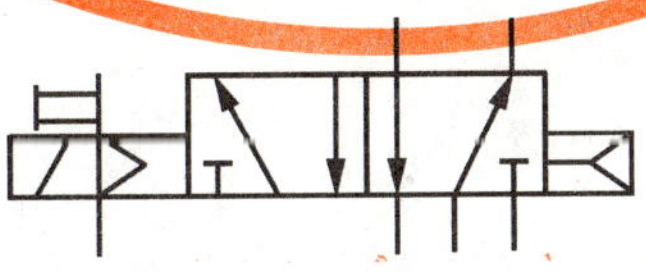 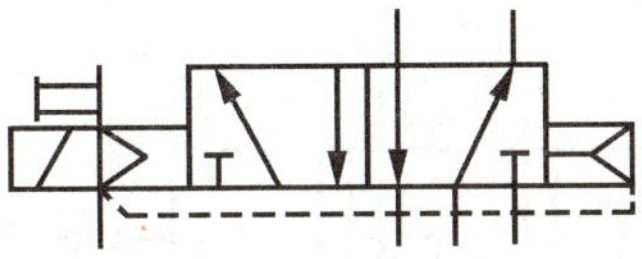 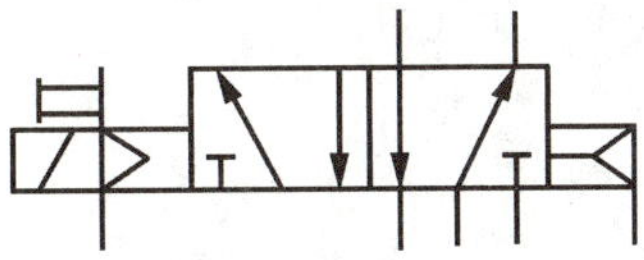	二位五通气动方向控制阀，电磁铁先导控制，外部先导供气，气压复位，手动辅助控制。 气压复位供压具有如下可能： —从阀进气口提供内部压力； —从先导口提供内部压力； —外部压力源

	注册号	图　形	描　述
7.1.2.21	X10450 101V8 F028V1 F029V1 2172V1 101V2 244V1 2002V1 402V2 681V2 F032V1 242V1 401V2	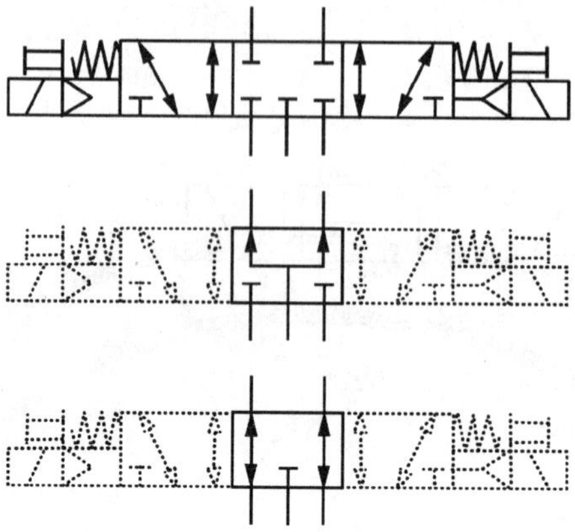	不同中位流路的三位五通气动方向控制阀，两侧电磁铁与内部先导控制和手动操纵控制。弹簧复位至中位
7.1.2.22	X10460 101V8 F026V1 F027V1 2172V1 101V2 2002V1 243V1 401V1 401V2	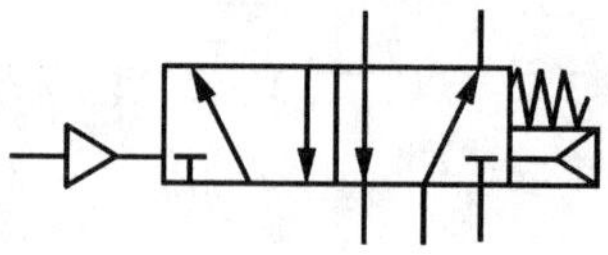	二位五通直动式气动方向控制阀，机械弹簧与气压复位
7.1.2.23	X10470 101V8 F026V1 V027V1 2172V1 2002V1 243V1 401V1 401V2	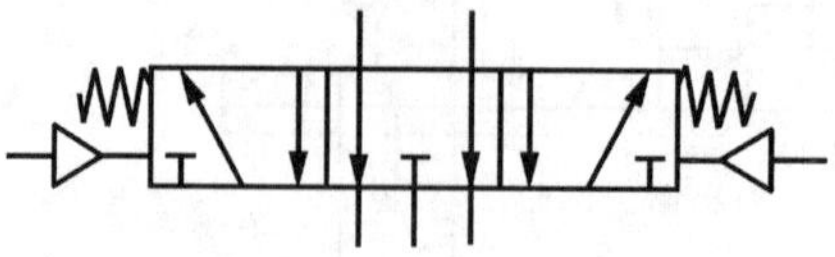	三位五通直动式气动方向控制阀，弹簧对中，中位时两出口都排气

	注册号	图　　形	描　　述
7.1.3　**压力控制阀**			
7.1.3.1	X10500 101V7 F026V1 2002V1 210V2 422V2 401V2	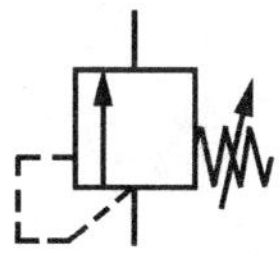	弹簧调节开启压力的直动式溢流阀
7.1.3.2	X10530 101V7 F026V1 2002V1 201V2 244V1 422V1 401V2	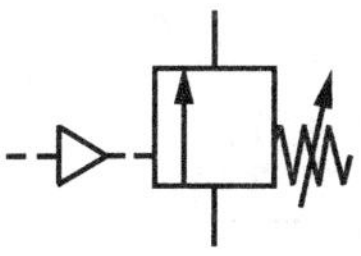	外部控制的顺序阀
7.1.3.3	X10540 101V7 F028V1 2002V1 201V2 422V4 2174V1 401V2	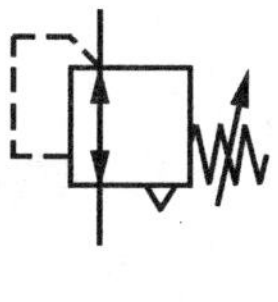	内部流向可逆调压阀
7.1.3.4	X10570 101V7 F026V1 101V2 244V1 422V4 401V2 2174V1	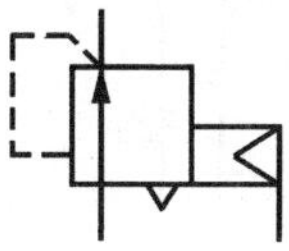	调压阀，远程先导可调，溢流，只能向前流动

	注册号	图　形	描　述
7.1.3.5	X10580 101V7 101V1 F026V1 2002V1 201V2 422V2 2162V1 2163V1 501V1 401V1	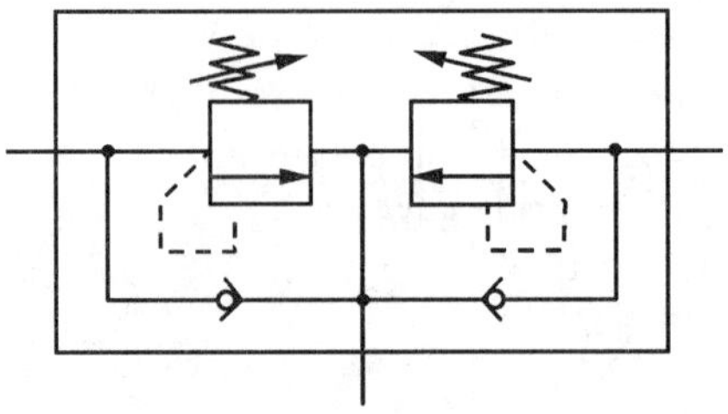	用来保护两条供给管道的防气蚀溢流阀
7.1.3.6	X10620 101V16 F040V1 401V1 401V2	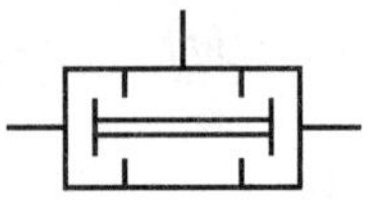	双压阀("与"逻辑),并且仅当两进气口有压力时才会有信号输出,较弱的信号从出口输出。
7.1.4　**流量控制阀**			
7.1.4.1	X10630 401V1 2031V1 201V4		流量控制阀,流量可调
7.1.4.2	X10640 401V1 2031V1 201V4 2162V1 2163V1 501V1 401V1	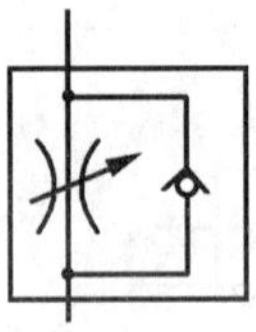	带单向阀的流量控制阀,流量可调

	注册号	图　　形	描　　述
7.1.4.3	X10650 101V7 F028V1 2172V1 RF038 2002V1 402V5 712V1	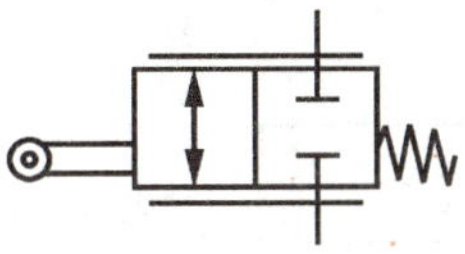	滚轮柱塞操纵的弹簧复位式流量控制阀
7.1.5　**单向阀和梭阀**			
7.1.5.1	X10700 2162V1 2163V1 401V1		单向阀,只能在一个方向自由流动
7.1.5.2	X10710 2162V1 2163V1 401V1 2002V1		带有复位弹簧的单向阀,只能在一个方向流动,常闭
7.1.5.3	X10720 2162V1 2163V1 401V1 2002V1 101V1 422V1		带有复位弹簧的先导式单向阀,先导压力允许在两个方向自由流动
7.1.5.4	X10730 101V1 2162V1 2163V1 422V1 401V1	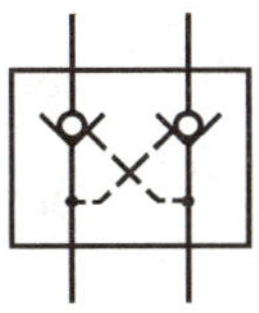	双单向阀,先导式

	注册号	图　　形	描　　述
7.1.5.5	X10740 101V16 2162V1 2163V1 501V2 401V1 401V2	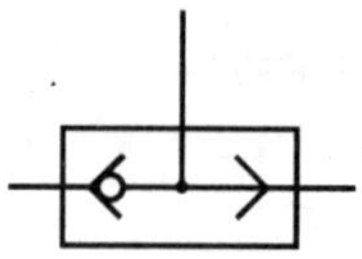	梭阀("或"逻辑),压力高的入口自动与出口接通
7.1.5.6	X10750 2031V1 101V16 2162V1 2163V1 501V2 401V1 401V2	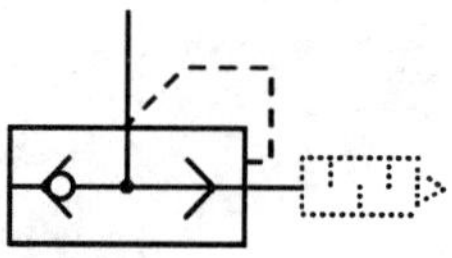	快速排气阀
7.1.6　比例方向控制阀			
7.1.6.1	X10760 101V7 F026V1 F027V1 2172V1 RF038 101V2 212V1 201V2 2002V1 401V2	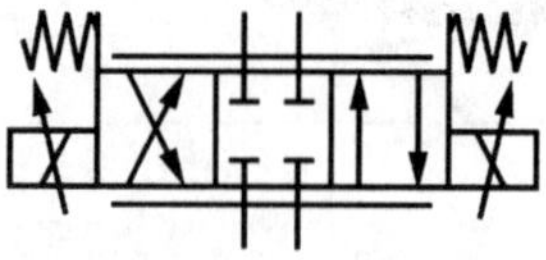	直动式比例方向控制阀

	注册号	图　形	描　述
7.1.7 **比例压力控制阀**			
7.1.7.1	X10830 101V7 F026V1 422V2 2002V1 101V2 212V1 201V2 401V2	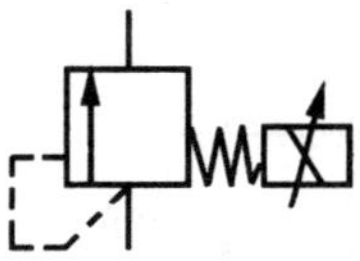	直控式比例溢流阀，通过电磁铁控制弹簧工作长度来控制液压电磁换向座阀
7.1.7.2	X10840 101V7 F026V1 422V2 101V2 212V1 201V2 401V2 101V5 F052V1 401V2	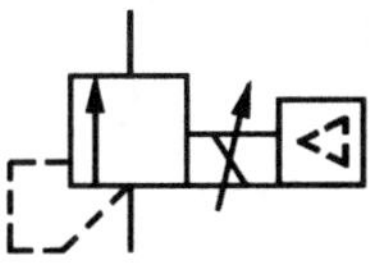	直控式比例溢流阀，电磁力直接作用在阀芯上，集成电子器件
7.1.7.3	X10850 101V7 F026V1 422V2 2002V1 101V2 212V1 201V2 101V5 F052V1 753V1 F045V1 234V1 401V2	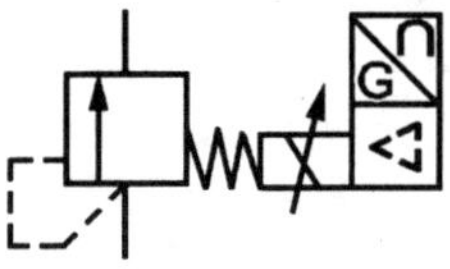	直控式比例溢流阀，带电磁铁位置闭环控制，集成电子器件

	注册号	图　　形	描　　述
7.1.8　比例流量控制阀			
7.1.8.1	X10890 101V7 F028V1 2172V1 RF038 2002V1 101V2 212V1 201V2 401V2	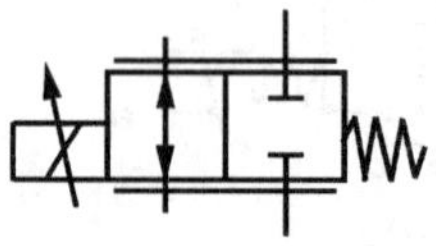	直控式比例流量控制阀
7.1.8.2	X10900 101V7 F027V1 2172V1 RF038 2002V1 101V2 212V1 201V2 101V5 F052V1 753V1 F045V1 234V1 401V2	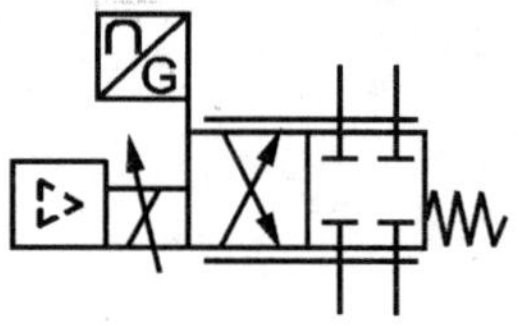	带电磁铁位置闭环控制和电子器件的直控式比例流量控制阀
7.2　空气压缩机和马达			
7.2.1	X11280 F003V1 256V1 F017V1 401V2	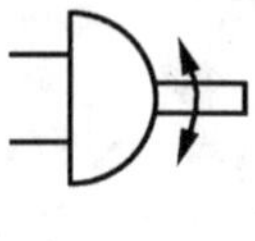	摆动气缸或摆动马达，限制摆动角度，双向摆动

	注册号	图　形	描　述
7.2.2	X11290 F003V1 256V1 F017V1 401V2 2002V1		单作用的半摆动气缸或摆动马达
7.2.3	X11390 2065V1 244V1 F017V1 401V2		马达
7.2.4	X11400 2065V1 244V1 F017V1 401V2		空气压缩机
7.2.5	X11410 2065V1 244V1 F017V1 401V2 256V1		变方向定流量双向摆动马达
7.2.6	X11420 2065V1 F017V1 401V2 F023V1		真空泵
7.2.7	X11430 2065V1 243V2 244V2 401V2	p1　p2	连续增压器，将气体压力 p_1 转换为较高的液体压力 p_2

	注册号	图　　形	描　　述
7.3　缸			
7.3.1	X11440 101V13 2002V3 101V14 F004V1 401V2	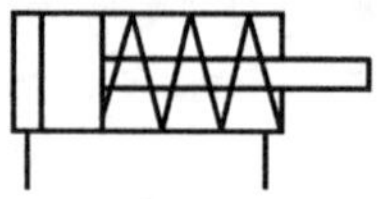	单作用单杆缸，靠弹簧力返回行程，弹簧腔室有连接口
7.3.2	X11450 101V13 101V14 F004V1 401V2	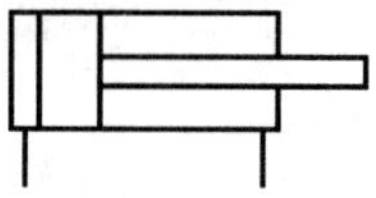	双作用单杆缸
7.3.3	X11460 101V13 101V14 F004V1 F004V2 101V19 201V7 401V2	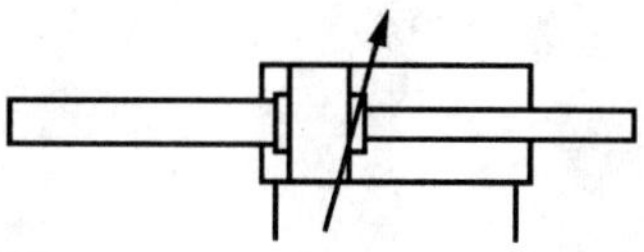	双作用双杆缸，活塞杆直径不同，双侧缓冲，右侧带调节
7.3.4	X11470 101V13 F006V1 F004V1 F003V1 201V1 401V2	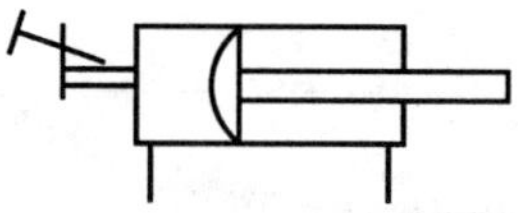	带行程限制器的双作用膜片缸
7.3.5	X11480 101V13 F004V1 F006V1 101V19 2002V3 2174V1 401V2	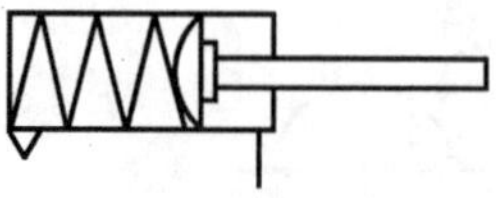	活塞杆终端带缓冲的膜片缸，不能连接的通气孔

	注册号	图　形	描　述
7.3.6	X11520 101V13 101V14 101V19 101V20	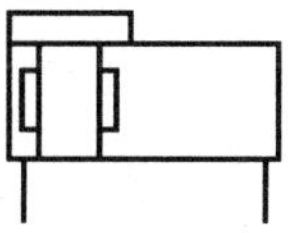	双作用带状无杆缸，活塞两端带终点位置缓冲
7.3.7	X11530 101V13 101V14 101V19 101V20 201V7 245V1 401V2	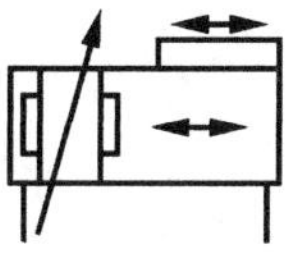	双作用缆索式无杆缸，活塞两端带可调节终点位置缓冲
7.3.8	X11540 101V13 101V14 753V1 F045V1 F048V1 326V1 401V2	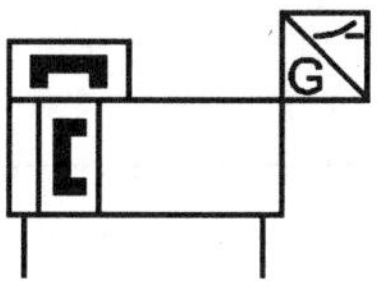 G	双作用磁性无杆缸，仅右手终端位置切换
7.3.9	X11550 101V13 101V14 F004V1 655V1 F041V1 401V2	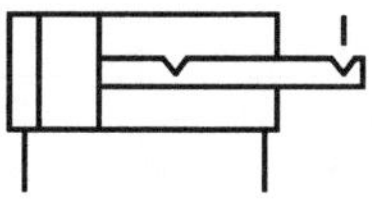	行程两端定位的双作用缸
7.3.10	X11560 101V13 101V14 F004V1 753V1 F045V1 F048V1 401V2	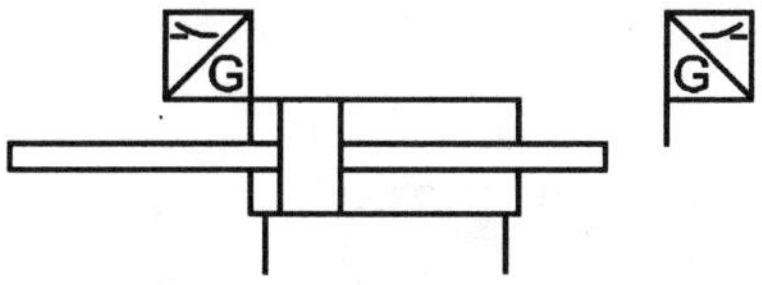 G　G	双杆双作用缸，左终点带内部限位开关，内部机械控制，右终点有外部限位开关，由活塞杆触发

	注册号	图　形	描　述
7.3.11	X11570 101V13 101V14 F004V1 661V1 101V2 244V1 244V2 401V1 401V2	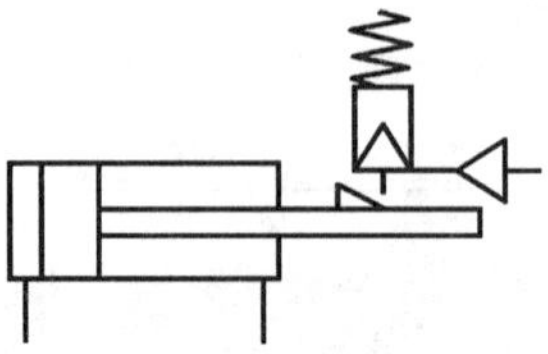	双作用缸，加压锁定与解锁活塞杆机构
7.3.12	X11580 101V13 101V14 243V2 244V2 401V2	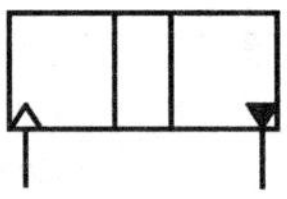	单作用压力介质转换器，将气体压力转换为等值的液体压力，反之亦然
7.3.13	X11590 F007V1 F008V1 243V2 244V2 401V2	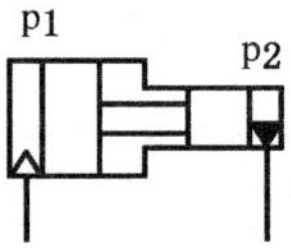 p1 p2	单作用增压器，将气体压力 p_1 转换为更高的液体压力 p_2
7.3.14	X11600 F069V1 RF047 401V2	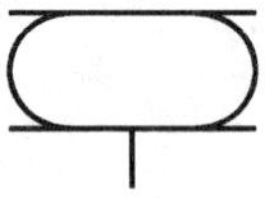	波纹管缸
7.3.15	X11610 RF057 401V2	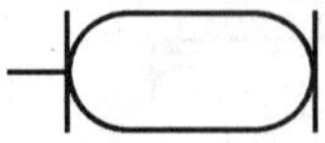	软管缸

	注册号	图　　形	描　　述
7.3.16	X11620 101V13 101V14 F004V1 326V1 F003V1 256V1 F017V1 401V1 401V2	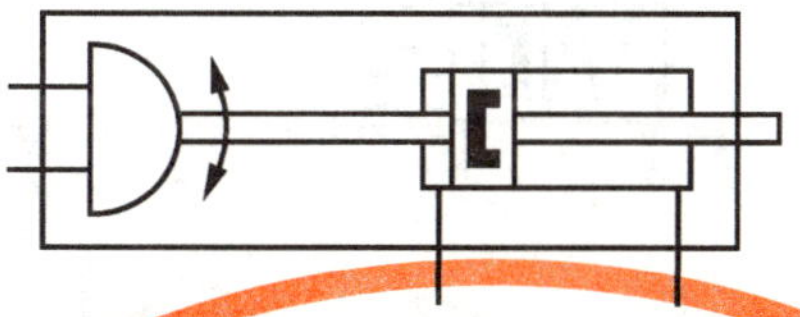	半回转线性驱动，永磁活塞双作用缸
7.3.17	X11630 101V17 101V14 F009V1 326V1 F065V1 401V2		永磁活塞双作用夹具
7.3.18	X11640 101V17 101V14 F009V1 326V1 F065V1 401V2	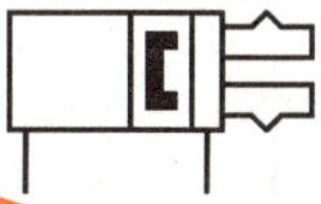	永磁活塞双作用夹具
7.3.19	X11650 101V17 101V14 F009V1 326V1 F065V1 2002V4 401V2		永磁活塞单作用夹具

	注册号	图　　形	描　　述
7.3.20	X11660 101V17 101V14 F009V1 326V1 F065V1 2002V4 401V2		永磁活塞单作用夹具
7.4　附件			
7.4.1　连接和管接头			
7.4.1.1	X11670 501V1 452V1		软管总成
7.4.1.2	X11680 F036V1 RF004	 1 2 3　1 2 3	三通旋转接头
7.4.1.3	X11690 2162V1 2172V1		不带单向阀的快换接头，断开状态
7.4.1.4	X11700 2162V1 2163V1 2172V1		带单向阀的快换接头，断开状态
7.4.1.5	X11710 2162V1 2163V1 2172V1	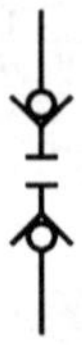	带双单向阀的快换接头，断开状态

	注册号	图　形	描　述
7.4.1.6	X11720 2162V1 2172V1		不带单向阀的快换接头，连接状态
7.4.1.7	X11730 2162V1 2163V1 2172V1		带单向阀的快换接头，连接状态
7.4.1.8	X11740 2162V1 2163V1 2172V1		带双单向阀的快换接头，连接状态
7.4.2　**电气装置**			
7.4.2.1	X11750 101V5 F050V1 2002V1 201V2 401V2		可调节的机械电子压力继电器
7.4.2.2	X11760 753V1 F045V1 F048V1 201V1 401V1 401V2	P	输出开关信号，可电子调节的压力转换器
7.4.2.3	X11770 753V1 F045V1 234V1 401V2	P	模拟信号输出压力传感器

	注册号	图形	描述
7.4.2.4	X11780 101V2 F047V1		压电控制机构
7.4.3 测量仪和指示器			
7.4.3.1	X11790 101V6 148V1 F056V1		光学指示器
7.4.3.2	X11800 101V6 235V1 148V1	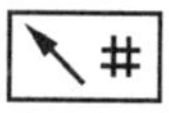	数字式指示器
7.4.3.3	X11810 101V6 148V1 F057V1		声音指示器
7.4.3.4	X11820 F002V1 148V1 401V2		压力测量仪表(压力表)
7.4.3.5	X11830 F002V1 148V1 401V2		压差计
7.4.3.6	X11840 F002V1 148V1 402V5 685V1 401V2	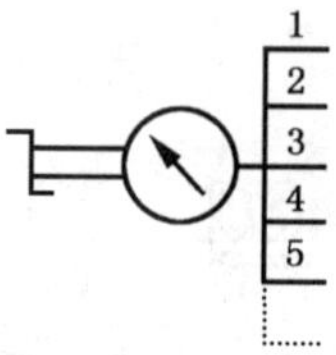 1 2 3 4 5	带选择功能的压力表

	注册号	图　　形	描　　述
7.4.3.7	X11950 101V6 F059V1 F050V1	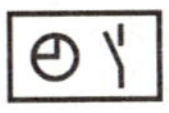	开关式定时器
7.4.3.8	X11960 101V5 F060V1		计数器
7.4.4　过滤器和分离器			
7.4.4.1	X11980 101V15 F061V1 401V2		过滤器
7.4.4.2	X12010 101V15 F061V1 101V6 148V1 F056V1 401V2	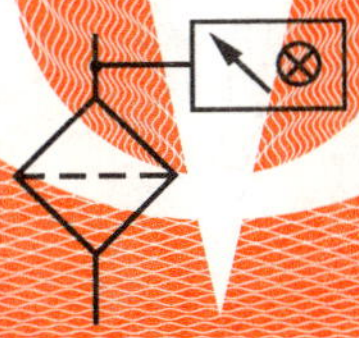	带光学阻塞指示器的过滤器
7.4.4.3	X12020 101V15 F061V1 F002V1 148V1 422V1 401V2	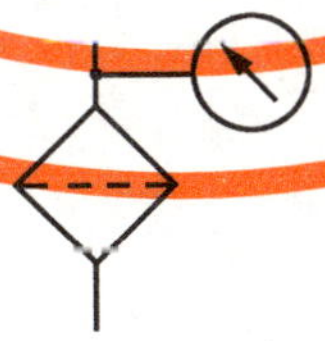	带压力表的过滤器
7.4.4.4	X12030 101V15 F061V1 2031V1 501V1 401V1	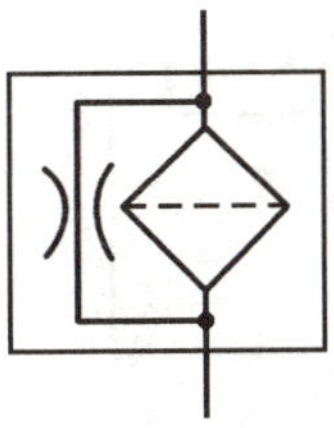	旁路节流过滤器

	注册号	图　形	描　述
7.4.4.5	X12040 101V15 F061V1 2002V1 2162V1 2163V1 501V1 401V1	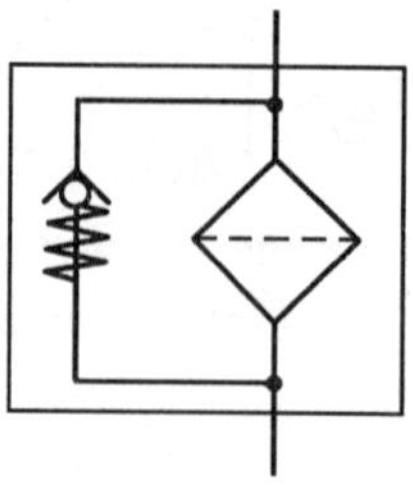	带旁路单向阀的过滤器
7.4.4.6	X12050 101V15 F061V1 2002V1 2162V1 2163V1 501V1 101V6 148V1 235V1 401V1	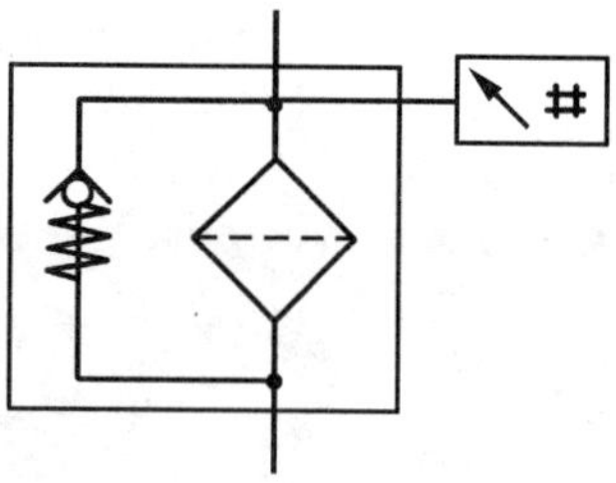	带旁路单向阀和数字显示器的过滤器
7.4.4.7	X12060 101V15 F061V1 2002V1 2162V1 2163V1 501V1 101V6 148V1 235V1 401V1 101V5 F050V1 422V1	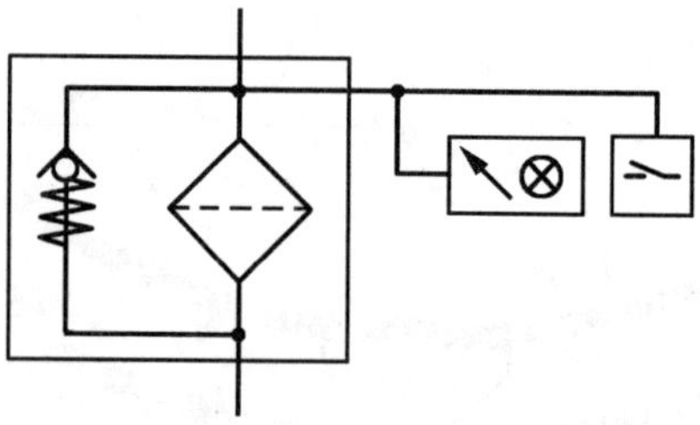	带旁路单向阀、光学阻塞指示器与电气触点的过滤器
7.4.4.8	X12070 101V15 F061V1 101V6 148V1 F056V1 401V2	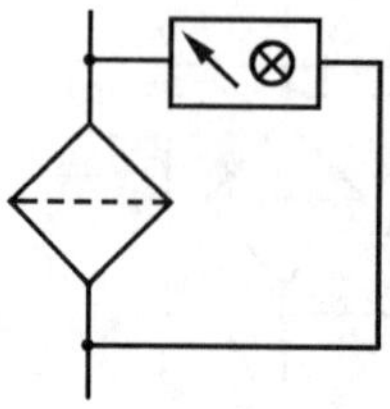	带光学压差指示器的过滤器

	注册号	图　形	描　述
7.4.4.9	X12080 101V15 F061V1 F002V1 148V1 422V1 401V2 101V5 F050V1	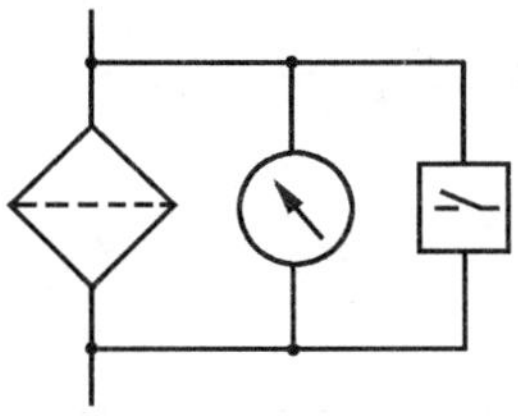	带压差指示器与电气触点的过滤器
7.4.4.10	X12090 101V15 F066V1 401V2	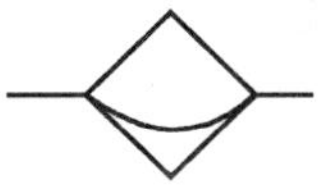	离心式分离器
7.4.4.11	X12100 101V15 F062V1 F064V1 401V2	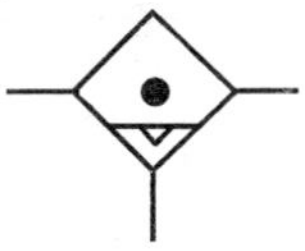	自动排水聚结式过滤器
7.4.4.12	X12110 101V15 F062V1 F064V1 101V6 148V1 F056V1 401V2	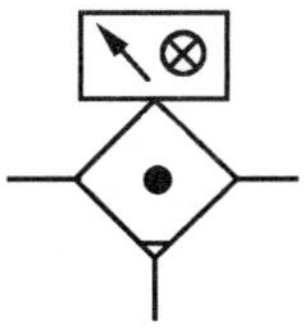	带手动排水和阻塞指示器的聚结式过滤器
7.4.4.13	X12120 101V15 F074V1 242V1 F028V1 401V1 401V2		双相分离器

	注册号	图　　形	描　　述
7.4.4.14	X12130 101V15 F074V1 241V1 F063V1 401V1 401V2		真空分离器
7.4.4.15	X12140 101V15 F074V1 242V1 401V1 401V2		静电分离器
7.4.4.16	X12150 101V15 F064V1 422V1 101V7 F026V1 422V3 2002V1 201V2 401V1	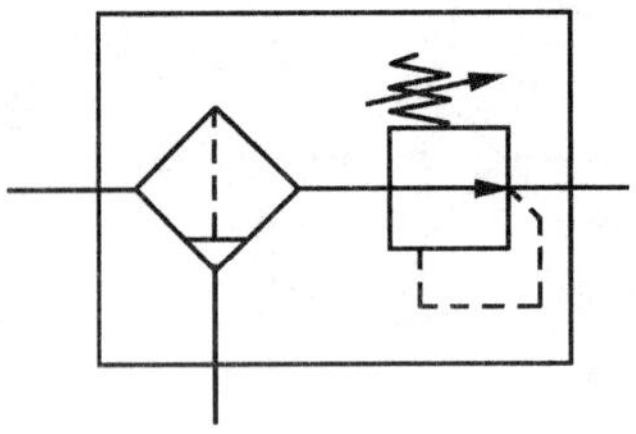	不带压力表的手动排水过滤器,手动调节,无溢流
7.4.4.17	X12160 101V15 F064V1 422V1 101V7 F028V1 422V4 2174V1 2002V1 201V2 501V1 F002V1 148V1 401V1 422V1 401V	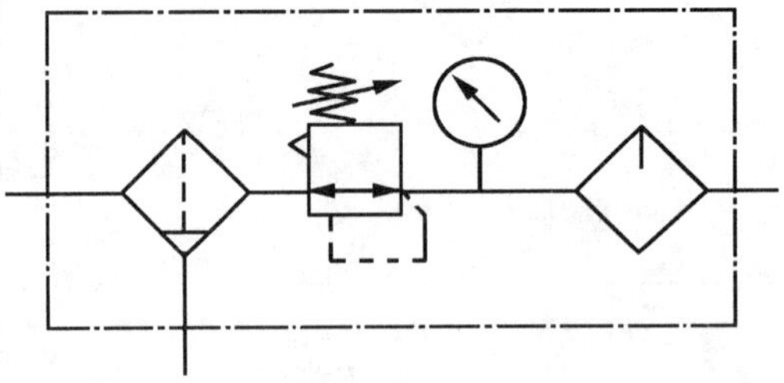 	气源处理装置,包括手动排水过滤器、手动调节式溢流调压阀、压力表和油雾器。 上图为详细示意图,下图为简化图

	注册号	图　形	描　述
7.4.4.18	X12170 101V15 422V1 F037V1 401V1	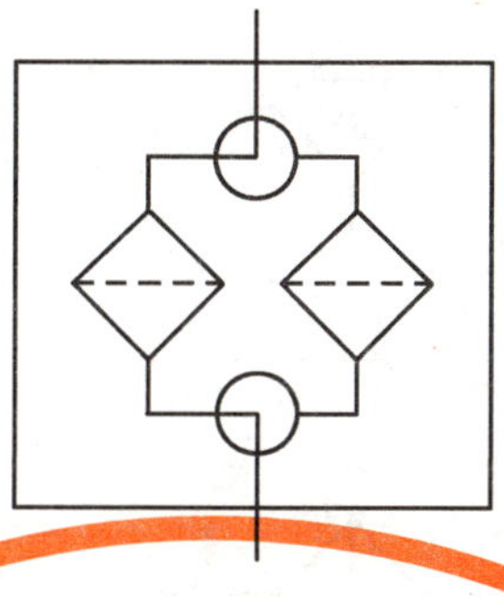	带手动切换功能的双过滤器
7.4.4.19	X12180 101V15 F064V1 401V2		手动排水流体分离器
7.4.4.20	X12190 101V15 F064V1 422V1 401V2	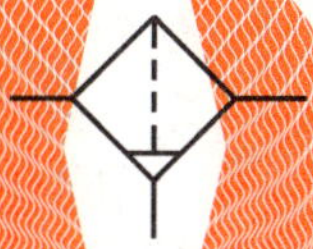	带手动排水分离器的过滤器
7.4.4.21	X12200 101V15 F065V1 401V2	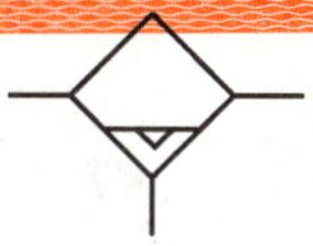	自动排水流体分离器
7.4.4.22	X12210 101V15 2061V1 401V1 401V2	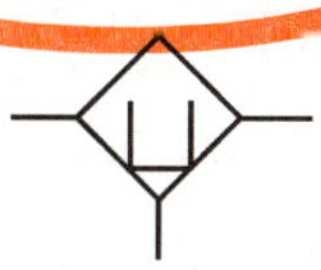	吸附式过滤器
7.4.4.23	X12220 101V15 422V1 401V2	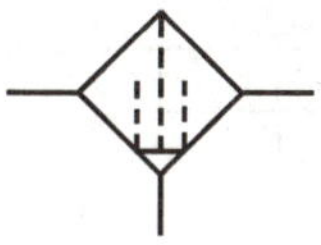	油雾分离器

	注册号	图形	描述
7.4.4.24	X12230 101V15 F074V1 401V2	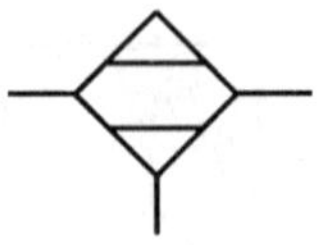	空气干燥器
7.4.4.25	X12240 101V15 401V1 401V2	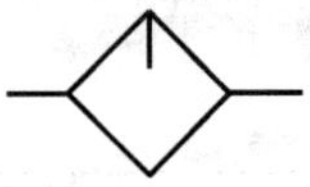	油雾器
7.4.4.26	X12250 101V15 F064V1 401V1 401V2	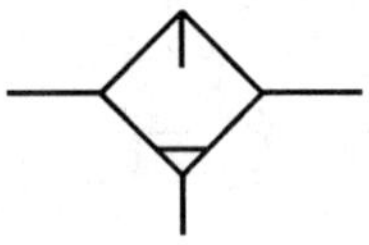	手动排水式油雾器
7.4.4.27	X12310 101V15 F064V1 401V1 401V2	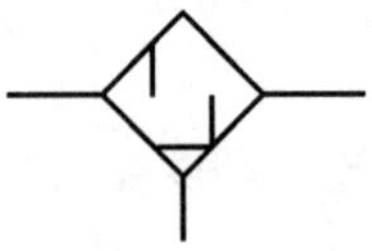	手动排水式重新分离器
7.4.5 **蓄能器(压力容器,气瓶)**			
7.4.5.1	X12370 F069V1 401V2	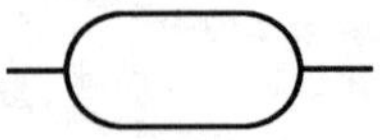	气罐
7.4.6 **真空发生器**			
7.4.6.1	X12380 101V1 2031V1 401V1	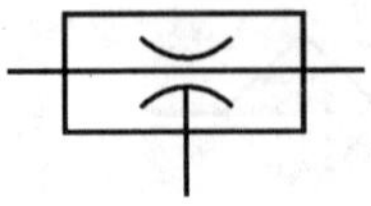	真空发生器

	注册号	图　　形	描　　述
7.4.6.2	X12390 2031V1 101V1 2162V1 2163V1 2002V1 401V2	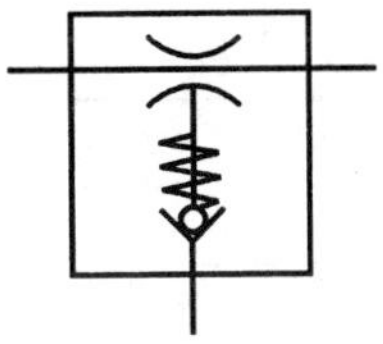	带集成单向阀的单级真空发生器
7.4.6.3	X12400 101V1 F022V1 2162V1 2163V1 501V1 401V1	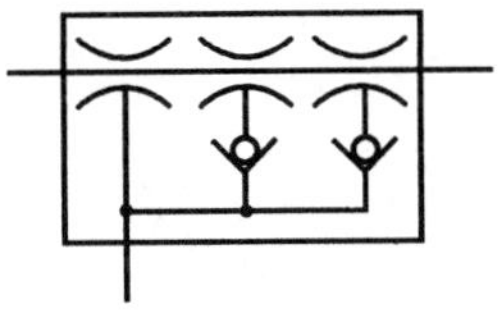	带集成单向阀的三级真空发生器
7.4.6.4	X12410 101V7 F027V1 101V2 212V1 202V1 2031V1 2162V1 2163V1 501V1 401V1 422V1	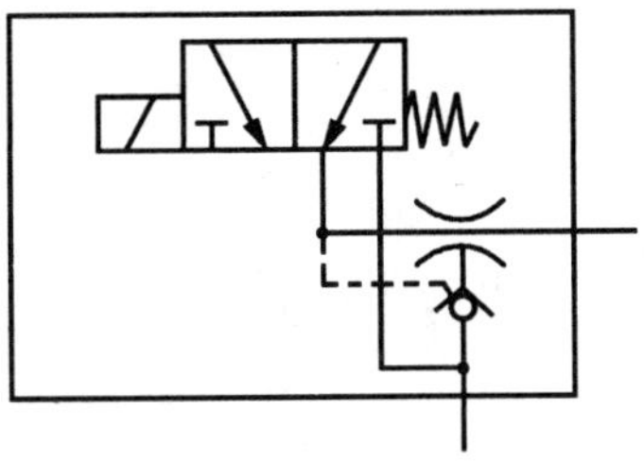	带放气阀的单级真空发生器
7.4.7　吸盘			
7.4.7.1	X12420 F073V1 2002V1 401V2	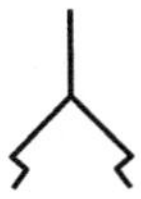	吸盘
7.4.7.2	X12430 F073V1 2162V1 2163V1 2002V1 401V2		带弹簧压紧式推杆和单向阀的吸盘

8 图形符号的基本要素			
8.1 线			
	注册号	图形	描述
8.1.1	401V1	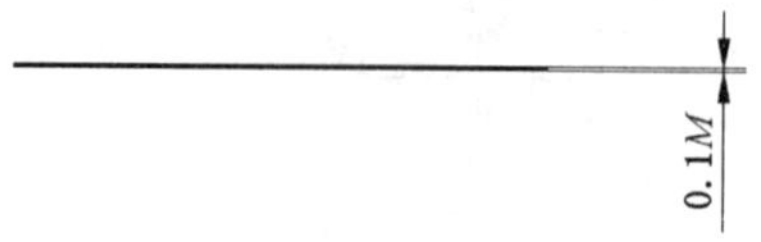 0.1M	供油管路,回油管路,元件外壳和外壳符号(见GB/T 4457.4、GB/T 17450、GB/T 18686)
8.1.2	422V1	 0.1M	内部和外部先导(控制)管路,泄油管路,冲洗管路,放气管路(见GB/T 4457.4、GB/T 17450、GB/T 18686)
8.1.3	F001V1	0.1M	组合元件框线(见GB/T 4457.4、GB/T 17450、GB/T 18686)
8.2 连接和管接头			
8.2.1	501V1	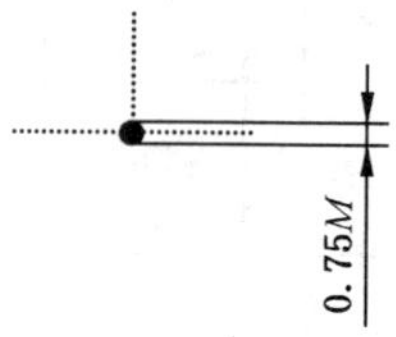 0.75M	两个流体管路的连接
8.2.2	501V2	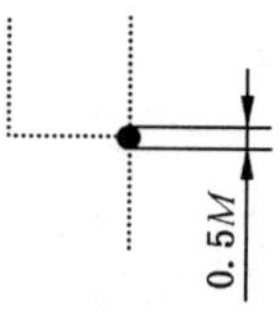 0.5M	两个流体管路的连接(在一个符号内表示)
8.2.3	401V2	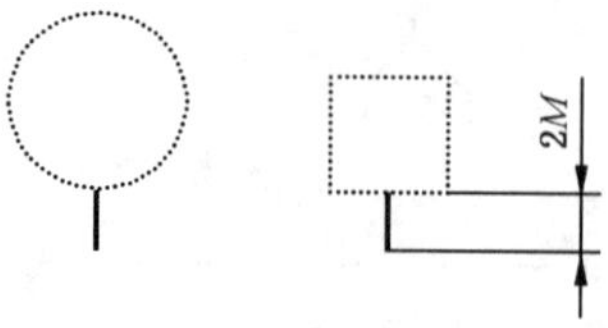 2M	接口
8.2.4	F035V1	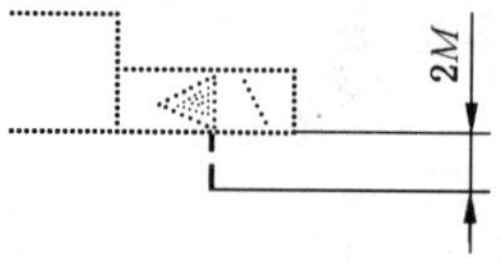 2M	控制管路或泄油管路接口

	注册号	图形	描述
8.2.5	422V2	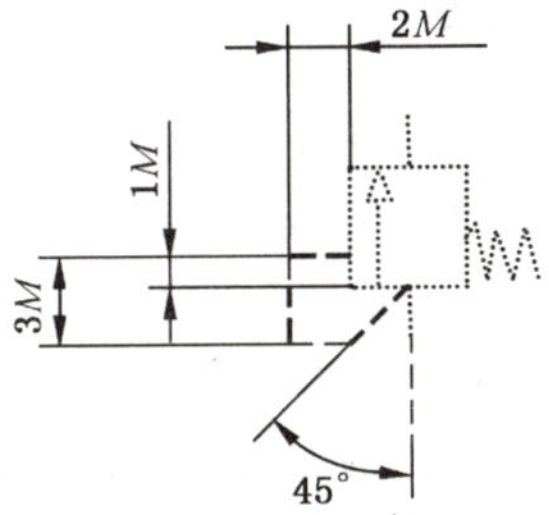	位于溢流阀内的控制管路
8.2.6	422V3	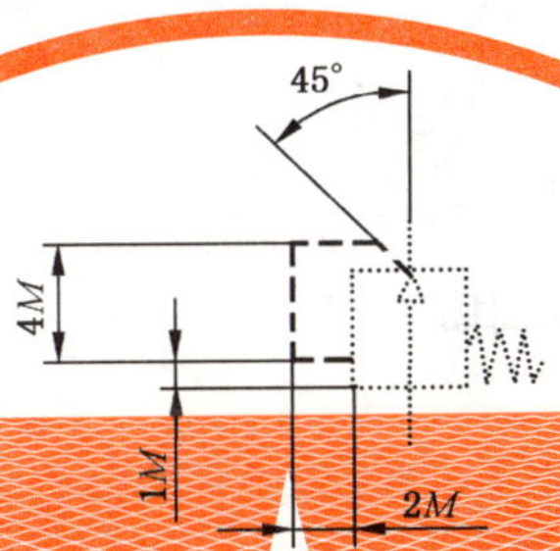	位于减压阀内的控制管路
8.2.7	422V4	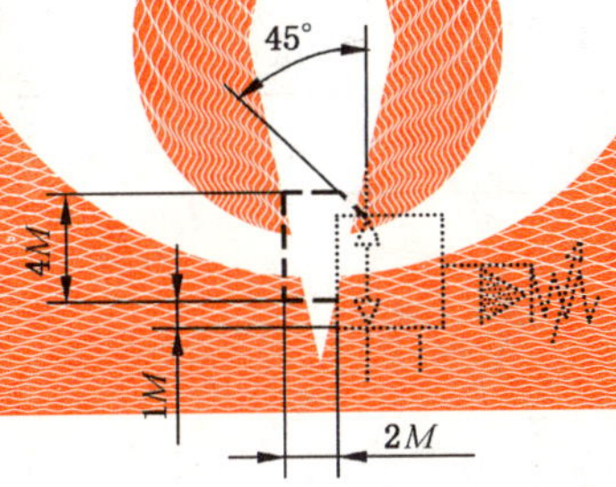	位于三通减压阀内的控制管路
8.2.8	452V1		软管管路
8.2.9	2172V1	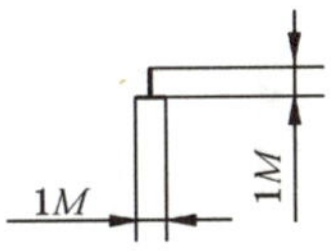	封闭管路或接口

	注册号	图　　形	描　　述
8.2.10	F038V1	1M 1M	液压管路内堵头
8.2.11	F036V1	1M 30° 3M 0.5M	旋转管接头
8.2.12	F037V1	3M	三向旋塞阀
8.3　**流路和方向指示**			
8.3.1	F026V1	4M	流体流过阀的路径和方向
8.3.2	F027V1	4M 2M	流体流过阀的路径和方向
8.3.3	F028V1	4M	流体流过阀的路径和方向
8.3.4	F029V1	4M 2M	流体流过阀的路径和方向

	注册号	图　　形	描　　述
8.3.5	F030V1	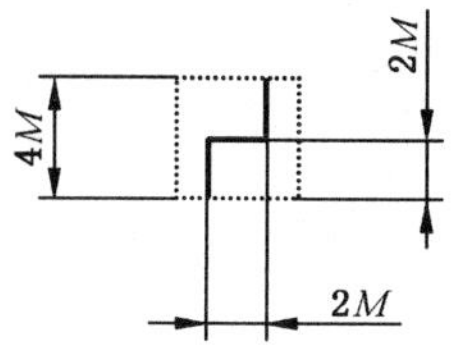 4M 2M 2M	阀内部的流动路径
8.3.6	F031V1	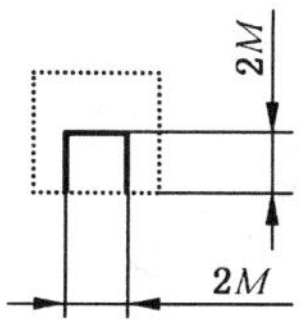 2M 2M	阀内部的流动路径
8.3.7	F032V1	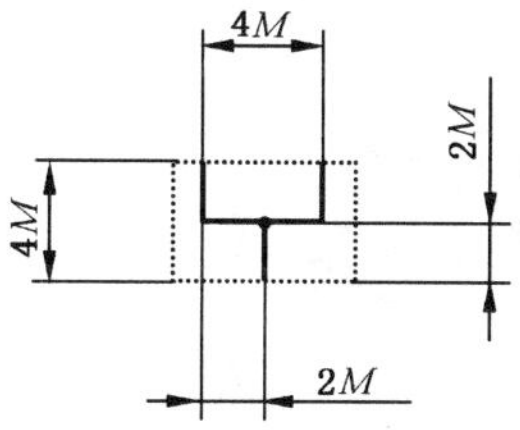 4M 4M 2M 2M	阀内部的流动路径
8.3.8	F033V1	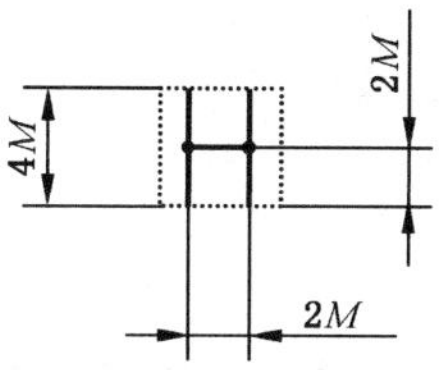 4M 2M 2M	阀内部的流动路径
8.3.9	F034V1	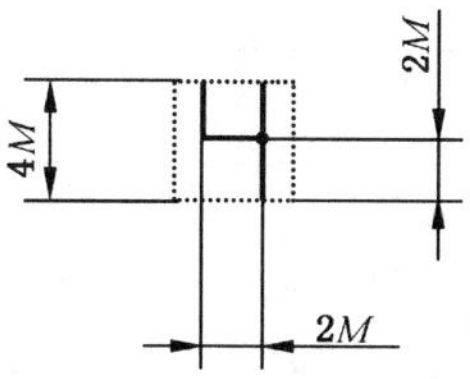 4M 2M 2M	阀内部的流动路径
8.3.10	242V1	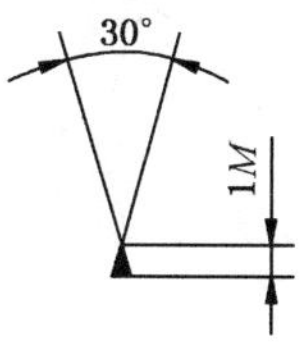 30° 1M	流体流动方向

	注册号	图　　形	描　　述
8.3.11	243V2	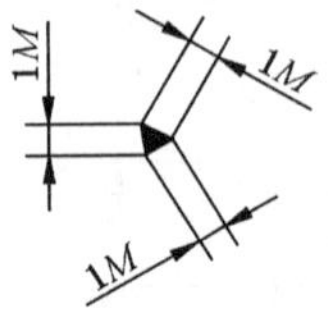 1M 1M 1M	液压力作用方向
8.3.12	243V1	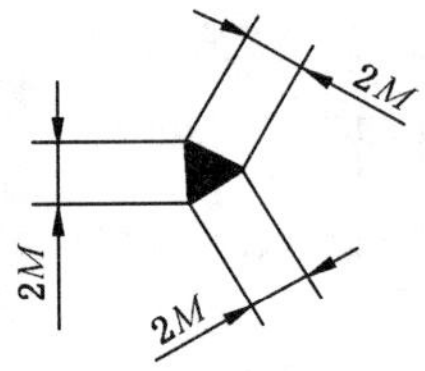 2M 2M 2M	液压力作用方向
8.3.13	244V2	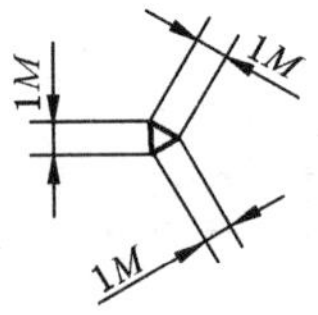 1M 1M 1M	气压力作用方向
8.3.14	244V1	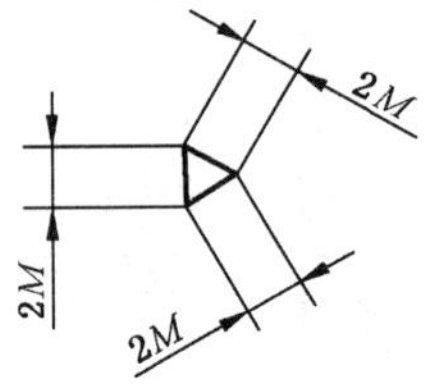 2M 2M 2M	气压力作用方向
8.3.15	241V1	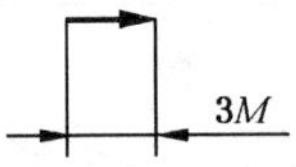 3M	线性运动的方向指示
8.3.16	245V1	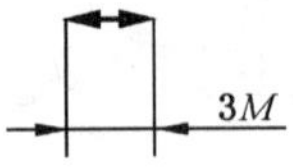 3M	线性运动的双方向指示
8.3.17	255V1	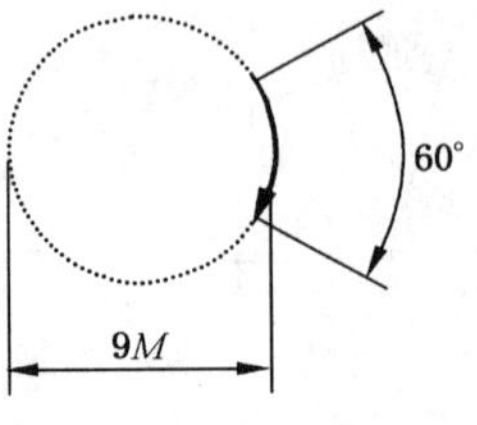 60° 9M	顺时针方向旋转指示箭头

	注册号	图　　形	描　　述
8.3.18	255V2	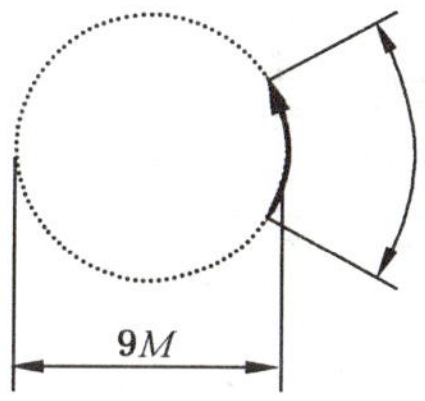 60° 9*M*	逆时针方向旋转指示箭头
8.3.19	256V1	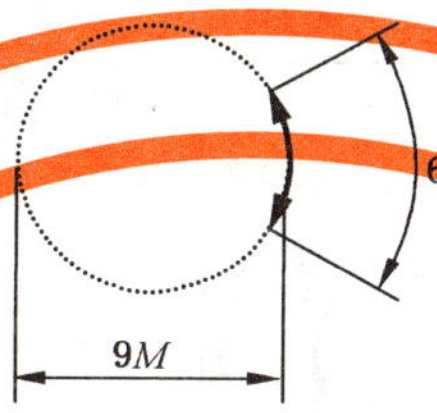 60° 9*M*	双方向旋转指示箭头
8.3.20	148V1	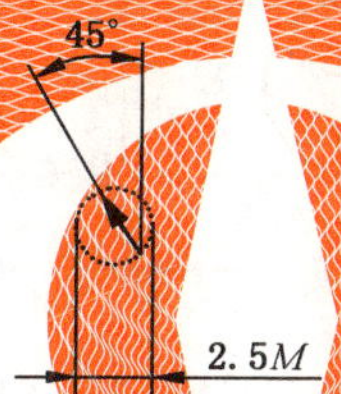 45° 2.5*M*	元件指示箭头，指示压力
8.3.21	F024V1	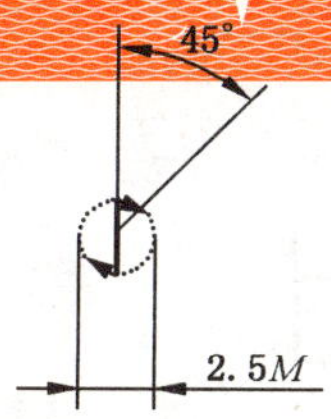 45° 2.5*M*	扭矩指示
8.3.22	F025V1	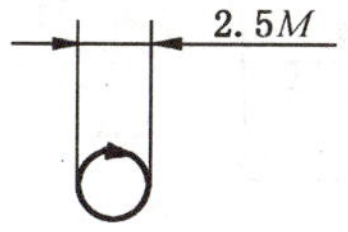 2.5*M*	速度指示
8.4　机械基本要素			
8.4.1	2163V2	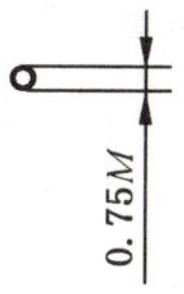 0.75*M*	单向阀运动部分，小规格

	注册号	图　　形	描　　述
8.4.2	2163V1	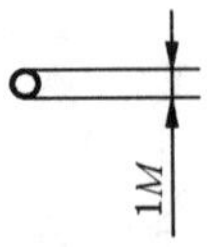 1M	单向阀运动部分，大规格
8.4.3	F002V1	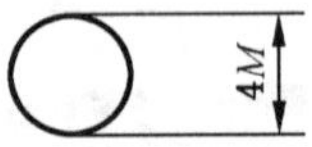 4M	测量仪表框线（控制元件，步进电机）
8.4.4	2065V1	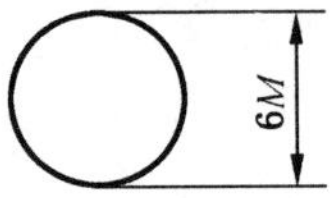 6M	能量转换元件框线（泵，压缩机，马达）
8.4.5	F003V1	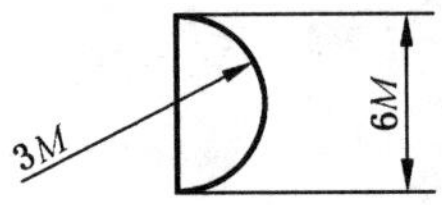 3M 6M	摆动泵或马达框线（旋转驱动）
8.4.6	101V21	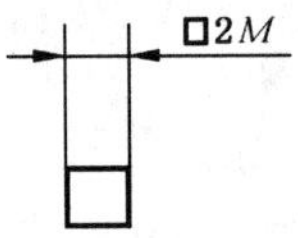 □2M	控制方法框线（简略表示），蓄能器重锤
8.4.7	101V5	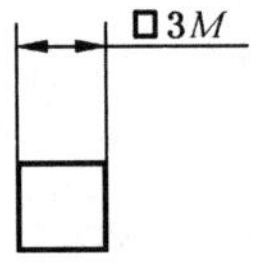 □3M	开关，变换器和其他器件框线
8.4.8	101V7	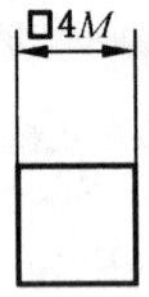 □4M	最多四个主油口阀的功能单元
8.4.9	101V12	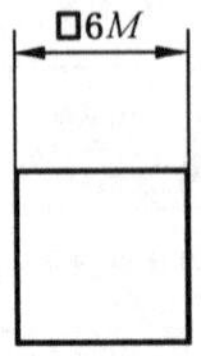 □6M	马达驱动部分框线（内燃机）

	注册号	图　形	描　述
8.4.10	101V15	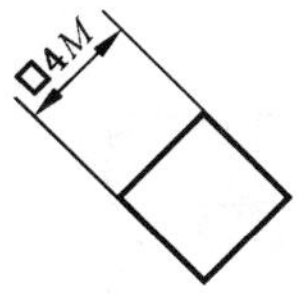	流体处理装置框线(过滤器,分离器,油雾器和热交换器)
8.4.11	101V2	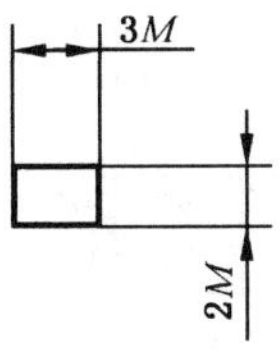	控制方法框线(标准图)
8.4.12	101V3	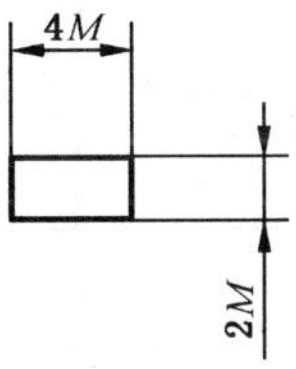	控制方法框线(拉长图)
8.4.13	101V6	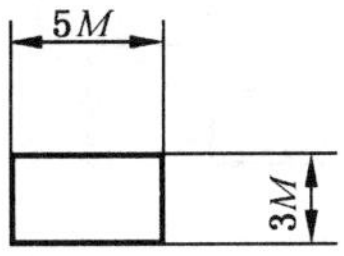	显示装置框线
8.4.14	101V8	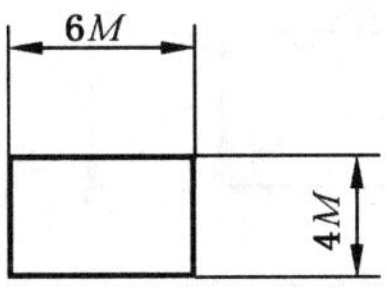	五个主油口阀的功能单元
8.4.15	101V16	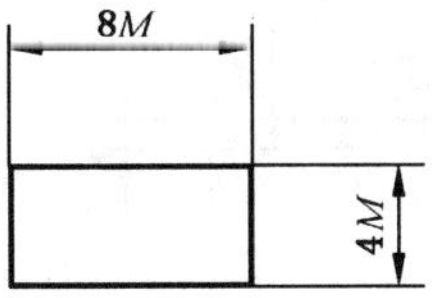	双压阀的功能单元("与"逻辑)
8.4.16	101V20	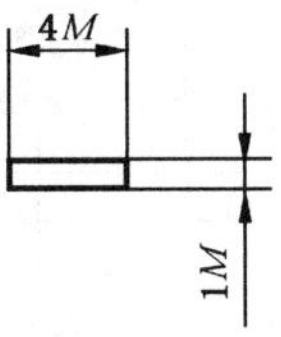	无杆缸支架

	注册号	图　形	描　述
8.4.17	101V1	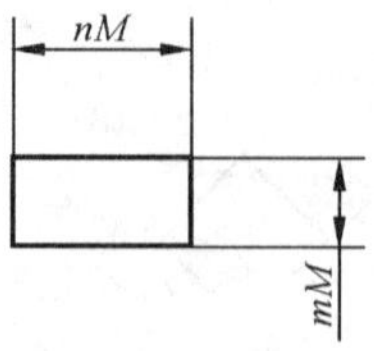 nM mM	功能单元
8.4.18	101V17	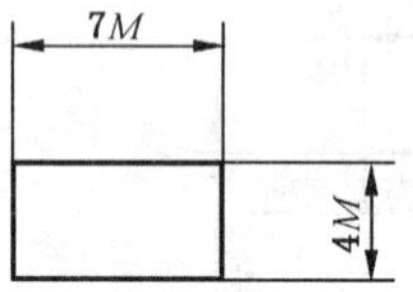 $7M$ $4M$	夹具框线
8.4.19	101V18	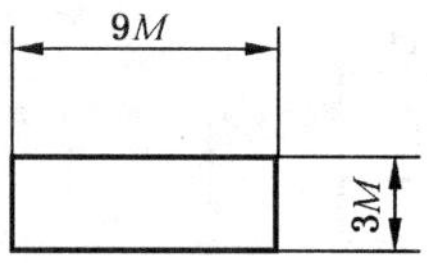 $9M$ $3M$	柱塞缸活塞杆
8.4.20	101V13	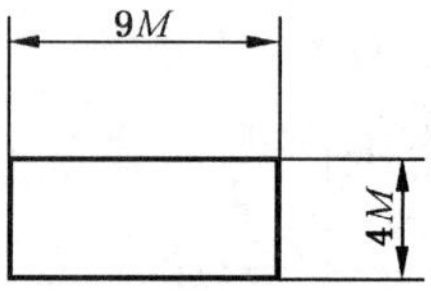 $9M$ $4M$	缸
8.4.21	101V22	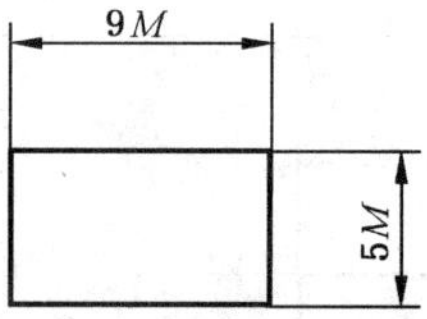 $9M$ $5M$	伸缩缸框线
8.4.22	F004V1	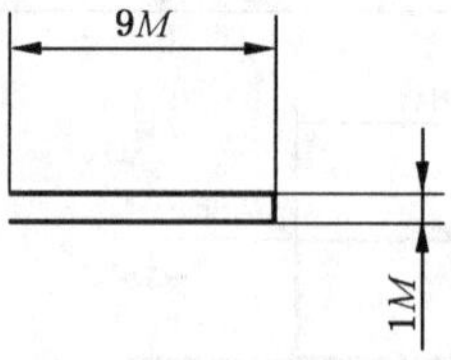 $9M$ $1M$	活塞杆
8.4.23	F004V2	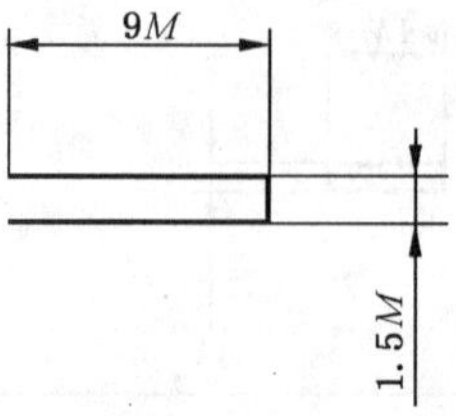 $9M$ $1.5M$	大直径活塞杆

	注册号	图　　形	描　　述
8.4.24	F004V3	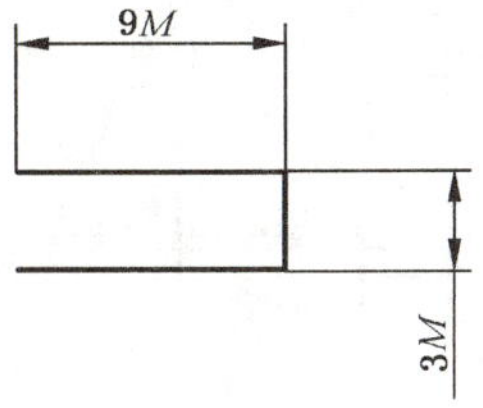 9M 3M	伸缩缸活塞杆
8.4.25	F005V1	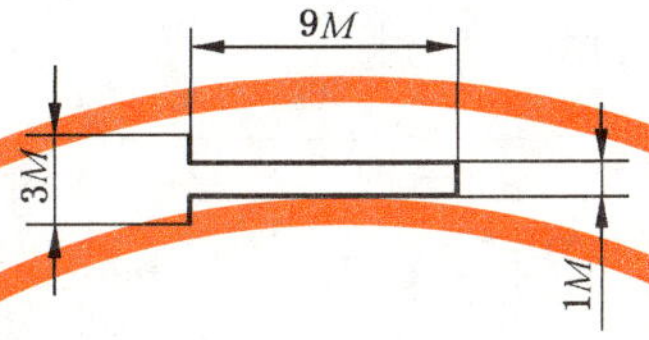 9M 3M 1M	双作用伸缩缸活塞杆
8.4.26	F005V2	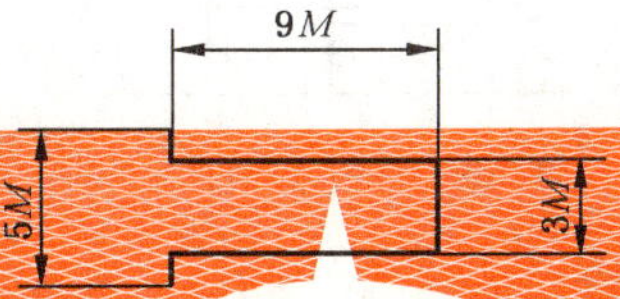 9M 5M 3M	双作用伸缩缸活塞杆
8.4.27	661V1	 1M 2M	要求独立控制元件解锁的锁定装置
8.4.28	326V1	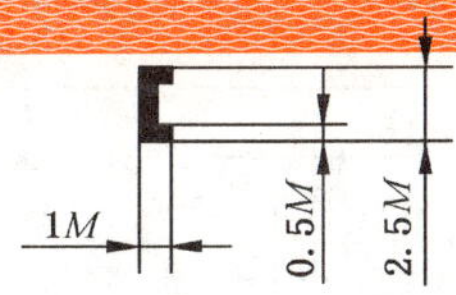 1M 0.5M 2.5M	永久磁铁
8.4.29	F006V1	 4M 5M	膜片活塞
8.4.30	F007V1	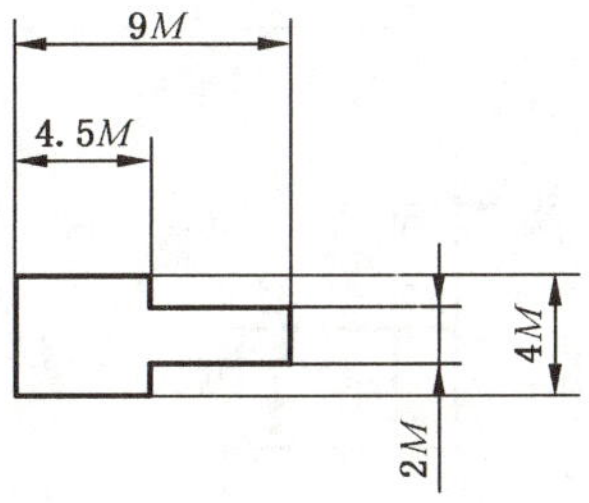 9M 4.5M 4M 2M	增压器壳体

	注册号	图　　形	描　　述
8.4.31	F008V1	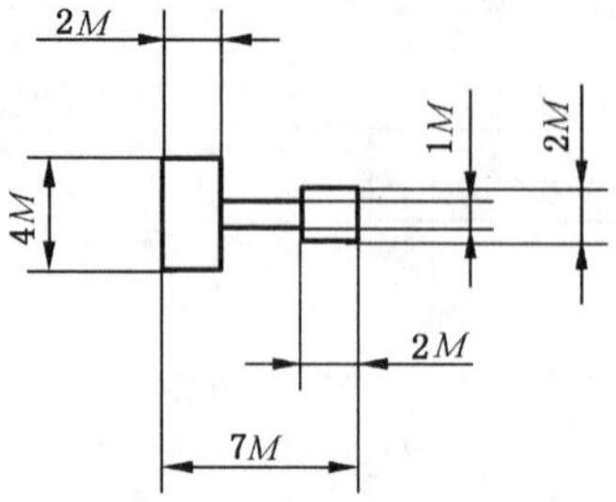 2M, 1M, 2M, 4M, 2M, 7M	增压器活塞
8.4.32	F009V1	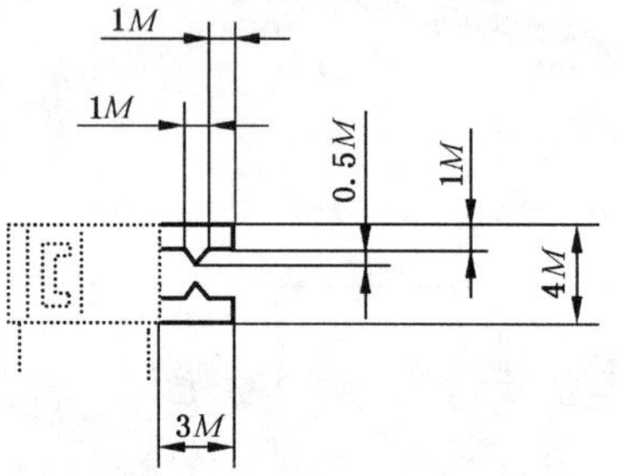 1M, 1M, 0.5M, 1M, 4M, 3M	外部夹具元件
8.4.33	F009V2	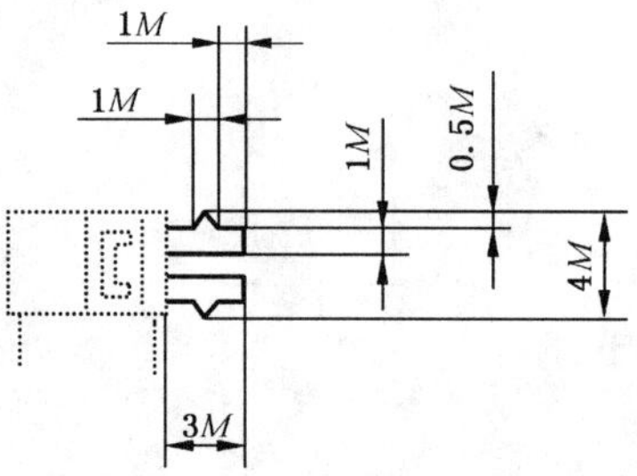 1M, 1M, 1M, 0.5M, 4M, 3M	内部夹具元件
8.4.34	2174V1	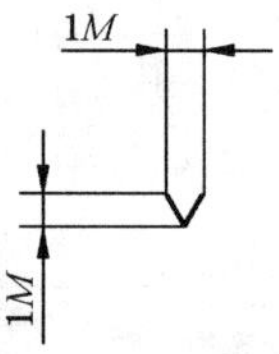 1M, 1M	无连接排气管
8.4.35	101V19	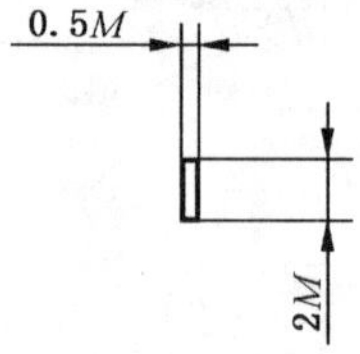 0.5M, 2M	缸内缓冲
8.4.36	101V14	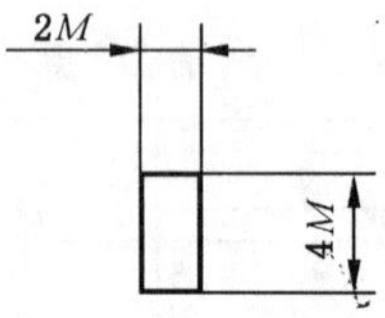 2M, 4M	缸的活塞

	注册号	图　　形	描　　述
8.4.37	101V9	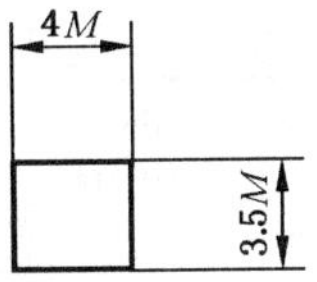 4M 3.5M	盖板式插装阀圆柱阀芯
8.4.38	101V10	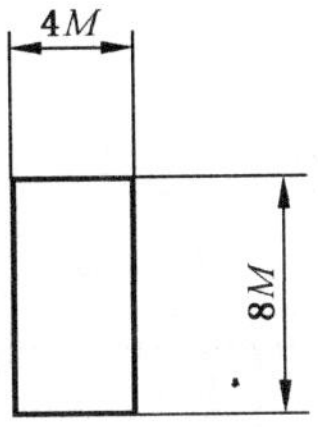 4M 8M	盖板式插装阀的嵌入式安装,滑阀结构
8.4.39	101V11	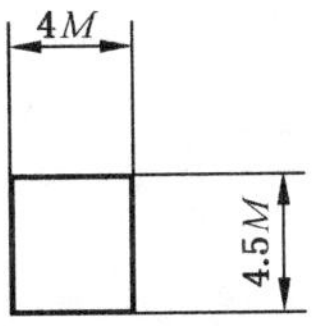 4M 4.5M	盖板式插装阀的圆柱阀芯，滑阀结构
8.4.40	F010V1	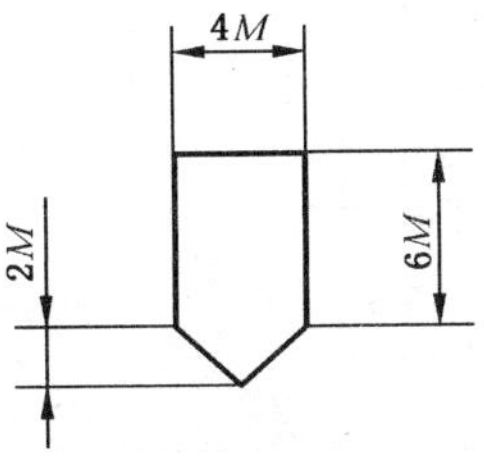 4M 2M 6M	盖板式插装阀安装区域
8.4.41	F011V1	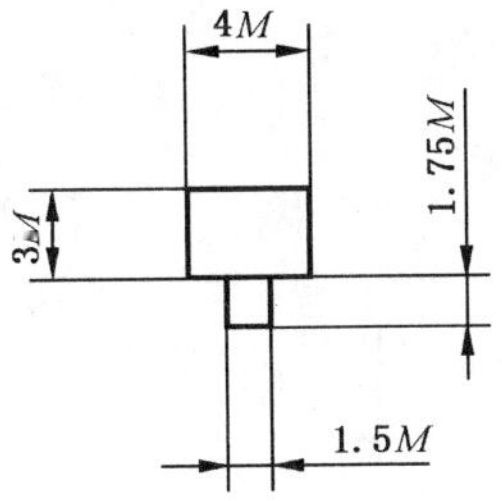 4M 3M 1.75M 1.5M	盖板式插装阀的圆柱阀芯,座阀结构
8.4.42	F012V1	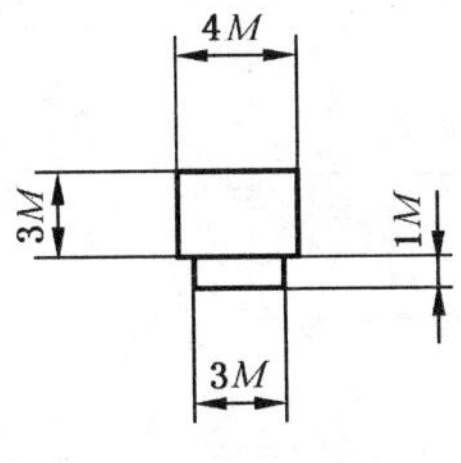 4M 3M 1M 3M	盖板式插装阀的圆柱阀芯,座阀结构

	注册号	图　形	描　述
8.4.43	F013V1	6M　5.5M　2M　2M　4M	盖板式插装阀的嵌入式安装，内置主动座阀结构
8.4.44	F014V1	6M　3.5M　1M　1.5M　1.75M　4M	盖板式插装阀的圆柱阀芯，内置主动座阀结构
8.4.45	F015V1	6M　4M　1M　4M	盖板式插装阀的活塞，内置主动座阀结构
8.4.46	F016V1	32M　n2M　14M　4M	无口控制盖，盖的最小高度尺寸为 4M，为实现功能扩展，盖子高度应该调整为 2M 的倍数
8.4.47	402V1	0.5M　3M	机械连接，轴，杆，机械反馈

	注册号	图　形	描　述
8.4.48	F017V1	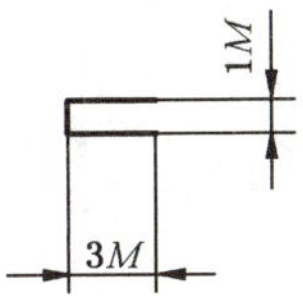 1M 3M	机械连接(轴,杆)
8.4.49	402V5	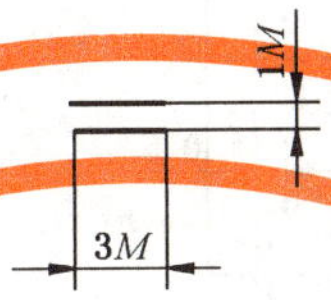 1M 3M	机械连接,轴,杆,机械反馈
8.4.50	F018V1	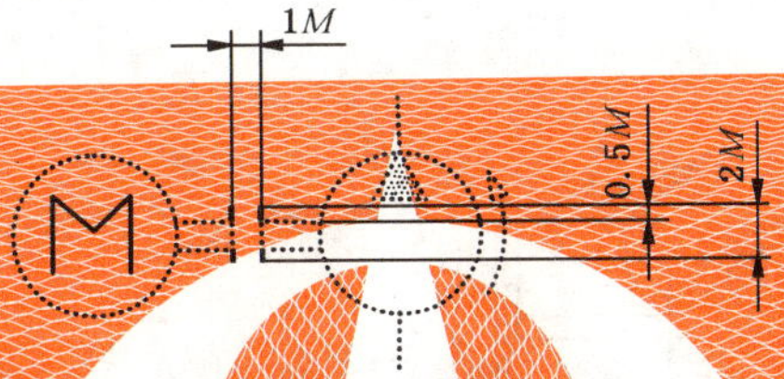 1M 0.5M 2M	轴连接
8.4.51	F019V2	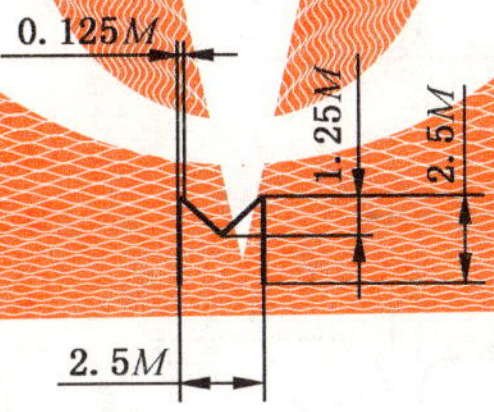 0.125M 1.25M 2.5M 2.5M	M表示马达,与符号为2065V1的元件连接
8.4.52	F023V1	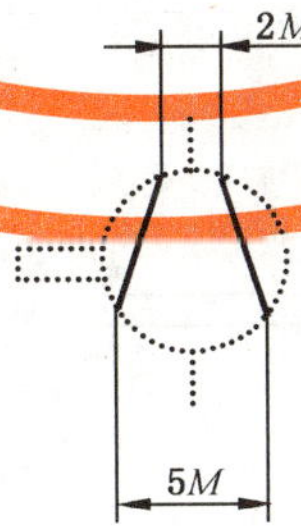 2M 5M	真空泵元件
8.4.53	2162V2	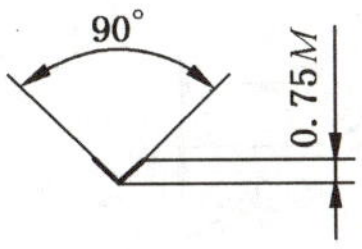 90° 0.75M	单向阀阀座,小规格

	注册号	图　　形	描　　述
8.4.54	2162V1	90° 1M	单向阀阀座，大规格
8.4.55	F020V1	2.5M 1M 0.5M 2.5M	机械行程限制
8.4.56	2031V21	0.8M 1M 1.5M	节流器（小规格）
8.4.57	2031V1	1M 3M 4.5M	流量控制阀，节流通道节流，取决于黏度
8.4.58	F021V1	0.6M 1M 0.5M	节流孔（小规格）
8.4.59	F022V1	1M 2M 1M	节流孔，锐边节流孔节流，很大程度取决于黏度

	注册号	图　　形	描　　述
8.4.60	2002V2	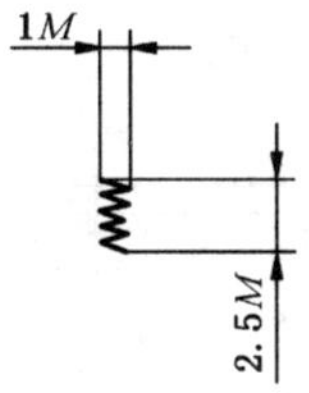 1M 2.5M	嵌入弹簧
8.4.61	2002V4	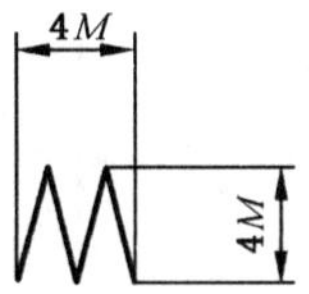 4M 4M	夹具弹簧
8.4.62	2002V3	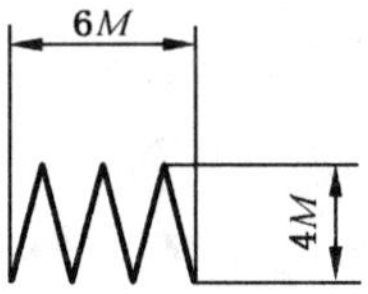 6M 4M	油缸弹簧
8.5　控制机构要素			
8.5.1	F039V1	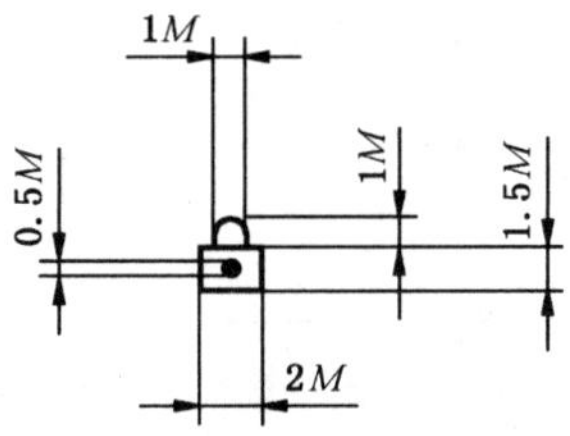 1M 0.5M 1M 1.5M 2M	锁定元件(锁)
8.5.2	402V2	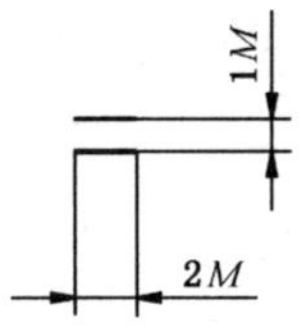 1M 2M	机械连接,轴,杆
8.5.3	402V3	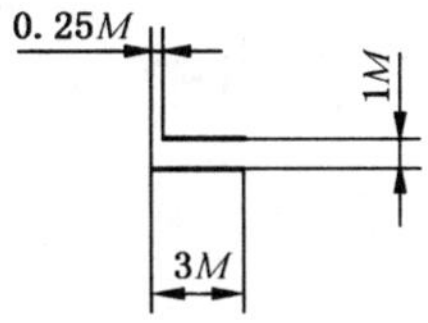 0.25M 1M 3M	机械连接,轴,杆

	注册号	图　　形	描　　述
8.5.4	402V4	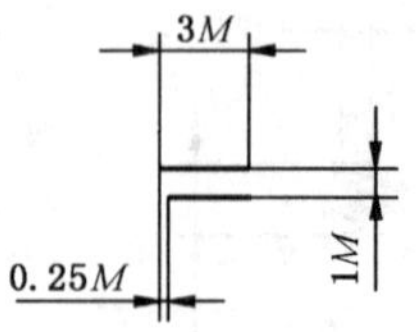 3M 0.25M 1M	机械连接,轴,杆
8.5.5	F040V1	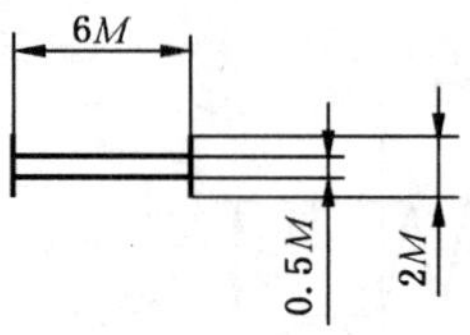 6M 0.5M 2M	双压阀的机械连接
8.5.6	655V1	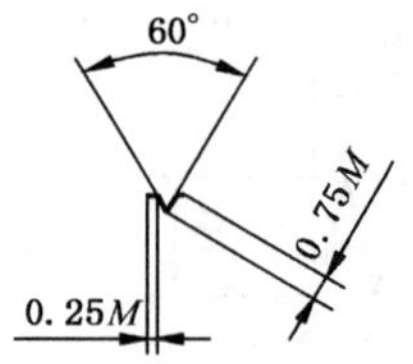 60° 0.75M 0.25M	定位机构
8.5.7	F041V1	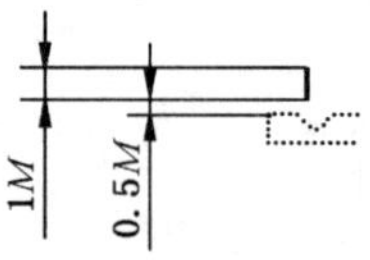 1M 0.5M	定位锁
8.5.8	658V1	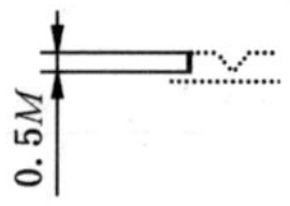 0.5M	非定位位置指示
8.5.9	681V2	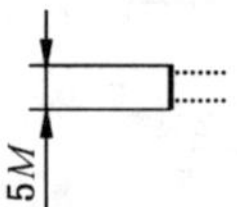 1.5M	手动控制元件
8.5.10	682V1	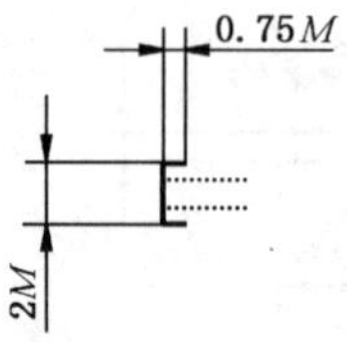 0.75M 2M	推力控制机构元件

	注册号	图形	描述
8.5.11	683V1	0.75*M* 2*M*	拉力控制机构元件
8.5.12	684V1	3*M* 2*M* 0.75*M* 1.5*M*	推拉控制机构元件
8.5.13	685V1	3*M* 2*M* 0.75*M* 1.5*M*	回转控制机构元件
8.5.14	686V1	3*M* 2*M*	控制元件:可动把手
8.5.15	687V1	3*M* 2*M* 1*M* 0.75*M* 20°	控制元件:匙

	注册号	图　　形	描　　述
8.5.16	688V1	3M 1M 4M 1M	控制元件:手柄
8.5.17	689V1	3M 2M 1M 0.5M	控制元件:踏板
8.5.18	690V1	3M 2M 1M 0.5M	控制元件:双向踏板
8.5.19	692V1	3M 2M 3M 0.5M 1M	控制机构限制装置

	注册号	图　形	描　述
8.5.20	711V1	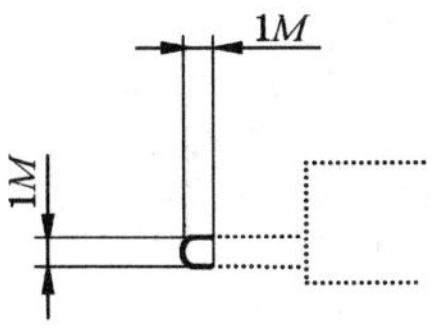	控制元件:活塞
8.5.21	2005V1	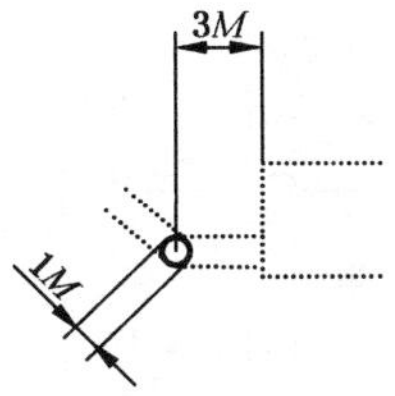	旋转节点连接
8.5.22	712V1	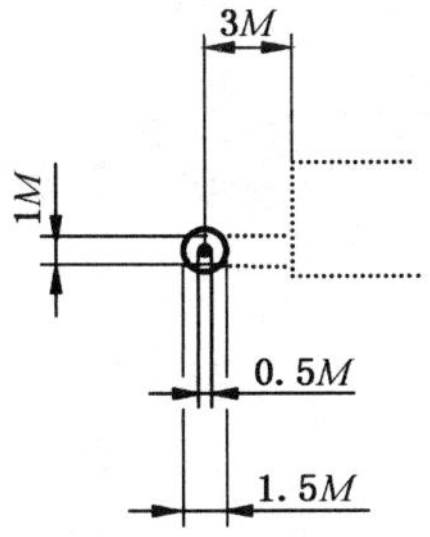	控制元件:滚轮
8.5.23	2002V1	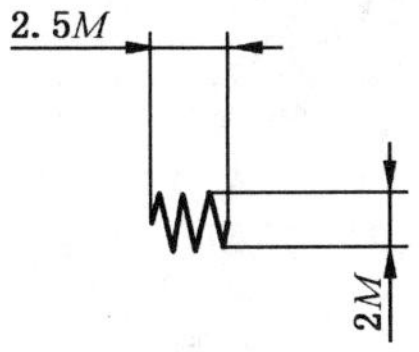	控制元件:弹簧
8.5.24	F042V1	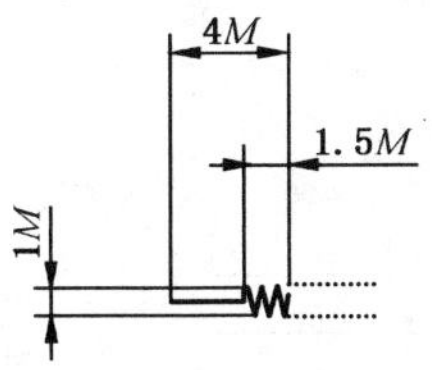	控制元件:带控制机构弹簧

	注册号	图　形	描　述
8.5.25	2177V1	1M 1M 1.5M 3M	不同尺寸的反向控制面积的直动机构
8.5.26	211V1	1M 0.5M 1.5M	步进可调符号
8.5.27	F019V2	1.5M 1.5M 0.75M	M 表示与符号为 F002V1 的元件连接的马达
8.5.28	F043V1	2M	液压增压直动机构(用于方向控制阀)
8.5.29	F044V1	2M	气压增压直动机构(用于方向控制阀)
8.5.30	212V1	1M 2M	控制元件:绕组,作用方向指向阀芯(电磁铁,力矩马达,力马达)

	注册号	图　　形	描　　述
8.5.31	212V2	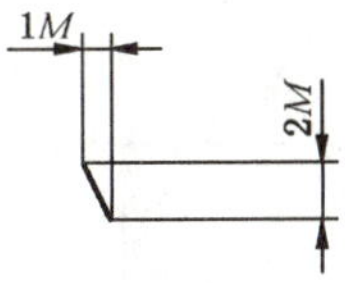	控制元件：绕组，作用方向背离阀芯（电磁铁，力矩马达，力马达）
8.5.32	212V4	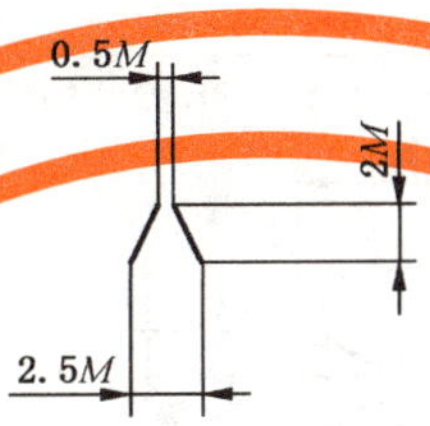	控制元件：双绕组，反方向作用
8.6　**调节要素**			
8.6.1	201V1	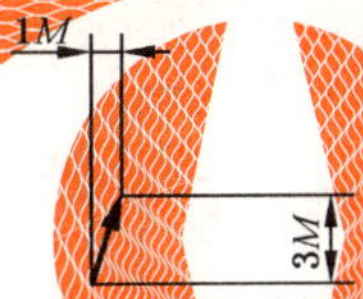	可调整，如行程限制
8.6.2	203V1	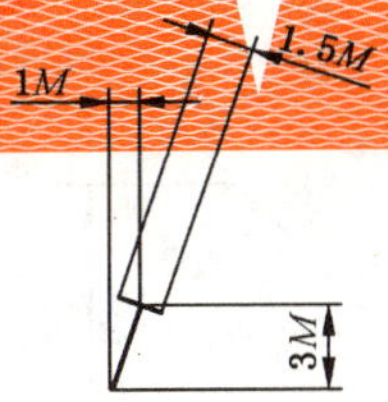	预设置，如行程限制
8.6.3	201V2	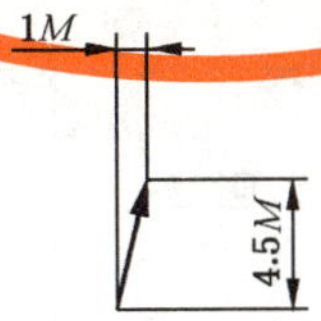	弹簧或比例电磁铁的可调整
8.6.4	201V3	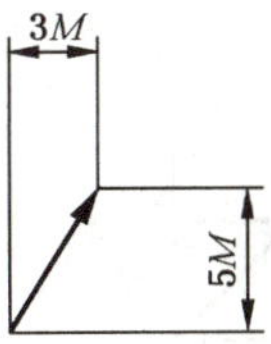	节流孔的可调整

	注册号	图　形	描　述
8.6.5	203V2	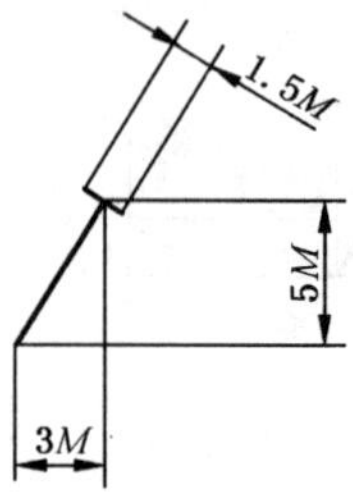	预设置,节流孔
8.6.6	201V4	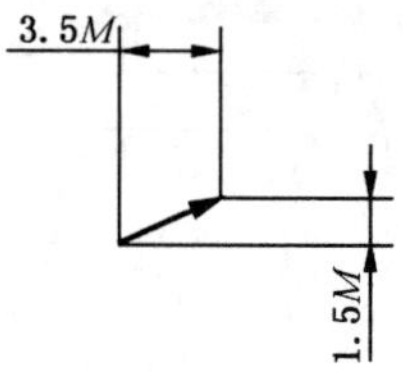	节流器的可调整
8.6.7	201V7	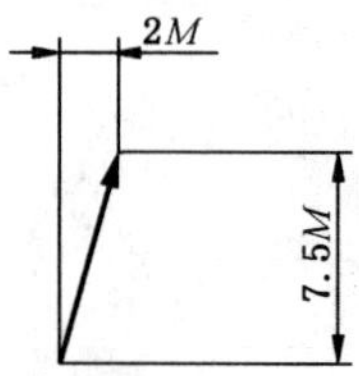	末端缓冲的可调整
8.6.8	201V5	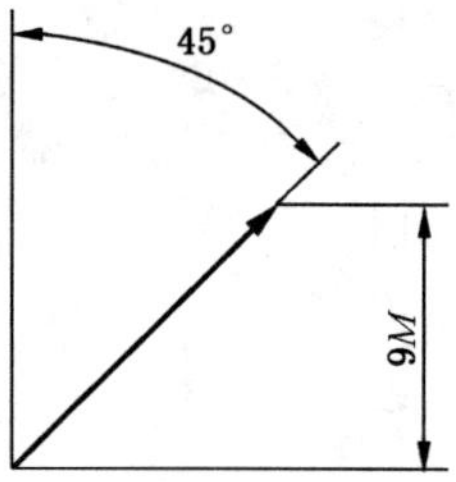	泵或马达的可调整
8.7　**附件**			
8.7.1	753V1	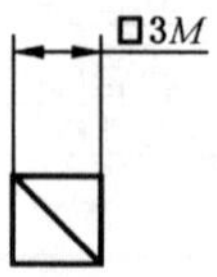	信号转换,常规,测量传感器
8.7.2	753V2	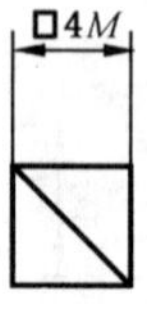	信号转换,常规,测量传感器

	注册号	图　　形	描　　述
8.7.3	F045V1		*—输入信号，**—输出信号
8.7.4	F046V1	*F*—流量； *G*—位置或长度测量； *L*—液位； *P*—压力或真空； *S*—速度或频率； *T*—温度； *W*—质量或力	输入信号
8.7.5	F047V1	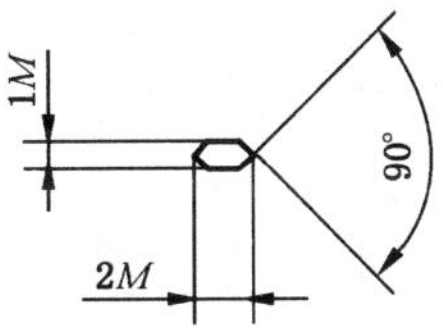	压电控制机构元件
8.7.6	435V1	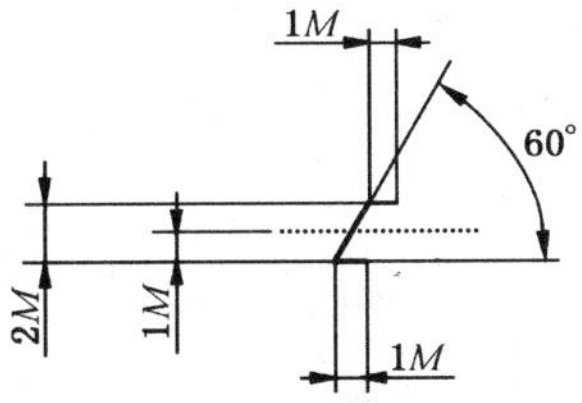	导线符号
8.7.7	F048V1	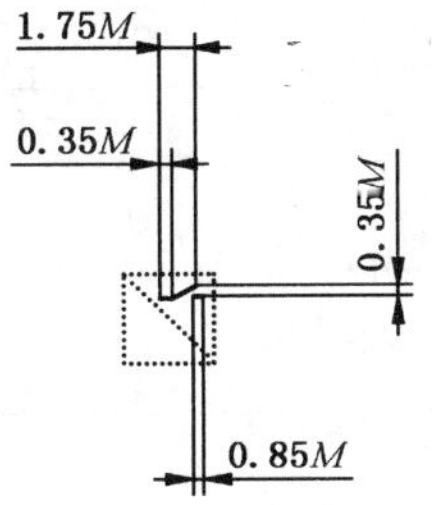	输出信号，电控开关
8.7.8	234V1	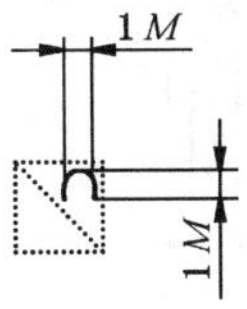	输出信号，电气模拟信号

	注册号	图　　形	描　　述
8.7.9	235V1		输出信号，电气数字信号
8.7.10	F049V1	1.75*M* 0.5*M* 0.4*M* 0.75*M* 0.5*M* 0.5*M*	电气接触，常开触点
8.7.11	F050V1	1.75*M* 0.5*M* 0.4*M* 0.5*M* 0.5*M*	电气接触，常闭触点
8.7.12	F051V1	1.75*M* 0.5*M* 0.4*M* 0.25*M* 0.5*M* 1*M* 0.5*M*	电气接触，开关触点
8.7.13	F052V1	0.4*M* 1.5*M* 1.5*M*	集成电子器件

	注册号	图　形	描　述
8.7.14	1103V1	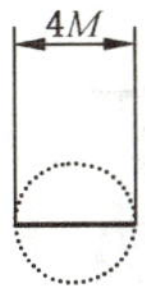 4M	液位指示
8.7.15	F053V1	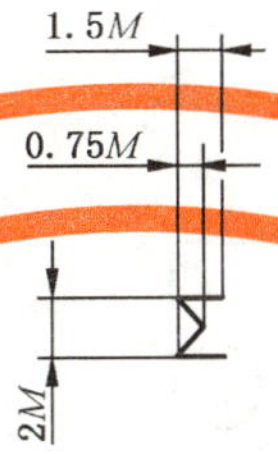 1.5M 0.75M 2M	加法器符号
8.7.16	F054V1	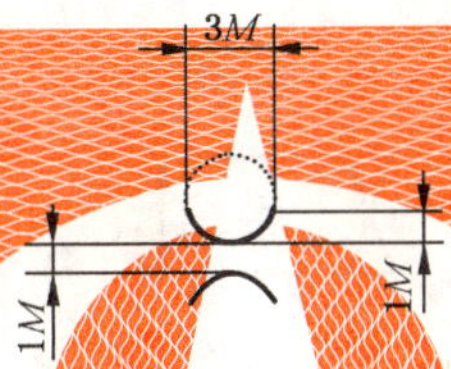 3M 1M 1M	流量指示
8.7.17	F055V1	 3M	温度指示
8.7.18	F056V1	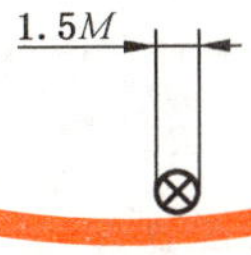 1.5M	光学指示器元件
8.7.19	F057V1	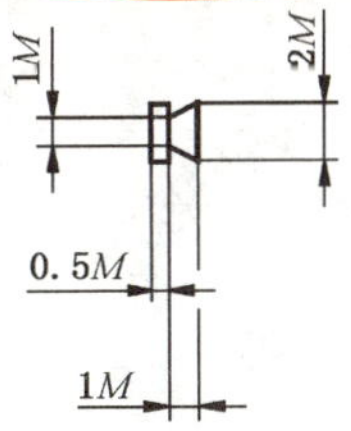 1M 2M 0.5M 1M	声音指示器元件
8.7.20	F058V1	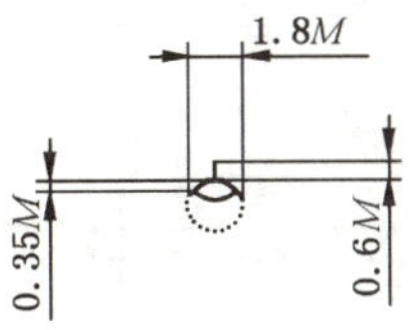 1.8M 0.35M 0.6M	浮子开关元件

	注册号	图　形	描　述
8.7.21	F059V1	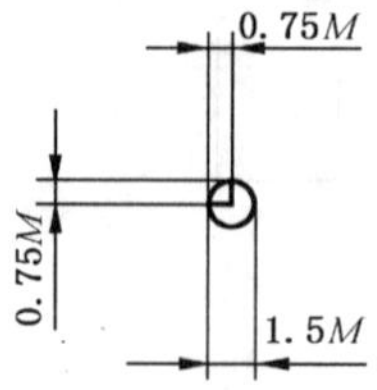 0.75M 0.75M 1.5M	时控单元元件
8.7.22	F060V1	 3M	计数器元件
8.7.23	2101V1	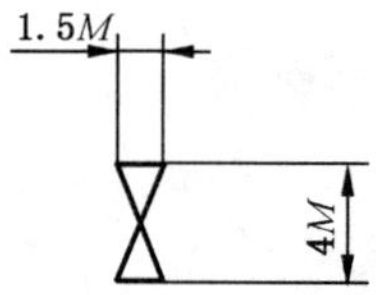 1.5M 4M	截止阀
8.7.24	F061V1	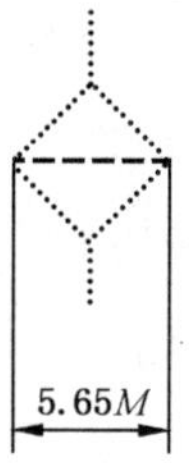 5.65M	过滤器元件
8.7.25	F062V1	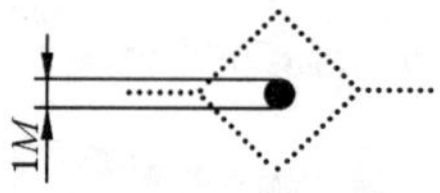 1M	过滤器聚结功能
8.7.26	F063V1	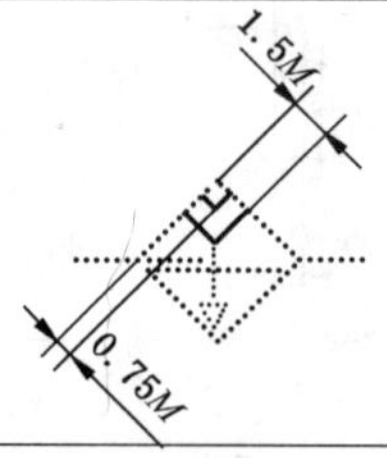 1.5M 0.75M	过滤器真空功能
8.7.27	F064V1	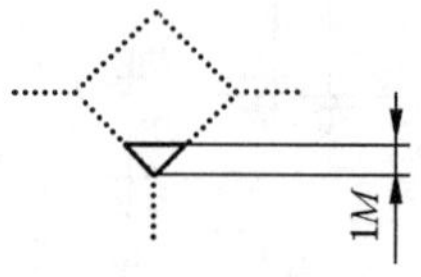 1M	流体分离器元件，手动排水

	注册号	图　　形	描　　述
8.7.28	F074V1	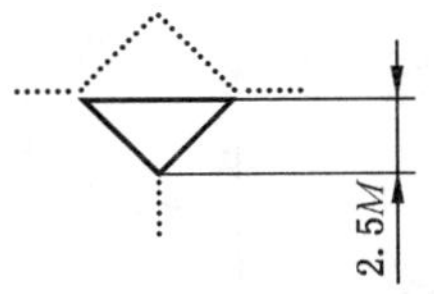 2.5M	分离器元件
8.7.29	F065V1	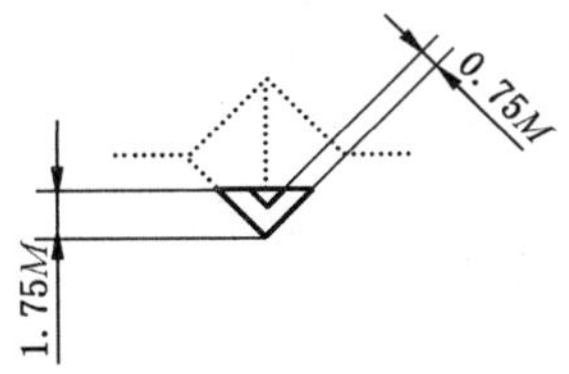 0.75M 1.75M	自动流体分离器元件
8.7.30	F066V1	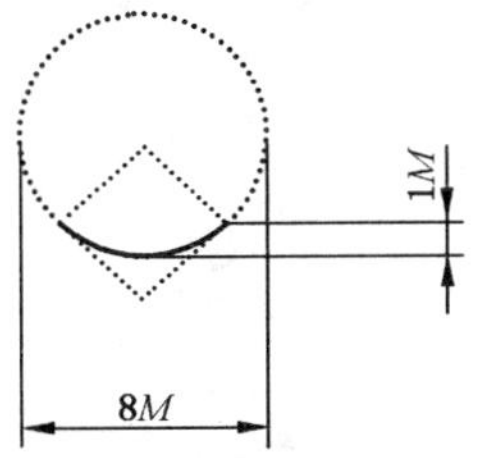 1M 8M	离心式过滤器元件
8.7.31	F067V1	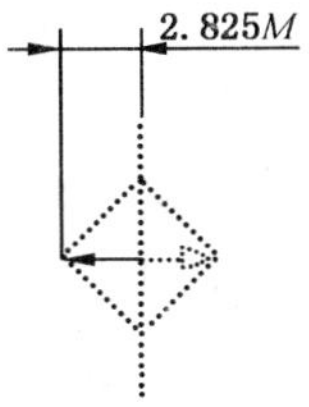 2.825M	热交换元件
8.7.32	F068V1	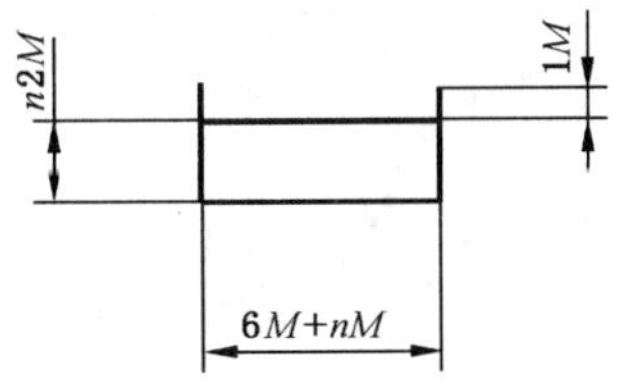 n2M 1M 6M+nM	有盖油箱
8.7.33	2061V1	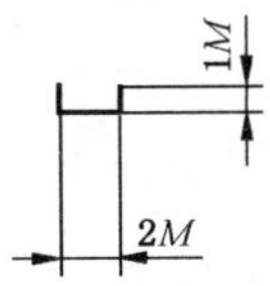 1M 2M	回到油箱

	注册号	图　　形	描　　述
8.7.34	F069V1	8M 4M	元件： —压力容器， —压缩空气储气罐，蓄能器， —气瓶，纹波管执行器，软管气缸
8.7.35	F070V1	2M 2M 2M 4M	气压源
8.7.36	F071V1	2M 2M 2M 4M	液压源
8.7.37	2033V1	4M 1M 2M	消音器
8.7.38	F072V1	1M 0.5M 2M	风扇
8.7.39	F073V1	0.75M 3M 2M 0.75M 4M	吸盘

9 应用规则			
9.1 常规符号			
	注册号	图形	描述
9.1.1	RF001	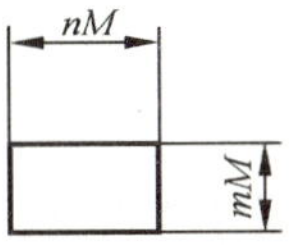 nM mM	功能单元大小可能会随需要而改变
9.1.2	RF002	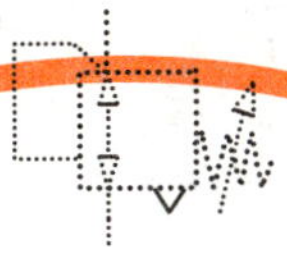	当功能需要时，无连接排气口应当标明
9.1.3	RF003	 $1M$ $1M$	元件应中心位置放置且与相应符号有 $1M$ 间隔
9.2 阀			
9.2.1	RF004	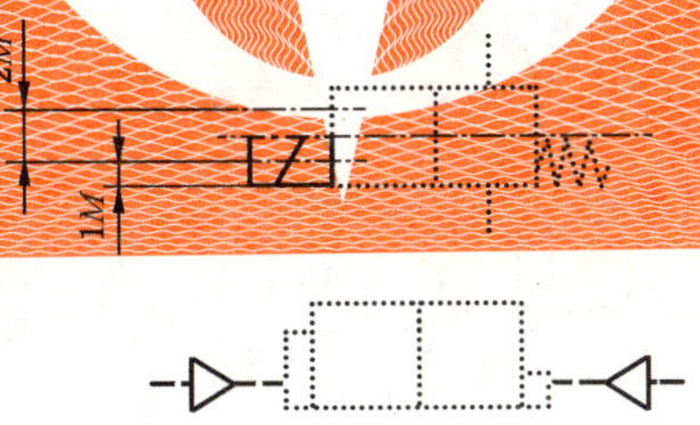 $2M$ $1M$	控制机构中心线位于长方形或正方形底边之上 $1M$。 平行作动的附加控制机构中心线为 $2M$ 间距，在功能部件底边之下不能有突出
9.2.2	RF005	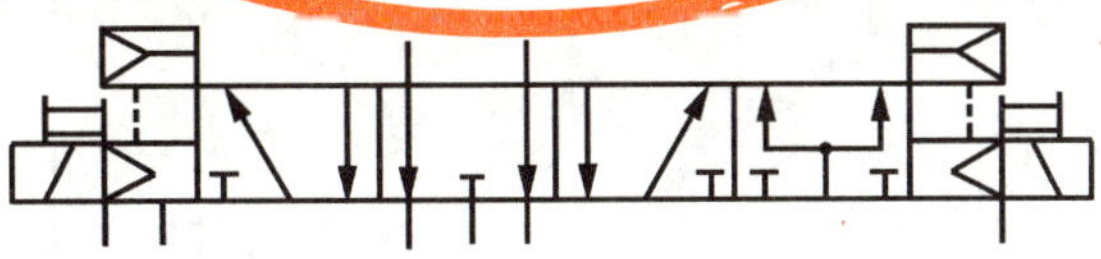	根据控制机构的工作状况，操作端的控制机构可使阀体元件从空闲的位置进入与其邻近的一个位置。 同时操纵四位阀两端的控制机构可以控制阀体从空闲位置移越两个位置
9.2.3	RF006	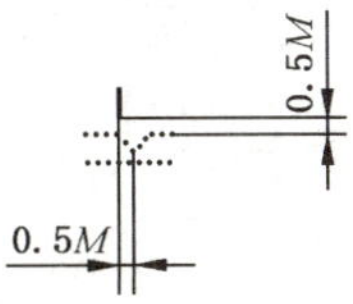 $0.5M$ $0.5M$	定位锁机构应放置在中间，或者在距凹口右或左 $0.5M$ 的位置，且在轴上方 $0.5M$ 处

	注册号	图　　形	描　　述
9.2.4	RF007	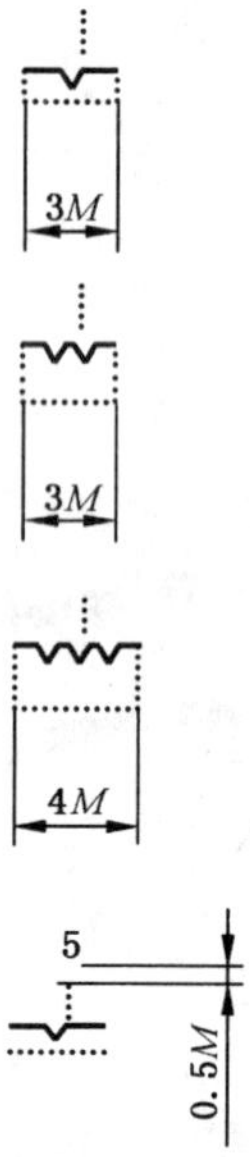 3M 3M 4M 5 0.5M	定位槽应对称置于轴上。对于三个以上的定位，数量应标注在定位槽上方0.5M处
9.2.5	RF008	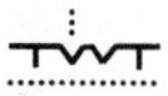	如有必要，无定位的切换位置应当标明
9.2.6	RF009		控制机构应在图中相应的矩形/长方形中直接标明
9.2.7	RF010		控制机构应画在矩形或长方形图的右侧，除非两侧均有
9.2.8	RF011	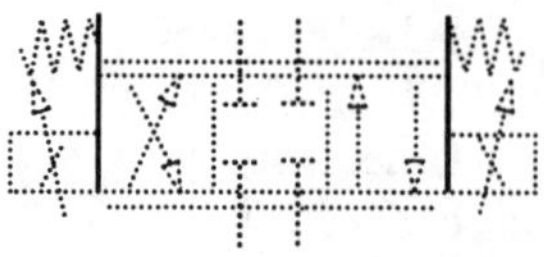	如果符号的尺寸不适合控制机构，需要画出延长线，在功能元件的两侧均可

	注册号	图　形	描　述
9.2.9	RF012	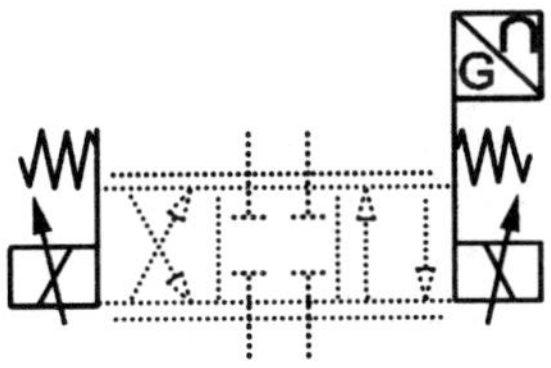	控制机构和信号转换器并行运行时从底部到顶部应遵循以下顺序： —液动或气动； —电磁铁； —弹簧； —手动控制元件； —转换器。 如果同样的控制机构装载于功能元件的两侧，其顺序必须对称放置。不允许符号重叠
9.2.10	RF013	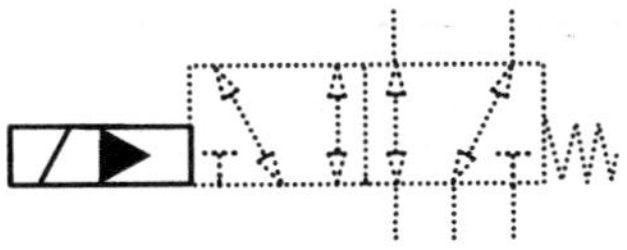	控制机构串联工作时应依照同样的控制次序按顺序表示
9.2.11	RF014	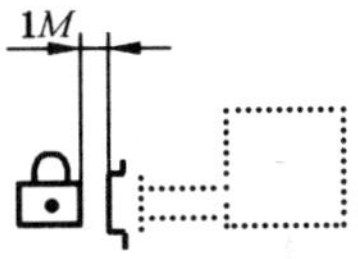 1M	锁定符号应在距离可锁装置 1M 距离外标出，该锁定符号表示可锁定的调整
9.2.12	RF015	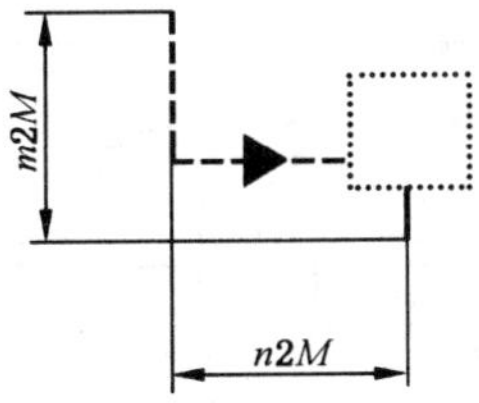 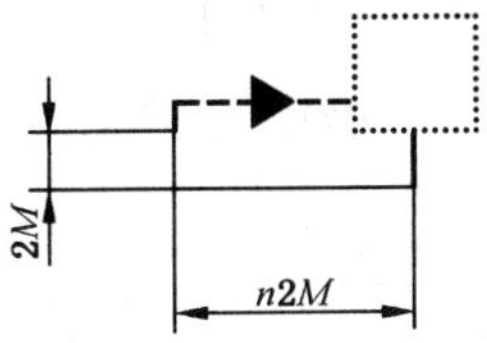 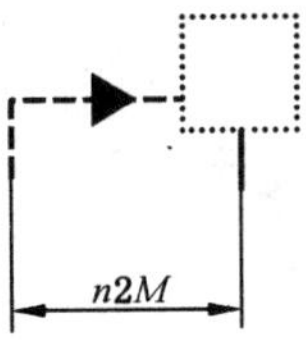 n2M n2M 2M n2M n2M	符号设计时应使接口末端在 2M 的倍数的网格上

	注册号	图　　形	描　　述
9.2.13	RF016		单绕组比例电磁铁
9.2.14	RF017		弹簧的可调整
9.2.15	RF018	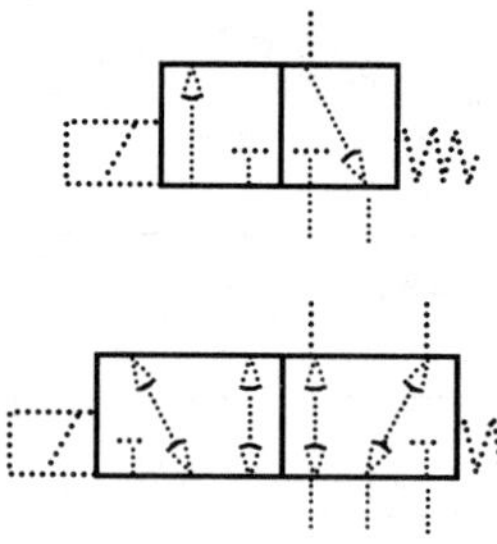	阀符号由各种功能单元组成，每一种功能单元代表一种阀芯位置和不同作用方式
9.2.16	RF019	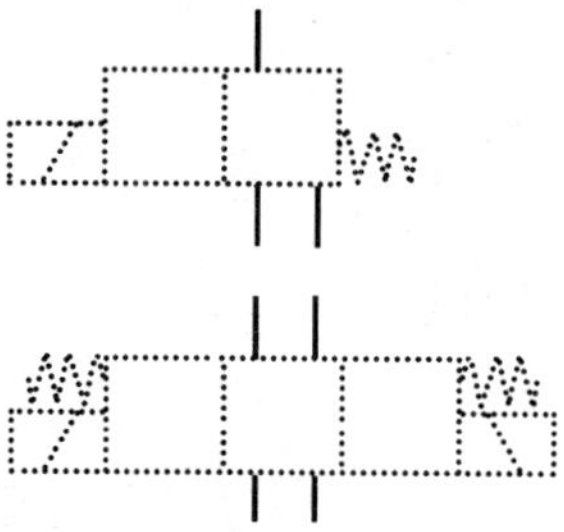	应标识出功能单元上的工作油口，并表示功能单元未受激励的状态（非工作状态）
9.2.17	RF020	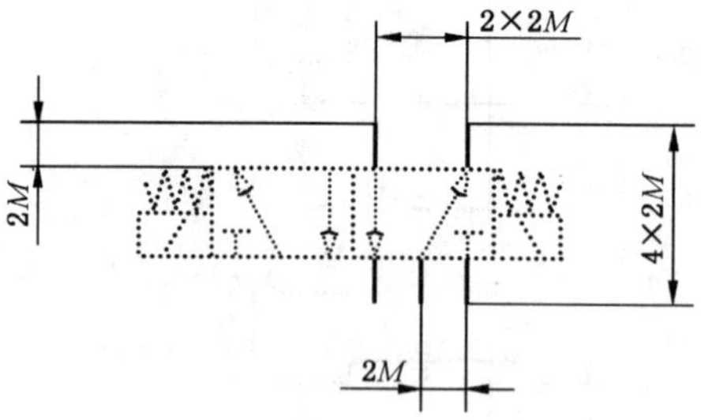 2×2*M* 2*M* 4×2*M* 2*M*	符号连接用 2*M* 的倍数表示。相邻连接线的距离应为 2*M*，以保证接口标识码的标注空间
9.2.18	RF021	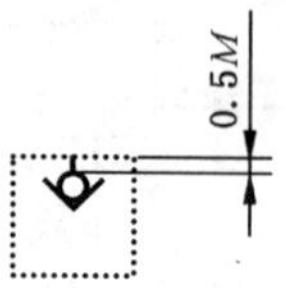 0.5*M*	功能：防漏隔离，液压电磁换向座阀

	注册号	图　形	描　述
9.2.19	RF022		功能:内部流路限流(零遮盖至负遮盖)
9.2.20	RF023	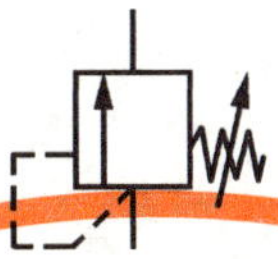	压力控制阀符号的基本位置由流动方向决定。供油口通常画在底部
9.2.21	RF024	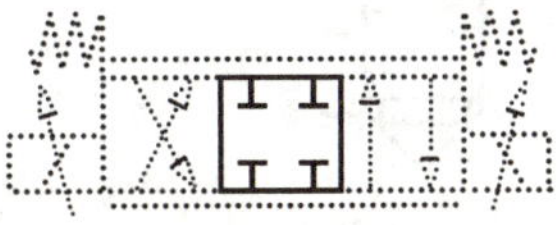	代表比例、快速响应伺服阀的中位机能,零遮盖或正遮盖
9.2.22	RF025		代表比例、快速响应伺服阀的中位机能,零遮盖或负遮盖(至3%)
9.2.23	RF026		控制系统外部应显示设置自动防故障装置
9.2.24	RF027	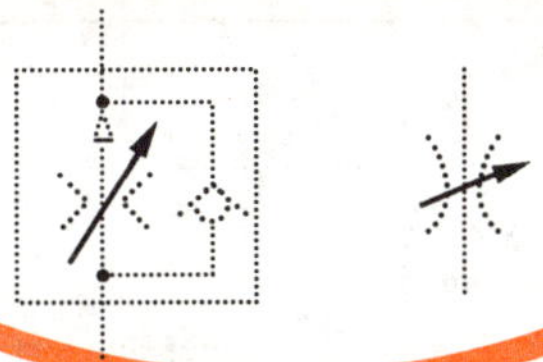	可调整要素符号应位于节流器或节流孔的中心位置
9.2.25	RF028	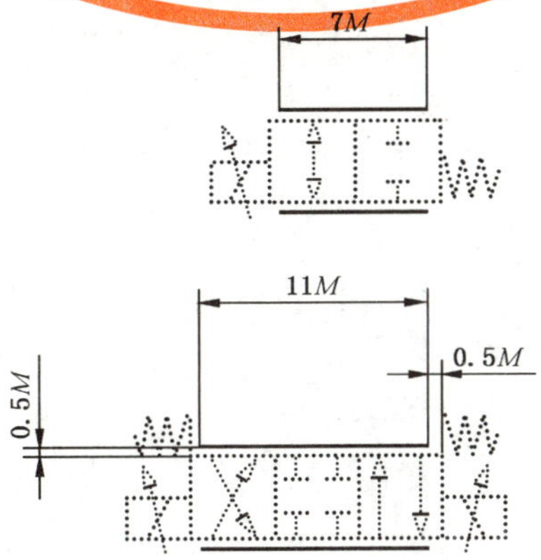	对于有两个或更多工作位置,或有多个中间位置且彼此节流特性各不相同的阀,应沿符号画两条平行线

	注册号	图 形	描 述
9.3 二通盖板式插装阀			
9.3.1	RF029	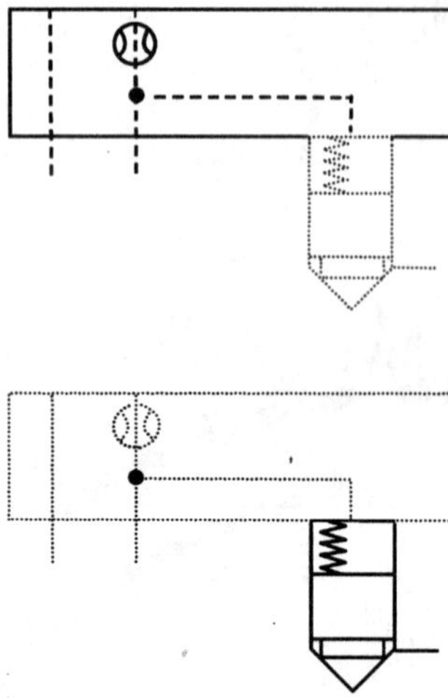	二通插装阀符号包括两个部分：控制盖板和插装阀芯。插装阀芯与控制盖板涵盖了更基础的元件或符号
9.3.2	RF030	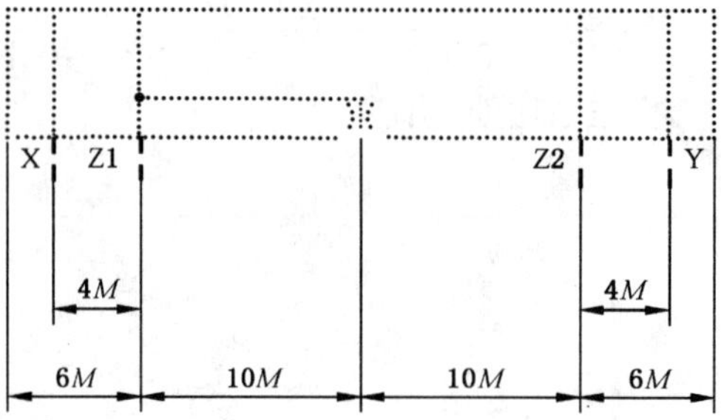 X Z1 Z2 Y 4M 4M 6M 10M 10M 6M	控制盖板的连接应位于框图中网格节点上，其位置固定
9.3.3	RF031	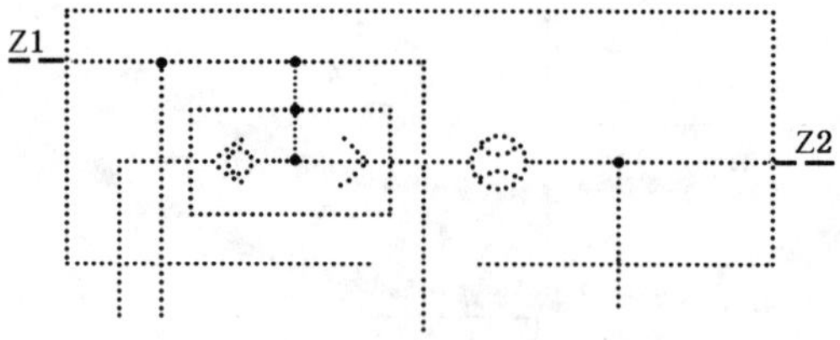 Z1 Z2	应画出外部连接
9.3.4	RF032	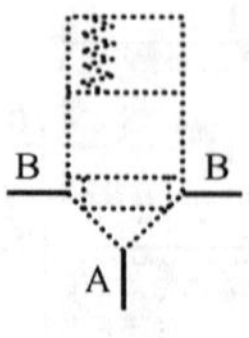 B B A	工作油口位于底部和符号侧边。A 口位于底部，B 口在右边或在左边或两边都有

	注册号	图　形	描　述
9.3.5	RF033	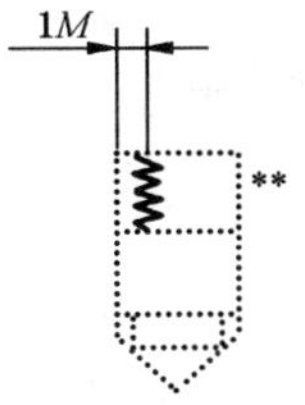 1M **	阀的开启压力应在符号旁边标明(**)
9.3.6	RF034	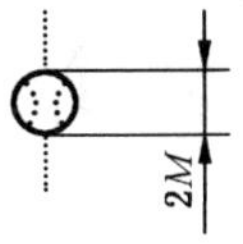 2M	如果节流孔是可代替的,其符号应圈上一个圆圈
9.3.7	RF035	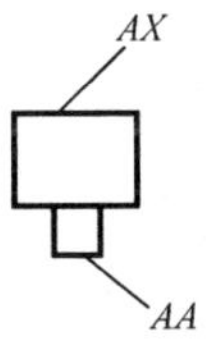 AX AA	盖板式插装阀,座阀结构,阀芯面积比$\frac{AA}{AX}\leqslant 0.7$
9.3.8	RF036	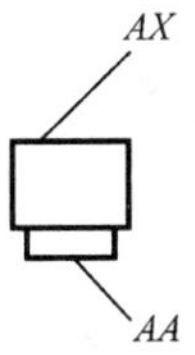 AX AA	盖板式插装阀,座阀结构,圆柱阀芯面积比$1>\frac{AA}{AX}>0.7$
9.3.9	RF037		对于有节流功能的二通插装阀,阀芯部位应涂满
9.4　泵和马达			
9.4.1	RF038	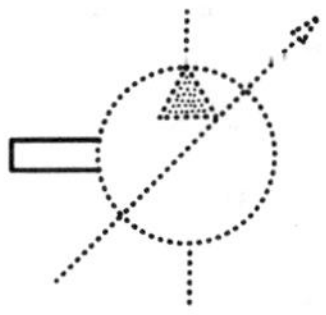	泵的驱动轴位于左边(首选位置)或右边,且可延伸2M的倍数
9.4.2	RF039	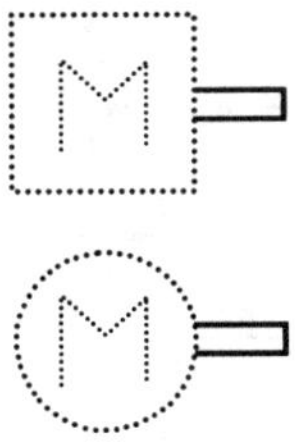	马达的轴位于右边(首选位置),也可置于左边

	注册号	图形	描述
9.4.3	RF040	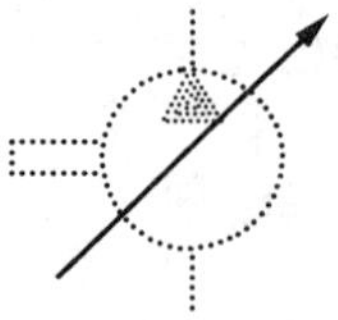	表示可调整的箭头应置于能量转换装置符号的中心。如果需要,可画得更长些
9.4.4	RF041	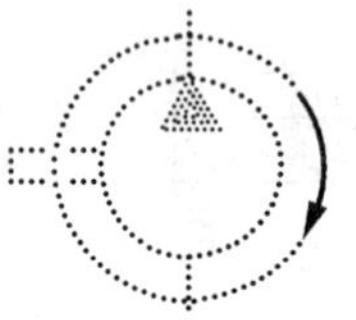	顺时针方向箭头表示泵的轴顺时针方向旋转,并画在泵的轴的对侧。旋转方向由在部件面对轴末端的视角给出。 注意:当这个部件符号镜像时,指示旋转方向的箭头应当反向
9.4.5	RF042	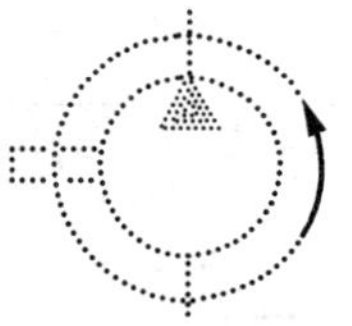	逆时针方向箭头表示泵的轴逆时针方向旋转,并画在泵的轴的对侧。旋转方向由在部件面对轴末端的视角给出。 注意:当这个部件符号镜像时,指示旋转方向的箭头应当反向
9.4.6	RF043	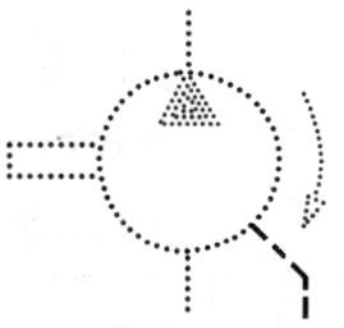	泵或马达的泄油管路表示在其右下底部斜度小于45度,位于位移轴和驱动轴之间
9.5 缸			
9.5.1	RF044	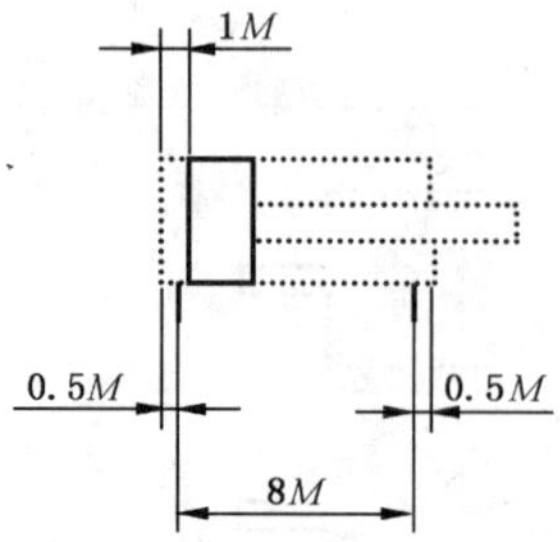 1*M* 0.5*M* 0.5*M* 8*M*	活塞应距离缸端盖1*M*以上。连接油口的管路距离缸的符号末端应当在0.5*M*以上

	注册号	图　　形	描　　述
9.5.2	RF045		缸的框图应与活塞杆符号元件相匹配
9.5.3	RF046		行程限制应在端盖末端标出
9.5.4	RF047	2M 4M 8M 4M 2M 8M	机械行程应以对称方式标出
9.5.5	RF048		可调整机能应由标识在调节元件中的箭头指示。两个元件的可调整机能应表示在可调元件之间的中间位置
9.6　**附件**			
9.6.1　**管接头**			
9.6.1.1	RF049	10M 2M 2M 1 2 3 4 5 1 2 3 4 5	多路旋转管接头图中两边接口都有 2M 间隔。图中数字可自定义并扩展。接口牌号表示在接口符号上方

	注册号	图　形	描　述
9.6.1.2	RF050	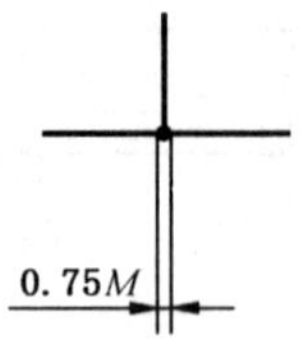 0.75*M*	两条管路的连接标出连接点
9.6.1.3	RF051	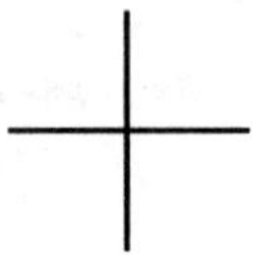	两条管路交叉没有节点表明它们之间没有连接
9.6.1.4	RF052	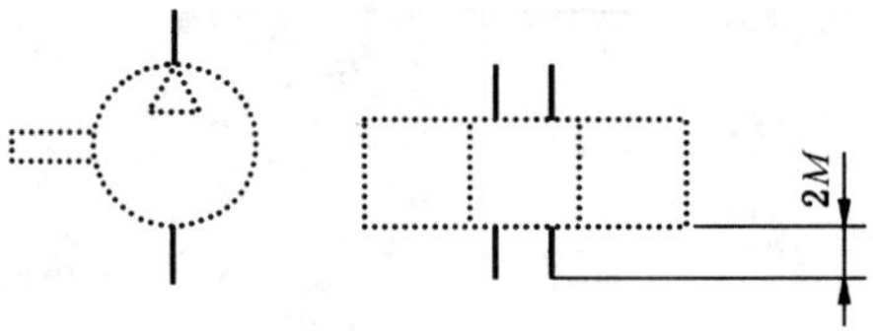 2*M*	应标出所有接口的符号
9.6.1.5	RF053	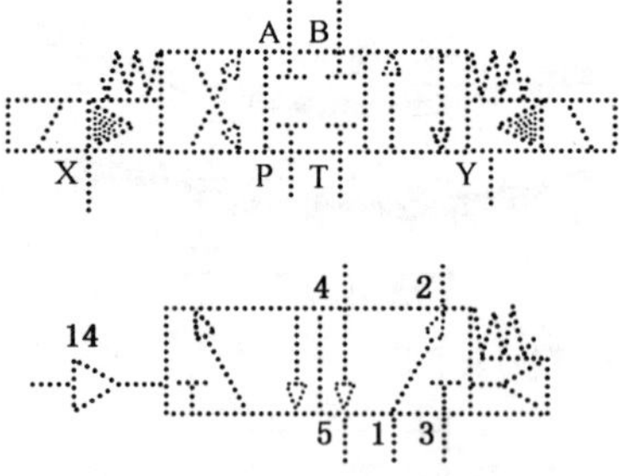 A B X P T Y 4 2 14 5 1 3	各种口的符号示例： A—油口； B—油口； P—泵； T—油箱； X—先导控制； Y—先导式泄油； 3,5—回油或排气口； 2,4—工作口； 1—供油或供气口； 14—控制口。 在每个口的上方或左边，对于每个口的牌号必须留出充足的空间进行标识。对每个口的字母或数字示例，液压符合 ISO 9461、气动符合 ISO 11727

	注册号	图　　形	描　　述
9.6.2　**电气装置**			
9.6.2.1	RF054		位置开关,机电式,如阀芯位置
9.6.2.2	RF055		带切换输出信号的电控接近开关,如监视方向控制阀中的阀芯位置
9.6.2.3	RF056		带模拟信号输出的位置信号转换器
9.6.2.4	RF057		同一个图中至少可以有一个触点。每一个触点可以有不同功能(常闭触点,常开触点,开关触点)。 如果存在三个以上触点,触点的数量可标示在图中位于触点上方 0.5M 位置
9.6.3　**测量设备和指示器**			
9.6.3.1	RF058	1.25M　3.75M　1.5M	所示单元中箭头和星号的位置,* 详细描述的位置
9.6.4　**能量源**			
9.6.4.1	RF059	4M	气压源
9.6.4.2	RF060	4M	液压源

附 录 A
（资料性附录）
CAD 符号介绍

A.1 CAD 对象命名		
	图 形	描 述
A.1.1	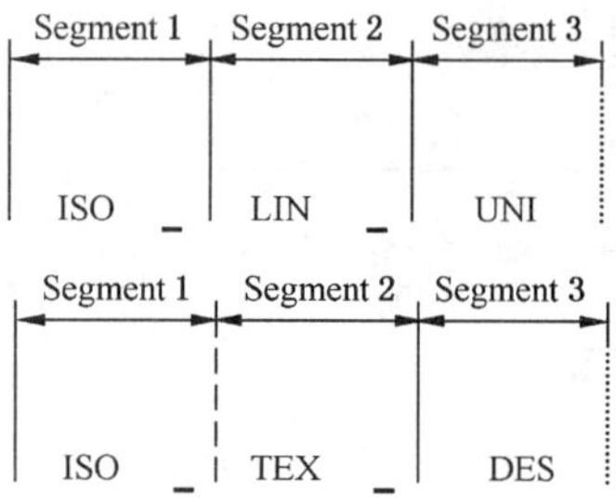 Segment 1 Segment 2 Segment 3 ISO _ LIN _ UNI Segment 1 Segment 2 Segment 3 ISO _ TEX _ DES	部分 1(Segment 1)确定原对象。 部分 2(Segment 2)包含三个字符(三字段)，这三个字符来源于原对象英文单词的首字母。 例如：LINE＝LIN； TEXT＝TEX。 部分 3(Segment 3)描述原对象的进一步特征，由单独元素组成。它能由几个通过下划线连接的三字段组成
A.1.2	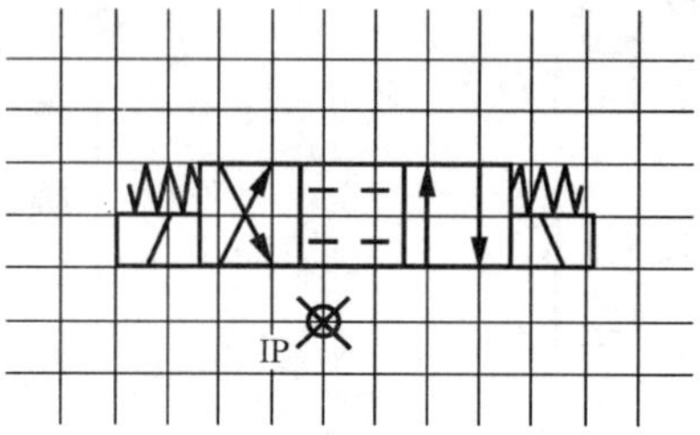 IP	接入点(IP)通常置于流体供油管路上
A.2 符号中元素的 CAD 描述		
A.2.1	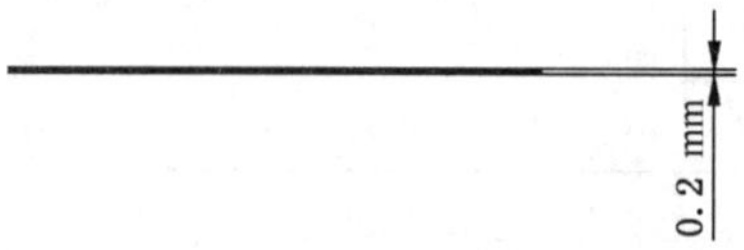 0.2 mm	层名：ISO_LIN_UNI； 颜色：黄； 色号：50； 线型：实线； 描述：符号代表的通用管路
A.2.2	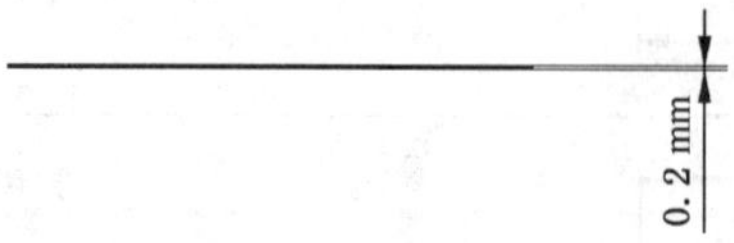 0.2 mm	层名：ISO_LIN_FLU； 颜色：绿； 色号：70； 线型：实线； 描述：表示流体流动的管路

	图　　形	描　　述
A.2.3	0.2 mm	层名:ISO_LIN_HAT; 颜色:灰; 色号:9; 线型:满线; 描述:交叉影线
A.2.4	0.25 mm 2.5 mm	层名:ISO_TEX_IDE; 颜色:绿; 色号:70; 线型:实线; 描述:接口标示符
A.2.5	0.25 mm 2.5 mm	层名:ISO_TEX_POS; 颜色:深蓝; 色号:4; 线型:实线; 描述:位置编号
A.2.6	0.25 mm 2.5 mm	层名:ISO_TEX_DES; 颜色:黄; 色号:50; 线型:实线; 描述:描述符
A.3　非智能符号中元素的 CAD 描述		
A.3.1	0.2 mm	层名:ISO_LIN_PRE; 颜色:橙(赤黄)色; 色号:30; 线型:实线; 描述:压力管路
A.3.2	0.2 mm	层名:ISO_LIN_RES; 颜色:蓝色; 色号:140; 线型:实线; 描述:回油管路

	图　　形	描　　述
A. 3. 3	 0.2 mm	层名:ISO_LIN_CON; 颜色:橙(赤黄)色; 色号:30; 线型:虚线(均匀长间隔线); 描述:控制管路
A. 3. 4	 0.2 mm	层名:ISO_LIN_DRA; 颜色:蓝色; 色号:140; 线型:虚线(均匀短间隔线); 描述:泄油管路
A. 3. 5	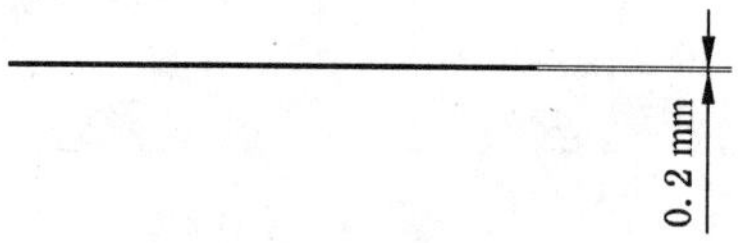 0.2 mm	层名:ISO_LIN_WOR; 颜色:绿; 色号:70; 线型:实线; 描述:工作管路
A. 3. 6	 0.5 mm	层名:ISO_LIN_LIM; 颜色:青绿色; 色号:120; 线型:点画线; 描述:限制线
A. 3. 7	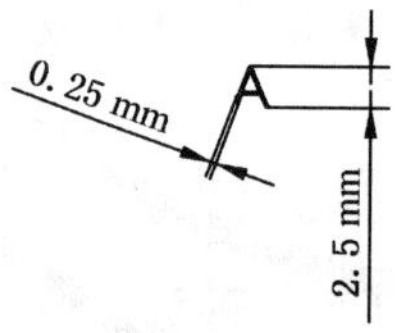 0.25 mm A 2.5 mm	层名:ISO_TEX_DES_025; 颜色:绿; 色号:70; 线型:实线; 描述:描述文本 2.5 mm
A. 3. 8	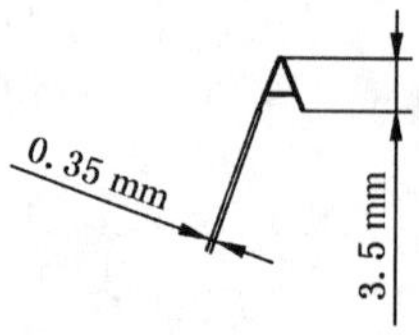 0.35 mm A 3.5 mm	层名:ISO_TEX_DES_035; 颜色:橙色 色号:30; 线型:实线; 描述:描述文本 3.5 mm
A. 3. 9	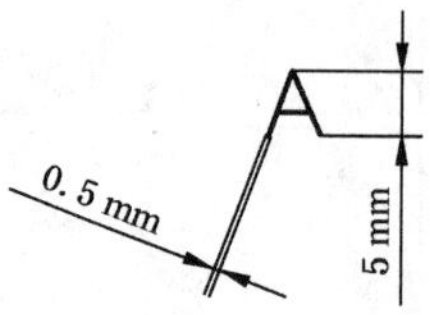 0.5 mm A 5 mm	层名:ISO_TEX_DES_050; 颜色:黄; 色号:50; 线型:实线; 描述:描述文本 5 mm

	图　　形	描　　述
A.4　功能符号的CAD描述示例		
A.4.1	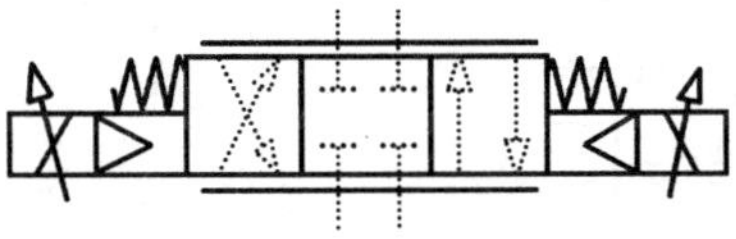	层名:ISO_LIN_UNI
A.4.2	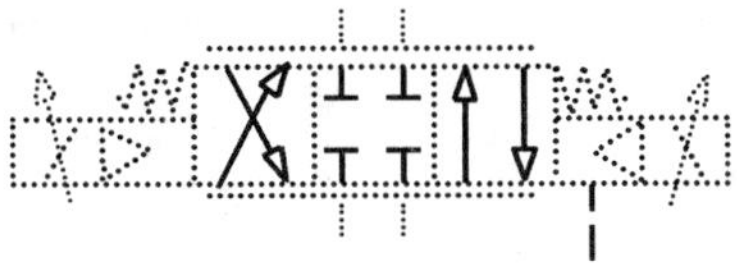	层名:ISO_LIN_FLU
A.4.3	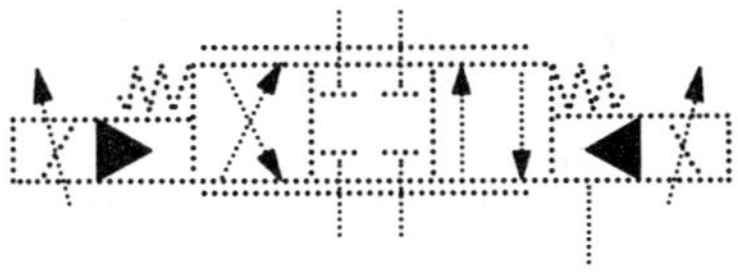	层名:ISO_LIN_HAT
A.4.4	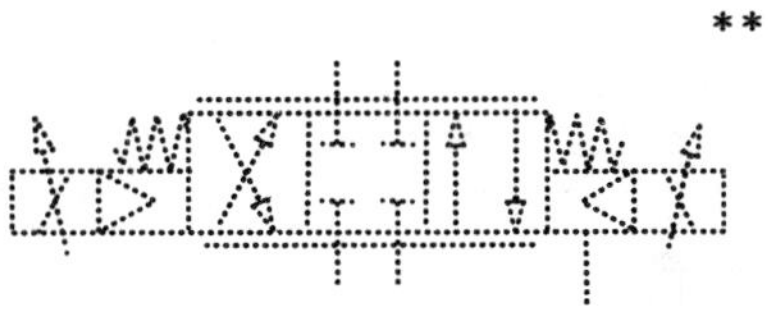	层名:ISO_TEX_POS
A.4.5		层名:ISO_TEX_IDE
A.4.6	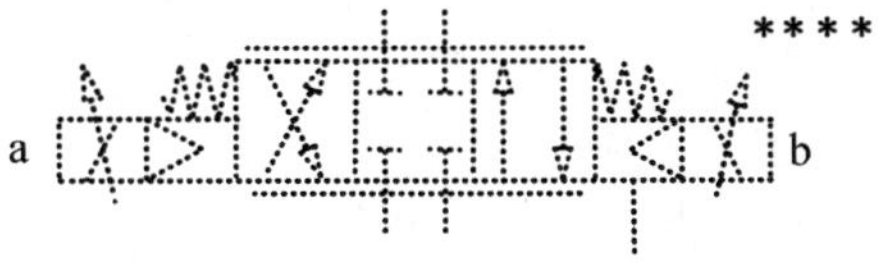	层名:ISO_TEX_DES

	图　　形	描　　述
A.5　CAD图形符号的特征		
A.5.1	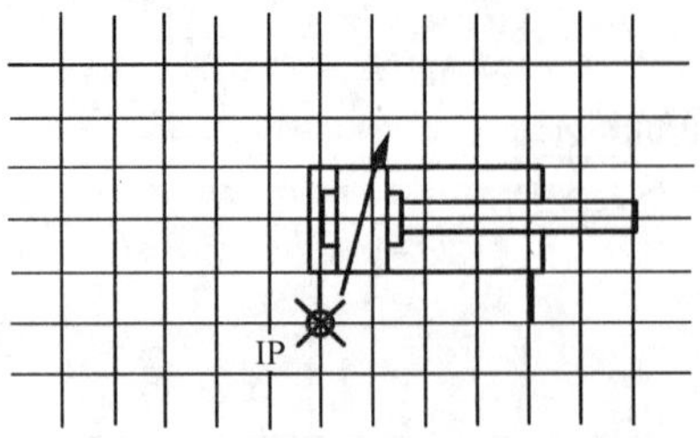 IP	接入点(IP)在液压缸端盖的联接处
A.5.2	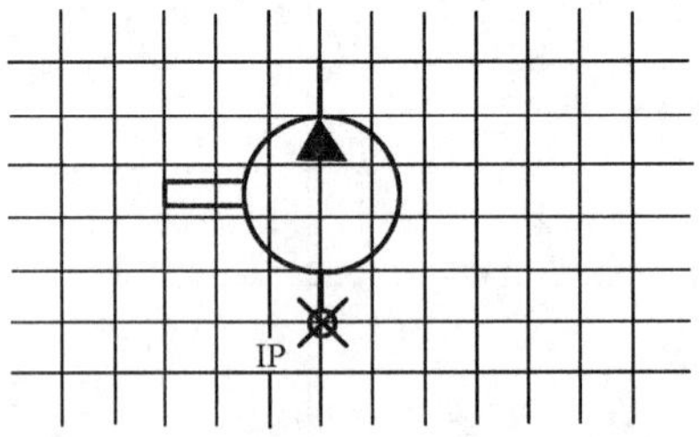 IP	接入点(IP)在泵的吸油口
A.5.3	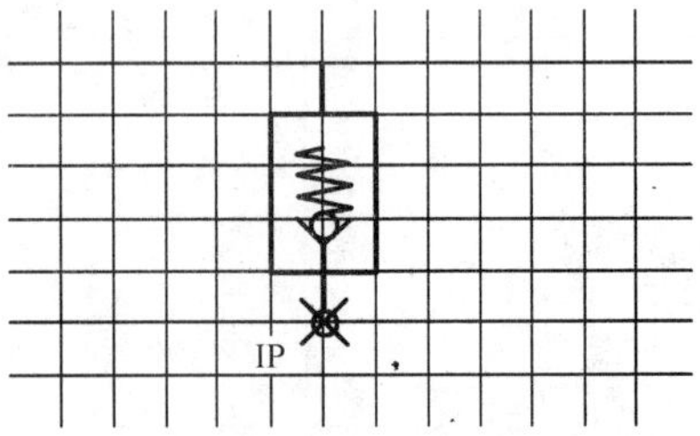 IP	接入点(IP)在单向阀的入口
A.5.4	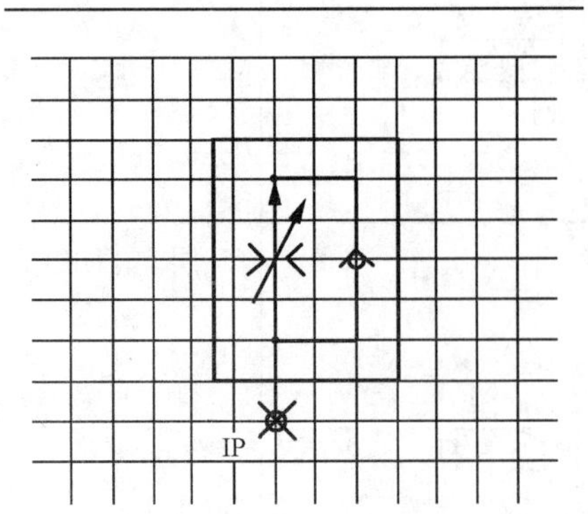 IP	接入点(IP)在流量控制阀的入口

	图　形	描　述
A.5.5	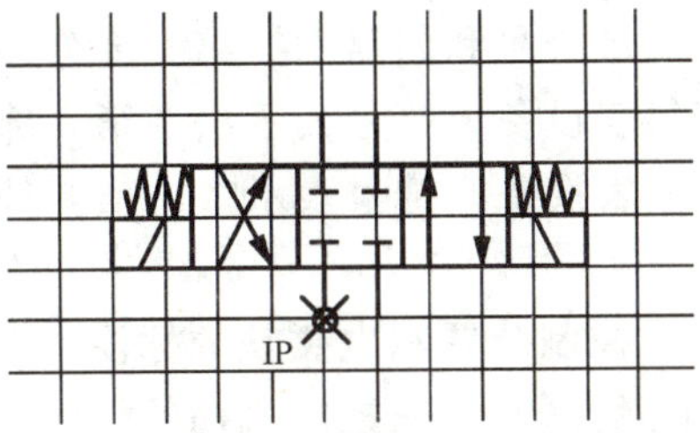	接入点(IP)在方向控制阀的入口
A.5.6	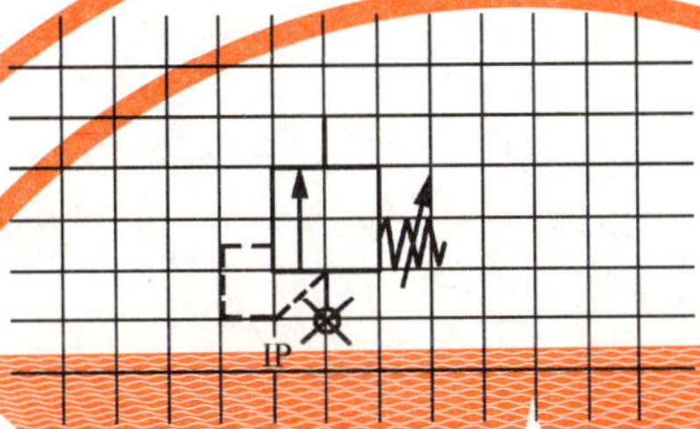	接入点(IP)在压力控制阀的入口
A.5.7	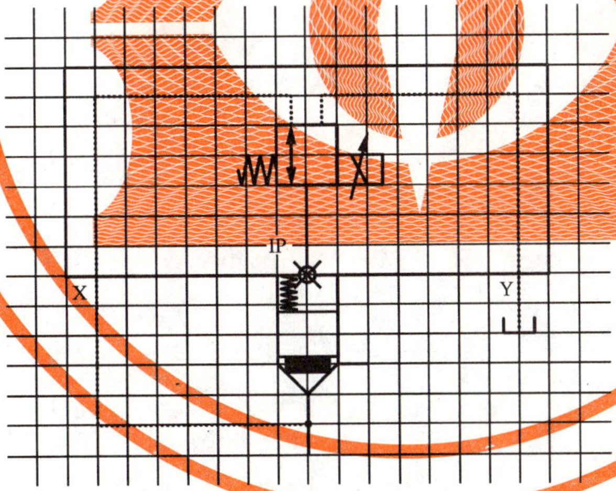	插装阀控制盖板的接入点(IP)在控制盖板底边的中心

参 考 文 献

[1] ISO 1219-2 流体传动系统和元件 图形符号和回路图 第2部分:回路图.

[2] ISO 3511-2 过程测量的控制功能和仪表设备 符号表示法 第2部分:基本要求的补充.

[3] ISO 3511-3 过程测量的控制功能和仪表设备 符号表示法 第3部分:仪表连接图上的详细符号.

[4] ISO 9461 液压传动 阀的油口、底板、控制装置和电磁铁的标注.

[5] ISO 11727 气压传动 控制阀和其他元件的气口、控制机构的标注.

ICS 23.100.01
J 20

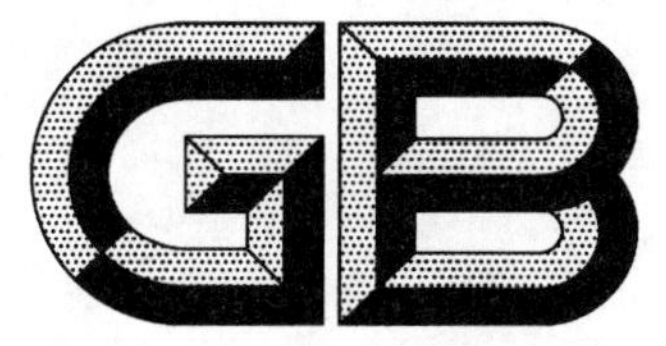

中华人民共和国国家标准

GB/T 2346—2003
代替 GB/T 2346—1988

流体传动系统及元件　公称压力系列

Fluid power systems and components—Nominal pressures

（ISO 2944:2000,MOD）

2003-11-25 发布　　2004-06-01 实施

中华人民共和国国家质量监督检验检疫总局　发布

前　　言

本标准修改采用国际标准 ISO 2944:2000《流体传动系统和元件　公称压力》。

本标准与 ISO 2944:2000 的差异是：

——在“2 规范性引用文件”中，以对应的我国国家标准取代了 ISO 2944:2000 中的国际标准；

——删除了 ISO 2944:2000 中“参考文献”的内容。

本标准代替 GB/T 2346—1988《液压气动系统及元件　公称压力系列》。

本标准与 GB/T 2346—1988 相比主要变化如下：

——标准名称改为《流体传动系统及元件　公称压力系列》；

——本标准的表 1 中，根据压力值不同分别以 kPa 和 MPa 为单位，同时给出以 bar 为单位的等量值。而前版标准规定的压力值均以 MPa 为单位；

——公称压力系列中增加了 1 kPa、1.6 kPa、2.5 kPa、4 kPa、6.3 kPa、[125] kPa、[315] kPa、[500] kPa、[1.25] MPa、[2] MPa、[3.15] MPa、[5] MPa、[35] MPa、[45] MPa、125 MPa、160 MPa、200 MPa、250 MPa(方括号中的值是非优先选用的)。

本标准由中国机械工业联合会提出。

本标准由全国液压气动标准化技术委员会(CSBTS/TC3)归口。

本标准起草单位：北京机械工业自动化研究所。

本标准主要起草人：刘新德、赵曼琳。

本标准所代替标准的历次版本发布情况为：

——GB/T 2346—1988。

引　言

在流体传动系统中，功率是通过回路内的受压流体(液体或气体)来传递和控制的。通常，系统和元件是为指定的流体压力范围而设计和销售的。

流体传动系统及元件　公称压力系列

1　范围

本标准规定了流体传动系统及元件的公称压力系列。

本标准适用于流体传动系统及元件的公称压力，也适用于其他相关的流体传动标准中压力值的选择。

本标准中的公称压力是应用于流体传动系统和元件的实际表压，即高于大气压的压力。

注：对于公称压力的解释见 3.1 和 4.2。

2　规范性引用文件

下列文件中的条款通过本标准的引用而成为本标准的条款。凡是注日期的引用文件，其随后所有的修改单(不包括勘误的内容)或修订版均不适用于本标准，然而，鼓励根据本标准达成协议的各方研究是否可使用这些文件的最新版本。凡是不注日期的引用文件，其最新版本适用于本标准。

GB/T 3100　国际单位制及其应用(eqv ISO 1000)

GB/T 17446　流体传动系统及元件　术语(idt ISO 5598)

3　术语和定义

GB/T 17446 确立的及下列术语和定义适用于本标准。

3.1

公称压力　nominal pressure

为了便于表示和标识元件、管路或系统归属的压力系列，而对其指定的压力值。

4　单位

4.1　使用的压力单位应符合 GB/T 3100 规定的千帕(kPa)或兆帕(MPa)，具体选择取决于该公称压力的大小。可在其后加括号注明以 bar[1)] 为单位的等量值。

4.2　公称压力应表示为“公称压力…kPa(…bar)”或“公称压力…MPa(…bar)”。

5　公称压力

公称压力值应由表 1 中选择。

6　标注说明(引用本标准)

当选择遵守本标准时，建议在试验报告、产品样本和销售文件中采用以下说明：“所选择的公称压力符合 GB/T 2346—2003《流体传动系统及元件　公称压力系列》(ISO 2944:2000，MOD)”。

---

1) 1 bar=10^5 Pa=100 kPa=0.1 MPa；1 Pa=1 N/m^2。

表 1 公称压力

kPa	MPa	(以 bar 为单位的等量值)
1	—	(0.01)
1.6	—	(0.016)
2.5	—	(0.025)
4	—	(0.04)
6.3	—	(0.063)
10	—	(0.1)
16	—	(0.16)
25	—	(0.25)
40	—	(0.4)
63	—	(0.63)
100	—	(1)
[125]	—	[(1.25)]
160	—	(1.6)
[200]	—	[(2)]
250	—	(2.5)
[315]	—	[(3.15)]
400	—	(4)
[500]	—	[(5)]
630	—	(6.3)
[800]	—	[(8)]
1 000	1	(10)
—	[1.25]	[(12.5)]
—	1.6	(16)
—	[2]	[(20)]
—	2.5	(25)
—	[3.15]	[(31.5)]
—	4	(40)
—	[5]	[(50)]
—	6.3	(63)
—	[8]	[(80)]
—	10	(100)
—	12.5	(125)
—	16	(160)
—	20	(200)
—	25	(250)
—	31.5	(315)
—	[35]	[(350)]
—	40	(400)
—	[45]	[(450)]
—	50	(500)
—	63	(630)
—	80	(800)
—	100	(1 000)
—	125	(1 250)
—	160	(1 600)
—	200	(2 000)
—	250	(2 500)
注:方括号中的值是非优先选用的。		

中华人民共和国国家标准

GB/T 2348—93

代替 GB 2348—80

液压气动系统及元件 缸内径及活塞杆外径

Fluid power systems and components—Cylinder bores and piston rod diameters

本标准参照采用国际标准 ISO 3320—1987《流体传动系统及元件 缸内径及活塞杆外径——米制系列》。

1 主题内容与适用范围

本标准规定了液压气动系统及元件用液压缸、气缸的缸内径和活塞杆外径。

本标准适用于液压气动系统及元件用液压缸、气缸。

2 尺寸

2.1 液压缸、气缸的缸内径应符合表 1 的规定。

表 1

mm

8	40	125	(280)
10	50	(140)	320
12	63	160	(360)
16	80	(180)	400
20	(90)	200	(450)
25	100	(220)	500
32	(110)	250	

注：圆括号内尺寸为非优先选用者。

2.2 液压缸、气缸的活塞杆外径应符合表 2 的规定。

国家技术监督局 1993-01-11 批准　　　　1993-10-01 实施

表 2 mm

4	20	56	160
5	22	63	180
6	25	70	200
8	28	80	220
10	32	90	250
12	36	100	280
14	40	110	320
16	45	125	360
18	50	140	

附加说明：

本标准由中华人民共和国机械电子工业部提出。

本标准由全国液压气动标准化技术委员会归口。

本标准由机械电子工业部北京机械工业自动化研究所负责起草。

本标准主要起草人史梅。

本标准委托机械电子工业部北京机械工业自动化研究所负责解释。

中 华 人 民 共 和 国

国 家 标 准

液压气动系统及元件——缸活塞行程系列

GB 2349—80

本标准适用于以液压油（或压缩空气）为工作介质的液压缸气缸活塞行程。

1．液压缸气缸活塞行程参数依优先次序按表1、2、3选用。

mm　　表1

25	50	80	100	125	160	200	250	320	400
500	630	800	1000	1250	1600	2000	2500	3200	4000

mm　　表2

	40			63		90	110	140	180
220	280	360	450	550	700	900	1100	1400	1800
2200	2800	3600							

mm　　表3

240	260	300	340	380	420	480	530	600	650
750	850	950	1050	1200	1300	1500	1700	1900	2100
2400	2600	3000	3400	3800					

注：缸活塞行程＞4000mm时，按GB 321—80《优先数和优先数系》中，R10数系选用；如不能满足要求时，允许按R40数系选用。

2．当液压缸、气缸活塞行程选用本标准时，可在技术文件中注明：“液压缸和气缸的活塞行程符合国家标准GB 2349—80”。

当液压缸、气缸活塞行程选自本标准表1时，可在技术文件中注明：“液压缸和气缸的活塞行程符合国家标准GB 2349—80和国际标准ISO 4393—78《液压气动系统及元件—缸—活塞行程基本系列》”。

国家标准总局 发布　　1981年7月1日 实施
全国液压气动标准化技术委员会 提出　　一机部天津工程机械研究所 起草

中华人民共和国
国家标准

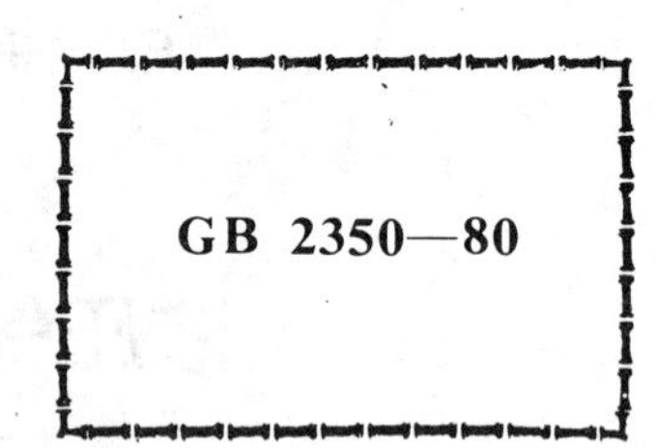

液压气动系统及元件——活塞杆螺纹型式和尺寸系列

本标准适用于以液压油（或压缩空气）为工作介质的液压缸气缸活塞杆螺纹。

活塞杆螺纹系指液压缸气缸活塞杆的外部连接螺纹。

1 活塞杆螺纹型式：

活塞杆螺纹有三种型式，如图1、2、3所示：

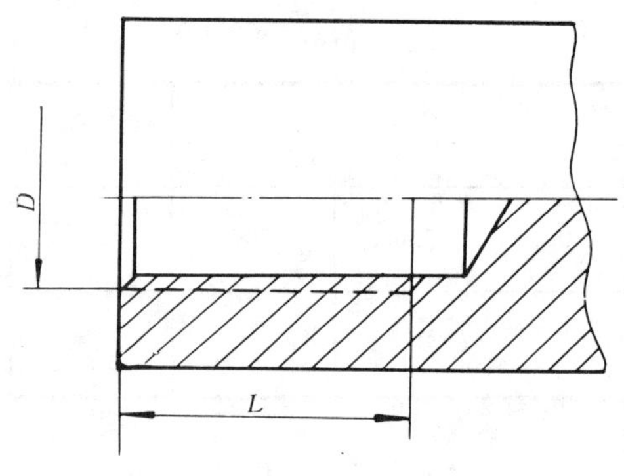

图1 内螺纹

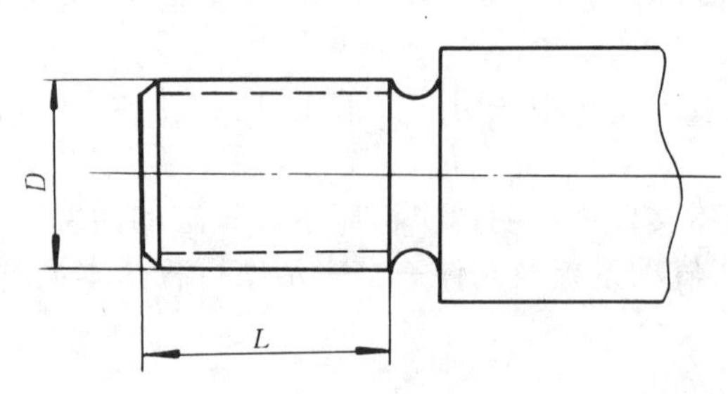

图2 外螺纹（带肩）

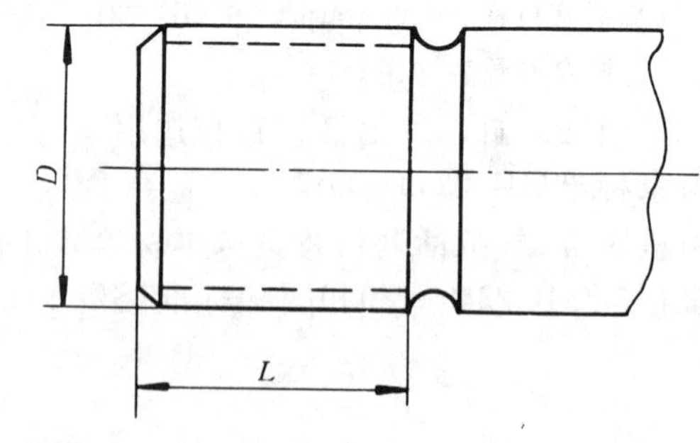

图3 外螺纹（无肩）

国家标准总局发布 1981年7月1日实施
全国液压气动标准化技术委员会 提出 一机部天津工程机械研究所 起草

2 活塞杆螺纹尺寸系列:

活塞杆螺纹尺寸应符合下表规定:

mm

螺纹直径与螺距（$D\times t$）	螺纹长度（L）		螺纹直径与螺距（$D\times t$）	螺纹长度（L）		螺纹直径与螺距（$D\times t$）	螺纹长度（L）	
	短型	长型		短型	长型		短型	长型
$M3\times0.35$	6	9	$M20\times1.5$	28	40	$M90\times3$	106	140
$M4\times0.5$	8	12	$M22\times1.5$	30	44	$M100\times3$	112	—
$M4\times0.7$*	8	12	$M24\times2$	32	48	$M110\times3$	112	—
$M5\times0.5$	10	15	$M27\times2$	36	54	$M125\times4$	125	—
$M6\times0.75$	12	16	$M30\times2$	40	60	$M140\times4$	140	—
$M6\times1$*	12	16	$M33\times2$	45	66	$M160\times4$	160	—
$M8\times1$	12	20	$M36\times2$	50	72	$M180\times4$	180	—
$M8\times1.25$*	12	20	$M42\times2$	56	84	$M200\times4$	200	—
$M10\times1.25$	14	22	$M48\times2$	63	96	$M220\times4$	220	—
$M12\times1.25$	16	24	$M56\times2$	75	112	$M250\times6$	250	—
$M14\times1.5$	18	28	$M64\times3$	85	128	$M280\times6$	280	—
$M16\times1.5$	22	32	$M72\times3$	85	128			
$M18\times1.5$	25	36	$M80\times3$	95	140			

注：① 螺纹长度（L）对内螺纹是指最小尺寸；对外螺纹是指最大尺寸。

② 当需要用锁紧螺母时，采用长型螺纹长度。

③ 带*号的螺纹尺寸为气缸专用。

3 当液压缸气缸活塞杆螺纹符合本标准时，可在技术文件中注明：“活塞杆螺纹符合国家标准GB 2350—80和国际标准《ISO 4395—液压气动系统及其元件—缸—活塞杆螺纹尺寸系列和型式》。”

ICS 23.100.30
J 20

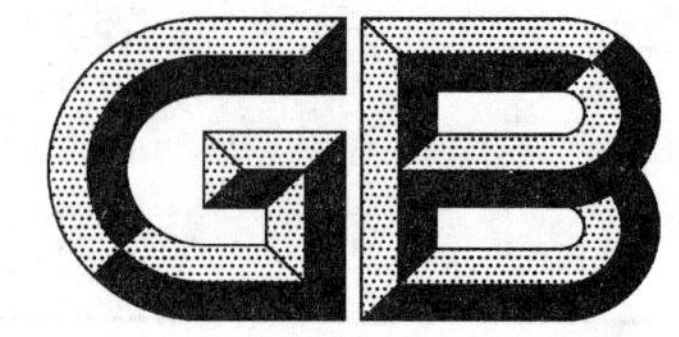

中华人民共和国国家标准

GB/T 2351—2005/ISO 4397:1993
代替 GB/T 2351—1993

液压气动系统用硬管外径和软管内径

Fluid power systems and components—Connectors and associated components—Nominal outside diameters of tubes and nominal inside diameters of hoses

(ISO 4397:1993,IDT)

2005-07-11 发布　　2006-01-01 实施

中华人民共和国国家质量监督检验检疫总局
中国国家标准化管理委员会　发布

前　　言

本标准等同采用 ISO 4397:1993《流体传动系统和元件　管接头及其相关元件　标称的硬管外径和软管内径》(英文版)。

本标准等同翻译 ISO 4397:1993。

为了便于使用,本标准做了下列编辑性修改:

——标准名称仍沿用原国家标准名称;

——“本国际标准”一词改为“本标准”;

——用小数点“.”代替国际标准中作为小数点的逗号“,”;

——删除国际标准的前言;

——“规范性引用文件”中以相应的国家标准代替原国际标准。

本标准代替 GB/T 2351—1993《液压气动系统用硬管外径和软管内径》。

本标准与 GB/T 2351—1993 相比主要变化如下:

——硬管外径增加 15 mm、30 mm、35 mm 的尺寸;

——取消硬管外径中优先选用规定;

——删除软管内径 2.5 mm、(22 mm)的尺寸。

本标准由中国机械工业联合会提出。

本标准由全国液压气动标准化技术委员会(SAC/TC3)归口。

本标准起草单位:北京机械工业自动化研究所、哈尔滨工业大学。

本标准主要起草人:赵曼琳、刘新德、姜继海。

本标准所代替标准的历次版本发布情况为:

——GB/T 2351—1993。

引　　言

在流体传动系统中，功率是通过在密闭回路内的受压流体（液体或气体）传递和控制的。元件是通过它们的油（气）口及管道、管接头、阀块等相互连接在一起的。硬管是刚性或半刚性连接；软管是柔性连接。

液压气动系统用硬管外径和软管内径

1 范围

本标准规定了在液压气动系统中使用的管接头及其相关元件的两个直径系列：

a) 在液压气动系统中使用的刚性或半刚性硬管的公称外径系列，不考虑材料成分；

b) 在液压气动系统中使用的橡胶或塑料软管的公称内径系列。

2 规范性引用文件

下列文件中的条款通过本标准的引用而成为本标准的条款。凡是注日期的引用文件，其随后所有的修改单(不包括勘误的内容)或修订版均不适用于本标准，然而，鼓励根据本标准达成协议的各方研究是否可使用这些文件的最新版本。凡是不注日期的引用文件，其最新版本适用于本标准。

GB/T 17446 流体传动系统及元件 术语(GB/T 17446—1998，idt ISO 5598:1985)

3 术语和定义

GB/T 17446 确定的术语和定义适用于本标准。GB/T 17446 中的相关术语和定义列于此。

3.1

硬管 rigid tubes；半硬管 semi-rigid tubes

用于联结固定液压气动装置的金属管或塑料管。

3.2

软管 flexible hose

通常用金属丝增强的橡胶或塑料柔性管。

4 尺寸

硬管公称外径和软管公称内径从表1中选择。

表1 硬管公称外径和软管公称内径系列

单位为毫米

硬管外径	软管内径	硬管外径	软管内径
4	3.2	22	38[b]
5	5	25	40
6	6.3	28	50
8	8	30	51[b]
10	10	32	
12	12.5	34[a]	
14[a]	16	35	
15	19[b]	38	
16	20	40[a]	
18	25	42	
20	31.5	50	

a 不适用于新设计；

b 仅用于液压系统。

5 标注说明(引用本标准)

当选择遵守本标准时,建议制造商在试验报告、产品目录和产品销售文件中采用以下说明:

"硬管外径和软管内径符合 GB/T 2351—2005/ISO 4397:1993《液压气动系统用硬管外径和软管内径》"。

ICS 23.100.40
J 20

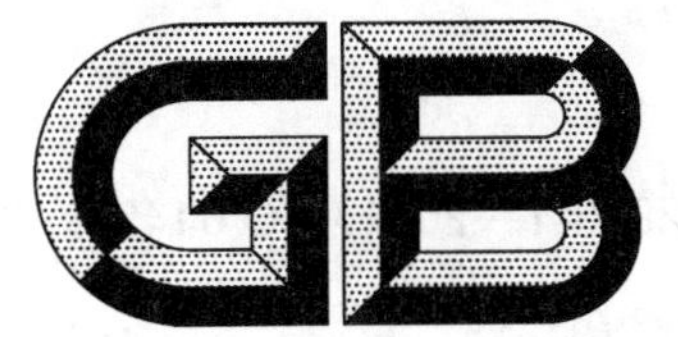

中华人民共和国国家标准

GB/T 2878.1—2011/ISO 6149-1:2006
代替 GB/T 2878—1993

液压传动连接　带米制螺纹和 O 形圈密封的油口和螺柱端 第 1 部分：油口

Connections for hydraulic fluid power—Ports and stud ends with metric threads and O-ring sealing—Part 1:Ports

(ISO 6149-1:2006,Connections for hydraulic fluid power and general use—Ports and stud ends with ISO 261 metric threads and O-ring sealing—Part 1:Ports with truncated housing for O-ring seal,IDT)

2011-12-30 发布　　2012-10-01 实施

中华人民共和国国家质量监督检验检疫总局
中国国家标准化管理委员会　发布

前　言

GB/T 2878《液压传动连接　带米制螺纹和O形圈密封的油口和螺柱端》分为4部分：

——第1部分：油口；

——第2部分：重型螺柱端(S系列)；

——第3部分：轻型螺柱端(L系列)；

——第4部分：六角螺塞。

本部分为GB/T 2878的第1部分。

本部分按照GB/T 1.1—2009给出的规则起草。

本部分代替GB/T 2878—1993《液压元件螺纹连接　油口型式和尺寸》。与GB/T 2878—1993相比，除编辑性修改外主要技术变化如下：

——改变了标准中、英文名称；

——“工作压力不大于40 MPa”提高为“最高工作压力为63 MPa”(见第1章)；

——删除了液压元件油口型式B；

——删除了液压元件油口尺寸M5×0.8(见表1)；

——增加了试验方法、油口命名和标识等章节；

——增加了油口锪孔直径的宽系列(见表1)；

——删除了附录A液压元件螺纹连接油口用O形橡胶密封圈。

本部分使用翻译法等同采用ISO 6149-1:2006《用于液压传动和一般用途的管接头　带ISO 261米制螺纹和O形圈密封的油口和螺柱端　第1部分：带O形圈用锪孔沟槽的油口》。

本部分与ISO 6149-1:2006在结构上和技术内容上相同，本部分作了下列编辑性修改：

——改变标准名称以便与现有的标准系列一致；

——在“1　范围”中第二段第一句按意译表达，使叙述更简单、明确；

——删除国际标准中的5个脚注。

与本部分中规范性引用的国际文件有一致性对应关系的我国文件如下：

GB/T 193—2003　普通螺纹　直径与螺距系列(ISO 261:1998,MOD)

GB/T 197—2003　普通螺纹　公差(ISO 965-1:1998,MOD)

GB/T 2878.2—2011　液压传动连接　带米制螺纹和O形圈密封的油口和螺柱端　第2部分：重型螺柱端(S系列)(ISO 6149-2:2006,IDT)

GB/T 2878.3—2011　液压传动连接　带米制螺纹和O形圈密封的油口和螺柱端　第3部分：轻型螺柱端(L系列)(ISO 6149-3:2006,IDT)

GB/T 17446—1998　流体传动系统及元件　术语(idt ISO 5598:1985)

GB/T 20330—2006　攻丝前钻孔用麻花钻直径(ISO 2306:1972,MOD)

本部分由中国机械工业联合会提出。

本部分由全国液压气动标准化技术委员会(SAC/TC 3)归口。

本部分负责起草单位：浙江苏强格液压股份有限公司、江苏省机械研究设计院有限责任公司、中机生产力促进中心。

本部分参加起草单位：海盐管件制造有限公司、上海立新液压有限公司、中船重工集团第704研究所、浙江华夏阀门有限公司、宁波市恒通液压科技有限公司。

本部分主要起草人:罗学荣、牛月军、杨永军、冯峰、耿志学、朱旭初、杨茅、彭沪海、邹昌建、韦彬、洪超、梁勇。

本部分所代替标准的历次版本发布情况为:

——GB/T 2878—1993。

引　言

在液压传动系统中，功率是通过封闭回路内的受压流体传递和控制。在一般应用中，流体（液体或气体）可以在压力下输送。

液压元件通过其螺纹油口用管接头与硬管或软管连接。

油口是液压传动元件（泵、马达、阀、缸等）的组成部分。

建议新设计的液压系统和元件优先采用 GB/T 2878 系列的螺纹油口和螺柱端，因为这一系列规定的油口和螺柱端采用米制螺纹和 O 形圈密封。希望借此推荐能帮助使用者进行选择。

液压传动连接 带米制螺纹和 O形圈密封的油口和螺柱端 第1部分:油口

1 范围

GB/T 2878的本部分规定了液压传动连接用米制螺纹油口的尺寸和要求,适用于与GB/T 2878.2和GB/T 2878.3中规定的螺柱端连接。

本部分所规定的油口适用的最高工作压力为63 MPa(630 bar)。许用工作压力应根据油口尺寸、材料、结构、工况、应用等因素来确定。

本部分的使用者宜确保油口周边的材料足以承受最高工作压力。

2 规范性引用文件

下列文件对于本文件的应用是必不可少的。凡是注日期的引用文件,仅注日期的版本适用于本文件。凡是不注日期的引用文件,其最新版本(包括所有的修改单)适用于本文件。

ISO 261 ISO普通米制螺纹 总方案(ISO general purpose metric screw threads—General plan)

ISO 965-1 ISO普通米制螺纹 公差 第1部分:原则与基本数据 (ISO general purpose metric screw threads—Tolerances—Part 1:Principles and basic data)

ISO 2306 攻丝前钻孔用钻头(Drills for use prior to tapping screw threads)

ISO 5598 流体传动系统及元件 词汇(Fluid power systems and components—Vocabulary)

ISO 6149-2 用于液压传动和一般用途的管接头 带ISO 261螺纹和O形圈密封的油口和螺柱端 第2部分:重型(S系列)螺柱端的尺寸、型式、试验方法和技术要求(Connections for hydraulic fluid power and general use—Ports and stud ends with ISO 261 metric threads and O-ring sealing—Part 2: Dimensions,design,test methods and requirements for heavyduty (S series) stud ends)

ISO 6149-3 用于液压传动和一般用途的管接头 带ISO 261螺纹和O形圈密封的油口和螺柱端 第3部分:轻型(L系列)螺柱端的尺寸、型式、试验方法和技术要求(Connections for fluid power and general use—Ports and stud ends with ISO 261 metric threads and O-ring sealing—Part 3:Dimensions,design,test methods and requirements for light-duty (L series) stud ends)

3 术语和定义

ISO 5598中界定的术语和定义适用于本部分。

4 尺寸

油口尺寸应符合图1和表1的规定。

单位为毫米

表面粗糙度单位为微米

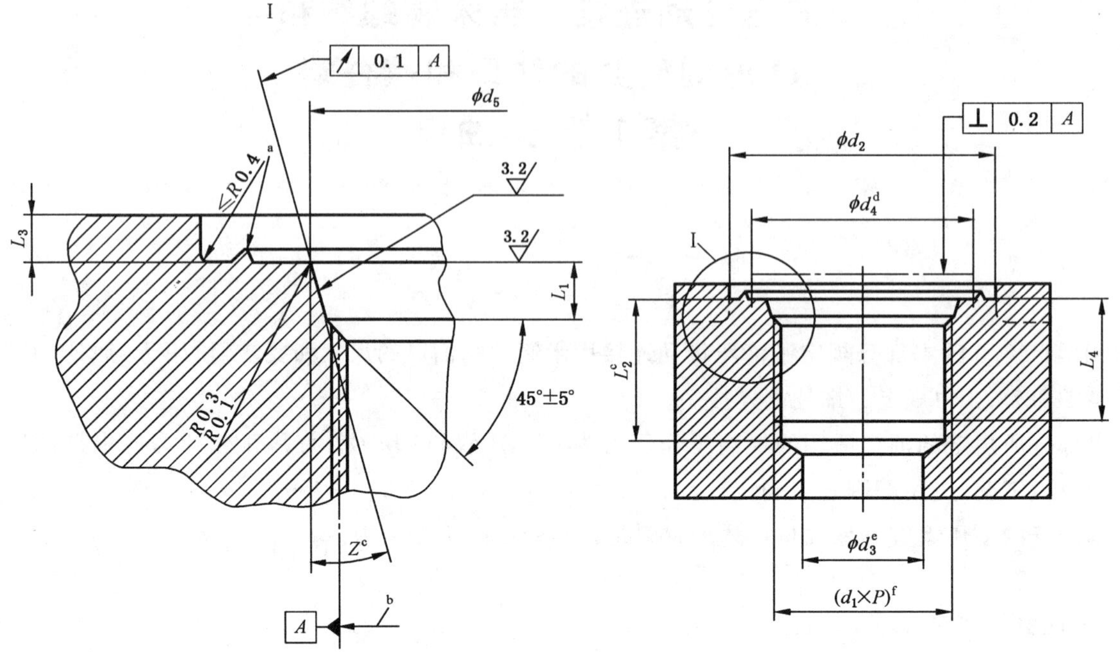

a 可选择的油口标识，见图 2 和第 7 章；

b 螺纹中径；

c 该尺寸仅适用于丝锥不能贯通时；

d 测量范围尺寸；

e 仅供参考；

f 螺纹。

图 1 油口

表 1 油口尺寸

单位为毫米

螺纹[a] ($d_1 \times P$)	d_2		d_3[b] 参考	d_4	d_5 +0.1 0	L_1 +0.4 0	L_2[c] min	L_3 max	L_4 min	Z (°) ±1°
	宽的[d] min	窄的[e] min								
M8×1	17	14	3	12.5	9.1	1.6	11.5	1	10	12
M10×1	20	16	4.5	14.5	11.1	1.6	11.5	1	10	12
M12×1.5	23	19	6	17.5	13.8	2.4	14	1.5	11.5	15
M14×1.5[f]	25	21	7.5	19.5	15.8	2.4	14	1.5	11.5	15
M16×1.5	28	24	9	22.5	17.8	2.4	15.5	1.5	13	15
M18×1.5	30	26	11	24.5	19.8	2.4	17	2	14.5	15
M20×1.5[g]	33	29	—	27.5	21.8	2.4	—	2	14.5	15
M22×1.5	33	29	14	27.5	23.8	2.4	18	2	15.5	15

表 1（续）

单位为毫米

螺纹[a] ($d_1 \times P$)	d_2		d_3[b] 参考	d_4	d_5 $^{+0.1}_{0}$	L_1 $^{+0.4}_{0}$	L_2[c] min	L_3 max	L_4 min	Z (°) ±1°
	宽的[d] min	窄的[e] min								
M27×2	40	34	18	32.5	29.4	3.1	22	2	19	15
M30×2	44	38	21	36.5	32.4	3.1	22	2	19	15
M33×2	49	43	23	41.5	35.4	3.1	22	2.5	19	15
M42×2	58	52	30	50.5	44.4	3.1	22.5	2.5	19.5	15
M48×2	63	57	36	55.5	50.4	3.1	25	2.5	22	15
M60×2	74	67	44	65.5	62.4	3.1	27.5	2.5	24.5	15

[a] 符合 ISO 261，公差等级按照 ISO 965-1 的 6H。钻头按照 ISO 2306 的 6H 等级。

[b] 仅供参考。连接孔可以要求不同的尺寸。

[c] 此攻丝底孔深度需使用平底丝锥才能加工出规定的全螺纹长度。在使用标准丝锥时，应相应增加攻丝底孔深度，采用其他方式加工螺纹时，应保证表中螺纹和沉孔深度。

[d] 带凸环标识的孔口平面直径。

[e] 没有凸环标识的孔口平面直径。

[f] 测试用油口首选。

[g] 仅适用于插装阀阀孔（参见 ISO 7789）。

5 试验方法

油口应与螺柱端一起按照 ISO 6149-2 和 ISO 6149-3 所给的试验方法和要求进行试验。对于最高工作压力低于 ISO 6149-2 和 ISO 6149-3 规定值的情况，试验压力应由制造商和用户商定。

6 油口的命名

油口应按以下方式命名：

——提及 GB/T 2878 的油口，例如：GB/T 2878.1；

——螺纹规格（$d_1 \times P$）。

示例：符合 GB/T 2878 本部分的油口，螺纹尺寸为 M18×1.5，命名如下：

油口 GB/T 2878.1-M18×1.5

7 标识

符合本部分的油口在结构尺寸允许的情况下宜采用符合图 2 和表 2 的凸环标识，或在元件上用永久的标识标明油口规格，如“GB/T 2878.1-M18×1.5”。

单位为毫米

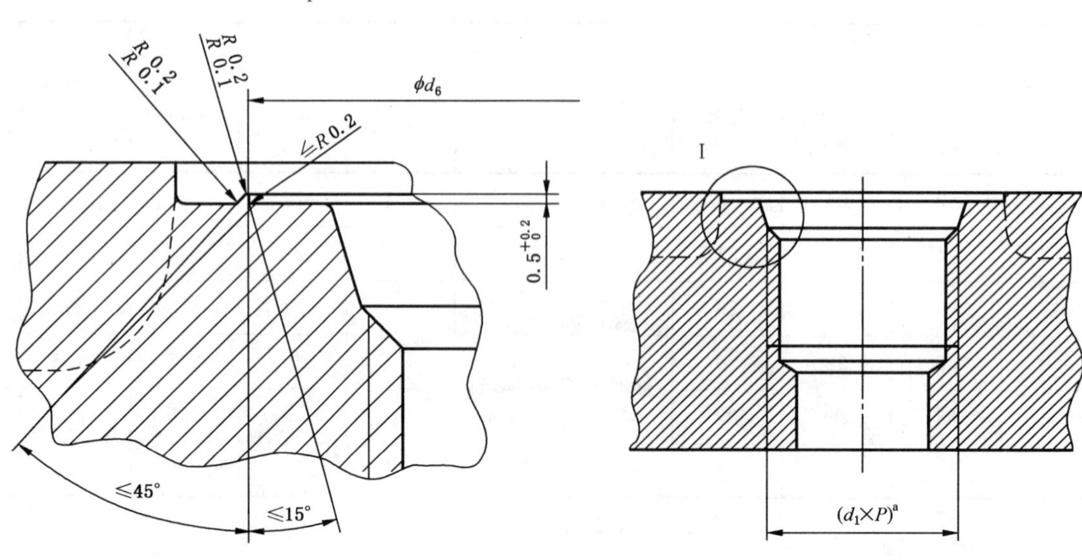

[a] 螺纹。

图 2　可选择的油口标识

表 2　可选择的油口标识

单位为毫米

螺纹 ($d_1 \times P$)	$d_6\ ^{+0.5}_{0}$
M8×1	14
M10×1	16
M12×1.5	19
M14×1.5	21
M16×1.5	24
M18×1.5	26
M20×1.5[a]	29
M22×1.5	29
M27×2	34
M30×2	38
M33×2	43
M42×2	52
M48×2	57
M60×2	67
[a] 仅适用于插装阀阀孔(参见 ISO 7789)。	

8 标注说明(引用 GB/T 2878 的本部分)

当选择遵守本部分时,建议制造商在试验报告、产品目录和销售文件中使用以下说明:“油口符合 GB/T 2878.1—2011《液压传动连接 带米制螺纹和 O 形圈密封的油口和螺柱端 第 1 部分:油口》的规定”。

参 考 文 献

[1] ISO 1101 Technical drawings—Geometrical tolerancing—Tolerances of form, orientation, location and run-out—Generalities, definitions, symbols, indications on drawings

[2] ISO 1179-1 Connections for general use and fluid power—Ports and stud ends with ISO 228-1 threads with elastomeric or metal-to-metal sealing—Part 1: Threaded ports

[3] ISO 1179-2 Connections for general use and fluid power—Ports and stud ends with ISO 228-1 threads with elastomeric or metal-to-metal sealing—Part 2: Heavy-duty (S series) and light-duty (L series) stud ends and elastomeric sealing (type E)

[4] ISO 1179-3 Connections for general use and fluid power—Ports and stud ends with ISO 228-1 threads with elastomeric or metal-to-metal sealing—Part 3: Light-duty (L series) stud ends with sealing by O-ring with retaining ring (types G and H)

[5] ISO 1179-4 Connections for general use and fluid power—Ports and stud ends with ISO 228-1 threads with elastomeric or metal-to-metal sealing—Part 4: Stud ends for general use only with metal-to-metal sealing (type B)

[6] ISO 1302 Geometrical Product Specifications (GPS)—Indication of surface texture in technical product documentation

[7] ISO 6410-1 Technical drawings—Screw threads and threaded parts—Part 1: General conventions

[8] ISO 7789 Hydraulic fluid power—Two-, three- and four-port screw-in cartridge valves—Cavities

[9] ISO 9974-1 Connections for general use and fluid power—Ports and stud ends with ISO 261 threads or elastomeric or metal-to-metal sealing—Part 1: Threaded ports

[10] ISO 9974-2 Connections for general use and fluid power—Ports and stud ends with ISO 261 threads or elastomeric or metal-to-metal sealing—Part 2: Stud ends with elastomeric sealing (type E)

[11] ISO 9974-3 Connections for general use and fluid power—Ports and stud ends with ISO 261 threads or elastomeric or metal-to-metal sealing—Part 3: Stud ends with metal-to-metal sealing (type B)

[12] ISO 11926-1 Connections for general use and fluid power—Ports and stud ends with ISO 725 threads and O-ring sealing—Part 1: Ports with O-ring seal in truncated housing

[13] ISO 11926-2 Connections for general use and fluid power—Ports and stud ends with ISO 725 threads and O-ring sealing—Part 2: Heavy-duty (S series) stud ends

[14] ISO 11926-3 Connections for general use and fluid power—Ports and stud ends with ISO 725 threads and O-ring sealing—Part 3: Light-duty (L series) stud ends

---

ICS 23.100.40
J 20

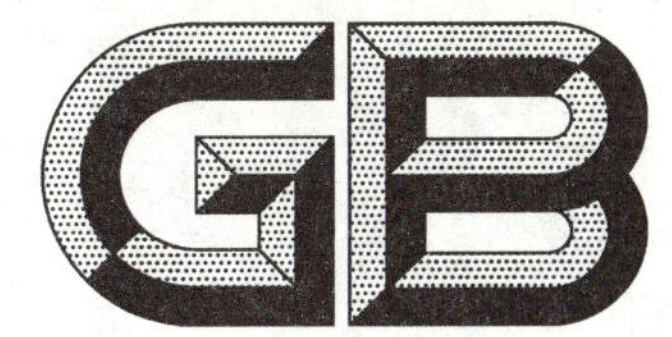

中华人民共和国国家标准

GB/T 2878.2—2011

液压传动连接 带米制螺纹和O形圈密封的油口和螺柱端 第2部分:重型螺柱端(S系列)

Connections for hydraulic fluid power—Ports and stud ends with metric threads and O-ring sealing—Part 2:Heavy-duty stud ends (S series)

(ISO 6149-2:2006,Connections for hydraulic fluid power and general use—Ports and stud ends with ISO 261 metric threads and O-ring sealing—Part 2:Dimensions,design,test methods and requirements for heavy-duty (S series) stud ends,MOD)

2011-12-30 发布 2012-10-01 实施

中华人民共和国国家质量监督检验检疫总局
中国国家标准化管理委员会 发布

前 言

GB/T 2878《液压传动连接 带米制螺纹和O形圈密封的油口和螺柱端》分为4部分：

——第1部分：油口；

——第2部分：重型螺柱端(S系列)；

——第3部分：轻型螺柱端(L系列)；

——第4部分：六角螺塞。

本部分为GB/T 2878的第2部分。

本部分按照GB/T 1.1—2009给出的规则起草。

本部分使用重新起草法修改采用ISO 6149-2:2006《用于液压传动和一般用途的管接头 带ISO 261米制螺纹和O形圈密封的油口和螺柱端 第2部分：重型(S系列)螺柱端的尺寸、型式、试验方法和技术要求》。

本部分与ISO 6149-2:2006的技术性差异及其原因如下：

——关于规范性引用文件，本部分做了具有技术性差异的调整，以适应我国的技术条件，调整情况集中反映在第2章中，具体调整如下：

- 用修改采用国际标准的GB/T 193代替了ISO 261(见表1)；
- 用修改采用国际标准的GB/T 197代替了ISO 965-1(见表1)；
- 用等同采用国际标准的GB/T 3103.1代替了ISO 4759-1(见第4章)；
- 用等同采用国际标准的GB/T 3452.2代替了ISO 3601-3(见第6章)；
- 用等同采用国际标准的GB/T 6031代替了ISO 48(见第6章)；
- 用等同采用国际标准的GB/T 17446代替了ISO 5598(见第3章)；
- 用等同采用国际标准的GB/T 26143代替了ISO 19879(见第7章)；

——5.1中将螺柱端的材质由低碳钢改为碳钢；

——第8章中，删除螺柱端标记中的名称标注；

——第9章中，将螺柱端标识要求叙述中的“应”改为“宜”。

本部分做了下列编辑性修改：

——标准名称简化；

——删除国际标准7个脚注。

本部分由中国机械工业联合会提出。

本部分由全国液压气动标准化技术委员会(SAC/TC 3)归口。

本部分负责起草单位：浙江苏强格液压股份有限公司、江苏省机械研究设计院有限责任公司、中机生产力促进中心。

本部分参加起草单位：海盐管件制造有限公司，上海立新液压有限公司，中船重工集团第704研究所，浙江华夏阀门有限公司、宁波市恒通液压科技有限公司。

本部分主要起草人：罗学荣、牛月军、杨永军、冯峰、耿志学、朱旭初、彭沪海、邹昌建、韦彬、洪超、杨茅、梁勇。

引 言

在液压传动系统中,功率是通过封闭回路内的受压流体传递和控制的。在一般应用中,流体(液体或气体)可以在压力下输送。

液压元件通过其螺纹油口用管接头的螺柱端与硬管或软管连接。

建议新设计的液压系统和元件优先采用GB/T 2878系列的螺纹油口和螺柱端,因为这一系列规定的油口和螺柱端采用米制螺纹和O形圈密封。希望借此推荐帮助使用者进行合理选择。

液压传动连接 带米制螺纹和O形圈密封的油口和螺柱端 第2部分:重型螺柱端(S系列)

1 范围

GB/T 2878的本部分规定了米制可调节和不可调节重型(S系列)柱端及O形圈的尺寸、性能要求和试验程序。

符合本部分的不可调节螺柱端适用于最高工作压力63 MPa(630 bar),可调节螺柱端适用于最高工作压力40 MPa(400 bar)。许用工作压力应根据螺柱端尺寸、材料、结构、工作条件和应用场合等条件来确定。

仅符合本部分尺寸的产品不能保证能达到额定性能。制造商宜按照本部分所包含的规范进行试验,以确保元件符合额定性能。

注1:需要进行有效次数的试验,以确认碳钢制造的管接头的性能要求。

注2:本部分适用于GB/T 14034.1—2010、ISO 8434-3中所述的管接头和符合GB/T 2878.4的螺塞。相关的软管接头技术规范参见ISO 12151-4。

注3:本部分的引言提供了对于液压传动应用新设计上使用的油口和螺柱端的建议。

2 规范性引用文件

下列文件对于本文件的应用是必不可少的。凡是注日期的引用文件,仅注日期的版本适用于本文件。凡是不注日期的引用文件,其最新版本(包括所有的修改单)适用于本文件。

GB/T 193 普通螺纹 直径与螺距系列

GB/T 197 普通螺纹 公差

GB/T 3103.1—2002 紧固件公差 螺栓、螺钉、螺柱和螺母(ISO 4759-1)

GB/T 3452.2—2007 液压气动用O形橡胶密封圈 第2部分:外观质量检验规范(ISO 3601-3)

GB/T 6031 硫化橡胶或热塑性橡胶硬度的测定(10~100 IRHD)(ISO 48)

GB/T 17446 流体传动系统及元件 术语(ISO 5598)

GB/T 26143 液压管接头 试验方法(ISO 19879)

3 术语和定义

GB/T 17446中界定的以及下列术语和定义适用于本部分。

3.1

可调节螺柱端 adjustable stud end

在拧紧连接螺母期间,允许管接头调整方向以完成连接定位的螺柱端管接头。

注:这种类型的螺柱端主要用于异形管接头(如T形、十字形和弯头)。

3.2

不可调节螺柱端 non-adjustable stud end

在拧紧连接螺母期间,不需要专门调整方向的螺柱端管接头。仅用于直通式管接头。

4 尺寸

重型(S 系列)螺柱端应符合图 1、图 2 和表 1 所给尺寸。六角对边宽度的公差应符合GB/T 3103.1—2002 规定的 C 级。

单位为毫米

表面粗糙度单位为微米

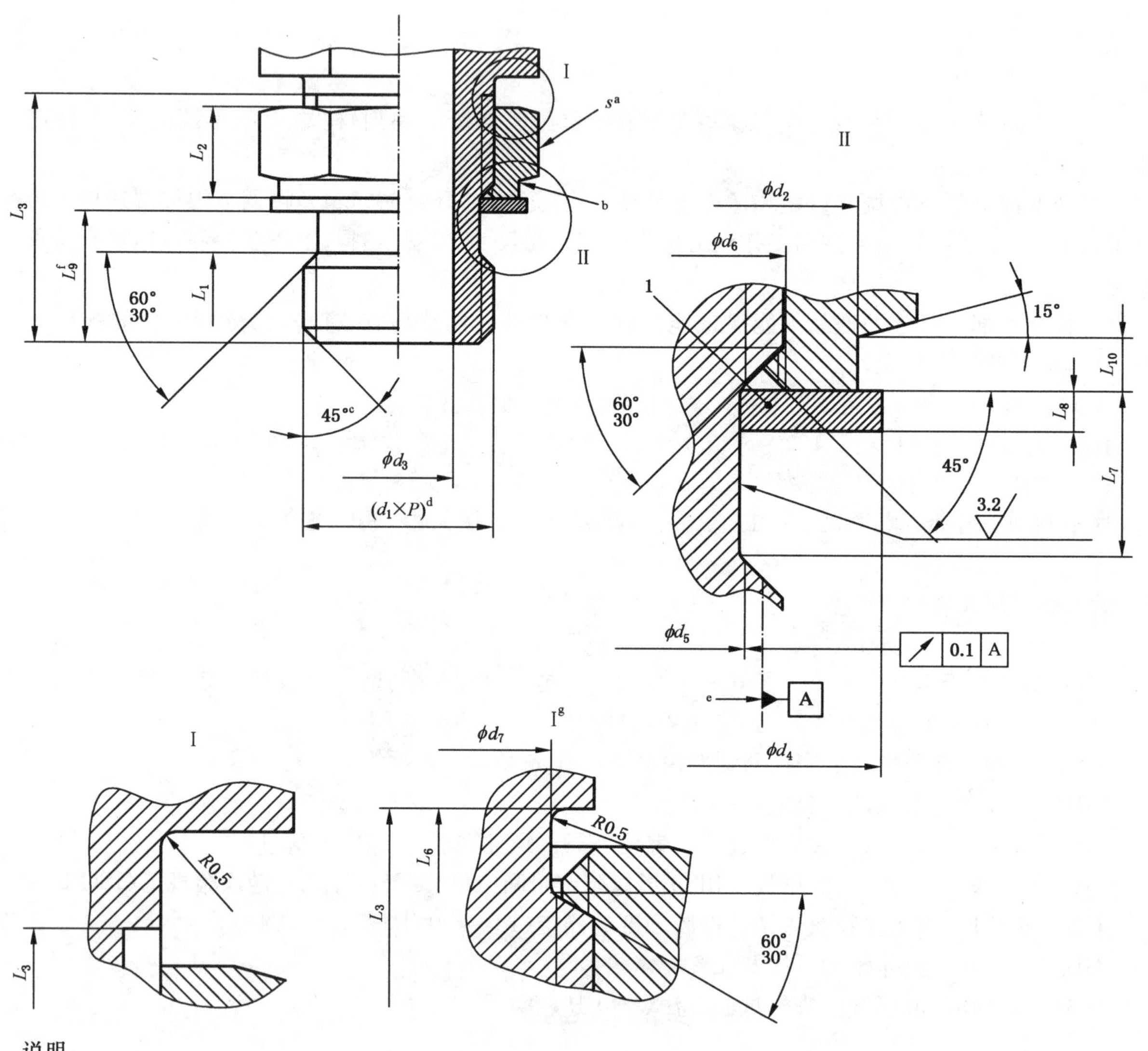

说明：

1——垫片。

a 六角对边宽度；

b 螺柱端标识(见第 9 章)；

c 倒角至螺纹底径；

d 螺纹；

e 螺纹中径；

f 可调节；

g 任选结构。

图 1 可调节重型(S 系列)螺柱端

单位为毫米

表面粗糙度单位为微米

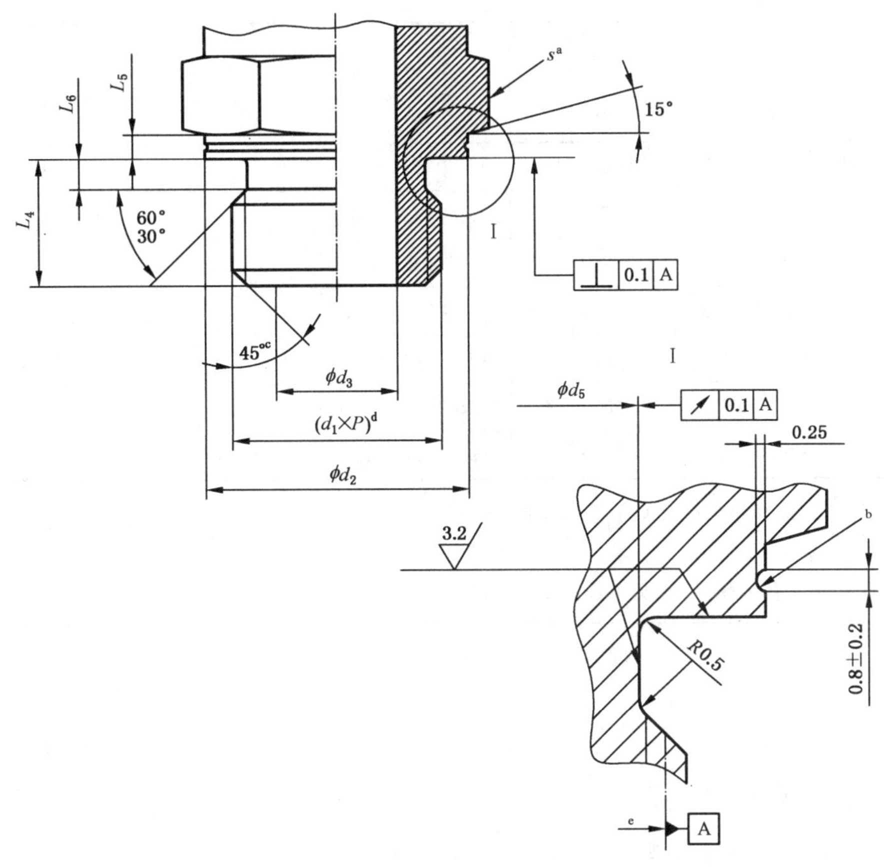

a 六角对边宽度；

b 可选凹槽，位于 L_5 的中间；螺柱端标识（见第 9 章）；

c 倒角至螺纹底径；

d 螺纹；

e 螺纹中径。

图 2 不可调节重型(S 系列)螺柱端

表 1 重型(S 系列)螺柱端的尺寸

单位为毫米

螺纹[a] ($d_1 \times p$)	d_2 ±0.2	d_3		d_4 ±0.4	d_5 0 −0.1	d_6 +0.4 0	d_7 0 −0.3	L_1 ±0.2	L_2 ±0.2	L_3 最小	L_4 ±0.2	L_5 ±0.1	L_6 +0.3 0	L_7 ±0.1	L_8 ±0.08	L_9 参考	L_{10} ±0.1	S
		尺寸	公差															
M8×1	11.8	2	±0.1	12.5	6.4	8.1	6.4	6.5	7	18	9.5	1.6	2	4	0.9	9.6	1.5	12
M10×1	13.8	3	±0.1	14.5	8.4	10.1	8.4	6.5	7	18	9.5	1.6	2	4	0.9	9.6	1.5	14
M12×1.5	16.8	4	±0.1	17.5	9.7	12.1	9.7	7.5	8.5	21	11	2.5	3	4.5	0.9	11.1	2	17
M14×1.5[b]	18.8	6	±0.1	19.5	11.7	14.1	11.7	7.5	8.5	21	11	2.5	3	4.5	0.9	11.1	2	19
M16×1.5	21.8	7	±0.2	22.5	13.7	16.1	13.7	9	9	23	12.5	2.5	3	4.5	0.9	12.6	2	22
M18×1.5	23.8	9	±0.2	24.5	15.7	18.1	15.7	10.5	10.5	26	14	2.5	3	4.5	0.9	14.1	2.5	24
M20×1.5[c]	26.8	—	±0.2	—	17.7	—	17.7	—	—	—	14	2.5	3	—	—	—	2.5	—

表 1（续）

单位为毫米

螺纹[a] ($d_1 \times p$)	d_2	d_3		d_4	d_5	d_6	d_7	L_1	L_2	L_3	L_4	L_5	L_6	L_7	L_8	L_9	L_{10}	S
	±0.2	尺寸	公差	±0.4	$^{0}_{-0.1}$	$^{+0.4}_{0}$	$^{0}_{-0.3}$	±0.2	±0.2	最小	±0.2	±0.1	$^{+0.3}_{0}$	±0.1	±0.08	参考	±0.1	
M22×1.5	26.8	12	±0.2	27.5	19.7	22.1	19.7	11	11	27.5	15	2.5	3	5	1.25	14.8	2.5	27
M27×2	31.8	15	±0.2	32.5	24	27.1	24	13.5	13.5	33.5	18.5	2.5	4	6	1.25	18.3	2.5	32
M30×2	35.8	17	±0.2	36.5	27	30.1	27	13.5	13.5	33.5	18.5	2.5	4	6	1.25	18.3	2.5	36
M33×2	40.8	20	±0.2	41.5	30	33.1	30	13.5	13.5	33.5	18.5	3	4	6	1.25	18.3	3	41
M42×2	49.8	26	±0.2	50.5	39	42.1	39	14	14	34.5	19	3	4	6	1.25	18.8	3	50
M48×2	54.8	32	±0.3	55.5	45	48.1	45	16.5	15	38	21.5	3	4	6	1.25	21.3	3	55
M60×2	64.8	40	±0.3	65.5	57	60.1	57	19	17	42.5	24	3	4	6	1.25	23.8	3	65

[a] 符合 GB/T 193，公差等级符合 GB/T 197 的 6 g。

[b] 测试用油口首选。

[c] 仅适用于插装阀阀孔的螺塞（参见 GB/T 2878.4 和 JB/T 5963）。

5 要求

5.1 工作压力和工作温度

用碳钢制造的重型（S 系列）螺柱端应在表 2 所给的最高工作压力下使用。

5.2 性能

当以表 5 中的扭矩进行装配并按照第 7 章进行爆破或循环耐久性（脉冲）试验时，用碳钢制造的重型（S 系列）螺柱端应达到或超过表 2 给出的爆破和脉冲压力。

表 2 重型（S 系列）螺柱端适用的压力

螺纹	螺柱端类型											
	不可调节						可调节					
	最高工作压力		试验压力				最高工作压力		试验压力			
	MPa	(bar)	爆破		脉冲[a]		MPa	(bar)	爆破		脉冲[a]	
			MPa	(bar)	MPa	(bar)			MPa	(bar)	MPa	(bar)
M8×1	63	(630)	252	(2 520)	83.8	(838)	40	(400)	160	(1 600)	53.2	(532)
M10×1	63	(630)	252	(2 520)	83.8	(838)	40	(400)	160	(1 600)	53.2	(532)
M12×1.5	63	(630)	252	(2 520)	83.8	(838)	40	(400)	160	(1 600)	53.2	(532)
M14×1.5	63	(630)	252	(2 520)	83.8	(838)	40	(400)	160	(1 600)	53.2	(532)
M16×1.5	63	(630)	252	(2 520)	83.8	(838)	40	(400)	160	(1 600)	53.2	(532)
M18×1.5	63	(630)	252	(2 520)	83.8	(838)	40	(400)	160	(1 600)	53.2	(532)
M20×1.5[b]	40	(400)	160	(1 600)	53.2	(532)	—	—	—	—	—	—

表 2（续）

螺纹	螺柱端类型											
	不可调节						可调节					
	最高工作压力		试验压力				最高工作压力		试验压力			
			爆破		脉冲[a]				爆破		脉冲[a]	
	MPa	(bar)	MPa	(bar)	MPa	(bar)	MPa	(bar)	MPa	(bar)	MPa	(bar)
M22×1.5	63	(630)	252	(2 520)	83.8	(838)	40	(400)	160	(1 600)	53.2	(532)
M27×2	40	(400)	160	(1 600)	53.2	(532)	40	(400)	160	(1 600)	53.2	(532)
M30×2	40	(400)	160	(1 600)	53.2	(532)	35	(350)	140	(1 400)	46.5	(465)
M33×2	40	(400)	160	(1 600)	53.2	(532)	35	(350)	140	(1 400)	46.5	(465)
M42×2	25	(250)	100	(1 000)	33.2	(332)	25	(250)	100	(1 000)	33.2	(332)
M48×2	25	(250)	100	(1 000)	33.2	(332)	20	(200)	80	(800)	26.6	(266)
M60×2	25	(250)	100	(1 000)	33.2	(332)	16	(160)	64	(640)	21.3	(213)

注：以上确定的压力适用于碳钢制造的管接头和按 GB/T 26143 进行的试验。

[a] 循环耐久性试验压力。

[b] 仅适用于插装阀阀孔的螺塞(参见 GB/T 2878.4 和 JB/T 5963)。

5.3 可调节螺柱端垫片的安装和平面度

应以适当的方式将垫片安装在螺柱上。此安装应足够紧，使垫片不会因振动从最高位置靠自重落下，但移动垫片所需的锁母最大扭矩应不超过表 3 给出的扭矩值。

垫片装配后表面形状应凹凸一致(即没有波状)并且凹面朝向螺柱端，其平面度应符合表 3 的规定。

表 3　可调节螺柱端的垫片推动扭矩和平面度允差

螺纹	推动垫片所需的最大扭矩/(N·m)	垫片的平面度允差/mm
M8×1	1	0.25
M10×1	3	0.25
M12×1.5	4	0.25
M14×1.5	5	0.25
M16×1.5	7	0.25
M18×1.5	10	0.25
M22×1.5	12	0.25
M27×2	15	0.4
M30×2	18	0.4
M33×2	20	0.4
M42×2	25	0.5
M48×2	30	0.5
M60×2	40	0.5

6 O形圈

适用于重型(S系列)螺柱端的O形圈应符合图3所示和表4所给的尺寸。

除非另有规定,在第5章和表2要求的压力下,当与石油基液压油一起使用和试验时,所用O形圈应由丁腈橡胶制造,硬度为(90±5)IRHD(按照GB/T 6031测定),并且应符合表4所给尺寸,质量等级应不低于GB/T 3452.2—2007规定的O形圈质量验收标准的N级要求。在实际工作压力和系统的液压油与表2及本章规定不同或工作温度超过丁腈橡胶的适用温度范围的情况下,应向密封件制造商咨询,以保证选择适当材料的O形圈。

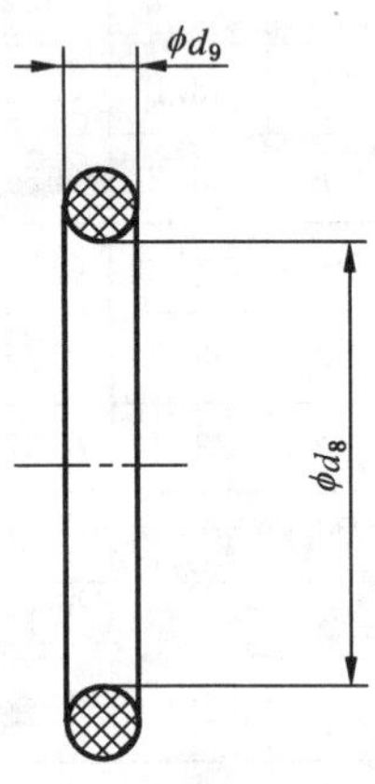

图3 O形圈

表4 重型(S系列)螺柱端配用的O形圈尺寸 单位为毫米

螺纹	内径 d_8		截面直径 d_9	
	尺寸	公差	尺寸	公差
M8×1	6.1	±0.2	1.6	±0.08
M10×1	8.1	±0.2	1.6	±0.08
M12×1.5	9.3	±0.2	2.2	±0.08
M14×1.5	11.3	±0.2	2.2	±0.08
M16×1.5	13.3	±0.2	2.2	±0.08
M18×1.5	15.3	±0.2	2.2	±0.08
M20×1.5[a]	17.3	±0.22	2.2	±0.08
M22×1.5	19.3	±0.22	2.2	±0.08
M27×2	23.6	±0.24	2.9	±0.09
M30×2	26.6	±0.26	2.9	±0.09
M33×2	29.6	±0.29	2.9	±0.09
M42×2	38.6	±0.37	2.9	±0.09
M48×2	44.6	±0.43	2.9	±0.09
M60×2	56.6	±0.51	2.9	±0.09

[a] 仅适用于插装阀阀孔的螺塞(参见GB/T 2878.4和JB/T 5963)。

表 5 螺柱端合格判定试验扭矩

螺纹	螺柱端合格判定试验扭矩 N·m +10% 0
M8×1	10
M10×1	20
M12×1.5	35
M14×1.5	45
M16×1.5	55
M18×1.5	70
M20×1.5[a]	80
M22×1.5	100
M27×2	170
M30×2	215
M33×2	310
M42×2	330
M48×2	420
M60×2	500
[a] 仅适用于插装阀阀孔的螺塞(参见 GB/T 2878.4 和 JB/T 5963)。	

7 试验方法

爆破和循环耐久性(脉冲)试验应按 GB/T 26143 进行。

8 螺柱端的命名

重型(S 系列)螺柱端应按以下方式命名：

——提及 GB/T 2878 的重型(S 系列)螺柱端，即：GB/T 2878.2；

——螺纹尺寸($d_1 \times p$)。

示例：符合 GB/T 2878 本部分的螺柱端，螺纹尺寸为 M18×1.5，命名如下：

螺柱端 GB/T 2878.2-M18×1.5

9 标识

重型(S 系列)螺柱端在规格尺寸允许的情况下宜按图 1 和图 2 所示做出标识，并符合表 1 给出的尺寸。不可调节(直通)螺柱端在规格尺寸允许的情况下，宜通过靠近螺纹 d_1 的圆柱形加工面(直径 d_2，宽度 L_5)和其上的凹槽进行识别。可调节螺柱端在规格尺寸允许的情况下，宜通过锁母靠近垫片一端的圆柱形加工面(直径 d_2，宽度 L_{10})识别。

10 标注说明(引用 GB/T 2878 的本部分)

当选择遵守本部分时,建议制造商在试验报告、产品目录和销售文件中使用以下说明:“重型(S 系列)螺柱端符合 GB/T 2878.2—2011《液压传动连接　带米制螺纹和 O 形圈密封的油口和螺柱端　第 2 部分:重型螺柱端(S 系列)》的规定”。

参 考 文 献

[1] GB/T 3 普通螺纹收尾、肩距、退刀槽和倒角

[2] GB/T 131 产品几何技术规范(GPS) 技术产品文件中表面结构的表示法

[3] GB/T 1182 形状和位置公差 通则、定义、符号和图样表示法

[4] GB/T 2878.4 液压传动连接 带米制螺纹和O形圈密封的油口和螺柱端 第4部分:六角螺塞

[5] GB/T 14034-1 流体传动金属管连接 第1部分:24°锥形管接头

[6] GB/T 19674.1 液压管接头用螺纹油口和柱端 螺纹油口

[7] GB/T 19674.2 液压管接头用螺纹油口和柱端 填料密封柱端(A型和E型)

[8] GB/T 19674.3 液压管接头用螺纹油口和柱端 金属对金属密封柱端(B型)

[9] JB/T 5963 二通、三通、四通螺纹式插装阀阀孔尺寸

[10] ISO 1179-1 Connections for general use and fluid power—Ports and stud ends with ISO 228-1 threads with elastomeric or metal-to-metal sealing—Part 1:Threaded ports

[11] ISO 1179-2 Connections for general use and fluid power—Ports and stud ends with ISO 228-1 threads with elastomeric or metal-to-metal sealing—Part 2:Heavy-duty (S series) and light-duty (L series) stud ends and elastomeric sealing (type E)

[12] ISO 1179-3 Connections for general use and fluid power—Ports and stud ends with ISO 228-1 threads with elastomeric or metal-to-metal sealing—Part 3:Light-duty (L series) stud ends with sealing by O-ring with retaining ring (types G and H)

[13] ISO 1179-4 Connections for general use and fluid power—Ports and stud ends with ISO 228-1 threads with elastomeric or metal-to-metal sealing—Part 4:Stud ends for general use only with metal-to-metal sealing (type B)

[14] ISO 8434-3 Metallic tube connections for fluid power and general use—Part 3:O-ring face seal fittings

[15] ISO 11926-1 Connections for general use and fluid power—Ports and stud ends with ISO 725 threads and O-ring sealing—Part 1:Parts with O-ring seal in truncated housing

[16] ISO 11926-2 Connections for general use and fluid power—Ports and stud ends with ISO 725 threads and O-ring sealing—Part 2:Heavy-duty (S series) stud ends

[17] ISO 11926-3 Connections for general use and fluid power—Ports and stud ends with ISO 725 threads and O-ring sealing—Part 3:Light-duty (L series) stud ends

[18] ISO 12151-4 Connections for hydraulic fluid power and general use—Hose fittings—Part 4:Hose fittings with ISO 6149 metric stud ends

ICS 23.100.40
J 20

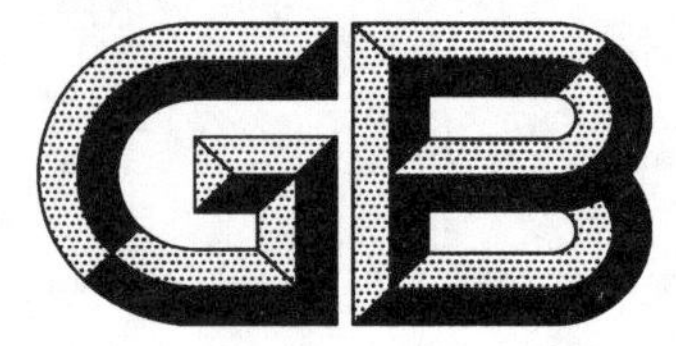

中华人民共和国国家标准

GB/T 2878.3—2017

液压传动连接 带米制螺纹和O形圈密封的油口和螺柱端 第3部分：轻型螺柱端（L系列）

Connections for hydraulic fluid power—Ports and stud ends with metric threads and O-ring sealing—Part 3：Light-duty stud ends（L series）

［ISO 6149-3：2006，Connections for hydraulic fluid power and general use—Ports and stud ends with ISO 261 metric threads and O-ring sealing—Part 3：Dimensions，design，test methods and requirements for light-duty（L series）stud ends，MOD］

2017-05-12 发布　　　2017-12-01 实施

中华人民共和国国家质量监督检验检疫总局
中国国家标准化管理委员会　发布

前　言

GB/T 2878《液压传动连接　带米制螺纹和O形圈密封的油口和螺柱端》分为4部分：

——第1部分：油口；

——第2部分：重型螺柱端(S系列)；

——第3部分：轻型螺柱端(L系列)；

——第4部分：六角螺塞。

本部分为GB/T 2878的第3部分。

本部分按照GB/T 1.1—2009给出的规则起草。

本部分使用重新起草法修改采用ISO 6149-3:2006《用于液压传动和一般用途的螺柱端　带ISO 261米制螺纹和O形圈密封的油口和螺柱端　第3部分：轻型(L系列)螺柱端的尺寸、型式、试验方法和技术要求》。

本部分与ISO 6149-3:2006的技术性差异及其原因如下：

——关于规范性引用文件，本部分做了具有技术性差异的调整，以适应我国的技术条件，调整情况集中反映在第2章"规范性引用文件"中，具体调整如下：

- 用修改采用国际标准的GB/T 193代替了ISO 261(见表1)；
- 用修改采用国际标准的GB/T 197代替了ISO 965-1(见表1)；
- 用修改采用国际标准的GB/T 2878.2代替了ISO 6149-2(见表1)；
- 用等同采用国际标准的GB/T 3103.1—2002代替了ISO 4759-1(见第4章)；
- 用等同采用国际标准的GB/T 6031代替了ISO 48(见第6章)；
- 用等同采用国际标准的GB/T 17446代替了ISO 5598(见第3章)；
- 用等同采用国际标准的GB/T 26143代替了ISO 19879(见第7章)。

——将螺柱端的材质由低碳钢改为碳钢(见5.1，ISO 6149-3:2006的5.1)。

——将螺柱端标识要求改为推荐(见第9章，ISO 6149-3:2006的第9章)。

本部分做了下列编辑性修改：

——删除国际标准文字叙述中的6个脚注；

——按照出现的先后顺序，将ISO 6149-3:2006的表5、表4、表3调整为本部分的表3、表5、表4；

——删除了ISO 6149-3:2006中压力的等效单位"bar"，只保留"MPa"。

本部分由中国机械工业联合会提出。

本部分由全国液压气动标准化技术委员会(SAC/TC 3)归口。

本部分负责起草单位：浙江苏强格液压股份有限公司。

本部分参加起草单位：海盐管件制造有限公司、宁波广天赛克思液压有限公司、攀钢集团工程技术有限公司实业分公司液压附件厂、伊顿液压(宁波)有限公司。

本部分主要起草人：罗学荣、吴节刚、耿志学、朱旭初、梁勇、官柏平、梁恩国、唐海龙、周舜华。

引 言

在液压传动系统中，功率是通过封闭回路内的受压流体传递和控制的。在一般应用中，流体(液体或气体)可以在压力下输送。

液压元件通过其螺纹油口用管接头的螺柱端与硬管或软管连接。

建议新设计的液压系统和元件优先采用GB/T 2878系列的螺纹油口和螺柱端，因为这一系列规定的油口和螺柱端采用米制螺纹和O形圈密封。希望借此推荐帮助使用者进行合理选择。

液压传动连接 带米制螺纹和O形圈密封的油口和螺柱端 第3部分:轻型螺柱端(L系列)

1 范围

GB/T 2878 的本部分规定了米制可调节和不可调节轻型螺柱端(L系列)及O形圈的尺寸、性能要求和试验程序。

符合本部分的不可调节螺柱端适用的最高工作压力为40 MPa,可调节螺柱端适用的最高工作压力为31.5 MPa。许用工作压力宜根据螺柱端尺寸、材料、结构、工作条件和应用场合等条件来确定。

仅符合本部分尺寸的产品不能保证能达到规定性能。制造商宜按照本部分所包含的规范进行试验,以确保元件符合规定性能。

注1:需要进行有效次数的试验,以确认碳钢制造的管接头的性能要求。

注2:本部分适用于GB/T 14034.1—2010和ISO 8434-2所述的管接头及GB/T 2878.4的螺塞。相关的软管接头技术规范参见ISO 12151-4。

注3:本部分的引言推荐了适用于液压传动新设计的油口和螺柱端。

2 规范性引用文件

下列文件对于本文件的应用是必不可少的。凡是注日期的引用文件,仅注日期的版本适用于本文件。凡是不注日期的引用文件,其最新版本(包括所有的修改单)适用于本文件。

GB/T 193 普通螺纹 直径与螺距系列(GB/T 193—2003,ISO 261:1998,MOD)

GB/T 197 普通螺纹 公差(GB/T 197—2003,ISO 965-1:1998,MOD)

GB/T 3103.1—2002 紧固件公差 螺栓、螺钉、螺柱和螺母(idt ISO 4759-1:2000)

GB/T 3452.2—2007 液压气动用O形橡胶密封圈 第2部分:外观质量检验规范(ISO 3601-3:2005,IDT)

GB/T 6031 硫化橡胶或热塑性橡胶硬度的测定(10～100 IRHD)(GB/T 6031—1998,idt ISO 48:1994)

GB/T 17446 流体传动系统及元件 词汇(GB/T 17446—2012, ISO 5598:2008,IDT)

GB/T 2878.2 液压传动连接 带米制螺纹和O形圈密封的油口和螺柱端 第2部分:重型螺柱端(S系列)(GB/T 2878.2—2011,ISO 6149-2:2006,IDT)

GB/T 26143 液压管接头 试验方法(GB/T 26143—2010,ISO 19879:2010,IDT)

3 术语和定义

GB/T 17446 界定的以及下列术语和定义适用于本文件。

3.1

可调节螺柱端 adjustable stud end

在拧紧连接螺母期间,允许管接头调整方向以完成连接定位的螺柱端管接头。

注:这种类型的螺柱端主要用于异形管接头(如:T形、十字形和弯头)。

3.2

不可调节螺柱端　non-adjustable stud end

在拧紧连接螺母期间，不需要调整管接头方向的螺柱端接头。

4　尺寸

轻型螺柱端(L系列)应符合图1、图2和表1所给尺寸。六角对边宽度的公差应符合GB/T 3103.1—2002规定的C级。

5　要求

5.1　工作压力

用碳钢制造的轻型螺柱端(L系列)工作压力不应超过表2所给出的最高工作压力。

5.2　性能

当按表3中的扭矩进行装配并按第7章进行爆破或循环耐久性(脉冲)试验时，用碳钢制造的轻型螺柱端(L系列)工作压力不应超过表2所给出的最高工作压力。

5.3　可调节螺柱端垫片的安装和平面度

应以适当的方式将垫片安装在螺柱上，确保垫片不会因振动从最高位置受自重下落，但移动垫片所需的锁紧螺母最大扭矩应不超过表4给出的扭矩值。

垫片装配后表面形状应凹凸一致(即没有波状)，并且凹面朝向螺柱端，其平面度应符合表4的规定。

6　O形圈

适用于轻型螺柱端(L系列)的O形圈应符合图3和表5所给的尺寸。

除非另有规定，对于在第5章和表2要求的压力和温度下与石油基液压油一起使用和试验时，所用O形圈应由丁腈橡胶制造，硬度为(90±5)IRHD(按照GB/T 6031测定)，并且应符合表5所给尺寸，质量等级应不低于GB/T 3452.2—2007规定的O形圈质量验收标准的N级要求。当实际工作压力和系统的液压油与表2及本章规定不同，或工作温度超过丁腈橡胶的适用温度范围时，应向密封件制造商咨询，以保证选择适当材料的O形圈。

7　试验方法

爆破和循环耐久性(脉冲)试验应按GB/T 26143进行。

8　螺柱端的命名

轻型螺柱端(L系列)应按以下方式命名：

——“螺柱端”；

——提及 GB/T 2878 的轻型螺柱端(L 系列)，即：GB/T 2878.3；

——螺纹尺寸($d_1 \times p$)。

示例：符合 GB/T 2878 本部分的螺柱端，螺纹尺寸为 M18×1.5，命名如下：

螺柱端 GB/T 2878.3-M18×1.5

9 标识

轻型螺柱端(L 系列)在规格尺寸允许的情况下宜按图 1 和图 2 所示做出标识，并符合表 1 给出的尺寸。不可调节(直通)螺柱端在规格尺寸允许的情况下，宜通过靠近螺纹 d_1 的圆柱形加工面(直径 d_2，宽度 L_5)和其上的凹槽进行识别。可调节螺柱端在规格尺寸允许的情况下，宜通过锁紧螺母靠近垫片一端的圆柱形加工面(直径 d_2，宽度 L_{10})识别。

10 标注说明(引用 GB/T 2878 的本部分)

当选择遵守 GB/T 2878 本部分时，建议制造商在试验报告、产品目录和销售文件中使用以下说明：“轻型螺柱端(L 系列)符合 GB/T 2878.3—2017《液压传动连接　带米制螺纹和 O 形圈密封的油口和螺柱端　第 3 部分：轻型螺柱端(L 系列)》的规定”。

尺寸单位为毫米

表面粗糙度单位为微米

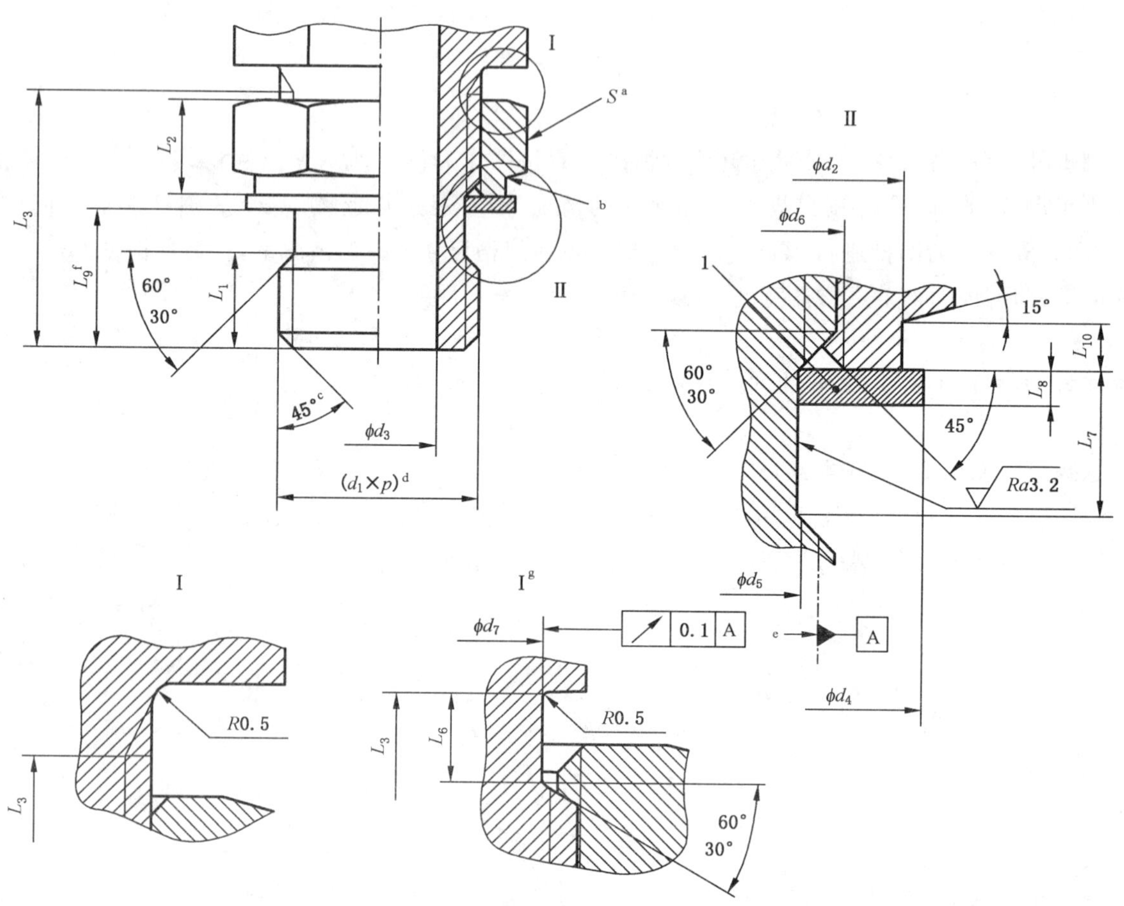

说明：

1——垫片(见 5.3)。

a 锁紧螺母六角对边宽度。

b 螺柱端标识(见第 9 章)。

c 倒角至螺纹小径。

d 螺纹。

e 螺纹中径。

f 可调节。

g 可选结构。

图 1　可调节轻型螺柱端(L 系列)

尺寸单位为毫米
表面粗糙度单位为微米

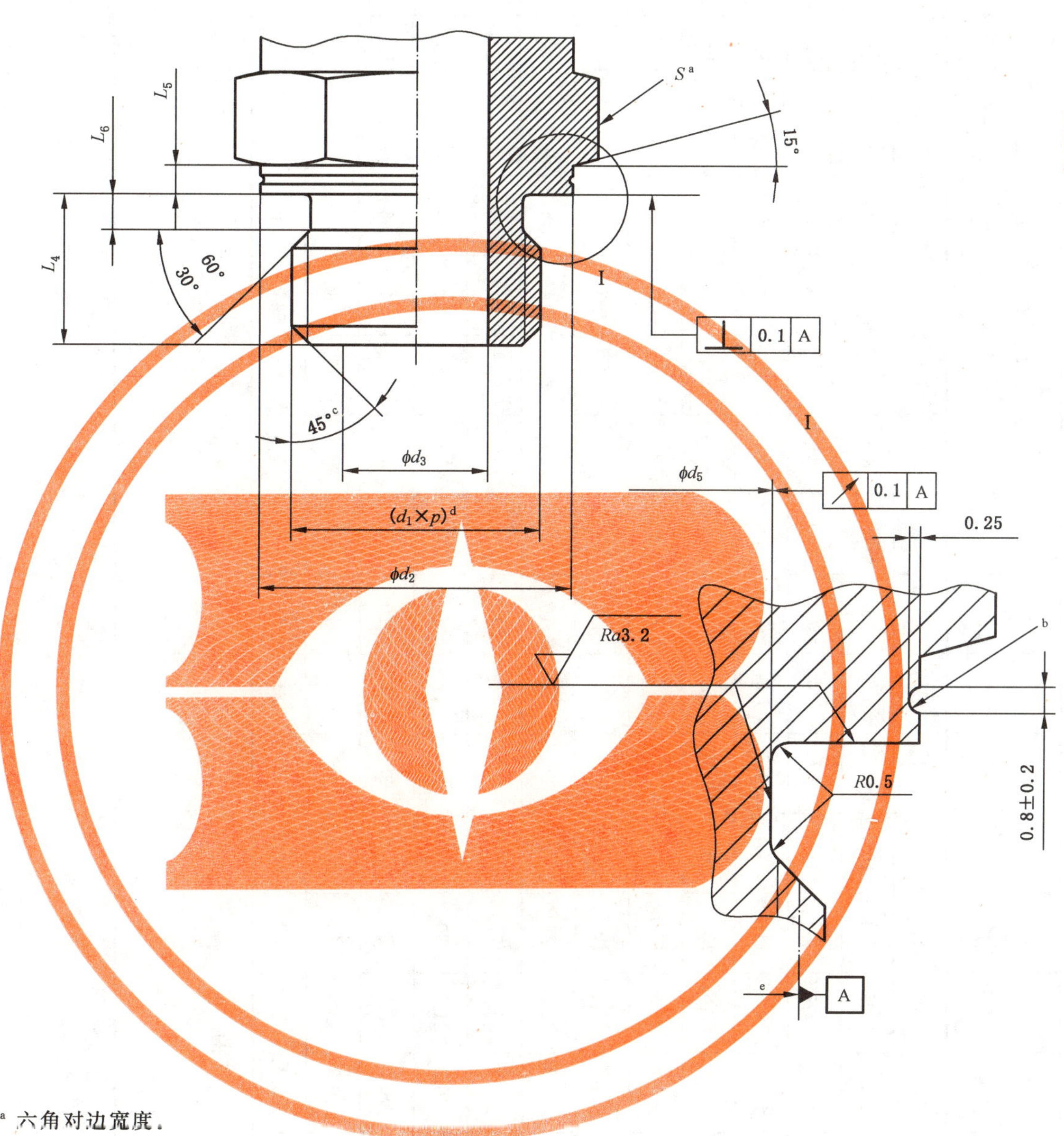

[a] 六角对边宽度。

[b] 可选凹槽，位于 L_5 的中间；螺柱端标识(见第 9 章)。

[c] 倒角至螺纹小径。

[d] 螺纹。

[e] 螺纹中径。

图 2　不可调节轻型螺柱端(L 系列)

表 1 轻型螺柱端(L 系列)的尺寸

单位为毫米

螺纹[a] ($d_1 \times p$)	d_2 ±0.2	d_3		d_4 ±0.4	d_5 0 −0.1	d_6 +0.4 0	d_7 0 −0.3	L_1 ±0.2	L_2 ±0.2	L_3 最小	L_4[b] ±0.2	L_5 ±0.1	L_6 +0.3 0	L_7 ±0.1	L_8 ±0.08	L_9 参考	L_{10} ±0.1	S
		尺寸	公差															
M8×1	11.8	3	±0.1	12.5	6.4	8.1	6.4	5.5	6	16	8.5	1.6	2	4	0.9	8.6	1.5	12
M10×1	13.8	4.5	±0.1	14.5	8.4	10.1	8.4	5.5	6	16	8.5	1.6	2	4	0.9	8.6	1.5	14
M12×1.5	16.8	6	±0.1	17.5	9.7	12.1	9.7	7.5	7.5	20	11	2.5	3	4.5	0.9	11.1	2	17
M14×1.5[c]	18.8	7.5	±0.2	19.5	11.7	14.1	11.7	7.5	7.5	20	11	2.5	3	4.5	0.9	11.1	2	19
M16×1.5	21.8	9	±0.2	22.5	13.7	16.1	13.7	8	7.5	20.5	11.5	2.5	3	4.5	0.9	11.6	2	22
M18×1.5	23.8	11	±0.2	24.5	15.7	18.1	15.7	9	7.5	21.5	12.5	2.5	3	4.5	0.9	12.6	2.5	24
M22×1.5	26.8	14	±0.2	27.5	19.7	22.1	19.7	9	8	22.5	13	2.5	3	5	1.25	12.8	2.5	27
M27×2	31.8	18	±0.2	32.5	24	27.1	24	11	10	27.5	16	2.5	4	6	1.25	15.8	2.5	32
M30×2	35.8	21	±0.2	36.5	27	30.1	27	11	10	27.5	16	2.5	4	6	1.25	15.8	2.5	36
M33×2	40.8	23	±0.2	41.5	30	33.1	30	11	10	27.5	16	3	4	6	1.25	15.8	3	41
M42×2	49.8	30	±0.2	50.5	39	42.1	39	11	10	27.5	16	3	4	6	1.25	15.8	3	50
M48×2	54.8	36	±0.3	55.5	45	48.1	45	12.5	10	29	17.5	3	4	6	1.25	17.3	3	55
M60×2	64.8	44	±0.3	65.5	57	60.1	57	12.5	10	29	17.5	3	4	6	1.25	17.8	3	65

[a] 符合 GB/T 193,公差等级符合 GB/T 197 的 6 g。

[b] 可选用 GB/T 2878.2 中 L_4 尺寸。

[c] 测试用油口首选。

表 2 轻型螺柱端(L系列)适用的压力

螺纹 ($d_1 \times p$)	螺柱端类型					
	不可调节			可调节		
	最高工作压力	试验压力		最高工作压力	试验压力	
	MPa	爆破	脉冲[a]	MPa	爆破	脉冲[a]
		MPa	MPa		MPa	MPa
M8×1	40	160	53.2	31.5	126	41.9
M10×1	40	160	53.2	31.5	126	41.9
M12×1.5	40	160	53.2	31.5	126	41.9
M14×1.5	40	160	53.2	31.5	126	41.9
M16×1.5	31.5	126	41.9	25	100	33.2
M18×1.5	31.5	126	41.9	25	100	33.2
M22×1.5	31.5	126	41.9	25	100	33.2
M27×2	20	80	26.6	16	64	21.3
M30×2	20	80	26.6	16	64	21.3
M33×2	20	80	26.6	16	64	21.3
M42×2	20	80	26.6	16	64	21.3
M48×2	20	80	26.6	16	64	21.3
M60×2	16	64	21.3	10	40	13.3
注：以上确定的压力适用于碳钢制造的管接头和按 GB/T 26143 进行的试验。						
[a] 循环耐久性试验压力。						

表 3 螺柱端验证试验用扭矩

螺纹 ($d_1 \times p$)	螺柱端验证试验用扭矩 N·m $^{+10\%}_{0}$
M8×1	8
M10×1	15
M12×1.5	25
M14×1.5	35
M16×1.5	40
M18×1.5	45
M22×1.5	60
M27×2	100
M30×2	130

表 3（续）

螺纹 ($d_1 \times p$)	螺柱端验证试验用扭矩 N·m $^{+10\%}_{0}$
M33×2	160
M42×2	210
M48×2	260
M60×2	315

表 4　可调节螺柱端的垫片推动扭矩和平面度允差

螺纹 ($d_1 \times p$)	推动垫片所需的螺母最大扭矩 N·m	垫片的平面度允差 mm
M8×1	1	0.25
M10×1	3	0.25
M12×1.5	4	0.25
M14×1.5	5	0.25
M16×1.5	7	0.25
M18×1.5	10	0.25
M22×1.5	12	0.25
M27×2	15	0.4
M30×2	18	0.4
M33×2	20	0.4
M42×2	25	0.5
M48×2	30	0.5
M60×2	40	0.5

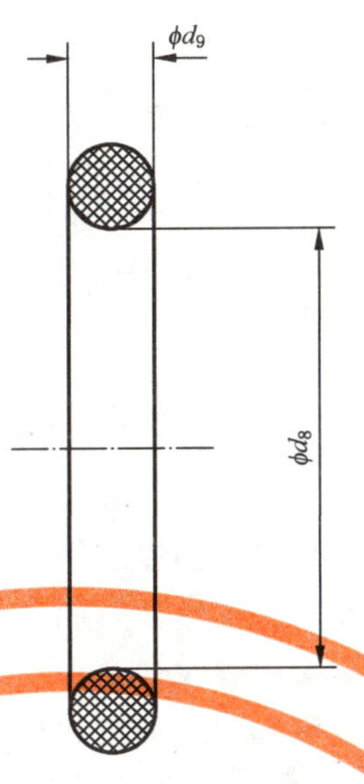

图 3 O 形圈

表 5 轻型螺柱端(L 系列)配用的 O 形圈尺寸

单位为毫米

螺纹 ($d_1 \times p$)	内径 d_8		截面直径 d_9	
	尺寸	公差	尺寸	公差
M8×1	6.1	±0.2	1.6	±0.08
M10×1	8.1	±0.2	1.6	±0.08
M12×1.5	9.3	±0.2	2.2	±0.08
M14×1.5	11.3	±0.2	2.2	±0.08
M16×1.5	13.3	±0.2	2.2	±0.08
M18×1.5	15.3	±0.2	2.2	±0.08
M22×1.5	19.3	±0.22	2.2	±0.08
M27×2	23.6	±0.24	2.9	±0.09
M30×2	26.6	±0.26	2.9	±0.09
M33×2	29.6	±0.29	2.9	±0.09
M42×2	38.6	±0.37	2.9	±0.09
M48×2	44.6	±0.43	2.9	±0.09
M60×2	56.6	±0.51	2.9	±0.09

参 考 文 献

［1］ GB/T 3—1997 普通螺纹收尾、肩距、退刀槽和倒角

［2］ GB/T 131—2006 产品几何技术规范(GPS) 技术产品文件中表面结构的表示法

［3］ GB/T 1182—2008 产品几何技术规范(GPS) 几何公差 形状、方向、位置和跳动公差标注

［4］ GB/T 2878.4—2011 液压传动连接 带米制螺纹和O形圈密封的油口和螺柱端 第4部分:六角螺塞

［5］ GB/T 14034.1—2010 流体传动金属管连接 第1部分:24°锥形管接头

［6］ GB/T 19674.1—2005 液压管接头用螺纹油口和柱端 螺纹油口

［7］ GB/T 19674.2—2005 液压管接头用螺纹油口和柱端 填料密封柱端(A型和E型)

［8］ GB/T 19674.3—2005 液压管接头用螺纹油口和柱端 金属对金属密封柱端(B型)

［9］ JB/T 5963—2014 液压传动 二通、三通和四通螺纹插装阀 插装孔

［10］ JB/T 966—2005 用于流体传动和一般用途的金属管接头 O形圈平面密封接头

［11］ ISO 1179-1:2013 Connections for general use and fluid power—Ports and stud ends with ISO 228-1 threads with elastomeric or metal-to-metal sealing—Part 1:Threaded ports

［12］ ISO 1179-2:2013 Connections for general use and fluid power—Ports and stud ends with ISO 228-1 threads with elastomeric or metal-to-metal sealing—Part 2: Heavy-duty (S series) and light-duty (L series) stud ends and elastomeric sealing (type E)

［13］ ISO 1179-3:2007 Connections for general use and fluid power—Ports and stud ends with ISO 228-1 threads with elastomeric or metal-to-metal sealing—Part 3:Light-duty (L series) stud ends with sealing by O-ring with retaining ring (types G and H)

［14］ ISO 1179-4:2007 Connections for general use and fluid power—Ports and stud ends with ISO 228-1 threads with elastomeric or metal-to-metal sealing—Part 4:Stud ends for general use only with metal-to-metal sealing (type B)

［15］ ISO 11926-1:1995 Connections for general use and fluid power—Ports and stud ends with ISO 725 threads and O-ring sealing—Part 1:Parts with O-ring seal in truncated housing

［16］ ISO 11926-2:1995 Connections for general use and fluid power—Ports and stud ends with ISO 725 threads and O-ring sealing—Part 2:Heavy-duty (S series) stud ends

［17］ ISO 11926-3:1995 Connections for general use and fluid power—Ports and stud ends with ISO 725 threads and O-ring sealing—Part 3:Light-duty (L series) stud ends

［18］ ISO 12151-4:2007 Connections for hydraulic fluid power and general use—Hose fittings—Part 4:Hose fittings with ISO 6149 metric stud ends

---

ICS 23.100.40
J 20

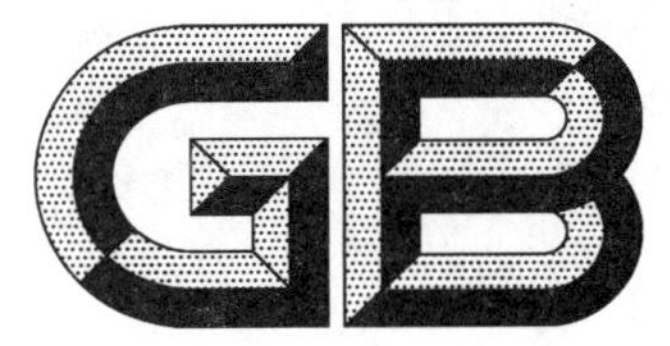

中华人民共和国国家标准

GB/T 2878.4—2011

液压传动连接　带米制螺纹和O形圈密封的油口和螺柱端 第4部分:六角螺塞

Connections for hydraulic fluid power—Ports and stud ends with metric threads and O-ring sealing—Part 4:Hex plugs

(ISO 6149-4:2006,Connections for fluid power and general use—Ports and stud ends with ISO 261 metric threads and O-ring sealing—Part 4:Dimensions,design,test methods and requirements for external hex and internal hex port plugs,MOD)

2011-12-30 发布　　2012-10-01 实施

中华人民共和国国家质量监督检验检疫总局
中国国家标准化管理委员会　发布

前　言

GB/T 2878《液压传动连接　带米制螺纹和O形圈密封的油口和螺柱端》分为4部分：

——第1部分：油口；

——第2部分：重型螺柱端(S系列)；

——第3部分：轻型螺柱端(L系列)；

——第4部分：六角螺塞。

本部分为GB/T 2878的第4部分。

本部分按照GB/T 1.1—2009给出的规则起草。

本部分使用重新起草法修改采用ISO 6149-4:2006《用于液压传动和一般用途的管接头　带ISO 261米制螺纹和O形圈密封的油口和螺柱端　第4部分：外六角和内六角螺塞的尺寸、型式、试验方法和技术要求》。

本部分与ISO 6149-4:2006的技术性差异及其原因如下：

——关于规范性引用文件，本部分做了具有技术性差异的调整，以适应我国的技术条件，调整情况集中反映在第2章；

——将螺塞材质由低碳钢改为碳钢(见10.1)；

——取消了螺塞标记中的名称标注(见第8章)；

——将螺塞的标识改为在规格尺寸允许的情况下宜做出标识(见第9章)；

——增加了螺塞各种成形方法中应满足性能要求(见第10章)；

——增加了密封面表面粗糙度为 $Ra \leqslant 3.2\ \mu m$(见10.2)；

——增加了外六角右视图(见图1)。

本部分做了下列编辑性修改：

——标准名称简化；

——将“国际标准的本部分”改为“本部分”；

——增加“参考文献”。

本部分由中国机械工业联合会提出。

本部分由全国液压气动标准化技术委员会(SAC/TC 3)归口。

本部分负责起草单位：浙江苏强格液压股份有限公司、江苏省机械研究设计院有限责任公司、中机生产力促进中心。

本部分参加起草单位：海盐管件制造有限公司、上海立新液压有限公司、中船重工集团第704研究所、浙江华夏阀门有限公司、宁波市恒通液压科技有限公司。

本部分主要起草人：罗学荣、牛月军、杨永军、冯峰、耿志学、朱旭初、彭沪海、邹昌建、韦彬、洪超、杨茅、梁勇。

引　言

在流体传动系统中，功率是通过在封闭回路内的受压流体（液体或气体）传递和控制的。在一般应用中，流体可以在压力下输送。

元件通过管接头或软管接头将其螺纹油口与硬管或软管连接。通过拧入螺塞可以封闭油口。

液压传动连接 带米制螺纹和 O形圈密封的油口和螺柱端 第4部分:六角螺塞

1 范围

GB/T 2878 的本部分规定了适用于 GB/T 2878.1 中规定的油口的外六角和内六角螺塞的尺寸和性能要求。

符合本部分的螺塞适用于最高工作压力 63 MPa(630 bar)。许用工作压力应根据螺塞的末端尺寸、材料、结构、工作条件和应用场合等条件来确定。

仅符合本部分规定尺寸的六角螺塞不能保证达到本部分规定的额定性能。为确保六角螺塞符合其额定性能,制造商应按照本部分规定的技术规范进行检测。

2 规范性引用文件

下列文件对于本文件的应用是必不可少的。凡是注日期的引用文件,仅注日期的版本适用于本文件。凡是不注日期的引用文件,其最新版本(包括所有的修改单)适用于本文件。

GB/T 193 普通螺纹 直径与螺距系列

GB/T 197—2003 普通螺纹 公差

GB/T 2878.2 液压传动连接 带米制螺纹和O形圈密封的油口和螺柱端 第2部分:重型螺柱端(S系列)(ISO 6149-2)

GB/T 3103.1—2002 紧固件公差 螺栓、螺钉、螺柱和螺母(ISO 4759-1)

GB/T 3452.2—2007 液压气动用O形橡胶密封圈 第2部分:外观质量检验规范(ISO 3601-3)

GB/T 5267.1 紧固件 电镀层(ISO 4092)

GB/T 5267.2 紧固件 非电解锌片涂层(ISO 10683)

GB/T 5576 橡胶与胶乳 命名法(ISO 1629)

GB/T 6031 硫化橡胶或热塑性橡胶硬度的测定(10～100 IRHD)(ISO 48)

GB/T 10125 人造气氛腐蚀试验 盐雾试验

GB/T 17446 流体传动系统及元件 术语(ISO 5598)

GB/T 26143 液压管接头 试验方法(ISO 19879)

3 术语和定义

GB/T 17446 中界定的以及下列术语和定义适用于本部分。

3.1

螺塞 plug

不带流体通道的螺柱端,用于封堵油液。

4 尺寸

4.1 螺塞尺寸

外六角和内六角螺塞应分别符合图1和图2所示及表1和表2所给的尺寸。

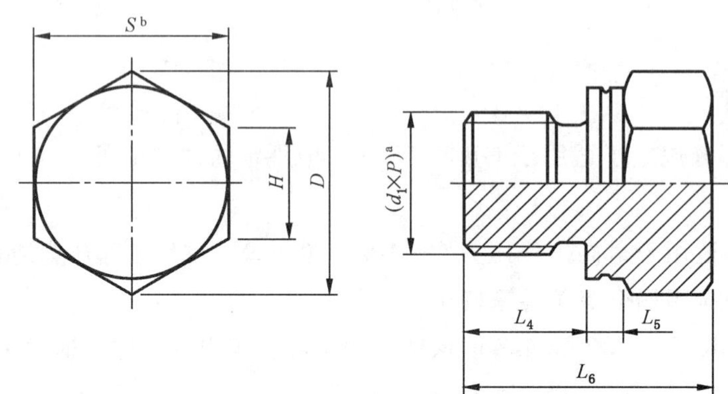

注：螺柱端应符合GB/T 2878.2不可调节重型(S系列)螺柱端规定。

[a] 螺纹。

[b] 外六角对边宽度。

图1 外六角螺塞(PLEH)

表1 外六角螺塞尺寸

单位为毫米

螺纹 $(d_1 \times P)$	L_4 参考	L_5 参考	L_6 ±0.5	s[a]
M8×1	9.5	1.6	16.5	12
M10×1	9.5	1.6	17	14
M12×1.5	11	2.5	18.5	17
M14×1.5	11	2.5	19.5	19
M16×1.5	12.5	2.5	22	22
M18×1.5	14	2.5	24	24
M20×1.5[b]	14	2.5	25	27
M22×1.5	15	2.5	26	27
M27×2	18.5	2.5	31.5	32
M30×2	18.5	2.5	33	36
M33×2	18.5	3	34	41
M42×2	19	3	36.5	50
M48×2	21.5	3	40	55
M60×2	24	3	44.5	65

[a] 公差见4.2。

[b] 仅适用于插装阀的插装孔(参见JB/T 5963)。

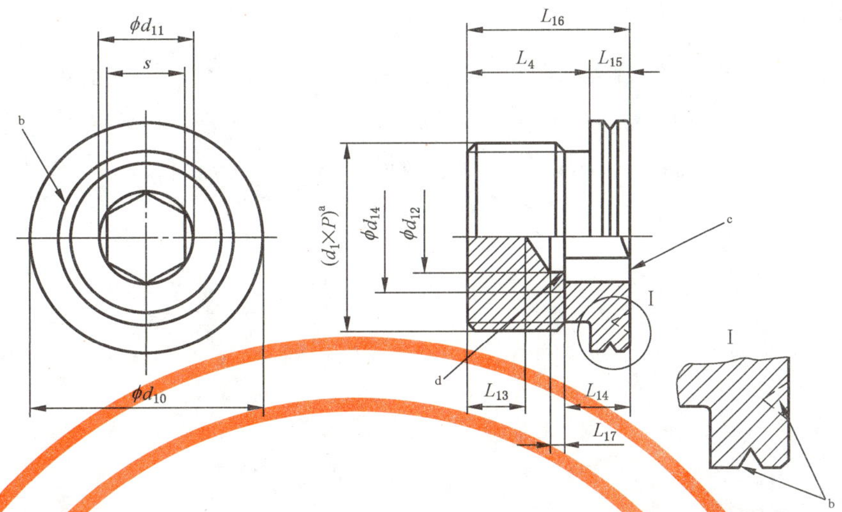

螺柱端应符合 GB/T 2878.2 不可调节重型(S 系列)螺柱端规定。

[a] 螺纹。

[b] 标识凹槽:1 mm(宽)×0.25 mm(深),形状可选择,标识位置可于直径 d_{10} 的肩部接近宽度 L_{15} 的中点。亦可位于螺塞的顶面。

[c] 孔口倒角:90°×d_{11}(直径)。

[d] 可选择的沉孔的底孔:d_{14}×L_{17}。

图 2　内六角螺塞(PLIH)

表 2　内六角螺塞尺寸

单位为毫米

螺纹 (d_1×P)	d_{10} ±0.2	d_{11} +0.25 0	d_{12} +0.13 0	d_{14} +0.25 0	L_4	L_{13}	L_{14}	L_{15}	L_{16}	L_{17}	s[a]
M8×1	11.8	4.6	4	4.7	9.5	3	5	3.5	13	2.1	4
M10×1	13.8	5.8	5	5.9	9.5	3	5.5	4	13.5	2.1	5
M12×1.5	16.8	6.9	6	7	11	3	7.5	4.5	15.5	2.5	6
M14×1.5	18.8	6.9	6	7	11	3	7.5	5	16	2.5	6
M16×1.5	21.8	9.2	8	9.3	12.5	3	8.5	5	17.5	2.5	8
M18×1.5	23.8	9.2	8	9.3	14	3	8.5	5	19	2.5	8
M20×1.5[b]	26.8	11.5	10	11.6	14	3	8.5	5	19	2.9	10
M22×1.5	26.8	11.5	10	11.6	15	3	8.5	5	20	2.9	10
M27×2	31.8	13.9	12	14	18.5	3	10.5	5	23.5	3.7	12
M30×2	35.8	16.2	14	16.3	18.5	3	11	6	24.5	3.7	14
M33×2	40.8	16.2	14	16.3	18.5	3	11	6	24.5	3.7	14
M42×2	49.8	19.6	17	19.7	19	3	11	6	25	3.7	17
M48×2	54.8	19.6	17	19.7	21.5	3	11	6	27.5	3.7	17
M60×2	64.8	21.9	19	22	24	3	12	6	30	3.7	19

[a] 公差见 4.2。

[b] 仅适用于插装阀的插装孔(参见 JB/T 5963)。

4.2 六角形公差

外六角对边宽度 S 的公差应符合 GB/T 3103.1—2002 规定的 C 级。对角 D 的最小尺寸是相对平面尺寸的 1.092 倍。最小侧面尺寸 H 是标称六角对边宽度的 0.43 倍。内六角对边宽度的尺寸公差应符合 GB/T 3103.1—2002 规定的 A 级。外六角端面应倒角 10°～30°，倒角直径等于六角对边宽度，公差为 $_{-0.4}^{\ 0}$ mm。

4.3 螺纹

螺塞的螺纹应符合 GB/T 193—2003 规定的米制螺纹，其精度应为 GB/T 197—2003 规定的 6 g。

5 要求

5.1 工作压力和工作温度

符合本部分的外六角和内六角螺塞适合在表 3 给出的最高工作压力下和 −40 ℃～+120 ℃的温度范围内使用。用于此范围之外的压力和/或温度时，应向制造商咨询。

符合本部分的螺塞可以带有橡胶密封件。螺塞制造和交付时应带有适用于石油基液压油的橡胶密封件，并标明密封件适用的工作温度范围。这类螺塞和密封件若用于其他介质，可能导致工作温度范围缩小或不适合应用。根据需要，制造商可以提供带有适用于除石油基液压油之外的油液并满足螺塞指定工作温度范围的橡胶密封件的螺塞。

5.2 性能

符合本部分的外六角和内六角螺塞应满足表 3 给出的爆破和脉冲压力，当按照第 7 章试验时应能承受 6.5 kPa(0.065 bar)的绝对真空压力。

表 3 外六角和内六角螺塞的压力

螺纹	外六角螺塞			内六角螺塞		
	最高工作压力[a]	试验压力		最高工作压力[a]	试验压力	
		爆破	脉冲[b]		爆破	脉冲[b]
	MPa(bar)	MPa(bar)	MPa(bar)	MPa(bar)	MPa(bar)	MPa(bar)
M8×1	63(630)	252(2 520)	84(840)	42(420)	168(1 680)	56(560)
M10×1	63(630)	252(2 520)	84(840)	42(420)	168(1 680)	56(560)
M12×1.5	63(630)	252(2 520)	84(840)	42(420)	168(1 680)	56(560)
M14×1.5	63(630)	252(2 520)	84(840)	63(630)	252(2 520)	84(840)
M16×1.5	63(630)	252(2 520)	84(840)	63(630)	252(2 520)	84(840)
M18×1.5	63(630)	252(2 520)	84(840)	63(630)	252(2 520)	84(840)
M20×1.5[c]	40(400)	160(1 600)	52(520)	40(400)	160(1 600)	52(520)
M22×1.5	63(630)	252(2 520)	84(840)	63(630)	252(2 520)	84(840)
M27×2	40(400)	160(1 600)	52(520)	40(400)	160(1 600)	52(520)
M30×2	40(400)	160(1 600)	52(520)	40(400)	160(1 600)	52(520)
M33×2	40(400)	160(1 600)	52(520)	40(400)	160(1 600)	52(520)

表 3（续）

螺纹	外六角螺塞			内六角螺塞		
	最高工作压力[a]	试验压力		最高工作压力[a]	试验压力	
		爆破	脉冲[b]		爆破	脉冲[b]
	MPa(bar)	MPa(bar)	MPa(bar)	MPa(bar)	MPa(bar)	MPa(bar)
M42×2	25(250)	100(1 000)	33(330)	25(250)	100(1 000)	33(330)
M48×2	25(250)	100(1 000)	33(330)	25(250)	100(1 000)	33(330)
M60×2	25(250)	100(1 000)	33(330)	25(250)	100(1 000)	33(330)

[a] 适用于碳钢制造的螺塞。

[b] 循环耐久性试验压力。

[c] 仅适用于插装阀阀孔(参见 JB/T 5963)。

6 O 形圈

除非另有规定，当用于按 5.1 和表 3 要求的压力以及试验时，O 形圈应：

——采用硬度为(90±5)IRHD 的丁腈橡胶(NBR)制成，按照 GB/T 6031 检测；

——符合图 3 所示及表 4 所给的尺寸；

——满足或超过 GB/T 3452.2—2007 中 N 级 O 形圈质量验收标准。

O 形圈的尺寸公差应按照 GB/T 2878.2 的规定。

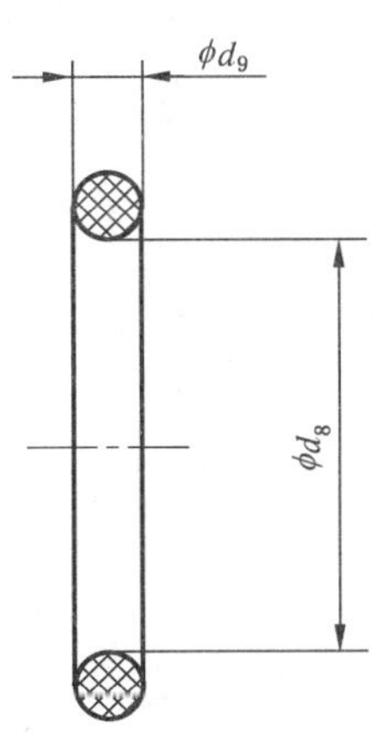

图 3 O 形圈

表 4 O 形圈规格

单位为毫米

螺 纹	内径 d_8		截面直径 d_9	
	尺寸	公差	尺寸	公差
M8×1	6.1	±0.2	1.6	±0.08
M10×1	8.1	±0.2	1.6	±0.08
M12×1.5	9.3	±0.2	2.2	±0.08

表 4（续）

单位为毫米

螺纹	内径 d_8		截面直径 d_9	
	尺寸	公差	尺寸	公差
M14×1.5	11.3	±0.2	2.2	±0.08
M16×1.5	13.3	±0.2	2.2	±0.08
M18×1.5	15.3	±0.2	2.2	±0.08
M20×1.5[a]	17.3	±0.22	2.2	±0.08
M22×1.5	19.3	±0.22	2.2	±0.08
M27×2	23.6	±0.24	2.9	±0.09
M30×2	26.6	±0.26	2.9	±0.09
M33×2	29.6	±0.29	2.9	±0.09
M42×2	38.6	±0.37	2.9	±0.09
M48×2	44.6	±0.43	2.9	±0.09
M60×2	56.6	±0.51	2.9	±0.09
[a] 仅适用于插装阀阀孔的螺塞(参见 JB/T 5963)。				

7 试验方法

应按照 GB/T 26143 的规定，对螺塞进行爆破、耐久性(脉冲)和真空试验。在试验中应使用表 5 给出的扭矩进行安装。试验结果应记录在 GB/T 26143 规定的试验数据表中。

表 5 螺塞合格判定试验扭矩

螺纹	螺塞	
	内六角	外六角
	扭矩 N·m $^{+10}_{0}$ %	
M8×1	8	10
M10×1	15	20
M12×1.5	22	35
M14×1.5	45	45
M16×1.5	55	55
M18×1.5	70	70
M20×1.5[a]	80	80
M22×1.5	100	100
M27×2	170	170
M30×2	215	215

表 5（续）

螺纹	螺塞	
	内六角	外六角
	扭矩 N·m $^{+10}_{0}$ %	
M33×2	310	310
M42×2	330	330
M48×2	420	420
M60×2	500	500
[a] 仅适用于插装阀阀孔（参见 JB/T 5963）。		

8 螺塞的命名

为了方便订购，应使用代号命名螺塞。用“GB/T 2878.4”作区分，然后是连字符，后接形状代号，对于外六角用“PLEH”，或内六角用“PLIH”，然后是连字符，后接螺塞螺纹尺寸，对于交付带有符合第 6 章要求的 O 形圈的螺塞，后接 O 形圈代号 NBR。如果需要，可以对代号补充，用连字符后跟符合 GB/T 5267.1 或 GB/T 5267.2 规定的镀层代号，后接符合 GB/T 5576 规定的 O 形圈材料代号。

示例 1：用于 GB/T 2878.1 油口，螺纹尺寸为 M12×1.5 的外六角螺塞，命名如下：

螺塞 GB/T 2878.4-PLEH-M12

示例 2：用于 GB/T 2878.1 油口，螺纹尺寸为 M12×1.5，订货带有符合第 6 章要求的 O 形圈的外六角螺塞，命名如下：

螺塞 GB/T 2878.4-PLEH-M12-NBR

示例 3：用于 GB/T 2878.1 油口，螺纹尺寸为 M12×1.5，订货带有符合第 6 章要求且用 FKM（氟橡胶）代替 NBR 制作的 O 形圈的外六角螺塞，命名如下：

螺塞 GB/T 2878.4-PLEH-M12-FKM

示例 4：用于 GB/T 2878.1 油口，螺纹尺寸为 M12×1.5，订货带有符合 GB/T 5267.1 规定的镀锌层以及装有符合第 6 章要求且用 FKM 代替 NBR 制作的 O 形圈的外六角螺塞，命名如下：

螺塞 GB/T 2878.4-PLEH-M12-A3C-FKM

9 标识

外六角螺塞在规格尺寸允许的情况下宜做出符合 GB/T 2878.2 中对不可调节螺柱端要求的标识。内六角螺塞在规格尺寸允许的情况下宜做出图 2 所示的标识。

10 加工

10.1 结构

除非另有要求，通常螺塞可以用碳钢通过锻造、冷成型制造或用棒料通过机加工而成，其性能应满足第 5 章规定的要求。

10.2 工艺

工艺应符合制造高质量螺塞的大批量生产要求。螺塞应无可视的污染物和所有在使用中会被冲出的毛刺、切屑和碎片，以及其他任何会影响到螺塞功能的缺陷。除非另有规定，密封面表面粗糙度应为 $Ra \leqslant 3.2\ \mu m$，其余表面的粗糙度应为 $Ra \leqslant 6.3\ \mu m$。

10.3 表面处理

所有碳钢螺塞的外表面和螺纹应镀上或涂以合适的材料。除非供需双方另有协议，螺塞应按照 GB/T 10125 的要求通过 72 h 中性盐雾试验。除下列指定部位外，在盐雾试验期间，螺塞的任何部位出现红色铁锈都应视为失效。

——棱边，如六角形的尖点、螺纹的齿牙和齿顶，由于批量生产和运输的影响使得镀层和涂层产生机械损伤处。

——由于卷曲、扩口、弯曲和其他后续金属加工引起的镀层或涂层机械变形的部位。

——试验箱中零件悬挂或固定处，这些位置可能聚集冷凝液。

在贮存过程中，应避免受到腐蚀。

考虑到对环境的影响，按照本部分制造的零件不应采用镉镀层。

在应用过程中，镀层的变化会影响安装力矩，需要重新验证。

11 采购信息

当用户咨询或订购时，宜使用与第 8 章中螺塞的命名一致的描述。如果材料、压力和温度等选择与本部分要求不一致时，应向制造商咨询。

12 标记

螺塞宜永久性地标注出制造商名称或商标。

13 标注说明（引用 GB/T 2878 的本部分）

当选择遵守本部分时，建议制造商在试验报告、产品目录和销售文件中使用以下说明：“螺塞符合 GB/T 2878.4—2011《液压传动连接　带米制螺纹和 O 形圈密封的油口和螺柱端　第 4 部分：六角螺塞》的规定”。

参考文献

[1] GB/T 2878.1 液压传动连接 带米制螺纹和O形圈密封的油口和螺柱端 第1部分：油口

[2] JB/T 5963 液压二通、三通、四通螺纹式插装阀插装孔

ICS 23.100.40
J 20

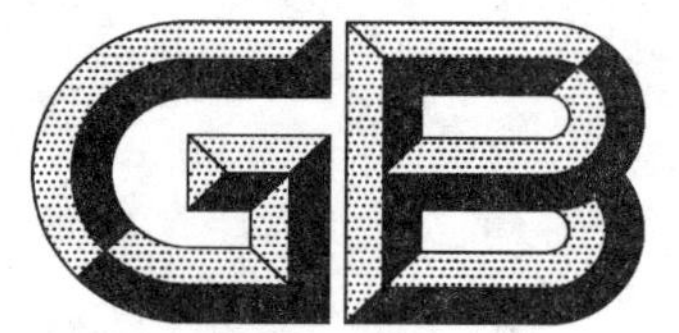

中华人民共和国国家标准

GB/T 9065.1—2015
代替 GB/T 9065.3—1988

液压软管接头
第1部分:O形圈端面密封软管接头

Hydraulic hose fittings—Part 1:Hose fittings with O-ring face seal ends

(ISO 12151-1:2010,Connections for hydraulic fluid power and general use—Hose fittings—Part 1:Hose fittings with ISO 8434-3 O-ring face seal ends,MOD)

2015-12-31 发布　　2016-07-01 实施

中华人民共和国国家质量监督检验检疫总局
中国国家标准化管理委员会　发布

前　言

GB/T 9065《液压软管接头》分为以下6个部分：

——第1部分：O形圈端面密封软管接头；

——第2部分：24°锥密封端软管接头；

——第3部分：法兰端软管接头；

——第4部分：螺柱端软管接头；

——第5部分：37°扩口端软管接头；

——第6部分：60°锥形端软管接头。

本部分为GB/T 9065的第1部分。

本部分按照GB/T 1.1—2009给出的规则起草。

本部分代替GB/T 9065.3—1988《液压软管接头　连接尺寸　焊接式或快换式》。与GB/T 9065.3—1988相比主要技术变化如下：

——增加了性能要求、命名、设计、制造工艺、组装规程、采购信息和标识；

——增加了米制螺纹的公称尺寸规格，增加了米制45°弯和90°弯回转式软管接头的图示和尺寸要求；

——增加了统一螺纹的软管接头规格、型式和尺寸要求。

本部分使用重新起草法修改采用ISO 12151-1:2010《用于液压传动和一般用途的管接头　软管接头　第1部分：带ISO 8434-3 O形圈端面密封的软管接头》(英文版)。

本部分与ISO 12151-1:2010的技术性差异及其原因如下：

——关于规范性引用文件，本部分做了具有技术性差异的调整，以适应我国的技术条件，调整情况集中反映在第2章"规范性引用文件"中，具体调整如下：

- 用等同采用国际标准的GB/T 2351代替了ISO 4397(见第1章)；
- 用等同采用国际标准的GB/T 2878.1代替了ISO 6149-1(见图1)；
- 用等同采用国际标准的GB/T 3103.1代替了ISO 4759-1(见6.2，表2～表9)；
- 用修改采用国际标准的GB/T 7939代替了ISO 6605(见4.1、4.3)；
- 用等同采用国际标准的GB/T 10125代替了ISO 9227(见7.3)；
- 用等同采用国际标准的GB/T 17446代替了ISO 5598(见第3章)；
- 用修改采用国际标准的GB/T 20666代替了ISO 5864(见6.5、表3、表5、表7、表9)；
- 用修改采用国际标准的GB/T 20669代替了ISO 68-2(见6.5、表3、表5、表7、表9)；
- 用修改采用国际标准的GB/T 20670代替了ISO 263(见6.5、表3、表5、表7、表9)；
- 用等同采用国际标准的GB/T 26143代替了ISO 19879(见4.3)；
- 增加引用了GB/T 3(见6.5)、GB/T 196(见6.5)、GB/T 197—2003(见6.5)；

——增加了米制螺纹的直通外螺纹软管接头、内螺纹回转式直通软管接头和内螺纹回转式45°弯及90°弯软管接头(见图2与表2、图4与表4、图6与表6、图8与表8)。

——更正ISO 12151-1:2010中表3、表4、表5螺母长度尺寸L_3的错误(见表5、表7、表9)。

——更正ISO 12151-1:2010中表2、表3、表4、表5螺纹单位为(mm)的错误(见表3、表5、表7、表9和表A.1)。

——增加了规范性附录A，提供了统一内螺纹回转接头采用扣压式螺母的六角头最小宽度尺寸和图示。

本部分还做了下列编辑性修改：

——按我国标准命名规则简化标准名称；

——增加了资料性附录 B，提供了本部分与 ISO 标准的图、表编号对照表。

——更正了 ISO 12151-1：2010 中内螺纹回转式接头螺纹部分的绘图错误（见图 5、图 7、图 9）。

本部分由中国机械工业联合会提出。

本部分由全国液压气动标准化技术委员会（SAC/TC 3）归口。

本部分负责起草单位：天津市精研工程机械传动有限公司、海盐管件制造有限公司。

本部分参加起草单位：浙江苏强格液压股份有限公司、伊顿液压（宁波）有限公司、攀钢集团冶金工程技术有限公司实业分公司。

本部分主要起草人：冯国勋、耿志学、朱旭初、罗学荣、周舜华、张隐、张乃旗、刘会进。

本部分所代替标准的历次版本发布情况为：

——GB/T 9065.3—1988。

液压软管接头
第1部分:O形圈端面密封软管接头

1 范围

GB/T 9065的本部分规定了O形圈端面密封软管接头设计和性能的一般要求及尺寸要求。这类软管接头由碳钢制成,适用于符合GB/T 2351规定的软管内径,其包括两种连接螺纹:一种是符合ISO 8434-3:2005规定的O形圈端面密封端,采用统一螺纹,适用的软管公称内径为6.3 mm～38 mm;另一种采用普通(米制)螺纹,适用的软管公称内径为5 mm～51 mm。

注1:经制造商和用户商定,可以采用碳钢以外的材料。

注2:对用于道路车辆上液压或气动制动装置的软管接头,参见ISO 4038、ISO 4039-1和ISO 4039-2。

这类软管接头(典型示例见图1)与满足相应软管标准要求的软管装配后适用于液压传动系统,与适当的软管装配后可用于一般应用。

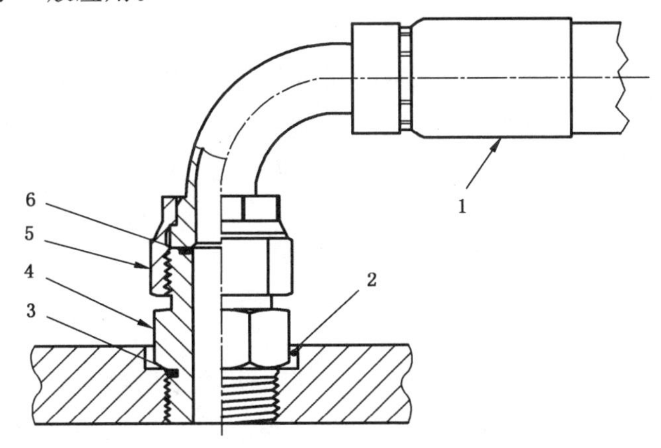

说明:

1——软管接头;
2——符合GB/T 2878.1规定的油口;
3——O形圈;
4——管接头;
5——螺母;
6——O形圈。

图1 O形圈端面密封软管接头连接的典型示例

2 规范性引用文件

下列文件对于本文件的应用是必不可少的。凡是注日期的引用文件,仅注日期的版本适用于本文件。凡是不注日期的引用文件,其最新版本(包括所有的修订单)适用于本文件。

GB/T 3 普通螺纹收尾、肩距、退刀槽和倒角(GB/T 3—1997,eqv ISO 3508:1976和ISO 4755:1983)

GB/T 196 普通螺纹 基本尺寸(GB/T 196—2003,ISO 724:1993,MOD)

GB/T 197—2003 普通螺纹 公差(ISO 965-1:1998,MOD)

GB/T 2351 液压气动系统用硬管外径和软管内径(GB/T 2351—2005,ISO 4397:1993,IDT)

GB/T 2878.1 液压传动连接 米制螺纹和O形圈密封的油口和螺柱端 第1部分:油口(GB/T 2878.1—2011,ISO 6149-1:2006,IDT)

GB/T 3103.1—2002 紧固件公差 螺栓、螺钉、螺柱和螺母(ISO 4759-1:2000,IDT)

GB/T 7939 液压软管总成 试验方法(GB/T 7939—2008,ISO 6605:2002,MOD)

GB/T 10125 人造气氛腐蚀试验 盐雾试验(GB/T 10125—2012,ISO 9227:2006,IDT)

GB/T 17446 流体传动系统及元件 词汇(GB/T 17446—2012,ISO 5598:2008,IDT)

GB/T 20666 统一螺纹 公差(GB/T 20666—2006,ISO 5864:1993,MOD)

GB/T 20669 统一螺纹 牙型(GB/T 20669—2006,ISO 68-2:1998,MOD)

GB/T 20670 统一螺纹 直径与牙数系列(GB/T 20670—2006,ISO 263:1973,MOD)

GB/T 26143 液压管接头 试验方法(GB/T 26143—2010,ISO 19879:2010,IDT)

ISO 8434-3:2005 用于流体传动和一般用途的金属管接头 第3部分:O形圈端面密封管接头(Metallic tube connections for fluid power and general use—Part 3:O-ring face seal connectors)

3 术语和定义

GB/T 17446界定的术语和定义适用于本文件。

4 性能要求

4.1 软管总成应满足在相应的软管规格中规定的性能要求,不应存在泄漏或其他异常现象。

4.2 软管总成的工作压力应取ISO 8434-3:2005中给定的相同规格的管接头压力和相同软管规格压力的最低值。

4.3 软管总成中的软管接头部分应按GB/T 26143进行检测,软管总成应按GB/T 7939进行检测。

5 软管接头的命名

5.1 为了便于订货,软管接头应以字母和数字代号标识。其代号应标明GB/T 9065.1,后接短横线,然后是连接端的类型、形状和型式的字母代号(见5.5),之后再加一个短横线,其后是O形圈端面密封端规格(与ISO 8434-3:2005的硬管公称外径一致)以及软管规格(与GB/T 2351的软管公称内径一致),二者之间用乘号(×)分隔。

示例:对用于外径12 mm硬管和内径12.5 mm软管连接的,带45°中弯头的回转式软管接头,其命名如下:

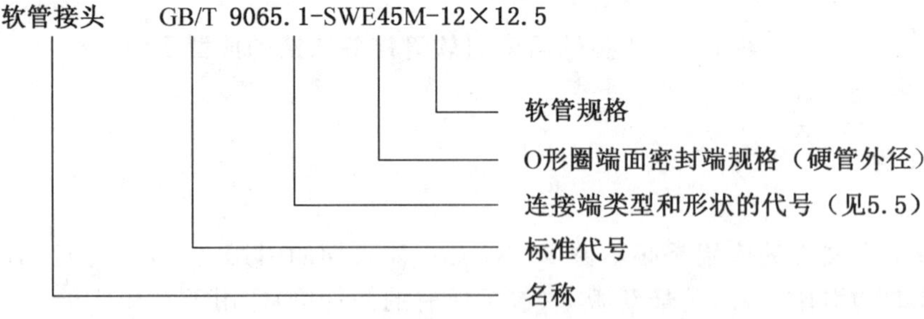

5.2 软管接头的代号应由连接端类型代号与紧接的软管接头形状和螺母型式代号组成(视具体情况而定)。

5.3 如果管端是外螺纹端,则其不必包含在代号中。但是,如果关系到另一端,则应标明。

5.4 软管接头螺纹应优先选用米制。选用螺纹时,应在软管规格后标明螺纹规格。

示例1:软管接头 GB/T 9065.1-SWE45M-12×12.5-M22×1.5

示例2:软管接头 GB/T 9065.1-SWE45M-12×12.5-13/16-16 UN

5.5 软管接头连接端类型和形状应使用表 1 中给出的代号表示。

表 1 软管接头命名中所用代号

管端类型		代号
回转	—	SW
形状	直通	S
	90°短弯头	ES
	90°中弯头	EM
	90°长弯头	EL
	45°短弯头	E45S
	45°中弯头	E45M
螺母密封面	密封面不外露	A
	密封面外露	B

6 设计

6.1 在图 2～图 9 中所示软管接头的尺寸，应符合表 2～表 9 中给定的尺寸数值及 ISO 8434-3:2005 中的相关尺寸。

6.2 六角形相对平面的公差应符合 GB/T 3103.1—2002 规定的产品等级 C。六角形最小对角尺寸是标称对边尺寸的 1.092 倍。最小边长尺寸是标称对边尺寸的 0.43 倍。

6.3 所有规格弯头两端轴线的夹角公差应为±3°。

6.4 软管接头的尺寸按照表 2～表 9 的规格，其外形细节可由制造商自行决定。

6.5 软管接头连接端的螺纹可采用符合 GB/T 196 的普通螺纹或符合 GB/T 20670 的统一螺纹。

普通螺纹公差应符合 GB/T 197—2003 的规定，内螺纹为 6H，外螺纹为 6f 或 6g。

统一螺纹公差应符合 GB/T 20666 的规定，内螺纹为 2B 级，外螺纹为 2A 级。螺纹收尾、肩距、退刀槽和倒角尺寸应按 GB/T 3 的规定。

外螺纹侧面的表面粗糙度为 $Ra \leqslant 3.2\ \mu m$，内螺纹侧面的表面粗糙度为 $Ra \leqslant 6.3\ \mu m$。

7 制造

7.1 结构

软管接头可以由棒料通过锻造、冷成型或机加工制造，也可以由多个零件组装成。

7.2 制造工艺

应使用最经济有效的工艺生产高质量的软管接头。软管接头中应避免存在可见的污染物、毛刺、氧化皮和碎屑(使用中会脱落)，以及其他任何会影响软管接头功能的缺陷。除非另有说明，所有机加工表面的粗糙度应为 $Ra \leqslant 6.3\ \mu m$。

7.3 表面处理

除非制造商和用户另有商定，所有碳钢零件的外表面和螺纹都应选择适当的材料进行电镀或涂覆，并按 GB/T 10125 规定通过 72 h 的中性盐雾试验。在盐雾试验过程中任何部位出现了红色的锈斑，应视为不合格，下列指定部位除外：

——所有内部流道；

——棱角，如六角形尖端、锯齿状和螺纹牙顶，这些会因批量生产或运输的影响使电镀层或涂层产生机械变形的部位；

——由于扣压、扩口、弯曲或其他电镀后的金属成形操作所引起的机械变形区域；

——零件在盐雾试验箱中悬挂或固定处出现冷凝物凝聚的部位。

零件的内部流道应采取保护措施，以防贮存期间被腐蚀。

注：出于对环境的考虑，不赞成镀镉。电镀的改变可能影响装配力矩，需重新验证。

7.4 软管接头保护

采用供应商和买方商定的方法，制造商应对软管接头的表面及螺纹(包括内螺纹和外螺纹)进行保护，防止其表面出现会对软管接头功能造成影响的刻痕和划伤。内部流道应严格防护，以免灰尘或其他污染物进入。

8 组装规程

软管接头与其他接头或管道进行组装时，应在没有外部载荷的情况下进行。软管接头的制造商应为软管接头的使用拟定组装规程，这种规程应至少包括如下所述的信息：

——关于软管接头组装的规程，如拧紧圈数或拧紧扭矩；

——建议使用的组装工具。

当软管接头与硬管一起使用时，酌情按照 ISO 8434-3:2005 中有关材料、设备以及连接的规定处理。

9 采购信息

当买方在询价或订购时，应至少提供以下信息：

——对软管接头进行描述(使用第 5 章的标识)；

——如果不采用碳钢，应说明软管接头的材质；

——软管的类型及尺寸；

——所输送流体；

——工作压力；

——工作温度(环境温度和流体温度)。

10 标识

在软管接头产品上应永久性标记制造商名称或商标。

11 标注说明

当选择遵守 GB/T 9065 的本部分时，建议制造商在其试验报告、产品目录以及销售文件中作出如下说明："带有 O 形圈端面密封端的软管接头符合 GB/T 9065.1—2015《液压软管接头　第 1 部分：O 形圈端面密封软管接头》"。

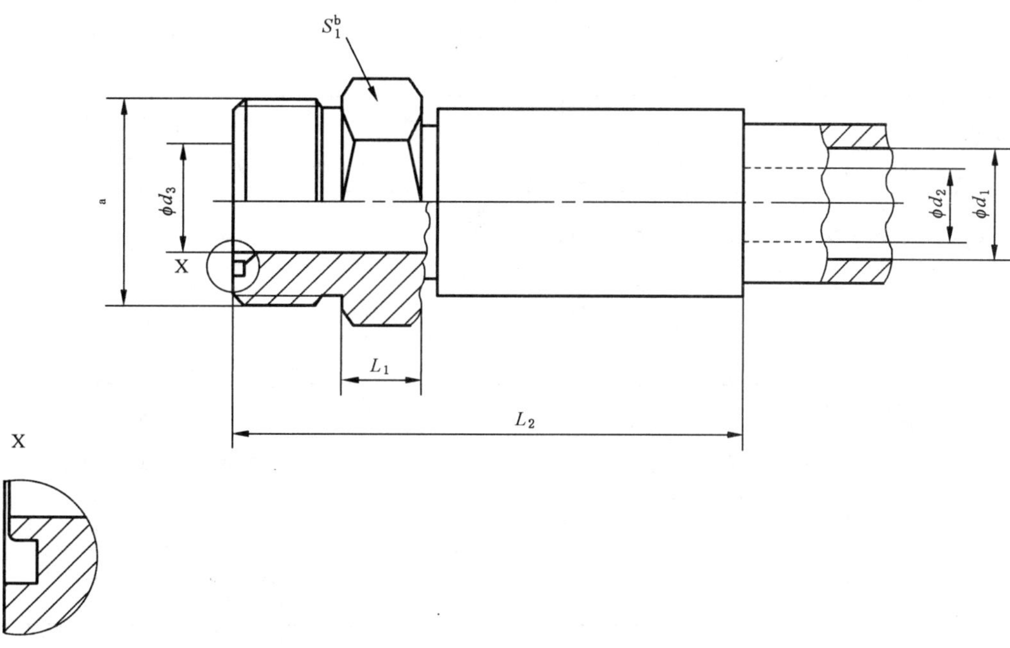

注 1：参考 ISO 8434-3:2005 的接头细节和 O 形圈。

注 2：软管接头和软管之间的连接方法可以选择。

[a] 螺纹。

[b] 对边宽度。

图 2　米制外螺纹直通软管接头(S)

表 2　米制外螺纹直通软管接头尺寸(S)

单位为毫米

软管接头规格	螺纹	管接头公称连接尺寸	软管公称内径 d_1	d_2^a 最小	d_3^b 最大	L_1 最小	L_2^c 最大	S_1^d
6×5	M12×1.25	6	5	2.5	3.2	6	55	14
6 ×6.3	M14×1.5	6	6.3	3	5.2	10	60	17
6×8	M14×1.5	6	8	5	5.2	10	65	17
10×8	M18×1.5	10	8	5	6.7	10	67	19
10×10	M18×1.5	10	10	6	6.7	10	70	19
12×10	M22×1.5	12	10	6	9.7	11	73	24
12×12.5	M22×1.5	12	12.5	8	9.7	11	80	24
16×12.5	M27×1.5	16	12.5	8	12.8	13	85	30
16×16	M27×1.5	16	16	11	12.8	13	90	30
20×16	M30×1.5	20	16	11	15.8	15	94	32
20×19	M30×1.5	20	19	14	15.8	15	95	32
25×19	M36×2	25	19	14	20.8	19	100	41
25×25	M36×2	25	25	19	20.8	19	100	41
30×25	M42×2	30	25	19	26.3	21	108	46

表 2（续） 单位为毫米

软管接头规格	螺纹	管接头公称连接尺寸	软管公称内径 d_1	d_2^a 最小	d_3^b 最大	L_1 最小	L_2^c 最大	S_1^d
30×31.5	M42×2	30	31.5	25	26.3	21	120	46
38×31.5	M52×2	38	31.5	25	32.4	25	132	55
38×38	M52×2	38	38	31	32.4	25	150	55
50×51	M64×2	50	51	42	45	25	180	70

[a] 软管接头和软管组装之前，软管接头内孔任一截面上的最小直径；组装之后，该直径不应小于 $0.9d_2$。

[b] d_3 尺寸符合 ISO 8434-3:2005，且 d_3 的最小直径不应小于 d_2。直径 d_2（软管接头芯内径）和 d_3（端面密封端通径）之间应设置过渡，以减小应力集中。

[c] L_2 尺寸在组装之后进行测量。

[d] 符合 GB/T 3103.1—2002 的产品 C 级。

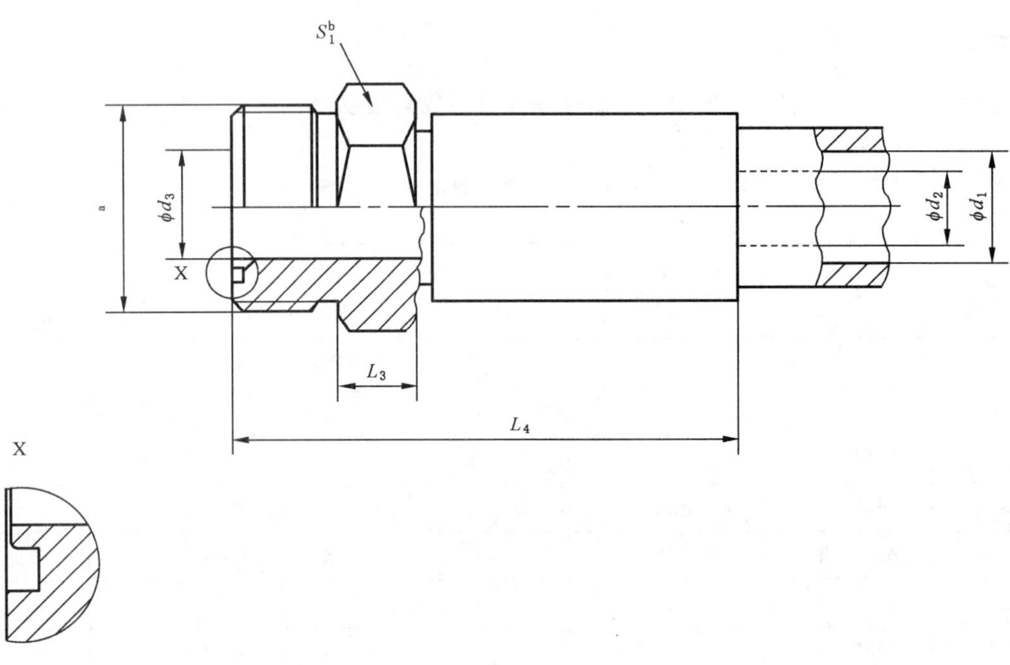

注 1：符合 ISO 8434-3:2005 的接头细节和 O 形圈。

注 2：软管接头和软管之间的连接方法可以选择。

[a] 螺纹。

[b] 对边宽度。

图 3 统一外螺纹直通软管接头(S)

表 3　统一外螺纹直通软管接头尺寸(S)

软管接头规格 mm	螺纹[a] in	管接头公称 连接尺寸 mm	软管公称 内径 d_1 mm	d_2^b 最小 mm	d_3^c 最大 mm	L_3 最小 mm	L_4^d 最大 mm	S_1^e mm
6×6.3	9/16-18 UNF	6	6.3	3	5.2	10	60	17
6×8	9/16-18 UNF	6	8	5	5.2	10	65	17
10×6.3	11/16-16 UNF	10	6.3	3	6.7	10	63	19
10×8	11/16-16 UNF	10	8	5	6.7	10	67	19
10×10	11/16-16 UNF	10	10	6	6.7	10	70	19
12×10	13/16-16 UN	12	10	6	9.7	11	73	22
12×12.5	13/16-16 UN	12	12.5	8	9.7	11	80	22
16×12.5	1-14 UNS	16	12.5	8	12.8	13	85	27
16×16	1-14 UNS	16	16	11	12.8	13	90	27
20×16	1 3/16-12 UN	20	16	11	15.8	15	94	32
20×19	1 3/16-12 UN	20	19	14	15.8	15	95	32
25×19	1 7/16-12 UN	25	19	14	20.8	19	100	41
25×25	1 7/16-12 UN	25	25	19	20.8	19	100	41
30×25	1 11/16-12 UN	30	25	19	26.3	21	108	46
30×31.5	1 11/16-12 UN	30	31.5	25	26.3	21	120	46
38×31.5	2-12 UN	38	31.5	25	32.4	25	132	55
38×38	2-12 UN	38	38	31	32.4	25	150	55

[a] 符合 GB/T 20669、GB/T 20670 和 GB/T 20666 中 2A(不包括 1-14 UNS-2A 螺纹，此螺纹的尺寸在 ISO 8434-3:2005 附录 A 中提供)。

[b] 软管接头和软管组装之前，软管接头内孔任一截面上的最小直径；组装之后，该直径不应小于 $0.9d_2$。

[c] d_3 尺寸符合 ISO 8434-3:2005，且 d_3 的最小直径不应小于 d_2。直径 d_2(软管芯内径)和 d_3(端面密封端通径)之间应设置过渡，以减小应力集中。

[d] L_4 尺寸在组装之后进行测量。

[e] 符合 GB/T 3103.1—2002 的产品 C 级和 ISO 8434-3:2005。

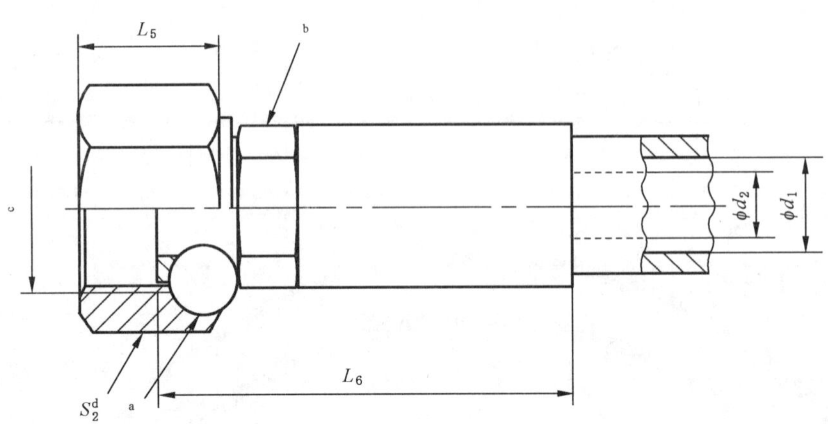

注：软管接头和软管之间的连接方法可以选择。

[a] 回转螺母的连接方法由制造商和用户协商确定。

[b] 需要六角头时，其尺寸可以选择。

[c] 螺纹。

[d] 对边宽度。

图 4　米制内螺纹回转式直通软管接头(SWS)

表 4　米制内螺纹回转式直通软管接头尺寸(SWS)

单位为毫米

软管接头规格	螺纹	管接头公称连接尺寸	软管公称内径 d_1	d_2^a 最小	L_5^b 最小	L_6^c 最大	S_2^d
6×5	M12×1.25	6	5	2.5	14	65	14
6×6.3	M14×1.5	6	6.3	3	15	70	17
6×8	M14×1.5	6	8	5	15	75	17
8×8	M16×1.5	8	8	5	15.5	75	19
10×8	M18×1.5	10	8	5	17	78	22
10×10	M18×1.5	10	10	6	17	80	22
12×10	M22×1.5	12	10	6	19	85	27
12×12.5	M22×1.5	12	12.5	8	19	90	27
16×12.5	M27×1.5	16	12.5	8	21	93	32
16×16	M27×1.5	16	16	11	21	95	32
20×16	M30×1.5	20	16	11	22	100	36
20×19	M30×1.5	20	19	14	22	100	36
25×19	M36×2	25	19	14	24	105	41
25×25	M36×2	25	25	19	24	105	41

表 4（续）

单位为毫米

软管接头规格	螺纹	管接头公称连接尺寸	软管公称内径 d_1	d_2[a] 最小	L_5[b] 最小	L_6[c] 最大	S_2[d]
28×25	M39×2	28	25	19	26	110	46
30×25	M42×2	30	25	19	27	115	50
30×31.5	M42×2	30	31.5	25	27	135	50
38×31.5	M52×2	38	31.5	25	30	135	60
38×38	M52×2	38	38	31	30	150	60
50×51	M64×2	50	51	42	37	180	75

[a] 软管接头和软管组装之前，软管接头内孔任一截面上的最小直径；组装之后，该直径不应小于 $0.9d_2$。

[b] 允许扣压式螺母，六角头宽度可参考附录 A 中 L_{18} 最小。

[c] L_6 尺寸在组装之后进行测量。

[d] 符合 GB/T 3103.1—2002 的产品 C 级。

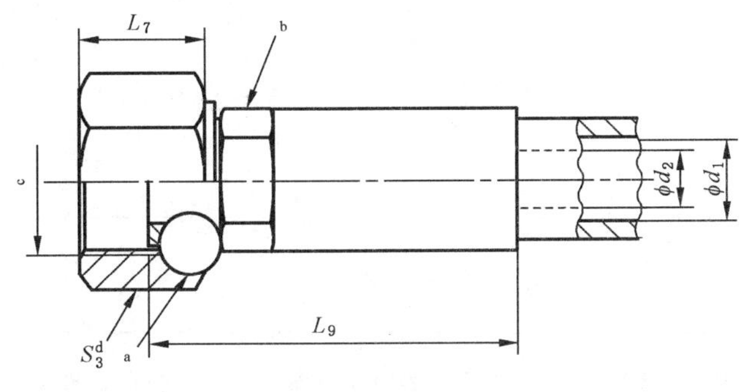

a) A 型

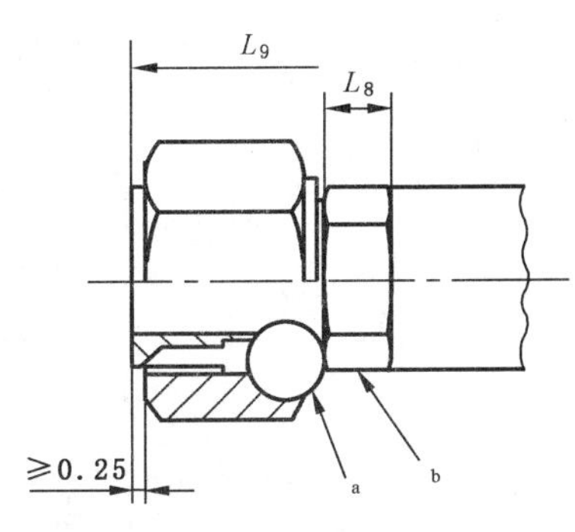

b) B 型(密封面外露)

注 1：NA 或 NB 螺母与接头芯连接的细节按 ISO 8434-3:2005。

注 2：软管接头和软管之间的连接方法可以选择。

[a] 回转螺母的连接方法由制造商和用户协商确定。

[b] 需要六角头时，其尺寸可以选择。

[c] 螺纹。

[d] 对边宽度。

图 5 统一内螺纹回转式直通软管接头，A 型(SWSA)和 B 型(SWSB)

表 5 统一内螺纹回转式直通软管接头尺寸,A 型(SWSA)和 B 型(SWSB)

软管接头规格 mm	螺纹[a] in	管接头公称连接尺寸 mm	软管公称内径 d_1 mm	d_2^b 最小 mm	L_7^c 最小 mm	L_8 最小 mm	L_9^d 最大 mm		S_3^e mm
							SWSA	SWSB	
6×6.3	9/16-18 UNF	6	6.3	3	15	6	70	80	17
6×8	9/16-18 UNF	6	8	5	15	6	75	85	17
10×6.3	11/16-16 UNF	10	6.3	3	17	6	73	83	22
10×8	11/16-16 UNF	10	8	5	17	6	78	88	22
10×10	11/16-16 UNF	10	10	6	17	6	80	90	22
12×10	13/16-16 UN	12	10	6	20	6	85	95	24
12×12.5	13/16-16 UN	12	12.5	8	20	6	90	100	24
16×12.5	1-14 UNS	16	12.5	8	24	6	93	108	30
16×16	1-14 UNS	16	16	11	24	6	95	110	30
20×16	1 3/16-12 UN	20	16	11	26.5	6	100	115	36
20×19	1 3/16-12 UN	20	19	14	26.5	7	100	115	36
25×19	1 7/16-12 UN	25	19	14	27.5	7	105	120	41
25×25	1 7/16-12 UN	25	25	19	27.5	8	105	120	41
30×25	1 11/16-12 UN	30	25	19	27.5	8	115	130	50
30×31.5	1 11/16-12 UN	30	31.5	25	27.5	9	125	140	50
38×31.5	2-12 UN	38	31.5	25	27.5	9	135	155	60
38×38	2-12 UN	38	38	31	27.5	9	150	170	60

[a] 符合 GB/T 20669、GB/T 20670 和 GB/T 20666 中 2B 级(不包括 1-14 UNS-2A 螺纹,此螺纹的尺寸在 ISO 8434-3:2005 附录 A 中提供)。

[b] 软管接头和软管组装之前,软管接头内孔任一截面上的最小直径;组装之后,该直径不应小于 $0.9d_2$。

[c] 允许扣压式螺母,但六角头宽度应满足附录 A 中 L_{18} 最小。

[d] L_9 尺寸在组装之后进行测量。

[e] 符合 GB/T 3103.1—2002 的产品 C 级和 ISO 8434-3:2005。

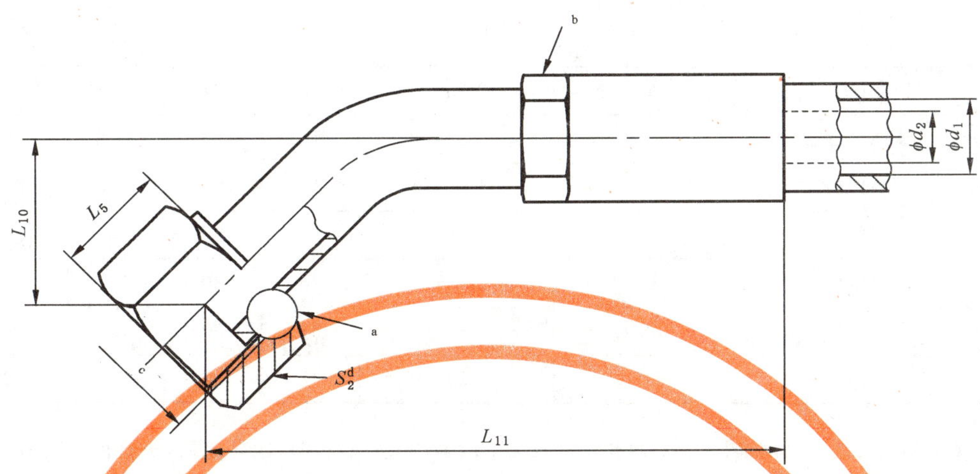

注：软管接头和软管之间的连接方法可以选择。

[a] 回转螺母的连接方法由制造商和用户协商确定。

[b] 需要六角头时，其尺寸可以选择。

[c] 螺纹。

[d] 对边宽度。

图 6 米制内螺纹回转螺母软管接头，45°弯头(SWE45)

表 6 米制内螺纹回转螺母软管接头，45°弯头尺寸(SWE45)

单位为毫米

软管接头规格	螺纹	管接头公称连接尺寸	软管公称内径 d_1	d_2^a 最小	L_5^b 最小	L_{10} ±1.5	L_{11}^c 最大	S_2^d
6×5	M12×1.25	6	5	2.5	14	18.5	90	14
6×6.3	M14×1.5	6	6.3	3	15	18.5	90	17
6×8	M14×1.5	6	8	5	15	19.5	95	17
8×8	M16×1.5	8	8	5	15.5	20	95	19
10×8	M18×1.5	10	8	5	17	20	98	22
10×10	M18×1.5	10	10	6	17	21.5	100	22
12×10	M22×1.5	12	10	6	19	21.5	105	27
12×12.5	M22×1.5	12	12.5	8	19	24	110	27
16×12.5	M27×1.5	16	12.5	8	21	24	118	32
16×16	M27×1.5	16	16	11	21	24	120	32
20×16	M30×1.5	20	16	11	22	24	124	36
20×19	M30×1.5	20	19	14	22	30	125	36
25×19	M36×2	25	19	14	24	30	130	41

表 6（续）

单位为毫米

软管接头规格	螺纹	管接头公称连接尺寸	软管公称内径 d_1	d_2^{a} 最小	L_5^{b} 最小	L_{10} ±1.5	L_{11}^{c} 最大	S_2^{d}
25×25	M36×2	25	25	19	24	31.5	145	41
28×25	M39×2	28	25	19	26	31.5	150	46
30×25	M42×2	30	25	19	27	31.5	160	50
30×31.5	M42×2	30	31.5	25	27	35	170	50
38×31.5	M52×2	38	31.5	25	30	35	175	60
38×38	M52×2	38	38	31	30	38	190	60
50×51	M64×2	50	51	42	37	45	220	75

[a] 软管接头和软管组装之前，软管接头内孔任一截面上的最小直径；弯曲或组装之后，该直径不应小于 $0.9d_2$。

[b] 允许扣压式螺母，六角头宽度可参考附录 A 中 L_{18} 最小。

[c] L_{11} 尺寸在组装之后进行测量。

[d] 符合 GB/T 3103.1—2002 的产品 C 级。

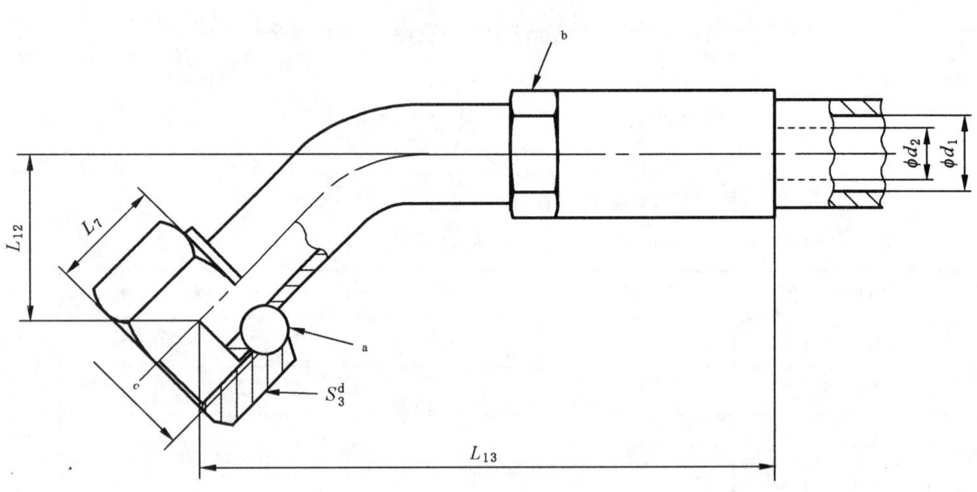

注 1：NA 或 NB 螺母与接头芯连接的细节按 ISO 8434-3:2005。

注 2：软管接头和软管之间的连接方法可以选择。

[a] 回转螺母的连接方法由制造商和用户协商确定。

[b] 需要六角头时，其尺寸可以选择。

[c] 螺纹。

[d] 对边宽度。

图 7 统一内螺纹回转螺母软管接头，45°短弯头（SWE45S）和中弯头（SWE45M）

表 7 统一内螺纹回转螺母软管接头尺寸,45°短弯头(SWE45S)和中弯头(SWE45M)

软管接头规格 mm	螺纹[a] in	管接头公称连接尺寸 mm	软管公称内径 d_1 mm	d_2^b 最小 mm	L_7^c 最小 mm	L_{12}^d ±1.5 mm		L_{13}^e 最大 mm		S_3^f mm
						SWE45S	SWE45M	SWE45S	SWE45M	
6×6.3	9/16-18 UNF	6	6.3	3	15	10	—	90	—	17
6×8	9/16-18 UNF	6	8	5	15	10	—	95	—	17
10×6.3	11/16-16 UNF	10	6.3	3	17	11	—	93	—	22
10×8	11/16-16 UNF	10	8	5	17	11	—	98	—	22
10×10	11/16-16 UNF	10	10	6	17	11	—	100	—	22
12×10	13/16-16 UN	12	10	6	20	15	—	105	—	24
12×12.5	13/16-16 UN	12	12.5	8	20	15	—	110	—	24
16×12.5	1-14 UNS	16	12.5	8	24	16	—	118	—	30
16×16	1-14 UNS	16	16	11	24	16	—	120	—	30
20×16	1 3/16-12 UN	20	16	11	26.5	21	—	124	—	36
20×19	1 3/16-12 UN	20	19	14	26.5	21	—	125	—	36
25×19	1 7/16-12 UN	25	19	14	27.5	24	—	130	—	41
25×25	1 7/16-12 UN	25	25	19	27.5	24	—	130	—	41
30×25	1 11/16-12 UN	30	25	19	27.5	25	32	160	167	50
30×31.5	1 11/16-12 UN	30	31.5	25	27.5	25	32	170	177	50
38×31.5	2-12 UN	38	31.5	25	27.5	27	42	175	190	60
38×38	2-12 UN	38	38	31	27.5	27	42	190	205	60

[a] 符合 GB/T 20669、GB/T 20670 和 GB/T 20666 中 2B 级(不包括 1-14 UNS-2A 螺纹,此螺纹的尺寸在 ISO 8434-3:2005 附录 A 中提供)。

[b] 软管接头和软管组装之前,软管接头内孔任一截面上的最小直径;弯曲或组装之后,该直径不应小于 $0.9d_2$。

[c] 允许扣压式螺母,但六角头宽度应满足附录 A 中 L_{18} 最小。

[d] 短弯头(SWE45S)软管接头可能不是采用优选的方法制造,使其达到高压缠绕软管的使用要求。对于尺寸为 25、31.5 和 38 的高压软管,其典型的工作压力分别为 28 MPa(280 bar)、21 MPa(210 bar)和 17.5 MPa(175 bar)以及更高压力。宜优先选用中弯头(SWE45M)软管接头,或询问制造商。

[e] L_{13} 尺寸在组装之后进行测量。

[f] 符合 GB/T 3103.1—2002 的产品 C 级和 ISO 8434-3:2005。

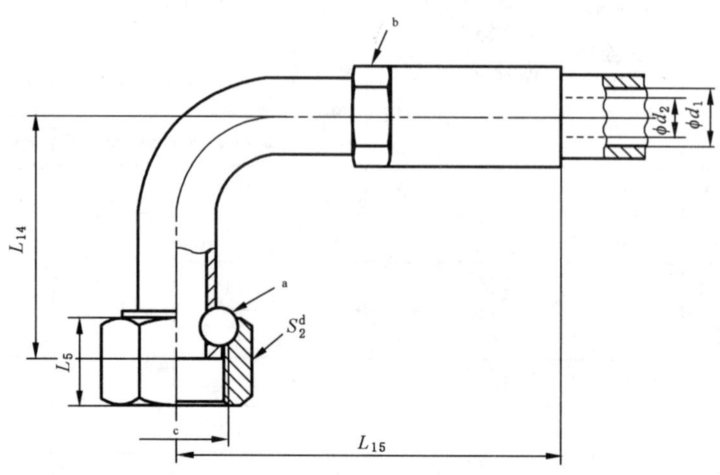

注：软管接头和软管之间的连接方法可以选择。

[a] 回转螺母的连接方法由制造商和用户协商选择。

[b] 需要六角头时，其尺寸可以选择。

[c] 螺纹。

[d] 对边宽度。

图 8 米制内螺纹回转螺母软管接头，90°弯头(SWE)

表 8 米制内螺纹回转螺母软管接头尺寸，90°弯头(SWE)

单位为毫米

软管接头规格	螺纹	管接头公称连接尺寸	软管公称内径 d_1	d_2^a 最小	L_5^b 最小	L_{14} ±1.5	L_{15}^c 最大	S_2^d
6×5	M12×1.25	6	5	2.5	14	34	90	14
6×6.3	M14×1.5	6	6.3	3	15	34	90	17
6×8	M14×1.5	6	8	5	15	37	95	17
8×8	M16×1.5	8	8	5	15.5	38	95	19
10×8	M18×1.5	10	8	5	17	38	98	22
10×10	M18×1.5	10	10	6	17	41	100	22
12×10	M22×1.5	12	10	6	19	41	105	27
12×12.5	M22×1.5	12	12.5	8	19	48	110	27
16×12.5	M27×1.5	16	12.5	8	21	48	118	32
16×16	M27×1.5	16	16	11	21	51	120	32
20×16	M30×1.5	20	16	11	22	51	124	36
20×19	M30×1.5	20	19	14	22	64	125	36

表 8（续）

单位为毫米

软管接头规格	螺纹	管接头公称连接尺寸	软管公称内径 d_1	d_2^{a} 最小	L_5^{b} 最小	L_{14} ±1.5	L_{15}^{c} 最大	S_2^{d}
25×19	M36×2	25	19	14	24	64	130	41
25×25	M36×2	25	25	19	24	70	140	41
28×25	M39×2	28	25	19	26	70	150	46
30×25	M42×2	30	25	19	27	70	160	50
30×31.5	M42×2	30	31.5	25	27	80	170	50
38×31.5	M52×2	30	31.5	25	30	80	175	60
38×38	M52×2	38	38	31	30	92	190	60
50×51	M64×2	50	51	42	37	113	220	75

[a] 软管接头和软管组装之前，软管接头内孔任一截面上的最小直径；弯曲或组装之后，直径不得小于 $0.9d_2$。

[b] 允许扣压式螺母，六角头的宽度可参考附录 A 中 L_{18} 最小。

[c] L_{15} 尺寸在组装之后测量。

[d] 符合 GB/T 3103.1—2002 的产品 C 级。

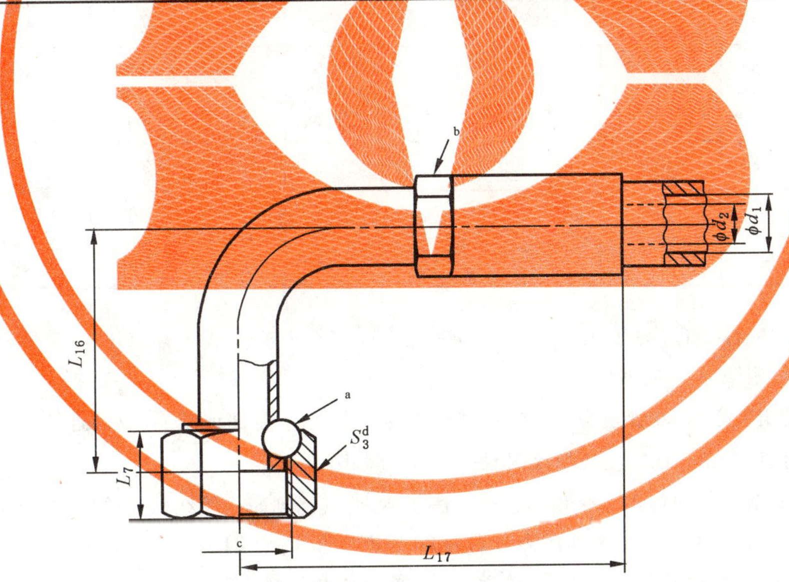

注 1：NA 或 NB 螺母与接头芯连接的细节与 ISO 8434-3:2005 一致。

注 2：软管接头和软管的连接方法可以选择。

[a] 回转螺母的连接方法由制造商和用户协商选择。

[b] 需要六角头时，其尺寸可以选择。

[c] 螺纹。

[d] 对边宽度。

图 9　统一内螺纹回转螺母软管接头，90°短弯头（SWES）、中弯头（SWEM）、长弯头（SWEL）

表 9 统一内螺纹回转螺母软管接头尺寸,90°短弯头(SWES)、中弯头(SWEM)、长弯头(SWEL)

软管接头规格 mm	螺纹[a] in	管接头公称连接尺寸 mm	软管公称内径 d_1 mm	d_2^b 最小 mm	L_7^c 最小 mm	L_{16}^d ±1.5 mm			L_{17}^h 最大 mm	S_3^i mm
						SWES[e]	SWEM[f]	SWEL[g]		
6×6.3	9/16-18 UNF	6	6.3	3	15	21	32	46	90	17
6×8	9/16-18 UNF	6	8	5	15	21	32	46	95	17
10×6.3	11/16-16 UNF	10	6.3	3	17	23	38	54	93	22
10×8	11/16-16 UNF	10	8	5	17	23	38	54	98	22
10×10	11/16-16 UNF	10	10	6	17	23	38	54	100	22
12×10	13/16-16 UN	12	10	6	20	29	41	64	105	24
12×12.5	13/16-16 UN	12	12.5	8	20	29	41	64	110	24
16×12.5	1-14 UNS	16	12.5	8	24	32	47	70	118	30
16×16	1-14 UNS	16	16	11	24	32	47	70	120	30
20×16	1 3/16-12 UN	20	16	11	26.5	48	58	96	124	36
20×19	1 3/16-12 UN	20	19	14	26.5	48	58	96	125	36
25×19	1 7/16-12 UN	25	19	14	27.5	56	71	114	130	41
25×25	1 7/16-12 UN	25	25	19	27.5	56	71	114	130	41
30×25	1 11/16-12 UN	30	25	19	27.5	64	78	129	160	50
30×31.5	1 11/16-12 UN	30	31.5	25	27.5	64	78	129	170	50
38×31.5	2-12 UN	38	31.5	25	27.5	69	86	141	175	60
38×38	2-12 UN	38	38	31	27.5	69	86	141	190	60

[a] 根据 GB/T 20669、GB/T 20670 和 GB/T 20666 中 2B 级(但不包括 1-14 UNS-2B 螺纹,此螺纹的尺寸 ISO 8434-3:2005 附录 A 中提供)。

[b] 软管接头和软管组装之前,软管接头内孔任一截面上的最小直径;弯曲或组装之后,直径不得小于 $0.9d_2$。

[c] 允许扣压式螺母,但六角头的宽度应满足附录 A 中 L_{18} 最小。

[d] 短弯头(SWES)软管接头可能不是采用优选的方法制造,使其达到高压缠绕软管的使用要求。对于尺寸为 25、31.5 和 38 的高压软管,其典型的工作压力分别为 28 MPa(280 bar)、21 MPa(210 bar)和 17.5 MPa(175 bar)以及更高压力。宜优先选用中弯头(SWEM)软管接头,或询问制造商。

[e] 短弯头(SWES)尺寸。参见附录 C。

[f] 中弯头(SWEM)尺寸。中弯头软管接头和 90°可调向弯头(SDE)间隔应符合 ISO 8434-3:2005。参见附录 C。

[g] 长弯头(SWEL)尺寸。长弯头软管接头和短弯头(SWES)软管接头间隔。参见附录 C。

[h] L_{17} 尺寸在组装之后测量。

[i] 根据 GB/T 3103.1—2002 中 C 级产品和 ISO 8434-3:2005。

附 录 A
（规范性附录）
统一内螺纹回转接头采用扣压式螺母的六角头最小宽度

统一内螺纹回转接头采用的扣压式螺母的结构型式参见图 A.1，扣压式螺母的六角头最小宽度 L_{18} 见表 A.1。

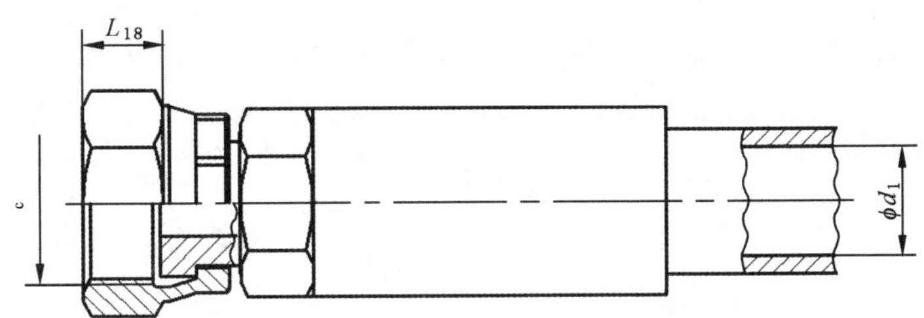

图 A.1 扣压式螺母的结构型式

表 A.1 采用扣压式螺母的六角头最小宽度 L_{18}

软管接头规格 mm	螺纹 c in	管接头公称 连接尺寸 mm	软管公称内径 d_1 mm	L_{18}（最小） mm
6×6.3	9/16-18 UNF	6	6.3	6.5
6×8	9/16-18 UNF	6	8	6.5
10×6.3	11/16-16 UNF	10	6.3	6.5
10×8	11/16-16 UNF	10	8	6.5
10×10	11/16-16 UNF	10	10	6.5
12×10	13/16-16 UN	12	10	8
12×12.5	13/16-16 UN	12	12.5	8
16×12.5	1-14 UNS	16	12.5	9.5
16×16	1-14 UNS	16	16	9.5
20×16	1 3/16-12 UN	20	16	9.5
20×19	1 3/16-12 UN	20	19	9.5
25×19	1 7/16-12 UN	25	19	11
25×25	1 7/16-12 UN	25	25	11
30×25	1 11/16-12 UN	30	25	12.5
30×31.5	1 11/16-12 UN	30	31.5	12.5
38×31.5	2-12 UN	38	31.5	15.5
38×38	2-12 UN	38	38	15.5
注：L_{18}尺寸值与 ISO 12151-1:2010 中表 3～表 5 L_3 对应尺寸值相同。				

附 录 B
（资料性附录）
本部分与 ISO 标准的图、表编号对照

本部分与 ISO 12151-1:2010 相比增加了米制螺纹连接产品，在图、表编排上有些调整，具体图、表编号的对照情况见表 B.1 和表 B.2。

表 B.1 本部分与 ISO 12151-1:2010 的图形编号对照

本部分图形编号	对应 ISO 12151-1:2010 的图形编号
图 1	图 1
图 2	—
图 3	图 2
图 4	—
图 5	图 3
图 6	—
图 7	图 4
图 8	—
图 9	图 5
图 A.1	—
图 C.1	—(在附录 A 中)

表 B.2 本部分与 ISO 12151-1:2010 的表格编号对照

本部分表格编号	对应 ISO 12151-1:2010 的表格编号
表 1	表 1
表 2	—
表 3	表 2
表 4	—
表 5	表 3
表 6	—
表 7	表 4
表 8	—
表 9	表 5
表 A.1	—
表 B.1	—
表 B.2	—

附 录 C
（资料性附录）
本部分软管接头的应用说明

图 C.1 给出了本部分软管接头的应用示例。

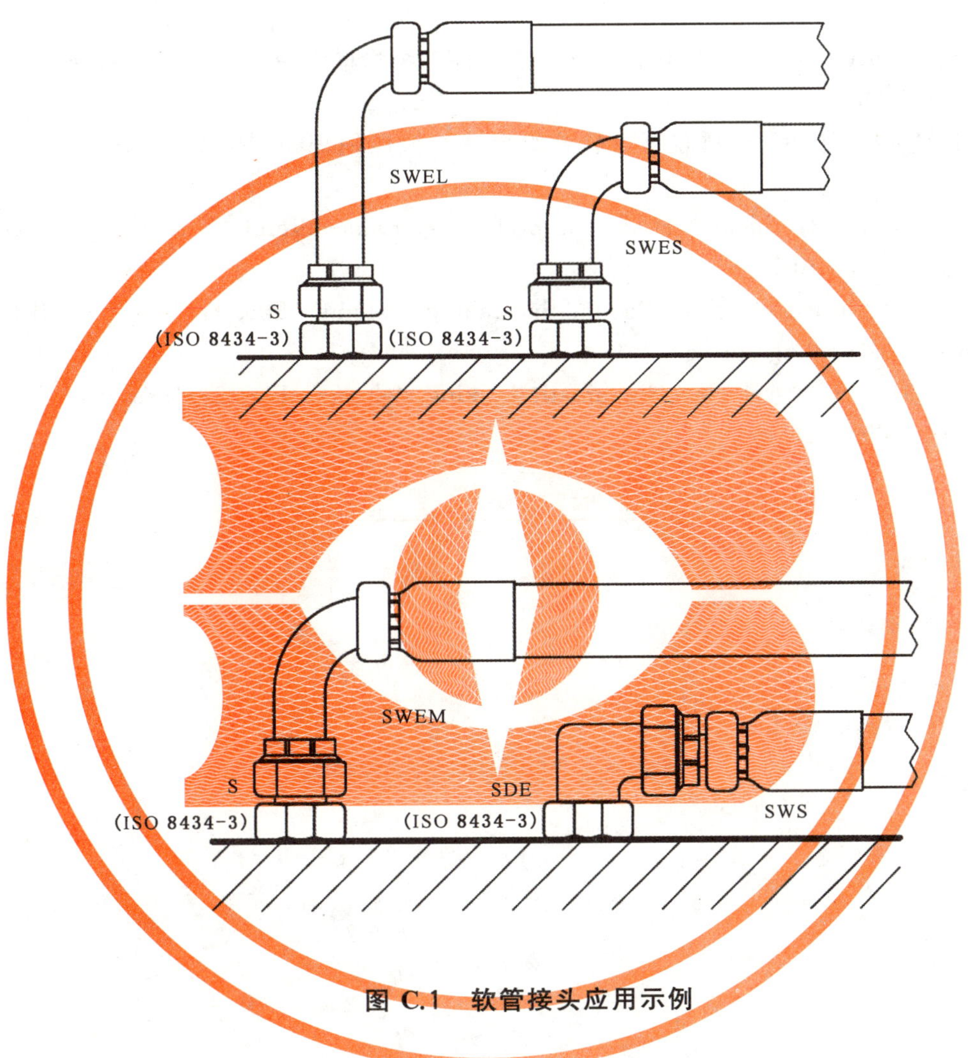

图 C.1 软管接头应用示例

参 考 文 献

[1] GB/T 3683—2011 橡胶软管及软管组合件 油基或水基流体适用的钢丝编织增强液压型规范(ISO 1436:2009,IDT)

[2] GB/T 10544—2013 钢丝缠绕增强外覆橡胶的液压橡胶软管和软管组合件(ISO 3862:2009,IDT)

[3] GB/T 15329.1—2003 橡胶软管及软管组合件 织物增强液压型 第1部分:油基流体用(ISO 4079-1:2001,MOD)

[4] GB/T 15908—2009 塑料软管及软管组合件 液压用织物增强型 规范 (ISO 3949:2004,IDT)

[5] ISO 4038 Road vehicles—Hydraulic braking systems—Simple flare pipes,tapped holes, male fittings and hose end fittings

[6] ISO 4039-1 Road vehicles—Pneumatic braking systems—Part 1:Pipes,male fittings and tapped holes with facial sealing surface

[7] ISO 4379-2 Road vehicles—Pneumatic braking systems—Part 2:Pipes,male fittings and holes with conical sealing surface

ICS 23.100.40
J 20

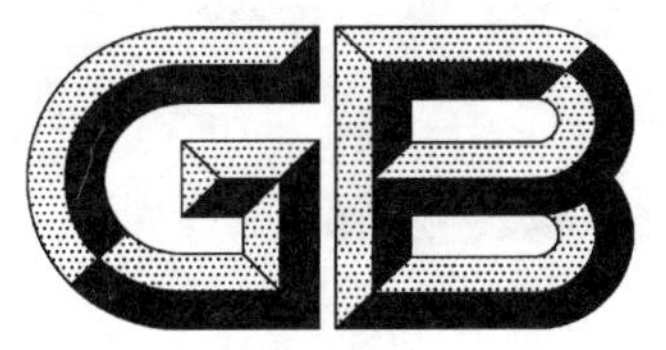

中华人民共和国国家标准

GB/T 9065.2—2010
代替 GB/T 9065.2—1988

液压软管接头 第2部分:24°锥密封端软管接头

Connections for hydraulic fluid power and general use—Hose fittings—
Part 2: Hose fittings with 24° cone connector ends

(ISO 12151-2:2003, MOD)

2010-09-26 发布　　2011-02-01 实施

中华人民共和国国家质量监督检验检疫总局
中国国家标准化管理委员会　发布

前　言

GB/T 9065《液压软管接头》分为5部分：

——第1部分：O形圈端面密封软管接头；

——第2部分：24°锥密封端软管接头；

——第3部分：法兰端软管接头；

——第4部分：螺柱端软管接头；

——第5部分：37°扩口端软管接头。

本部分为GB/T 9065的第2部分。

本部分修改采用ISO 12151-2:2003《用于液压传动和一般用途的管接头　软管接头　第2部分：带ISO 8434-1和ISO 8434-4的24°锥形管接头末端的软管接头》(英文版)。

本部分根据ISO 12151-2:2003重新起草。

本部分与ISO 12151-2:2003存在以下技术性差异：

——在"2 规范性引用文件"中，以对应的国家标准代替国际标准；增加引用标准GB/T 3、GB/T 196、GB/T 197及相关技术要求；用ISO 19879代替ISO 8434-5。

——保留了前版GB/T 9065.2中卡套式软管接头的内容(图6、表5)。

——5.1，软管接头标识中以中文和国家标准编号代替英文及国际标准编号。

本部分还做了下列编辑性修改：

——删除国际标准的前言和引言；

——将"国际标准的本部分"改为"本部分"；

——用小数点符号"."代替作为小数点的逗号","。

本部分是对GB/T 9065.2—1988的修订，与GB/T 9065.2—1988相比主要变化如下：

——标准名称改为"液压软管接头　第2部分：24°锥密封端软管接头"；

——增加性能要求，制造工艺要求，表面处理要求，保护条件及采购信息；

——增加直通卡套式软管接头之外的四种型式(图2～图5)及相关尺寸规定(表1～表4)。

本部分由中国机械工业联合会提出。

本部分由全国液压气动标准化技术委员会(SAC/TC 3)归口。

本部分负责起草单位：天津工程机械研究院。

本部分参加起草单位：北京机械工业自动化研究所、浙江苏强格液压有限公司、盐城华兴液压机械有限公司、攀钢冶金工程技术有限公司实业开发分公司液压附件厂、天津市精研工程机械传动有限公司。

本部分主要起草人：冯国勋、赵曼琳、周舜华、罗学荣、卞才昌、唐涛、张乃旗、刘会进。

本部分所替代标准的历次版本发布情况为：

——GB/T 9065.2—1988。

液压软管接头
第2部分:24°锥密封端软管接头

1 范围

GB/T 9065的本部分规定了24°锥形连接端(符合ISO 8434-1和ISO 8434-4)的软管接头其设计和性能的基本要求和尺寸要求,这类软管接头以碳钢制成,与公称内径为5 mm~38 mm的软管配合使用。

注:若选用其他材料,由供需双方协商。

本部分规定的软管接头(见图1)与符合不同软管标准要求的软管一起应用于液压系统。

2 规范性引用文件

下列文件中的条款通过GB/T 9065的本部分的引用而成为本部分的条款。凡是注日期的引用文件,其随后所有的修改单(不包括勘误的内容)或修订版均不适用于本部分,然而,鼓励根据本部分达成协议的各方研究是否可使用这些文件的最新版本。凡是不注日期的引用文件,其最新版本适用于本部分。

GB/T 3 普通螺纹收尾、肩距、退刀槽和倒角(GB/T 3—1997,eqv ISO 3508:1976和ISO 4577:1983)

GB/T 196 普通螺纹 基本尺寸(GB/T 196—2003,ISO 724:1993,MOD)

GB/T 197 普通螺纹 公差(GB/T 197—2003,ISO 965-1:1998,MOD)

GB/T 2351 液压气动系统用硬管外径和软管内径(GB/T 2351—2005,ISO 4397:1993,IDT)

GB/T 3103.1—2002 紧固件公差 螺栓、螺钉、螺柱和螺母(ISO 4759-1:2000,IDT)

GB/T 7939 液压软管总成 试验方法(GB/T 7939—2008,ISO 6605:2002 MOD)

GB/T 10125 人造气氛腐蚀试验 盐雾试验(GB/T 10125—1997,eqv ISO 9227:1990)

GB/T 17446 流体传动系统及元件 术语(GB/T 17446—1998,idt ISO 5598:1985)

ISO 8434-1 用于流体传动和一般用途的金属管连接 第1部分:24°锥形管接头

ISO 8434-4 用于流体传动和一般用途的金属管连接 第4部分:带O形圈焊接接头体的24°锥形管接头

ISO 19879 用于流体传动和一般用途的金属管连接 液压管接头的试验方法

3 术语和定义

GB/T 17446确立的术语和定义适用于GB/T 9065的本部分。

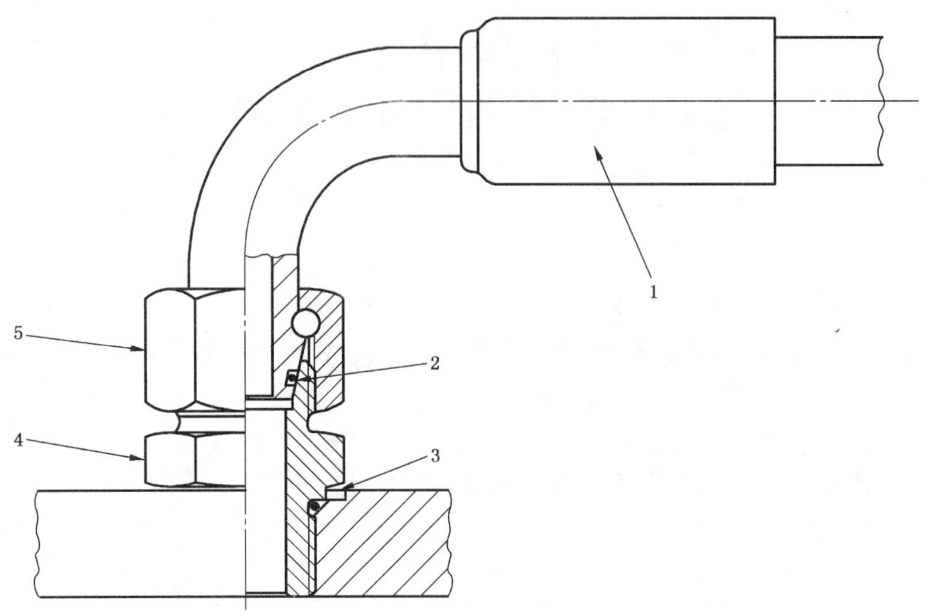

1——软管接头；
2——O 形圈；
3——油口；
4——管接头；
5——螺母。

图 1 24°锥密封端软管接头的典型连接示例

4 性能要求

4.1 按 GB/T 7939 测试时，软管总成应满足相应的软管规格所规定的性能要求，并无泄漏、无失效。

4.2 软管总成的工作压力应取 ISO 8434-1 中给定的相同规格的管接头压力和软管压力的最低值。

4.3 软管接头的工作压力应按 ISO 19879 进行试验检测。软管总成应按 GB/T 7939 进行测试。在循环耐久性试验过程中，软管总成应能承受相关的软管技术规范规定的循环次数。

5 软管接头的标识

5.1 为便于分类，应以文字与数字组成的代号作为软管接头的标识。其标识应为：文字“软管接头”，后接 GB/T 9065.2，后接间隔短横线，然后为连接端类型和形状的字母符号，后接另一个间隔短横线，后接 24°锥形端规格（标称连接规格）和软管规格（标称软管内径），两规格之间用乘号（×）隔开。

示例：与外径 22 mm 硬管和内径 19 mm 软管配用的回转、直通、轻型系列软管接头，标识如下：

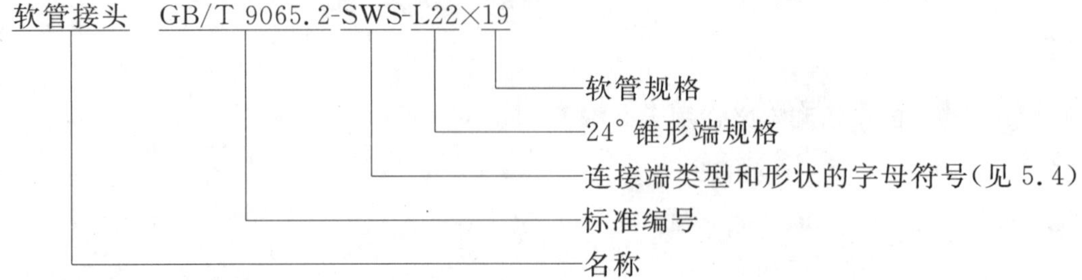

5.2 在适用的情况下，软管接头的字母符号标识应由连接端类型，软管接头形状和螺母类型组成。

5.3 如果硬管端头为阳端，则其不必包括在代号中。但是如果是其他硬管端头，应予命名。

5.4 应使用下列字母符号：

连接端类型/符号	形状/符号
回转/SW	直通/S
	90°弯头/E
	45°弯头/E45
系列	符号
轻型	L
重型	S

6 设计

6.1 图2～图6中的软管接头尺寸应符合表1～表5中给定的尺寸,并符合ISO 8434-1中给定的相关尺寸。

6.2 六角形相对平面的公差应符合GB/T 3103.1—2002规定的产品等级C。六角形的最小对角尺寸是标称相对平面宽度的1.092倍。最小侧面尺寸是标称相对平面宽度的0.43倍。

6.3 对所有规格的弯头,其两端轴线夹角公差应为±3°。

6.4 外形的细节应由制造商选择,并保持表1～表4中给出的尺寸。

6.5 螺纹

6.5.1 普通螺纹基本尺寸按GB/T 196的规定。

6.5.2 普通螺纹公差按GB/T 197的规定:内螺纹为6H,外螺纹为6f或6g。

6.5.3 螺纹收尾、肩距、退刀槽、倒角尺寸按GB/T 3的规定。

6.5.4 外螺纹侧面表面粗糙度应为$Ra \leqslant 3.2$ μm,内螺纹侧面表面粗糙度应为$Ra \leqslant 6.3$ μm。

7 制造

7.1 结构

软管接头可热锻、冷成型加工、棒料切削加工而成。

7.2 制造工艺

应用最经济有效的工艺来生产高质量的软管接头。软管接头应没有可见污染物、毛刺、氧化皮和碎屑以及其他可能影响零件功能的缺陷。除非另有规定,所有加工表面的粗糙度应为$Ra \leqslant 6.3$ μm。

7.3 表面处理

所有碳钢部件的外表面和螺纹应镀上或涂以适当的材料,应按GB/T 10125的规定通过72 h的中性盐雾试验,除非制造商和用户另有协议。除下列指定的部位外,在盐雾试验过程中任何部位出现红色铁锈都应视为失效。

——所有内部流道;

——棱角,如六角形尖端、螺纹的齿牙和齿顶,这些部位由于批量生产或运输的影响使镀层或涂层产生机械损伤;

——由于卷曲、扩口弯曲和其他后续金属加工引起的镀层或涂层机械变形的部位;

——试验箱中零件悬挂或固定处,这些位置可能聚积冷凝液。

在贮存期间,内部流道应避免受到腐蚀。

注:考虑到对环境的影响,镀镉不是首选。在应用过程中,镀层的变化会影响装配力矩,需要重新验证。

7.4 保护

应以供需双方商定的方法保护软管接头和内外螺纹的表面不遭受刻痕和刮伤。刻痕和刮伤会影响软管接头的功能。内部流道应严格防护,以防止受到污垢和其他污染物的污染。

8 采购信息

当用户咨询或订购时，应提供以下信息：

——描述软管接头(使用第5章的标识)；

——软管接头的材料(如果不是碳钢)；

——软管类型和尺寸；

——要传输的流体；

——工作压力；

——工作温度(包括环境温度和流体温度)。

9 标志

软管接头应永久性的标识制造商名称或商标。

10 标注说明(引用GB/T 9065的本部分)

当选择遵守GB/T 9065的本部分时，在试验报告、产品目录和销售文件中使用以下说明："带24°锥密封端软管接头符合GB/T 9065.2—2010《液压软管接头　第2部分：24°锥密封端软管接头》"。

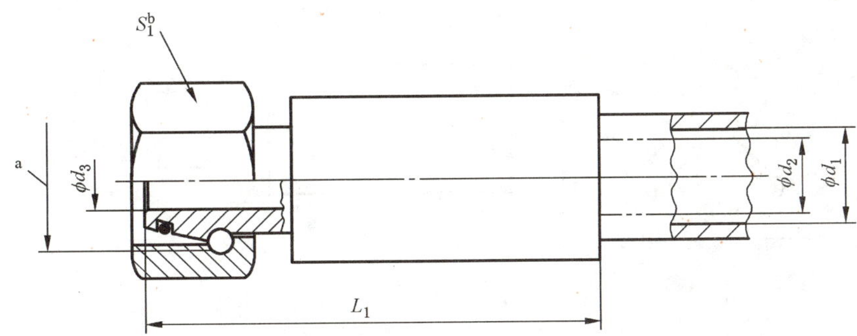

注 1：在更换 O 形圈时，管子的自由长度宜位于左侧，以便螺母可以向 O 形圈沟槽后面移动。

注 2：软管接头与软管之间的扣压方法是可选的。

注 3：管接头的细节符合 ISO 8434-1 和 ISO 8434-4。

[a] 螺纹。

[b] 六角形相对平面间宽度(扳手尺寸)。

图 2 直通内螺纹回转软管接头(SWS)

表 1 直通内螺纹回转软管接头(SWS)的尺寸

单位为毫米

系列	软管接头规格	螺纹	接头公称尺寸	公称软管内径 d_1^a	d_2^b 最小	d_3^c 最大	S_1^d 最小	L_1^e 最大
轻型系列(L)	6×5	M12×1.5	6	5	2.5	3.2	14	59
	8×6.3	M14×1.5	8	6.3	3	5.2	17	59
	10×8	M16×1.5	10	8	5	7.2	19	61
	12×10	M18×1.5	12	10	6	8.2	22	65
	15×12.5	M22×1.5	15	12.5	8	10.2	27	68
	18×16	M26×1.5	18	16	11	13.2	32	68
	22×19	M30×2	22	19	14	17.2	36	74
	28×25	M36×2	28	25	19	23.2	41	85
	35×31.5	M45×2	35	31.5	25	29.2	50	105
	42×38	M52×2	42	38	31	34.3	60	110
重型系列(S)	8×5	M16×1.5	8	5	2.5	4.2	19	59
	10×6.3	M18×1.5	10	6.3	3	6.2	22	67
	12×8	M20×1.5	12	8	5	8.2	24	68
	12×10	M20×1.5	12	10	6	8.2	24	72
	16×12.5	M24×1.5	16	12.5	8	11.2	30	80
	20×16	M30×2	20	16	11	14.2	36	93
	25×19	M36×2	25	19	14	18.2	46	102
	30×25	M42×2	30	25	19	23.2	50	112
	38×31.5	M52×2	38	31.5	25	30.3	60	126

[a] 符合 GB/T 2351。

[b] 在与软管装配前，软管接头的最小通径。装配后，此通径不小于 $0.9d_2$。

[c] d_3 尺寸符合 ISO 8434-1，且 d_3 的最小值应不小于 d_2。在直径 d_2(软管接头尾芯的内径)和 d_3(管接头端的通径)之间应设置过渡，以减小应力集中。

[d] 直通内螺纹回转软管接头的六角形螺母选择。

[e] 尺寸 L_1 组装后测量。

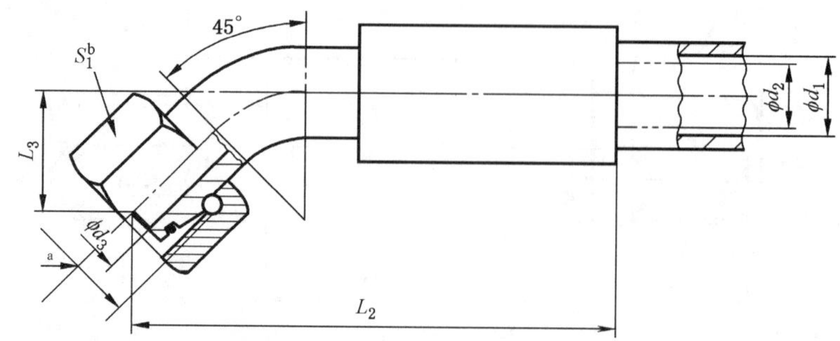

注 1：在更换 O 形圈时，管子的自由长度宜位于左侧，以便螺母可以向 O 形圈沟槽后面移动。

注 2：软管接头与软管之间的扣压方法是可选的。

注 3：管接头的细节符合 ISO 8434-1 和 ISO 8434-4。

[a] 螺纹。

[b] 六角形相对平面间宽度(扳手尺寸)。

图 3　45°弯曲内螺纹回转软管接头(SWE45)

表 2　45°弯曲内螺纹回转软管接头(SWE45)尺寸

单位为毫米

系列	软管接头规格	螺纹	接头公称尺寸	公称软管内径 d_1^a	d_2^b 最小	d_3^c 最大	S_1	L_2^d 最大	L_3 标称	L_3 公差
轻型系列(L)	6×5	M12×1.5	6	5	2.5	3.2	14	80	15	±3
	8×6.3	M14×1.5	8	6.3	3	5.2	17	80	16	±4
	10×8	M16×1.5	10	8	5	7.2	19	80	17	±4
	12×10	M18×1.5	12	10	6	8.2	22	90	18.5	±4
	15×12.5	M22×1.5	15	12.5	8	10.2	27	100	19.5	±4
	18×16	M26×1.5	18	16	11	13.2	32	110	23.5	±6
	22×19	M30×2	22	19	14	17.2	36	130	25.5	±6
	28×25	M36×2	28	25	19	23.2	41	133	32	±6
	35×31.5	M45×2	35	31.5	25	29.2	50	165	38	±7
	42×38	M52×2	42	38	31	34.3	60	185	44.5	±10
重型系列(S)	8×5	M16×1.5	8	5	2.5	4.2	19	75	17	±3
	10×6.3	M18×1.5	10	6.3	3	6.2	22	75	17	±3
	12×8	M20×1.5	12	8	5	8.2	24	85	18	±3
	12×10	M20×1.5	12	10	6	8.2	24	90	18.5	±3
	16×12.5	M24×1.5	16	12.5	8	11.2	30	110	21	±4
	20×16	M30×2	20	16	11	14.2	36	115	25	±4
	25×19	M36×2	25	19	14	18.2	46	135	30.5	±4
	30×25	M42×2	30	25	19	23.2	50	145	35.5	±5
	38×31.5	M52×2	38	31.5	25	30.3	60	195	42	±6

[a] 符合 GB/T 2351。

[b] 在与软管装配前，软管接头的最小通径。装配后，此通径不小于 $0.9d_2$。

[c] d_3 尺寸符合 ISO 8434-1，且 d_3 的最小值应不小于 d_2。在直径 d_2(软管接头尾芯的内径)和 d_3(管接头端的通径)之间应设置过渡，以减小应力集中。

[d] 尺寸 L_2 组装后测量。

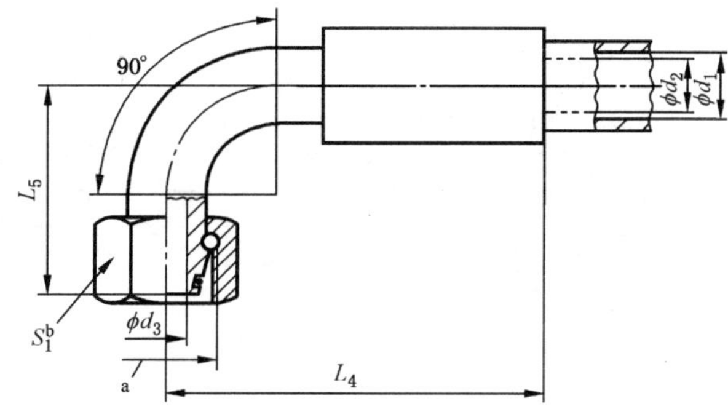

注 1：在更换 O 形圈时，管子的自由长度宜位于左侧，以便螺母可以向 O 形圈沟槽后面移动。

注 2：软管接头与软管之间的扣压方法是可选的。

注 3：管接头的细节符合 ISO 8434-1 和 ISO 8434-4。

[a] 螺纹。

[b] 六角形相对平面间宽度（扳手尺寸）。

图 4　90°弯曲内螺纹回转软管接头（SWE）

表 3　90°弯曲内螺纹回转软管接头（SWE）

单位为毫米

系列	软管接头规格	螺纹	接头公称尺寸	公称软管内径 d_1^a	d_2^b 最小	d_3^c 最大	S_1	L_4^d 最大	L_5 标称	L_5 公差
轻型系列（L）	6×5	M12×1.5	6	5	2.5	3.2	14	65	30	±5
	8×6.3	M14×1.5	8	6.3	3	5.2	17	65	30.5	±5
	10×8	M16×1.5	10	8	5	7.2	19	75	33	±5
	12×10	M18×1.5	12	10	6	8.2	22	85	36	±5
	15×12.5	M22×1.5	15	12.5	8	10.2	27	90	40.5	±6
	18×16	M26×1.5	18	16	11	13.2	32	95	51.5	±10
	22×19	M30×2	22	19	14	17.2	36	100	56	±10
	28×25	M36×2	28	25	19	23.2	41	120	68.5	±10
	35×31.5	M45×2	35	31.5	25	29.2	50	147	78.5	±10
	42×38	M52×2	42	38	31	36.2	60	170	95	±13
重型系列（S）	8×5	M16×1.5	8	5	2.5	4.2	19	65	32	±4
	10×6.3	M18×1.5	10	6.3	3	6.2	22	65	32	±6
	12×8	M20×1.5	12	8	5	8.2	24	70	34	±6
	12×10	M20×1.5	12	10	6	8.2	24	85	35.5	±6
	16×12.5	M24×1.5	16	12.5	8	11.2	30	100	43	±8
	20×16	M30×2	20	16	11	14.2	36	100	49.5	±8
	25×19	M36×2	25	19	14	19.2	46	120	59	±8
	30×25	M42×2	30	25	19	24.2	50	135	70	±8
	38×31.5	M52×2	38	31.5	25	32.2	60	180	87	±11

[a] 符合 GB/T 2351。

[b] 在与软管装配前，软管接头的最小通径。装配后，此通径不小于 $0.9d_2$。

[c] d_3 尺寸符合 ISO 8434-1，且 d_3 的最小值不应小于 d_2。在直径 d_2（软管接头尾芯的内径）和 d_3（管接头端的通径）之间应设置过渡，以减小应力集中。

[d] 尺寸 L_4 组装后测量。

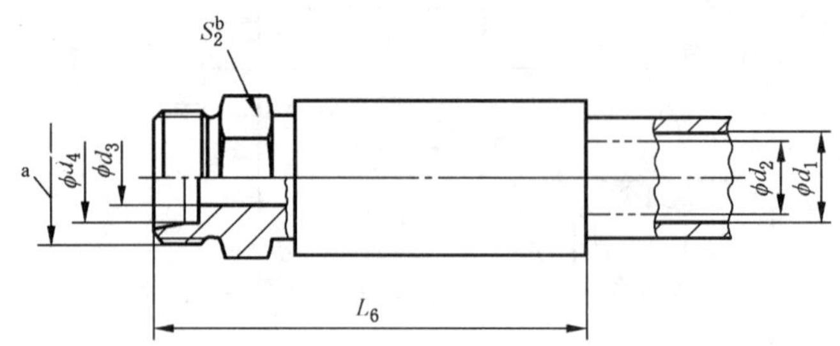

注 1：软管接头与软管之间的扣压方法是可选的。

注 2：管接头的细节符合 ISO 8434-1 和 ISO 8434-4。

[a] 螺纹。

[b] 六角形相对平面间宽度(扳手尺寸)。

图 5　直通外螺纹软管接头(S)

表 4　直通外螺纹软管接头(S)的尺寸

单位为毫米

系列	管接头规格	螺纹	接头公称尺寸	公称软管内径 d_1^a	d_2^b 最小	d_3^c 最大	d_4^d B11	d_4^d +0.1 0	S_2^e	L_6^f 最大
轻型系列(L)	6×5	M12×1.5	6	5	2.5	4.2	6	—	14	59
	8×6.3	M14×1.5	8	6.3	3	6.2	8	—	17	59
	10×8	M16×1.5	10	8	5	8.2	10	—	17	60
	12×10	M18×1.5	12	10	6	10.2	12	—	19	62
	15×12.5	M22×1.5	15	12.5	8	12.2	15	—	24	70
	18×16	M26×1.5	18	16	11	15.2	18	—	27	75
	22×19	M30×2	22	19	14	19.2	22	—	32	78
	28×25	M36×2	28	25	19	24.2	28	—	41	90
	35×31.5	M45×2	35	31.5	25	30.3	—	35.3	46	108
	42×38	M52×2	42	38	31	36.3	—	42.3	55	110
重型系列(S)	8×5	M16×1.5	8	5	2.5	5.1	8	—	17	62
	10×6.3	M18×1.5	10	6.3	3	7.2	10	—	19	65
	12×8	M20×1.5	12	8	5	8.2	12	—	22	66
	12×10	M20×1.5	12	10	6	8.2	14	—	22	68
	16×12.5	M24×1.5	16	12.5	8	12.2	16	—	27	76
	20×16	M30×2	20	16	11	16.2	20	—	32	82
	25×19	M36×2	25	19	14	20.2	25	—	41	97
	30×25	M42×2	30	25	19	25.2	30	—	46	108
	38×31.5	M52×2	38	31.5	25	32.3	—	38.3	55	120

[a] 符合 GB/T 2351。

[b] 在与软管装配前，软管接头的最小通径。装配后，此通径不小于 $0.9d_2$。

[c] d_3 尺寸符合 ISO 8434-1，且 d_3 的最小值不应小于 d_2。在直径 d_2(软管接头尾芯的内径)和 d_3(管接头端的通径)之间应设置过渡，以减小应力集中。

[d] 见 ISO 8434-1。

[e] 允许较小的六角形。

[f] 尺寸 L_6 组装后的测量。

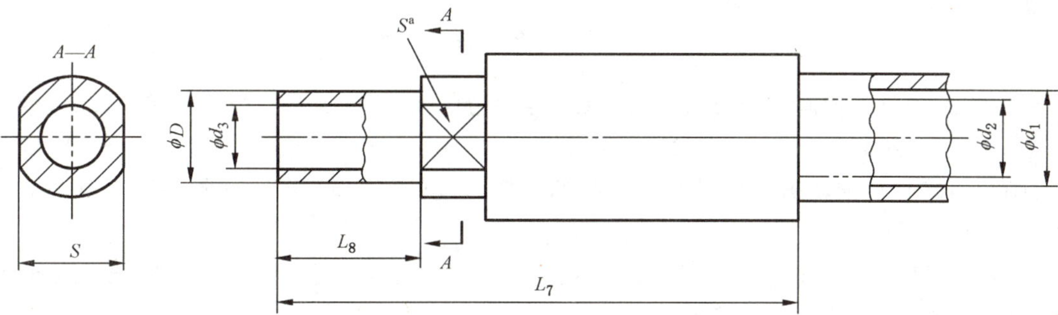

注 1：软管接头与软管之间的扣压方法是可选的。

[a] 相对平面尺寸(扳手尺寸)。

图 6　直通卡套式软管接头(SWS)

表 5　直通卡套式软管接头(SWS)的尺寸

单位为毫米

系列	软管接头规格	接头公称尺寸		公称软管内径	d_2[b]	d_3[c]	L_7[d]	L_8	S
		D	公差	d_1[a]	最小	最大			
轻型系列(L)	6×5	6	±0.060	5	2.5	3.2	59.5	22	8
	8×6.3	8	±0.075	6.3	3	5.2	61.5	23	10
	10×8	10	±0.075	8	5	7.2	63	23	12
	12×10	12	±0.090	10	6	8.2	63.5	24	14
	15×12.5	15	±0.090	12.5	8	10.2	68.5	25	17
	18×16	18	±0.090	16	11	13.2	74	26	20
	22×19	22	±0.105	19	14	17.2	81.5	28	24
	28×25	28	±0.105	25	19	23.2	92	30	30
	35×31.5	35	±0.125	31.5	25	29.2	107	36	38
	42×38	42	±0.125	38	31	34.3	128	40	46
重型系列(S)	8×5	8	±0.060	5	2.5	4.2	61.5	24	10
	10×6.3	10	±0.075	6.3	3	6.2	71.5	26	12
	12×8	12	±0.075	8	5	8.2	66.5	26	14
	12×10	14	±0.090	10	6	8.2	76.5	29	15
	16×12.5	16	±0.090	12.5	8	11.2	79.5	30	17
	20×16	20	±0.090	16	11	14.2	88	36	22
	25×19	25	±0.105	19	14	18.2	101.5	40	27
	30×25	30	±0.105	25	19	23.2	117.5	44	34
	38×31.5	38	±0.125	31.5	25	33	123.5	50	42

[a] 符合 GB/T 2351。

[b] 在与软管装配前，软管接头的最小通径。装配后，此通径不小于 $0.9d_2$。

[c] d_3 尺寸符合 ISO 8434-1，除最小直径外，d_3 应不小于 d_2。在直径 d_2(软管接头尾芯的内径)和 d_3(管接头端的通径)之间应设置过渡，以减小应力集中。

[d] 尺寸 L_7 组装后测量。

参 考 文 献

[1] GB/T 3683.1 橡胶软管及软管组合件 钢丝编织增强液压型 规范 第1部分:油基流体适用(GB/T 3683.1—2006,ISO 1436-1:2001,IDT)

[2] GB/T 10544 钢丝缠绕增强外覆橡胶的液压橡胶软管和软管组合件(GB/T 10544—2003,ISO 3862-1:2001,IDT)

[3] GB/T 15329.1 橡胶软管及软管组合件 织物增强液压型 第1部分:油基流体用(GB/T 15329.1—2003,ISO 4079-1:2001,MOD)

[4] GB/T 15908 织物增强液压型热塑性塑料软管和软管组合件(GB/T 15908—1995,eqv ISO 3949:1991)

[5] ISO 4038 道路车辆 液压制动系统 普通扩口管、螺纹孔、阳接头和软管接头

[6] ISO 4039-1 道路车辆 气动制动系统 第1部分:用于端面密封的管子、阳接头和螺纹孔

[7] ISO 4039-2 道路车辆 气动制动系统 第2部分:用于锥面密封的管子、阳接头和螺纹孔

ICS 23.100.40
J 20

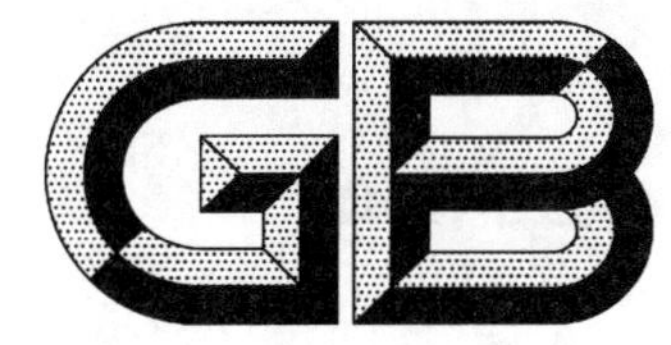

中华人民共和国国家标准

GB/T 9065.5—2010
代替 GB/T 9065.1—1988

液压软管接头 第5部分:37°扩口端软管接头

Connections for hydraulic fluid power and general use—Hose fittings—Part 5: Hose fittings with 37° degree flared ends

(ISO 12151-5:2007,MOD)

2010-09-26 发布　　2011-02-01 实施

中华人民共和国国家质量监督检验检疫总局
中国国家标准化管理委员会　发布

前　言

GB/T 9065《液压软管接头》分为5部分：

——第1部分：O形圈端面密封软管接头；

——第2部分：24°锥密封端软管接头；

——第3部分：法兰端软管接头；

——第4部分：螺柱端软管接头；

——第5部分：37°扩口端软管接头。

本部分为GB/T 9065的第5部分。

本部分修改采用ISO 12151-5:2007《用于液压传动和一般用途的管接头　软管接头　第5部分：带ISO 8434-2　37°扩口端的软管接头》(英文版)。

本部分根据ISO 12151-5:2007重新起草。

本部分与ISO 12151-5:2007存在以下技术性差异：

——在“2规范性引用文件”中以相应的国家标准代替国际标准；增加GB/T 3、GB/T 196和GB/T 197。

——在表1至表4中，增加米制螺纹，并优先选用。

本部分还做了下列编辑性修改：

——删除ISO 12151-5:2007的前言和引言；

——将“国际标准的本部分”改为“本部分”；

——用小数点符号“.”代替作为小数点的逗号“,”；

——删除ISO 12151-5:2007第1章中的“注2”；

——删除第2章中ISO 8434-2的脚注。

本部分是对GB/T 9065.1—1988《液压软管接头　连接尺寸　扩口式》的修订。与GB/T 9065.1—1988相比主要变化如下：

——标准名称改为“液压软管接头　第5部分：37°扩口端软管接头”；

——增加软管接头的标识；增加美制UNF螺纹尺寸；

——软管接头规格删除4和22两种；增加38和50两种规格；

——增加第4章、第5章、第7章、第8章内容及第6章中的技术要求。

本部分的附录A为资料性附录。

本部分由中国机械工业联合会提出。

本部分由全国液压气动标准化技术委员会(SAC/TC 3)归口。

本部分负责起草单位：天津工程机械研究院。

本部分参加起草单位：北京机械工业自动化研究所、浙江苏强格液压有限公司、盐城华兴液压机械有限公司、攀钢冶金工程技术有限公司实业开发分公司液压附件厂、天津市精研工程机械传动有限公司。

本部分主要起草人：冯国勋、赵曼琳、周舜华、牛月军，严亚东、王俊、张乃旗、刘会进。

本部分所替代标准的历次版本发布情况为：

——GB/T 9065.1—1988。

液压软管接头 第5部分:37°扩口端软管接头

1 范围

GB/T 9065的本部分规定了以碳钢制成的,标称软管尺寸符合GB/T 2351在6.3 mm~51 mm范围内,带ISO 8434-2 37°扩口端的软管接头设计和性能的基本要求和尺寸要求。

注:若选用其他材料,由供需双方协商。

本部分规定的软管接头(见图1)与符合不同软管标准要求的软管一起应用于液压系统。

2 规范性引用文件

下列文件中的条款通过GB/T 9065本部分的引用而成为本部分的条款。凡是注日期的引用文件,其随后所有的修改单(不包括勘误的内容)或修订版均不适用于本部分,然而,鼓励根据本部分达成协议的各方研究是否可使用这些文件的最新版本。凡是不注日期的引用文件,其最新版本适用于本部分。

GB/T 3 普通螺纹收尾、肩距、退刀槽和倒角(GB/T 3—1997,eqv ISO 3508:1976,ISO 4755:1983)

GB/T 196 普通螺纹 基本尺寸(GB/T 196—2003,ISO 724:1993,MOD)

GB/T 197 普通螺纹 公差(GB/T 197—2003,ISO 965-1:1998,MOD)

GB/T 2351 液压气动系统用硬管外径和软管内径(GB/T 2351—2005,ISO 4397:1993,IDT)

GB/T 3103.1—2002 紧固件公差 螺栓、螺钉、螺柱和螺母(ISO 4759-1:2000,IDT)

GB/T 7939 液压软管总成 试验方法(GB/T 7939—2008,ISO 6605:2002,MOD)

GB/T 10125 人造气氛腐蚀试验 盐雾试验(GB/T 10125—1997,eqv ISO 9227:1990)

GB/T 17446 流体传动系统及元件 术语(GB/T 17446—1998,idt ISO 5598:1985)

ISO 68-2 ISO普通螺纹 基本牙型 第2部分:英制螺纹

ISO 263 ISO英制螺纹 螺钉、螺栓和螺母的总方案及选择 直径0.06至6英寸

ISO 6149-1 用于流体传动和一般用途的管接头 带ISO 261米制螺纹及O形圈密封的油口和螺柱端 第1部分:带O形圈用锪孔沟槽的油口

ISO 8434-2 用于流体传动和一般用途的金属管连接 第2部分:37°扩口管接头

ISO 19879 用于流体传动和一般用途的金属管连接 液压管接头的试验方法

3 术语和定义

GB/T 17446确立的术语和定义适用于GB/T 9065的本部分。

4 性能要求

4.1 按GB/T 7939测试时,软管总成应满足相应软管规格所规定的性能要求,并无泄漏、无失效。

4.2 软管总成的工作压力应取ISO 8434-2中给定的相同规格的管接头压力和软管压力中的最低值。

4.3 软管接头的工作压力应按ISO 19879进行试验检测,软管总成应按GB/T 7939进行测试。在循环耐久性试验过程中,软管接头应能承受相关软管技术规范规定的循环次数。

5 软管接头的标识

5.1 为便于分类,应以文字与数字组成的代号作为软管接头的标识,其标识应为:文字“软管接头”,后

接 GB/T 9065.5,后接间隔短横线,然后为连接端类型和形状的字母符号,后接另一个间隔短横线,后接 37°扩口端规格(符合 ISO 8434-2 的标称硬管外径)和软管规格(符合 GB/T 2351 的标称软管内径),扩口端规格与软管规格之间用乘号(×)隔开。

示例:用于外径 12 mm 硬管和内径 12.5 mm 软管的 45°内螺纹回转弯头,标识如下:

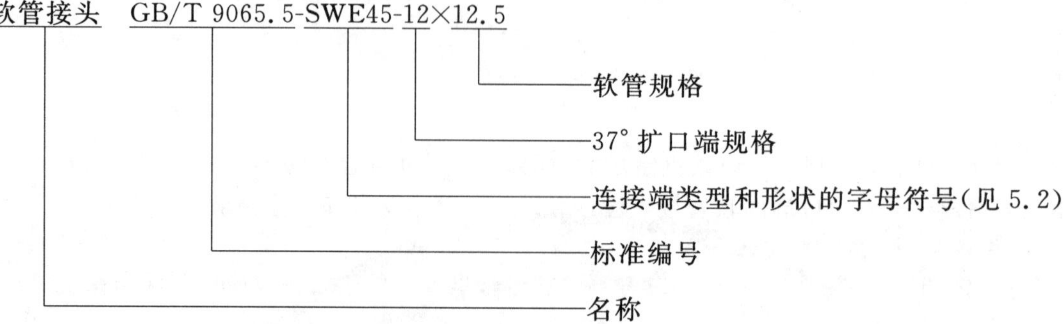

5.2 应使用下列字母符号:

连接端类型	符　号
回转	SW

形　状	符　号
直通	S
45°弯曲	E45
90°弯曲-短	ES
90°弯曲-中	EM
90°弯曲-长	EL

5.3 若管接头为外螺纹形式,应在代号中用文字注明。

6 设计

6.1 图 1 为 37°扩口端软管接头的典型示例。

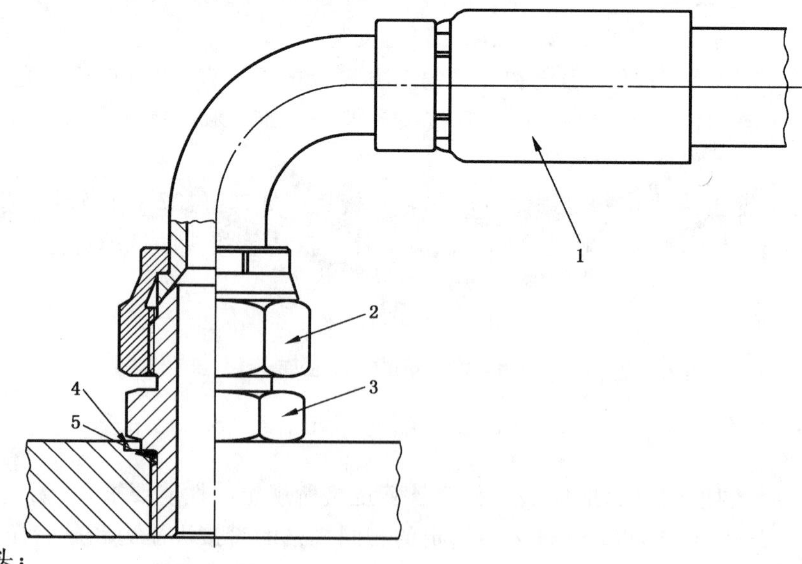

1——软管接头;

2——螺母;

3——直通螺柱端接头体(ISO 8434-2);

4——油口(ISO 6149-1);

5——O 形密封圈。

图 1 37°扩口端软管接头连接的典型示例

6.2 图 2～图 5 中的软管接头尺寸应符合表 1～表 4 中给定的尺寸，并符合 ISO 8434-2 中给定的相关尺寸。

6.3 六角形相对平面的公差应符合 GB/T 3103.1—2002 规定的产品等级 C。

6.4 对所有规格的弯头，其两端轴线夹角公差应为±3°。

6.5 外形的细节应由制造商选择，并保持表 1～表 4 中给出的尺寸。

6.6 螺纹

6.6.1 普通螺纹基本尺寸按 GB/T 196 的规定。英制螺纹应符合 ISO 68-2 和 ISO 263 的规定。

6.6.2 普通螺纹公差按 GB/T 197 的规定：内螺纹为 6H，外螺纹为 6f 或 6g。

6.6.3 螺纹收尾、肩距、退刀槽、倒角尺寸按 GB/T 3 的规定。

6.6.4 外螺纹侧面的表面粗糙度应为 $Ra \leqslant 3.2\ \mu m$，内螺纹侧面的表面粗糙度应为 $Ra \leqslant 6.3\ \mu m$。

7 制造

7.1 结构

软管接头可热锻、冷成型加工、棒料切削加工而成。

7.2 制造工艺

应用最经济有效的工艺来生产高质量的软管接头。软管接头应没有可见污染物、毛刺，氧化皮和碎屑以及其他可能影响零件功能的缺陷。除非另有规定，所有加工表面的表面粗糙度应为 $Ra_{max} \leqslant 6.3\ \mu m$。

7.3 表面处理

所有碳钢部件的外表面和螺纹应镀上或涂以适当的材料，应按 GB/T 10125 的规定通过 72 h 的中性盐雾试验，除非制造商和用户另有约定。除下列指定的部位外，在盐雾试验过程中任何部位出现红色铁锈都应视为失效。

——所有内部流道。

——棱角，如六角形尖端、螺纹的齿牙和齿顶，这些部位会因批量生产或运输的影响使镀锌层产生机械损伤。

——由于卷曲，弯曲和其他后续金属加工引起的镀层或涂层机械变形的部位。

——试验箱中零件悬挂或固定处，这些位置可能聚集冷凝液。

在贮存期间，内部流道应避免受到腐蚀。

注：考虑到对环境的影响，镀镉不是首选。在应用过程中，镀层的变化会影响装配力矩，需要重新验证。

7.4 保护

应以供需双方商定的方法保护软管接头表面不遭受刻痕和刮伤，刻痕和刮伤将会影响软管接头的功能。内部流道应严格防护，以防止受到污垢和其他污染物的污染。

8 采购信息

当用户咨询或订购时，应提供以下信息：

——描述软管接头(使用第 5 章的标识)；

——软管接头的材料(如果不是碳钢)；

——软管类型和尺寸；

——要传送的流体；

——工作压力；

——工作温度(包括环境温度和流体温度)。

9 标志

软管接头应永久性地标明制造商名称或商标。

10 标注说明(引用 GB/T 9065 的本部分)

当选择遵守 GB/T 9065 的本部分时,在试验报告、产品目录和销售文件中使用以下说明:"37°扩口端软管接头符合 GB/T 9065.5—2010《液压软管接头 第5部分:37°扩口端软管接头》"。

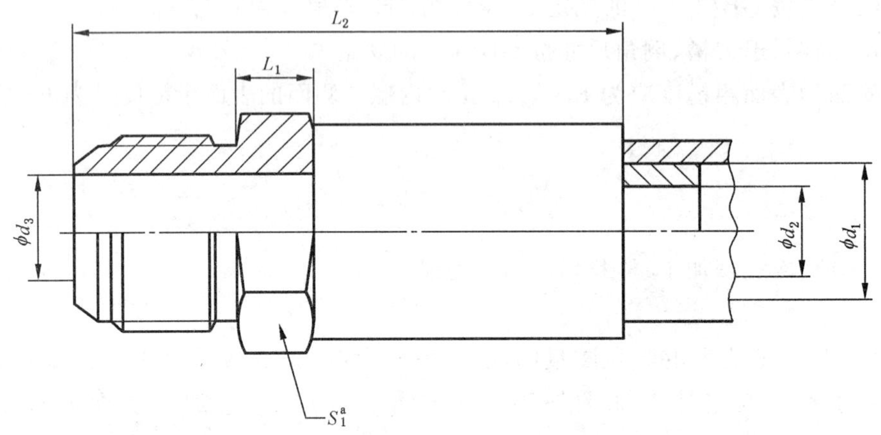

注1:连接部位的细节符合 ISO 8434-2;

注2:软管接头与软管之间的连接方法是可选的。

[a] 六角形相对平面尺寸(扳手尺寸)。

图2 直通外螺纹软管接头(S)

表1 直通外螺纹软管接头(S)尺寸

单位为毫米

软管接头规格	螺纹		管接头公称尺寸	公称软管内径 d_1	d_2^a 最小	d_3^b 最大	L_1 最小	L_2^c 最大	S_1	
	米制	ISO 12151-5							米制	ISO 12151-5
6×6.3	M14×1.5	7/16-20UNF	6	6.3	3	4.6	5.5	75	14	12
8×8	M16×1.5	1/2-20UNF	8	8	5	6.2	6	80	17	14
10×10	M18×1.5	9/16-18UNF	10	10	6	7.7	6.5	85	19	17
12×12.5	M22×1.5	3/4-16UNF	12	12.5	8	10.1	7.5	100	22	19
16×16	M27×1.5	7/8-14UNF	16	16	11	12.6	9.5	110	27	24
20×19	M30×1.5	1 1/16-12UNF	20	19	14	15.8	10.5	120	32	27
25×25	M39×2	1 5/16-12UNF	25	25	19	21.8	13.5	135	41	36
32×31.5	M42×2	1 5/8-12UNF	32	31.5	25	27.8	16	145	46	46
38×38	M52×2	1 7/8-12UNF	38	38	31	33.4	17	160	55	50
50×51	M64×2	2 1/2-12UNF	50	51	42	45.4	20	225	65	65

[a] d_2 为软管接头与软管装配前的接头尾芯的最小通径,装配后该尺寸不应该小于 $0.9d_2$。

[b] d_3 的尺寸应符合 ISO 8434-2,且 d_3 的最小值不能小于 d_2,直径 d_2(软管接头芯的内径)和 d_3(37°扩口端的通径)之间应设置过渡,以减少应力集中。

[c] 尺寸 L_2 组装后测量。

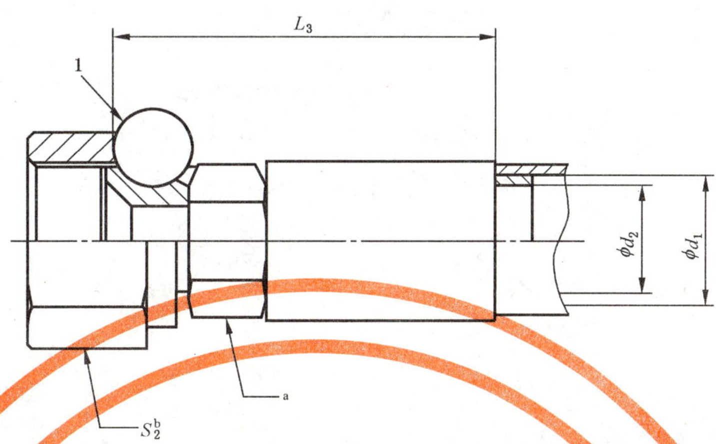

注 1：连接部位的细节符合 ISO 8434-2；

注 2：软管接头与软管之间的连接方法是可选的；

注 3：旋转螺母的连接方法由制造商选择。

1——旋转螺母。

[a] 六角形(可选择的)；

[b] 六角形相对平面尺寸(扳手尺寸)。

图 3　直通内螺纹回转软管接头(SWS)

表 2　直通内螺纹回转软管接头(SWS)尺寸

单位为毫米

软管接头规格	螺纹		管接头公称尺寸	公称软管内径 d_1	d_2^a 最小	L_3^b 最大	S_2^c	
	米制	ISO 标准螺纹					米制	ISO 标准
6×6.3	M14×1.5	7/16-20UNF	6	6.3	3	75	17	14
8×8	M16×1.5	1/2-20UNF	8	8	5	80	19	17
10×10	M18×1.5	9/16-18UNF	10	10	6	85	22	19
12×12.5	M22×1.5	3/4-16UNF	12	12.5	8	100	27	22
16×16	M27×1.5	7/8-14UNF	16	16	11	110	32	27
20×19	M30×1.5	1 1/16-12UNF	20	19	14	115	36	32
25×25	M39×2	1 5/16-12UNF	25	25	19	140	46	41
32×31.5	M42×2	1 5/8-12UNF	32	31.5	25	160	50	50
38×38	M52×2	1 7/8-12UNF	38	38	31	175	60	60
50×51	M64×2	2 1/2-12UNF	50	51	42	210	75	75

[a] d_2 为软管接头与软管装配前的接头尾芯的最小通径，装配后该尺寸不应该小于 0.9d_2。

[b] 尺寸 L_3 组装后测量。

[c] 符合 GB/T 3103.1—2002，产品等级 C。

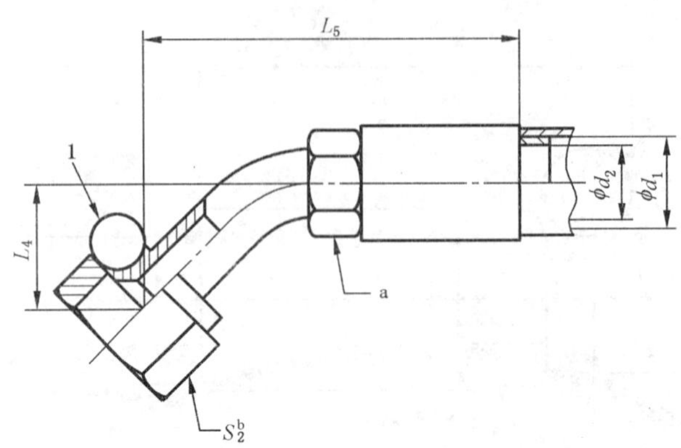

注 1：连接部位的细节符合 ISO 8434-2；

注 2：软管接头与软管之间的连接方法是可选的；

注 3：旋转螺母的连接方法由制造商选择。

1——旋转螺母。

[a] 六角形(可选择的)；

[b] 六角形相对平面尺寸(扳手尺寸)。

图 4　45°弯曲内螺纹回转软管接头(SWE45)

表 3　45°弯曲内螺纹回转软管接头(SWE45)尺寸　　单位为毫米

软管接头规格	螺纹		管接头公称尺寸	公称软管内径 d_1	d_2^a 最小	L_4		L_5^b 最大	S_2^c	
	米制	ISO 标准螺纹				SWE45S ±1.5	SWE45M ±1.5		米制	ISO 标准
6×6.3	M14×1.5	7/16-20UNF	6	6.3	3	10	—	90	17	14
8×8	M16×1.5	1/2-20UNF	8	8	5	10	—	90	19	17
10×10	M18×1.5	9/16-18UNF	10	10	6	11	—	95	22	19
12×12.5	M22×1.5	3/4-16UNF	12	12.5	8	15	—	110	27	22
16×16	M27×1.5	7/8-14UNF	16	16	11	16	—	120	32	27
20×19	M30×1.5	1 1/16-12UNF	20	19	14	21	—	145	36	32
25×25	M39×2	1 5/16-12UNF	25	25	19	24	—	175	46	41
32×31.5	M42×2	1 5/8-12UNF	32	31.5	25	25[d]	32	200	50	50
38×38	M52×2	1 7/8-12UNF	38	38	31	27[d]	42	240	60	60
50×51	M64×2	2 1/2-12UNF	50	51	42	34	—	290	75	75

[a] d_2 为软管接头在弯曲或与软管装配前的最小通径，弯曲或装配后该尺寸不应该小于 $0.9d_2$。

[b] 尺寸 L_5 组装后测量。

[c] 符合 GB/T 3103.1—2002，产品等级 C。

[d] 软管接头尺寸为(32×31.5)mm 和(38×38)mm 的短弯曲软管接头不适于在高压(尺寸 31.5 mm 和 38 mm 软管设计工作压力为 21 MPa 或 17.5 MPa)下与钢丝缠绕胶管一起使用。应优先使用中弯曲软管接头或咨询制造商。

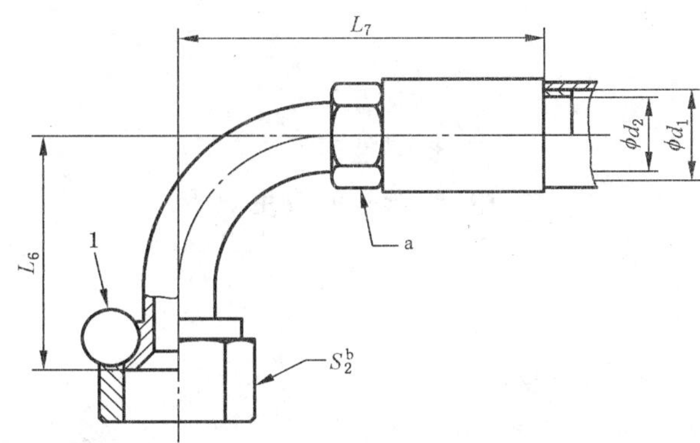

注 1：连接部位的细节符合 ISO 8434-2；

注 2：软管接头与软管之间的连接方法是可选的；

注 3：旋转螺母的连接方法由制造商选择。

1——旋转螺母。

[a] 六角形(可选择的)；

[b] 六角形相对平面尺寸(扳手尺寸)。

图 5　90°弯曲内螺纹回转软管接头[短(SWES)、中(SWEM)和长(SWEL)]

表 4　90°弯曲内螺纹回转软管接头尺寸[短(SWES)、中(SWEM)和长(SWEL)] 单位为毫米

软管接头规格	螺纹		管接头公称尺寸	公称软管内径 d_1	d_2^a 最小	L_6			L_7^e 最大	S_2^f	
	米制	ISO 标准螺纹				SWES[b] ±1.5	SWEM[c] ±1.5	SWEL[d] ±1.5		米制	ISO 标准
6×6.3	M14×1.5	7/16-20UNF	6	6.3	3	21	32	46	85	17	14
8×8	M16×1.5	1/2-20UNF	8	8	5	21	32	46	85	19	17
10×10	M18×1.5	9/16-18UNF	10	10	6	23	38	54	90	22	19
12×12.5	M22×1.5	3/4-16UNF	12	12.5	8	29	41	64	100	27	22
16×16	M27×1.5	7/8-14UNF	16	16	11	32	47	70	110	32	27
20×19	M30×1.5	1 1/16-12UNF	20	19	14	48	58	96	140	36	32
25×25	M39×2	1 5/16-12UNF	25	25	19	56	71	114	170	46	41
32×31.5	M42×2	1 5/8-12UNF	32	31.5	25	64[g]	78	129	200	50	50
38×38	M52×2	1 7/8-12UNF	38	38	31	69[g]	86	141	230	60	60
50×51	M64×2	2 1/2-12UNF	50	51	42	88	140	222	280	75	75

[a] d_2 为软管接头在弯曲或与软管装配前的最小通径，弯曲或装配后该尺寸不应该小于 $0.9d_2$。

[b] 短弯曲软管接头(SWES)尺寸见附录 A。

[c] 中弯曲软管接头(SWEM)尺寸。中弯曲软管接头将越过而不碰到 ISO 8434-2 每一种 90°可调节的螺柱端弯头(SDE)，见附录 A。

[d] 长弯曲软管接头(SWEL)尺寸。长弯曲软管接头将越过而不碰到短弯曲软管接头(SWES)，见附录 A。

[e] 尺寸 L_7 组装后测量。

[f] 符合 GB/T 3103.1—2002，产品等级 C。

[g] 软管接头尺寸为(32×31.5)mm 和(38×38)mm 的短弯曲软管接头不适于在高压(尺寸 31.5 mm 和 38 mm 软管的设计工作压力为 21 MPa 或 17.5 MPa)下与钢丝缠绕胶管一起使用。应优先使用中弯曲软管接头或咨询制造商。

附 录 A
（资料性附录）
短、中、长弯头的应用说明

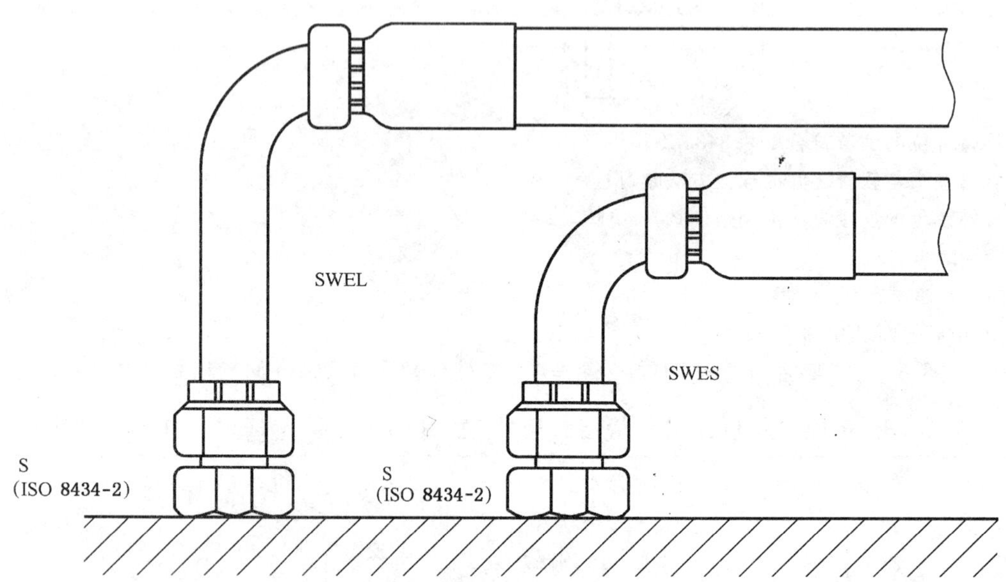

图 A.1 短回转弯曲软管接头安装在长回转弯曲软管接头旁边

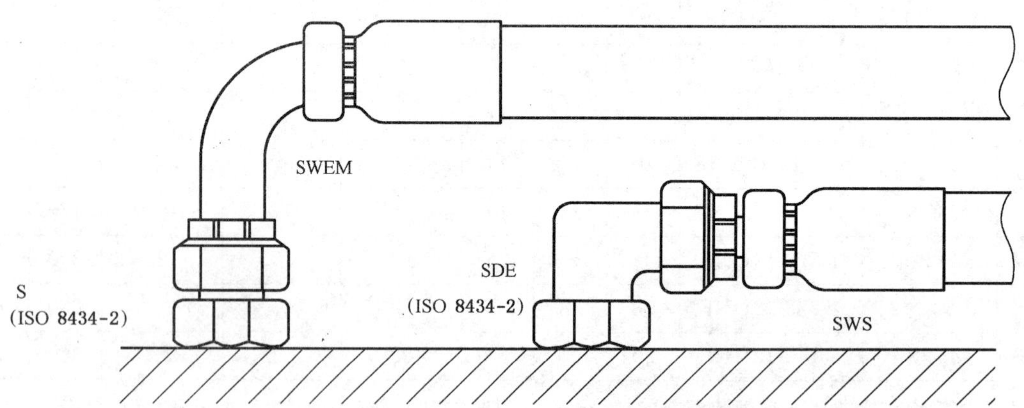

图 A.2 螺柱端弯头和回转直通软管接头组合安装在中回转弯曲软管接头旁边

参 考 文 献

[1] GB/T 3683.1 橡胶软管及软管组合件 钢丝编织增强液压型 规范 第1部分:油基流体适用(GB/T 3683.1—2006,ISO 1436-1:2001,IDT).

[2] GB/T 10544 钢丝缠绕增强外覆橡胶的液压橡胶软管和软管组合件(GB/T 10544—2003,ISO 3862-1:2001,IDT)

[3] GB/T 15329.1 橡胶软管及软管组合件 织物增强液压型 第1部分:油基流体用(GB/T 15329.1—2003,ISO 4079-1:2001,MOD)

[4] GB/T 15908 织物增强液压型热塑性塑料软管和软管组合件(GB/T 15908—1995,eqv ISO 3949:1991)

[5] ISO 4038 道路车辆 液压制动系统 普通扩口管、螺纹孔、阳接头和软管接头

[6] ISO 4039-1 道路车辆 气动制动系统 第1部分:用于端面密封的管、阳接头、和螺纹孔

[7] ISO 4039-2 道路车辆 气动制动系统 第2部分:用于锥面密封的管、阳接头、和螺纹孔

[8] ISO 5864:1993 ISO英制螺纹 允差和公差

[9] ISO 11237-1 橡胶软管及软管组件 用于液压领域的丝编织增强紧凑类 技术规范 第1部分:油基流体的应用

ICS 23.100.60
J 20

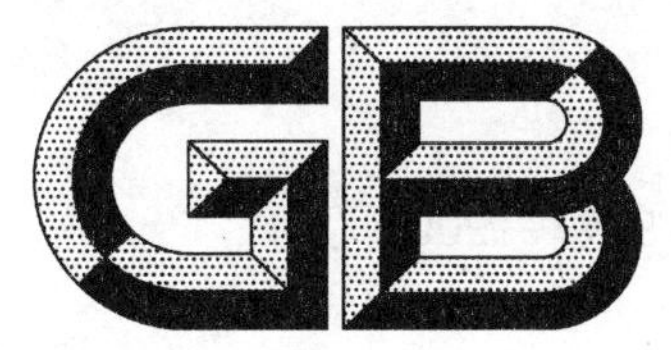

中华人民共和国国家标准

GB/T 9877—2008
代替 GB/T 9877.1～9877.3—1988

液压传动
旋转轴唇形密封圈设计规范

Hydraulic fluid power—Guide specifications for designing rotary shaft lip type seals

2008-07-01 发布　　　　2009-02-01 实施

中华人民共和国国家质量监督检验检疫总局
中国国家标准化管理委员会　发布

前　言

本标准是对 GB/T 9877.1—1988、GB/T 9877.2—1988 和 GB/T 9877.3—1988《旋转轴唇形密封圈结构尺寸系列》的整合修订。

本标准与 GB/T 9877.1—1988、GB/T 9877.2—1988 和 GB/T 9877.3—1988 相比，主要变化如下：

——标准名称改为“液压传动　旋转轴唇形密封圈设计规范”；

——将标准结构由 3 个部分合并为 1 个整体；

——结构设计技术内容做了较大修改，侧重设计指导，补充了如“回流油封设计”等技术内容，并在标准结构及编排顺序有较大变动。

本标准的附录 A 和附录 B 为资料性附录。

本标准由中国机械工业联合会提出。

本标准由全国液压气动标准化技术委员会(SAC/TC 3)归口。

本标准起草单位：广州机械科学研究院、青岛开世密封工业有限公司、中鼎密封件有限公司。

本标准主要起草人：蔡琦、曹启清、王勇、王庆利、朱宝宁、阁明宽。

本标准所代替标准的历次版本发布情况为：

——GB/T 9877.1—1988；GB/T 9877.2—1988；GB/T 9877.3—1988。

液压传动
旋转轴唇形密封圈设计规范

1 范围

本标准规定了旋转轴唇形密封圈结构设计的基本要求，包括基本尺寸符合GB/T 13871.1的旋转轴唇形密封圈的装配支撑部、主唇、副唇、骨架、弹簧等的设计要求及尺寸系列。此外，本标准还给出了常规设计的主要参数和特殊设计参数(如唇口回流形式设计等)。

本标准适用于安装在设备中的旋转轴端，对液体或润滑脂起密封作用的旋转轴唇形密封圈，其密封腔压力不大于0.05 MPa。

2 规范性引用文件

下列文件中的条款通过本标准的引用而成为本标准的条款。凡是注日期的引用文件，其随后所有的修改单(不包括勘误的内容)或修订版均不适用于本标准，然而，鼓励根据本标准达成协议的各方研究是否可使用这些文件的最新版本。凡是不注日期的引用文件，其最新版本适用于本标准。

GB/T 13871.1 密封元件为弹性体材料的旋转轴唇形密封圈 第1部分：基本尺寸和公差(GB/T 13871.1—2007，ISO 6194-1：1982，MOD)

GB/T 4357 碳素弹簧钢丝

3 基本结构及代号

3.1 基本结构

3.1.1 基本结构由装配支撑部、骨架、弹簧、主唇、副唇(无防尘要求可无副唇)组成，如图1所示。

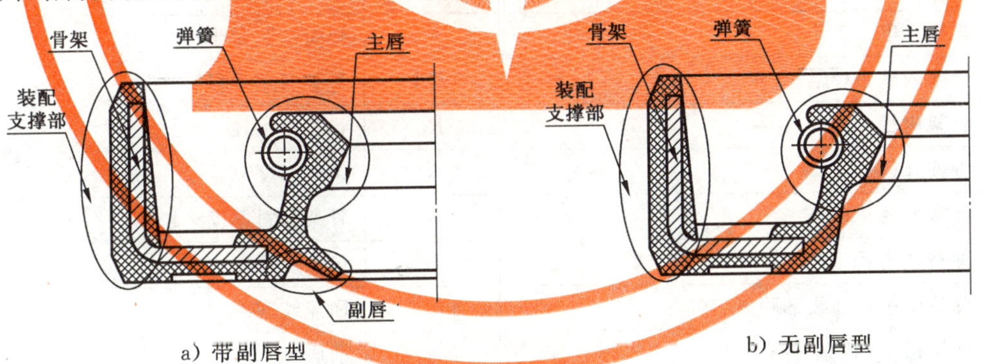

a) 带副唇型　　b) 无副唇型

图1 基本结构

3.1.2 基本结构分类有六种基本类型，如图2所示。

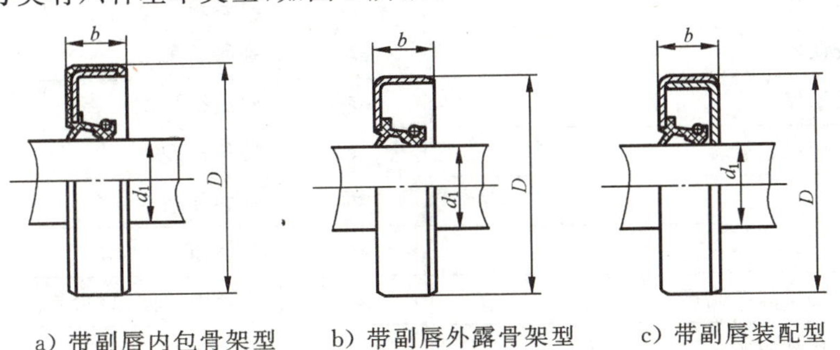

a) 带副唇内包骨架型　　b) 带副唇外露骨架型　　c) 带副唇装配型

图2 密封圈的基本类型

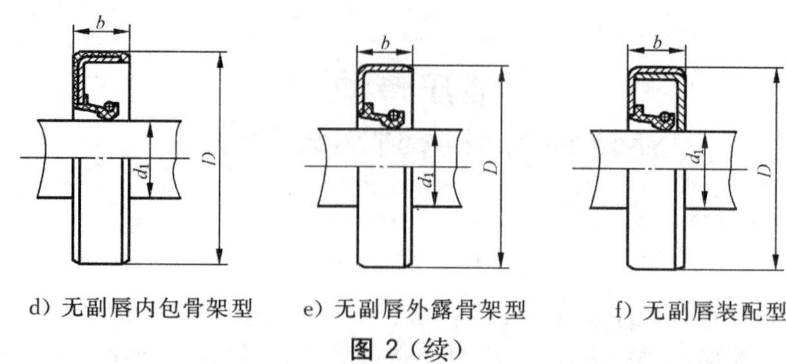

d) 无副唇内包骨架型　　e) 无副唇外露骨架型　　f) 无副唇装配型

图 2（续）

3.2 代号

密封圈采用表 1 和图 3～图 10 给出的字母代号表示各部位尺寸参数及名称。

表 1　密封圈各部位字母代号及名称

字母代号	说　明	字母代号	说　明
d_1	轴的基本直径	L	R_1 与 R_2 的中心距
D	密封圈支承基本直径(腔体内孔基本直径)	l_1	上倒角宽度
b	密封圈基本宽度	l_2	下倒角宽度
δ	圆度公差	l_s	弹簧接头长度
i	主唇口过盈量	L_s	弹簧有效长度
i_1	副唇口过盈量	R	弹簧中心相对主唇口位置
e_1	弹簧壁厚度	R_1	唇冠部与腰部过渡圆角半径
a	唇口到弹簧槽底部距离	r_1	副唇根部与腰部圆角半径
a_1	弹簧包箍壁宽度	R_2	腰部与底部过渡圆角半径
b_1	底部厚度	r_2	副唇根部与底部圆角半径
b_2	骨架宽度	r_3	弹簧壁圆角半径
D_1	骨架内壁直径	R_3	骨架弯角半径
D_2	骨架内径	R_s	弹簧槽半径
D_3	骨架外径	s	腰部厚度
D_s	弹簧外径	t_1	骨架材料厚度
d_s	弹簧丝直径	t_2	包胶层厚度
e_2	弹簧槽中心到腰部距离	w	回流纹间距
e_3	弹簧槽中心到主唇口距离	α	前唇角
e_4	主唇口下倾角与腰部距离	α_1	副唇前角
e_p	模压前唇宽度	β	后唇角
f_1	底部上胶层厚	β_1	副唇后角
f_2	底部下胶层厚	β_2	回流纹角度
h	半外露骨架型包胶宽	ε	腰部角度
h_1	唇口宽	θ_1	副唇外角
h_2	副唇宽	θ_2	上倒角
h_a	回流纹在唇口部的高度	θ_3	外径内壁倾角(可选择设计)
k	副唇根部与骨架距离	θ_4	下倒角

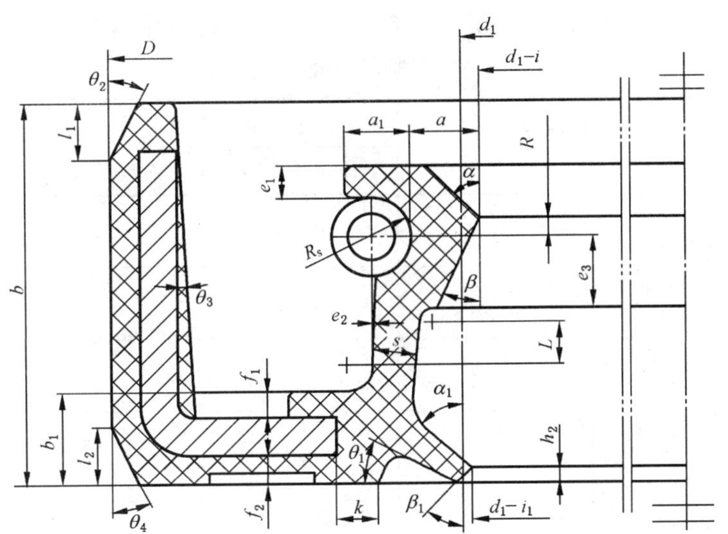

图 3 各部位参数代号

4 设计

4.1 装配支撑部

4.1.1 装配支撑部典型结构有四种基本类型，如图 4 所示。

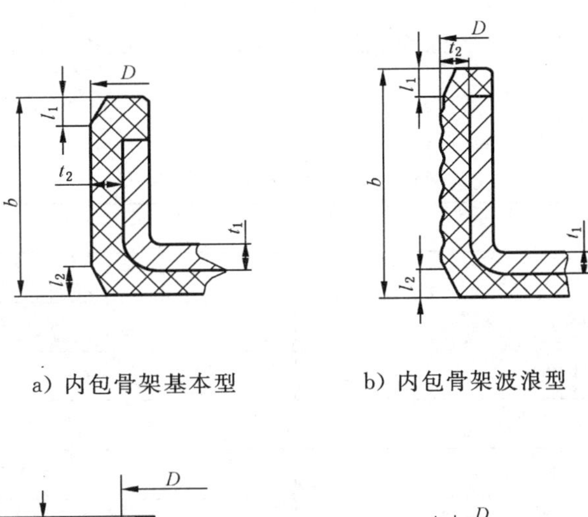

a) 内包骨架基本型　　b) 内包骨架波浪型

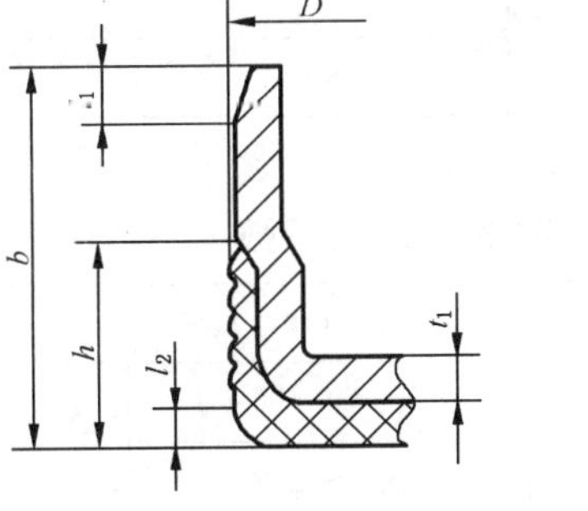

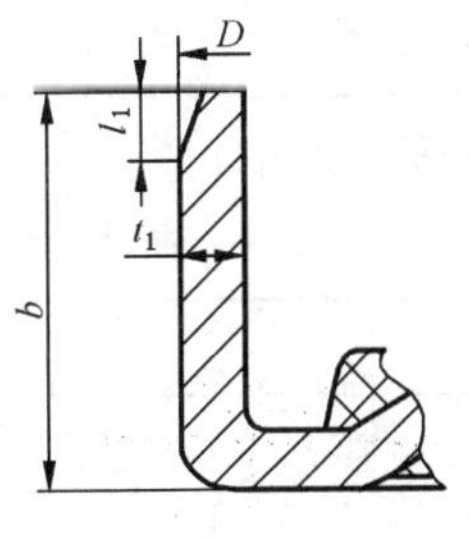

c) 半外露骨架型　　d) 外露骨架型

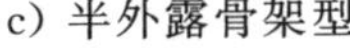

图 4 装配支撑部典型结构

4.1.2 密封圈公差

4.1.2.1 密封圈装配支撑部基本外径公差按 GB/T 13871.1 规定，密封圈基本宽度公差见表 2。

表 2 密封圈的外径及宽度公差

单位为毫米

基本直径 D	基本直径公差		圆度公差 δ		宽度 b	
	外露骨架型	内包骨架型	外露骨架型	内包骨架型	$b<10$	$b\geqslant10$
$D\leqslant50$	$^{+0.20}_{+0.08}$	$^{+0.30}_{+0.15}$	0.18	0.25	±0.3	±0.4
$50<D\leqslant80$	$^{+0.23}_{+0.09}$	$^{+0.35}_{+0.20}$	0.25	0.35		
$80<D\leqslant120$	$^{+0.25}_{+0.10}$	$^{+0.35}_{+0.20}$	0.30	0.50		
$120<D\leqslant180$	$^{+0.28}_{+0.12}$	$^{+0.45}_{+0.25}$	0.40	0.65		
$180<D\leqslant300$	$^{+0.35}_{+0.15}$	$^{+0.45}_{+0.25}$	$0.25\%\times D$	0.80		
$300<D\leqslant440$	$^{+0.45}_{+0.20}$	$^{+0.55}_{+0.30}$	$0.25\%\times D$	1.00		

注 1：圆度等于间距相同的 3 处或 3 处以上测得的最大直径和最小直径之差。

注 2：外径等于在相互垂直的二个方向上测得的尺寸的平均值。

4.1.2.2 内包骨架密封圈的基本外径表面允许为波浪形及半外露骨架型式，其外径公差可由需方与制造商商定。

4.1.2.3 内包骨架密封圈采用除丁腈橡胶以外的其他材料时，可能会要求不同的公差，可由需方与制造商商定。

4.1.3 包胶层厚度按表 3 选取。

表 3 包胶层厚度参数

单位为毫米

基本直径 D	t_2
$D\leqslant50$	0.55～1.0
$50<D\leqslant80$	0.55～1.3
$80<D\leqslant120$	0.55～1.3
$120<D\leqslant200$	0.55～1.5
$200<D\leqslant300$	0.75～1.5
$300<D\leqslant440$	1.20～1.50

4.1.4 倒角宽度及角度按表 4 选取。

表 4 倒角宽度及角度参数

密封圈基本宽度 b/mm	l_1/mm	l_2/mm	θ_2	θ_4
$b\leqslant4$	0.4～0.6	0.4～0.6	15°～30°	15°～30°
$4<b\leqslant8$	0.6～1.2	0.6～1.2		
$8<b\leqslant11$	1.0～2.0	1.0～2.0		
$11<b\leqslant13$	1.5～2.5	1.5～2.5		
$13<b\leqslant15$	2.0～3.0	2.0～3.0		
$b>15$	2.5～3.5	2.5～3.5		

4.2 主唇

4.2.1 主唇结构有两种基本型式，如图5所示。

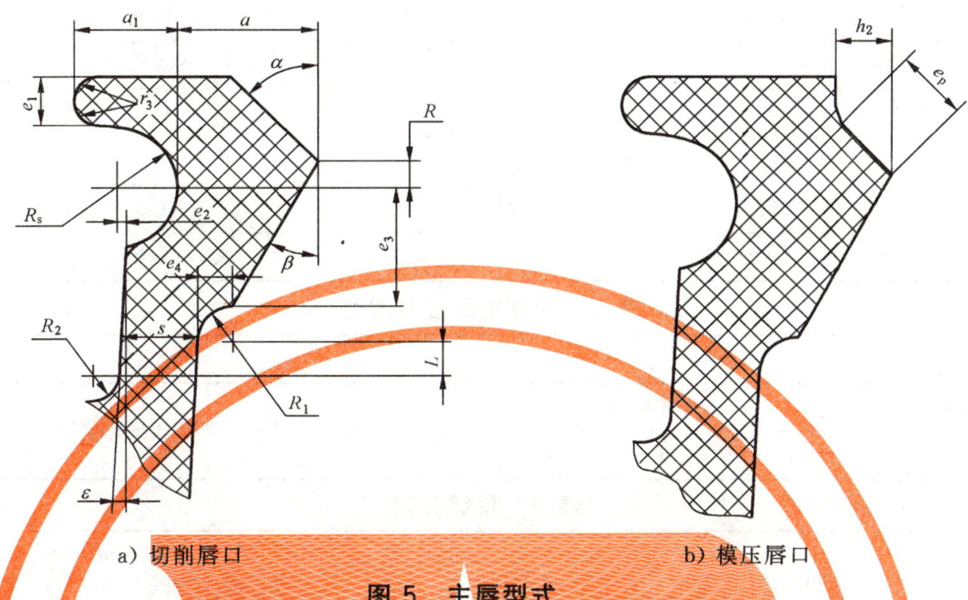

a）切削唇口　　b）模压唇口

图5　主唇型式

4.2.2 弹簧槽半径 R_s 按表5选取。

表5　弹簧槽参数

单位为毫米

轴径 d_1	$R_s=D_s/2$ 或 $R_s=D_s/2+0.05$
>5～30	0.6～0.8
>30～60	0.6～1.0
>60～80	0.8～1.5
>80～130	0.9～1.5
>130～250	1.0～1.8
>250～400	1.5～3.0

4.2.3 主唇部位参数按表6、表7、表8、表9、表10、表11选取。

表6　主唇口参数

轴径 d_1/mm	h_1/mm	a/mm	e_p/mm	e_3	α	β
橡胶种类：氟橡胶(FPM)				$e_3=0.51\times(D_s+a+0.05)$ 倒角到0.05	45°±5°	25°±5°
$d_1\leqslant70$	0.45	1.5	0.5			
$d_1>70$	0.60	2.0	0.7			
橡胶种类：丙稀酸酯胶(ACM)，硅橡胶(MVQ)，丁腈橡胶(NBR)						
$d_1\leqslant30$	0.60	2.0	0.7			
$30<d_1\leqslant50$	0.70	2.35	0.8			
$50<d_1\leqslant120$	0.75	2.5	0.9			
$d_1>120$	0.80	2.7	1.0			

表 7　弹簧中心相对主唇口位置 R 参数

单位为毫米

轴径 d_1	R
5～30	0.3～0.6
30～60	0.3～0.7
60～80	0.4～0.8
80～130	0.5～1.0
130～250	0.6～1.1
250～400	0.7～1.2

表 8　弹簧壁厚度及参数

单位为毫米

<table>
<tr><th>a</th><th>e_1</th><th>a_1</th><th>r_3</th></tr>
<tr><td>$a \geqslant 1$</td><td>$0.39 \times a + 0.07$</td><td rowspan="2">$0.72 \times D_s + 0.2$</td><td rowspan="2">0～$e_1/2$（$r_3=0$ 为直角）</td></tr>
<tr><td>$a<1$</td><td>0.45</td></tr>
</table>

表 9　腰部参数

<table>
<tr><th rowspan="2">唇口到弹簧槽底部距离 a/mm</th><th rowspan="2">s/mm</th><th colspan="2">L/mm</th><th rowspan="2">e_2/mm</th><th colspan="2">半径/mm</th><th rowspan="2">ε</th></tr>
<tr><th>正常</th><th>柔韧</th><th>R_2</th><th>R_1</th></tr>
<tr><td>$a<1.3$</td><td>0.8</td><td>0.5～0.8</td><td>1.05</td><td rowspan="5">0.1</td><td rowspan="5">0.5～0.8</td><td rowspan="10">$\leqslant 1.2e_4$</td><td rowspan="10">$\leqslant 10°$</td></tr>
<tr><td>$1.3 \leqslant a<1.6$</td><td>0.9</td><td>0.6～0.9</td><td>1.15</td></tr>
<tr><td>$1.6 \leqslant a<1.9$</td><td>1.0</td><td>0.7～1</td><td>1.3</td></tr>
<tr><td>$1.9 \leqslant a<2.2$</td><td>1.1</td><td>0.8～1.1</td><td>1.45</td></tr>
<tr><td>$2.2 \leqslant a<2.5$</td><td>1.2</td><td>0.9～1.2</td><td>1.55</td></tr>
<tr><td>$2.5 \leqslant a<2.8$</td><td>1.4</td><td>1.1～1.4</td><td>1.8</td><td rowspan="2">0.2</td><td rowspan="2">0.8～1.2</td></tr>
<tr><td>$2.8 \leqslant a<3.3$</td><td>1.6</td><td>1.3～1.6</td><td>2.1</td></tr>
<tr><td>$3.3 \leqslant a<3.8$</td><td>1.8</td><td>1.5～1.8</td><td>2.35</td><td>0.3</td><td rowspan="3">1.0～1.5</td></tr>
<tr><td>$3.8 \leqslant a<4.3$</td><td>2.0</td><td>1.7～2</td><td>2.6</td><td>0.4</td></tr>
<tr><td>$a \geqslant 4.3$</td><td>2.2</td><td>1.9～2.2</td><td>2.85</td><td>0.5</td></tr>
<tr><td colspan="8">注：正常指较小的径向轴运动，$L \geqslant 1.3S$；柔韧指较大的径向轴运动，$L \geqslant 1.8S$。</td></tr>
</table>

表 10　唇口过盈量及极限偏差

单位为毫米

轴径 d_1	i	极限偏差
5～30	0.7～1.0	$^{+0.2}_{-0.3}$
30～60	1.0～1.2	$^{+0.2}_{-0.6}$
60～80	1.2～1.4	$^{+0.2}_{-0.6}$
80～130	1.4～1.8	$^{+0.2}_{-0.8}$
130～250	1.8～2.4	$^{+0.3}_{-0.9}$
250～400	2.4～3.0	$^{+0.4}_{-1.0}$

表 11　底部厚度参数

单位为毫米

f_1	0.4～0.8
f_2	0.6～1
b_1	$t_1+f_1+f_2$

4.2.4　回流纹

在主唇口的后表面加工成螺纹线、波纹、三角凸块等有规则花纹，使流体产生动压回流效应，改善密封性能。

4.2.4.1　回流纹型式

单向回流纹，如图 6 的 A 型、B 型所示，但不局限于此。

双向回流纹，如图 6 的 C 型、D 型、E 型所示，但不局限于此。

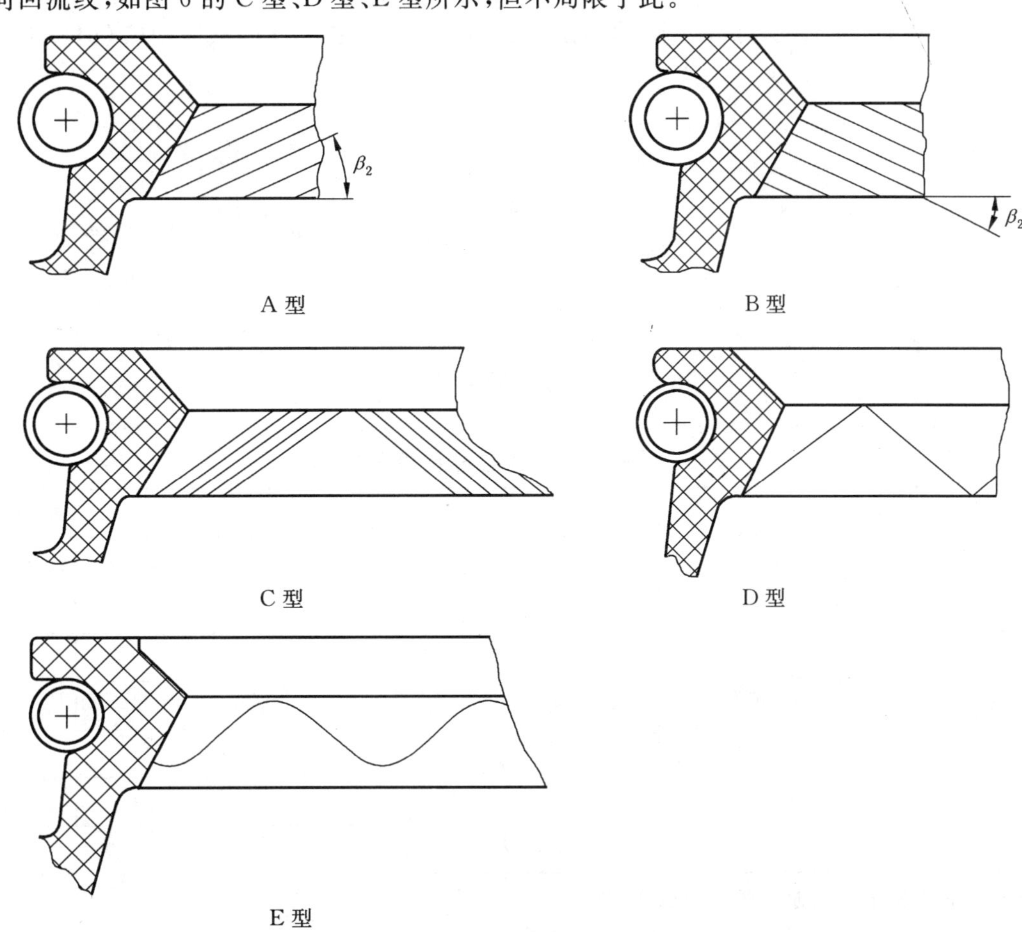

图 6　回流纹型式

4.2.4.2　单向回流纹参数按图 7 及表 12 选取。

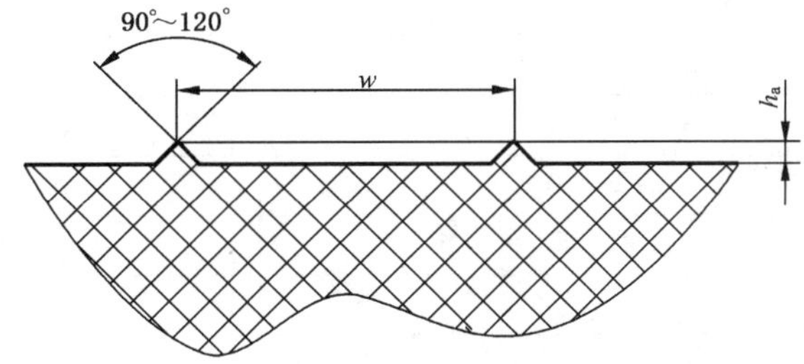

图 7　回流纹参数

表 12 回流纹参数

w/mm	0.5～2.5
h_a/mm	0.03～0.25
β_2	18°～30°

4.3 副唇

副唇是防尘唇，防止外部的杂质（如：灰尘、泥浆和水）进入油封动密封区域。保证油封主唇得到更好的工作条件和延长油封的使用寿命。

副唇的过盈量设计应考虑产品的工作环境和转速等条件，在高速和大的轴跳动情况下，可以设计间隙配合来保证产品工作的可靠性。

4.3.1 副唇的型式

根据产品的不同使用工况，以及不同的加工工艺，副唇结构主要包括三种型式（但不局限于此 3 种），如图 8 所示。

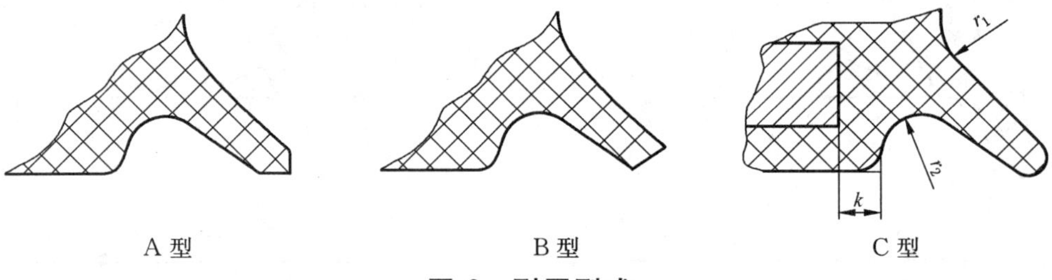

图 8 副唇型式

4.3.2 副唇的结构参数按表 13、表 14 选取。

表 13 副唇口的过盈量及极限偏差

轴径 d_1/mm	h_2/mm	α_1	θ_1	i_1/mm	极限偏差/mm
5～30	0.2～0.3	40°～50°	30°～40°	0.3	±0.15
30～60	0.3～0.4			0.4	±0.20
60～80	0.3～0.4			0.5	±0.25
80～130	0.4～0.5			0.6	±0.30
130～250	0.5～0.6			0.7	±0.35
250～400	0.6～0.7			0.9	±0.40
r_1、r_2、k	r_1=0.5～2.5，r_2=0.25～0.8，k=0.3～0.8				

根据橡胶种类和工况，副唇直径可参照表 14。

表 14 副唇直径参考值

单位为毫米

橡胶种类	轴径 d_1	副唇直径
ACM	d_1≤25	(d_1+0.25)±0.20
	25<d_1≤80	(d_1+0.35)±0.30
	80<d_1≤100	(d_1+0.40)±0.35
	d_1>100	(d_1+0.45)±0.40
FPM	d_1≤25	(d_1+0.30)±0.20
	25<d_1≤80	(d_1+0.40)±0.30
	80<d_1≤100	(d_1+0.45)±0.35
	d_1>100	(d_1+0.50)±0.40

4.4 骨架

4.4.1 骨架有三种基本结构型式，如图 9 所示。

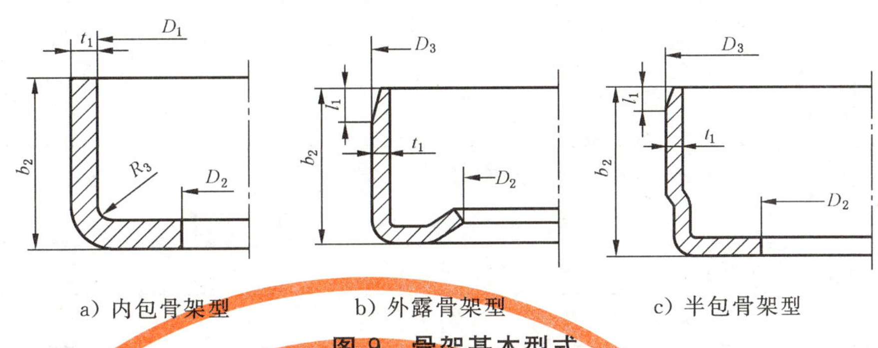

a) 内包骨架型　　b) 外露骨架型　　c) 半包骨架型

图 9　骨架基本型式

4.4.2 参数

4.4.2.1 内包骨架型参数按表 15、表 16、表 17、表 18、表 19、表 20 选取。

表 15　骨架材料厚度 t_1　　单位为毫米

基本直径 D	$D\leqslant30$	$30<D\leqslant60$	$60<D\leqslant120$	$120<D\leqslant180$	$180<D\leqslant250$	$D>250$
材料厚度 t_1	0.5～0.8	0.8～1.0	1.0～1.2	1.2～1.5	1.5～1.8	2～2.2
厚度公差	$\pm t_1\times0.1$					
弯角 $R_3=0.3\sim0.5$						

表 16　骨架内径 D_1 尺寸　　单位为毫米

基本直径 D	$D\leqslant19$	$19<D\leqslant30$	$30<D\leqslant60$	$60<D\leqslant120$	$120<D\leqslant180$	$D>180$
骨架内壁直径 D_1	$D-2.5$	$D-3.0$	$D-3.5$	$D-4.0$	$D-5.0$	$D-6.0$

表 17　骨架内径 D_1 尺寸公差　　单位为毫米

内径 D_1	$D_1\leqslant10$	$10<D_1\leqslant50$	$50<D_1\leqslant180$	$D_1>180$
公差	$^{+0.05}_{\ 0}$	$^{+0.1}_{\ 0}$	$^{+0.15}_{\ 0}$	$^{+0.2}_{\ 0}$

表 18　骨架 D_2 尺寸　　单位为毫米

轴径 d_1	$d_1\leqslant7$	$7<d_1\leqslant25$	$25<d_1\leqslant64$	$64<d_1\leqslant100$	$100<d_1\leqslant150$	$d_1>150$
内径 D_2	$d_1+3.5$	d_1+4	d_1+5	$d_1+5.5$	$d_1+6.5$	$d_1+7.5$

表 19　骨架 D_2 尺寸公差　　单位为毫米

内径 D_2	$D_2\leqslant10$	$10<D_2\leqslant50$	$50<D_2\leqslant180$	$D_2>180$
公差	$^{+0.10}_{-0.05}$	$^{+0.2}_{-0.1}$	$^{+0.30}_{-0.15}$	$^{+0.4}_{-0.2}$

表 20　骨架宽度 b_2 尺寸及公差　　单位为毫米

密封圈基本宽度 b	4	5	6	7	8	9	10	11	12	13	14	15～20	>20
骨架宽度 b_2	2.5	3.5	4.0	5.0	6.0	7.0	8.0	8.5	9.5	10.5	11.5	$b-3$	$b-4$
直线度允差	0.08					0.10				0.12			
骨架宽度公差	$^{\ 0}_{-0.2}$		$^{\ 0}_{-0.3}$					$^{\ 0}_{-0.4}$					

4.4.2.2　外露骨架型参数按表 21、表 22、表 23、表 24、表 25 选取。

表 21　骨架材料厚度 t_1　　单位为毫米

基本直径 D	$D \leqslant 30$	$30 < D \leqslant 80$	$80 < D \leqslant 100$	$100 < D \leqslant 120$	$120 < D \leqslant 150$	$150 < D \leqslant 200$
材料厚度 t_1	0.8～1.0	1～1.2	1.2～1.8	1.2～2.0	1.5～2.5	2.0～3.0
材料厚度公差	$\pm t_1 \times 0.1$					

表 22　骨架宽度 b_2 直线度　　单位为毫米

骨架宽度 b_2	$b_2 \leqslant 8$	$8 < b_2 \leqslant 10$	$10 < b_2 \leqslant 16$	$16 < b_2 \leqslant 20$
直线度允差	0.05	0.08	0.1	0.12

表 23　骨架装配倒角　　单位为毫米

骨架宽度 b_2	$b_2 \leqslant 6$	$6 < b_2 \leqslant 8$	$8 < b_2 \leqslant 12$	$b_2 > 12$
倒角 l_1	1.35～1.5	1.5～1.8	2～2.5	2.5～3.0

表 24　骨架宽度 b_2 公差　　单位为毫米

骨架宽度 b_2	$b_2 \leqslant 10$	$b_2 > 10$
公差	$^{+0.3}_{0}$	$^{+0.4}_{0}$

表 25　骨架内径 D_2、外径 D_3 的圆度及同轴度　　单位为毫米

基本直径 D	圆　　度	同　轴　度
$D < 18$	0.08	0.1
$18 \leqslant D < 30$		
$30 \leqslant D < 50$	0.1	0.15
$50 \leqslant D < 80$		
$80 \leqslant D < 120$	0.2	0.2
$120 \leqslant D < 180$		
$180 \leqslant D < 250$	0.3	0.25
$250 \leqslant D < 315$		
$315 \leqslant D < 400$	0.4	0.3
$400 \leqslant D < 500$		

4.4.2.3　半包骨架型参数

半包骨架型参数可根据工况，由制造商与用户协商确定。

4.5　弹簧

4.5.1　弹簧结构有三种基本型式，如图 10 所示。

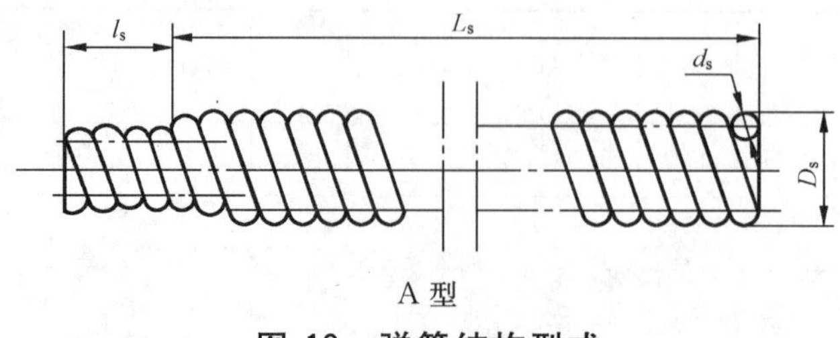

A 型

图 10　弹簧结构型式

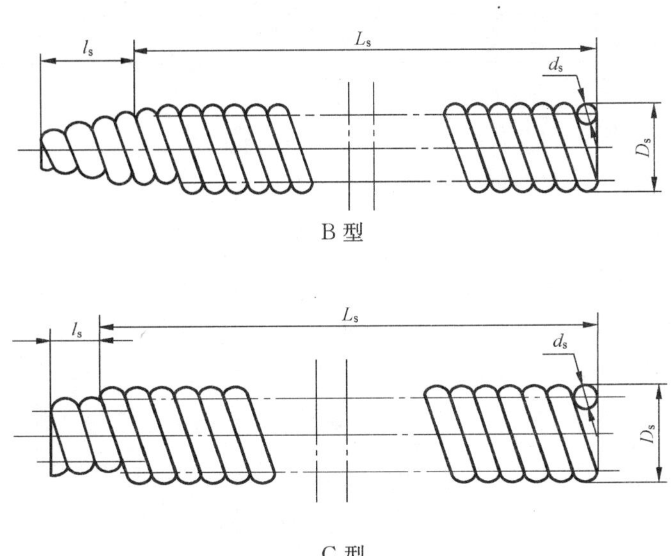

B 型

C 型

图 10（续）

4.5.2 弹簧各参数按表 26、表 27 选取。

表 26 紧箍弹簧基本尺寸

d_1/mm	d_s/mm	D_s/mm	L_s/mm	拉伸 5%负荷/N
>5～30	0.2～0.25	1.2～1.6	$L_s \approx \pi$(2a+主唇口装弹簧后尺寸设计中值)	0.5～1.0
>30～60	0.3～0.4	1.5～2.0		1.5～2.0
>60～80	0.35～0.45	2.0～2.5		2.0～3.0
>80～130	0.4～0.50	2.5～3.0		2.0～3.0
>130～250	0.45～0.60	3.0～3.5		2.0～3.5
>250～400	0.55～0.80	3.5～4.0		9.0～12.0

表 27 弹簧有效长度 L_s 公差 单位为毫米

弹簧丝直径	≤0.2	>0.2～0.3	>0.3～0.4	>0.4～0.5	>0.5～0.6	0.6	0.8
L_s 公差	±0.2	±0.3	±0.4	±0.5	±0.6	±0.8	±1

4.5.3 弹簧的设计和制造应符合以下规定：

a) 弹簧丝直径 d_s 依照密封圈唇部弹簧槽半径 R_s 大小而变化，一般弹簧的 D_s 与 d_s 之比应在 5～6 范围内。

b) 弹簧外径 D_s 应与旋转轴唇型密封圈弹簧槽直径相一致。

c) 弹簧材料应符合 GB/T 4357 要求，绕制成的弹簧应进行低温回火和防锈处理。

d) 将绕制成规定长度的弹簧首尾相连接，搭接部分 l_s 拧入尾部，要求连接牢固，不允许松动。

e) 需要时，可采用其他材料的紧箍弹簧，其要求由需方与制造商商定。

5 基本尺寸与技术要求

5.1 密封圈的基本尺寸应符合 GB/T 13871.1，见表 28 规定，非表内基本尺寸可由需方与制造商商定。

5.2 密封圈的技术要求可参照附录 A，由需方与制造商商定。

5.3 橡胶种类的选择与轴径和转速的关系可参照附录 B。

表 28 基本尺寸

单位为毫米

d_1	D	b	d_1	D	b	d_1	D	b	d_1	D	b
6	16	7	25	47	7	50	68	8	130	160	12
6	22	7	25	52	7	50[a]	70	8	140	170	15
7	22	7	28	40	7	50	72	8	150	180	15
8	22	7	28	47	7	55	72	8	160	190	15
8	24	7	28	52	7	55[a]	75	8	170	200	15
9	22	7	30	42	7	55	80	8	180	210	15
10	22	7	30	47	7	60	80	8	190	220	15
10	25	7	30[a]	50	7	60	85	8	200	230	15
12	24	7	30	52	7	65	85	10	220	250	15
12	25	7	32	45	8	65	90	10	240	270	15
12	30	7	32	47	8	70	90	10	250[a]	290	15
15	26	7	32	52	8	70	95	10	260	300	20
15	30	7	35	50	8	75	95	10	280	320	20
15	35	7	35	52	8	75	100	10	300	340	20
16	30	7	35	55	8	80	100	10	320	360	20
16[a]	35	7	38	55	8	80	110	10	340	380	20
18	30	7	38	58	8	85	110	12	360	400	20
18	35	7	38	62	8	85	120	12	380	420	20
20	35	7	40	55	8	90[a]	115	12	400	440	20
20	40	7	40[a]	60	8	90	120	12			
20[a]	45	7	40	62	8	95	120	12			
22	35	7	42	55	8	100	125	12			
22	40	7	42	62	8	105[a]	130	12			
22	47	7	45	62	8	110	140	12			
25	40	7	45	65	8	120	150	12			

[a] 为国内用而 ISO 6194/1:1982 中没有的规格，亦即 GB/T 13871.1 中增加的规格。

附　录　A
（资料性附录）
密封圈的技术要求

A.1　为用户和制造商的方便，建议用户按照表A.1的格式向制造商提供必要的信息，以确保制造商生产的密封圈满足用户的使用要求。

A.2　建议制造商按照表A.2的格式向用户提供必要的信息，以保证密封圈符合用户的设备设计和使用要求，同时也便于用户对制造商提供的密封圈进行验收。

表A.1　用户信息

用户名称	标准号
用途	装配图
1　轴 a)　直径(d_1)　最大____mm，最小____mm b)　材料 c)　表面粗糙度　Ra ____μm，Ra_{max}____μm d)　精加工方式________ e)　硬度________ f)　倒角数据____ g)　旋转 ① 旋转方向(从图中的箭头方向观察) 顺时针________ 逆时针________ 双向________ ② 转速________ ③ 周期(起始时间____；停止时间____) h)　其他运动(如果存在) ① 往复运动 行程长度______mm 每分钟往复次数____ 周期(起始时间____；停止时间____) ② 振动 振幅________ 每分钟振动次数________ 周期(起始时间____；停止时间____) i)　其他情况(花键、孔、键槽、轴导程等)	
2　腔体 a)　内孔直径(D)　最大____mm，最小____mm b)　内孔深度　最大______mm，最小_____mm c)　材料 d)　表面粗糙度 Ra ____μm，Ra_{max}____μm e)　倒角数据 f)　腔体旋转(如有的话) ① 旋转方向(从图例箭头指示的方向观察) 顺时针________ 逆时针________ 双向________ ② 转速______r/min	

表 A.1(续)

<table>
<tr><td>用户名称</td><td>标准号</td></tr>
<tr><td>用途</td><td>装配图</td></tr>
<tr><td colspan="2">3　工作液
a)　类型______;等级______;标准号______
b)　工作温度,常规______℃,最高______℃,最低______℃
c)　温度周期
d)　液面
e)　工作压力______MPa
f)　压力周期</td></tr>
<tr><td colspan="2">4　同心度
a)　腔体内孔偏心率
b)　轴跳动(FIR)</td></tr>
<tr><td colspan="2">5　外部条件
a)　外部压力____MPa
b)　应排除的物质(如灰尘、泥土、水等)</td></tr>
</table>

表 A.2　制造商信息

<table>
<tr><td>制造商名称</td><td>零件号</td></tr>
<tr><td>日期</td><td>更改号</td></tr>
<tr><td colspan="2">1　密封圈说明
型式
外径 D　最大______mm,最小______mm
宽度 b　最大______mm,最小______mm
骨架内径　最大______mm,最小______mm
密封唇(非下述运用可删去此项)
普通　　　　流体动力
单向旋转　　双向旋转</td></tr>
<tr><td colspan="2">2　密封唇材料
① 材料类型　　　　② 规范号</td></tr>
<tr><td colspan="2">3　骨架
① 骨架材料　　　　② 内骨架材料
③ 骨架厚度　　　　④ 内骨架厚度</td></tr>
</table>

附 录 B
（资料性附录）
不同胶种制作的旋转轴唇形密封圈适应的轴径和旋转速度关系图

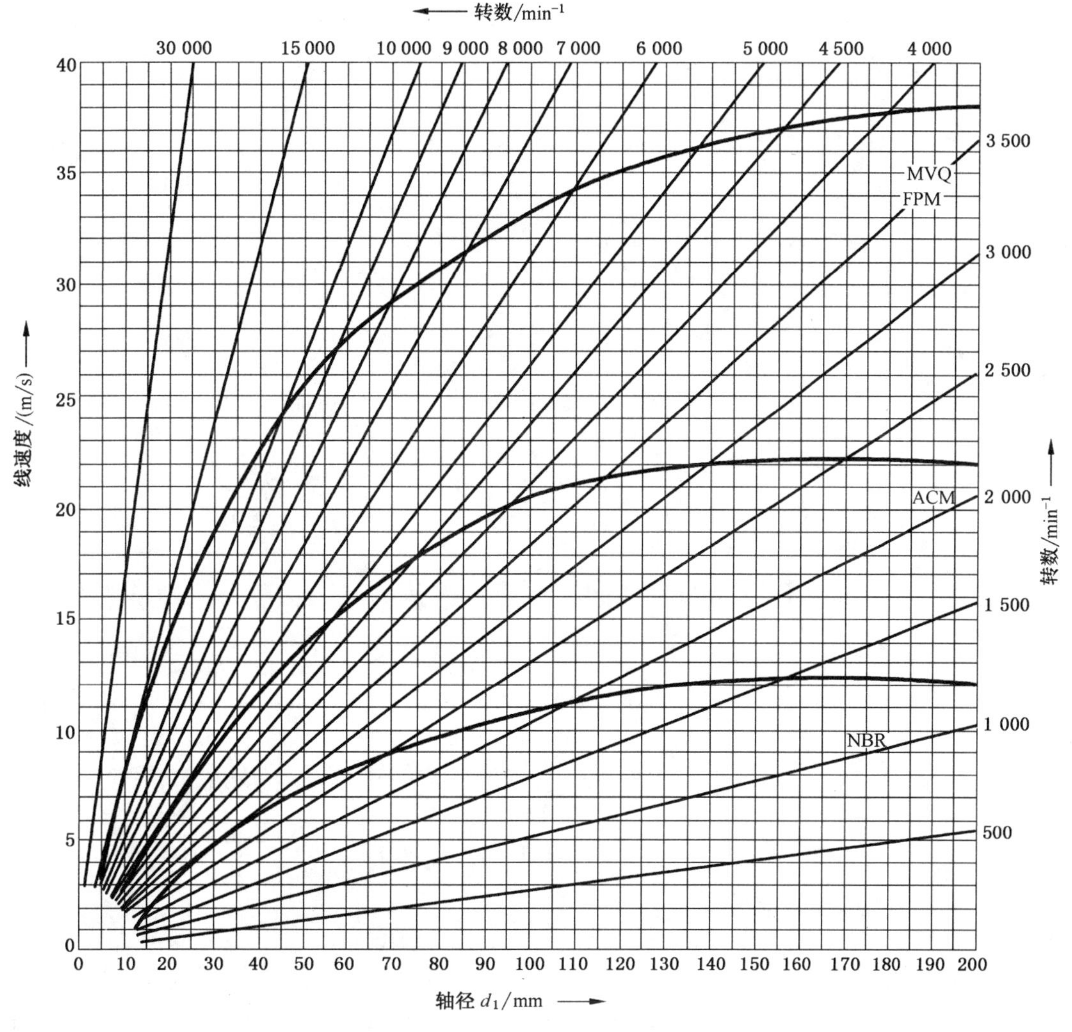

胶种代号规定：

D 为丁腈胶（BNR）；B 为丙烯酸酯橡胶（ACM）；F 为氟橡胶（FPM）；G 为硅橡胶（MVQ）。

图 B.1 胶种-轴径-转速关系

ICS 23.100.20
J 20
备案号:20228—2007

中华人民共和国机械行业标准

JB/T 1444—2007
代替 JB/T 1444—1995

冶金设备用气缸　型式与尺寸

Pneumatic cylinders for metallurgical equipment—Types and dimensions

2007-03-06 发布　　2007-09-01 实施

中华人民共和国国家发展和改革委员会　发布

前　　言

本标准代替 JB/T 1444—1995《冶金设备用气缸型式与尺寸》。

本标准与 JB/T 1444—1995 相比，其技术内容没有变化，仅做了编辑性的修改。

本标准由中国机械工业联合会提出。

本标准由机械工业冶金设备标准化技术委员会归口。

本标准起草单位：西安重型机械研究所。

本标准主要起草人：苏静、张启明。

本标准所代替标准的历次版本发布情况为：

——JB/T 1444—1974，JB/T 1444—1995；

——JB/T 1445—1974；

——JB/T 1446—1974；

——JB/T 1447—1974；

——JB/T 1448—1974。

冶金设备用气缸　型式与尺寸

1　范围

本标准规定了冶金设备用气缸（以下简称气缸）的结构尺寸与型式分类。

本标准适用于最高工作压力为 0.63 MPa，周围介质温度为 5 ℃～60 ℃，气缸活塞工作速度为 50 mm/s～500 mm/s 的双动式气缸。

2　规范性引用文件

下列文件中的条款通过本标准的引用而成为本标准的条款。凡是注日期的引用文件，其随后所有的修改单（不包括勘误的内容）或修订版均不适用于本标准，然而，鼓励根据本标准达成协议的各方研究是否可使用这些文件的最新版本。凡是不注日期的引用文件，其最新版本适用于本标准。

GB/T 3452.1—2005　液压气动用 O 型橡胶密封圈　第 1 部分：尺寸系列及公差（ISO 3601-1：2002，MOD）

3　气缸基本参数与结构尺寸、安装型式、质量

3.1　气缸基本参数

气缸基本参数见表 1、表 2。

表 1

气缸内径/mm	活塞杆直径/mm	活塞面积/cm^2	活塞杆面积/cm^2	作用在活塞杆上的力/kN			
				0.4 MPa 时		0.63 MPa 时	
				推　力	拉　力	推　力	拉　力
50	20	19.6	3.1	0.78	0.66	1.23	1.04
63	20	31.2	3.1	1.25	1.12	1.97	1.77
80	25	50.3	4.9	2.00	1.82	3.17	2.86
100	32	78.5	8.0	3.14	2.82	4.95	4.44
125	36	122.7	10.2	4.90	4.50	7.73	7.09
160	45	201.0	15.9	8.04	7.40	12.66	11.66
200	50	314.2	19.6	12.57	11.78	19.79	18.56
250	63	490.9	31.2	19.64	18.39	30.93	28.96
320	70	804.2	38.5	32.17	30.63	50.66	48.24

表 2

mm

行程 S	缸径								
	50	63	80	100	125	160	200	250	320
50	×	×	×	×	×				
80	×	×	×	×	×	×			
100	×	×	×	×	×	×	×		
125	×	×	×	×	×	×	×		
160	×	×	×	×	×	×	×	×	×
200	×	×	×	×	×	×	×	×	×
250	×	×	×	×	×	×	×	×	×
320	×	×	×	×	×	×	×	×	×
400	×	×	×	×	×	×	×	×	×
500		×	×	×	×	×	×	×	×
630				×	×	×	×	×	×
800						×	×	×	×
1 000								×	×
1 250									×
注：打“×”者为相应缸径采用的标准行程。									

3.2 气缸结构尺寸、安装型式与质量

3.2.1 基本型气缸型式及尺寸见图 1、表 3，质量见表 4，气口连接尺寸见图 2、表 5。

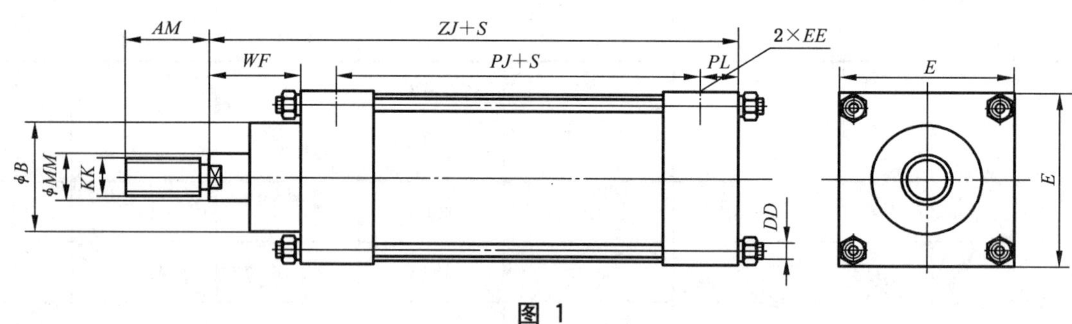

图 1

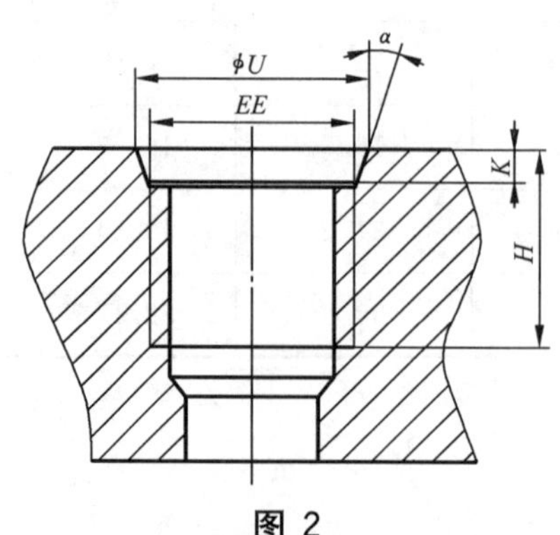

图 2

表 3

mm

气缸内径	ϕMM	KK	AM	ϕB	WF	ZJ	PJ	PL	DD	E
50	20	M16×1.5	32	45	35	145	84	13	M8	70
63	20	M16×1.5	32	45	37	158	91	15	M8	80
80	25	M20×1.5	40	55	46	174	96	16	M10	100
100	32	M20×1.5	40	60	51	189	102	18	M12	124
125	36	M27×2	54	70	63	227	124	20	M12	154
160	45	M36×2	72	100	80	260	136	22	M16	190
200	50	M36×2	72	105	90	280	144	23	M16	230
250	63	M42×2	84	110	105	305	152	24	M20	290
320	70	M48×2	96	130	120	340	172	24	M24	350

表 4

气缸内径/mm	50	63	80	100	125	160	200	250	320
基本质量/kg	4.1	5.2	7.8	13.4	23.4	42.4	58.6	98.6	128.4
每 100 mm 行程质量/kg	0.7	0.9	1.2	1.5	2.2	4.7	6.1	8.6	11.5
注：基本质量是未包括行程的质量。									

表 5

mm

气缸内径	EE	H	$K^{+0.4}_{0}$	$\phi U^{+0.1}_{0}$	$\alpha^{\circ}\pm1^{\circ}$	管接头配用 O 形密封圈 GB/T 3452.1
50	M14×1.5	14	2.4	15.8	15	11.2×2.65G
63	M18×1.5	16	2.4	19.8	15	15×2.65G
80	M18×1.5	16	2.4	19.8	15	15×2.65G
100	M22×1.5	18	2.4	23.8	15	19×2.65G
125	M22×2	18	2.4	23.8	15	19×2.65G
160	M27×2	22	3.1	29.4	15	22.4×3.55G
200	M27×2	22	3.1	29.4	15	22.4×3.55G
250	M33×2	24	3.1	35.4	15	28×3.55G
320	M33×2	24	3.1	35.4	15	28×3.55G

3.2.2 前端矩形法兰式(MF1)型式及尺寸见图 3、表 6，质量见表 7。

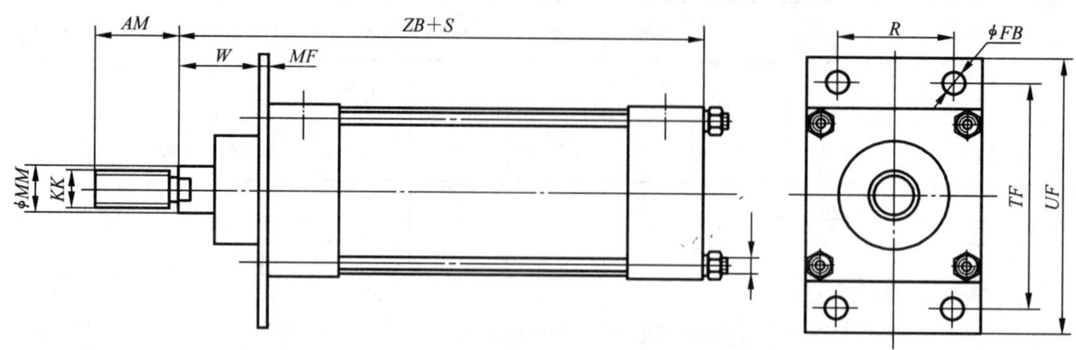

图 3

表 6

mm

气缸内径	ϕMM	KK	AM	ZB	W	MF	UF	TF	R	ϕFB
50	20	M16×1.5	32	145	25	10	110	90	45	9
63	20	M16×1.5	32	158	25	12	120	100	50	9
80	25	M20×1.5	40	174	30	16	160	126	63	12
100	32	M20×1.5	40	189	35	16	186	150	75	14
125	36	M27×2	54	227	45	18	220	180	90	16
160	45	M36×2	72	260	60	20	270	230	115	18
200	50	M36×2	72	280	70	20	320	270	135	22
250	63	M42×2	84	305	80	25	390	330	165	26
320	70	M48×2	96	340	90	30	470	400	200	33

表 7

气缸内径/mm	50	63	80	100	125	160	200	250	320
基本质量/kg	4.5	5.6	7.5	14.5	27.5	49.3	68.7	118.6	166.2
每 100 mm 行程质量/kg	0.7	0.9	1.2	1.5	2.2	4.7	6.1	8.6	11.5

3.2.3 后端矩形法兰式(MF2)型式及尺寸见图 4、表 8，质量见表 9。

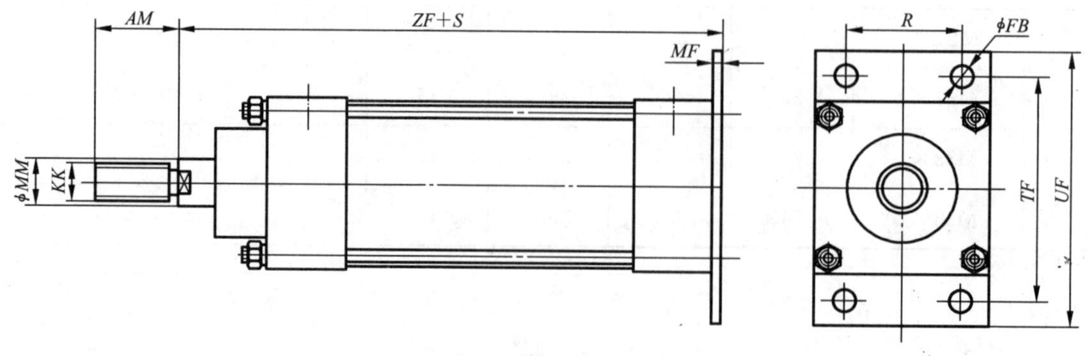

图 4

表 8

mm

气缸内径	ϕMM	KK	AM	ZF	MF	UF	TF	R	ϕFB
50	20	M16×1.5	32	155	10	110	90	45	9
63	20	M16×1.5	32	170	12	120	100	50	9
80	25	M20×1.5	40	190	16	160	126	63	12
100	32	M20×1.5	40	205	16	186	150	75	14
125	36	M27×2	54	245	18	220	180	90	16
160	45	M36×2	72	280	20	270	230	115	18
200	50	M36×2	72	300	20	320	270	135	22
250	63	M42×2	84	330	25	390	330	165	26
320	70	M48×2	96	370	30	470	400	200	33

表 9

气缸内径/mm	50	63	80	100	125	160	200	250	320
基本质量/kg	4.5	5.6	7.5	14.5	27.5	49.3	68.7	118.6	166.2
每 100 mm 行程质量/kg	0.7	0.9	1.2	1.5	2.2	4.7	6.1	8.6	11.5

3.2.4 后端可拆双耳环式(MP2)型式及尺寸见图 5、表 10,质量见表 11。

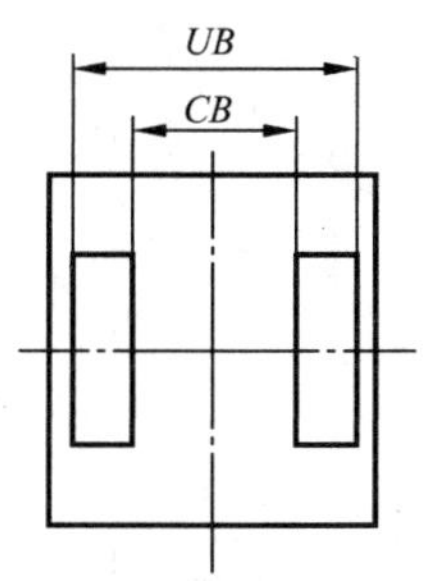

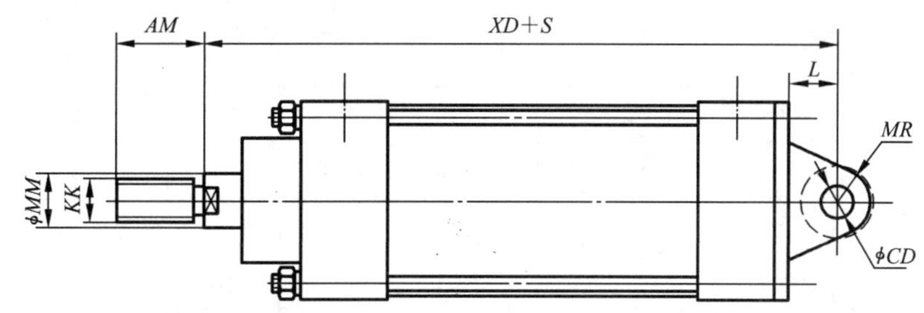

图 5

表 10

mm

气缸内径	ϕMM	KK	AM	XD	L	UB(h14)	CB(H14)	MR_{max}	ϕCD(H9)
50	20	M16×1.5	32	170	17	60	32	13	12
63	20	M16×1.5	32	190	22	70	40	17	16
80	25	M20×1.5	40	210	24	90	50	17	16
100	32	M20×1.5	40	230	27	110	60	21	20
125	36	M27×2	54	275	32	130	70	26	25
160	45	M36×2	72	315	37	170	90	31	30
200	50	M36×2	72	335	37	170	90	31	30
250	63	M42×2	84	375	48	200	110	41	40
320	70	M48×2	96	420	55	220	120	46	45

表 11

气缸内径/mm	50	63	80	100	125	160	200	250	320
基本质量/kg	4.5	5.6	8.9	15.2	26.3	47.2	66.8	112.71	156.1
每 100 mm 行程质量/kg	0.7	0.9	1.2	1.5	2.2	4.7	6.1	8.6	11.5

3.2.5 后端可拆单耳环式(MP4)型式及尺寸见图 6、表 12,质量见表 13。

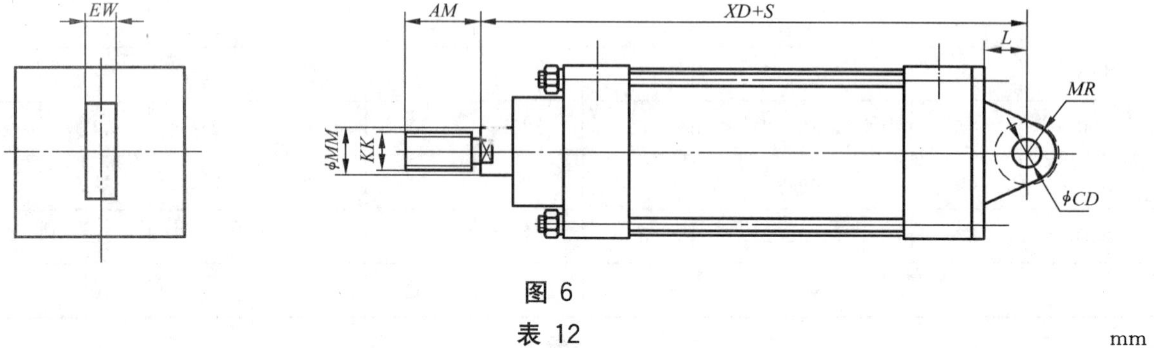

图 6

表 12

mm

气缸内径	ϕMM	KK	AM	XD	L	ϕCD(H9)	MR_{max}	EW 基本尺寸	EW 极限偏差
50	20	M16×1.5	32	170	17	12	13	32	−0.2 −0.6
63	20	M16×1.5	32	190	22	16	17	40	
80	25	M20×1.5	40	210	24	16	17	50	
100	32	M20×1.5	40	230	27	20	21	60	
125	36	M27×2	54	275	32	25	26	70	−0.5 −1.2
160	45	M36×2	72	315	37	30	31	90	
200	50	M36×2	72	335	37	30	31	90	
250	63	M42×2	84	375	48	40	41	110	
320	70	M48×2	96	420	55	45	46	120	

表 13

气缸内径/mm	50	63	80	100	125	160	200	250	320
基本质量/kg	4.5	5.6	8.9	15.2	26.3	47.2	66.8	112.7	156.1
每 100 mm 行程质量/kg	0.7	0.9	1.2	1.5	2.2	4.7	6.1	8.6	11.5

3.2.6 端部角架式(MS1)型式及尺寸见图 7、表 14,质量见表 15。

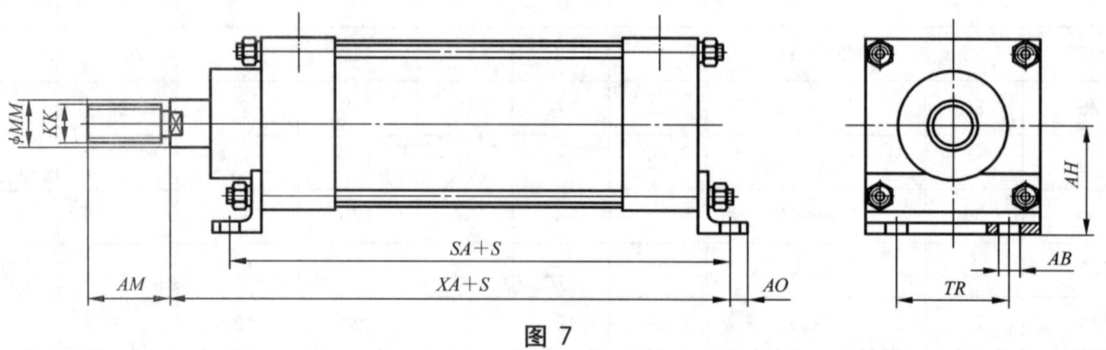

图 7

表 14

mm

气缸内径	ϕMM	KK	AM	AH (JS15)	SA		XA		TR (JS14)	ϕAB (H13)	AO
					基本尺寸	极限偏差	基本尺寸	极限偏差			
50	20	M16×1.5	32	45	170	±1.25	175	±1.25	45	9	15
63	20	M16×1.5	32	50	185	±1.6	190		50	9	15
80	25	M20×1.5	40	63	210		215	±1.60	63	12	15
100	32	M20×1.5	40	71	220		230		75	14	20
125	36	M27×2	54	90	250	±2.00	270	±2.00	90	16	20
160	45	M36×2	72	115	300		320		115	18	25
200	50	M36×2	72	135	320		345		135	22	25
250	63	M42×2	84	165	350		380		165	26	31
320	70	M48×2	96	200	390	±2.50	420	±2.50	200	33	40

表 15

气缸内径/mm	50	63	80	100	125	160	200	250	320
基本质量/kg	4.4	5.4	8.3	13.9	24.7	44.5	62.8	105.4	143.6
每 100 mm 行程质量/kg	0.7	0.9	1.2	1.5	2.2	4.7	6.1	8.6	11.5

3.2.7 中间固定耳轴式(MT4)型式及尺寸见图 8、表 16,质量见表 17。

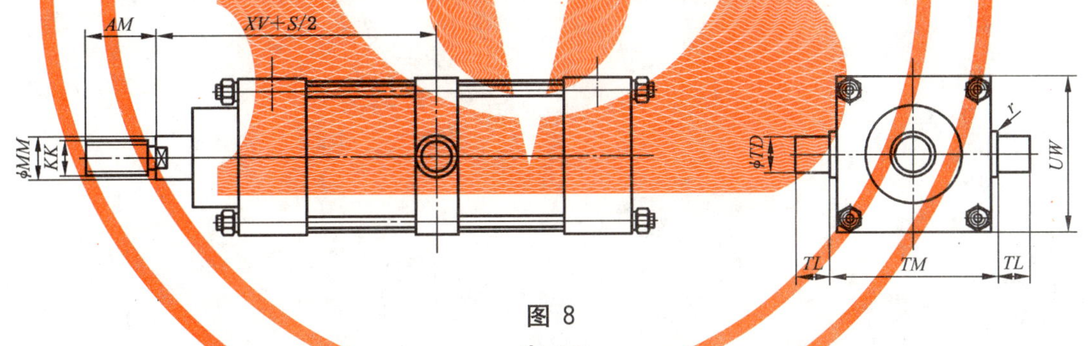

图 8

表 16

mm

气缸内径	ϕMM	KK	AM	UW	ϕTD (h9)	TL (h14)	TM (h14)	r	XV	
									基本尺寸	极限偏差
50	20	M16×1.5	32	70	16	16	75	1	90	±2
63	20	M16×1.5	32	85	20	20	90	1	97.5	
80	25	M20×1.5	40	100	20	20	110	1	110	
100	32	M20×1.5	40	124	25	25	132	1.5	120	
125	36	M27×2	54	154	25	25	160	1.5	145	±2.5
160	45	M36×2	72	195	32	32	200	2	170	
200	50	M36×2	72	240	32	32	250	2	185	
250	63	M42×2	84	310	40	40	320	3	205	
320	70	M48×2	96	390	50	50	400	3	230	

表 17

气缸内径/mm	50	63	80	100	125	160	200	250	320
基本质量/kg	4.4	5.9	9.5	14.8	26.3	48.2	66.2	112.5	158.2
每 100 mm 行程质量/kg	0.7	0.9	1.2	1.5	2.2	4.7	6.1	8.6	11.5

3.3 型号与标记

3.3.1 型号表示方法

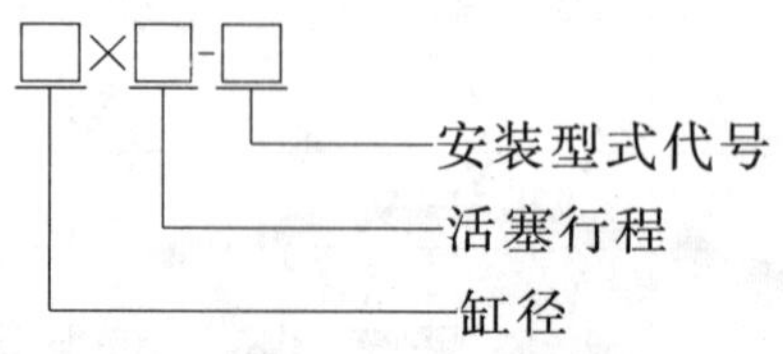

3.3.2 标记示例

气缸内径 100 mm，活塞行程 320 mm，安装型式为后端矩形法兰式：

气缸　100×320-MF2　JB/T 1444—2007

ICS 23.100.20
J 20
备案号:20229—2007

中华人民共和国机械行业标准

JB/T 2162—2007
代替 JB/T 2162—1991

冶金设备用液压缸
（PN≤16 MPa）

Hydraulic cylinders for metallurgical equipment
（PN≤16 MPa）

2007-03-06 发布　　2007-09-01 实施

中华人民共和国国家发展和改革委员会　发布

前　言

本标准代替 JB/T 2162—1991《冶金设备用液压缸　型式与尺寸》。

本标准与 JB/T 2162—1991 相比，主要变化如下：

——名称改为“冶金设备用液压缸(PN≤16 MPa)”；

——增加了“技术条件”(见第5章)；

——取消“附录B”；

——取消带(　)的活塞杆联结螺纹。

本标准的附录A为规范性附录。

本标准由中国机械工业联合会提出。

本标准由机械工业冶金设备标准化技术委员会归口。

本标准起草单位：西安重型机械研究所。

本标准主要起草人：苏静、张启明。

本标准所代替标准的历次版本发布情况为：

——JB 2162—1977，JB/T 2162—1991。

冶金设备用液压缸(PN≤16 MPa)

1 范围

本标准规定了公称压力 PN≤16 MPa 的冶金设备用液压缸的基本参数、型式与尺寸和技术条件。

本标准适用于公称压力 PN≤16 MPa、环境温度为－20 ℃～80 ℃的冶金设备用液压缸。

2 规范性引用文件

下列文件中的条款通过本标准的引用而成为本标准的条款。凡是注日期的引用文件,其随后所有的修改单(不包括勘误的内容)或修订版均不适用于本标准,然而,鼓励根据本标准达成协议的各方研究是否可使用这些文件的最新版本。凡是不注日期的引用文件,其最新版本适用于本标准。

JB/T 6134 冶金设备用液压缸(PN≤25 MPa) 技术条件

3 基本参数与型式、尺寸

3.1 基本参数

基本参数见表 1。优选行程系列见表 2。

表 1

液压缸内径 D/mm	活塞杆直径 d/mm	极限行程 S/mm					公称压力/MPa					
		安装型式					6.3		10		16	
		G	B	S	T	W	推力	拉力	推力	拉力	推力	拉力
							kN					
50	28	1 000	630	400	1 000	450	12.4	8.50	19.60	13.50	31.40	21.60
63	36	1 250	800	550	1 250	630	19.64	13.22	31.17	20.99	49.90	33.58
80	45	1 600	1 000	800	1 600	800	31.67	21.70	50.30	34.40	80.00	55.00
100	56	2 000	1 250	1 000	2 000	1 000	47.50	34.00	78.50	54.00	125.70	86.30
125	70	2 500	1 600	1 250	2 500	1 250	77.30	53.00	122.70	84.00	196.35	135.00
160	90	3 200	2 000	1 600	3 200	1 800	126.70	86.60	201.00	137.40	321.70	220.00
200	110	3 600	2 500	2 000	3 600	2 000	197.90	138.00	314.00	219.20	502.70	350.00
250	140	4 750	3 200	2 500	4 750	2 800	309.25	212.27	490.90	330.93	785.40	539.00

表 2

mm

50	63	80	100	125	160	200	250
280	320	360	400	450	500	550	630
700	800	1 000	1 250	1 600	1 800	2 000	2 500
2 800	3 200	3 600	4 000	4 250	4 500	4 750	

3.2 型式与尺寸

3.2.1 脚架固定式(G 型),型式与尺寸见图 1、表 3,优选行程及质量见表 4。

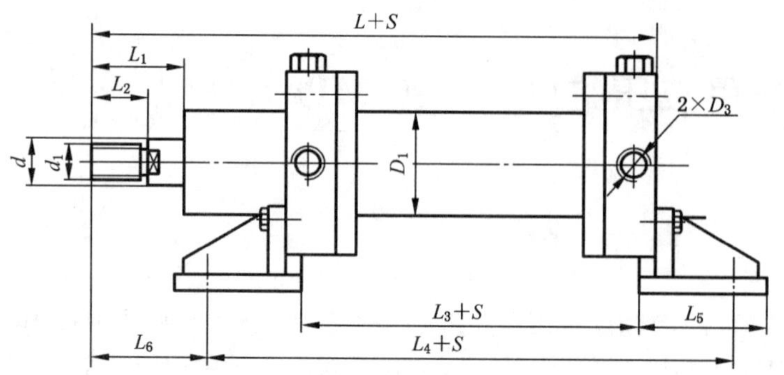

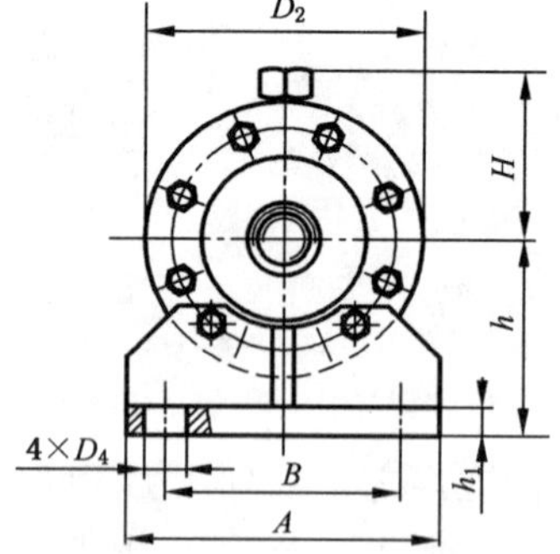

图 1

表 3

mm

缸径	d	d_1(6g)	D_1	D_2	D_3(6H)	D_4	L	L_1	L_2	L_3	L_4	L_5	L_6	A	B	h	h_1	H
50	28	M22×1.5	63.5	106	M18×1.5	17.5	245	55	34.5	124	220	75	70	120	90	75	10	65
63	36	M27×2	76	120	M22×1.5	22	290	65	42	144	261	85	82.5	138	105	90	12	72
80	45	M33×2	102	136	M27×2	26	340	70	51	165	310	100	82.5	160	120	105	15	80
100	56	M42×2	121	160	M27×2	33	390	85	62	185	360	120	97.5	250	200	125	20	92
125	70	M56×2	152	188	M33×2	42	460	105	81	207	413	140	130	278	210	150	20	106
160	90	M27×3	194	266	M33×2	45	560	135	94	230	490	168	160	390	320	200	25	145
200	110	M90×3	245	322	M42×2	52	675	145	115	315	545	190	205	485	400	235	25	173
250	140	M100×3	299	370	M48×2	62	790	185	121	360	705	240	217.5	495	400	260	30	187

表 4

行 程/mm	缸 径/mm							
	50	63	80	100	125	160	200	250
	质 量/kg							
50	10.2	—	—	—	—	—	—	—
63	10.3	18.7	—	—	—	—	—	—
80	10.7	20.1	33.2	—	—	—	—	—
100	10.9	20.5	33.9	59.1	—	—	—	—
125	11.3	20.9	34.8	60.5	110	—	—	—
160	11.9	21.6	62.2	113	221	221	—	—
200	12.3	22.3	37.5	63.9	115	226	429	—
250	13.0	23.3	39.3	66.3	119	232	439	634
280	13.3	23.9	40.3	67.7	122	236	445	644
320	14.0	25.1	41.8	69.6	125	239	453	656
360	14.6	25.8	43.3	71.5	128	243	461	667
400	15.2	26.6	44.3	73.3	131	251	469	678
450	15.9	27.5	46.5	75.7	135	256	479	693
500	16.6	28.5	42.8	78.0	139	262	489	708
550	17.4	29.7	50.5	80.8	143	270	503	724

表 4（续）

行 程/mm	缸 径/mm							
	50	63	80	100	125	160	200	250
	质 量/kg							
630	18.3	30.9	52.9	84.1	149	279	514	745
700	19.3	32.2	55.9	87.9	155	289	535	767
800	20.4	33.6	59.1	92.2	162	300	548	793
1 000	21.6	35.1	62.4	101.3	179	327	588	849
1 250	—	36.8	65.4	111.3	197	355	537	922
1 600	—	—	72.0	126.3	216	398	708	1 022
1 800	—	—	—	139.6	236	443	745	1 094
2 000	—	—	—	155.0	265	490	785	1 137
2 500	—	—	—	—	290	560	830	1 279
2 800	—	—	—	—	—	640	870	1 322
3 200	—	—	—	—	—	720	920	1 467
3 600	—	—	—	—	—	—	980	4 603
4 000	—	—	—	—	—	—	—	1 750
4 250	—	—	—	—	—	—	—	1 899
4 500	—	—	—	—	—	—	—	2 049
4 750	—	—	—	—	—	—	—	2 195

3.2.2 中间摆动式(B 型)，型式与尺寸、优选行程及质量按图 2、表 5、表 6 的规定。

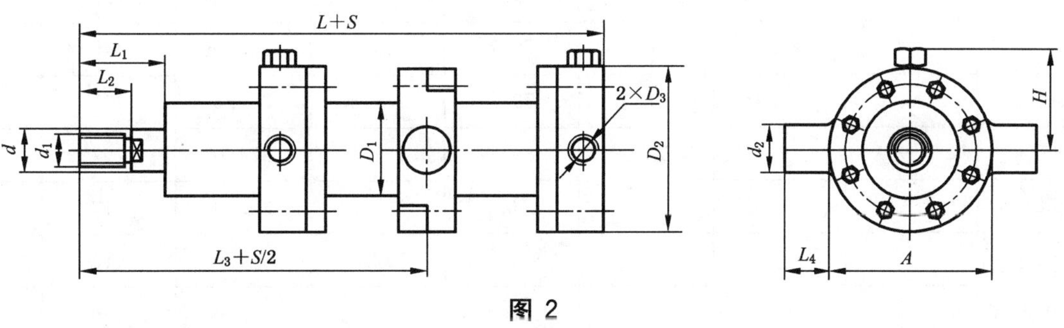

图 2

表 5

mm

缸径	d	d_1(6g)	d_2(f9)	D_1	D_2	D_3(6H)	L	L_1	L_2	L_3	L_4	A	H
50	28	M22×1.5	30	63.5	106	M18×1.5	245	55	34.5	98	30	105	65
63	36	M27×2	35	76	120	M22×1.5	290	65	42	115	35	120	72
80	45	M33×2	40	102	136	M27×2	340	70	51	125	40	155	80
100	56	M42×2	50	121	160	M27×2	390	85	62	145	50	185	92
125	70	M56×2	50	152	188	M33×2	460	105	81	178	50	220	106
160	90	M72×3	60	194	266	M33×2	560	135	94	205	60	285	145
200	110	M90×3	80	245	322	M42×2	675	145	115	235	80	340	173
250	140	M100×3	100	299	370	M48×2	790	185	121	295	100	415	187

表 6

行 程/mm	缸 径/mm							
	50	63	80	100	125	160	200	250
	质 量/kg							
50	8.4	—	—	—	—	—	—	—
63	8.7	15.2	—	—	—	—	—	—
80	9.0	15.6	28.8	—	—	—	—	—
100	9.3	16.0	29.5	47.0	—	—	—	—
125	10.1	16.5	30.4	48.2	84.4	—	—	—
160	10.2	17.1	31.6	49.6	85.0	167.3	—	—
200	10.7	17.9	33.7	51.7	89.5	172.4	339	—
250	11.5	18.8	34.8	54.0	94.1	178.4	349	516
280	11.9	19.4	35.9	55.5	96.3	181.9	355	526
320	12.3	20.6	37.3	57.5	99.5	185.1	362	537
360	13.0	21.4	38.8	59.3	102.6	189.9	370	549
400	13.6	22.1	40.4	61.1	105.6	197.0	378	558
450	14.3	23.1	42.0	63.9	109.4	203.0	388	575
500	15.0	24.0	43.8	65.7	113.4	209.0	398	590
550	16.0	25.1	46.0	68.6	117.6	216.0	410	606
630	18.5	26.4	49.4	71.9	123.3	226.0	423	626
700	—	28.0	51.4	75.7	129.7	235.0	445	649
800	—	30.0	54.8	79.8	136.4	247.0	457	674
1 000	—	—	59.0	89.2	151.9	274.0	497	720
1 250	—	—	—	100.5	171.3	302.0	517	803
1 600	—	—	—	—	192.0	344.0	615	903
1 800	—	—	—	—	—	389.0	656	974
2 000	—	—	—	—	—	435.0	699	1 019
2 500	—	—	—	—	—	—	745	1 160
2 800	—	—	—	—	—	—	—	1 205
3 200	—	—	—	—	—	—	—	1 350

3.2.3 尾部悬挂式(S型),型式与尺寸、优选行程及质量按图 3、表 7、表 8 的规定。

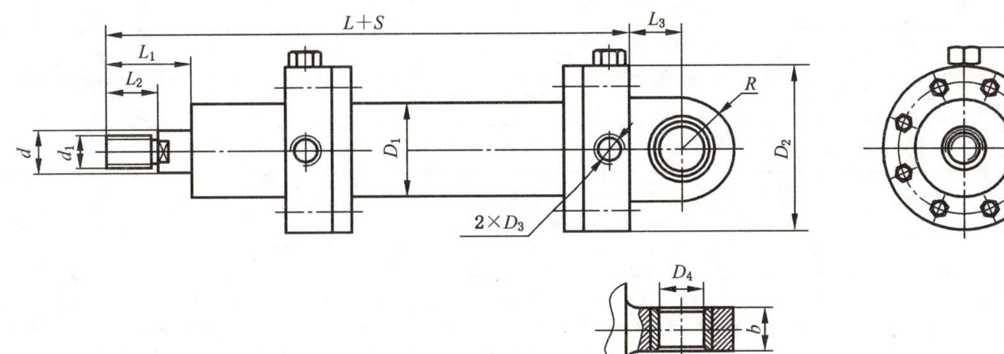

图 3

表 7

mm

缸径	d	d_1(6g)	D_1	D_2	D_3(6H)	D_4(H8)	L	L_1	L_2	L_3	b	R	H
50	28	M22×1.5	63.5	106	M18×1.5	30	245	55	34.5	35	28	34	65
63	36	M27×2	76	120	M22×1.5	35	290	65	42	45	30	42	72
80	45	M33×2	102	136	M27×2	40	340	70	51	50	35	50	80
100	56	M42×2	121	160	M27×2	50	390	85	62	60	40	63	92
125	70	M56×2	152	188	M33×2	60	460	105	81	70	50	70	106
160	90	M72×3	194	266	M33×2	80	560	135	94	92	60	88	145
200	110	M90×3	245	322	M42×2	100	675	145	115	125	70	115	173
250	140	M100×3	299	370	M48×2	120	790	185	121	150	90	150	187

表 8

行程/mm	缸径/mm							
	50	63	80	100	125	160	200	250
	质量/kg							
50	7.9	—	—	—	—	—	—	—
63	8.0	13.7	—	—	—	—	—	—
80	8.3	14.1	25.7	—	—	—	—	—
100	8.7	14.4	26.4	41.0	—	—	—	—
125	9.0	14.9	27.3	42.1	80.8	—	—	—
160	9.4	15.6	28.6	43.9	83.6	149.7	—	—
200	9.9	16.3	30.0	45.7	86.1	154.7	307.7	—
250	10.7	17.2	30.8	48.0	90.5	160.8	317.7	492
280	11.1	17.8	32.9	49.4	92.7	164.3	323.7	501
320	11.6	19.0	34.3	51.3	95.9	169.5	331.5	513
360	12.3	19.8	35.8	53.2	99.0	174.3	339.5	525
400	12.8	20.5	37.4	55.4	102.0	180.3	348.0	535

表 8（续）

行程/mm	缸径/mm							
	50	63	80	100	125	160	200	250
	质量/kg							
450	—	21.5	39.0	57.4	105.0	185.3	357.0	550
500	—	22.4	40.8	59.7	109.8	191.3	367.0	565
550	—	23.4	43.0	62.5	114.0	198.9	380.0	580
630	—	—	45.4	65.8	119.7	207.8	392.0	602
700	—	—	48.4	69.6	126.1	217.4	414.0	624
800	—	—	54.7	73.2	132.8	229.0	427.0	650
1 000	—	—	—	83.2	149.3	256.0	461.0	706
1 250	—	—	—	—	167.7	284.0	516.0	779
1 600	—	—	—	—	—	327.0	585.0	879
1 800	—	—	—	—	—	—	624.0	951
2 000	—	—	—	—	—	—	664.0	994
2 500	—	—	—	—	—	—	—	1 136

3.2.4 头部法兰式（T 型），型式与尺寸、优选行程及质量按图 4、表 9、表 10 的规定。

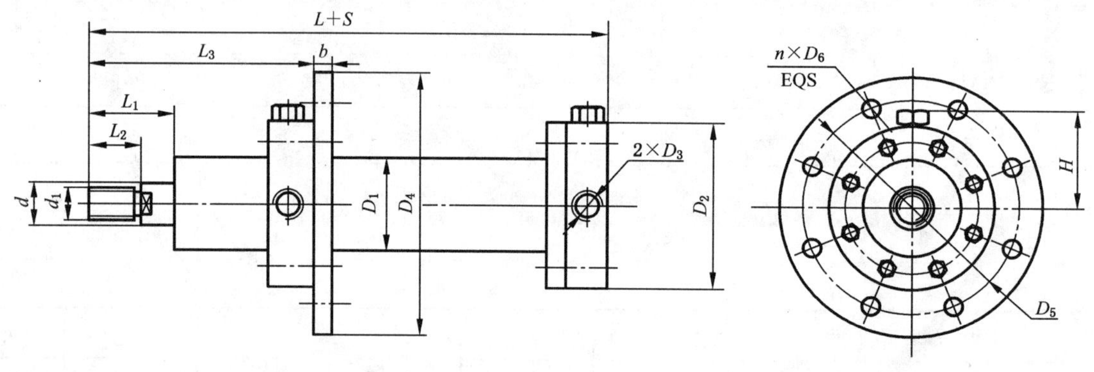

图 4

表 9

mm

缸径	d	d_1(6 g)	D_1	D_2	D_3(6H)	D_4(h11)	D_5	D_6	L	L_1	L_2	L_3	b(h12)	n	H
50	28	M22×1.5	63.5	106	M18×1.5	170	140	11	245	55	34.5	141	30	6	65
63	36	M27×2	76	120	M22×1.5	198	160	13.5	290	65	42	168	35	6	72
80	45	M33×2	102	136	M27×2	214	176	13.5	340	70	51	190	35	8	80
100	56	M42×2	121	160	M27×2	258	210	17.5	390	85	62	215	45	8	92
125	70	M56×2	152	188	M33×2	310	250	22	460	105	81	268	45	8	106
160	90	M72×3	194	266	M33×2	365	295	26	560	135	94	325	60	10	145
200	110	M90×3	245	322	M42×2	504	414	33	675	145	115	365	75	10	173
250	140	M100×3	299	370	M48×2	585	478	39	790	185	121	450	85	10	187

表 10

行 程/mm	缸 径/mm							
	50	63	80	100	125	160	200	250
	质 量/kg							
50	6.4	—	—	—	—	—	—	—
63	6.7	11.2	—	—	—	—	—	—
80	7.0	11.6	23.8	—	—	—	—	—
100	7.3	12.0	24.8	40.0	—	—	—	—
125	8.1	12.5	25.9	41.2	76.4	—	—	—
160	8.5	13.1	26.6	42.6	77.0	157.3	—	—
200	9.0	14.0	28.7	44.7	82.5	162.4	329	—
250	9.4	14.8	29.8	47.0	87.1	168.4	339	504
280	9.9	15.4	30.9	48.5	89.3	171.9	345	514
320	10.3	16.6	32.3	50.5	92.3	175.1	352	525
360	11.0	17.4	33.8	52.3	95.6	179.9	360	537
400	11.6	18.1	35.4	54.1	98.6	187.0	368	546
450	12.3	19.1	37.0	56.9	102.4	193.0	378	563
500	13.0	20.0	38.8	58.7	106.4	199.6	388	578
550	13.6	21.2	41.0	61.6	110.6	206.0	400	584
630	14.5	22.4	44.4	64.9	116.3	216.0	413	614
700	15.4	23.8	46.4	68.7	122.7	225.0	435	637
800	16.5	25.0	49.8	72.8	129.4	237.0	447	662
1 000	17.5	26.5	53.3	82.2	144.9	264.0	487	708
1 250	—	28.0	56.8	93.0	164.3	292.0	507	781
1 600	—	—	60.0	104.0	185.0	334.0	605	881
1 800	—	—	—	116.2	206.0	366.0	646	962
2 000	—	—	—	129.5	227.0	399.6	688	1 007
2 500	—	—	—	—	250.0	433.0	730	1 148
2 800	—	—	—	—	—	465.0	773	1 290
3 200	—	—	—	—	—	465.0	815	1 433
3 600	—	—	—	—	—	—	860	1 578
4 000	—	—	—	—	—	—	—	1 728
4 250	—	—	—	—	—	—	—	1 988
4 500	—	—	—	—	—	—	—	2 258
4 750	—	—	—	—	—	—	—	2 530

3.2.5 尾部法兰式（W 型），型式与尺寸、优选行程及质量按图 5、表 11、表 12 的规定。

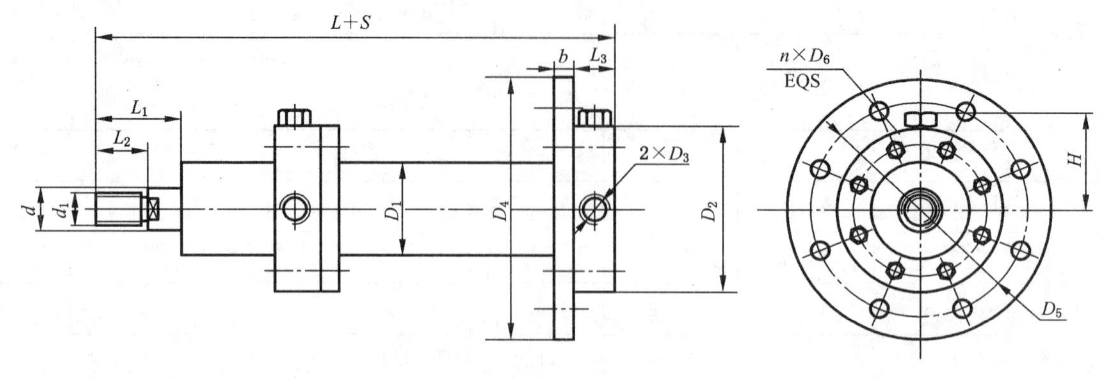

图 5

表 11

mm

缸径	d	d_1(6g)	D_1	D_2	D_3(6H)	D_4(h11)	D_5	D_6	L	L_1	L_2	L_3	b(h12)	n	H
50	28	M22×1.5	63.5	106	M18×1.5	170	140	11	245	55	34.5	42	30	6	65
63	36	M27×2	76	120	M22×1.5	198	160	13.5	290	65	42	43	35	6	72
80	45	M33×2	102	136	M27×2	214	176	13.5	340	70	51	50	35	8	80
100	56	M42×2	121	160	M27×2	258	210	17.5	390	85	62	55	45	8	92
125	70	M56×2	152	188	M33×2	310	250	22	460	105	81	65	45	8	106
160	90	M72×3	194	266	M33×2	365	295	26	560	135	94	85	60	10	145
200	110	M90×3	245	322	M42×2	504	414	33	675	145	115	110	75	10	173
250	140	M100×3	299	370	M48×2	585	478	39	790	185	121	120	85	10	187

表 12

行　程/mm	缸　　径/mm							
	50	63	80	100	125	160	200	250
	质　　量/kg							
50	6.4	—	—	—	—	—	—	—
63	6.7	11.2	—	—	—	—	—	—
80	7.0	11.6	23.8	—	—	—	—	—
100	7.3	12.0	24.8	40.0	—	—	—	—
125	8.1	12.5	25.9	41.2	76.4	—	—	—
160	8.2	13.1	26.6	42.6	77.0	157.3	—	—
200	8.7	14.0	28.7	44.7	82.5	162.4	329	—
250	9.5	14.8	29.8	47.0	87.1	168.4	339	504
280	9.9	15.4	30.9	48.5	89.3	171.9	345	514
320	10.3	16.6	32.3	50.5	92.3	175.1	352	525
360	11.0	17.4	33.8	52.3	95.6	179.9	360	537
400	11.6	18.1	35.4	54.1	98.6	187.8	368	546

表 12（续）

行 程/mm	缸 径/mm							
	50	63	80	100	125	160	200	250
	质 量/kg							
450	12.3	19.1	37.0	56.9	102.4	193.0	378	563
500	—	20.0	38.8	58.7	106.4	199.0	388	578
550	—	21.2	41.0	61.6	110.6	206.0	400	584
630	—	22.4	44.4	64.9	116.3	216.0	413	614
700	—	—	46.4	68.7	122.7	225.0	435	637
800	—	—	49.8	72.8	129.4	237.0	447	662
1 000	—	—	—	82.2	144.9	264.0	487	708
1 250	—	—	—	—	164.3	292.0	507	781
1 600	—	—	—	—	—	334.0	605	881
1 800	—	—	—	—	—	366.0	646	962
2 000	—	—	—	—	—	—	688	1 007
2 500	—	—	—	—	—	—	—	1 148
2 800	—	—	—	—	—	—	—	1 290

4 标记示例

液压缸内径 D=50 mm，行程 S=400 mm 的脚架固定式液压缸，标记为：

液压缸 G50×400 JB/T 2162—2007

5 技术条件

液压缸技术条件按 JB/T 6134 的规定。

附　录　A
（规范性附录）
液压缸图样设计

液压缸进出油孔、固定螺栓、排气阀、压盖、支架的圆周分布位置标准图样设计按图 A.1、表 A.1 的规定。选用时除排气阀和固定螺栓位置固定不动外，进出油孔的位置和连接螺纹均可根据需要与生产厂家商定。

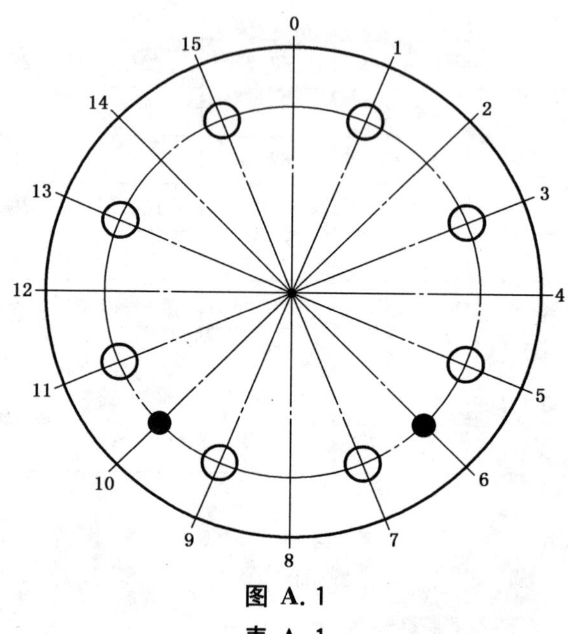

图 A.1

表 A.1

	排气阀	进出油孔	固定螺栓
液压缸部位	分布位置		
缸头	0	4	1,3,5,7,9,11,13,15
缸底	0	4	
支架	—	—	6,10

ICS 25.140.99
J 47

中华人民共和国机械行业标准

JB/T 5557—2007
代替 JB/T 5557—1991

液压转矩扳手

Wrench with hydraulic cyliuder

2007-03-06 发布　　2007-09-01 实施

中华人民共和国国家发展和改革委员会　发布

前　言

本标准代替 JB/T 5557—1991《液压扭矩扳手》。

本标准与 JB/T 5557—1991 相比，其技术内容没有变化，仅作了编辑性的修改。

本标准的附录 A 为资料性附录。

本标准由中国机械工业联合会提出。

本标准由机械工业冶金设备标准化技术委员会归口。

本标准起草单位：西安重型机械研究所、第二重型机械集团公司。

本标准主要起草人：刘勇、赵光发、张启明。

本标准所代替标准的历次版本发布情况为：

——JB/T 5557—1991。

液压转矩扳手

1 范围

本标准规定了液压转矩扳手(以下简称扳手)的型式、基本参数和主要尺寸、技术要求、试验方法和检验规则、标志、包装和贮存。

本标准适用于紧固符合 GB/T 3098.1、GB/T 3098.2 规定、螺纹直径为 M16～M120 的各种六角头、方头、内六角头螺纹紧固件、公称转矩为 2 500 N·m～80 000 N·m 的扳手。环境温度－20 ℃～＋50 ℃。

2 规范性引用文件

下列文件中的条款通过本标准的引用而成为本标准的条款。凡是注日期的引用文件,其随后所有的修改单(不包括勘误的内容)或修订版均不适用于本标准,然而,鼓励根据本标准达成协议的各方研究是否可使用这些文件的最新版本。凡是不注日期的引用文件,其最新版本适用于本标准。

GB/T 191 包装储运图示标志(GB/T 191—2000,eqv ISO 780:1997)

GB/T 196 普通螺纹 基本尺寸(GB/T 196—2003,ISO 724:1993,MOD)

GB/T 3098.1 紧固件机械性能 螺栓、螺钉和螺柱(GB/T 3098.1—2000,idt ISO 898-1:1999)

GB/T 3098.2 紧固件机械性能 螺母 粗牙螺纹(GB/T 3098.2—2000,idt ISO 898-2:1992)

GB/T 3104 紧固件 六角产品的对边宽度(GB/T 3104—1982,eqv ISO 272:1982)

GB/T 4879 防锈包装

GB/T 5356 内六角扳手(GB/T 5356—1998,neq ISO 2936:1995)

GB/T 7935 液压元件 通用技术条件

GB/T 13384 机电产品包装通用技术条件

GB/T 15622—2005 液压缸试验方法(ISO 10100:2001,MOD)

JB/T 5000.3 重型机械通用技术条件 焊接件

JB/T 5000.8 重型机械通用技术条件 锻件

JB/T 5000.9 重型机械通用技术条件 切削加工件

JB/T 5000.10 重型机械通用技术条件 装配

JB/T 5000.12 重型机械通用技术条件 涂装

3 型式、基本参数和主要尺寸

3.1 型式

扳手按结构分为三种型式:

a) 连杆式液压转矩扳手(LGB 型),见图 1;

b) 外棘轮曲柄式液压转矩扳手(WJB 型),见图 2;

c) 内棘轮曲柄式液压转矩扳手(NJB 型),见图 3。

3.2 基本参数和主要尺寸

3.2.1 LGB 型扳手的基本参数和主要尺寸应符合表 1 的规定。

3.2.2 WJB 型扳手的基本参数和主要尺寸应符合表 2 的规定。

3.2.3 NJB 型扳手的基本参数和主要尺寸应符合表 3 的规定。

3.2.4 内六角附件的型式应符合图 1 的规定。对边宽度 S_1 应符合 GB/T 5356 有关规定,S_2 应符合

GB/T 3104 中规定的标准系列。其余尺寸按配套的环形头确定。

3.3 型号说明

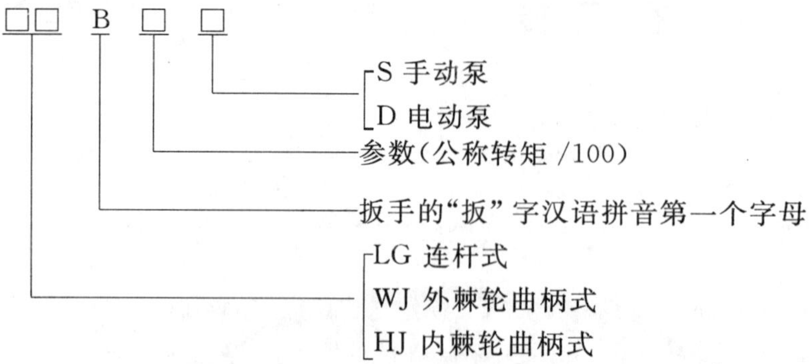

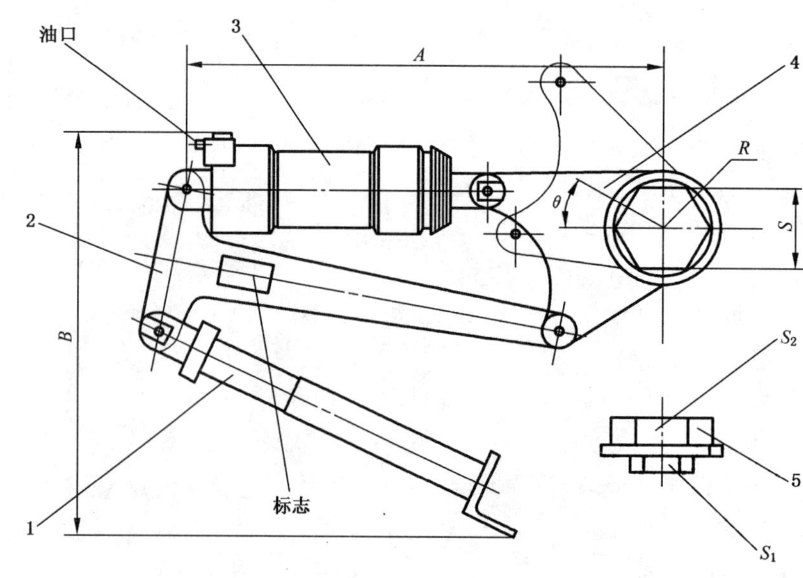

1——支架；
2——连杆；
3——液压缸；
4——环形头；
5——内六角附件。

图 1 LGB 型液压转矩扳手

表 1

型号	公称转矩 M_A/(N·m)	扳手开口 S/mm	适用螺纹 d/mm	液压缸工作压力 p/MPa	液压缸一个行程环形头转动角度 θ	A/mm	B mm	R/mm	油口连接螺纹尺寸	配套液压泵	质量/kg
LGB50	5 000	24～75	M16～M48	63	36°	312.9	305	20.5～56	M10×1	手动泵 电动泵	10
LGB100	10 000	27～95	M18～M64	63	36°	352	330	23～68.5	M10×1	手动泵 电动泵	15
LGB150	30 000	65～130	M42～M90	63	36°	418.8	355	44.5～92.5	M10×1	手动泵 电动泵	26
LGB500	50 000	55～155	M36～M110	31.5	36°	595	410	44～106	M10×1	电动泵	40

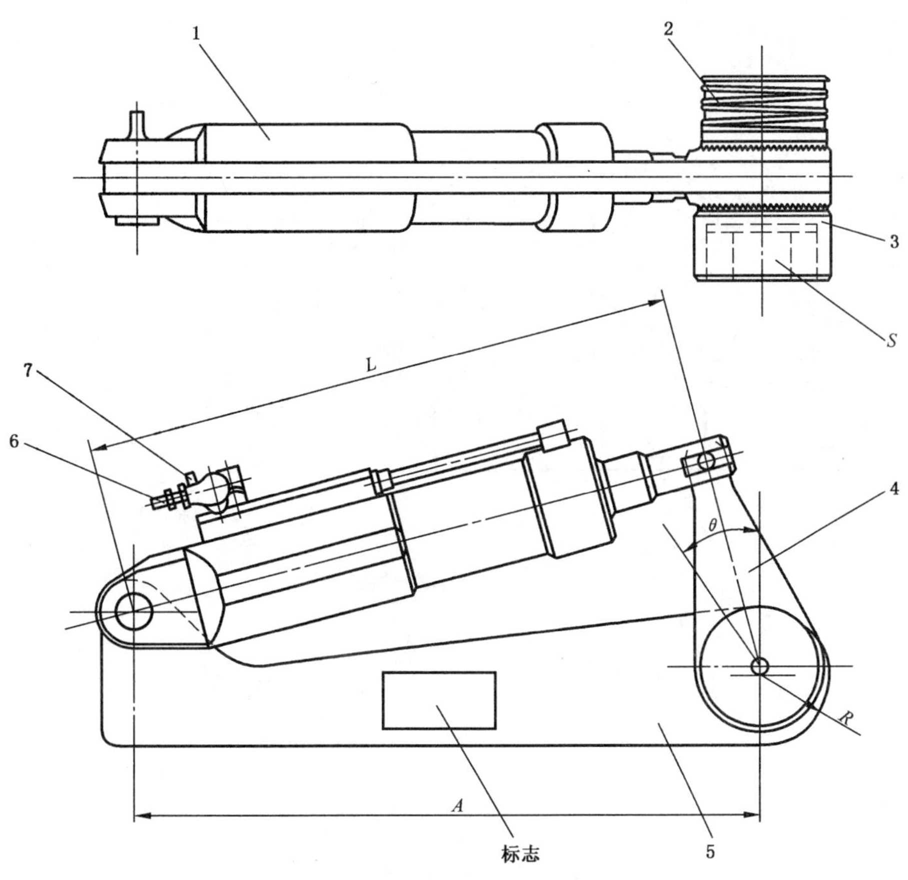

1——液压缸；
2——棘轮装置；
3——套筒；
4——曲柄；
5——反力杆；
6——进油口；
7——出油口。

图 2 WJB 型液压转矩扳手

表 2

型号	公称转矩 M_A/ (N·m)	扳手开口 S/ mm	适用螺纹 d/ mm	液压缸工作压力 p/ MPa	液压缸一个行程环套筒转动角度 θ	A/ mm	L mm	R/ mm	油口连接螺纹尺寸	配套液压泵	质量/ kg
WJB25	2 500	30～56	M20～M42	32	36°	295	250	35	M14×1.5	电动泵	7.5
WJB50	5 000	36～75	M24～M48	32	36°	330	285	40	M14×1.5	电动泵	10.5
WJB100	10 000	46～90	M30～M60	40	43°	410	335	50	M14×1.5	电动泵	14.5
WJB200	20 000	55～100	M36～M68	50	36°	430	360	58	M14×1.5	电动泵	21
WJB400	40 000	75～115	M48～M80	50	30°	455	380	74	M14×1.5	电动泵	40
WJB600	60 000	80～145	M56～M100	50	24°	500	400	82	M14×1.5	电动泵	45
WJB800	80 000	95～170	M64～M120	50	21°	545	425	90	M14×1.5	电动泵	59

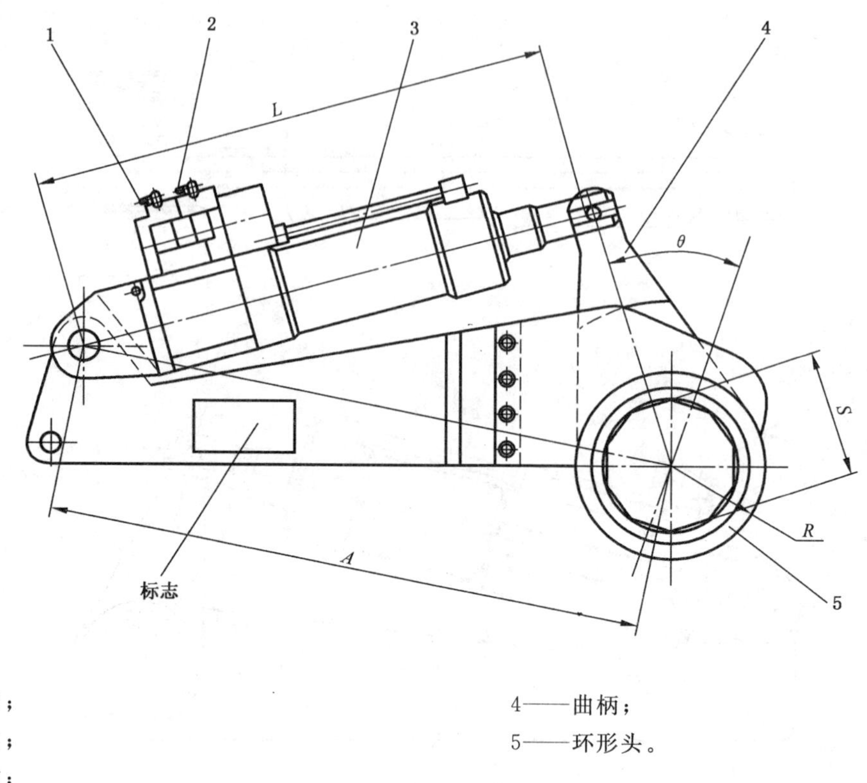

1——进油口；
2——出油口；
3——液压缸；
4——曲柄；
5——环形头。

图 3　NJB 型液压转矩扳手

表 3

型号	公称转矩 M_A/(N·m)	扳手开口 S/mm	适用螺纹 d/mm	液压缸工作压力 p/MPa	液压缸一个行程环套筒转动角度 θ	A/mm	L/mm	R/mm	油口连接螺纹尺寸	配套液压泵	质量/kg
NJB25	2 500	30～65	M20～M42	32	36°	295	250	65	M14×1.5	电动泵	10.5
NJB50	5 000	36～75	M24～M48	32	36°	330	285	72	M14×1.5	电动泵	13.5
NJB100	10 000	46～90	M30～M60	40	43°	410	335	80	M14×1.5	电动泵	20
NJB200	20 000	55～100	M36～M68	50	36°	430	360	90	M14×1.5	电动泵	27

3.4　标记示例

公称转矩为 5 000 N·m，配用手动泵的连杆式液压转矩扳手：

液压转矩扳手 LGB 50-S　JB/T 5557—2007

4　技术要求

4.1　产品应符合本标准的要求，并按规定程序批准的图样和技术文件制造。

4.2　焊接件应符合 JB/T 5000.3 的有关规定。

4.3　锻件应符合 JB/T 5000.8 的规定。

4.4　切削加工件应符合 JB/T 5000.9 的规定。

4.5　扳手的装配应符合 JB/T 5000.10 的规定。

4.6　非加工外露表面的涂装应符合 JB/T 5000.12 的有关规定。

4.7 环形头、套筒和内六角附件

4.7.1 材料

环形头、套筒和内六角附件材料可选用 40Cr 或 45 钢。

4.7.2 硬度

环形头和套筒的开口部分、内六角附件的对边表面硬度应符合表 4 的规定。

表 4

扳手开口 S/mm	硬度 HRC	
	40Cr	45
≤36	>39	39～48
>36		36～45

4.7.3 表面处理

环形头、套筒和内六角附件应进行电镀、氧化或其他表面处理。

4.7.3.1 经电镀的环形头、套筒和内六角附件，其表面应色泽均匀，不应有气孔、漏镀、烧焦和起层等缺陷，镀层厚度不小于 8 μm。

4.7.3.2 经氧化处理的环形头、套筒和内六角附件，其表面应具有均匀的氧化层，不应有黄、绿、红色斑点及露底现象。

4.7.4 表面质量

4.7.4.1 环形头和套筒开口内侧面和内六角附件的对边表面粗糙度 Ra 值不大于 12.5 μm。

4.7.4.2 环形头、套筒和内六角附件不应有裂纹、毛刺及明显的夹缝、切痕、氧化皮等缺陷。

4.8 液压缸

液压缸的技术要求应符合 GB/T 7935 的规定。

4.9 整机性能要求

a) 扳手各运动部位应转动灵活，无卡阻现象；

b) 环形头和套筒的更换应简捷方便；

c) 扳手给定转矩的精度偏差不大于±5%；

d) 同一型号的扳手，其环形头或套筒应有良好的互换性；

e) 配套手动泵和电动泵应满足扳手的工矿要求，符合有关标准规定，并附有产品合格证明书。

5 试验方法和检验规则

5.1 试验方法

5.1.1 出厂试验

液压缸的出厂试验应按 GB/T 15622—2005 中第 3 章的规定进行试运转、外渗漏和耐压试验。

5.1.2 型式试验

扳手的型式试验包括以下内容：

a) 对液压缸的各项试验应 GB/T 15622 中的有关规定；

b) 扳手在模拟的实际使用情况下测定预紧转矩和预紧力。

5.2 检验规则

5.2.1 每台扳手均经制造厂的检验部门检验合格，并应附有产品合格证明书方可出厂。

5.2.2 出厂检验项目应符合 4.9 的规定。

6 标志、包装和贮存

6.1 产品标志

产品应在图1、图2和图3所示位置安装产品标牌，内容包括：

a) 制造厂名；

b) 产品名称和型号；

c) 商标；

d) 公称转矩；

e) 液压缸工作压力；

f) 出厂日期；

g) 产品编号。

6.2 包装

扳手的包装应符合 GB/T 4879 和 GB/T 13384 的有关规定。

6.3 包装标志

扳手的包装标志应符合 GB/T 191 的规定。

6.4 贮存

6.4.1 扳手应贮存在干燥通风的环境，避免雨、雪、水的侵袭，避免与酸、碱、有机溶剂等物质接触，不得在日光下长期曝晒。

6.4.2 扳手从制造厂发运之日起，防锈有效期12个月。

附 录 A
(资料性附录)
8.8级螺栓许用轴向力、预紧力和预紧转矩

A.1 参照本附录可方便地确定性能等级为8.8螺栓的预紧力和相应的预紧转矩。

本附录不适用于细牙螺纹的螺栓和膨胀螺栓。

A.2 表A.1中所列的许用轴向力 F_A 考虑到了螺栓连接的疲劳强度。

A.3 采用本附录的条件为:

a) 螺纹符合GB/T 196;

b) 轴向力沿螺栓中心传递;

c) 环境温度−50 ℃～+300 ℃;

d) 预紧时螺纹、螺栓头和螺母的承载面涂润滑油。

A.4 对于材质较软的(如Q 235-A等)被紧固件,为避免预紧力损失过大,应在螺栓头或螺母下加装高强度螺栓专用垫圈。

A.5 如采用其他性能等级的螺栓,预紧力和预紧转矩可以参考下列系数换算:

5.6级: $F_{V(5.6)}=0.47\times F_{V(8.8)}$

$M_{A(5.6)}=0.47\times M_{A(8.8)}$

10.9级: $F_{V(10.9)}=1.41\times F_{V(8.8)}$

$M_{A(10.9)}=1.41\times M_{A(8.8)}$

12.9级: $F_{V(12.9)}=1.69\times F_{V(8.8)}$

$M_{A(12.9)}=1.69\times M_{A(8.8)}$

表 A.1

螺纹尺寸		螺纹公称应力截面积 A_s/ mm^2	许用轴向力 F_A/ kN					预紧力 F_V/ kN	预紧转矩 M_A/ (N·m)
			h_c/d						
直径 d/ mm	螺距 P/ mm		2	3	4	6	>6		
M6	1	20.1	3	3	3	3	3	7	7
M8	1.25	36.6	7	7	7	7	7	13	18
M10	1.5	58	11	11	11	11	11	20	35
M12	1.75	84.3	16	17	17	16	16	29	61
M14	2	115.4	20	23	24	23	23	40	96
M16	2	157	27	32	33	32	32	55	149
M18	2.5	192	31	36	38	37	36	68	205
M20	2.5	245	36	42	49	51	50	86	290
M24	3	353	52	61	71	73	72	124	500
M30	3.5	561	85	100	115	118	116	199	1 004
M36	4	817	124	146	168	173	170	291	1 749
M42	4.5	1 121	175	206	237	239	235	401	2 906
M48	5	1 473	231	273	314	315	310	529	4 236

表 A.1（续）

螺纹尺寸		螺纹公称应力截面积 A_s/ mm^2	许用轴向力 F_A/ kN					预紧力 F_V/ kN	预紧转矩 M_A/ (N·m)
直径 d/ mm	螺距 P/ mm		h_c/d						
			2	3	4	6	>6		
M56	5.5	2 030	299	354	408	440	432	732	6 791
M64	6	2 676	384	454	583	586	574	969	10 147
M72	6	3 463	486	575	663	768	752	1 265	14 689
M80	6	4 344	600	708	817	972	952	1 597	20 368
M90	6	5 590	782	924	1 065	1 260	1 233	2 069	29 492
M100	6	7 000	983	1 161	1 334	1 586	1 553	2 605	41 122
M110	6	8 560	1 153	1 363	1 573	1 957	1 915	3 198	54 799
M125	6	11 800	1 410	1 666	1 926	2 477	2 534	4 205	80 284
M140	6	14 200	1 749	2 067	2 390	3 078	3 233	5 352	113 326
M160	6	18 700	2 346	2 773	3 205	4 122	4 268	7 073	171 027

注：h_c——紧固厚度。

ICS 23.100.30
J 20
备案号：16707—2005

中华人民共和国机械行业标准

JB/T 5922—2005
代替 JB/T 5922—1991

液压二通插装阀　图形符号

Hydraulic fluid power—Two-port slip-in cartridge valves—Graphic symbols

2005-09-23 发布　　2006-02-01 实施

中华人民共和国国家发展和改革委员会　发布

前　言

本标准是对 JB/T 5922—1991《液压二通插装阀　图形符号》的修订。

本标准与 JB/T 5922—1991 相比，主要变化如下：

——表 1 中增加"一般用于快速开关的阀芯上部具有控制活塞结构的插装件图形符号（两种情况）"；

——图 3、图 4 的图形符号基本尺寸比例略有调整：原总宽 b 调整为 1.2 b，原 0.8 b 宽轮廓尺寸调整为 b；

——增加图 5"阀芯上部具有控制活塞结构的插装件基本图形符号的基本尺寸"。

本标准由中国机械工业联合会提出。

本标准由全国液压气动标准化技术委员会（SAC/TC 3）归口。

本标准起草单位：中船重工集团公司第七院上海七〇四研究所、济南铸造锻压机械研究所、北京机械工业自动化研究所。

本标准主要起草人：黄人豪、李文钧、赵曼琳。

本标准于所代替标准的历次版本发布情况为：

——JB/T 5922—1991。

液压二通插装阀　图形符号

1　范围

本标准规定了二通插装阀图形符号。

本标准适用于以液压油为工作介质的二通插装阀，采用非油介质液压液的二通插装阀可以参考本标准。本标准规定的图形符号主要用于表达和绘制采用二通插装阀控制的液压系统原理图。

2　规范性引用文件

下列文件中的条款通过本标准的引用而成为本标准的条款。凡是注日期的引用文件，其随后所有的修改单(不包括勘误的内容)或修订版均不适用于本标准，然而，鼓励根据本标准达成协议的各方研究是否可使用这些文件的最新版本。凡是不注日期的引用文件，其最新版本适用于本标准。

GB/T 786.1　液压气动图形符号(GB/T 786.1—1993，eqv ISO 1219-1:1991)

3　图形符号绘制规则

3.1　符号要素及功能要素

实心等腰三角形表示阀芯带节流窗口。其他符号要素及功能要素按 GB/T 786.1 规定。

3.2　插装件图形符号

a)　阀芯面积比 $\alpha_A = A_A/A_X < 1$ 的锥阀插装件图形符号的基本尺寸见图 2；

b)　阀芯面积比 $\alpha_A = A_A/A_X = 1$ 的锥阀插装件图形符号的基本尺寸见图 3；

c)　阀芯面积比 $\alpha_A = A_A/A_X = 1$ 的滑阀插装件图形符号的基本尺寸见图 4；

d)　阀芯上部具有控制活塞结构的插装件基本图形符号的基本尺寸见图 5。

3.3　控制盖板图形符号

a)　控制盖板图形符号的基本尺寸见图 6；

b)　控制盖板中的梭阀、单向阀、液控单向阀、节流器、带压力补偿的节流器等先导控制组件的图形符号可省略正方形、长方形和圆形外框。

3.4　插装阀图形符号的组合

3.4.1　插装件符号中的控制腔上边宜与控制盖板符号中的底边相贴合并居中。

3.4.2　当控制盖板上需组合先导控制阀和其他控制元件时，各安装面可采用贴合方式，见图示，也可居于图框中间，相应的控制通道应按规定对齐。

3.5　其他规定

3.5.1　本标准未列入的新结构或变形结构插装阀图形符号，可参考本标准规定的符号绘制规则和符号示例进行绘制。

3.5.2　当无法直接引用或派生时，或有必要特别说明某一部分的结构及工作原理时，可局部采用结构简图来表示。

4　图形符号

4.1　插装件的基本图形符号见表 1。

4.2　控制盖板的基本图形符号见表 2。

4.3　常用插装阀的图形符号见表 3。

4.4 插装阀阀块的图形符号示例见图1。

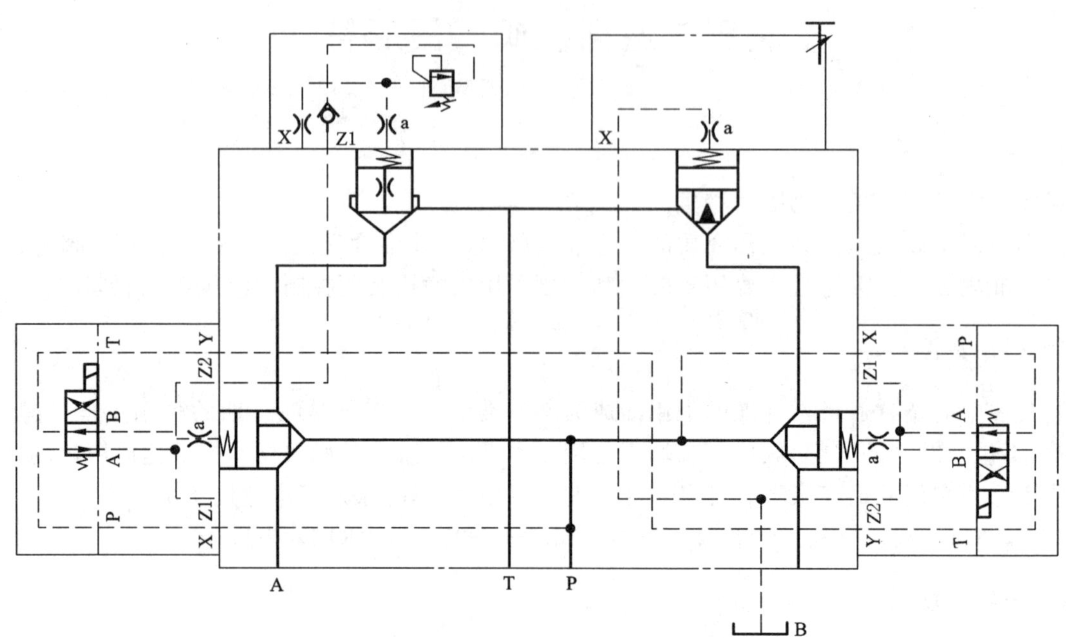

图1 插装阀阀块的图形符号示例

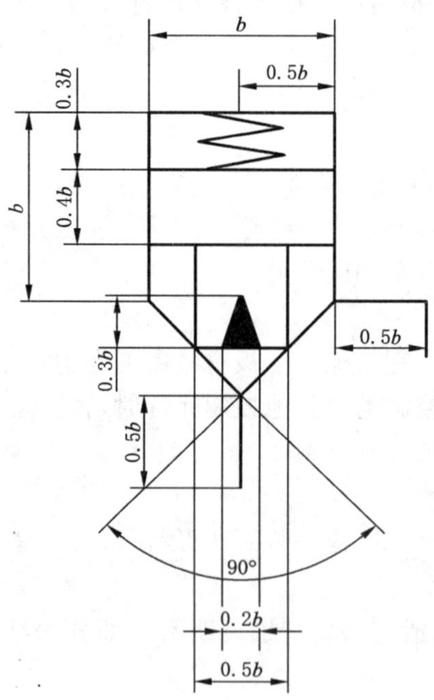

图2 阀芯面积比 $\alpha_A = A_A/A_X < 1$ 的锥阀插装件图形符号的基本尺寸

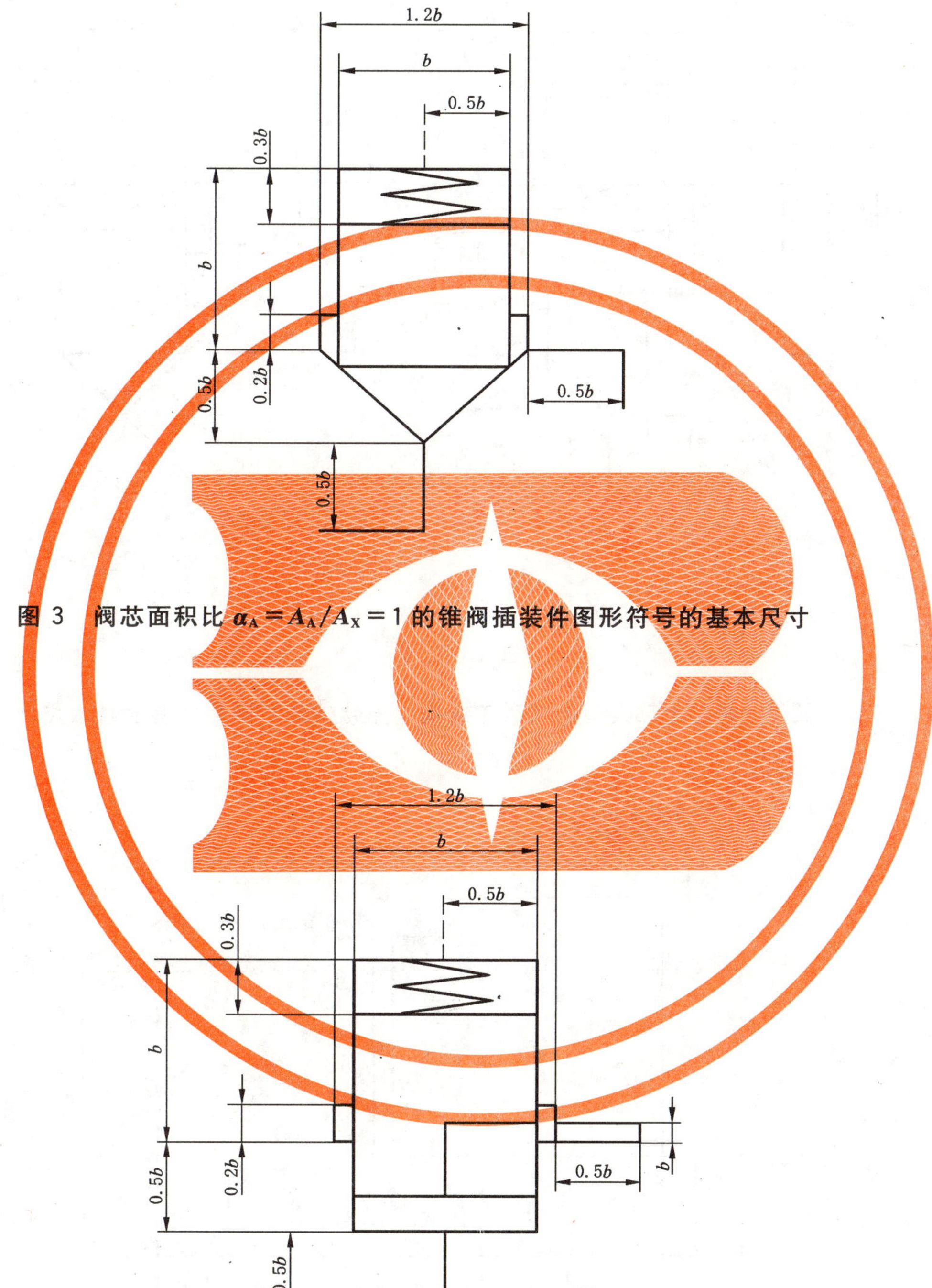

图 3　阀芯面积比 $\alpha_A = A_A/A_X = 1$ 的锥阀插装件图形符号的基本尺寸

图 4　阀芯面积比 $\alpha_A = A_A/A_X = 1$ 的滑阀插装件图形符号的基本尺寸

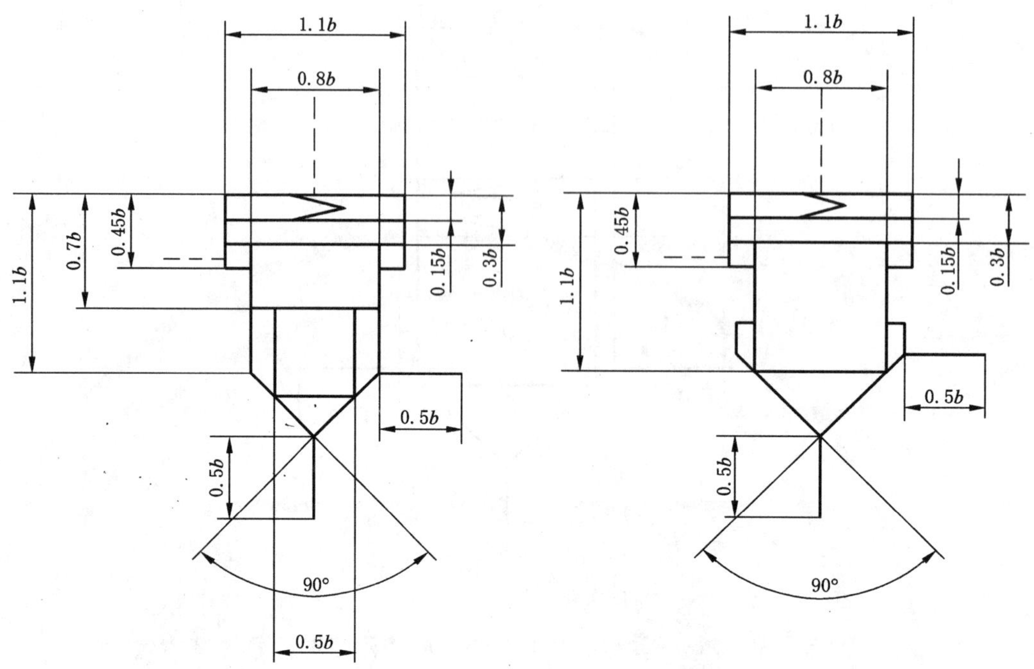

图 5　阀芯上部具有控制活塞结构的插装件基本图形符号的基本尺寸

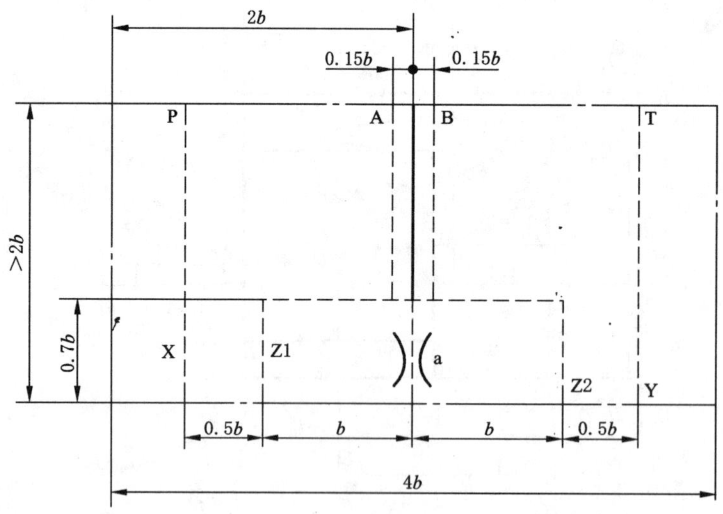

注：盖板内嵌入的先导控制组件符号可参见表 2，并符合 GB/T 786.1 规定。

图 6　控制盖板图形符号的基本尺寸

表 1　插装件的基本图形符号

序号	名　　称	图　形　符　号	说　　明
1	$\alpha_A<1$ 的锥阀	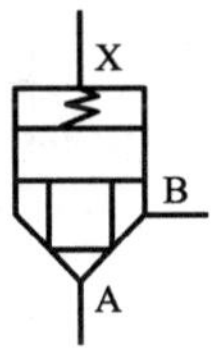	A_A:A 油口处作用面积 A_B:B 油口处作用面积 A_X:X 控制腔处作用面积
1.1	阀芯内设置节流小孔的锥阀	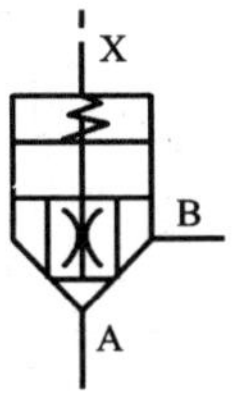	一般用于方向控制和压力控制
1.2	阀芯带节流窗口的锥阀	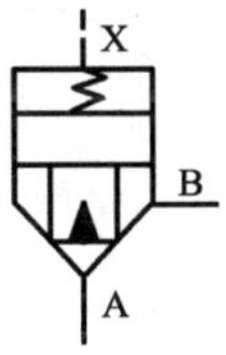	一般用于方向控制和流量控制
1.3	阀芯内有连接孔的锥阀		一般用于方向控制
1.4	阀芯内带反馈弹簧和节流窗口的锥阀	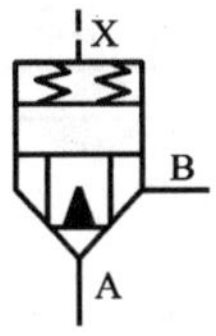	一般用于力反馈比例流量控制
2	$\alpha_A=1$ 的锥阀	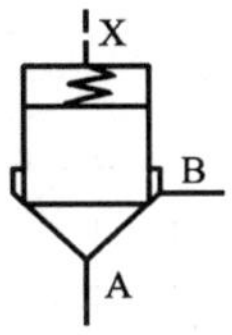	一般用于压力控制和方向控制
2.1	阀芯内设节流小孔的锥阀	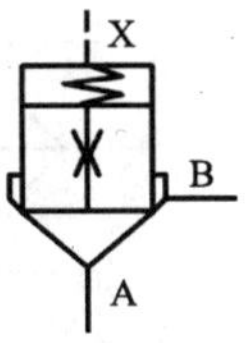	一般用于压力控制

表 1(续)

序号	名　　称	图 形 符 号	说　　明
2.2	阀芯带节流窗口的锥阀	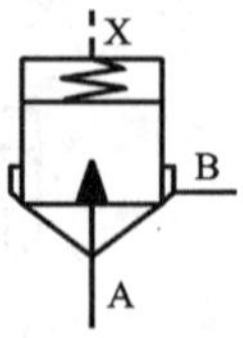 X B A	一般用于压力、流量及方向控制
3	$\alpha_A=1$ 的滑阀	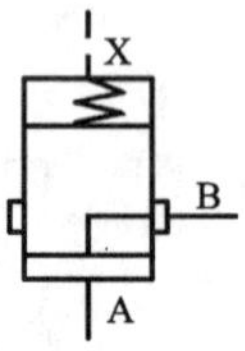 X B A	一般用于减压阀或压力补偿器
4	阀芯上部具有控制活塞结构的插装件(B 口有侧面积 A_B)	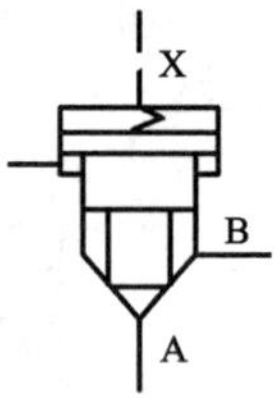 X B A	一般用于快速开关
5	阀芯上部具有控制活塞结构的插装件(B 口无侧面积 A_B)	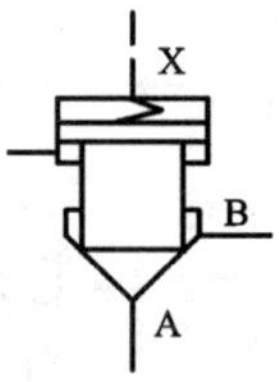 X B A	一般用于快速开关

表 2　控制盖板的基本图形符号

序号	名　　称	图 形 符 号	说　　明
1	方向阀基本型盖板	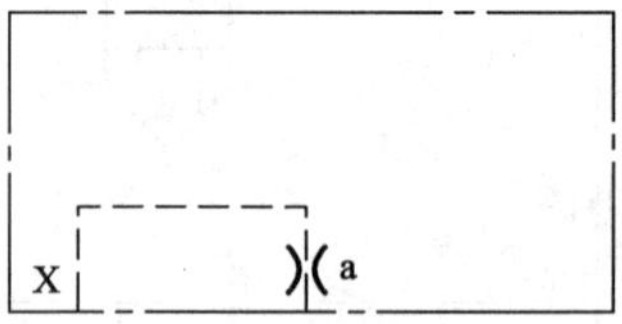 X a	带节流螺塞
2	带嵌入式先导液控单向元件的盖板	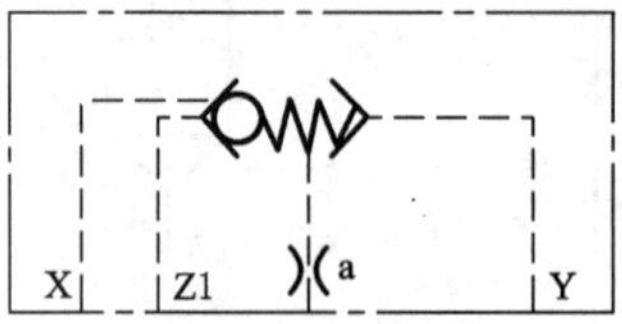 X Z1 a Y	方向阀用
3	带嵌入式梭形元件的盖板	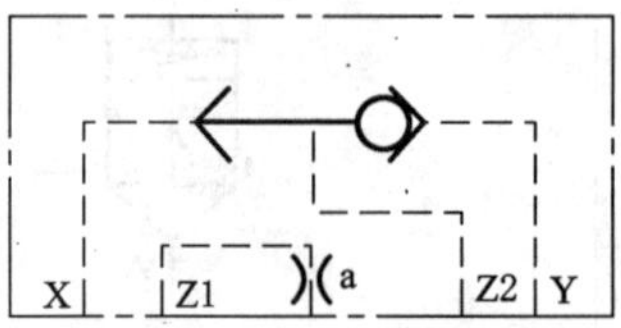 X Z1 a Z2 Y	选择压力用

表 2(续)

序号	名　　称	图　形　符　号	说　　明
4	带行程调节装置的基本型盖板	X a	流量控制用(行程调节装置的符号可以绘于左右两角上侧)
5	承装四油口方向阀的盖板	P A B T X Z1 a Z2 Y	方向控制用
6	承装三油口方向阀并带梭形元件的盖板	P A T X Z1 a Z2 Y	方向控制用
7	压力阀基本型盖板	X Z1 a Y	压力控制用
8	承装三位四通换向阀并具有高、低压选择功能的压力控制盖板	P A T X Z1 a Y	压力控制用
9	带微流量控制的减压阀用基本型盖板	X Z1 a Y	压力控制用
10	承装三位四通换向阀并具有高、低压选择功能的减压阀控制盖板	P A T X Z1 a Y	压力控制用

表 3　常用插装阀的图形符号

序号	名　称	图 形 符 号	说　明
1	单向阀		该阀由面积比 $\alpha_A<1$ 的锥阀插装件和基本型盖板两部分组成。具有单向阀功能
2	方向流量复合控制阀		该阀由面积比 $\alpha_A<1$ 并带有节流窗口的锥阀插装件，带行程调节装置的盖板和二位三通电磁先导阀（球式）三部分组成。具有二位三通方向控制和节流控制的功能
3	压力控制阀		该阀由面积比 $\alpha_A=1$ 的锥阀插装件、具有高、低压选择功能的减压阀控制盖板、叠加式调压阀和三位四通电磁换向阀（滑阀式）组成。具有高低压选择和卸荷控制功能
4	压力控制阀		该阀由面积比 $\alpha_A=1$ 的滑阀插装件和带微流量控制器及先导调压阀的控制盖板所组成。具有定压输出的减压阀功能
5	比例流量控制阀		该阀由面积比 $\alpha_A<1$ 的反馈弹簧和节流窗口的锥阀插装件，以及带二通比例先导阀的控制盖板组成，系位移-力反馈式比例节流阀

5 标注说明(引用本标准)

决定遵守本标准时,在试验报告、产品样本和销售文件中采用以下说明:

"二通插装阀的图形符号符合 JB/T 5922—2005《液压二通插装阀 图形符号》"。

ICS 23.100.01
J 20
备案号:20362—2007

中华人民共和国机械行业标准

JB/T 5967—2007
代替 JB/T 5967—1991

气动元件及系统用空气介质质量等级

Classification of air-operating gas quality applicable to pneumatic components and systems

2007-03-06 发布　　2007-09-01 实施

中华人民共和国国家发展和改革委员会　发布

前　言

本标准代替 JB/T 5967—1991《气动元件及系统用空气介质质量等级》。

本标准与 JB/T 5967—1991 相比，主要变化如下：

——增加“2 规范性引用文件”一章；

——原“2 术语”改为“3 术语和定义”并引用 GB/T 17446；

——增加术语的英文名称，并对“相对蒸汽压力”的定义作了修正；

——取消原“2.1 污染物”及相关定义；

——对表 1 和表 2 中的数据进行了修正；

——将“0.1 MPa”改为“100 kPa”；

——原“相对蒸汽压力 0.6 MPa”改为“相对蒸汽压力 0.6”；

——对表中的气动元件、系统名称和质量等级进行了部分修改；

——取消“附录 A”。

本标准由中国机械工业联合会提出。

本标准由全国液压气动标准化技术委员会(SAC/TC 3)归口。

本标准起草单位：无锡气动技术研究所有限公司。

本标准主要起草人：李企芳、杨燧然。

本标准所代替标准的历次版本发布情况为：

——JB/T 5967—1991。

气动元件及系统用
空气介质质量等级

1 范围

本标准规定了气动元件及系统用空气介质的质量等级。

本标准适用于气动元件及系统用空气介质质量等级的划分。

2 规范性引用文件

下列文件中的条款通过本标准的引用而成为本标准的条款。凡是注日期的引用文件，其随后所有的修改单(不包括勘误的内容)或修订版均不适用于本标准，然而，鼓励根据本标准达成协议的各方研究是否可使用这些文件的最新版本。凡是不注日期的引用文件，其最新版本适用于本标准。

GB/T 17446　流体传动系统及元件　术语(GB/T 17446—1998,idt ISO 5598:1985)

3 术语和定义

GB/T 17446 中确立的以及下列术语和定义适用于本标准。

3.1

固体粒子　solid particle

在气体介质中悬浮着的固体颗粒或液体微滴，或者具有很小下降速度的固体、液体微粒。

3.2

露点　dew point

水蒸气开始凝结的温度。

3.3

压力露点　pressure dew point

在实际压力下压缩空气的露点。

3.4

大气露点　atmospheric dew point

在大气压下测得的露点。

3.5

相对蒸汽压力　relative vapor pressure

在相同温度下，蒸汽分压力与饱和蒸汽压力之比。

4 表示方法

空气介质的质量等级用三个阿拉伯数字表示；如果对某一污染物没有要求，则用“—”代替。

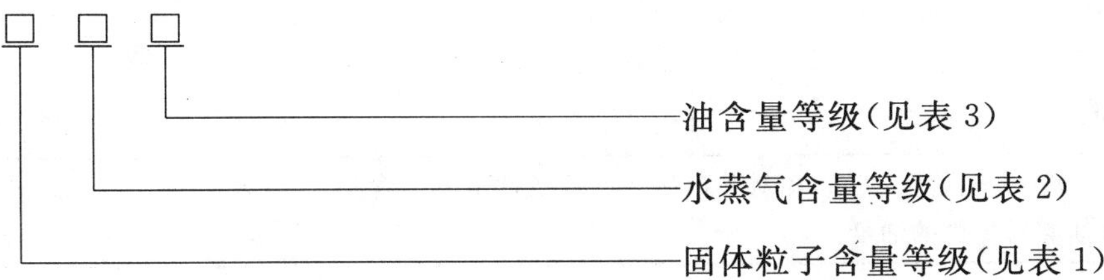

示例：

a) 当空气介质中固体粒子含量为 2 级、水蒸气含量为 3 级、油含量为 4 级，则表示空气介质质量等级为 234。

b) 当空气介质中固体粒子含量为 3 级、水蒸气含量无要求、油含量为 5 级，则表示空气介质质量等级为 3—5。

5 质量等级

5.1 固体粒子

固体粒子含量等级按表 1 规定。

表 1 固体粒子含量等级

等　级	最大粒子尺寸/ μm	最大浓度/ (mg/m³)
1	0.1	0.1
2	1	1
3	5	5
4	15	8
5	45	10
注：粒子浓度为绝对压力 100 kPa，温度 20 ℃，相对蒸汽压力 0.6 条件下的浓度。		

5.2 水蒸气

压缩空气中水蒸气含量以压力露点表示，当要求更低压力露点时必须特别指明，压力露点的等级按表 2 规定。

表 2 压力露点等级

等　级	最高压力露点/ ℃
1	−70
2	−40
3	−20
4	3
5	7
6	10

5.3 油

油含量等级按表 3 规定。

表 3 油含量等级

等　级	最大含油量/ (mg/m³)
1	0.01
2	0.1
3	1
4	5
5	25
注 1：油含量为绝对压力 100 kPa，温度 20 ℃，相对蒸汽压力 0.6 条件下的油含量。 注 2：此油含量不包括由油雾器提供的油量。	

6 常用气动元件用空气介质的质量等级

常用气动元件用空气介质的质量等级按表 4 选用。

表 4 常用气动元件用空气介质的质量等级

<table>
<tr><th colspan="3" rowspan="2">常用气动元件名称</th><th colspan="3">空气介质质量等级</th></tr>
<tr><th>固体粒子</th><th>水蒸气</th><th>油</th></tr>
<tr><td colspan="3">气缸(往复式)</td><td>≤4</td><td>≤3</td><td>≤5</td></tr>
<tr><td colspan="3">重型气动马达</td><td>≤4</td><td>6～1</td><td>≤5</td></tr>
<tr><td colspan="3">轻型气动马达</td><td>≤3</td><td>3～1</td><td>≤3</td></tr>
<tr><td colspan="3">射流元件</td><td>≤2</td><td>2～1</td><td>≤2</td></tr>
<tr><td colspan="3">气动逻辑元件</td><td>≤4</td><td>≤6</td><td>≤4</td></tr>
<tr><td rowspan="3">气动换向阀</td><td rowspan="2">滑阀式</td><td>间隙密封</td><td>3～2</td><td>3～2</td><td>4～3</td></tr>
<tr><td>弹性密封</td><td>5～4</td><td>3～2</td><td>4～3</td></tr>
<tr><td colspan="2">截止式</td><td>≤3</td><td>≤3</td><td>≤5</td></tr>
<tr><td colspan="3">气动流量、压力等控制阀</td><td>≤4</td><td>≤3</td><td>≤4</td></tr>
</table>

7 一般气动系统用空气介质的质量等级

一般气动系统用空气介质的质量等级按表 5 选用。

表 5 一般气动系统用空气介质的质量等级

系统名称	空气介质质量等级		
	固体粒子	水蒸气	油
一般车间	≤4	≤6	≤5
机械零件吹洗	≤5	≤6	≤5
铸造机械	≤4	≤3	≤5
焊接机械	≤4	≤3	≤5
一般机床	≤4	≤3	≤5
一般包装机械	≤4	≤3	3～2
喷砂	—	≤6	≤3
矿山机械	≤4	≤3	≤5
气流织机	≤2	≤3	≤4
精密机械制造	≤2	≤2	≤4
喷漆	≤3	3～2	1
食品饮料加工	≤2	≤3	1
一般电子器件	≤2	≤2	≤4
摄影软片制造	1	1	1

8 标注说明(引用本标准)

当决定遵守本标准时,可在测试报告、产品目录和销售文件中采用以下说明:

“气动元件及系统用空气介质质量等级按照 JB/T 5967—2007《气动元件及系统用空气介质质量等级》选择”。

ICS 23.100.99
J 20
备案号:20270—2007

中华人民共和国机械行业标准

JB/T 6390—2007
代替 JB/T 6390—1992

液力螺栓预紧器

Hydrauli bolt pretightener

2007-03-06 发布　　　　2007-09-01 实施

中华人民共和国国家发展和改革委员会　发布

前言

本标准代替JB/T 6390—1992《液力螺栓预紧器》。

本标准与JB/T 6390—1992相比，主要变化如下：

——增加了标准的“前言”。

本标准的附录A是资料性附录。

本标准由中国机械工业联合会提出。

本标准由机械工业冶金设备标准化技术委员会归口。

本标准主要起草单位：中国第二重型机械集团公司。

本标准主要起草人：赵光发。

本标准所代替标准的历次版本发布情况为：

——JB/T 6390—1992。

液力螺栓预紧器

1 范围

本标准规定了液力螺栓预紧器的型式尺寸、基本参数、主要尺寸和技术条件。

本标准适用于M20～M200×6；S220×8～S500×18；YS520×20～YS900×32螺栓的预紧，并可作液压过盈联结施加轴向推力。

2 规范性引用文件

下列文件中的条款通过本标准的引用而成为本标准的条款。凡是注日期的引用文件，其随后所有的修改单(不包括勘误的内容)或修订版均不适用于本标准，然而，鼓励根据本标准达成协议的各方研究是否可使用这些文件的最新版本。凡是不注日期的引用文件，其最新版本适用于本标准。

GB/T 191 包装储运图示标志(GB/T 191—2000，eqv ISO 780:1997)

GB/T 196 普通螺纹 基本尺寸(直径1～600 mm)(GB/T 196—2003，ISO 724:1993，MOD)

GB/T 197 普通螺纹 公差与配合(直径1～600 mm)(GB/T 197—2003，ISO 965-1:1998，MOD)

GB/T 4879 防锈包装

GB/T 13384 机电产品包装 通用技术条件

GB/T 15622—2005 液压缸 试验方法(ISO 10100:2001，MOD)

JB/T 5000.8 重型机械通用技术条件 锻件

JB/T 5000.9 重型机械通用技术条件 切削加工件

JB/T 5000.10 重型机械通用技术条件 装配

JB/T 5000.12 重型机械通用技术条件 涂装

JB/T 10205 液压缸 技术条件

3 型式、基本参数和主要尺寸

3.1 YLD型(单级短型)液力螺栓预紧器的型式、基本参数与主要尺寸应符合图1和表1的规定。

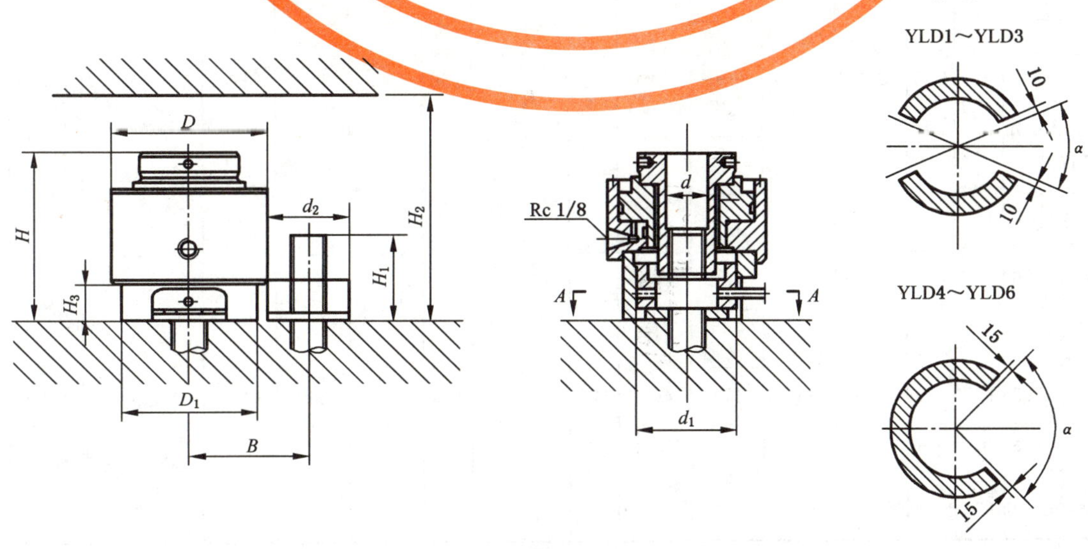

图 1

表 1

型号	螺纹规格 d	d_2	D	D_1	H	H_1 min	H_2 min	H_3	B min	d_1	α/(°)	活塞		油缸压力 max/MPa	拉力 max/kN	质量/kg
	mm											面积/cm^2	行程/mm			
YLD1	M20	35	97	84	95	38	130	20	$50+d_2/2$	60	47	37	6	80	296	2.8
	M22	45				42										
	M24					46										
	M27					52										
YLD2	M24		114	98	108	46	150	26	$58+d_2/2$	72	47	55	7	80	440	4.2
	M27					52										
	M30	55				57										
	M33					63										
YLD3	M36	65	145	122	142	69	190	46	$74+d_2/2$	92	47	83	8	80	644	8.1
	M39					74										
	M42	75				80										
	M45					86										
YLD4	M45		180	155	200	86	255	75	$92+d_2/2$	117	90	135	8	80	1 030	20.0
	M48	90				92										
	M52					99										
	M56	100				107										
YLD5	M60		250	220	265	114	340	95	$127+d_2/2$	156	90	180	15	80	1 440	48
	M64	110				122										
	M68					130										
	M72×6	120				137										
	M76×6	140				145										
	M80×6					152										
YLD6	M80×6		285	250	310	152	405	123	$145+d_2/2$	194	90	250	15	80	2 000	66
	M85×6	160				162										
	M90×6					171										
	M95×6					181										
	M100×6	175				190										

3.2 YLG 型(单级高型)液力螺栓预紧器的型式、基本参数与主要尺寸应符合图 2 和表 2 的规定。

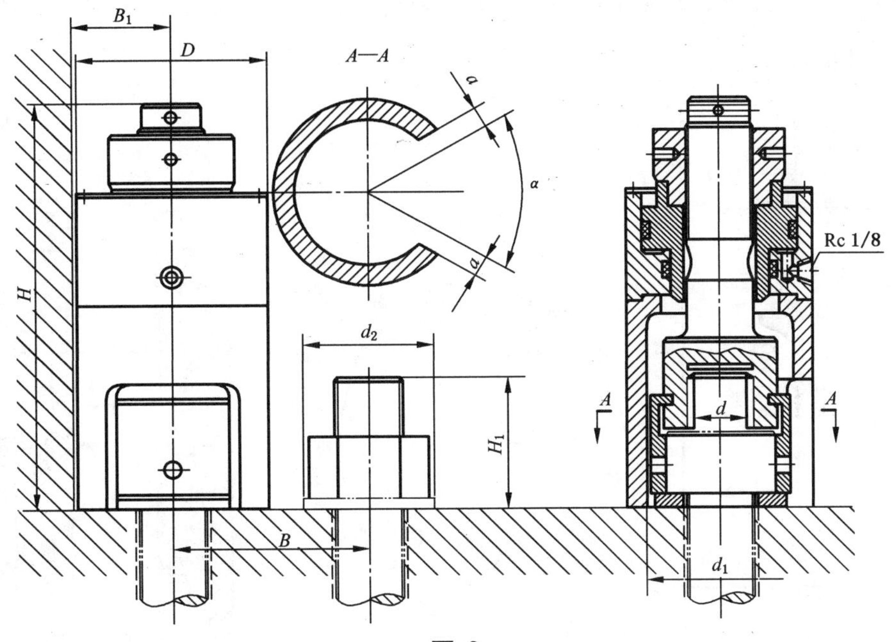

图 2

表 2

型号	螺纹规格 d	d_2	D	H	H_1 min	B_1 min	B min	d_1	a	α/(°)	活塞 面积/cm^2	活塞 行程/mm	油缸压力 max/MPa	拉力 max/kN	质量/kg
	mm														
YLG1	M22	45	65	161	42	34	$34+d_2/2$	53	10	60	17	6	80	136	1.8
	M24				46										
	M27				52										
YLG2	M27		80	177	52	41	$41+d_2/2$	66	10	60	24	6	80	192	2.9
	M30	55			57										
	M33				63										
YLG3	M30		97	206	57	50	$50+d_2/2$	76	12	60	37	6	80	296	4.8
	M33				63										
	M36	65			69										
	M39				74										
YLG4	M36		114	231	69	58	$58+d_2/2$	95	12	60	55	7	80	440	6.8
	M39				74										
	M42	75			78										
	M45				86										
	M48	90			92										
YLG5	M48		145	288	92	74	$74+d_2/2$	120	12	60	83	8	80	664	12.9
	M52				99										
	M56	100			107										
	M60				114										
YLG6	M60		180	390	114	92	$92+d_2/2$	152	12	90	135	8	80	1 080	31
	M64	110			122										
	M68				130										
	M72×6	120			137										
	M76×6	125			145										
	M80×6	140			152										

3.3 YLS(双级高型)液力螺栓预紧器的型式、基本参数与主要尺寸应符合图3和表3的规定。

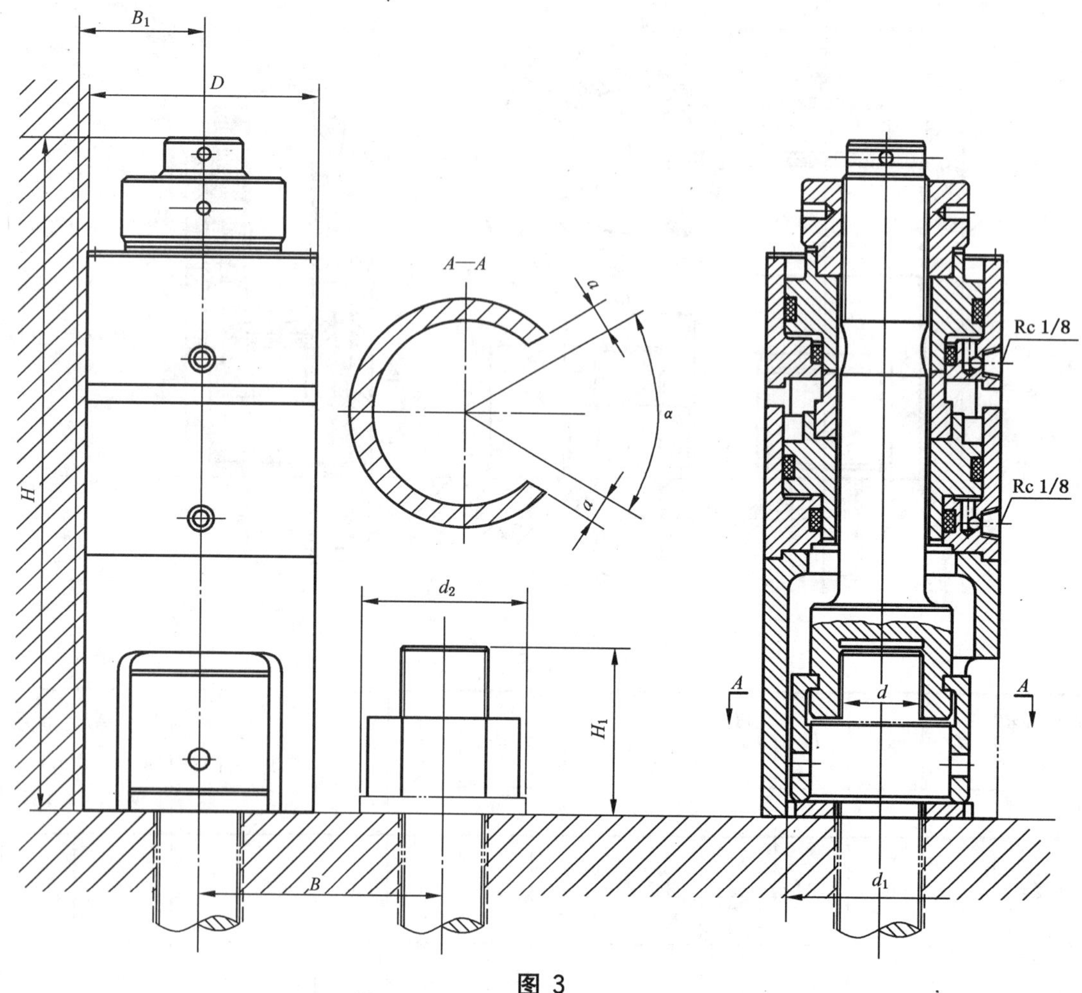

图 3

3.4 YLP(普通型)液力螺栓预紧器的型式、基本参数与主要尺寸应符合图4和表4的规定。

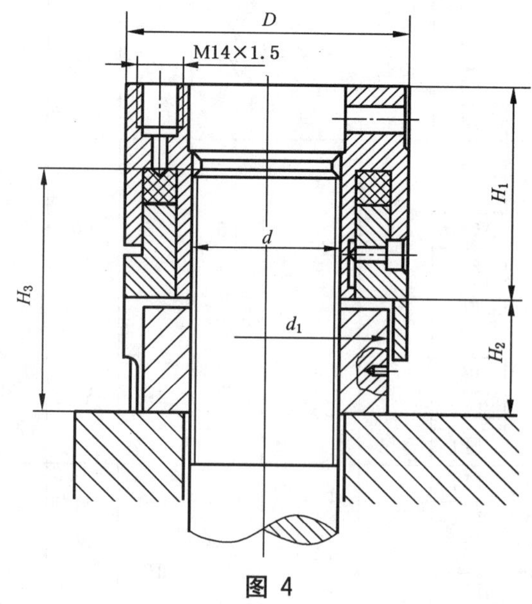

图 4

表 3

型号	螺纹规格 d	d_2	D	H	H_1 min	B_1 min	B min	d_1	a	α/(°)	活塞 面积/cm^2	活塞 行程/mm	油缸压力 max/MPa	拉力 max/kN	质量/kg
		mm													
YLS1	M20	35	65	226	38	34	34+ $d_2/2$	53	10	60	34	6	80	272	3.8
	M22	45			42										
	M24				46										
	M27				52										
YLS2	M24		80	243	46	41	41+ $d_2/2$	66	10	60	48	6	80	384	2.9
	M27				52										
	M30	55			57										
	M33				63										
YLS3	M27	45	97	206	52	50	50+ $d_2/2$	76	12	60	74	6	80	592	9.0
	M30	55			57										
	M33				63										
	M36	65			69										
	M39				74										
YLS4	M36		114	308	69	58	58+ $d_2/2$	95	12	60	110	7	80	880	12.8
	M39				74										
	M42	75			78										
	M45				86										
	M48	90			92										
YLS5	M45	75	145	370	86	74	7+ $d_2/2$	120	12	60	166	8	80	1 328	22.9
	M48	90			92										
	M52		145	370	99	74	74+ $d_2/2$	120	12	60	166	8	80	1 328	22.9
	M56	100			107										
	M60				114										
YLS6	M64	110	180	500	122	92	92+ $d_2/2$	152	12	90	270	9	80	2 160	51
	M68				130										
	M72×6	120			137										
	M76×6	140			145										
	M80×6				152										
YLS7	M80×6		280	710	160	145	145+ $d_2/2$	240	12	90	610	10	80	4 880	178
	M90×6	160			180										
	M100×6	175			200										
	M110×6	185			215										
	M120×6	210			235										
YLS8	M125×6	220	325	695	250	170	170+ $d_2/2$	275	12	90	830	12	80	6 640	235
	M140×6	240			275										
	M160×6	270			310										

表 4

型号	螺纹规格 d	D	H_1	H_2	H_3 min	d_1	活塞 面积/cm^2	活塞 行程/mm	油缸压力 max/MPa	拉力 max/kN	质量/kg
	mm										
YLP1	M170×6	360	225	146	275	275	376.8	5	80	3 014.4	187
YLP2	M180×6	375	235	154	290	292	416.3	5	80	3 330.4	209
YLP3	M190×6	390	240	162	310	303	465.9	5	80	3 727.2	231
YLP4	M200×6	415	250	170	320	322	509.7	5	80	4 077.6	276
YLP5	S220×8	460	260	186	360	353	612.6	5	80	4 900.8	347
YLP6	S240×8	500	270	205	385	384	724.9	5	80	5 799.2	437
YLP7	S250×12	516	280	210	400	405	779.3	5	80	6 234.4	484
YLP8	S260×12	535	290	220	416	418	835.7	5	80	6 685.6	543
YLP9	S280×12	570	300	235	450	454	954.3	5	80	7 634.4	613
YLP10	S300×12	600	310	250	480	484	1 040.9	5	80	8 327.2	692
YLP11	S320×12	635	320	270	515	514	1 143.5	5	80	9 148.0	811
YLP12	S340×12	670	330	285	545	544	1 281.8	5	80	10 254.4	944
YLP13	S360×12	710	350	300	580	580	1 442.0	5	80	11 535.2	1 116
YLP14	S380×12	745	360	320	610	615	1 596.7	5	80	12 773.6	1 253
YLP15	S400×12	780	380	330	640	645	1 759.3	5	80	14 074.4	1 442
YLP16	S420×18	830	400	350	675	675	1 962.7	5	80	15 701.6	1 761
YLP17	S440×18	875	420	365	710	710	2 258.0	5	80	18 064.0	2 167
YLP18	S460×18	945	460	380	740	740	2 736.3	5	80	21 890.4	2 737
YLP19	S480×18	1 005	480	400	770	770	3 122.8	5	80	24 982.4	3 302
YLP20	S500×20	1 050	500	420	800	800	3 487.2	5	80	27 897.6	3 776
YLP21	YS520×20	1 110	525	440	835	835	3 722.8	5	80	29 782.4	4 429
YLP22	YS550×20	1 170	555	470	880	880	4 172.1	5	80	33 376.8	5 174
YLP23	YS600×20	1 230	580	500	960	960	4 423.4	5	80	35 387.2	5 880
YLP24	YS620×20	1 300	615	525	995	995	4 966.9	5	80	39 735.2	7 009
YLP25	YS680×24	1 370	645	555	1 090	1 090	5 360.4	5	80	42 883.2	7 817
YLP26	YS720×24	1 440	685	600	11 550	1 155	5 881.1	5	80	47 048.8	9 240
YLP27	YS750×24	1 510	715	620	1 200	1 200	6 506.3	5	80	52 050.4	10 687
YLP28	YS800×32	1 600	460	660	1 280	1 280	7 225.7	5	80	57 805.6	12 416
YLP29	YS850×32	1 690	800	700	1 360	1 360	8 048.8	5	80	64 390.1	14 748
YLP30	YS900×32	1 800	850	740	1 440	1 440	9 153.9	5	80	73 231.2	17 710

3.5　型号表示方法

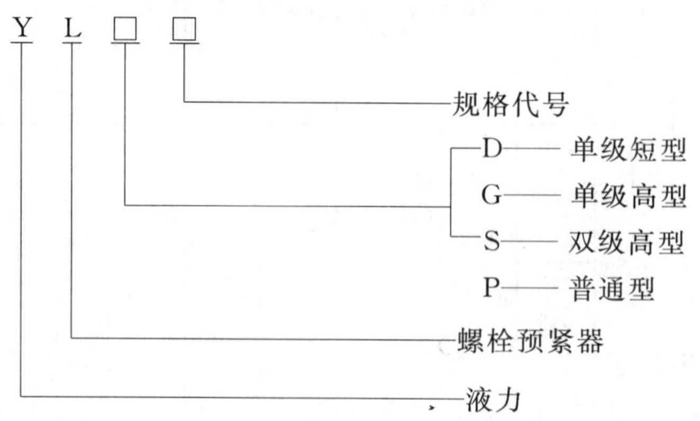

3.6 标记示例

YLD1 型单级短型液力螺栓预紧器标记为：

YLD1 液力螺栓预紧器　JB/T 6390—2007

4 技术要求

4.1 产品应符合本标准的要求，并按规定程批准的图样和技术文件制造。

4.2 锻件应符合 JB/T 5000.8 的规定。

4.3 切削加工件应符合 JB/T 5000.9 的有关规定。

4.4 装配应符合 JB/T 5000.10 的规定。

4.5 非加工外露表面的涂装应符合 JB/T 5000.12 规定。

4.6 主要零件

4.6.1 材料

4.6.1.1 缸体活塞材料采用高强度合金钢。力学性能不低于 $\sigma_b \geqslant 880\ \text{N/mm}^2$，$\sigma_s \geqslant 635\ \text{N/mm}^2$ 的规定。

4.6.1.2 支承套、套筒材料采用优质碳素结构钢，其力学性能应不低于 $\sigma_b \geqslant 630\ \text{N/mm}^2 \sim 780\ \text{N/mm}^2$，$\sigma_s \geqslant 370\ \text{N/mm}^2$ 的规定。

4.6.2 支承套的开口面和套筒的内六角侧面的表面硬度为 35 HRC～40 HRC。

4.6.3 缸体内表面和活塞外表面的表面粗糙度 Ra 值为 1.61 μm。

4.7 液压缸的技术要求应符合 JB/T 10205 的有关规定。

4.8 液力螺栓预紧器的内螺纹公差应符合 GB/T 197 中规定的“6H”级。

4.9 整机性能要求：

a) 拉力的偏差不大于±10%；

b) 配套的高压泵应能满足液力螺栓预紧器的工况要求，符合有关标准规定并带有产品合格证明书。

5 试验方法和检验规则

5.1 试验方法

5.1.1 出厂试验

液力螺栓预紧器的出厂试验应按 GB/T 15622—2005 中第 5 章的规定进行试运转、外渗漏和耐压试验。

5.1.2 型式试验

液力螺栓预紧器的型式试验应按 GB/T 15622—2005 中第 5 章规定的各项试验。

5.2 检验规则

5.2.1 每台液力螺栓预紧器，应经制造厂的检验部门检验合格并应符合产品合格证明书方可出厂。

5.2.2 检查活塞行程应符合表 1～表 4 的规定。

5.2.3 检验液力螺栓预紧器外径允许的变形量为：

$$\mu_r \leqslant 0.000\,11\ pD$$

式中：

μ_r——外径 D 的变形量，单位为 mm；

p——油缸压力，单位为 MPa；

D——螺栓预紧器本体外径，单位为 mm。

5.2.4 出厂检验，应符合 4.9 和 5.1.1 的规定。

6 标志、包装和贮存

6.1 螺栓预紧器应在明显部位安装产品标牌。内容包括：

a) 制造厂名称；

b) 产品名称和型号；

c) 商标；

d) 出厂日期；

e) 产品编号。

6.2 螺栓预紧器的包装应符合 GB/T 4879 和 GB/T 13384 的有关规定。

6.3 螺栓预紧器的包装标志应符合 GB/T 191 的规定。

6.4 贮存：

6.4.1 螺栓预紧器应贮存在干燥通风的环境，避免雨、雪、水的浸袭，避免与酸、碱、有机溶剂等物质接触，不得在日光下长期曝晒。

6.4.2 螺栓预紧器防锈有效期从制造厂发运之日起算起 12 个月。

附　录　A
（资料性附录）
8.8级螺栓许用轴向力预紧力

A.1　参照本附录可方便地确定性能等级为8.8级螺栓的预紧力。

本附录不适用于细牙螺纹的螺栓。

A.2　表A.1中所列的许用轴向力 F_A 考虑到了螺栓连接的疲劳强度。

A.3　采用本附录的条件为：

a）　螺纹符合GB/T 196；

b）　轴向力沿螺栓中心传递；

c）　预紧时，螺纹、螺栓头和螺母的承载面涂润滑油。

A.4　对于材质较软的紧固件，为避免预紧力损失过大，应在螺栓头或螺母下加装高强度螺栓专用垫圈。

A.5　如采用其他性能等级的螺栓，预紧力 F_V 可按下列系数换算：

5.6级　$F_V(5.6)=0.47\times F_V(8.8)$

10.9级　$F_V(10.9)=1.41\times F_V(8.8)$

12.9级　$F_V(12.9)=1.69\times F_V(8.8)$

表A.1

螺栓尺寸		螺纹受力截面积 A_s/mm²	许用轴向力 F_A/kN					预紧拉力 F_V/kN
直径 d/mm	螺距 p/mm		h_c/d					
			2	3	4	6	>6	
M20	2.5	245	36	42	49	51	50	109.2
M24	3	353	52	61	71	90	99	158.1
M30	3.5	561	85	100	115	146	157	251.3
M36	4	817	124	146	168	214	230	366
M42	4.5	1 121	175	206	237	300	315	502.2
M48	5	1 473	231	273	314	398	415	659.9
M56	5.5	2 030	299	354	408	519	576	909.4
M64	6	2 676	384	454	532	667	762	1 198.8
M72	6	3 463	486	575	663	846	991	1 551.4
M80	6	4 344	599	708	817	1 045	1 247	1 946.1
M90	6	5 590	782	924	1 065	1 359	1 605	2 504.3
M100	6	7 000	983	1 161	1 339	1 708	2 011	3 136
M110	6	8 560	1 153	1 363	1 573	2 313	2 469	3 834.9
M120	6	10 300	1 340	1 584	1 830	2 348	2 911	4 614.4
M125	6	11 200	1 409	1 666	1 926	2 477	3 079	5 017.6
M140	6	14 200	1 749	2 067	2 391	3 079	3 832	6 361.6
M160	6	18 700	2 346	2 773	3 205	4 122	5 184	8 377.6

注：h_c——紧固厚度；F_V——设计图样有规定时其拉伸力按图中执行，无规定时，其拉伸力按表A.1选用。

ICS 23.100.01
J 20
备案号:20805—2007

中华人民共和国机械行业标准

JB/T 7033—2007
代替 JB/T 7033—1993

液压传动　测量技术通则

Hydraulic fluid power—General measurement principles

(ISO 9110-1:1990,MOD)

2007-05-29 发布　　2007-11-01 实施

中华人民共和国国家发展和改革委员会　发布

前　言

本标准修改采用 ISO 9110-1:1990《液压传动　测量技术　第 1 部分:通用测量准则》(英文版)。

本标准代替 JB/T 7033—1993。

本标准与被采用的国际标准 ISO 9110-1:1990 在技术内容上相同,仅有以下少量修改:

——在“2 规范性引用文件”中,增加国家计量技术规范 JJF 1001—1998;

——删除了国际标准 ISO 9110-1:1990 的引言和附录 A(参考件);

——增加附录 A。

本标准与 JB/T 7033—1993 相比,主要变化如下:

——标准名称增加“传动”二字。

——在“1 范围”中,将“本标准适用于液压元件性能参数的测量及其测量系统的校准。”改为“本标准适用于液压元件性能参数测量系统的建立,使测量系统符合规定的准确度等级。”。

——在“3 术语与定义”中,增加了“(量的)真值”和“参考物质”。

——所有的术语与定义均采用 JJF 1001—1998 的叙述。

——在 4.1 中将“鉴定”改为“研究”。

本标准的附录 A 是资料性附录。

本标准由中国机械工业联合会提出。

本标准由全国液压气动标准化技术委员会(SAC/TC 3)归口。

本标准起草单位:江苏省机械研究设计院液压技术研究所、北京机械工业自动化研究所。

本标准主要起草人:杨永军、刘新德、赵曼琳。

本标准所代替标准的历次版本发布情况为:

——JB/T 7033—1993。

液压传动　测量技术通则

1　范围

本标准规定了在静态或稳定工况下测量液压元件性能参数的通用准则。

本标准是分析在液压元件的测量和测量系统的校准过程中，可能存在的误差原因和误差大小的指导性文件。

本标准适用于液压元件性能参数测量系统的建立，使测量系统符合规定的准确度等级。

2　规范性引用文件

下列文件中的条款通过本标准的引用而成为本标准的条款。凡是注日期的引用文件，其随后所有的修改单（不包括勘误的内容）或修订版均不适用于本标准，然而，鼓励根据本标准达成协议的各方研究是否可使用这些文件的最新版本。凡是不注日期的引用文件，其最新版本适用于本标准。

JJF 1001—1998　通用计量术语及定义

注：JJF 1001—1998 是国家质量技术监督局于 1998 年 9 月 16 日发布的中华人民共和国计量技术规范。

3　术语和定义

本标准采用 JJF 1001 中规定的下列术语和定义。

3.1

测量　measurement

以确定量值为目的的一组操作。

3.2

测量仪器　measuring instrument

单独地或连同辅助设备一起用以进行测量的器具。

3.3

测量系统　measuring system

组装起来以进行特定测量的全套测量仪器和其他设备。

3.4

参考标准　reference standard

在给定地区或给定组织内，通常具有最高计量学特性的测量标准，在该处所做测量均从它导出。

3.5

（测量结果的）重复性　repeatability (of results of measurements)

在相同测量条件下（重复性条件，即相同的测量程序、相同的观测者、在相同的条件下使用相同的测量仪器、相同的地点、在短时间内重复测量），对同一被测量进行连续多次测量所得结果之间的一致性。

3.6

（量的）真值　true value(of quantity)

与给定的特定量的定义一致的值。

3.7

测量误差　error

测量结果减去被测量的真值。

3.8

系统误差　systematic error

在重复性条件下，对同一被测量进行无限多次测量所得结果的平均值与被测量的真值之差。

3.9

随机误差　random error

测量结果与在重复性条件下，对同一被测量进行无限多次测量所得结果的平均值之差。

3.10

静态工况　static condition

参数不随时间变化的工况。

3.11

稳态工况　steady—state condition

变量的平均值不随时间变化，或变量的瞬时值的变化是周期性的且可用简单的数学公式来描述的工况。

3.12

参考物质　reference material

具有一种或多种足够均匀和很好地确定了的特性，用以校准测量装置、评价测量方法或给出材料赋值的一种材料或物质。

3.13

校准　calibration

在规定条件下，为确定的测量仪器或测量系统所指示的量值，或实物量具与参考物质所代表的量值，与对应的由标准所复现的量值之间的关系的一组操作。

3.14

准确度等级　accuracy class

符合一定的计量要求，使误差保持在规定极限以内的测量仪器的等别、级别。

3.15

测量准确度　accuracy of measurement

测量结果与被测量真值之间的一致程度。

4　准确度等级

4.1　根据试验的不同需要，在各类液压元件试验方法标准中都规定了 A、B、C 三种测量准确度等级。

A 级：适用于科学研究性试验。

B 级：适用于液压元件的型式试验，或者元件制造商的质量保证试验和用户的选择评定试验。

C 级：适用于液压元件的出厂试验，或用户用以鉴别液压元件合格、失效及有无制造缺陷的验收试验。

4.2　各测量准确度等级的误差极限，由测量系统的系统误差与总随机误差相加得出。总随机误差等于测量系统中各个随机误差的均方根。

5　误差分类

5.1　测量系统的误差可能与测量系统中的单个元件有关，或者与整个测量系统有关。通常，对整个系统进行校准和评定，可以得到较小的误差。

5.2　固定误差，做为校准中得到的对真值的已知偏差，可通过调整仪器或修正结果来消除。如果不能消除，则应将这个偏差的最大值作为系统误差。例如，一个压力表与参考标准比对时显示出在量程中段的示值有 4%的偏差，而在量程两端的示值有 2%的偏差，如该压力表在使用时不加任何修正，则应认为该压力表有 4%的系统误差。

5.3　某些误差与被测量以外的另一变量(第二变量)有物理规律关系,并可用该变量的已知数学函数来表示,例如温度对压力传感器输出的影响。第二变量的变动所带来的误差既可造成系统误差又可造成随机误差。如果该误差(例如,温度在很小范围内变化的影响)可忽略不计,则只需将第二变量允许范围内可能存在的最大误差作为系统误差来处理。如果对第二变量的影响进行了修正,则应作为随机误差来处理,其大小等于第二变量的测量误差。

5.4　上位校准基准(参考标准或参考物质)中所有已知的误差应作为被评定测量的系统误差处理。

5.5　由重复性造成的测量误差应作为随机误差来处理。在确定单次测量的误差时,应取按6.1.2确定的测量系统的重复误差全值。如果取 n 次读数的平均值以确定被测值,则由重复性造成的误差按下式计算:

$$\sigma_{\tau}=\frac{\varepsilon}{\sqrt{n}} \qquad \cdots\cdots(1)$$

式中:

σ_{τ}——随机误差;

ε——按6.1.2规定的重复误差;

n——测量次数。

6　准确度的评定

6.1　校准

6.1.1　校准应根据每种类型的测量系统的规定方法进行。通常,校准方法包括使用测量系统测量一个已知值的输入激励信号,或者在某一测量点上至少重复施加同一激励信号五次并取平均值与带有已知校准误差的参考基准比对。校准工作应在测量系统量程内预先规定的点上进行。

6.1.2　在第 j 个校准点上,用下式计算标准偏差 S_j:

$$S_j=\sqrt{\frac{\sum_{i=1}^{n}(X_i-\overline{X})^2}{n-1}} \qquad \cdots\cdots(2)$$

式中:

X_i——第 i 次测量值;

$\overline{X}$——n 次测量值的平均值;

以这样得到的最大标准偏差为测量系统的重复误差 ε。

6.2　部分校准

6.2.1　由于经济上的考虑,或受条件限制而不能按照6.1所要求的点数进行校准时,可以使用相同的校准方法在较少的点上进行部分校准。

6.2.2　校准点的分布应根据测量系统的特性和过去的校准结果来选择,但应包括实际使用量程的首末两端点。

6.3　校准周期

6.3.1　校准周期应根据测量系统的准确度等级和稳定性来决定。在两次校准之间,与校准误差有关的误差应为两次校准中算出的误差中的较大者。如果这样得到的误差超出应用范围,则应把下次校准的周期减半,并继续减半直到校准结果落入应用范围为止。如果这样做仍达不到C级准确度范围,则应淘汰该测量系统。

6.3.2　对于A级测量,在每次试验开始之前或每连续使用48 h之后,或在怀疑有误用、损坏或校准值漂移时,都应进行校准。

对于B级测量,校准周期不得超过一年,部分校准周期不得超过一个月。

对于C级测量,要求至少每年部分校准一次。

注:如果测量系统未经使用,放置时间已超过规定的校准周期,则再次使用之前应进行部分校准。

附 录 A
（资料性附录）
本标准与 ISO 9910-1：1990 章条编号对照

表 A.1 给出了本标准章条编号与 ISO 9110-1：1990 章条编号对照一览表。

表 A.1 本标准章条编号与 ISO 9110-1：1990 章条编号对照

本标准章条编号	对应国际标准章条编号
1	1
2	—
3	2
3.1	2.4
3.2	2.2
3.3	2.3
3.4	2.6
3.5	2.7
3.6	—
3.7	—
3.8	2.10
3.9	2.5
3.10	2.8
3.11	2.9
3.12	—
3.13	2.1
3.14	—
3.15	—
4	3
4.1	3.1.2
4.2	3.2
5	4
5.1	4.1
5.2	4.2
5.3	4.3
5.4	4.4
5.5	4.5
6	5
6.1	5.1
6.1.1	5.1.1
6.1.2	5.1.2
6.2	5.2
6.2.1	5.2.1
6.2.2	5.2.1
6.3	5.3
6.3.1	5.3.1
6.3.2	5.3.2
附录 A	—

ICS 23.100.99
J 20
备案号：18358—2006

中华人民共和国机械行业标准

JB/T 7035—2006
代替 JB/T 7035.1～7035.2—1993

液压囊式蓄能器　型式和尺寸

Hydraulic fluid power—Bladder type accumulators
—Type and dimensions

2006-08-16 发布　　2007-02-01 实施

中华人民共和国国家发展和改革委员会　发布

前　　言

本标准代替 JB/T 7035.1—1993《液压囊式蓄能器型式和尺寸　A 型》和 JB/T 7035.2—1993《液压囊式蓄能器型式和尺寸　AB 型》。

本标准与 JB/T 7035.1—1993 和 JB/T 7035.2—1993 相比，主要变化如下：

——将原第 1、2 部分合并，并将 AB 型液压囊式蓄能器改为 C 型；

——原“2 引用标准”一章改为“2 规范性引用文件”，并更新和增加了引用标准；

——增加“3 术语和定义”一章；

——对原表 1～表 3 中的个别尺寸进行了修改；

——对原标记方法进行了修改；

——增加 B 型液压囊式蓄能器的型式和尺寸内容。

本标准由中国机械工业联合会提出。

本标准由全国液压气动标准化技术委员会(SAC/TC 3)归口。

本标准起草单位：西安重型机械研究所。

本标准主要起草人：聂延红、赵艳、祝懋田。

本标准所代替标准的历次版本发布情况为：

——JB/T 7035.1—1993、JB/T 7035.2—1993。

液压囊式蓄能器 型式和尺寸

1 范围

本标准规定了液压囊式蓄能器(以下简称蓄能器)的型式和尺寸。

本标准适用于公称压力为 10 MPa～63 MPa,公称容积为 0.4 L～250 L,以氮气/石油基液压油或乳化液为工作介质,工作温度为－10℃～70℃的蓄能器。

2 规范性引用文件

下列文件中的条款通过本标准的引用而成为本标准的条款。凡是注日期的引用文件,其随后所有的修改单(不包括勘误的内容)或修订版均不适用于本标准,然而,鼓励根据本标准达成协议的各方研究是否可使用这些文件的最新版本。凡是不注日期的引用文件,其最新版本适用于本标准。

GB/T 2352 液压传动 隔离式充气蓄能器 压力和容积范围及特征量(GB/T 2352—2003,ISO 5596:1999,IDT)

GB/T 17446 流体传动系统及元件 术语(GB/T 17446—1998,idt ISO 5598:1985)

3 术语和定义

GB/T 17446 中确立的以及下列的术语和定义适用于本标准。

3.1

公称容积 nominal volume

蓄能器内存贮气体的最大名义体积。

4 型式和尺寸

本蓄能器按结构型式分为 A 型、B 型、C 型三种,每一种结构型式按连接方式又分为螺纹连接和法兰连接。

蓄能器的公称压力和公称容积符合 GB/T 2352 的规定。

4.1 螺纹连接 A 型蓄能器的型式和尺寸见图 1 和表 1、表 2。法兰连接 A 型蓄能器的型式和尺寸见图 2 和表 3。

表 1 公称压力为 10 MPa～31.5 MPa 的螺纹连接 A 型蓄能器尺寸

公称容积/L	尺寸/mm				
	d_1	D_0	H^a	H_1^a	H_2
0.4	M27×2	89	250	135	50
0.63			305	190	
1.0			415	300	
1.6	M42×2	152	350	210	65
2.5			420	280	
4.0			530	390	
6.3			700	560	

表 1(续)

公称容积/L	尺寸/mm				
	d_1	D_0	H[a]	H_1[a]	H_2
10	M60×2	219	670	490	85
16			880	700	
25			1 180	1 000	
40			1 700	1 520	
40	M72×2	299	1 060	860	103
63			1 500	1 300	
100			2 200	2 000	
100	M100×3	426	1 315	1 100	115
160			1 915	1 700	
200			2 315	2 100	
250			2 915	2 700	
[a] 该尺寸值为设计计算值，实际产品该数值允许误差±5 mm。					

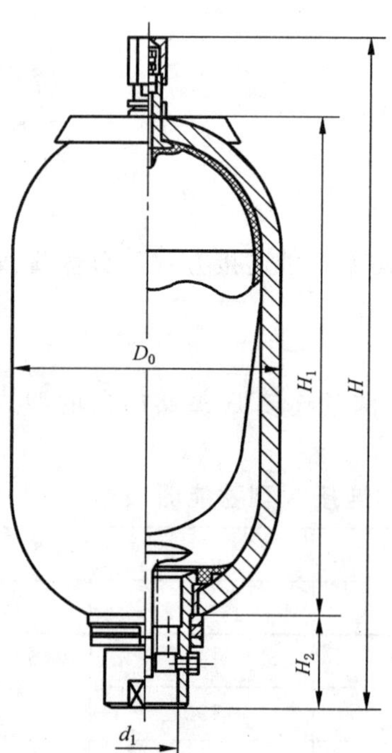

图 1　螺纹连接 A 型蓄能器

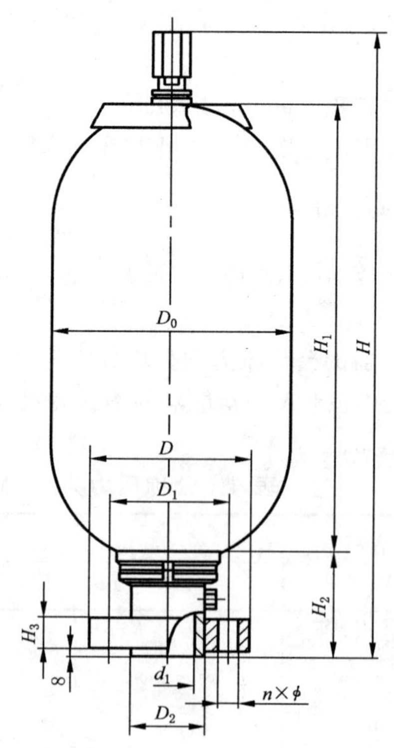

图 2　法兰连接 A 型蓄能器

表 2　公称压力为 40 MPa～63 MPa 的螺纹连接 A 型蓄能器尺寸

<table>
<tr><th rowspan="2">公称容积/
L</th><th colspan="5">尺　　寸/mm</th></tr>
<tr><th>d_1</th><th>D_0</th><th>H^a</th><th>H_1^a</th><th>H_2</th></tr>
<tr><td>0.4</td><td rowspan="4">M27×2</td><td rowspan="4">95</td><td>253</td><td>140</td><td rowspan="4">50</td></tr>
<tr><td>0.63</td><td>323</td><td>195</td></tr>
<tr><td>1.0</td><td>433</td><td>305</td></tr>
<tr><td>1.6</td><td>358</td><td>220</td></tr>
<tr><td>2.5</td><td rowspan="3">M42×2</td><td rowspan="3">159</td><td>428</td><td>290</td><td rowspan="3">65</td></tr>
<tr><td>4.0</td><td>538</td><td>400</td></tr>
<tr><td>6.3</td><td>708</td><td>570</td></tr>
<tr><td>10</td><td rowspan="4">M60×2</td><td rowspan="4">228</td><td>678</td><td>500</td><td rowspan="4">85</td></tr>
<tr><td>16</td><td>888</td><td>710</td></tr>
<tr><td>25</td><td>1 188</td><td>1 010</td></tr>
<tr><td>40</td><td>1 708</td><td>1 530</td></tr>
<tr><td colspan="6">[a] 该尺寸值为设计计算值，实际产品该数值允许误差±5 mm。</td></tr>
</table>

4.2　螺纹连接 B 型蓄能器的型式和尺寸见图 3 和表 4。法兰连接 B 型蓄能器的型式和尺寸见图 4 和表 5。

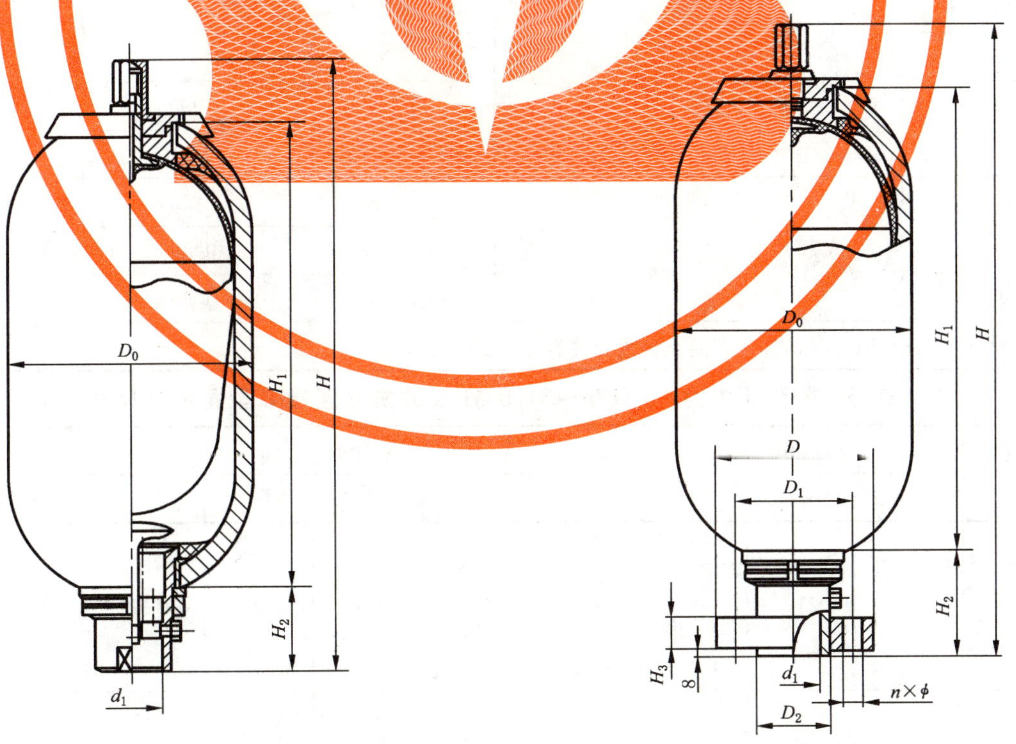

图 3　螺纹连接 B 型蓄能器　　　　图 4　法兰连接 B 型蓄能器

表 3 公称压力为 10 MPa～31.5 MPa 的法兰连接 A 型蓄能器尺寸

公称容积/L	尺寸/mm									
	d_1	D_0	H^a	H_1^a	H_2	D	D_1	D_2	H_3	$n\times\phi$
10	50	219	690	490	110	160	125	75h8	32	6×ϕ22
16			900	700						
25			1 200	1 000						
40			1 720	1 520						
40	63	299	1 085	860	127	200	150	90h8	40	6×ϕ26
63			1 525	1 300						
100			2 225	2 000						
100	80	426	1 360	1 100	160	255	220	130h8	50	8×ϕ26
160			1 960	1 700						
200			2 260	2 100						
250			2 960	2 700						

[a] 该尺寸值为设计计算值，实际产品该数值允许误差±5 mm。

表 4 公称压力为 10 MPa～31.5 MPa 的螺纹连接 B 型蓄能器尺寸

公称容积/L	尺寸/mm				
	d_1	D_0	H^a	$H_1{}^a$	H_2
10	M60×2	219	660	480	85
16			870	690	
25			1 170	990	
40			1 690	1 510	
40	M72×2	299	1 040	850	103
63			1 480	1 290	
100			2 180	1 990	

[a] 该尺寸值为设计计算值，实际产品该数值允许误差±5 mm。

表 5 公称压力为 10 MPa～31.5 MPa 的法兰连接 B 型蓄能器尺寸

公称容积/L	尺寸/mm									
	d_1	D_0	H^a	H_1^a	H_2	D	D_1	D_2	H_3	$n\times\phi$
10	50	219	680	480	110	160	125	75h8	32	6×ϕ22
16			890	690						
25			1 190	990						
40			1 710	1 510						
40	63	299	1 065	850	127	200	150	90h8	40	6×ϕ26
63			1 505	1 290						
100			2 205	1 990						

[a] 该尺寸值为设计计算值，实际产品该数值允许误差±5 mm。

4.3 螺纹连接 C 型蓄能器的型式和尺寸见图 5 和表 6。法兰连接 C 型蓄能器的型式和尺寸见图 6 和表 7。

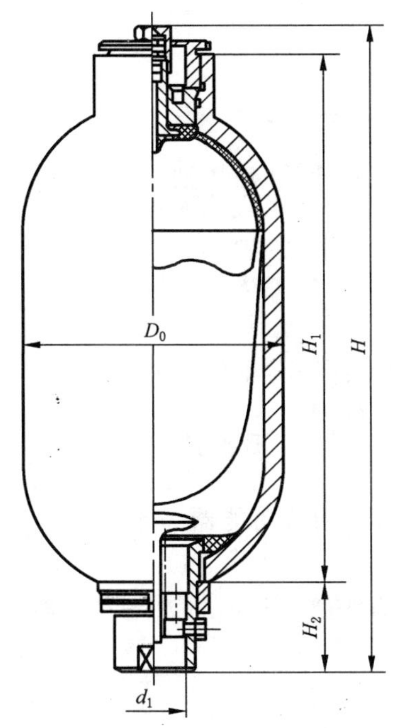

图 5 螺纹连接 C 型蓄能器

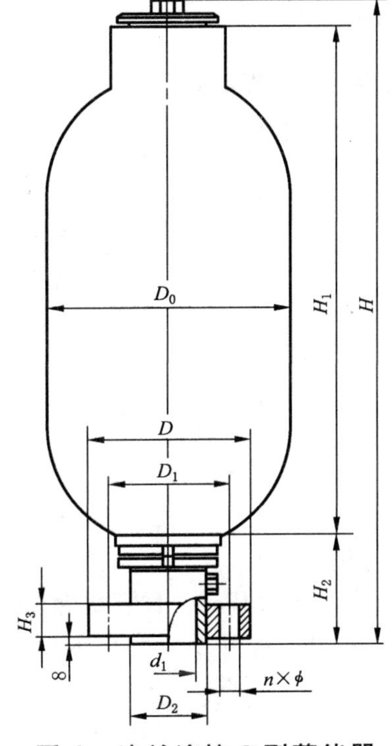

图 6 法兰连接 C 型蓄能器

表 6 公称压力为 10 MPa～31.5 MPa 的螺纹连接 C 型蓄能器尺寸

公称容积/L	尺寸/mm				
	d_1	D_0	H[a]	H_1[a]	H_2
10	M60×2	219	670	540	85
16			880	750	
25			1 180	1 050	
40			1 700	1 570	
40	M72×2	299	1 066	940	103
63			1 506	1 380	
100			2 206	2 080	

[a] 该尺寸值为设计计算值，实际产品该数值允许误差±5 mm。

表 7 公称压力为 10 MPa～31.5 MPa 的法兰连接 C 型蓄能器尺寸

公称容积/L	尺寸/mm									
	d_1	D_0	H[a]	H_1[a]	H_2	D	D_1	D_2	H_3	$n\times\phi$
10	50	219	690	540	110	160	125	75h8	32	6×ϕ22
16			900	750						
25			1 200	1 050						
40			1 720	1 570						
40	63	299	1 090	940	127	200	150	90h8	40	6×ϕ26
63			1 530	1 380						
100			2 230	2 080						

[a] 该尺寸值为设计计算值，实际产品该数值允许误差±5 mm。

5 标记方法

5.1 蓄能器的型号规定如下：

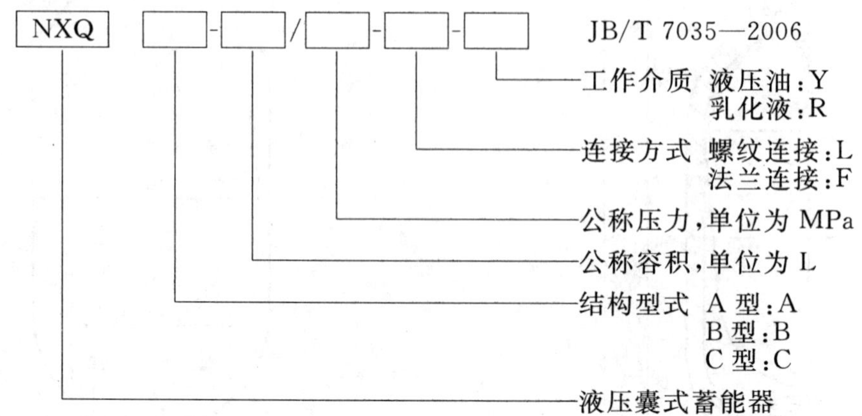

5.2 标记示例：

公称压力为 10 MPa，公称容积为 16 L，螺纹连接，工作介质为普通液压油的 A 型蓄能器标记为：

NXQ A-16/10-L-Y JB/T 7035—2006

ICS 21.010
J 09
备案号:20282—2007

中华人民共和国机械行业标准

JB/T 7340—2007
代替 JB/T 7340—1994

液位检测器

Level switch

2007-03-06 发布 2007-09-01 实施

中华人民共和国国家发展和改革委员会 发布

前 言

本标准代替 JB/T 7340—1994《液位检测器》。

本标准与 JB/T 7340—1994 相比，其技术内容没有变化，仅做了编辑性修改。

本标准的附录 A 是资料性附录。

本标准由中国机械工业联合会提出。

本标准由机械工业冶金设备标准化技术委员会归口。

本标准起草单位：西安重型机械研究所。

本标准主要起草人：惠雪亮。

本标准所代替标准的历次版本发布情况为：

——JB/T 7340—1994。

液 位 检 测 器

1 范围

本标准规定了液位检测器的型式、基本参数、主要尺寸、技术要求、试验方法、检验规则、标志、包装、运输和贮存。

本标准适用于检测公称压力为 0.1 MPa、＞0.1 MPa～1.6 MPa、＞1.6 MPa～10 MPa、＞10 MPa～31.5 MPa 的水、油容器的液位。

2 规范性引用文件

下列文件中的条款，通过本标准的引用而成为本标准的条款。凡是注日期的引用文件，其随后所有的修改单（不包括勘误的内容）或修订版均不适用于本标准，然而，鼓励根据本标准达成协议的各方研究是否可使用这些文件的最新版本。凡是不注日期的引用文件，其最新版本适用于本标准。

GB/T 4879 防锈包装

GB/T 7284 框架木箱

GB/T 13306 标牌

3 分类

3.1 型式：

液位检测器分水位检测器和油位检测器两种，并以“S”和“Y”分别表示适用介质水和油的类别代号。

3.2 适用介质为水的检测器按公称压力高低和容器连接位置（左和右）的不同分为五种：

S1 型——常压水位检测器；

S2 型——公称压力 PN＞0.1 MPa～1.6 MPa 的水位检测器；

S3 型——公称压力 PN＞1.6 MPa～10 MPa 的水位检测器；

S4 型——公称压力 PN＞10 MPa～31.5 MPa、与容器左侧位置连接的水位检测器；

S5 型——公称压力 PN＞10 MPa～31.5 MPa、与容器右侧位置连接的水位检测器。

3.3 适用介质为油的检测器按公称压力高低和容器连接位置（左和右）的不同分为五种：

Y1 型——常压油位检测器；

Y2 型——公称压力 PN＞0.1 MPa～1.6 MPa 的油位检测器；

Y3 型——公称压力 PN＞1.6 MPa～10 MPa 的油位检测器；

Y4 型——公称压力 PN＞10 MPa～31.5 MPa、与容器左侧位置连接的油位检测器；

Y5 型——公称压力 PN＞10 MPa～31.5 MPa、与容器右侧位置连接的油位检测器。

3.4 标记示例：

示例 1：发讯装置为五个，支承座与水旋阀中心距为 1 000 mm，公称压力为常压的 S1 型水位检测器：

S1 型检测器 5×1000 JB/T 7340—2007

示例 2：发讯装置为五个，气旋阀与水旋阀中心距为 1 000 mm，公称压力 PN＞0.1 MPa～1.6 MPa 的 S2 型水位检测器：

S2 型检测器 5×1000 JB/T 7340—2007

示例 3：发讯装置为五个，气旋阀与水旋阀中心距为 1 000 mm，公称压力 PN＞1.6 MPa～10 MPa 的 S3 型水位检测器：

S3 型检测器 5×1000 JB/T 7340—2007

示例 4:发讯装置为五个,气闸阀与水闸阀中心距为 1 000 mm,公称压力 PN>10 MPa～31.5 MPa 的与容器左侧位置连接的 S4 型水位检测器:

S4 型检测器 5×1000　JB/T 7340—2007

示例 5:发讯装置为五个,气闸阀与水闸阀中心距为 1 000 mm,公称压力 PN>10 MPa～31.5 MPa 的与容器右侧位置连接的 S5 型水位检测器:

S5 型检测器 5×1000　JB/T 7340—2007

示例 6:发讯装置为五个,支承座与油旋阀中心距为 1 000 mm,公称压力为常压的 Y1 型油位检测器:

Y1 型检测器 5×1000　JB/T 7340—2007

示例 7:发讯装置为五个,气旋阀与油旋阀中心距为 1 000 mm,公称压力 PN>0.1 MPa～1.6 MPa 的 Y2 型油位检测器:

Y2 型检测器 5×1000　JB/T 7340—2007

示例 8:发讯装置为五个,气旋阀与油旋阀中心距为 1 000 mm,公称压力 PN>1.6 MPa～10 MPa 的 Y3 型油位检测器:

Y3 型检测器 5×1000　JB/T 7340—2007

示例 9:发讯装置为五个,气闸阀与油闸阀中心距为 1 000 mm,公称压力 PN>10 MPa～31.5 MPa 的与容器左侧位置连接的 Y4 型油位检测器:

Y4 型检测器 5×1000　JB/T 7340—2007

示例 10:发讯装置为五个,气闸阀与油闸阀中心距为 1 000 mm,公称压力 PN>10 MPa～31.5 MPa 的与容器右侧位置连接的 Y5 型油位检测器:

Y5 型检测器 5×1000　JB/T 7340—2007

4　主要尺寸

4.1　液位检测器的尺寸应符合图 1～图 10 的规定。

4.2　液位检测器与容器上的连接尺寸应符合图 11、图 12 的规定。

5　技术要求

5.1　液位检测器应按照本标准的技术要求,并按经规定程序批准的工作图样和技术文件进行生产。

5.2　零件和安装要求。

5.2.1　不锈钢管的直线度允许公差 0.25 mm/m。

5.2.2　安装后不锈钢管的铅垂度允许公差 0.5 mm/m。

5.2.3　不锈钢管与管接头采用钨极氩弧焊,其焊丝牌号 H1Cr18Ni9Ti,焊缝必须充分焊透,焊后仔细修平内壁,并检查管接头与不锈钢管的同轴度,其公差为 0.2 mm。

5.2.4　相邻的两个发讯装置允许的最小距离为 50 mm。

5.2.5　液位调整偏差±5 mm。

6　试验方法

6.1　耐压试验

6.1.1　按试验压力是公称压力的 1.5 倍并按规定的工作液体进行耐压试验。保压 10 min,各处不得有泄漏现象。

6.1.2　上下闸阀应分别按各自要求单独试压。

6.2　发讯装置的试验

6.2.1　将同一套发讯装置逐个与相应的浮筒进行模拟试验,检测其功能的可靠性。

6.2.2　液位检测器所有零部件安装完毕后,与高压罐一起进行液位检测试验,检查发讯装置的工作情况是否正常。

6.3　型式试验

6.3.1　首批试制的液位检测器应做型式试验,试验内容按 6.1 和 6.2 进行。并按规定进行外部尺寸和外观质量的检查。

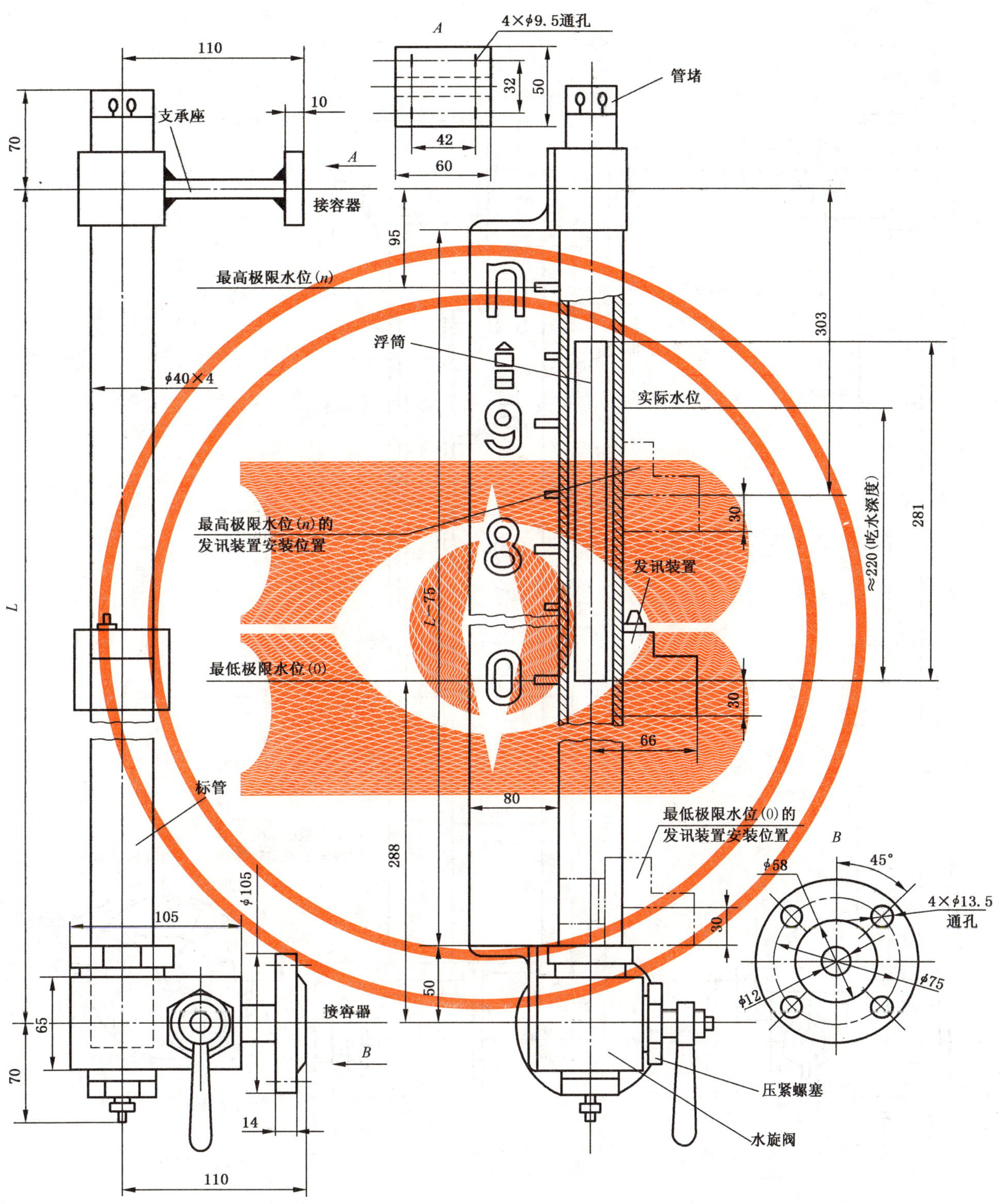

注 1：支承座与水旋阀的中心距 L(L≤3 000 mm)、发讯装置数量 n 及其安装位置皆由容器设计者确定。

注 2：除标管、标尺和发讯装置外质量为 6 kg。

图 1　S1 型水位检测器

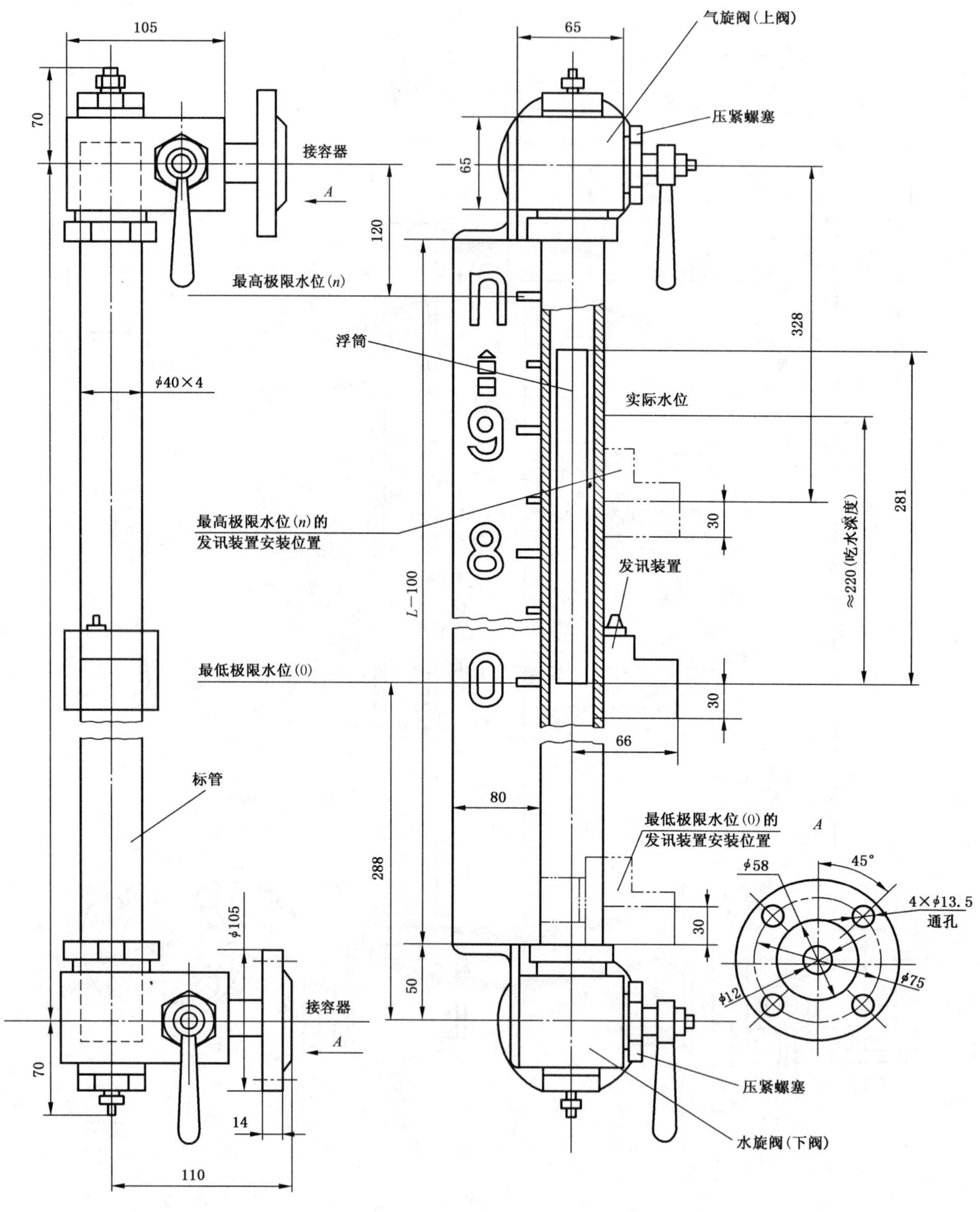

注1：气旋阀与水旋阀的中心距 L($L\leqslant$3 000 mm)、发讯装置数量 n 及其安装位置皆由容器设计者确定。

注2：除标管、标尺和发讯装置外质量为 9.7 kg。

图2　S2型水位检测器

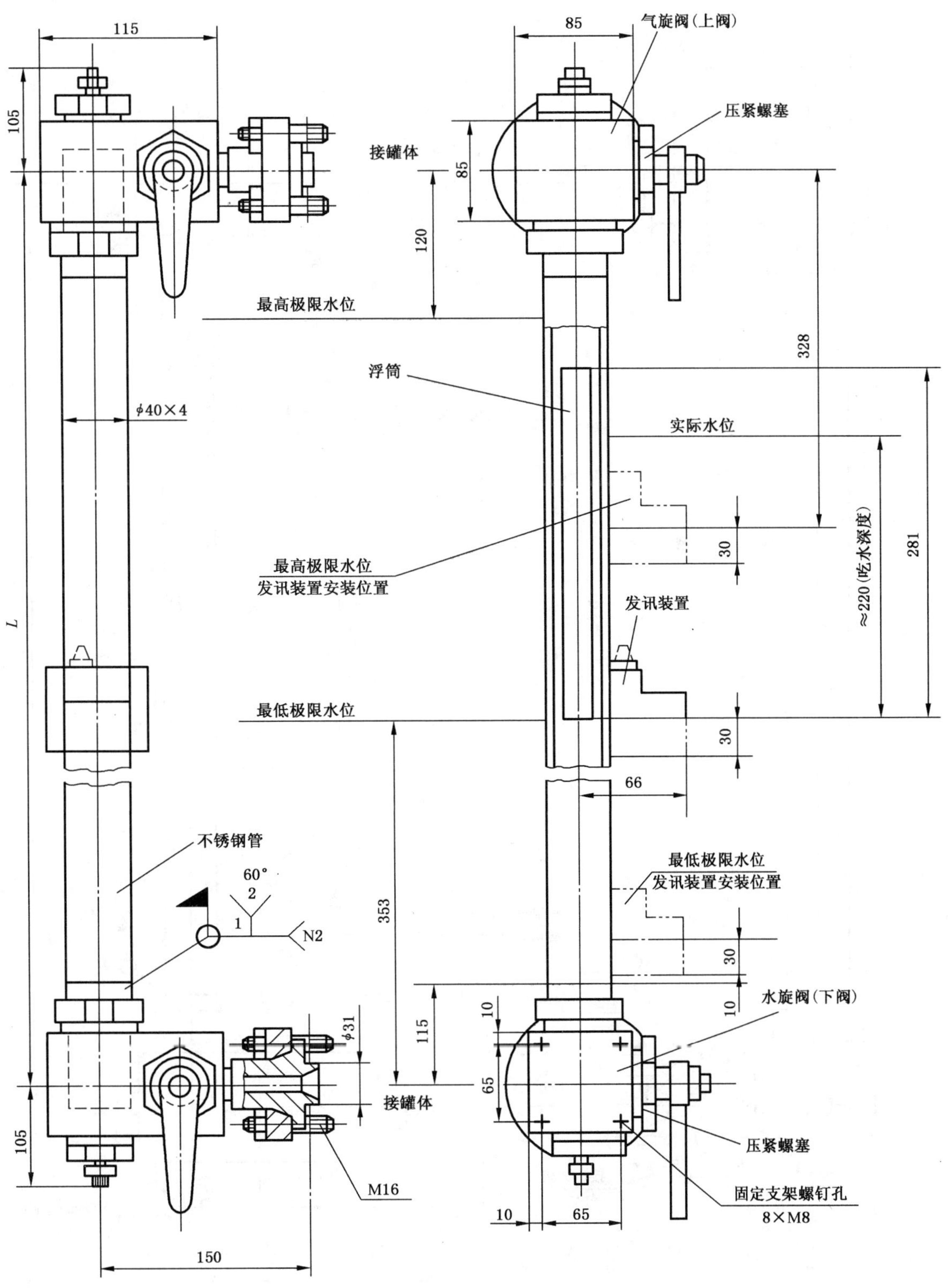

注 1：气旋阀与水旋阀的中心距 L($L \leqslant 5\ 000$ mm)、发讯装置数量 n 及其安装位置皆由容器设计者确定。

注 2：除不锈钢管和发讯装置外质量为 18 kg。

图 3 S3 型水位检测器

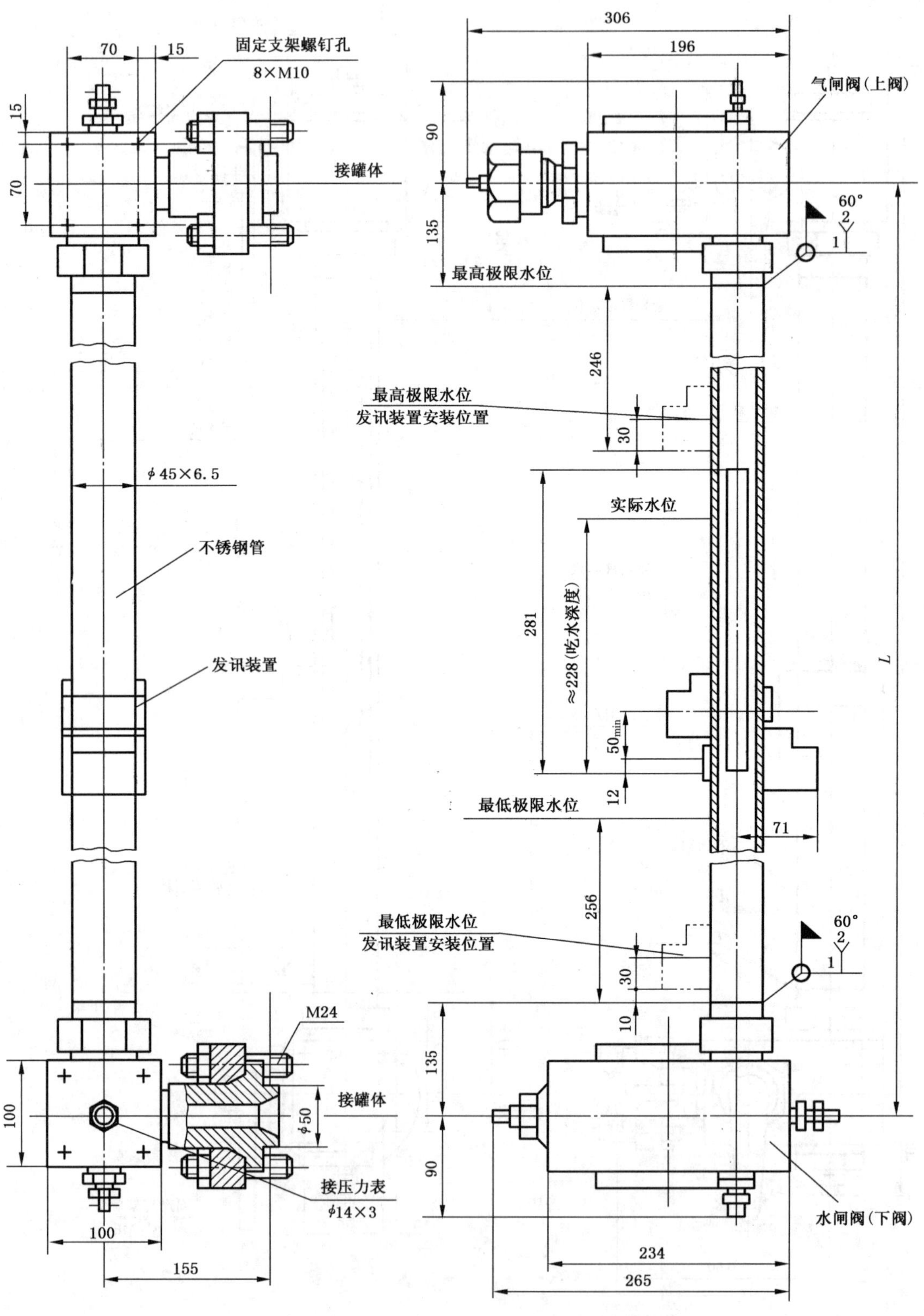

注 1：气闸阀与水闸阀的中心距 $L(L \leqslant 7\ 000\ \text{mm})$、发讯装置数量 n 及其安装位置皆由容器设计者确定。

注 2：除不锈钢管和发讯装置外质量为 48.9 kg。

图 4　S4 型水位检测器

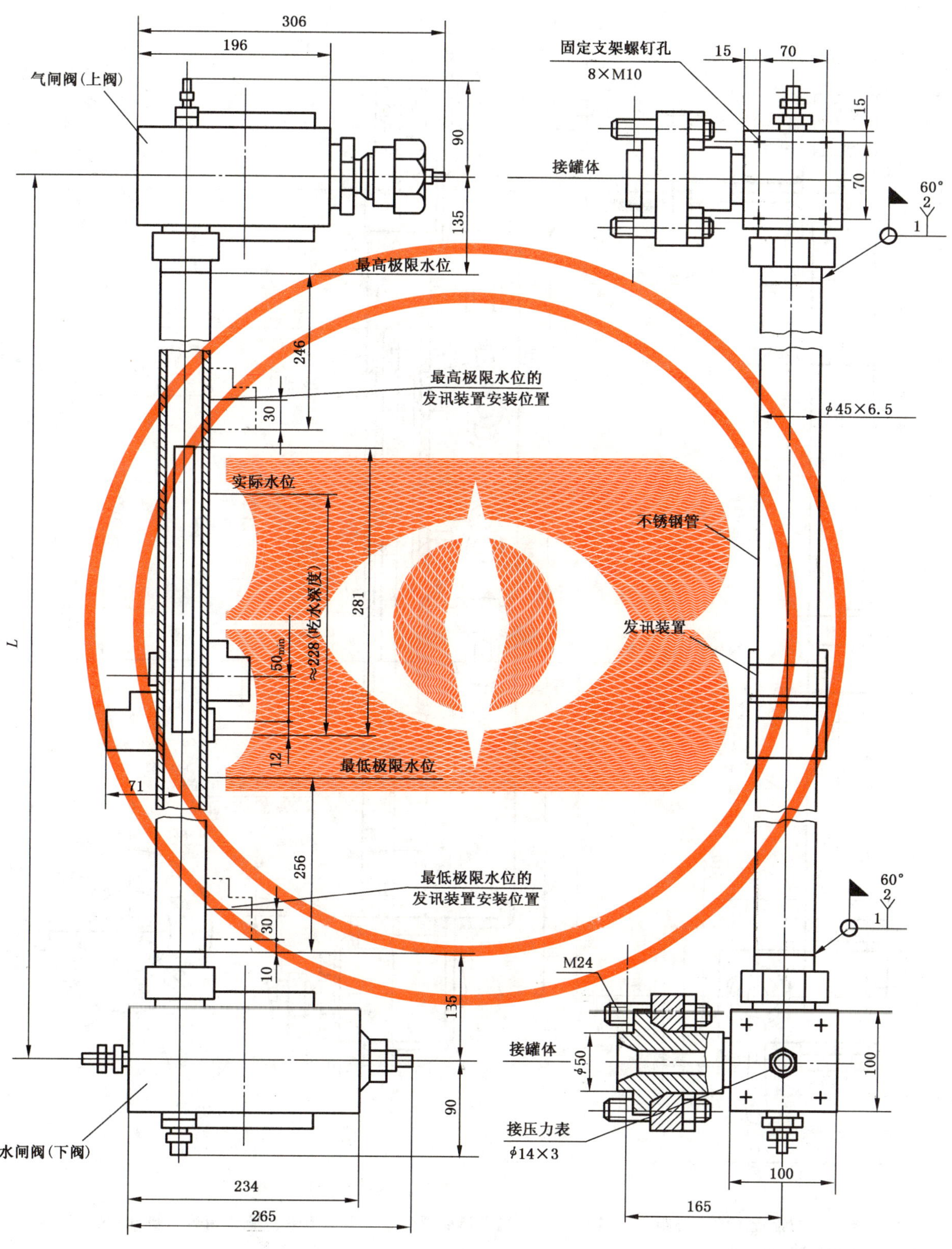

注 1：气闸阀与水闸阀的中心距 L($L\leqslant$7 000 mm)、发讯装置数量 n 及其安装位置皆由容器设计者确定。

注 2：除不锈钢管和发讯装置外质量为 48.9 kg。

图 5 S5 型水位检测器

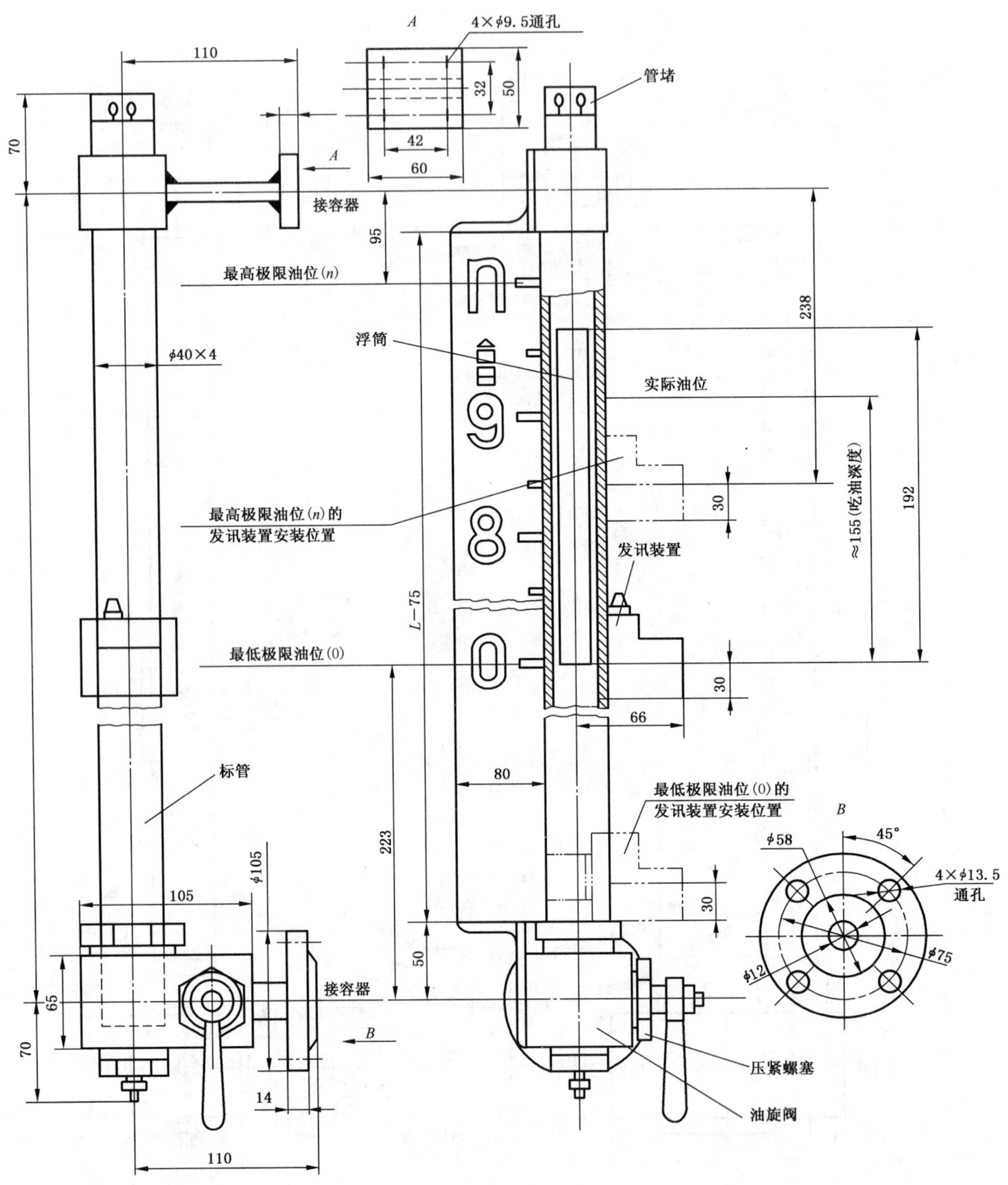

注 1：支承座与油旋阀的中心距 L($L \leqslant 3\ 000$ mm)、发讯装置数量 n 及其安装位置皆由容器设计者确定。

注 2：除标管、标尺和发讯装置外质量为 6 kg。

图 6　Y1 型油位检测器

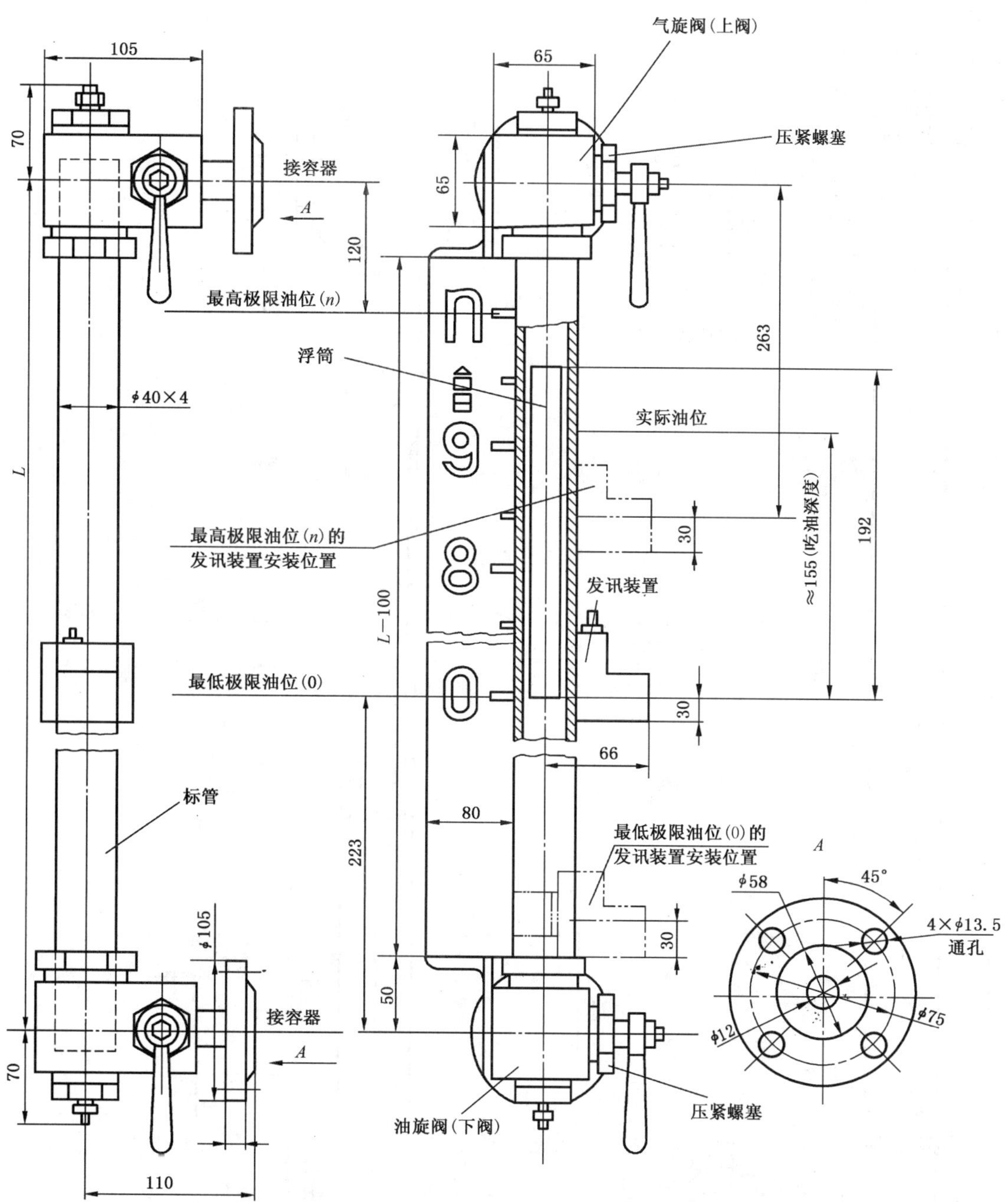

注 1：气旋阀与油旋阀的中心距 $L(L \leqslant 3\ 000\ \mathrm{mm})$、发讯装置数量 n 及其安装位置皆由容器设计者确定。

注 2：除标管、标尺和发讯装置外质量为 9.7 kg。

图 7　Y2 型油位检测器

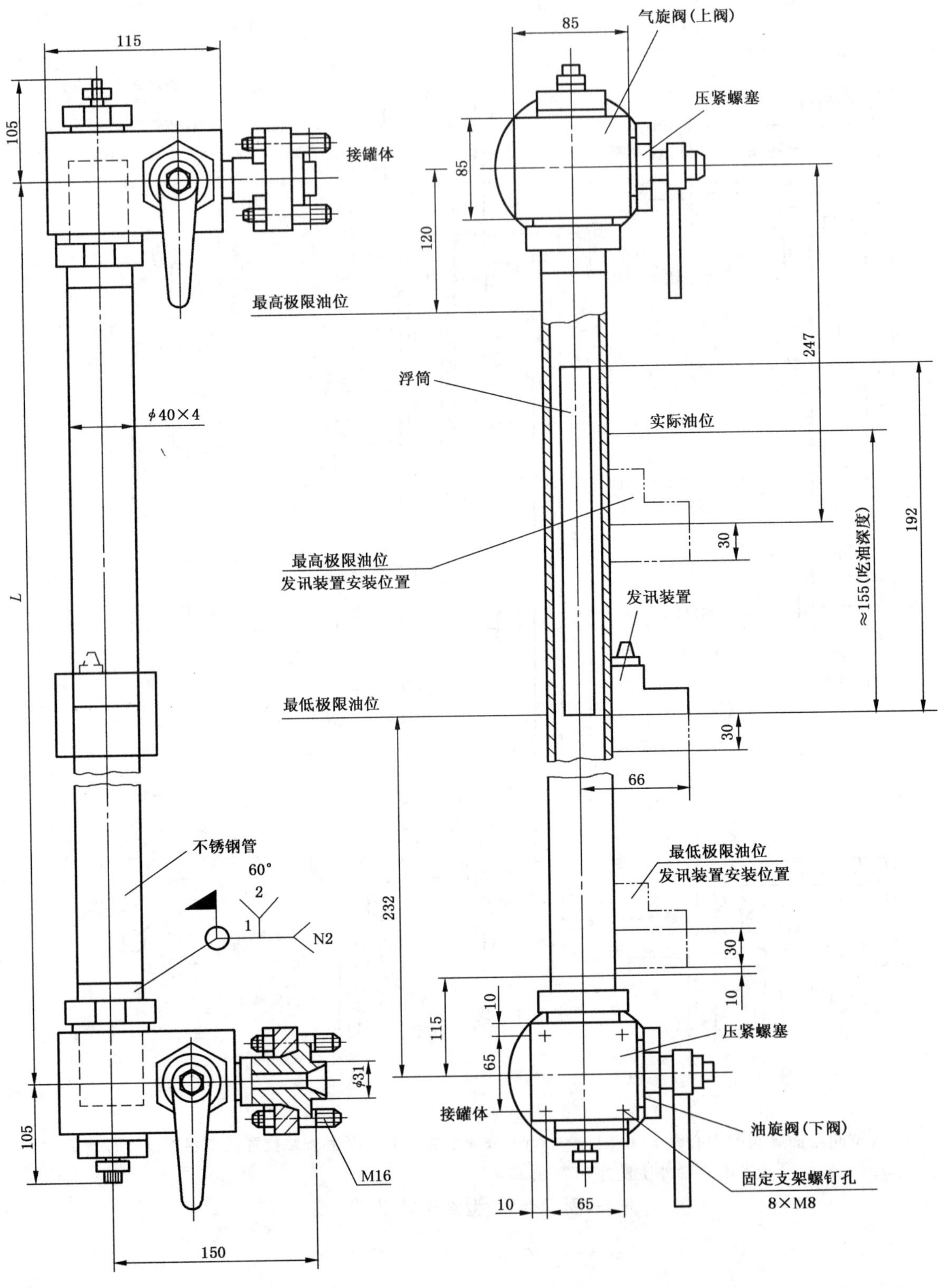

注 1：气旋阀与油旋阀的中心距 $L(L \leqslant 5\ 000\ \text{mm})$、发讯装置数量 n 及其安装位置皆由容器设计者确定。

注 2：除标管、标尺和发讯装置外质量为 18 kg。

图 8　Y3 型油位检测器

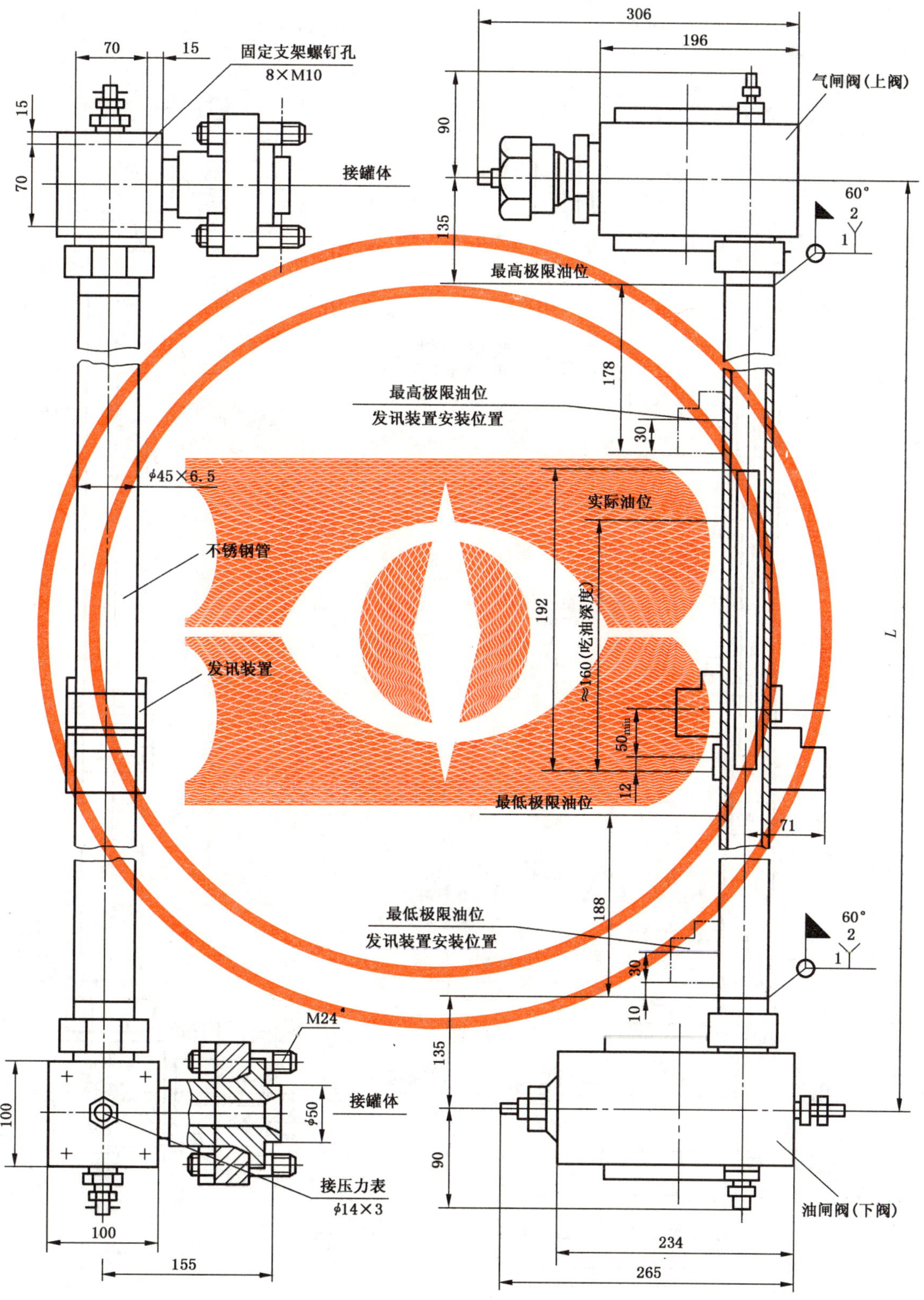

注 1:气闸阀与油闸阀的中心距 L($L \leqslant 7\ 000$ mm)、发讯装置数量 n 及其安装位置皆由容器设计者确定。

注 2:除不锈钢管和发讯装置外质量为 48.9 kg。

图 9　Y4 型油位检测器

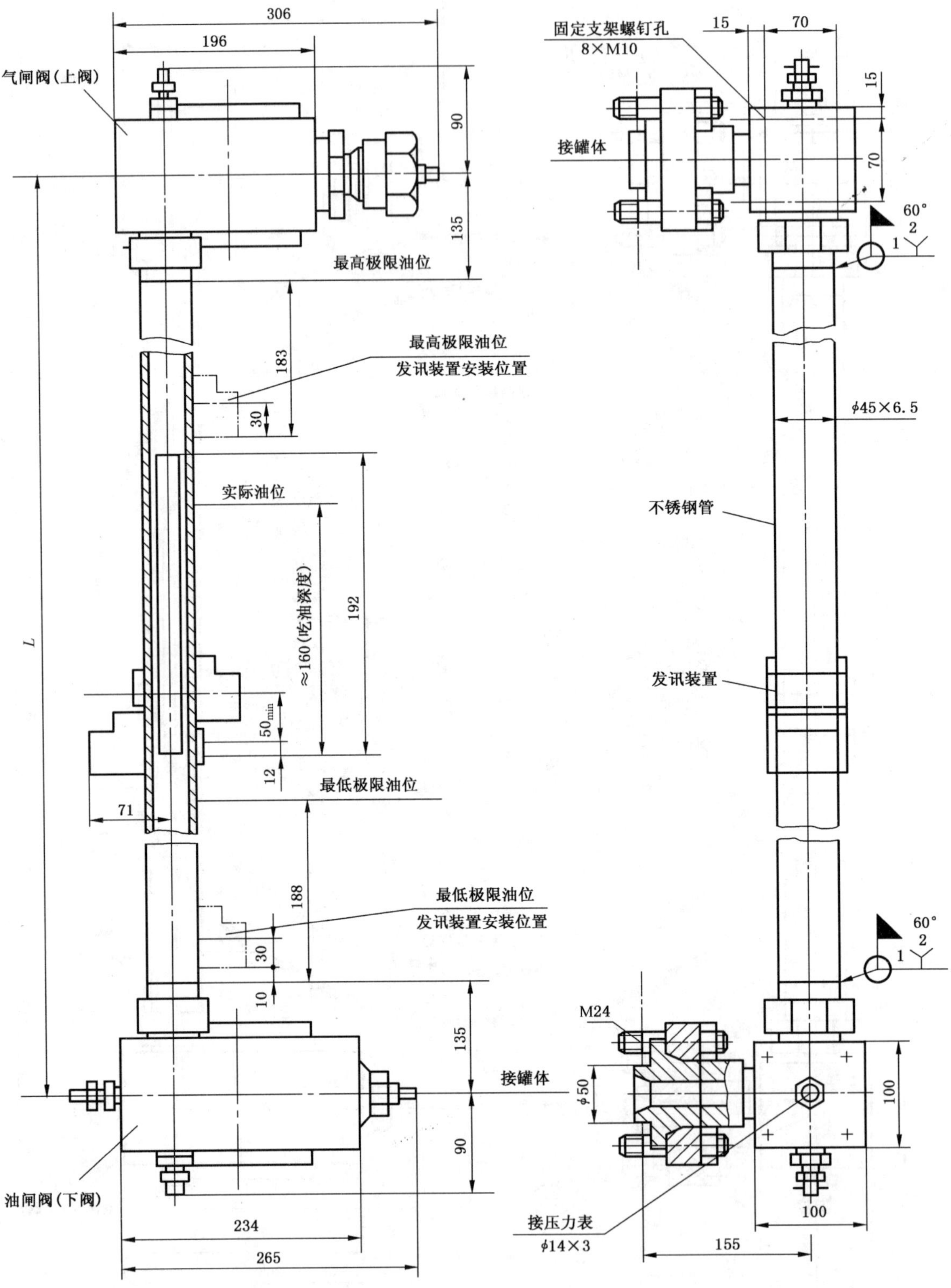

注 1：气闸阀与油闸阀的中心距 L($L \leqslant 7\ 000$ mm)、发讯装置数量 n 及其安装位置皆由容器设计者确定。

注 2：除不锈钢管和发讯装置外质量为 48.9 kg。

图 10　Y5 型油位检测器

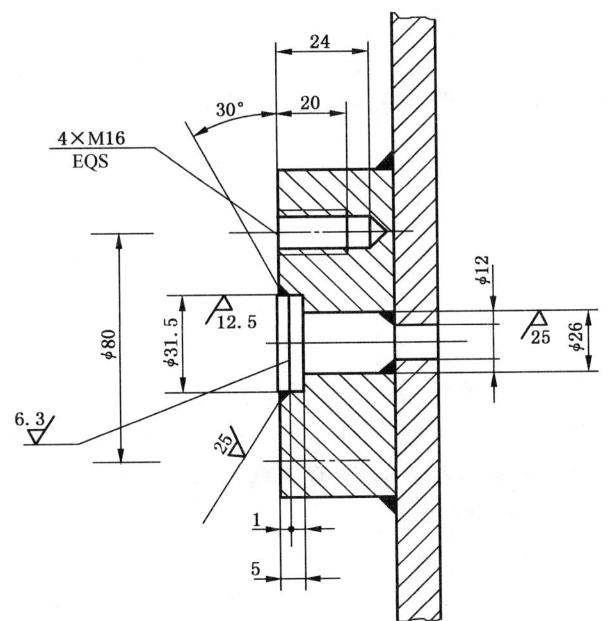

图 11 S3、Y3 型罐体上的连接尺寸

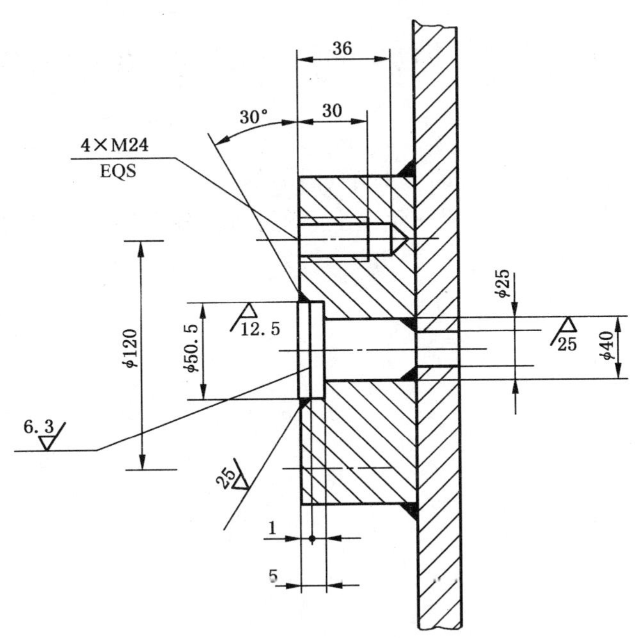

图 12 S4、S5、Y4、Y5 型罐体上的连接尺寸

6.3.2 当产品结构、工艺或主要零件材料变更时，应重新进行型式试验。

6.3.3 作型式试验的产品每种型式不得少于两台。

7 检验规则

7.1 液位检测器出厂前必须按 6.1.2 规定逐台检验，按批抽查 6.3，抽查数量为每批产品的 10%，但不得少于五个。若抽检中有不合格项目，则对此项目加倍复试，如仍有不合格者，则对该批产品全检。

7.2 液位检测器必须经制造厂检验部门按标准要求进行检查和验收，并附有合格证。

8 标志、包装、运输和贮存

8.1 标志

每台液位检测器应在阀体的醒目处固定标牌。标牌的制作按照 GB/T 13306 的规定。标牌应标明：

a) 产品名称；

b) 公称压力；

c) 制造厂名称；

d) 出厂日期、编号。

8.2 包装

8.2.1 液位检测器应按 GB/T 4879 的规定进行防锈包装。

8.2.2 防锈包装后的液位检测器的上、下阀门和不锈钢管应牢固装入按 GB/T 7284 规定的框架木箱内。发讯装置和浮筒要用木箱单独包装并有防震、防潮等措施。

8.2.3 液位检测器包装内应装入下列文件：

a) 产品合格证；

b) 使用说明书；

c) 装箱单；

d) 随机备件清单。

8.3 运输

运输过程中严禁磕碰和摔打，包装箱不得变形和损坏。特别是发讯装置搬运中应轻搬轻放，避免雨雪浸淋。

8.4 贮存

8.4.1 液位检测器应存放在清洁、干燥、避免日晒、雨淋的场所。

8.4.2 液位检测器自发货之日起，贮存期一年内上、下阀门内各零件不得有锈蚀。

附 录 A
（资料性附录）
安装使用说明

A.1 发讯装置中干簧管的触点在直流 24 V 的回路中，200 mA 以下的纯阻负荷时，能可靠工作10^7次，故应选用线圈容量远小于干簧管触点容量的继电器，如型号为 JQX-11F 的继电器。

A.2 安装发讯装置时应注意将其平面朝下、凸面朝上，如图 A.1 所示。发讯装置中的磁钢不得随意移动。

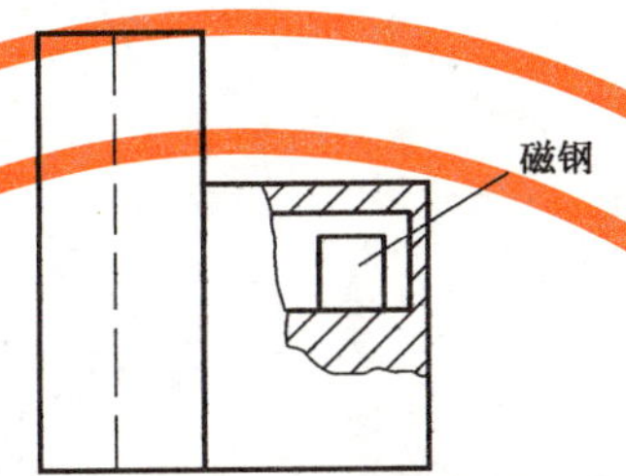

图 A.1 发讯装置

A.3 浮筒与发讯装置系配套使用，不得与其他套调换或混合使用，浮筒放入时必须注意，其出气孔端朝上，磁钢端向下，切勿颠倒。

A.4 浮筒取出方法：关闭下阀和上阀，先逐渐打开上阀上的放气阀，使其充分泄压，再全部打开下阀上的放气阀放液，然后打开下堵头将浮筒取出，根据具体情况，定期清理标管或不锈钢管内壁。

浮筒放入方法：从下面将浮筒放入后，装好下堵头，关闭上、下气阀，然后，必须先缓慢打开上阀，待压力充分平衡后，再缓慢打开下阀，此时，浮筒随液面上升至容器的液位，并用液位以下的各发讯装置动作情况和备用的发讯装置作为检查块来检查。

A.5 S2、S3 及 Y2、Y3 型的液位检测器的上阀和下阀开启或关闭之前，必须将其手柄下面的压紧螺塞拧松 1 扣～2 扣，再搬动手柄至开启位置（手柄垂直于地面）或关闭位置（手柄平行于地面），然后再将压紧螺塞拧紧。

A.6 当蓄能站作数台设备动力源，压力罐必须同时装上左型和右型两台液位检测器，以便其中一台维修时，另一台立即投入使用，不停机。

ICS 23.100.30
J 20
备案号：19780—2007

中华人民共和国机械行业标准

JB/T 7857—2006
代替 JB/T 7857—1995

液压阀污染敏感度评定方法

Hydraulic fluid power—Valves—Method of evaluating contaminant sensitivity

2006-12-31 发布 2007-07-01 实施

中华人民共和国国家发展和改革委员会 发布

前　言

本标准代替 JB/T 7857—1995《液压阀污染敏感度评定方法》。

本标准与 JB/T 7857—1995 相比，主要变化如下：

——在第 2 章“规范性引用文件”中，增加 GB/T 17446、GB/T 18854 和 ISO 12103-1；原引用标准 GB/T 14039—1993 改为 GB/T 14039—2002。

——在第 3 章“术语和定义”中，依据 GB/T 1.1—2000 增加各术语的英文名称。

——在“4.3　试验用物品”中，原“AC 细试验粉末”改为“中级试验粉末(MTD)”，并对由此产生的变动作了相应的修改。

——增加以“μm(c)”表示的颗粒尺寸单位。

——增加“11　标注说明”一章。

本标准由中国机械工业联合会提出。

本标准由全国液压气动标准化技术委员会(SAC/TC 3)归口。

本标准起草单位：北京化工大学、北京机械工业自动化研究所。

本标准主要起草人：李方俊、刘新德、赵曼琳、吴小霞。

本标准所代替标准的历次版本发布情况为：

——JB/T 7857—1995。

液压阀污染敏感度评定方法

1 范围

本标准规定了液压阀污染敏感度评定方法。该方法从污染卡紧、污染磨损/冲蚀两方面来评定液压阀由固体颗粒污染物所引起的性能变化。

本方法的主要目的是在相同试验条件下比较不同类型液压阀对颗粒污染物的敏感性。由于不可能对现场可能发生的所有工况都进行试验，因而试验结果不作为定量评定液压阀在现场实际污染条件下使用性能的依据。

通过本评定方法可获得不同颗粒尺寸和污染浓度对液压阀污染卡紧和污染磨损/冲蚀的影响，从而确定为保护液压阀所需的过滤要求。

本标准适用于以液压油液为工作介质的各类液压阀。

2 规范性引用文件

下列文件中的条款通过本标准的引用而成为本标准的条款。凡是注日期的引用文件，其随后所有的修改单(不包括勘误的内容)或修订版均不适用于本标准，然而，鼓励根据本标准达成协议的各方研究是否可使用这些文件的最新版本。凡是不注日期的引用文件，其最新版本适用于本标准。

GB/T 8104 流量控制阀 试验方法

GB/T 8105 压力控制阀 试验方法

GB/T 8106 方向控制阀 试验方法

GB/T 14039—2002 液压传动 油液 固体颗粒污染等级代号(ISO 4406:1999，MOD)

GB/T 17446 流体传动系统及元件 术语(GB/T 17446—1998，idt ISO 5598:1985)

GB/T 18854 液压传动 液体自动颗粒计数器的校准(GB/T 18854—2002，ISO 11171:1999，MOD)

ISO 12103-1 道路车辆 过滤器性能试验粉末 第1部分:Arizona试验粉末

3 术语和定义

GB/T 17446中确立的以及下列术语和定义适用于本标准。

3.1

污染敏感度 contaminant sensitivity

油液中的固体颗粒污染物所引起的阀性能的变化程度。

3.2

污染卡紧 contaminant lock

两相对运动表面(如阀芯—阀孔)之间滞留的污染物阻碍二者相对运动的现象。

3.3

污染磨损/冲蚀 contaminant wear/erosion

因阀内固体颗粒污染物引起的磨损或冲蚀而导致阀零件的材料磨蚀过程。它包括滞留在两相对运动表面之间固体颗粒污染物引起的磨粒磨损和油液中固体颗粒污染物对节流边的冲蚀磨损。

4 试验装置和试验要求

4.1 试验装置

4.1.1 试验装置的典型试验回路如图1所示。它由油箱、泵、污染物注入器、冷却器、流量计、压力表、温度计和过滤器等组成。试验回路中选择的元件在污染油液中应具有良好的工作性能。

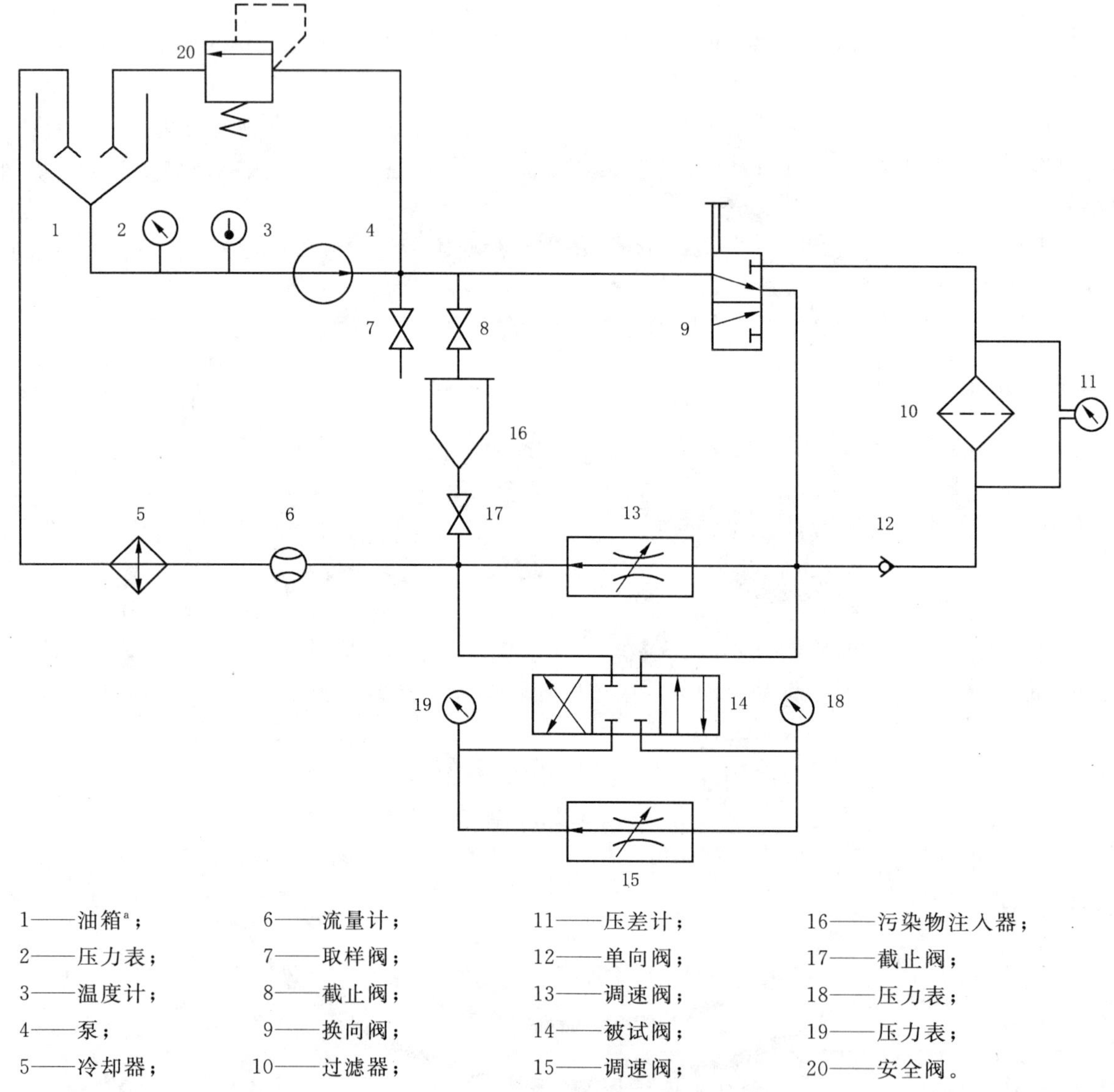

1——油箱[a]；
2——压力表；
3——温度计；
4——泵；
5——冷却器；
6——流量计；
7——取样阀；
8——截止阀；
9——换向阀；
10——过滤器；
11——压差计；
12——单向阀；
13——调速阀；
14——被试阀；
15——调速阀；
16——污染物注入器；
17——截止阀；
18——压力表；
19——压力表；
20——安全阀。

[a] 此油箱与一般液压传动系统的油箱不同，具有特殊的结构和功能，所以未采用GB/T 786.1规定的图形符号，而采用了ISO相关标准中的表达方式。

图1 阀污染敏感度典型试验回路(以方向阀为例)

4.1.2 油箱应做成锥角小于90°的锥形底部，以确保油液充分的搅动。

4.1.3 污染物注入器容积约500 mL，高度与直径比约为10∶1，锥形底部的锥角小于90°。

4.1.4 冷却器不得截留污染物。

注：建议使用单通道或双通道冷却器，垂直安装，油液从冷却器底部进入，且油液在管内流动，冷却水在管外流动。

4.1.5 流量计应对污染物不敏感，测量准确度应在测定值的±2%之内。

4.1.6 过滤器应使系统清洁度达到GB/T 14039—2002规定的—/12/10或更高。

4.1.7 称重法测定油液污染度的设备一套，自动颗粒计数器一台。

4.1.8 被试阀具有先导回路时，先导回路应和被试阀的其他部分具有相同的污染源。

4.2 试验用油液

4.2.1 使用40℃时运动黏度为$(28.8\times10^{-6}\sim35.2\times10^{-6})m^2/s$的矿物油。记录油液种类、代号、生产单位及批号。

4.2.2 试验系统油液体积(单位为L),不包括过滤回路(由过滤器、单向阀等组成),在数值上应等于被试阀试验流量(单位为L/min)的1/4～1/2,误差范围为±10%,记录油液体积。

4.2.3 试验系统油液温度为(40±2)℃。

4.3 试验用物品

4.3.1 中级试验粉末(MTD)

试验采用符合ISO 12103-1规定的中级试验粉末。用合格的筛分器对中级试验粉末进行筛分,得到(0～6.4)μm(c)、(0～9.8)μm(c)、(0～17.5)μm(c)、(0～24.9)μm(c)、(0～31.7)μm(c)各尺寸范围的粉末。筛分前中级试验粉末的颗粒尺寸分布应在表1规定的范围内,筛分后中级试验粉末的颗粒尺寸分布应维持其所含有的颗粒尺寸分布相对不变。

表1 筛分前MTD的颗粒尺寸分布

颗粒尺寸		平均颗粒数/μg	
μm	μm(c)	个数	允许偏差
≥1	≥4.2	2 000	90
≥2	≥4.6	1 660	85
≥3	≥5.1	1 300	80
≥5	≥6.4	757	69
≥7	≥7.7	450	52
≥10	≥9.8	215	35
≥12	≥11.3	126	19
≥15	≥13.6	69.6	12
≥20	≥17.5	28.7	5.5
≥30	≥24.9	7.3	2
≥40	≥31.7	2.3	0.7
注:以μm为单位的颗粒尺寸是采用显微镜测量的颗粒尺寸,以μm(c)为单位的颗粒尺寸是采用以GB/T 18854校准的自动颗粒计数器测量的颗粒尺寸。			

4.3.2 羰基铁

用合格的筛分器对羰基铁进行筛分,各粒度级别所对应的颗粒尺寸范围应满足表2的要求。

表2 羰基铁的粒度级别

级别	尺寸范围/μm(c)
SF(超细)	0～6.4
F(细)	0～9.8
C(粗)	0～17.5
L(大)	0～31.7

4.3.3 取样瓶

取样瓶的清洁度等级(RCL)应达到每毫升瓶容积中大于9.8 μm(c)的颗粒数少于10。

4.3.4 污染液注入瓶

污染液注入瓶的清洁度等级应达到每毫升瓶容积中大于9.8 μm(c)的颗粒数少于1 000。

4.4 试验系统的安装

4.4.1 应保证试验回路中的油液呈紊流工作状态。

4.4.2 采取措施防止污染物在回路中的截留、淤积,并保证试验系统中不夹杂空气。

5 试验装置的验证

5.1 用冲洗盖板取代被试阀安装在试验回路中,使油液通过试验系统,冲洗所有管道。

5.2 调节试验流量,使其约为最低试验流量。

5.3 循环过滤系统油液,直至系统清洁度达到 GB/T 14039—2002 规定的—/12/10 或更高。

5.4 操作换向阀 9,旁通过滤器 10。

5.5 称取质量为 g_i 的污染物,使试验系统油液的污染度达到(250±10) mg/L。g_i 按式(1)计算:

$$g_i = X_1 V \qquad (1)$$

式中:

g_i——污染物质量,单位为克(g);

X_1——污染度,单位为克每升(g/L);

V——系统油液体积,单位为升(L)。

验证试验使用的污染物应根据污染卡紧试验所使用的污染物来确定。见表 3,若卡紧试验使用 A 种配制方案的污染物,则验证试验使用全尺寸范围的中级试验粉末。若卡紧试验使用 B 种配制方案的污染物,则验证试验使用(0~31.7) μm(c)的中级试验粉末与粒度级别为 L 的羰基铁的混合物。

5.6 使用油液将污染物配制成浆体后倒入注入器中。浆体必须经过充分的搅拌与混合,以防止颗粒的聚团、结块。

5.7 将污染物注入器中的污染物浆体均匀缓慢地注入系统,注入时间不少于 5 min。

5.8 试验系统运转时间不得少于污染卡紧试验时每次注入的污染物在系统中循环的时间。被试阀每个工作位置所需循环时间约为 60 min。

5.9 试验系统运行期间,每隔 15 min 从系统中取样一次,共取样四次。

5.10 用称重法测定每个液样的污染度。

5.11 若四次液样的污染度与初始污染度的误差均在表 4 给定的范围内,则认为试验系统合格。

5.12 验证试验合格后运行系统,用过滤器进行过滤,直至系统清洁度达到 GB/T 14039—2002 规定的—/12/10 或更高。

5.13 当油箱或系统管道有所变动时,应重新进行验证试验。

6 污染卡紧试验程序

6.1 试验系统验证合格后,将被试阀取代冲洗盖板安装在试验回路中。根据测试要求,安装必要的控制装置和数据记录装置。

6.2 根据表 3 和表 4 的要求,称取各种尺寸范围的污染物各 g_i 克,用油液搅拌成浆体后装入各个清洁的污染液注入瓶中。

6.3 将系统压力升至规定值,在被试阀动作数次后迅速测量并记录其在清洁油液中的评定参数(见第 9 章),该数值作为评定参数的基础数据。

6.4 系统停止运行,将第一个尺寸范围的污染物浆体均匀缓慢地注入系统,注入时间不得少于 5 min。

6.5 重新启动系统,循环操作被试阀,循环次数不少于 5,使污染油液分布于其中。

6.6 将被试阀设置在对污染卡紧最敏感的位置或状态,静止 30 s 后,测量阀的评定参数。然后依次在静止时间为 1 min、2 min、4 min、8 min、16 min、32 min 时测量阀的评定参数。静止时间不能累计。在下一次加入不同尺寸范围或不同浓度的污染物之前,系统中的油液必须重新过滤(见 5.2 及 5.3)。

6.7 重复 6.4~6.6 的内容,直至试验要求的所有尺寸范围污染物都注入并试验完毕为止。

注:污染卡紧试验的不同尺寸范围污染物的注入顺序由试验者确定。

7 污染磨损/冲蚀试验程序

7.1 试验系统验证合格后，将被试阀取代冲洗盖板安装在试验回路中。根据测试要求，安装必要的控制装置和数据记录装置。

7.2 根据表3和表4的要求，称取各种尺寸范围的污染物各 g_i 克，搅拌成浆体后装入各个清洁的污染液注入瓶中。

7.3 将系统试验压力升至规定值，记录阀在清洁油液中的评定参数。

注：如果某一被试阀既要做污染磨损/冲蚀试验，又要做污染卡紧试验，则必须先做完所有污染卡紧试验，然后才开始做污染磨损/冲蚀试验。

7.4 将第一个尺寸范围的污染物浆体均匀缓慢地注入系统，注入时间不得少于5 min。

7.5 被试阀在额定流量和压力下以规定的频率循环动作30 min。未指明时，最小循环频率取值如下：

a) 伺服阀：30次/min；

b) 电动阀：12次/min；

c) 非电动阀：5次/min。

注：如果阀在循环动作期间出现粘着卡紧，建议终止试验，并在低污染度下重新进行试验。

7.6 停止阀的循环动作。操作换向阀9，接通过滤回路，通过循环过滤使系统清洁度达到GB/T 14039—2002规定的—/12/10或更高。

7.7 测量阀的评定参数。除特别说明之外，试验应当在泄漏量超过其最大规定值或动态性能超出其规定值时终止。

7.8 使用较大尺寸范围的污染物重复7.4～7.7的内容，直至所有尺寸范围的污染物试验完毕或阀的泄漏量超出其最大规定值为止。

注：污染磨损/冲蚀试验必须严格按照污染物尺寸范围由小到大的顺序依次进行。

8 试验污染物及浓度的选择

8.1 污染卡紧试验污染物的选择

表3列出了污染卡紧试验用的两种污染物配制方案。方案A的污染物为筛分中级试验粉末，当不考虑污染物的磁性时，建议使用方案A配制的污染物做试验。非电动的液压阀通常属于这种情况。方案B的污染物为中级试验粉末与羰基铁的混合物，但其中的全尺寸范围污染物与方案A中的相同。电动阀的污染卡紧试验应使用方案B配制的污染物。

表3 试验污染物配制方案

序号	污染物成分与尺寸范围		试验粉末配制方案	
	中级试验粉末(MTD)/μm(c)	羰基铁(C.I.)	A	B
1	0～6.4	SF	100%MTD	50%MTD+50%C.I.
2	0～9.8	F		
3	0～17.5	C		
4	0～31.7	L		
5	全尺寸	无		100%MTD

8.2 污染卡紧试验污染度的选择

表4列出了污染试验用的三种污染度水平，分别为10 mg/L、50 mg/L、250 mg/L。污染卡紧试验污染度选择时应考虑污染物侵入率和系统的过滤性能。试验污染度不应低于可能发生的最高污染度。最高污染度可能发生在元件失效或忽视维护时。

表 4　试验污染度水平

污染度 X_1/(mg/L)	误差/(mg/L)	液压阀的使用场合
10	±1	少量的污染物侵入，系统具有很强的过滤能力
50	±3	一定量的污染物侵入，系统具有一定的过滤能力
250	±10	大量的污染物侵入，系统几乎没有过滤能力

8.3　污染磨损/冲蚀试验污染物

污染磨损/冲蚀试验使用的污染物为表 3 列出的 A 种配制方案所规定的污染物。

8.4　污染磨损/冲蚀试验污染度的选择

污染磨损/冲蚀试验采用的污染度从表 4 中选择，应根据试验的目的及减少试验时间与费用的要求选择污染度。磨损/冲蚀试验的目的有以下几种：

a)　比较不同阀的磨损性能；

b)　确定阀使用时所需的过滤要求；

c)　满足或提高某项技术要求。

在比较不同阀的磨损性能和确定过滤要求时，宜在高污染度下进行试验。若在满足某项技术要求时，则应从低污染度开始，不断增大污染浓度直至阀的性能出现下降。

9　阀污染敏感度评定参数

阀污染敏感度评定参数见表 5。试验方法按 GB/T 8104、GB/T 8105、GB/T 8106 及其他相关标准规定。

表 5　阀污染敏感度评定参数

<table>
<tr><th colspan="2" rowspan="2">被试阀种类</th><th colspan="2">试验种类</th></tr>
<tr><th>卡紧试验</th><th>磨损/冲蚀试验</th></tr>
<tr><td rowspan="4">方向控制阀</td><td>单向阀</td><td rowspan="2">阀芯移动力</td><td>泄漏量</td></tr>
<tr><td>手动、机动换向阀</td><td rowspan="3">内泄漏量</td></tr>
<tr><td>液动换向阀</td><td>先导压力</td></tr>
<tr><td>电液换向阀、电磁换向阀</td><td>电流或电压</td></tr>
<tr><td colspan="2">压力控制阀</td><td>瞬态响应特性</td><td>稳态压力-流量特性和瞬态响应特性</td></tr>
<tr><td colspan="2">流量控制阀</td><td>瞬态响应</td><td>稳态特性和瞬态特性</td></tr>
<tr><td colspan="2">伺服阀、比例阀</td><td>滞环</td><td>内泄漏量及特性</td></tr>
</table>

10　试验报告

试验报告中应注明阀的型号、试验用油液、试验温度和压力。在评定污染卡紧性能时，应给出所有初始清洁油液和污染油液下测量的评定参数。在评定磨损/冲蚀性能时，应记录每次污染物循环前后所测量的评定参数。在测量污染磨损/冲蚀试验中的泄漏量时，应以表格的形式记录压力、泄漏路径、泄漏量和油液温度。试验报告的形式见图 2。

11　标注说明(引用本标准时)

当完全遵照本标准时，在试验报告、产品目录和销售文件中可作如下说明：

“液压阀污染敏感度试验数据的评定方法符合 JB/T 7857—2006《液压阀污染敏感度评定方法》”。

实验室：__________ 试验日期：____ 年 月 日____ 操作人员：__________

被试阀

型号：__________ 压力/MPa：__________ 流量/(L/min)：__________

其他说明：__________

试验条件

试验油液

类型：__________ 牌号：__________ 批号：__________

生产单位：__________ 试验温度下的黏度/(mm^2/s)：__________

试验污染物

MTD 批号：__________ 羰基铁生产单位和批号：__________

MTD 尺寸范围：__________ 羰基铁尺寸代号：__________ 试验粉末配制方案：__________

试验系统

压力/MPa：__________ 流量/(L/min)：__________ 温度/℃：__________

油液体积/L：__________ 污染浓度/(mg/L)：__________

试验结果

<table>
<tr><td colspan="2">污染卡紧试验</td></tr>
<tr><td>初始清洁油液条件下的测试结果</td><td>污染油液条件下的测试结果</td></tr>
<tr><td></td><td></td></tr>
<tr><td colspan="2">污染磨损/冲蚀试验</td></tr>
<tr><td colspan="2">循环动作频率/(次/min)：______ 循环动作次数/次：______ 泄漏路径：______
高压侧压力/MPa：______ 高压侧压力/MPa：______ 泄漏量/(mL/min)：______</td></tr>
<tr><td>初始清洁油液条件下的测试结果</td><td>污染油液条件下的测试结果</td></tr>
<tr><td></td><td></td></tr>
</table>

图 2 液压阀污染敏感度试验报告单

ICS 23.100.60
J 20
备案号：19781—2007

中华人民共和国机械行业标准

JB/T 7858—2006
代替 JB/T 7858—1995

液压元件清洁度评定方法及液压元件清洁度指标

Method to determine cleanliness and acceptance criterions for hydraulic components

2006-12-31 发布　　2007-07-01 实施

中华人民共和国国家发展和改革委员会　发布

前　　言

本标准代替 JB/T 7858—1995《液压元件清洁度评定方法及液压元件清洁度指标》。

本标准与 JB/T 7858—1995 相比，主要变化如下：

——增加第 2 章“规范性引用文件”；

——4.4 中，天平精度“0.5 mg”改为“0.1 mg”；

——5.4 中，“沸程 60℃～90℃”改为“沸程 90℃～120℃”；

——6.11.1，对滤膜增加要求；

——表 2 中的指标值均增加“≤”号；

——表 2 中将齿轮泵与叶片泵的清洁度指标分别列出，并增加相应马达的指标；

——表 2 中低速大扭矩马达的公称排量的单位改为“mL/r”，其对应的参数，也相应修改；

——表 2 中对液压缸的指标增加计算公式；

——补充表 2 中对柱塞缸、多级缸的清洁度指标值的规定。

本标准由中国机械工业联合会提出。

本标准由全国液压气动标准化技术委员会（SAC/TC 3）归口。

本标准起草单位：北京机械工业自动化研究所、北京化工大学、中国航空工业颗粒度计量测试站。

本标准主要起草人：刘新德、李方俊、张津津、赵曼琳。

本标准所代替标准的历次版本发布情况为：

——JB/T 7858—1995。

引　言

在液压传动系统中，能量的传递与控制是通过封闭回路中的受压液体来实现的。液压系统包括各类元件、辅件、管路（油路块）、油箱、工作介质等，其中存在的污染物会引起系统性能下降和可靠性降低。要减少液压系统中的污染物必须从它的制造过程开始控制，而对液压元件的污染控制就是其中的一个重要环节。

在液压元件污染控制过程中，需要针对不同的控制要求选择适当的污染物（清洁度）分析方法和评价指标。GB/T 20110--2006 提供了对液压元件污染物（清洁度）进行分析、评价的基本方法和准则，包括：

——称重法；

——颗粒尺寸法；

——化学成分法；

——颗粒尺寸分布法。

本标准仅对其中“称重法”的具体操作程序做出详细叙述，同时推荐相应的元件清洁度指标。

液压元件清洁度评定方法
及液压元件清洁度指标

1 范围

本标准规定了以液压元件内部残留污染物质量评定液压元件清洁度的方法，以及按液压元件内部污染物允许残留量（质量）确定的清洁度指标。

本标准适用于以矿物油为工作介质的各类液压元件和辅件。

2 规范性引用文件

下列文件中的条款通过本标准的引用而成为本标准的条款。凡是注日期的引用文件，其随后所有的修改单（不包括勘误的内容）或修订版均不适用于本标准，然而，鼓励根据本标准达成协议的各方研究是否可使用这些文件的最新版本。凡是不注日期的引用文件，其最新版本适用于本标准。

GB/T 17446 流体传动系统及元件 术语（GB/T 17446—1998，idt ISO 5598:1985）

GB 50073—2001 洁净厂房设计规范

3 术语和定义

GB/T 17446 中确立的以及下列的术语和定义适用于本标准。

3.1

内腔湿容积 internal wetted volume

元件与油液接触的内腔容积。

4 检测设备和器材

4.1 滤膜过滤装置一套。

4.2 混合纤维素酯微孔滤膜若干，滤膜直径 ϕ60 mm，孔径 ϕ0.45 μm、ϕ0.8 μm。

4.3 真空泵一台。

4.4 精度为 0.1 mg 的天平一台。

4.5 温度保持 80℃的非风冷式干燥箱一台。

4.6 其他用品（抽滤瓶、平嘴镊子、量杯、培养皿、小盒、手动油枪、注射器、白绸布、取样瓶等）。

5 检测环境和条件

5.1 检测工作室的洁净度应达到 GB/T 50073—2001 规定的 100 000 级，操作者应穿着专用工作服。

5.2 被测元件应是完成全部加工、试验工序的元件。

5.3 洁净容器应为经过预清洗的取样瓶及其他需用容器，其清洁度不得超出被检测元件所要求的清洁度的 5%。

5.4 洁净清洗液应为经过预过滤的石油醚（沸程 90℃～120℃）或 120 号工业汽油等溶剂，其清洁度不应超出被检测元件所要求的清洁度的 10%。

注：推荐用孔径 0.45 μm 的微孔滤膜过滤。

6 检测程序

6.1 测量并记录被测元件的磁性，需要时退磁到 12Gs（高斯，1Gs=10^{-4}T）以下。

6.2 清洗被测元件的外表面。

6.3 确定被测元件的内腔湿容积。

6.4 将被测元件解体(工艺螺堵及过盈配合的部件不拆卸)。

6.5 取下各结合面的密封件(液压缸活塞密封件除外),用白绸布擦净密封面上不与工作介质接触的部分。

6.6 将元件解体后的所有内腔零件放入洁净容器内。

6.7 用洁净清洗液喷洗与工作介质接触的零件。对与工作介质部分接触的零件,只清洗其接触工作介质的部分。不与工作介质接触的零件(如泵的法兰盘、阀的手柄、缸的耳环等)不清洗。洁净清洗液用量为被测元件内腔湿容积的2倍~5倍。

6.8 将6.7的清洗液收集至符合清洁度要求的容器中,并标注容器编号(如1号样)。

6.9 重复两次6.6~6.8的步骤,容器编号依次为2号样和3号样。

6.10 按下述单滤膜或双滤膜质量分析程序,对1号样、2号样、3号样进行质量分析。

注:单滤膜和双滤膜质量分析法是二种可供选择的质量分析法。当确信能够充分冲洗滤膜时,可选择单滤膜分析法。

6.11 单滤膜质量分析程序:

6.11.1 取适量备用滤膜(0.8 μm)置于培养皿中,半开盖放入干燥箱,在80℃(或滤膜规定的使用温度)恒温下保持30 min。取出后合盖冷却30 min。此过程应保持滤膜平整,无变形。

6.11.2 从培养皿中取出一张经烘干的滤膜,称出其初始质量G_A。

6.11.3 将滤膜固定在过滤装置上,充分搅拌待测样品后倒入过滤装置,再用50 mL洁净清洗液冲洗样品容器并倒入过滤装置。盖上漏斗盖进行抽滤,待抽滤到约剩余2 mL余液时,取下漏斗盖用洁净清洗液冲洗漏斗侧壁,再盖上漏斗盖并继续抽滤,直至抽干滤膜上的清洗液。

6.11.4 用注射器吸取洁净清洗液,顺漏斗壁注射清洗,直至滤膜上无清洗液为止。

6.11.5 停止抽滤。小心取下滤膜放入培养皿中。将培养皿半开盖放进干燥箱内,在80℃(或滤膜规定使用温度)恒温下保持30 min。取出后合盖冷却30 min,称出质量G_B。

6.11.6 被测样品的污染物质量$G_n=G_B-G_A$。

6.12 双滤膜质量分析程序:

6.12.1 取适量备用滤膜(0.8 μm)置于培养皿中,半开盖放入干燥箱,在80℃(或滤膜规定使用温度)恒温下保持30 min,取出后合盖冷却30 min。此过程应保持滤膜平整,无变形。

6.12.2 从培养皿中取出两张经烘干的滤膜E和T,称出其初始质量E_A及T_A。

6.12.3 将滤膜固定在过滤装置上,滤膜E在上,T在下。充分搅拌待测样品后,倒入过滤装置,再用50 mL洁净清洗液冲洗样品容器并倒入过滤装置。盖上漏斗盖进行抽滤,待抽滤到约剩余2 mL余液时,取下漏斗盖并用洁净清洗液冲洗漏斗侧壁,盖上漏斗盖继续抽滤,直到抽干滤膜上的清洗液。

6.12.4 取下漏斗盖,用注射器吸取洁净清洗液,顺漏斗壁注射清洗,直至滤膜上无清洗液为止。

6.12.5 停止抽滤。小心取下滤膜放入培养皿中。将培养皿半开盖放进干燥箱内,在80℃(或滤膜规定使用温度)恒温下保持30 min。取出后,合盖冷却30 min,称出其质量E_B及T_B。

6.12.6 被测样品的污染物质量$G_n=(E_B-E_A)+(T_B-T_A)$。

6.12.7 若(T_B-T_A)的值大于0.5 mg,表示滤膜冲洗不充分,应该重复6.12.1~6.12.7的步骤。

7 清洁度检测数据处理及报告格式

7.1 分别记录1号样、2号样、3号样污染物质量G_1、G_2、G_3,并计算三个样品的总质量$G=G_1+G_2+G_3$。若$G_3 \leqslant 0.1G$,则认为检测结果有效。否则,重复6.6~6.8,依次取得4号样、5号样…n号样,直至第n个样品的污染物质量$G_n \leqslant 0.1G$时为止,n个样品的总质量$G=G_1+G_2+G_3+G_4+G_5+\cdots G_n$。

7.2 记录检测结果,被测元件残留污染物总质量G为全部样品污染物质量之和,即$G=G_1+G_2+G_3+\cdots G_n$。

7.3 填写液压元件清洁度检测报告，其格式见表1规定。

表1 液压元件清洁度检测报告

送检单位		被检产品	
检测部门		检测人员	
检测时间	年　　月　　日		
滤膜孔径		清洁度指标	
检测结果			
磁感应强度		残留污染物总质量	
备注			

8 清洁度指标

液压元件的清洁度指标应按相应产品标准的规定。产品标准中未作规定的主要液压元件和辅件的清洁度指标应按表2的规定。

表2 主要液压元件清洁度指标

产品名称	产品规格		清洁度指标值/mg		备注
齿轮泵及马达	公称排量/(mL/r)		铝壳体	铸铁壳体	
		V≤10	≤30	≤60	
		10<V≤50	≤40	≤70	
		50<V≤100	≤60	≤100	
		100<V≤200	≤70	≤120	
		V>200	≤100	≤180	
叶片泵及马达	公称排量/(mL/r)	V≤10	≤25		
		10<V≤25	≤30		
		25<V≤63	≤40		
		63<V≤160	≤50		
		160<V≤400	≤65		
轴向柱塞泵及马达	公称排量/(mL/r)		定量	变量	
		V≤10	≤25	≤30	
		10<V≤25	≤40	≤48	
		25<V≤63	≤75	≤90	
		63<V≤160	≤100	≤120	
		160<V≤250	≤130	≤155	
低速大扭矩马达	公称排量/(mL/r)	V≤1 600	≤120		
		1 600<V≤8 000	≤240		
		8 000<V≤16 000	≤390		
		16 000<V≤25 000	≤525		
压力控制类阀	公称通径/mm	≤10	≤15		包括溢流阀、减压阀、顺序阀
		16	≤19		
		20	≤22		
		25	≤29		
		≥32	≤35		

表 2(续)

产品名称	产品规格		清洁度指标值/mg	备注
节流阀	公称通径/mm	≤10	≤10	
		16	≤12	
		20	≤14	
		25	≤19	
		≥32	≤27	
调速阀	公称通径/mm	≤10	≤22	
		16	≤26	
		20	≤30	
		25	≤35	
		≥32	≤45	
电磁、电液换向阀	公称通径/mm	6	≤12	
		10	≤25	
		16	≤29	
		20	≤33	
		25	≤39	
		≥32	≤50	
分片式多路阀	公称通径/mm	10	≤25+14×N	N 为片数
		15	≤30+16×N	
		20	≤33+22×N	
		25	≤50+31×N	
		32	≤67+47×N	
二通插装阀	公称通径/mm	16	≤0.68	表中为插装件的指标值。控制盖板的指标值应按相应通径增加 20%;先导阀的指标值按相应阀类指标值
		25	≤1.72	
		32	≤3.6	
		40	≤6.96	
		50	≤11.64	
		63	≤26.3	
双作用液压缸	缸筒内径/mm	ϕ40～ϕ63	行程为 1 m 时,≤35	实际指标值按下式计算: $G \leqslant 0.5(1+x)G_0$ 式中: G——实际指标值,单位为 mg; x——缸实际行程,单位为 m; G_0——表中给定的指标值,单位为 mg。 多级套筒式单作用缸套筒外径为最终一级柱塞直径和各级套筒外径之和的平均值
		ϕ80～ϕ110	行程为 1 m 时,≤60	
		ϕ125～ϕ160	行程为 1 m 时,≤90	
		ϕ180～ϕ250	行程为 1 m 时,≤135	
		ϕ320～ϕ500	行程为 1 m 时,≤260	
活塞式、柱塞式单作用缸	缸径、柱塞直径/mm	<ϕ40	行程为 1 m 时,≤30	
		ϕ40～ϕ63	行程为 1 m 时,≤35	
		ϕ80～ϕ110	行程为 1 m 时,≤60	
		ϕ125～ϕ160	行程为 1 m 时,≤90	
		ϕ180～ϕ250	行程为 1 m 时,≤135	
多级套筒式单作用缸	套筒外径/mm	ϕ50～ϕ70	行程为 1 m 时,≤40	
		ϕ80～ϕ100	行程为 1 m 时,≤70	
		ϕ110～ϕ140	行程为 1 m 时,≤110	
		ϕ160～ϕ200	行程为 1 m 时,≤150	

表 2(续)

产品名称	产品规格		清洁度指标值/mg	备注
囊式蓄能器	公称容积/L	1.6	≤6	
		2.5	≤14	
		4	≤17	
		6.3	≤27	
		10	≤34	
		16	≤49	
		25	≤70	
		40	≤93	
		63	≤120	
		100	≤168	
		160	≤228	
		200	≤281	
		250	≤362	
过滤器	公称流量/(L/min)	10	≤7	
		25	≤11	
		63	≤17	
		100	≤23	
		160	≤29	
		250	≤42	
		400	≤57	
		630	≤78	
软管总成	内径(mm)	5	≤1.57×L	L 为软管长度,单位为米(m)
		6.3	≤1.98×L	
		8	≤2.52×L	
		10	≤3.15×L	
		12.5	≤3.93×L	
		16	≤5.03×L	
		19	≤5.98×L	
		22	≤6.92×L	
		25	≤7.86×L	
		31.5	≤9.91×L	
		38	≤11.95×L	
		51	≤16.04×L	

注:表中未包括的元件和辅件,其清洁度指标可根据产品结构型式和规格参照同类型产品的指标。如单向阀,可参照二通插装阀的指标。

参 考 文 献

[1] GB/T 20110—2006/ISO 18413:2002 液压传动 零件和元件的清洁度 与污染物收集、分析和数据报告相关的检验文件和准则
[2] ISO 4405:1991 液压传动—油液—用称重法测定颗粒污染物

润滑元件及装置

前　言

本标准是对 JB 2301—78《斜齿轮油泵及装置　型式、参数与尺寸》的修订。

本标准与 JB 2301—78 相比，主要技术内容变化为：增加了带安全阀的 XB1 型斜齿轮油泵与 XBZ1 型斜齿轮油泵装置的型式、参数与尺寸。

本标准自实施之日起代替 JB 2301—78。

本标准由机械工业冶金设备标准化技术委员会提出并归口。

本标准起草单位：西安润滑设备厂。

本标准主要起草人：李文斌。

本标准于 1978 年 10 月首次发布。

中华人民共和国机械行业标准

JB/T 2301—1999

代替 JB/T 2301—78

润滑设备斜齿轮油泵与装置 型式、参数与尺寸

Date and dimenison of helical-gear-pump device for lubrication equipment

1 范围

本标准规定了斜齿轮油泵与装置的型式、参数与尺寸。

本标准适用于稀油润滑设备用斜齿轮油泵与装置。

2 引用标准

下列标准所包含的条文，通过在本标准中引用而构成为本标准的条文。本标准出版时，所示版本均为有效。所有标准都会被修订，使用本标准的各方应探讨使用下列标准最新版本的可能性

JB/T 7943.1—1999 润滑系统及元件基本参数

3 型式、参数与尺寸

3.1 型式

3.1.1 XB 型斜齿轮油泵的型式为外啮合斜齿轮的定量容积式泵，见图 1。

3.1.2 XB 型斜齿轮油泵旋转方向，从电动机方向看应为顺时针旋转。

3.1.3 XBZ 型斜齿轮油泵装置见图 2。

3.1.4 XB1 型带安全阀斜齿轮油泵见图 3。

3.1.5 XBZ1 型带安全阀斜齿轮油泵装置见图 4。

3.2 参数

3.2.1 XB 型斜齿轮油泵参数应符合 JB/T 7943.1 的规定，见表 1。

表 1

斜齿轮油泵						斜齿轮油泵装置				
型号	公称流量/(L/min)	公称压力/MPa	容积效率/%	吸入高度/mm	质量/kg	型号	电动机			质量/kg
							型号	功率/kW	转数/(r/min)	
XB-250	250	0.63	≥90	≥500	60	XBZ-250	Y132M-4-B3	7.5	1 440	190
XB-400	400				72	XBZ-400	Y160M-4-B3	11	1 440	255
XB-630	630				102	XBZ-630	Y180M-4-B3	18.5	1 460	396
XB-1000	1 000				122	XBZ-1000	Y200L-4-B3	30	1 470	484

国家机械工业局 1999-06-28 批准

2000-01-01 实施

3.2.2 XB1 型斜齿轮油泵参数应符合 JB/T 7943.1 的规定，见表 2。

表 2

斜齿轮油泵						斜齿轮油泵装置				
型号	公称流量/(L/min)	公称压力/MPa	容积效率/%	吸入高度/mm	质量/kg	型号	电动机			质量/kg
							型号	功率/kW	转数/(r/min)	
XB1-160	160	0.63	≥90	≥500	59	XBZ1-160	Y132M-4-B3	7.5	1 400	190
XB1-200	200				60	XBZ1-200				190
XB1-250	250				76	XBZ1-250	Y160M-4-B3	11	1 460	259
XB1-315	315				78	XBZ1-315				261
XB1-400	400				98.5	XBZ1-400	Y160L-4-B3	15	1 460	302
XB1-500	500				100	XBZ1-500				303

3.3 尺寸

3.3.1 XB 型斜齿轮油泵的尺寸按图 1、表 3 的规定。

3.3.2 XBZ 型斜齿轮油泵装置的尺寸按图 2、表 4 的规定。

3.3.3 XB1 型斜齿轮油泵的尺寸按图 3、表 5 的规定。

3.3.4 XBZ1 型斜齿轮油泵装置的尺寸按图 4、表 6 的规定。

排油口法兰

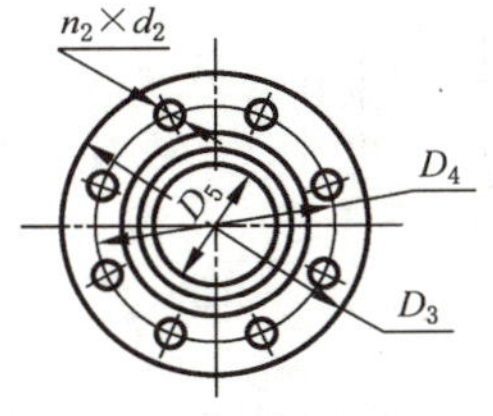

图 1

表 3

mm

<table>
<tr><th>型　号</th><th>d</th><th>d_3</th><th>h</th><th>h_1</th><th>b</th><th>b_3</th><th>A</th><th>A_1</th><th>B</th><th>B_1</th><th>C</th><th>L</th><th>L_1</th></tr>
<tr><td>XB-250</td><td rowspan="2">28</td><td rowspan="2">19</td><td rowspan="2">155</td><td rowspan="2">155</td><td rowspan="2">8</td><td rowspan="2">22</td><td rowspan="2">210</td><td>80</td><td rowspan="2">260</td><td>130</td><td rowspan="2">300</td><td>364</td><td>186.5</td></tr>
<tr><td>XB-400</td><td>130</td><td>180</td><td>448</td><td>215</td></tr>
<tr><td>XB-630</td><td rowspan="2">40</td><td rowspan="2">24</td><td rowspan="2">190</td><td rowspan="2">175</td><td rowspan="2">12</td><td rowspan="2">28</td><td rowspan="2">230</td><td>115</td><td rowspan="2">290</td><td>175</td><td rowspan="2">370</td><td>486</td><td>234</td></tr>
<tr><td>XB-1000</td><td>155</td><td>215</td><td>580</td><td>281</td></tr>
</table>

<table>
<tr><th rowspan="2">型　号</th><th rowspan="2">l</th><th rowspan="2">t</th><th colspan="7">吸 油 口 法 兰</th><th colspan="7">排 油 口 法 兰</th></tr>
<tr><th>D_{g1}</th><th>D</th><th>D_1</th><th>D_2</th><th>n_1</th><th>d_1</th><th>b_1</th><th>D_{g2}</th><th>D_3</th><th>D_4</th><th>D_5</th><th>n_2</th><th>d_2</th><th>b_2</th></tr>
<tr><td>XB-250</td><td>45</td><td>31</td><td rowspan="2">80</td><td rowspan="2">195</td><td rowspan="2">160</td><td rowspan="2">135</td><td rowspan="2">4</td><td rowspan="2">18</td><td rowspan="2">22</td><td rowspan="2">65</td><td rowspan="2">180</td><td rowspan="2">145</td><td rowspan="2">120</td><td rowspan="2">4</td><td rowspan="2">18</td><td rowspan="2">20</td></tr>
<tr><td>XB-400</td><td rowspan="3">70</td><td rowspan="3">43.5</td></tr>
<tr><td>XB-630</td><td rowspan="2">125</td><td rowspan="2">245</td><td rowspan="2">210</td><td rowspan="2">185</td><td rowspan="2">8</td><td rowspan="2">18</td><td rowspan="2">24</td><td rowspan="2">100</td><td rowspan="2">215</td><td rowspan="2">180</td><td rowspan="2">155</td><td rowspan="2">8</td><td rowspan="2">18</td><td rowspan="2">22</td></tr>
<tr><td>XB-1000</td></tr>
</table>

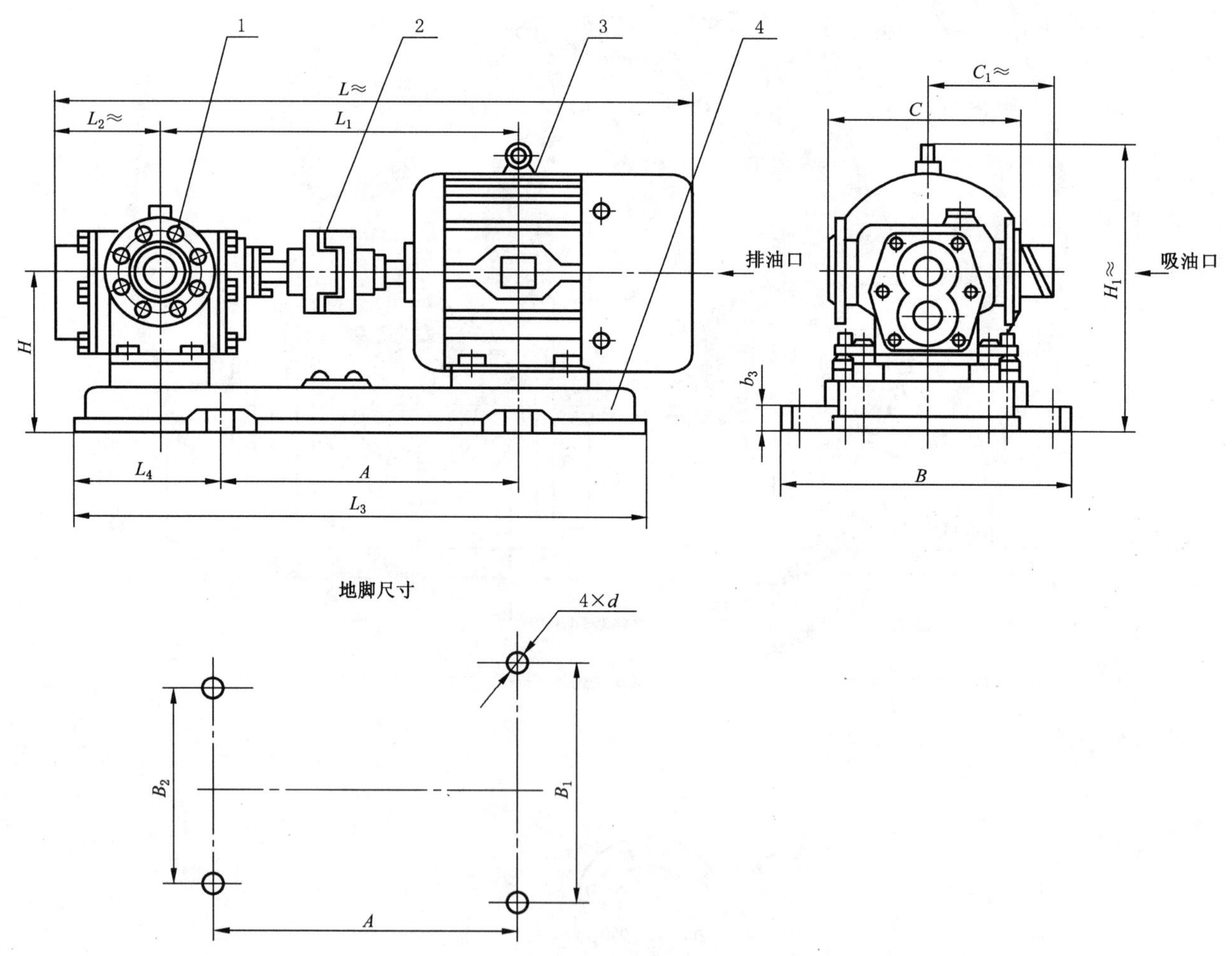

1—XB 型斜齿轮油泵；2—联轴器；3—Y 系列电动机；4—底座

图 2

表 4 mm

<table>
<tr><th>型　号</th><th>H</th><th>$H_1\approx$</th><th>A</th><th>B</th><th>B_1</th><th>B_2</th><th>C</th><th>$C_1\approx$</th><th>d</th><th>b_3</th><th>$L\approx$</th><th>L_1</th><th>$L_2\approx$</th><th>L_3</th><th>L_4</th></tr>
<tr><td>XBZ-250</td><td>214</td><td>397</td><td>460</td><td>470</td><td>420</td><td rowspan="2">380</td><td rowspan="2">300</td><td>210</td><td rowspan="2">19</td><td rowspan="3">30</td><td>920</td><td>511.5</td><td>133.5</td><td>810</td><td>168.5</td></tr>
<tr><td>XBZ-400</td><td>260</td><td>480</td><td>525</td><td>540</td><td>480</td><td>255</td><td>1 075</td><td>585</td><td>163</td><td>900</td><td>205</td></tr>
<tr><td>XBZ-630</td><td>290</td><td>525</td><td>570</td><td>565</td><td>505</td><td rowspan="2">420</td><td rowspan="2">370</td><td>285</td><td rowspan="2">24</td><td>1 183</td><td>670</td><td>182</td><td>1 040</td><td>235</td></tr>
<tr><td>XBZ-1000</td><td>295</td><td>555</td><td>650</td><td>650</td><td>590</td><td>310</td><td>35</td><td>1 414</td><td>762</td><td>229</td><td>1 160</td><td>252</td></tr>
</table>

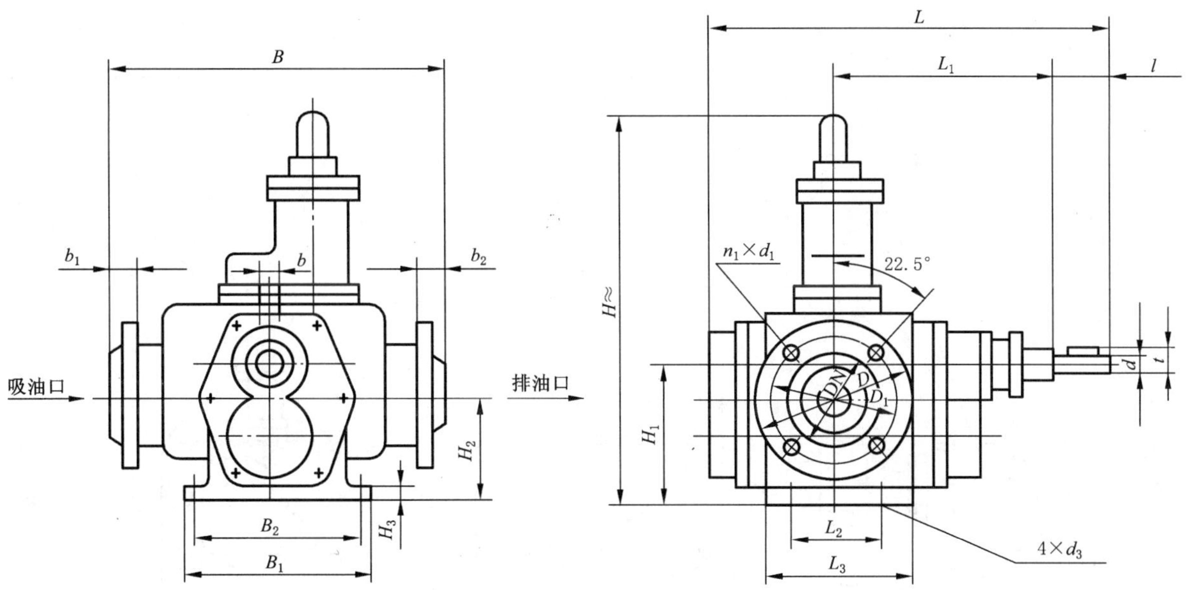

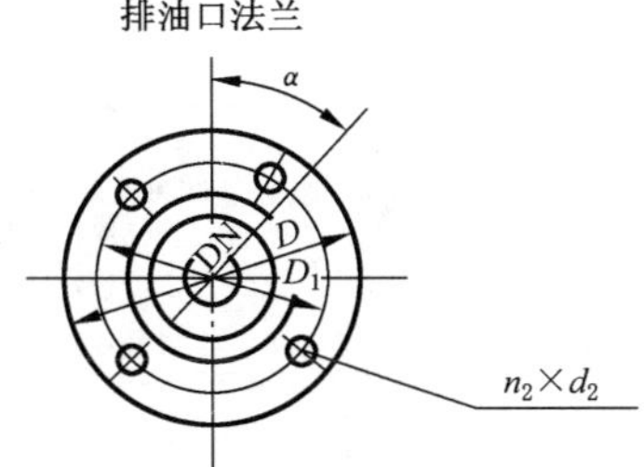

图 3

表 5 mm

<table>
<tr><th>型　号</th><th>d</th><th>l</th><th>d_3</th><th>H</th><th>H_1</th><th>H_2</th><th>H_3</th><th>L</th><th>L_1</th><th>L_2</th><th>L_3</th><th>B</th><th>B_1</th><th>B_2</th><th>b</th></tr>
<tr><td>XB1-160</td><td rowspan="2">22</td><td rowspan="2">50</td><td rowspan="4">18</td><td rowspan="2">450</td><td rowspan="2">164</td><td rowspan="2">142</td><td rowspan="2">20</td><td rowspan="2">350</td><td rowspan="2">172</td><td rowspan="2">90</td><td rowspan="2">140</td><td rowspan="2">256</td><td rowspan="2">240</td><td rowspan="2">200</td><td rowspan="2">6</td></tr>
<tr><td>XB1-200</td></tr>
<tr><td>XB1-250</td><td rowspan="2">25</td><td rowspan="2">60</td><td rowspan="2">480</td><td rowspan="2">181</td><td rowspan="2">155</td><td rowspan="2">22</td><td rowspan="2">380</td><td rowspan="2">185</td><td rowspan="2">110</td><td rowspan="2">160</td><td rowspan="4">340</td><td rowspan="2">250</td><td rowspan="4">210</td><td rowspan="2">8</td></tr>
<tr><td>XB1-315</td></tr>
<tr><td>XB1-400</td><td rowspan="2">28</td><td rowspan="2">60</td><td rowspan="2">20</td><td rowspan="2">510</td><td rowspan="2">198</td><td rowspan="2">168</td><td rowspan="2">25</td><td rowspan="2">425</td><td rowspan="2">210</td><td rowspan="2">130</td><td rowspan="2">180</td><td rowspan="2">260</td><td rowspan="2">8</td></tr>
<tr><td>XB1-500</td></tr>
</table>

表 5(完) mm

<table>
<tr><th rowspan="2">型　号</th><th rowspan="2">t</th><th colspan="6">吸油口法兰</th><th colspan="7">排油口法兰</th></tr>
<tr><th>DN</th><th>D</th><th>D_1</th><th>d_1</th><th>n_1</th><th>b_1</th><th>DN</th><th>D</th><th>D_1</th><th>d_2</th><th>n_2</th><th>b_2</th><th>a</th></tr>
<tr><td>XB1-160</td><td rowspan="2">24.5</td><td rowspan="2">80</td><td rowspan="2">200</td><td rowspan="2">160</td><td rowspan="6">17.5</td><td rowspan="6">8</td><td rowspan="2">20</td><td rowspan="2">65</td><td rowspan="2">185</td><td rowspan="2">145</td><td rowspan="6">17.5</td><td rowspan="2">4</td><td rowspan="4">20</td><td rowspan="2">45°</td></tr>
<tr><td>XB1-200</td></tr>
<tr><td>XB1-250</td><td rowspan="2">28</td><td rowspan="2">100</td><td rowspan="2">220</td><td rowspan="2">180</td><td rowspan="2">22</td><td rowspan="2">80</td><td rowspan="2">200</td><td rowspan="2">160</td><td rowspan="4">8</td><td rowspan="4">22.5°</td></tr>
<tr><td>XB1-315</td></tr>
<tr><td>XB1-400</td><td rowspan="2">31</td><td rowspan="2">125</td><td rowspan="2">250</td><td rowspan="2">210</td><td rowspan="2">24</td><td rowspan="2">100</td><td rowspan="2">220</td><td rowspan="2">180</td><td rowspan="2">22</td></tr>
<tr><td>XB1-500</td></tr>
</table>

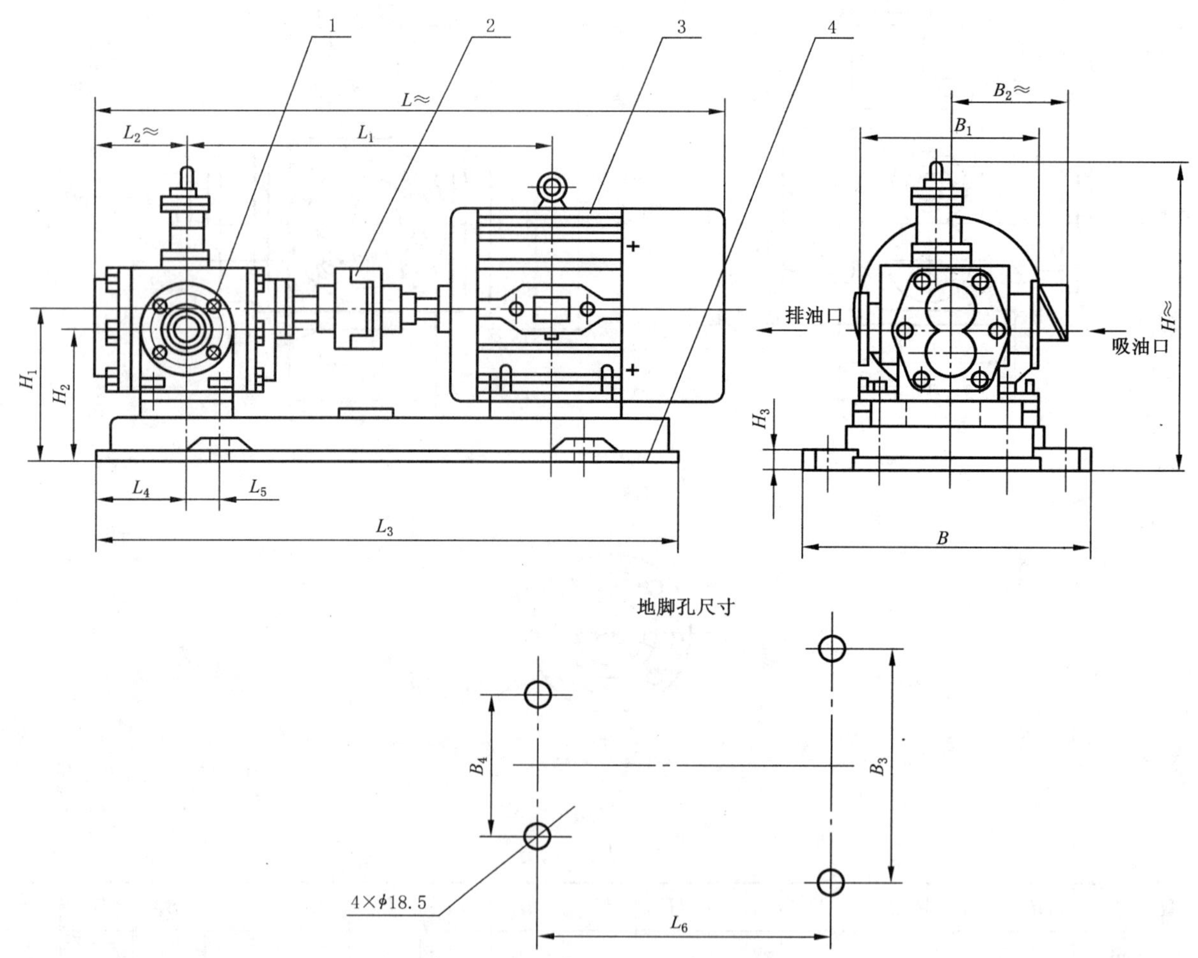

1—XB1 型斜齿轮油泵;2—联轴器;3—Y 系列电动机;4—底座

图 4

表 6

mm

<table>
<tr><th>型　号</th><th>H</th><th>H_1</th><th>H_2</th><th>H_3</th><th>L</th><th>L_1</th><th>L_2</th><th>L_3</th><th>L_4</th><th>L_5</th><th>L_6</th><th>B</th><th>B_1</th><th>B_2</th><th>B_3</th><th>B_4</th></tr>
<tr><td>XBZ1-160</td><td rowspan="2">510</td><td rowspan="2">234</td><td rowspan="2">212</td><td rowspan="2">25</td><td rowspan="2">962</td><td rowspan="2">508</td><td>129</td><td rowspan="2">830</td><td rowspan="2">145</td><td rowspan="2">55</td><td rowspan="2">400</td><td rowspan="2">410</td><td rowspan="2">256</td><td rowspan="2">210</td><td rowspan="2">360</td><td rowspan="2">320</td></tr>
<tr><td>XBZ1-200</td><td>141</td></tr>
<tr><td>XBZ1-250</td><td rowspan="2">554</td><td rowspan="2">255</td><td rowspan="2">229</td><td rowspan="4">30</td><td rowspan="2">977</td><td rowspan="2">579</td><td>141</td><td rowspan="2">935</td><td rowspan="2">155</td><td rowspan="2">45</td><td rowspan="2">500</td><td rowspan="4">480</td><td rowspan="4">340</td><td rowspan="4">255</td><td rowspan="4">430</td><td rowspan="4">330</td></tr>
<tr><td>XBZ1-315</td><td>148</td></tr>
<tr><td>XBZ1-400</td><td rowspan="2">625</td><td rowspan="2">303</td><td rowspan="2">273</td><td rowspan="2">1 187</td><td rowspan="2">644</td><td>141</td><td rowspan="2">1 020</td><td rowspan="2">160</td><td rowspan="2">40</td><td rowspan="2">600</td></tr>
<tr><td>XBZ1-500</td><td>156</td></tr>
</table>

3.4　型号与标记示例

3.4.1　型号

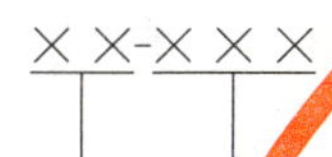

公称流量，L/min

斜齿轮油泵 XB

斜齿轮油泵装置 XBZ

带安全阀斜齿轮油泵 XB1

带安全阀斜齿轮油泵装置 XBZ1

3.4.2　标记示例

例 1：公称流量为 250 L/min 的 XB 型斜齿轮油泵：

XB-250 型斜齿轮油泵　JB/T 2301—1999

例 2：公称流量为 250 L/min 的带安全阀的 XBZ1 型斜齿轮油泵装置：

XBZ1-250 型斜齿轮油泵装置　JB/T 2301—1999

前　　言

本标准是对JB/T 2304—1978《电动干油站　型式、参数与尺寸》的修订。

本标准提高了产品的公称压力，按现有的基础性、通用性国家标准的规定，在内容上和格式上对原标准进行了修改和补充。

本标准与JB/T 2304—1978的不同之处主要是：

——公称压力由10 MPa提高为20 MPa；

——加大了电机功率。

本标准自实施之日起代替JB/T 2304—1978。

本标准由机械工业冶金设备标准化技术委员会提出并归口。

本标准起草单位：太原润滑液压研究所。

本标准主要起草人：毛季萍、李伟民、段滋胜、王旭东。

本标准于1978年4月首次发布，本次是第一次修订。

中华人民共和国机械行业标准

电动润滑泵装置 型式、参数与尺寸(20 MPa)

JB/T 2304—2001

代替 JB/T 2304—1978

Type, specification and dimensions of electric grease station(20 MPa)

1 范围

本标准规定了公称压力为 20 MPa 的电动润滑泵装置。

本标准适用于重型、冶金、矿山、化工、电力、轻工和建材等设备的集中润滑系统中,通过双线分配器向各润滑点供送润滑脂用的电动润滑泵装置。

2 型式与尺寸

电动润滑泵装置的型式、尺寸应符合图 1 和表 1 的规定。

表 1 电动润滑泵装置的型式、尺寸

mm

型 号	A	A_1	B	B_1	h	D	L ≈	L_1 ≈	L_2	L_3	H≈	
											最高	最低
DRZ-L100	460	510	300	350	151	408	406	414	368	200	1 330	925
DRZ-L315	550	600	315	365	167		474	434	392	210	1 770	1 165
DRZ-L630						508	489				1 820	1 215
注:电磁换向阀上留有连接螺纹为 Rc3/8 的自记压力表接口,如不需要时可用螺塞堵塞。												

3 基本参数

3.1 电动润滑泵装置使用的润滑脂的锥入度范围为 250~350(25℃,150 g)L/10 mm。

3.2 电动润滑泵装置的基本参数应符合表 2 的规定。

表 2 电动润滑泵装置的基本参数

型 号	给油能力/(mL/min)	公称压力/MPa	贮油器容积/L	电动机			电磁铁电压/V	质量/kg
				型 号	功率/kW	转速/(r/min)		
DRZ-L100	100	20 (L)	50	Y801-4-B_3	0.55	1 390	220	191
DRZ-L315	315		75	Y90S-4-B_3	1.1	1 400		196
DRZ-L630	630		120	Y90L-4-B_3	1.5	1 400		240

中国机械工业联合会 2001-08-23 批准　　2001-12-01 实施

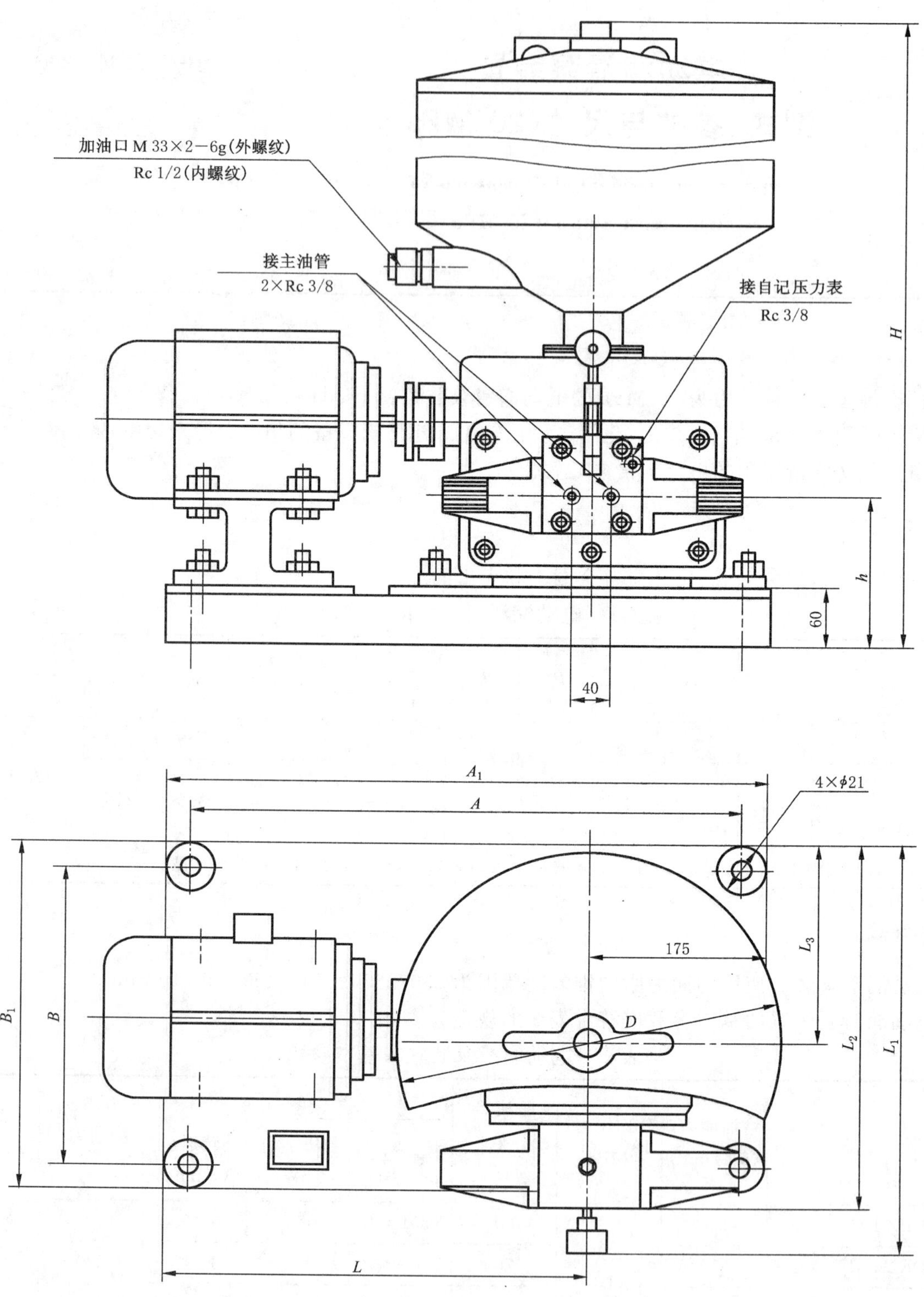

图 1　DRZ 型电动润滑泵装置

4 型号与标记

4.1 型号表示方法

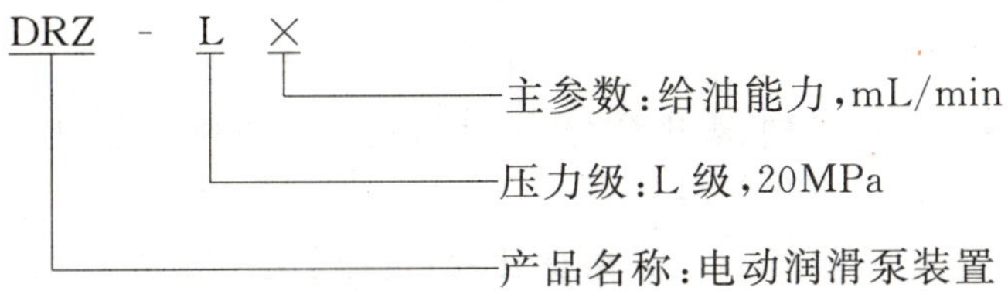

4.2 标记示例

公称压力为 20 MPa,给油能力为 100 mL/min 的电动润滑泵装置标记为:

DRZ-L100 润滑泵装置 JB/T 2304—2001

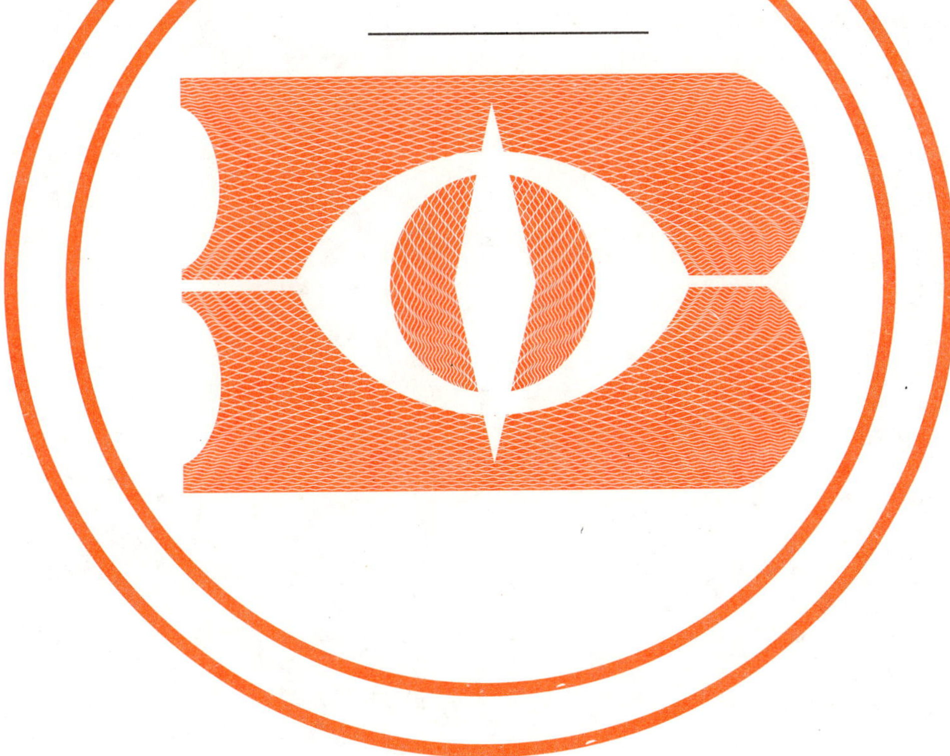

前　　言

本标准是对 JB 3711.2—84《集中润滑系统　图形符号》的修订。JB 3711.2—84 等效采用 DIN 24271/2—82《集中润滑系统　图形符号》。

本标准与 JB 3711.2—84 相比，主要技术内容变化为：增加了油气式系统和过滤器的图形符号。同时对原标准还作了编辑性修改。

本标准的附录 A 是提示的附录。

本标准自实施之日起代替 JB 3711.2—84。

本标准由机械工业冶金设备标准化技术委员会提出并归口。

本标准起草单位：太原润滑液压研究所。

本标准主要起草人：毛季萍、戴国强、李幼荃、李伟民。

本标准于 1984 年 6 月首次发布。

中华人民共和国机械行业标准

集中润滑系统　图形符号

General specification for lubrication systems and elements

JB/T 3711.2—1999
eqv DIN 24271/2—82

代替 JB 3711.2—84

1　范围

本标准规定了绘制集中润滑系统图形、编制说明书及各种技术文件时应用的统一图形符号。

本标准适用于科研、工程技术文件、出版物中集中润滑系统图形符号。

2　引用标准

下列标准所包含的条文，通过在本标准中引用而构成为本标准的条文。本标准出版时，所示版本均为有效。所有标准都会被修订，使用本标准的各方应探讨使用下列标准最新版本的可能性。

GB/T 786.1—1993　液压气动图形符号

JB/T 3711.1—1999　集中润滑系统　术语和分类

3　图形符号

3.1　集中润滑系统图形符号见表1。

表 1

序号	符　　号	术　　语 （见 JB/T 3711.1）	定　　义 （见 JB/T 3711.1）
3.1.1		润滑点	4.1.2
3.1.2		放气点	4.1.3.2
3.1.3		定量润滑泵	4.5.1
3.1.4		变量润滑泵	4.5.1
3.1.5	M	电动机	—
3.1.6	M	泵装置	4.5.1

国家机械工业局 1999-06-28 批准　　　　2000-01-01 实施

表 1(续)

序号	符　号	术　语 (见 JB/T 3711.1)	定　义 (见 JB/T 3711.1)
3.1.7	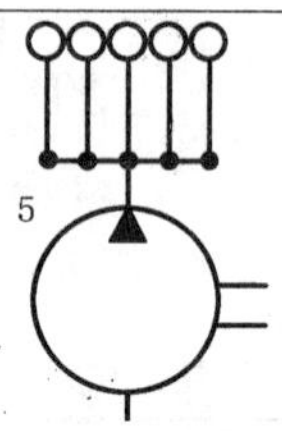 5	定量多点泵 (以 5 个出油口为例)	4.5.2
3.1.8	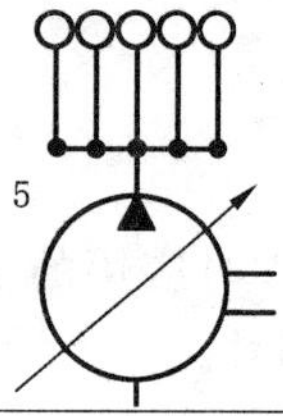 5	变量多点泵 (以 5 个出油口为例)	4.5.2
3.1.9	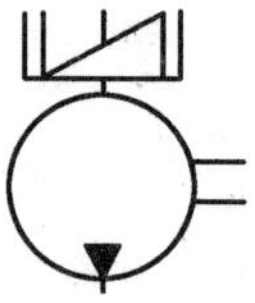 或 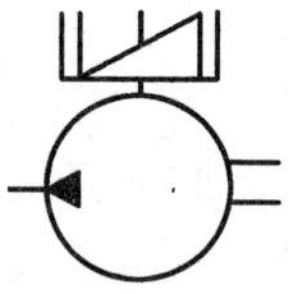	搅拌器 (润滑脂用)	—
3.1.10	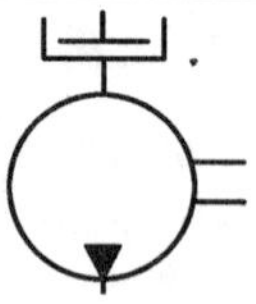 或 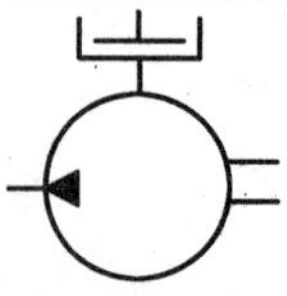	随动活塞 (润滑脂用)	—
3.1.11		过滤器—减压阀—油雾器	—
3.1.12	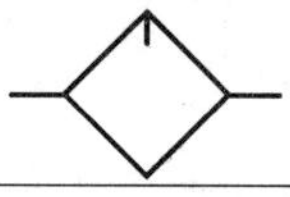	油雾器	—
3.1.13		油　箱	4.5.3
3.1.14		节流分配器 (以 3 个出油口为例)	4.7.2
3.1.15	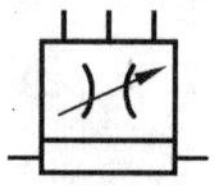	可调节流分配器 (以 3 个出油口为例)	4.7.2
3.1.16	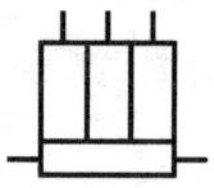	单线分配器 (以 3 个出油口为例)	4.7.3
3.1.17	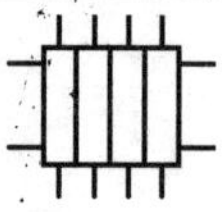 和 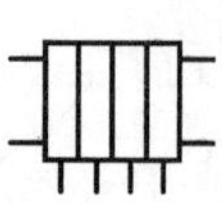	双线分配器 (以 8 个和 4 个出油口为例)	4.7.4
3.1.18	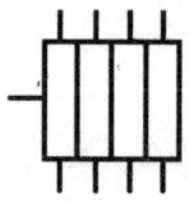	递进分配器 (以 8 个出油口为例)	4.7.5
3.1.19		凝缩嘴	4.7.6

表 1(续)

序号	符　号	术　语 (见 JB/T 3711.1)	定　义 (见 JB/T 3711.1)
3.1.20		喷雾嘴	4.8.1
3.1.21		喷油嘴	4.8.2
3.1.22		时间调节程序控制器	4.10.1.1
3.1.23		机器循环程序控制器	4.10.1.2
3.1.24		换向阀(操纵型式未标出)	4.9.1.1
3.1.25	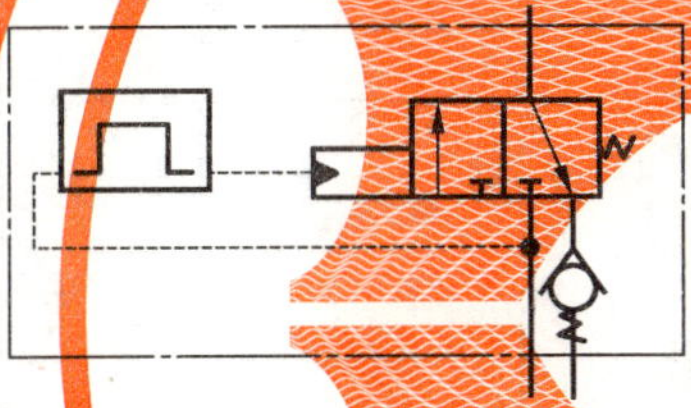	循环分配器	4.9.1.2
3.1.26	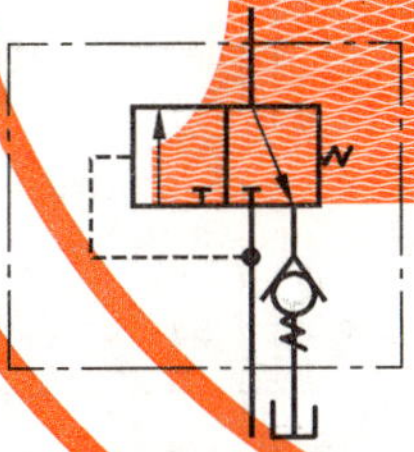	卸荷阀	4.9.1.3
3.1.27		单向阀	4.9.1.4
3.1.28	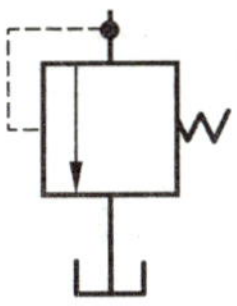	溢流阀	4.9.2.1
3.1.29	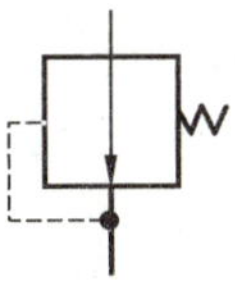	减压阀	4.9.2.2
3.1.30		节流阀	4.9.3.1

表 1(续)

序号	符　　号	术　　语 (见 JB/T 3711.1)	定　　义 (见 JB/T 3711.1)
3.1.31		可调节流阀	4.9.3.1
3.1.32		压力补偿节流阀	4.9.3.2
3.1.33	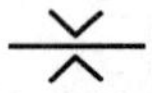	节流孔	4.9.3.3
3.1.34		开关	—
3.1.35	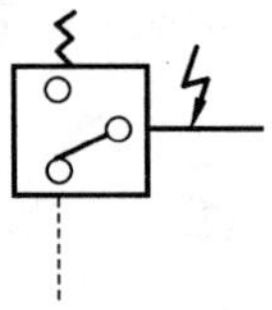	压力开关	4.10.2.1
3.1.36	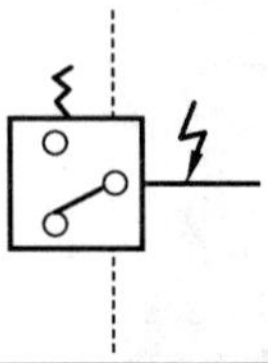	压差开关	—
3.1.37	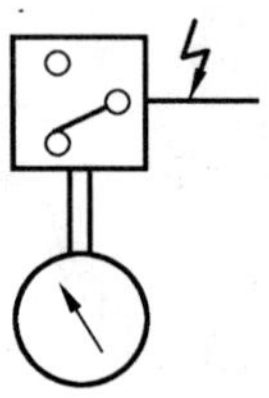	电接点压力表	4.10.2.1.1
3.1.38		压力表	—
3.1.39	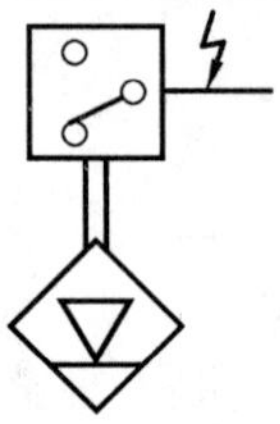	液位开关	4.10.2.2
3.1.40	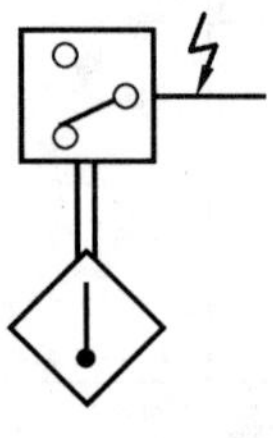	温度开关	4.10.2.3

表 1(续)

序号	符　号	术　语 (见 JB/T 3711.1)		定　义 (见 JB/T 3711.1)
3.1.41		油流开关		4.10.2.4
3.1.42		压力指示器		4.10.4.1
3.1.43		油流指示器		4.10.4.2
3.1.44		功能指示器 (以单线分配器为例)	电气	4.10.4.3
			机械	
3.1.45		液位指示器		4.10.4.4
3.1.46	000 Σ	计数器 (如用于润滑脉冲或容积计算)		4.10.4.5
3.1.47		流量计		—
3.1.48		温度计		—
3.1.49		稀油过滤器		—
3.1.50	或	干油过滤器		—
3.1.51		油气分配器		4.10.4.6

表 1(完)

序号	符　　号	术　　语 (见 JB/T 3711.1)	定　　义 (见 JB/T 3711.1)
3.1.52	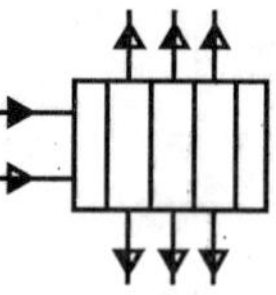	油气混合器	4.10.4.7

3.2　图形符号的使用说明见附录 A(提示的附录)。

4　应用示例

4.1　集中润滑系统原理见表 2。

表 2

集中润滑系统	消耗型润滑系统	循环型润滑系统
节流式系统	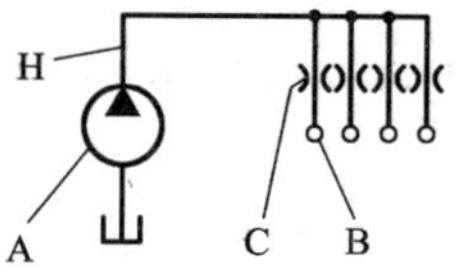 H A C B	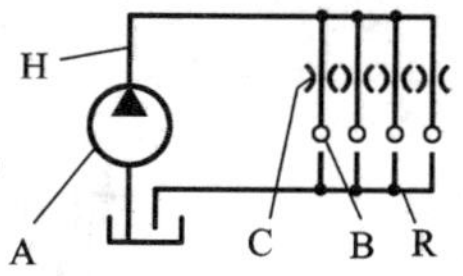 H A C B R
单线式系统	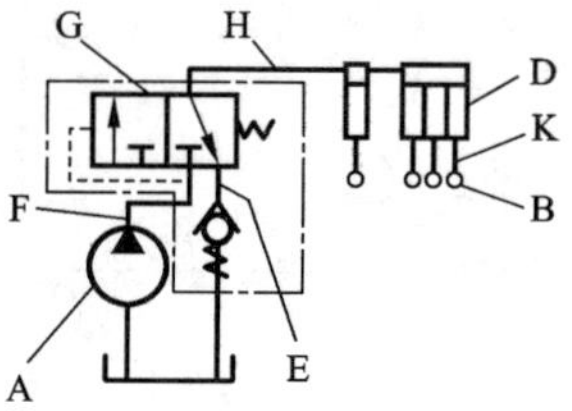 G H D K F B A E	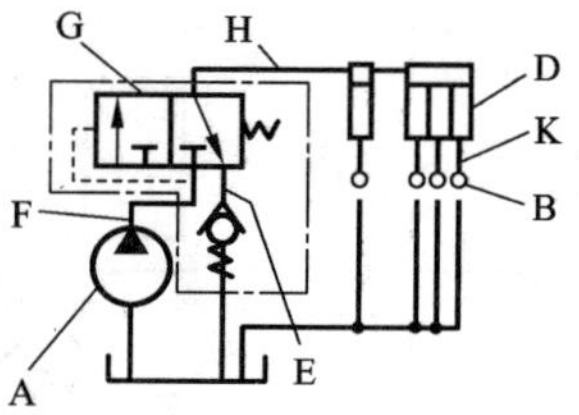 G H D K F B A E
双线式系统	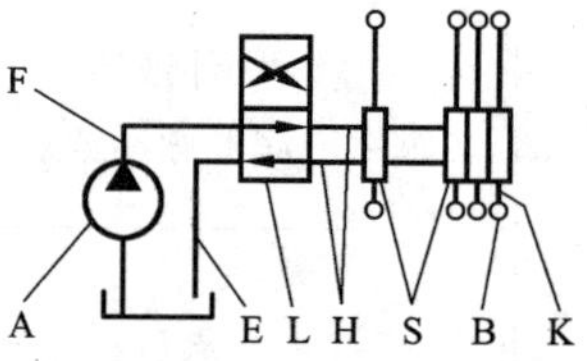 F A E L H S B K	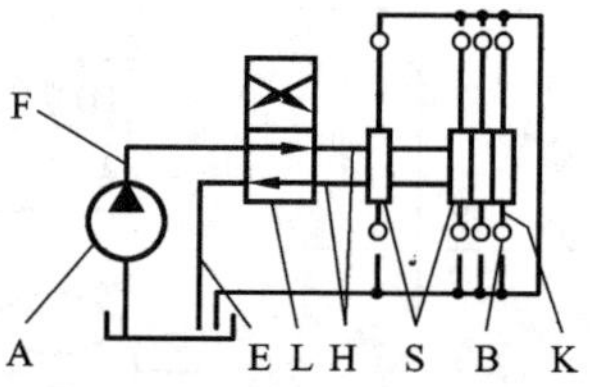 F A E L H S B K
多线式系统	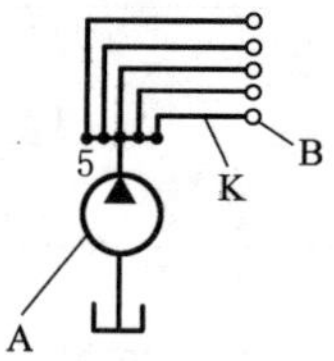 5 B K A	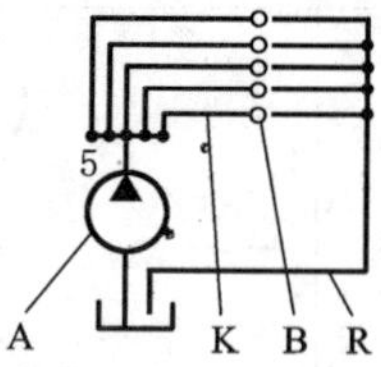 5 A K B R
递进式系统	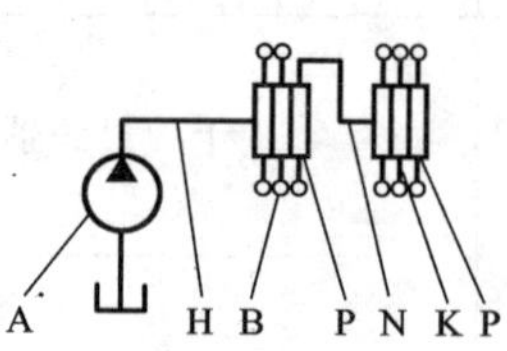 A H B P N K P	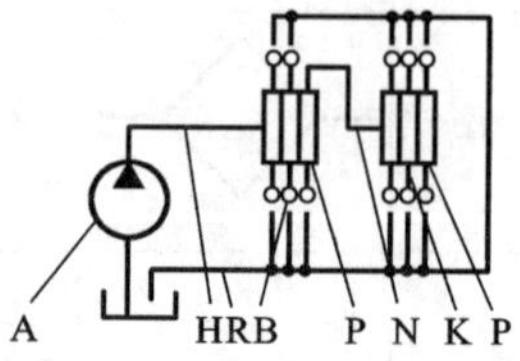 A HRB P N K P

表 2(完)

集中润滑系统	消耗型润滑系统	循环型润滑系统
油雾式系统	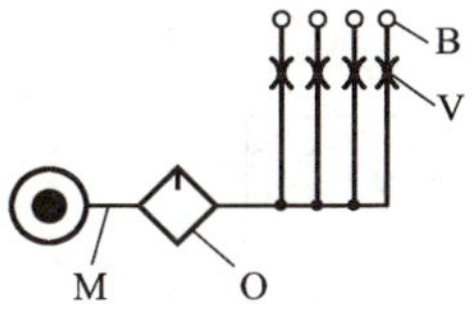 B V M O	
油气式系统	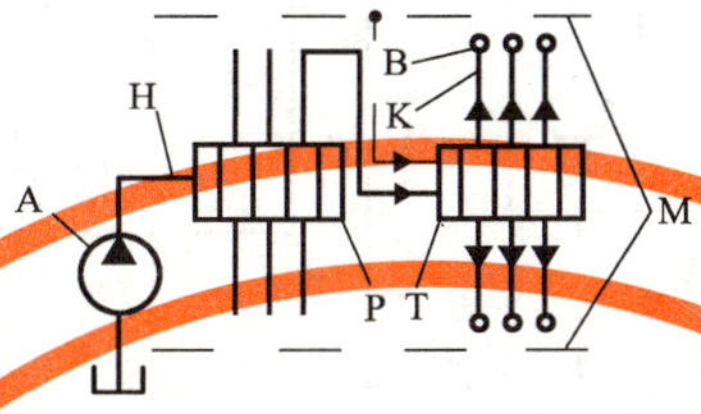 H A B K P T M	
注：A—带油箱的泵；B—润滑点；C—节流阀；D—单线分配器；E—卸荷管路；F—压力管路；G—卸荷阀；H—主管路；K—润滑管路；L—4/2 换向阀；M—压缩空气管路；N—支管路；O—油雾器；P—递进分配器；R—回油管路；S—双线分配器；T—油气混合器；V—凝缩嘴。		

4.2 集中润滑系统的分配器见表 3。

表 3

集中润滑系统 (见 JB/T 3711.1—1999 中第 4 章)	分配器 (见 JB/T 3711.1—1999 中 4.7)	分配器的功能构成
节流式系统 (见 JB/T 3711.1—1999 中 4.3.1)	节流分配器	节流阀 可调节流阀+油路板 压力补偿节流阀
单线式系统 (见 JB/T 3711.1—1999 中 4.3.2)	单线分配器	单线给油器+油路板
双线式系统 (见 JB/T 3711.1—1999 中 4.3.3)	双线分配器	双线给油器+油路板
多线式系统 (见 JB/T 3711.1—1999 中 4.3.4)	无分配器，因润滑管路直接使油泵与润滑点相连接	
递进式系统 (见 JB/T 3711.1—1999 中第 4.3.5)	递进分配器	递进给油器+管路辅件
油雾式系统 (见 JB/T 3711.1—1999 中 4.3.6)	凝缩嘴	—
油气式系统 (见 JB/T 3711.1—1999 中 4.3.7)	递进分配器 油气分配器	递进给油器+管路辅件 油气给油器

5 组合式集中润滑系统示例

5.1 带喷油装置的单线式润滑系统见图 1。

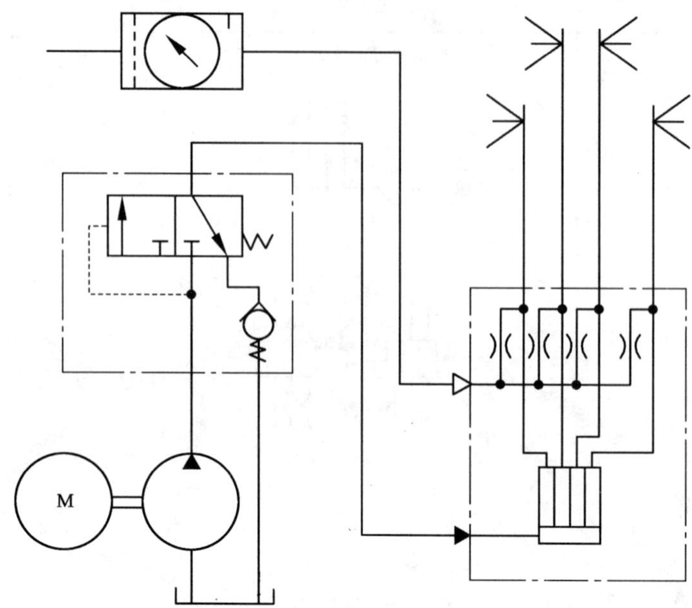

图 1

5.2 带喷雾装置的多线—递进式润滑系统见图 2。

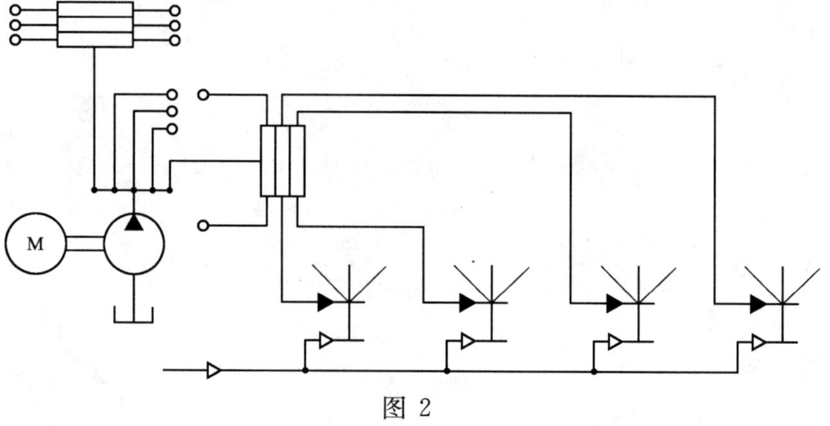

图 2

5.3 带递进分配器的多线式系统见图 3。

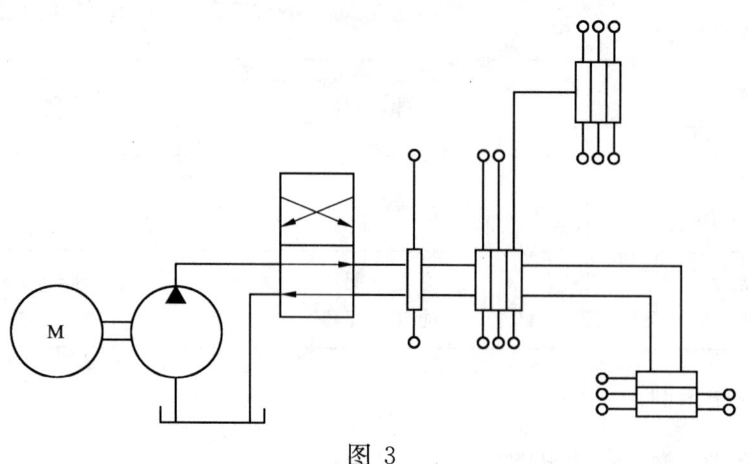

图 3

5.4　循环型递进式润滑系统见图 4。

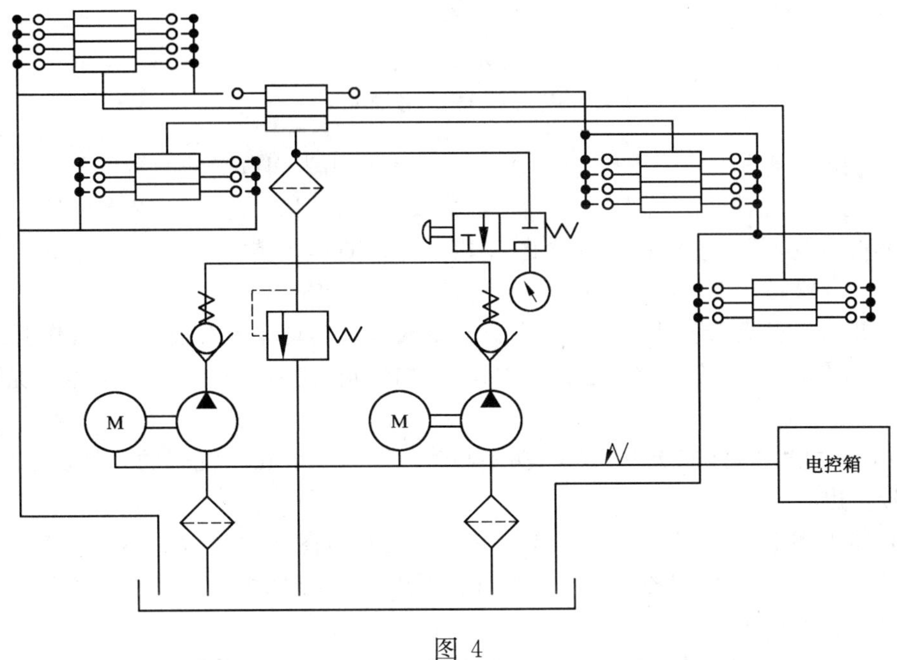

图 4

5.5　循环型节流式润滑系统见图 5。

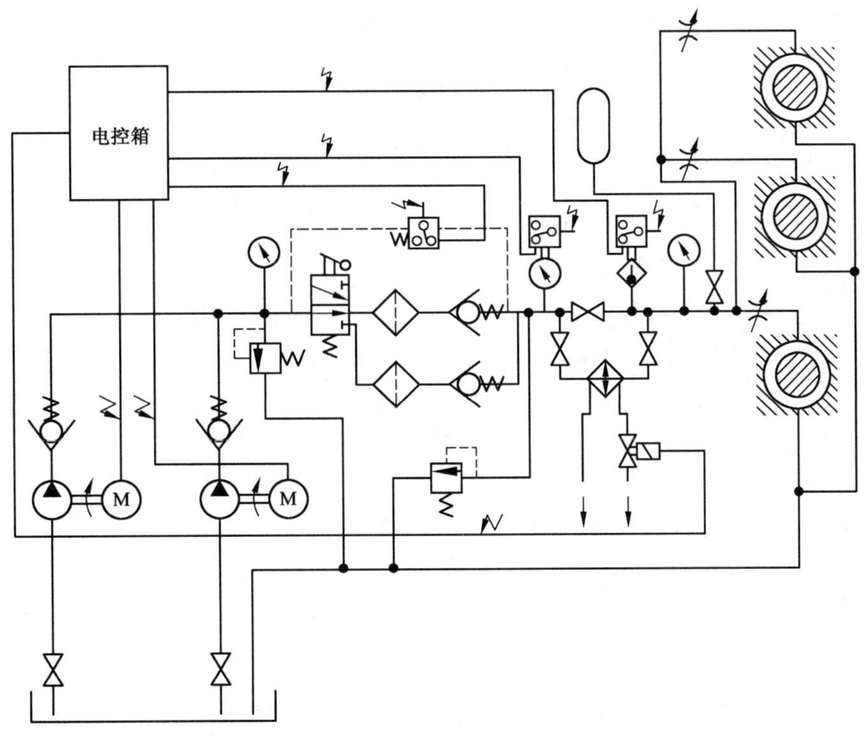

图 5

附　录　A
（提示的附录）
图形符号使用说明

A1　本标准规定的图形符号，主要用于绘制以润滑油及润滑脂为润滑剂的润滑系统原理图。

A2　本标准中仅规定了各种润滑元件的基本符号，以及部分常用的其他有关装置的符号。

A3　符号只表示元件的职能，连接系统的通道，不表示元件的具体结构和参数，不表示系统管路的具体位置和元件的安装位置。

A4　元件符号均以静止位置表示或零位置表示。当组成系统其动作另有说明时，可作例外。

A5　符号在系统图中的布置，除有方向性的元件符号（如油箱、仪表等）外，根据具体情况可水平或垂直绘制。

A6　元件的名称、型号和参数（如压力、流量、功率和管径等），一般在系统图的元件表中标明，必要时可标注在元件符号旁边。

A7　本标准未规定的图形符号，可采用 GB/T 786.1 中的相应图形符号。如 GB/T 786.1 中也未作规定时，可根据本标准的原则和所列图例的规律性进行派生。当无法派生，或有必要特别说明系统中某一重要元件的结构及动作原理时，均允许局部采用结构简图表示。

A8　符号的大小以清晰、美观为原则，根据图纸幅面的大小酌情处理，但应适当保持图形本身的比例。

中华人民共和国机械行业标准

润滑元件及装置 型号编制方法

JB/T 4121—93

代替 JB 4121—85

1 主题内容与适用范围

本标准规定了润滑元件及装置产品的型号编制方法。

本标准适用于冶金、重型、矿山机械等行业的各类润滑元件及装置产品(以下简称润滑产品)的型号编制。

本标准不适用于对产品型号已有规定协议的引进技术及与国外合作制造的润滑产品。

2 引用标准

GB 5865 润滑系统及元件 基本参数

JB 3711.1 集中润滑系统 名词术语及分类

3 润滑产品型号编制原则

3.1 润滑产品型号一律由大写的汉语拼音字母及阿拉伯数字表示。

3.2 润滑产品型号应体现产品的名称、系列规格、压力级、主参数、结构及使用特征。

3.3 润滑产品型号由二段组成,第一段表示产品的名称及系列规格,第二段表示产品的压力级、主参数、结构及使用特征,两段之间由短横线相连。

3.4 润滑产品型号应直观、简明、易懂,不同产品的型号应无重复。

4 润滑产品型号的表示方法

润滑产品型号的表示方法如下所示:

4.1 前项数字

前项数字用阿拉伯数字表示:多联泵的联数,螺杆泵的螺杆数,多柱塞泵的柱塞数,电磁换向阀的工作位置数和通路数,多点润滑泵的给油点数,递进式分配器的组合片数×给油孔数,单线和双线分配器

中华人民共和国机械工业部 1993-09-03 批准　　1994-07-01 实施

的给油孔数，压力机润滑装置的给油孔数，喷射润滑装置的喷嘴数，温度控制器的温控点数，压力表开关的接点数。对单联泵，单螺杆泵，曲轴式润滑泵，单喷嘴的喷射润滑装置，单接点的压力表开关，单点的温度控制器及本条中未列出的其他润滑产品可不标前项数字。

4.2　产品名称代号

用润滑产品名称中最具有代表性的二个至四个汉字的第一个音节的第一个大写的汉语拼音字母表示，如遇产品名称代号的字母重复，应改用其他汉字音节的第一个汉语拼音字母。名称代号中的最后一个字母应与产品的类别代号相一致[1)]。润滑产品的类别、名称及其代号，见表 1。

注：1）第 10 类润滑产品未规定类别代号。

表 1

类别			产品名称	代号	主参数	单位名称	单位符号
序号	名称	代号					
1	旋转式润滑泵	B	齿轮泵	CB	公称流量	升/分	L/min
			螺杆泵	LB			
			斜齿轮泵	XCB			
			人字齿轮泵	RCB			
			摆线转子泵	BB			
			曲轴式柱塞泵	QB			
	往复式润滑泵		电动加油泵	DJB	加油量	升/小时	L/h
			气动加油泵	QJB			
			手动加油泵	SJB	加油量	毫升/循环	mL/CY
			多点干油泵	DDB	每口最大排量/贮油桶容积	毫升/分/贮油桶容积	mL/min/L
			单线润滑泵	DB	额定给油量/贮油桶容积[1)]	毫升/分/升	mL/min/L
			电动润滑泵	DRB			
			机动润滑泵	JDB	额定给油量/贮油桶容积	毫升/循环/升	mL/CY/L
			气动润滑泵	QRB			
			脚踏润滑泵	JRB			
			手动润滑泵	SRB			
2	润滑阀	F	单向阀	DXF	公称通径	毫米	mm
			旁通单向阀	PTF			
			电磁换向阀	D F[2)] E			
			手动换向阀	SHF			
			液压换向阀	YHF			
			电动换向阀	D JF[3)] E			
			节流阀	LF			
			单向节流阀	DLF			
			压力补偿节流阀	YLF			
			循环分配阀	XPF			

续表 1

类别			产品名称	代号	主参数	单位名称	单位符号
序号	名称	代号					
2	润滑阀	F	温度调节阀	WTF	公称通径	毫米	mm
			球　阀	QF			
			截止阀	JZF			
			减压阀	JF	公称通径/额定调压	毫米/兆帕	mm/MPa
			卸荷阀	HF			
			安全阀	AF			
			溢流阀	YF			
			膜片式稳压溢流阀	MYF			
			膜片式减压阀	MJF			
			干油喷射阀	GPF	额定喷射距离	毫米	mm
			压力控制阀	YKF	进出口压力比	数值	
			压力操纵阀	YZF	额定调压	兆帕	MPa
3	调配器	Q	板式冷却器	BRLQ[4]	单板换热面积/总换热面积	平方米/平方米	m^2/m^2
			列管式油冷却器	GLCQ[5] GLLQ	换热面积	平方米	m^2
			电加热器	DRQ	加热功率	千瓦	kW
			管路加热器	GRQ			
			蒸汽加热器	QRQ			
			过滤器	GQ	公称通径	毫米	mm
			干油过滤器	GGQ			
			网式过滤器	WGQ			
			片式过滤器	PGQ			
			磁性过滤器	CGQ			
			双筒网式过滤器	SWQ			
			双筒网式磁芯过滤器	SWCQ			
			冷却过滤器	LGQ	公称通径/冷却面积	毫米/平方米	mm/m^2
			干油压力表减震器	GJQ	接表螺纹的名义直径	毫米	mm
			油气混合器	QHQ	油气(雾)量	升/分	L/min
			油气分配器	QPQ			
			油雾发生器	WSQ			
			温度控制器	WKQ	最高控制温度	度	℃

续表 1

类别			产品名称	代号	主参数	单位名称	单位符号
序号	名称	代号					
4	配油器	Q	递进式分配器	JPQ	给脂量	毫升/循环	mL/CY
			单线分配器	DPQ			
			双线分配器	SSPQ[6] DSPQ[6)]			
			节流分配器	LPQ			
5	指示器	Q	给油指示器	GZQ	公称通径	毫米	mm
			油流信号器	YXQ			
			过压指示器	UZQ	最大指示压力	兆帕	MPa
			液位信号器	WXQ	调节行程	毫米	mm
			积水报警器	JBQ			
6	油箱	X	油箱	YX	公称容积	立方米	m^3
			压力罐	PX			
			贮脂筒	CX		升	L
7	喷嘴	Z	喷油嘴	YZ	公称流量	升/分	L/min
			喷雾嘴	WZ			
			凝缩嘴	NZ			
8	润滑装置	Z	油雾润滑装置	WHZ	公称流量	立方米/小时	m^3/h
			油气润滑装置	QHZ			
			干油喷射润滑装置	GSZ	给脂量	毫升/冲程	mL/St
			稀油润滑装置	XHZ	公称流量	升/分	L/min
			无油箱稀油润滑装置	WXHZ			
			卧式齿轮泵装置	WBZ			
			斜齿轮泵装置	XBZ			
			立式齿轮泵装置	LCBZ			
			人字齿轮泵装置	RBZ			
			螺杆泵装置	LBZ			
			摆线泵装置	BBZ			
			曲轴泵装置	QBZ			
			单线干油泵装置	DBZ	额定给油量	毫升/分	mL/min
			气动干油润滑装置	QRZ			
9	专用润滑装置	Z	链条自动润滑装置	LRZ	给脂量	毫升/冲程	mL/St
			压力机润滑装置	YRZ			
			吊运车自动润滑装置	DRZ			

续表 1

类别			产品名称	代号	主参数	单位名称	单位符号
序号	名称	代号					
10	工艺润滑设备及其他		净油机	JYJ	净油流量	升/分	L/min
			自吸离心泵	ZLB	排水流量	立方米/小时	m^3/h
			精密过滤机	JLJ	过滤流量	升/分	L/min
			平床过滤机	PGJ	滤纸面积	平方米	m^2
			压力表开关	BK	额定压力	兆帕	MPa
			压差开关	YCK	发讯压差	兆帕	MPa
			压力开关	YLK	额定调压	兆帕	MPa

注：1）对贮油桶容积只有一种规格的产品，贮油桶容积的参数可不标注；

2）D 表示交流，E 表示直流；

3）$\genfrac{}{}{0pt}{}{D}{E}$JF 分别为由交流和直流微电机驱动的换向阀；

4）BRLQ 为人字纹型板片的板式冷却器；

5）GLCQ 和 GLLQ 分别为翘片型换热管和裸管型换热管的列管式油冷却器；

6）SSPQ 和 DSPQ 分别为双向出口和单向出口的双线分配器。

4.3 产品规格系列代号

用大写的罗马数字 Ⅰ、Ⅱ、Ⅲ、Ⅳ……等表示，仅用于区别当润滑产品的压力级和主参数相同，而其他参数不同时的规格系列，对仅有一个规格系列的产品此代号可不标注。

4.4 产品定型序号

用阿拉伯数字 1、2、3、4……等表示，当润滑产品的名称、压力级、主参数、辅助参数均相同，其代号数值按其设计定型的先后次序给定，其中第一次设计定型产品的代号数值 1 可不标注。

4.5 压力级

压力级系指润滑产品使用时的公称压力或额定压力，用汉语拼音字母表示，其代号见表 2。其中的 0.16 MPa 和小于 0.16 MPa 的压力级可不标注。对油雾和油气润滑其压力级系指空气压力的公称值。

表 2

MPa

压力级	代号	压力级	代号	压力级	代号
		4.0	H	50.0	Q
0.16	—	6.3	I	63.0	R
0.25	B	10.0	J	80.0	S
0.40	C	16.0	K	100	T
0.63	D	20.0	L	125	U
0.8	E	25.0	M	—	—
1.0	F	31.5	N	1.6	W
2.5	G	40.0	P	—	—

4.6 主参数

用阿拉伯数字表示润滑产品主参数的公称值，各类产品的主参数见表 1，产品型号中主参数单位不标注。

4.7 辅助代号

用于特别需要表明的润滑产品的结构和使用特点，以汉语拼音字母表示，其代号规定见表 3。对表中未列的润滑产品如有特别需要可规定相应的辅助代号，并应解释代号的含意。

表 3

润滑产品名称	结构及使用特征	规定代号
电动润滑泵	环式配管	H
	终端式配管	Z
单线及双线分配器	带给油调节螺钉	T
	带运动指示调节	U
	带限位开关调节	K
加油泵	带贮脂筒	—
	不带贮脂筒	B
链条自动润滑装置 吊运车自动润滑装置	连杆导向	L
	滚轮导向	G
	车轮导向	C
电磁换向阀	带单个电磁铁	D
	带双电磁铁	S
压力控制阀	具有一个进、出油口	N
	具有二个进、出油口	M
列管式油冷却器	水侧通道为双管程	—
	水侧通道为四管程	S
稀油润滑装置	带有压力罐	A
	不带压力罐	—
递进式分配器	左侧出油口	Z
	右侧出油口	Y

4.8 安装代号

用于特别需要表明的润滑产品的安装方式及其特点，以汉语拼音字母表示，其代号规定见表 4。对一般型式的安装，不标注安装代号。

表 4

安 装 方 式	规 定 代 号
悬挂式安装	X
立式安装	L
左侧安装	Z
右侧安装	Y

5 润滑产品型号编制举例

5.1 公称压力为 10 MPa,具有 10 个给油孔,每孔的给油量为 0.15 mL/CY,第一次设计定型,由五片组成的递进式分配器:

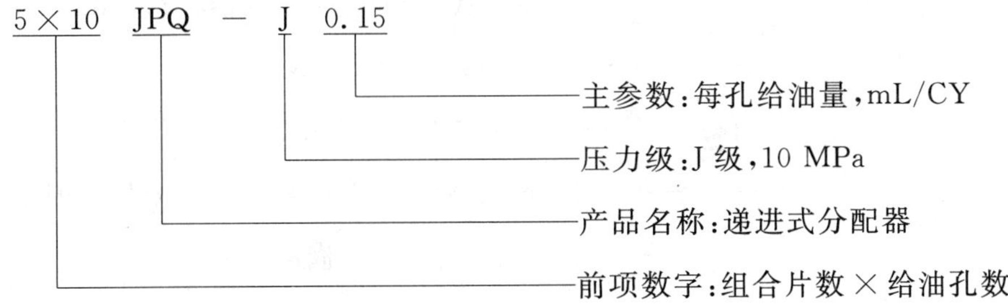

5.2 公称压力为 20 MPa,进、出油口的螺纹尺寸为 Rc 1/2(公称通径为 15 mm),具有两个交流电磁铁驱动,第一次设计定型的二位三通电磁换向阀:

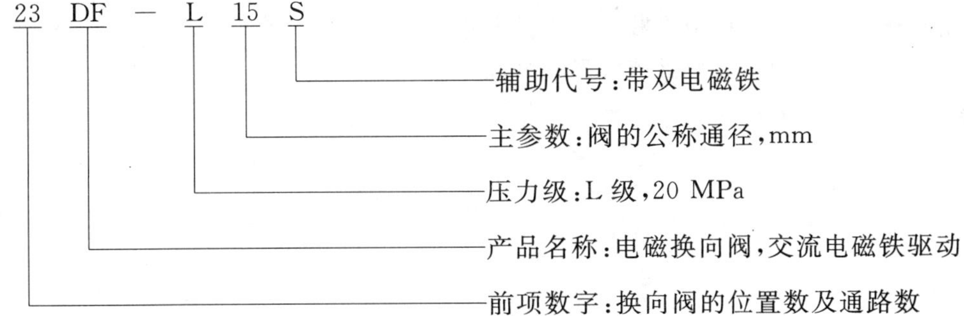

5.3 公称压力为 2.5 MPa,给脂量每冲程最大为 2.5 mL,滚轮导向,沿链条前进方向的右侧安装,第一次设计定型的链条自动润滑装置:

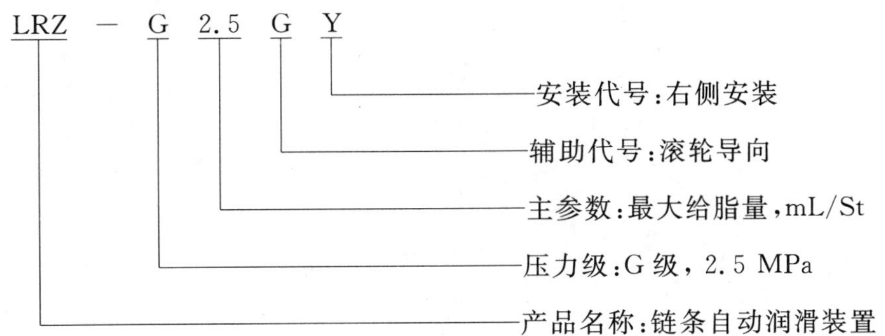

5.4 容积为 16 m^3,第二次设计定型的稀油润滑装置用的油箱:

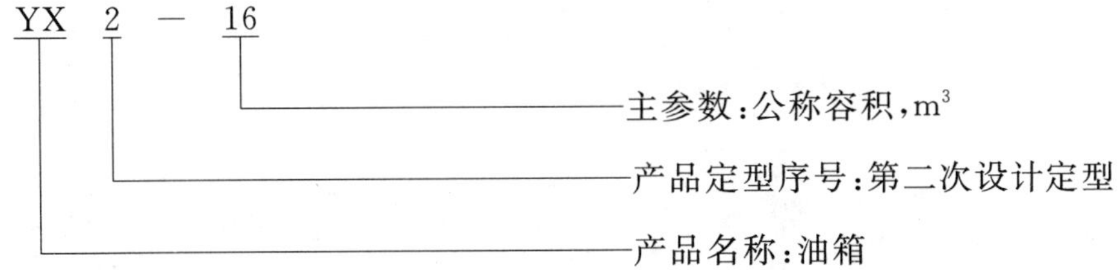

5.5 公称压力为 40 MPa,额定给油量为 120 mL/min,贮油桶容积为 30 L,功率为 0.75 kW(属第二种规格系列),第二次设计定型的电动润滑泵:

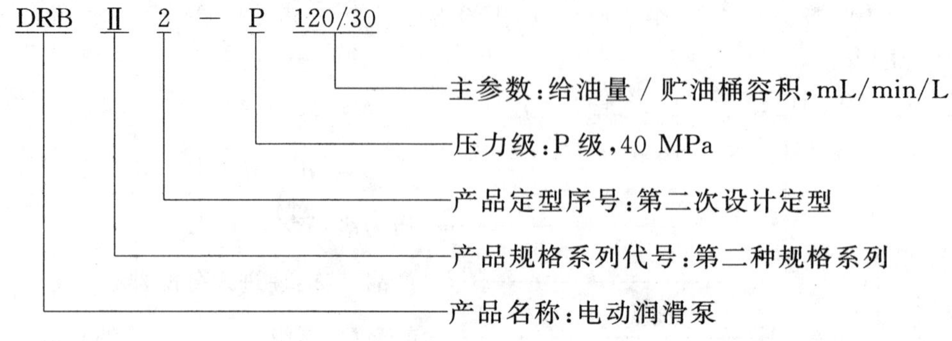

附加说明:

本标准由机械工业部西安重型机械研究所提出并归口。

本标准由机械工业部西安重型机械研究所负责起草。

本标准主要起草人谷振云。

ICS 23.100.10
J 20
备案号:20285—2007

中华人民共和国机械行业标准

JB/T 7554—2007
代替 JB/T 7554—1994

手动超高压油泵

Manuol super-high-prossure oil pump

2007-03-06 发布　　2007-09-01 实施

中华人民共和国国家发展和改革委员会　发布

前　言

本标准代替 JB/T 7554—1994《手动超高压泵》。

本标准与 JB/T 7554—1994 相比，主要变化如下：

——增加了标准的“前言”。

本标准由中国机械工业联合会提出。

本标准由机械工业冶金设备标准化技术委员会归口。

本标准起草单位：中国第二重型机械集团公司。

本标准主要起草人：赵光发。

本标准所代替标准的历次版本发布情况为：

——JB/T 7554—1994。

手动超高压油泵

1 范围

本标准规定了手动超高压油泵(以下简称高压泵)的型式、主要尺寸、基本参数、技术要求、试验方法、检验规则、标志、包装及贮存等。

本标准规定的高压油泵适用于作液压过盈联结的拆装,液压螺栓预紧器、液力螺母、液压千斤顶、液压调正器、压力元件标定,高压容器试压,静压装置等压力源,其工作介质为黏度等级 N32 液压油。

工作温度－20 ℃～＋80 ℃。

2 规范性引用文件

下列文件中的条款通过本标准的引用而成为本标准的条款。凡是注日期的引用文件,其随后所有的修改单(不包括勘误的内容)或修订版均不适用于本标准,然而,鼓励根据本标准达成协议的各方研究是否可使用这些文件的最新版本。凡是不注日期的引用文件,其最新版本适用于本标准。

GB/T 191　包装储运图示标志(GB/T 191—2000,eqv ISO 780:1997)

GB/T 4879　防锈包装

GB/T 7935—2005　液压元件　通用技术条件

GB/T 13384　机电产品包装　通用技术条件

JB/T 6996—1993　重型机械液压系统　通用技术条件

3 型式、基本参数和主要尺寸

3.1 GYBA 型高压泵的型式尺寸与基本参数应符合图 1 和表 1 的规定。

3.2 GYBB 型高压泵的型式尺寸与基本参数应符合图 2 和表 2 的规定。

3.3 GYBC 型高压泵的型式尺寸与基本参数应符合图 3 和表 3 的规定。

3.4 GYBD 型高压泵的型式尺寸与基本参数应符合图 4 和表 4 的规定。

3.5 型号说明

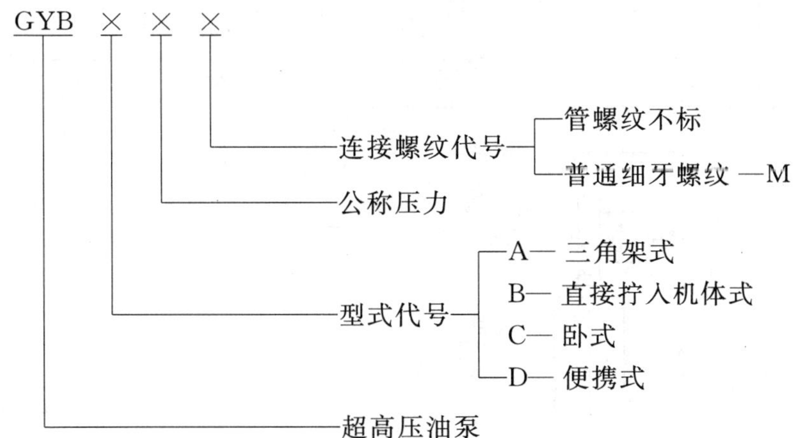

3.6 标记示例

示例 1:公称压力为 315 MPa 的三角架式超高压油泵:

GYBA315 高压泵　JB/T 7554—2007

示例 2：公称压力为 250 MPa 的直接拧入机体式超高压油泵：

GYBB250 高压泵　JB/T 7554—2007

示例 3：公称压力为 160 MPa 的卧式超高压油泵：

GYBC160 高压泵　JB/T 7554—2007

示例 4：公称压力为 80 MPa，连接螺纹为 M14×1.5 便携式超高压油泵：

GYBD80M 高压泵　JB/T 7554—2007

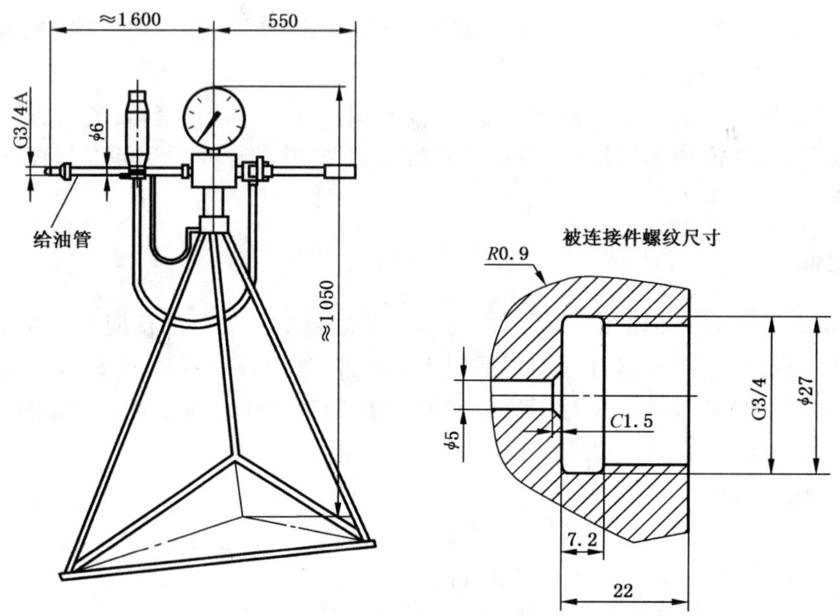

图 1　GYBA 型高压泵

表 1

型　　号	GYBA315	GYBA250	GYBA160	GYBA80
公称压力/MPa	315	250	160	80
最高压力/MPa	400	300	200	100
每行程注油量/mL	0.237	0.339	0.603	0.943
手动臂力/N　≈	240	260	232	240
质量/kg　≈	35	35	35	35

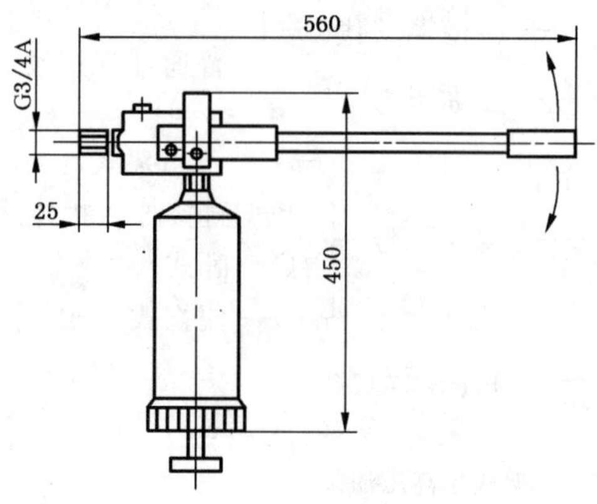

图 2　GYBB 型高压泵

表 2

型　　号	GYBB315	GYBB250	GYBB160	GYBB80
公称压力/MPa	315	250	160	80
最高压力/MPa	400	300	200	100
每行程注油量/mL	0.237	0.339	0.603	0.943
手动臂力/N　≈	240	260	232	240
质量/kg　≈	3.8	3.8	3.8	3.8

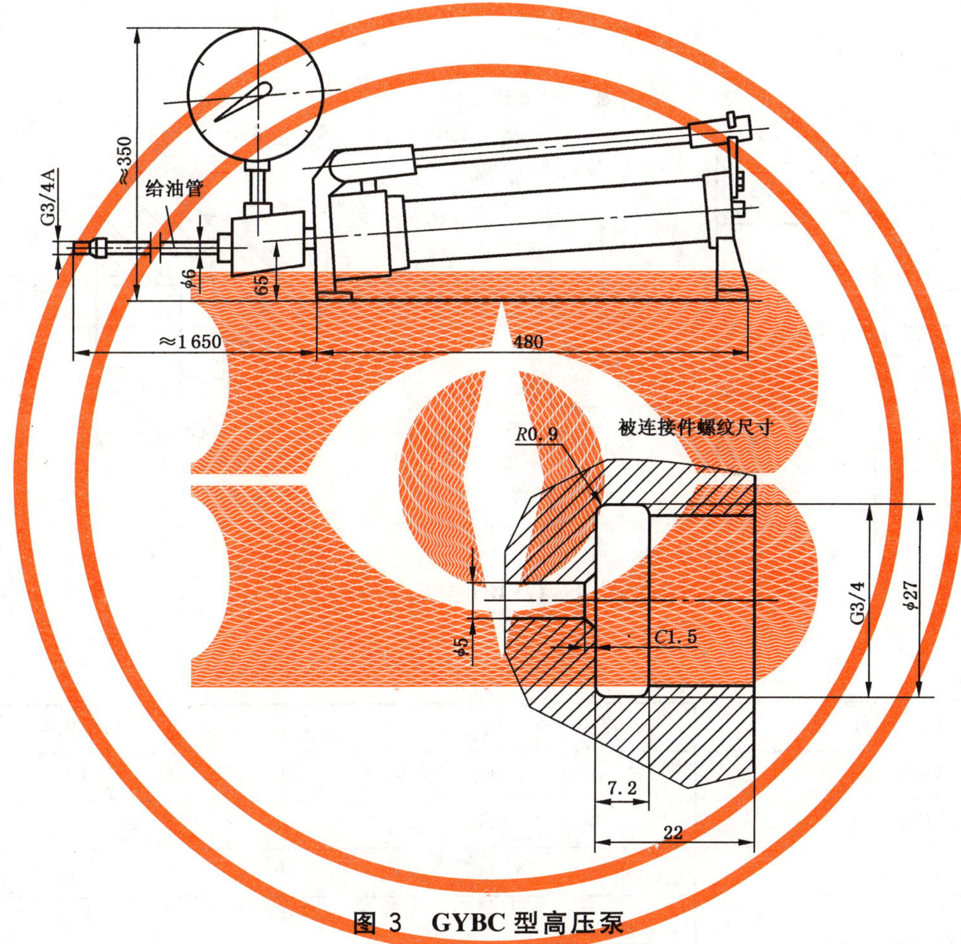

图 3　GYBC 型高压泵

表 3

型　　号	GYBC315	GYBC250	GYBC160	GYBC80
公称压力/MPa	315	250	160	80
最高压力/MPa	400	300	200	100
每行程注油量/mL	0.237	0.339	0.603	0.943
手动臂力/N　≈	240	260	232	240
质量/kg　≈	13	13	13	13

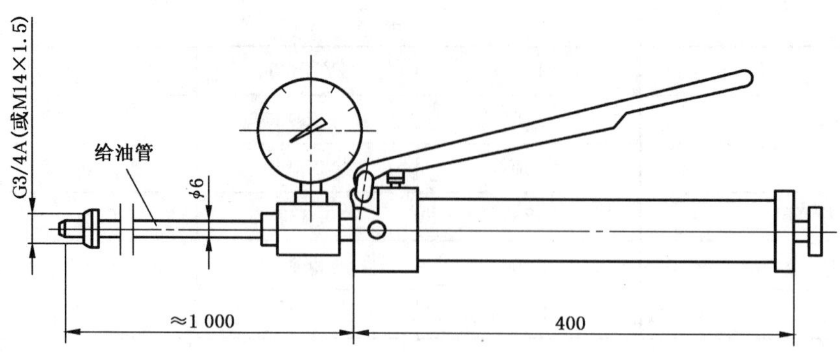

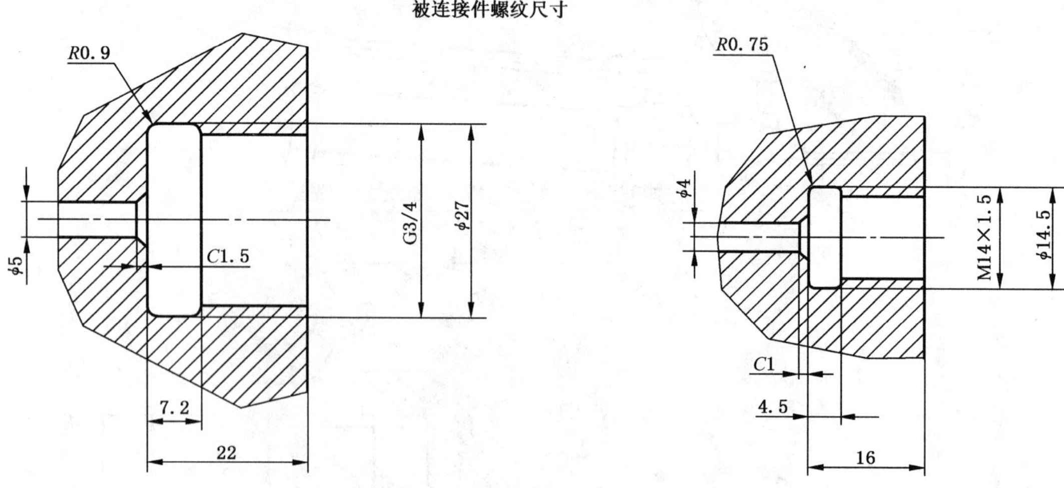

图 4 GYBD 型高压泵

表 4

型　　号		GYBD160	GYBD80
公称压力/MPa		160	80
最高压力/MPa		200	100
每行程注油量/mL		0.603	0.943
手动臂力/N	≈	260	240
质量/kg	≈	5	5

4 技术要求

4.1 产品应符合本标准的要求，并按经规定程序批准的图样和技术文件制造。

4.2 泵的试验压力不低于公称压力的 1.25 倍，时间 5 min(保压)。

4.3 工作介质清洁度等级应符合 JB/T 6996—1993 附录 A 中的 17/14。

4.4 稳压 5 min 内压力降允差 0.5 MPa。

4.5 各部位不得有渗漏和零件损坏等不正常现象。

4.6 每行程实际注油与理论注油量之比不低于 95%。

5 试验方法

5.1 出厂试验

5.1.1 空载试验:在空载压力工况下往复启动两次以上,再开始测量注油量,测得的每行程注油量不得低于公称注油量的95%。

5.1.2 满载试验:在公称压力工况下往复启动两次以上,再开始测量注油量,得出容积效率符合4.6规定。

5.1.3 超载试验:逐渐加压至公称压力的1.25倍,不得有异常现象。

5.2 型式试验

5.2.1 试验条件按GB/T 7935—2005中的2.5规定。

5.2.2 试验项目:

5.2.2.1 跑合试验:在空载压力工况下往复启动10次以上,然后逐渐加载,分级跑合,到公称压力,再往复五次以上。

5.2.2.2 低温试验:在空载压力,−20 ℃以下工况启动两次以上,无异常现象。

5.2.2.3 高温试验:在公称压力,+80 ℃以上工况下,启动两次以上,无异常现象。

5.2.2.4 超载试验:逐渐加压至公称压力的1.25倍,连续试验10次以上,无异常现象。

6 检验规则

6.1 每台高压泵经制造厂检验部门检验合格,并应附带产品合格证方可出厂。

6.2 高压泵出厂检验必须符合4.2、4.4、5.1的规定。

7 标志、包装和贮存

7.1 高压泵应在明显部位安装产品标牌,内容包括:

a) 制造厂名称;
b) 产品名称和型号;
c) 商标;
d) 出厂日期;
e) 产品编号。

7.2 高压泵的防锈和包装应符合GB/T 4879和GB/T 13384的规定。

7.3 高压泵的包装标志应符合GB/T 191的规定。

7.4 贮存:

7.4.1 高压泵应贮存在干燥通风的环境,避免雨、雪、水的浸袭,避免与酸、碱、有机溶剂等物质接触,不得在日光下长期曝晒。

7.4.2 在遵守7.4.1的情况下,制造厂应保证产品从出厂之日算起12个月内,其性能仍符合本标准的规定。

中华人民共和国国家标准

GB 1152—89

代替 GB 1152—79

直 通 式 压 注 油 杯

Straight hydraulic grease nipples

1 主题内容与适用范围

本标准规定了直通式压注油杯的型式与尺寸。

本标准适用于各种机械设备及汽车、船舶等用的润滑脂压注油杯。

2 引用标准

GB 308 滚动轴承 钢球

GB 1159 油杯技术条件

3 型式与尺寸

型式与尺寸按下图及下表的规定。

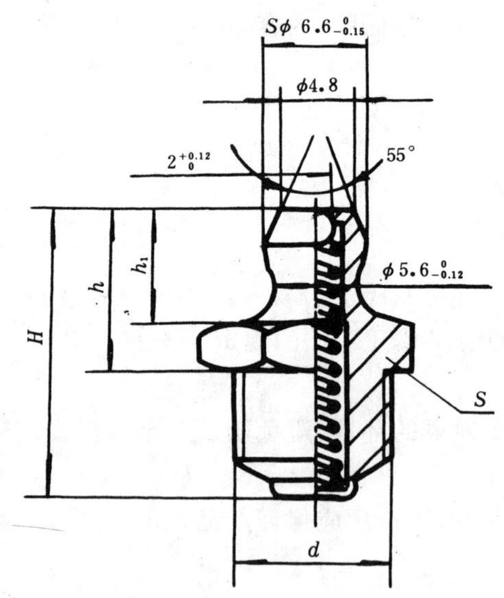

中华人民共和国机械电子工业部1989-02-10批准　　1990-01-01实施

mm

d	H	h	h_1	S		钢 球 (按 GB 308)
				基本尺寸	极限偏差	
M6	13	8	6	8	$\begin{matrix}0\\-0.22\end{matrix}$	3
M8×1	16	9	6.5	10		
M10×1	18	10	7	11		

4 标记示例

连接螺纹 M10×1，直通式压注油杯的标记：

油杯 M10×1 GB 1152

5 技术条件

技术条件按 GB 1159 的规定。

附加说明：

本标准由机械电子工业部提出。

本标准由机械电子工业部机械标准化研究所归口。

本标准由上海机电工业管理局科技情报所、机械电子工业部机械标准化研究所负责起草、沈阳油杯厂参加起草。

本标准主要起草人陈华金、王喜良。

中华人民共和国国家标准

GB 1153—89

接头式压注油杯

代替 GB 1153—79

Angle hydraulic grease nipples

1 主题内容与适用范围

本标准规定了接头式压注油杯的型式与尺寸。

本标准适用于各种机械设备及汽车、船舶等用的润滑脂压注油杯。

2 引用标准

GB 1152 直通式压注油杯

GB 1159 油杯技术条件

3 型式与尺寸

型式与尺寸按下图及下表的规定。

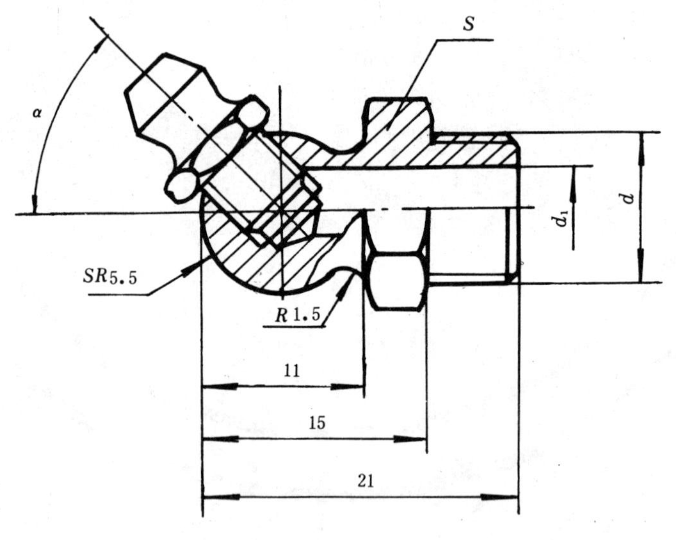

mm

<table>
<tr><th rowspan="2">d</th><th rowspan="2">d_1</th><th rowspan="2">α</th><th colspan="2">S</th><th rowspan="2">直通式压注油杯
（按 GB 1152）</th></tr>
<tr><th>基本尺寸</th><th>极限偏差</th></tr>
<tr><td>M6
M8×1
M10×1</td><td>3
4
5</td><td>45°，90°</td><td>11</td><td>0
−0.22</td><td>M6</td></tr>
</table>

4 标记示例

连接螺纹 M10×1，45°接头式压注油杯的标记：

中华人民共和国机械电子工业部1989-02-10批准　　1990-01-01实施

油杯 45°M10×1　GB 1153

5 技术条件

技术条件按 GB 1159 的规定。

附加说明：

本标准由机械电子工业部提出。

本标准由机械电子工业部机械标准化研究所归口。

本标准由上海机电工业管理局科技情报所、机械电子工业部机械标准化研究所负责起草、沈阳油杯厂参加起草。

本标准主要起草人陈华金、王喜良。

中华人民共和国国家标准

GB 1154—89

旋 盖 式 油 杯

代替 GB 1154—79

Screwing cap type lubricating cups

1 主题内容与适用范围

本标准规定了旋盖式油杯的型式与尺寸。

本标准适用于机械设备上润滑脂压注油杯。

2 引用标准

GB 1159 油杯技术条件

3 型式与尺寸

油杯分为A、B两种型式:A型见图1,B型见图2,尺寸按下表的规定。

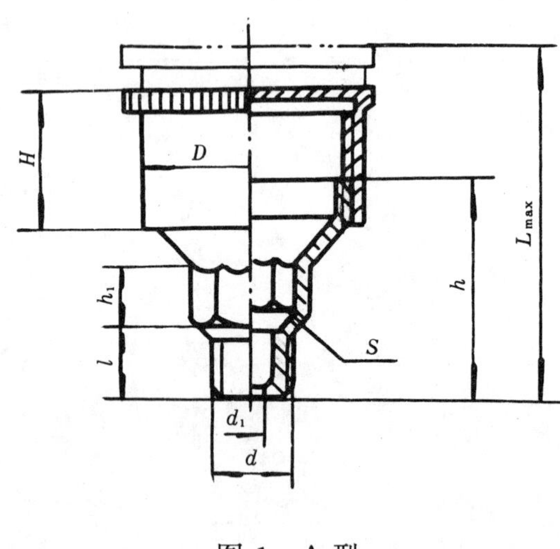

图1 A型

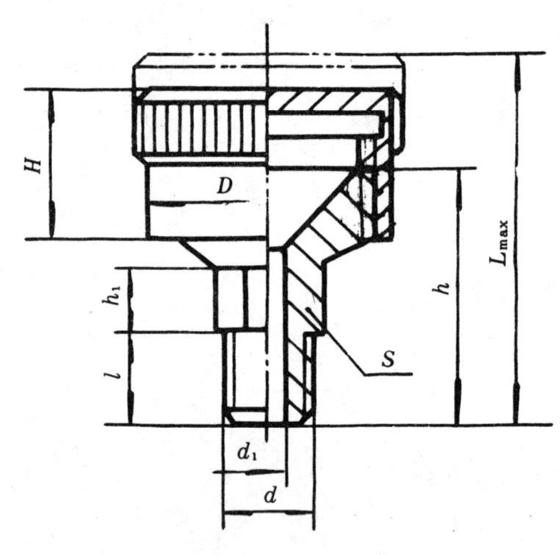

图2 B型

中华人民共和国机械电子工业部1989-02-10批准　　1990-01-01实施

mm

最小容量 cm^2	d	l	H	h	h_1	d_1	D		L max	S	
							A 型	B 型		基本尺寸	极限偏差
1.5	M8×1	8	14	22	7	3	16	18	33	10	0 −0.22
3	M10×1		15	23	8	4	20	22	35	13	0 −0.27
6			17	26			26	28	40		
12	M14×1.5	12	20	30	10	5	32	34	47	18	
18			22	32			36	40	50		
25			24	34			41	44	55		
50	M16×1.5		30	44			51	54	70	21	0 −0.33
100			38	52			68	68	85		
200	M24×1.5	16	48	64	16	6	—	86	105	30	—

4 标记示例

最小容量 25 cm^3，A 型旋盖式油杯的标记：

油杯 A25 GB 1154

5 技术条件

技术条件按 GB 1159 的规定。

附加说明：

本标准由机械电子工业部提出。

本标准由机械电子工业部机械标准化研究所归口。

本标准由上海机电工业管理局科技情报所、机械电子工业部机械标准化研究所负责起草、沈阳油杯厂参加起草。

本标准主要起草人陈华金、王喜良。

中华人民共和国国家标准

GB 1155—89

代替 GB 1155—79

压配式压注油杯

Push-fit type grease nipples

1 主题内容与适用范围

本标准规定了压配式压注油杯的型式与尺寸。

本标准适用于机械设备上机械油压注油杯。

2 引用标准

GB 308 滚动轴承 钢球

GB 1159 油杯技术条件

3 型式与尺寸

型式与尺寸按下图及下表的规定。

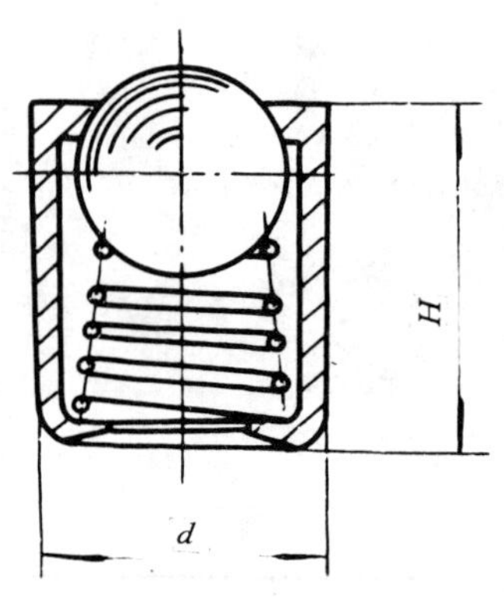

mm

d		H	钢 球 (按 GB 308)
基本尺寸	极限偏差		
6	+0.040 +0.028	6	4
8	+0.049 +0.034	10	5
10	+0.058 +0.040	12	6

中华人民共和国机械电子工业部1989-02-10批准 1990-01-01实施

续表 mm

d		H	钢　　球（按 GB 308）
基　本　尺　寸	极　限　偏　差		
16	+0.063 +0.045	20	11
25	+0.085 +0.064	30	13

注：与 d 相配孔的极限偏差按 H8。

4 标记示例

d=6 mm，压配式压注油杯的标记：

油杯 6　GB 1155

5 技术条件

技术条件按 GB 1159 的规定。

附加说明：

本标准由机械电子工业部提出。

本标准由机械电子工业部机械标准化研究所归口。

本标准由上海机电工业管理局科技情报所、机械电子工业部机械标准化研究所负责起草、沈阳油杯厂参加起草。

本标准主要起草人陈华金、王喜良。

中华人民共和国国家标准

GB 1157—89

代替 GB 1157—79

弹簧盖油杯

Spring cap type lubricating cups

1 主题内容与适用范围

本标准规定了弹簧盖油杯的型式与尺寸。

本标准适用于机械设备上机械油润滑油杯。

2 引用标准

GB 1159 油杯技术条件

GB 6172 六角薄螺母 A和B级 倒角

3 型式与尺寸

油杯分为A、B、C三种型式。

3.1 A型油杯的型式与尺寸按图1及表1的规定。

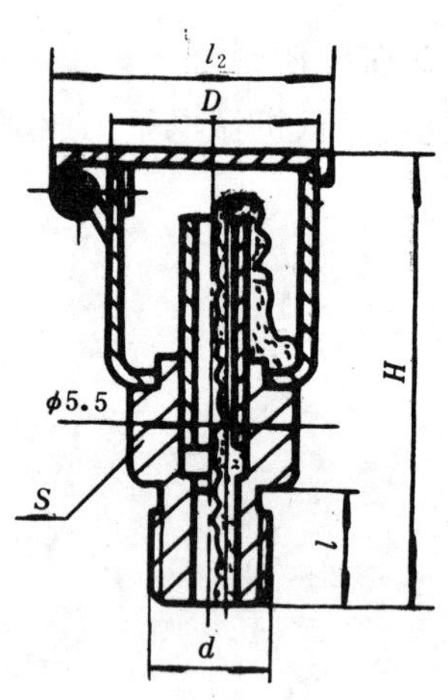

图1 A型

中华人民共和国机械电子工业部1989-02-10批准 1990-01-01实施

表 1 mm

最小容量 cm³	d	H ≤	D ≤	l_2 ≈	l	S 基本尺寸	S 极限偏差
1	M8×1	38	16	21	10	10	0 −0.22
2		40	18	23			
3	M10×1	42	20	25		11	0 −0.27
6		45	25	30			
12	M14×1.5	55	30	36	12	18	
18		60	32	38			
25		65	35	41			
50		68	45	51			

3.2 B 型油杯的型式与尺寸按图 2 及表 2 的规定。

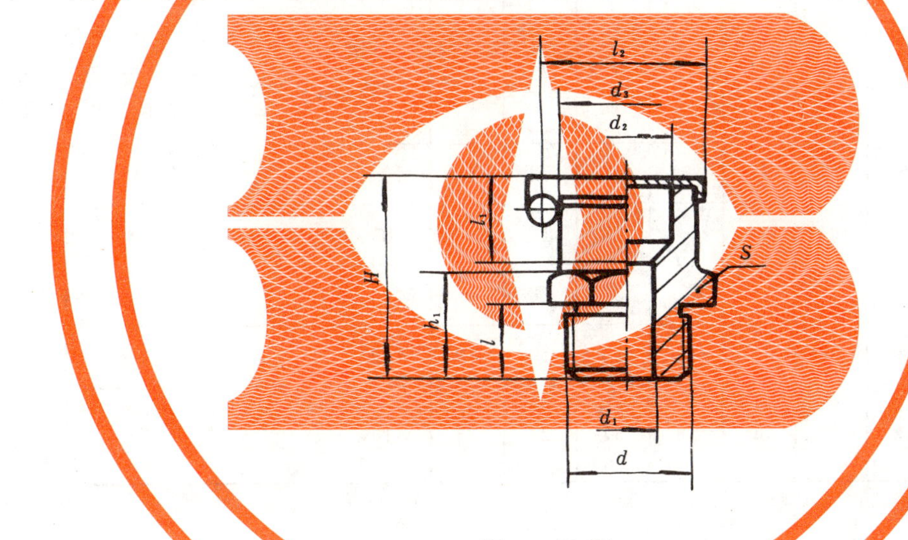

图 2 B 型

表 2 mm

d	d_1	d_2	d_3	H	h_1	l	l_1	l_2	S 基本尺寸	S 极限偏差
M6	3	6	10	18	9	6	8	15	10	0 −0.22
M8×1	4	8	12	24	12	8	10	17	13	0 −0.27
M10×1	5									
M12×1.5	6	10	14	26	14	10	12	19	16	
M16×1.5	8	12	18	28				23	21	0 −0.33

3.3 C 型油杯的型式与尺寸按图 3 及表 3 的规定。

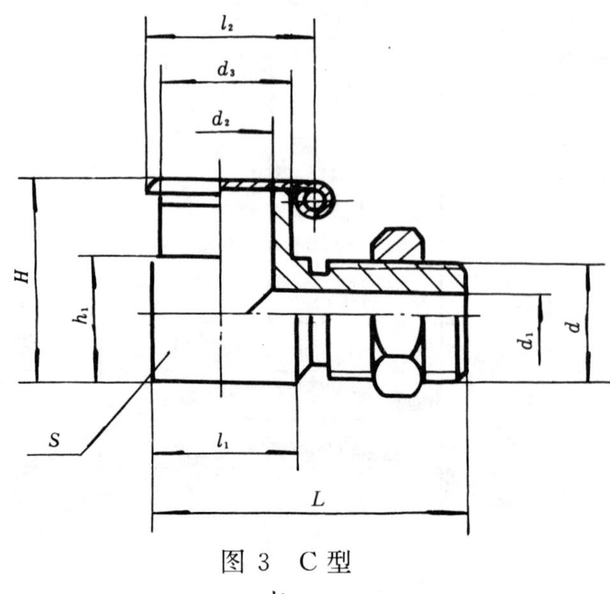

图 3 C 型

表 3

mm

d	d_1	d_2	d_3	H	h_1	L	l_1	l_2	螺 母 (按 GB 6172)	S	
										基本尺寸	极限偏差
M6	3	6	10	18	9	25	12	15	M6	13	0 −0.27
M8×1	4	8	12	24	12	28	14	17	M8×1		
M10×1	5					30	16		M10×1		
M12×1.5	6	10	14	26	14	34	19	19	M12×1.5	16	
M16×1.5	8	12	18	30	18	37	23	23	M16×1.5	21	0 −0.33

4 标记示例

a. 最小容量 3 cm^3,A 型弹簧盖油杯的标记:
油杯 A3 GB 1157

b. 连接螺纹 M10×1,B 型弹簧盖油杯的标记:
油杯 BM10×1 GB 1157

5 技术条件

技术条件按 GB 1159 的规定。

附加说明:

本标准由机械电子工业部提出。

本标准由机械电子工业部机械标准化研究所归口。

本标准由上海机电工业管理局科技情报所、机械电子工业部机械标准化研究所负责起草、沈阳油杯厂参加起草。

本标准主要起草人陈华金、王喜良。

中华人民共和国国家标准

GB 1158—89

针阀式注油杯

代替 GB 1158—79

Drip-feed type lubricating cups

1 主题内容与适用范围

本标准规定了针阀式注油杯的型式与尺寸。

本标准适用于机械设备上机械油注油杯。

2 引用标准

GB 1159 油杯技术条件

GB 6172 六角薄螺母 A和B级 倒角

3 型式与尺寸

油杯分为A、B两种型式:A型见图1,B型见图2。尺寸按下表的规定。

中华人民共和国机械电子工业部1989-02-10批准 1990-01-01实施

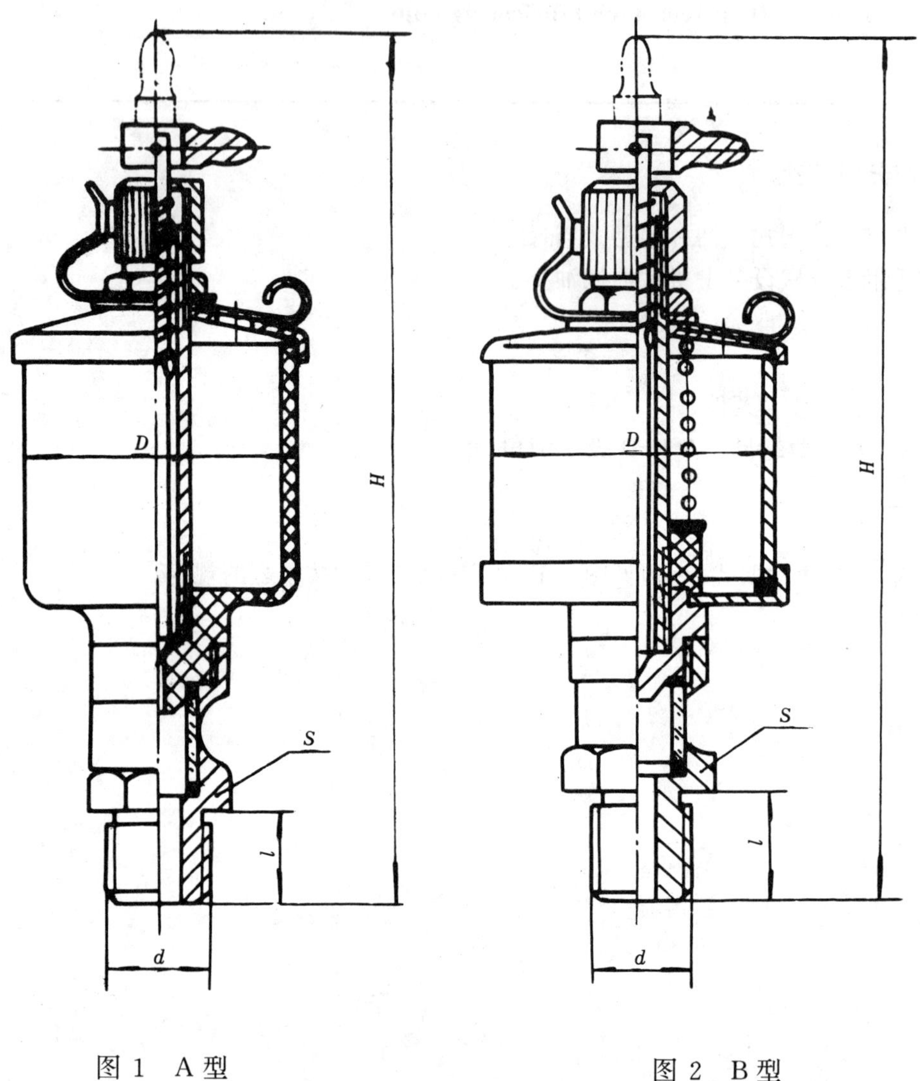

图1 A型

图2 B型

mm

最小容量 cm³	d	l	H	D	S		螺　母 按 GB 6172
					基本尺寸	极限偏差	
16	M10×1	12	105	32	13	0 −0.27	M8×1
25	M14×1.5		115	36	18		
50			130	45			M10×1
100			140	55			
200	M16×1.5	14	170	70	21	0 −0.33	
400			190	85			

4　标记示例

最小容量　25 cm³,A 型针阀式油杯的标记:

油杯 A25　GB 1158

5　技术条件

技术条件按 GB 1159 的规定。

附加说明:

本标准由机械电子工业部提出。

本标准由机械电子工业部机械标准化研究所归口。

本标准由上海机电工业管理局科技情报所、机械电子工业部机械标准化研究所负责起草、沈阳油杯厂参加起草。

本标准主要起草人陈华金、王喜良。

中华人民共和国国家标准

GB 1160.1—89

压配式圆形油标

代替 GB 1160—79

Oil level indicators push-fit round type

1 主题内容与适用范围

本标准规定了压配式圆形油标的型式与尺寸。

本标准适用于窥视各种机械设备上润滑油油位面的油标。

2 引用标准

GB 1163 油标技术条件

GB 3452.1 液压气动用O型橡胶密封圈尺寸系列及公差

GB 3452.3 液压气动用O型橡胶密封圈沟槽尺寸和设计计算准则

3 型式与尺寸

油标分为A、B两种型式:A型见图1,B型见图2。尺寸见下表。

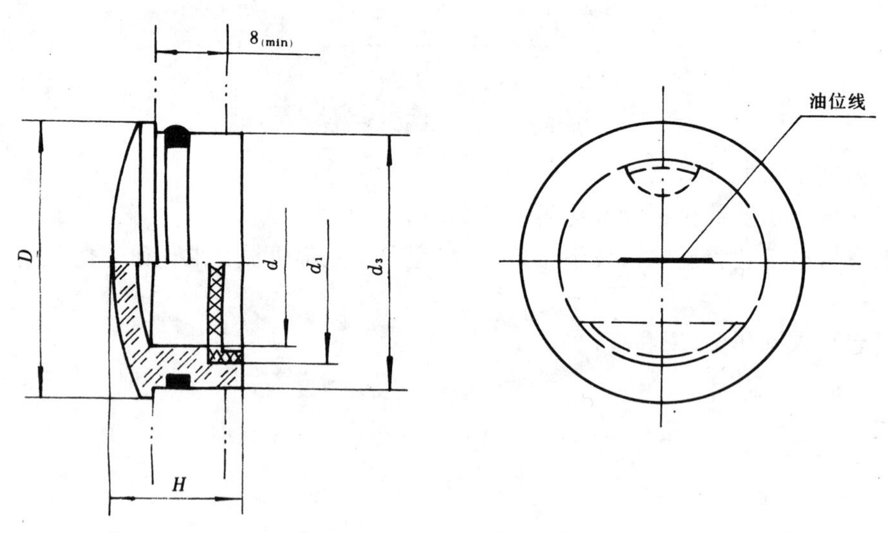

图1 A型

中华人民共和国机械电子工业部1989-02-10批准 1990-01-01实施

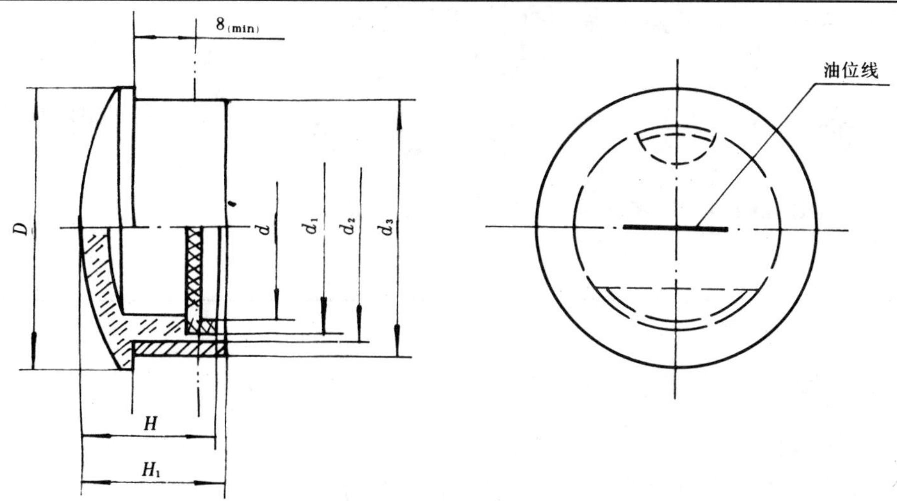

图 2　B 型

mm

<table>
<tr><th rowspan="2">d</th><th rowspan="2">D</th><th colspan="2">d_1</th><th colspan="2">d_2</th><th colspan="2">d_3</th><th rowspan="2">H</th><th rowspan="2">H_1</th><th rowspan="2">O 型橡胶密封圈
(按 GB 3452.1)</th></tr>
<tr><th>基本尺寸</th><th>极限偏差</th><th>基本尺寸</th><th>极限偏差</th><th>基本尺寸</th><th>极限偏差</th></tr>
<tr><td>12</td><td>22</td><td>12</td><td rowspan="2">−0.050
−0.160</td><td>17</td><td>−0.050
−0.160</td><td>20</td><td rowspan="2">−0.065
−0.195</td><td rowspan="2">14</td><td rowspan="2">16</td><td>15×2.65</td></tr>
<tr><td>16</td><td>27</td><td>18</td><td>22</td><td rowspan="2">−0.065
−0.195</td><td>25</td><td>20×2.65</td></tr>
<tr><td>20</td><td>34</td><td>22</td><td rowspan="2">−0.065
−0.195</td><td>28</td><td>32</td><td rowspan="3">−0.080
−0.240</td><td rowspan="2">16</td><td rowspan="2">18</td><td>25×3.55</td></tr>
<tr><td>25</td><td>40</td><td>28</td><td>34</td><td rowspan="2">−0.080
−0.240</td><td>38</td><td>31.5×3.55</td></tr>
<tr><td>32</td><td>48</td><td>35</td><td rowspan="2">−0.080
−0.240</td><td>41</td><td>45</td><td rowspan="2">18</td><td rowspan="2">20</td><td>38.7×3.55</td></tr>
<tr><td>40</td><td>58</td><td>45</td><td>51</td><td rowspan="3">−0.100
−0.290</td><td>55</td><td rowspan="3">−0.100
−0.290</td><td>48.7×3.55</td></tr>
<tr><td>50</td><td>70</td><td>55</td><td rowspan="2">−0.100
−0.290</td><td>61</td><td>65</td><td rowspan="2">22</td><td rowspan="2">24</td><td rowspan="2">—</td></tr>
<tr><td>63</td><td>85</td><td>70</td><td>76</td><td>80</td></tr>
</table>

注：① 与 d_1 相配合的孔极限偏差按 H11。

② A 型用 O 型橡胶密封圈沟槽尺寸按 GB 3452.3，B 型用密封圈由制造厂设计选用。

4　标记示例

视孔 $d=32$，A 型压配式圆形油标的标记：

油标 A32　GB 1160.1

5　技术条件

技术条件按 GB 1163 的规定。

附加说明：

本标准由机械电子工业部提出。

本标准由机械电子工业部机械标准化研究所归口。

本标准由上海机电工业管理局科技情报所、机械电子工业部机械标准化研究所负责起草、上海机床附件六厂、上海机床塑料厂参加起草。

本标准主要起草人陈华金、张嘉德。

中华人民共和国国家标准

GB 1160.2—89

旋入式圆形油标

Oil level indicators screwing round type

1 主题内容与适用范围

本标准规定了旋入式圆形油标的型式与尺寸。

本标准适用于窥视各种机械设备上润滑油油位面的油标。

2 引用标准

GB 1163 油标技术条件

3 型式与尺寸

油标分为A、B两种型式:A型见图1,B型见图2。尺寸见下表。

A型用作油位指示器,B型用作窥视油液工作状况。

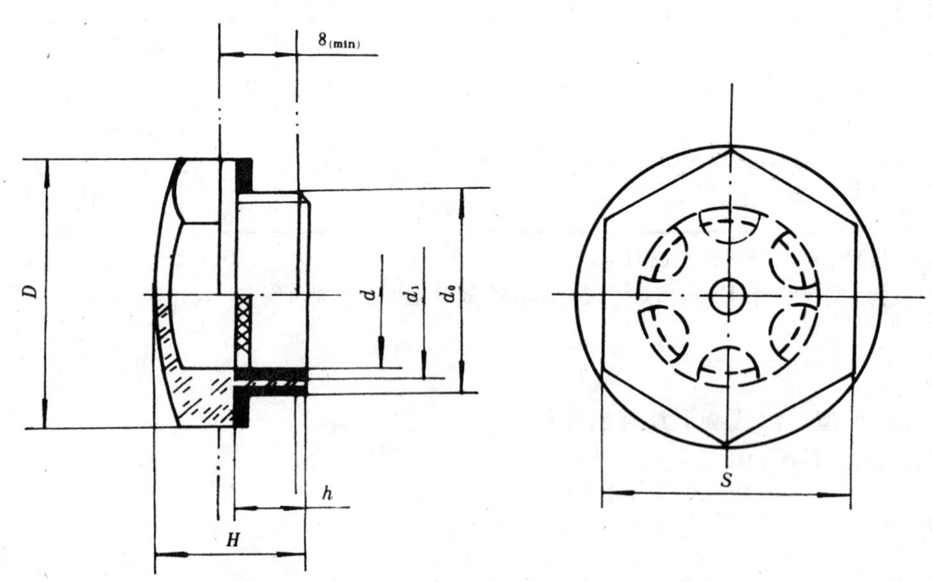

图1 A型

中华人民共和国机械电子工业部1989-02-10批准 1990-01-01实施

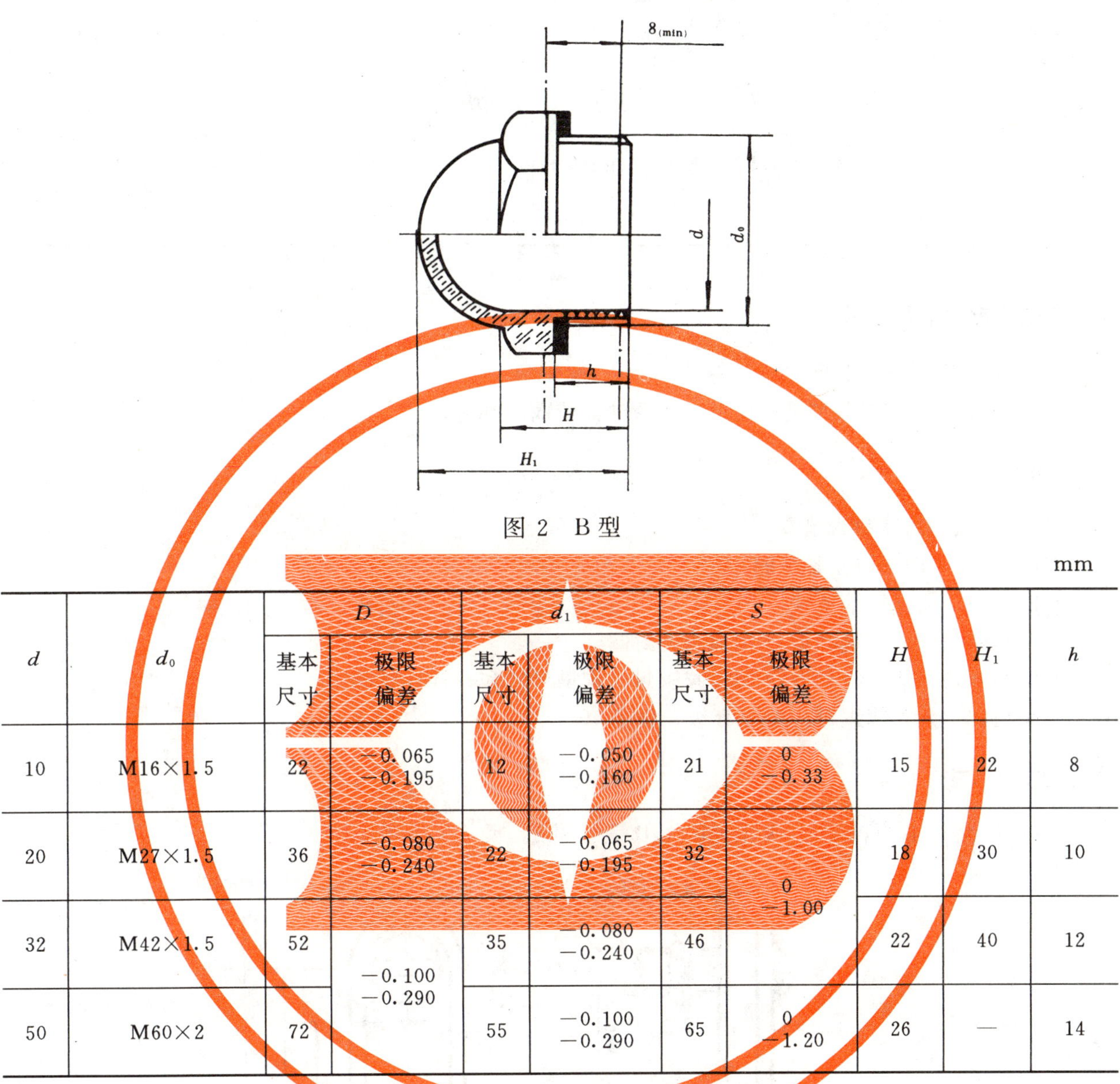

图 2　B 型

mm

d	d_0	D 基本尺寸	D 极限偏差	d_1 基本尺寸	d_1 极限偏差	S 基本尺寸	S 极限偏差	H	H_1	h
10	M16×1.5	22	−0.065 −0.195	12	−0.050 −0.160	21	0 −0.33	15	22	8
20	M27×1.5	36	−0.080 −0.240	22	−0.065 −0.195	32	0 −1.00	18	30	10
32	M42×1.5	52	−0.100 −0.290	35	−0.080 −0.240	46		22	40	12
50	M60×2	72		55	−0.100 −0.290	65	0 −1.20	26	—	14

4　标记示例

视孔 $d=32$，A 型旋入式圆形油标的标记：

油标 A32　GB 1160.2

5　技术条件

技术条件按 GB 1163 的规定。

附加说明：

本标准由机械电子工业部提出。

本标准由机械电子工业部机械标准化研究所归口。

本标准由上海机电工业管理局科技情报所、机械电子工业部机械标准化研究所负责起草、上海机床附件六厂、上海机床塑料厂参加起草。

本标准主要起草人陈华金、张嘉德。

中华人民共和国国家标准

GB 1161—89

长　形　油　标

代替 GB 1161—79

Oil level indicator length type

1　主题内容与适用范围

本标准规定了长形油标的型式与尺寸。

本标准适用于窥视各种机械设备上润滑油油位面的油标。

2　引用标准

GB 861.1　内齿锁紧垫圈

GB 861.2　内锯齿锁紧垫圈

GB 1163　油标技术条件

GB 3452.1　液压气动用O型橡胶密封圈

GB 3452.3　液压气动用O型橡胶密封圈沟槽尺寸和设计计算准则

GB 6172　六角薄螺母　A和B级　倒角

3　型式与尺寸

油标分为A、B两种型式:A型见图1,B型见图2。尺寸见下表。

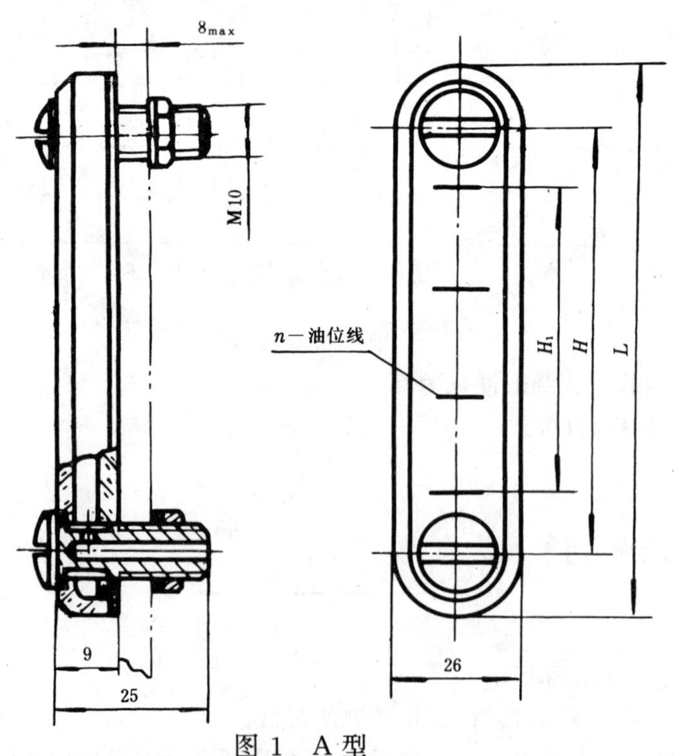

图1　A型

中华人民共和国机械电子工业部1989-02-10批准　　　　1990-01-01实施

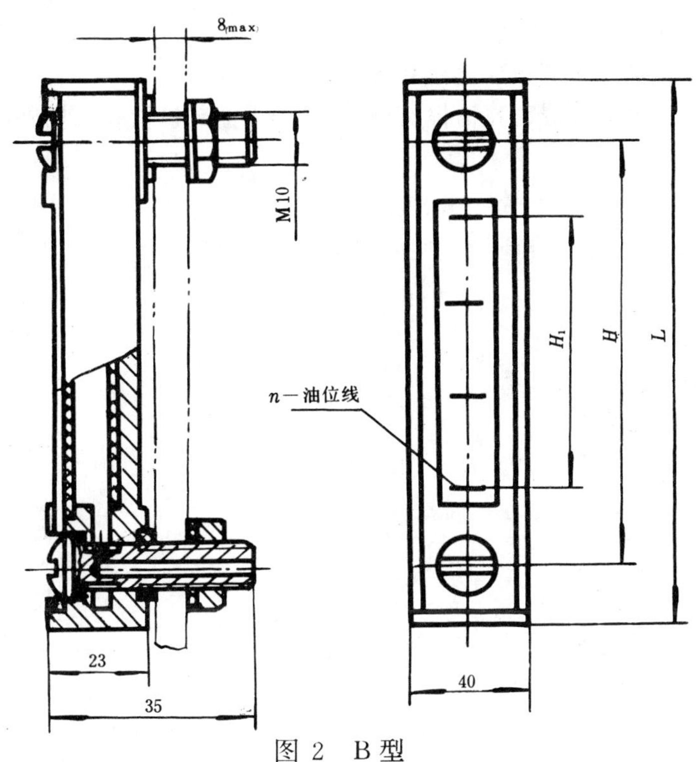

图 2 B 型

mm

H			H_1		L		n (条数)		O 型橡胶密封圈 (按 GB 3452.1)	六角螺母 (按 GB 6172)	弹性垫圈 (按 GB 861)
基本尺寸		极限偏差									
A 型	B 型		A 型	B 型	A 型	B 型	A 型	B 型			
80		±0.17	40		110		2		10×2.65	M10	10
100	—		60	—	130	—	3	—			
125	—	±0.20	80	—	155	—	4	—			
160			120		190		6				
—	250	±0.23	—	210	—	280	—	8			

注：O 型橡胶密封圈沟槽尺寸按 GB 3452.3 的规定。

4 标记示例

H=80，A 型长形油标的标记：

油标 A80 GB 1161

5 技术条件

技术条件按 GB 1163 的规定。

附加说明：

本标准由机械电子工业部提出。

本标准由机械电子工业部机械标准化研究所归口。

本标准由上海机电工业管理局科技情报所、机械电子工业部机械标准化研究所负责起草、上海机床附件六厂参加起草。

本标准主要起草人陈华金、张嘉德。

中华人民共和国国家标准

GB 1162—89

管状油标

代替 GB 1162—79

Tube type oil level indicators

1 主题内容与适用范围

本标准规定了管状油标的型式与尺寸。

本标准适用于窥视各种机械设备上润滑油油位面的油标。

2 引用标准

GB 861 弹性垫圈

GB 1163 油标技术条件

GB 3452.1 液压气动用 O 型橡胶密封圈

GB 3452.3 液压气动用 O 型橡胶密封圈沟槽尺寸和设计计算准则

GB 6172 六角薄螺母 A 和 B 级 倒角

3 型式与尺寸

油标分为 A、B 两种型式。

3.1 A 型油标的型式与尺寸见图 1 及表 1。

中华人民共和国机械电子工业部 1989-02-10 批准 1990-01-01 实施

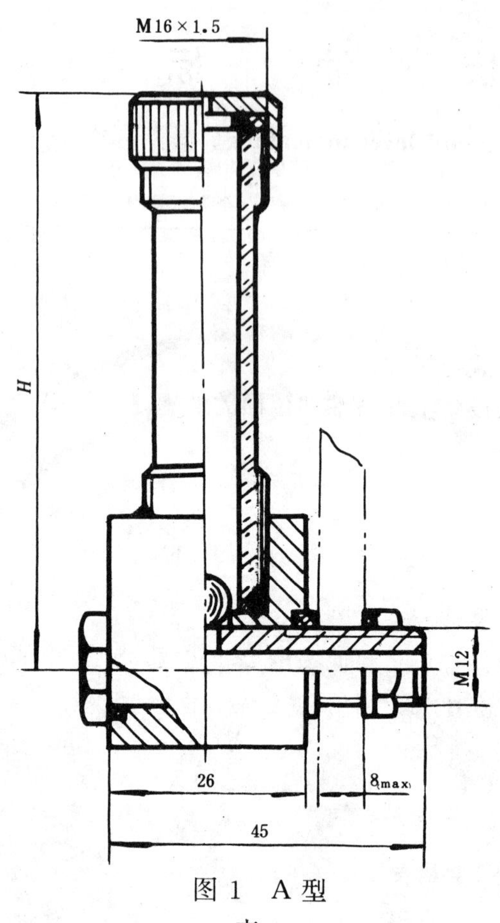

图 1 A 型

表 1

mm

H	O 型橡胶密封圈 (按 GB 3452.1)	六角薄螺母 (按 GB 6172)	弹性垫圈 (按 GB 861)
80,100,125,160,200	11.8×2.65	M12	12

3.2 B 型油标的型式和尺寸见图 2 及表 2。

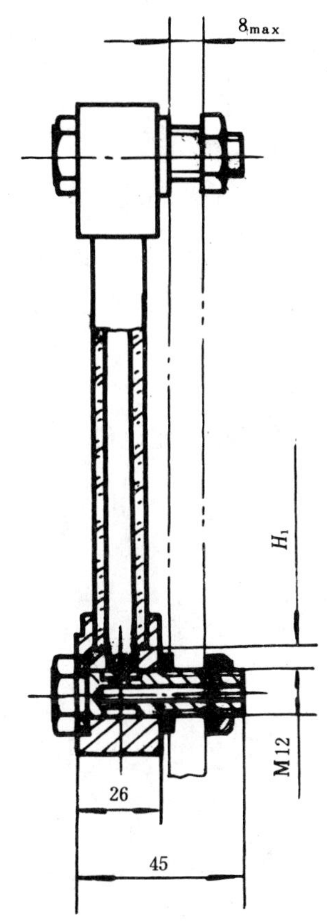

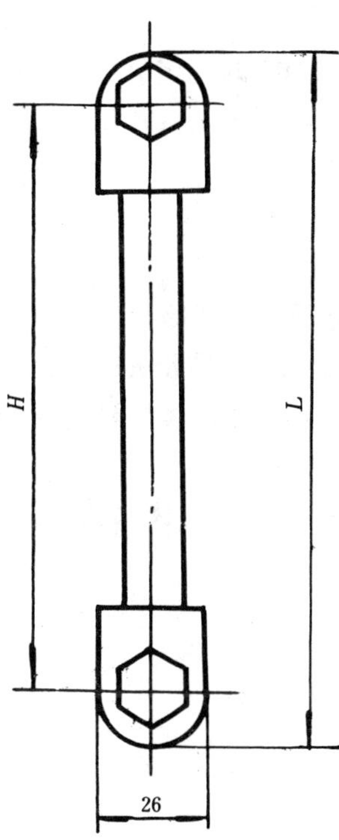

图 2　B 型

表 2

mm

H 基本尺寸	H 极限偏差	H_1	L	O 型橡胶密封圈（按 GB 3452.1）	六角薄螺母（按 GB 6172）	弹性垫圈（按 GB 861）
200	±0.23	175	226	11.8×2.65	M12	12
250		225	276			
320	±0.26	295	346			
400	±0.28	375	426			
500	±0.35	475	526			
630		605	656			
800	±0.40	775	826			
1 000	±0.45	975	1 026			

注：O 型橡胶密封圈沟槽尺寸按 GB 3452.3 规定。

4　标记示例

H=200，A 型管状油标的标记：

油标 A200　GB 1162

5 技术条件

技术条件按 GB 1163 的规定。

附加说明：

本标准由机械电子工业部提出。

本标准由机械电子工业部机械标准化研究所归口。

本标准由上海机电工业管理局科技情报所、机械电子工业部机械标准化研究所负责起草、上海机床附件六厂参加起草。

本标准主要起草人陈华金、张嘉德。

中华人民共和国国家标准

GB 1164—89

压　杆　式　油　枪

代替 GB 1164—79

Lever type grease guns

1 主题内容与适用范围

本标准规定了压杆式油枪的型式、参数与尺寸。

本标准适用于各种机械设备、汽车、拖拉机、船舶等压注润滑脂用的油枪。

2 引用标准

GB 1152　直通式压注油杯

GB 1153　接头式压注油杯

GB 1166　油枪技术条件

GB 7306　用螺纹密封的管螺纹

3 型式、参数与尺寸

3.1 油枪的型式、参数与尺寸按图 1 和下表规定。

图 1

中华人民共和国机械电子工业部 1989-02-10 批准　　　　1990-01-01 实施

mm

储油量 cm³	公称压力 MPa	出油量 cm³	D	L	B	b	d
100	16	0.6	35	255	90	30	8
200		0.7	42	310	96		
400		0.8	53	385	125		9

注：表中 D、L、B、d 为推荐尺寸。

3.2 油嘴的型式

油嘴分为 A、B 两种型式：A 型见图 2，B 型见图 3。

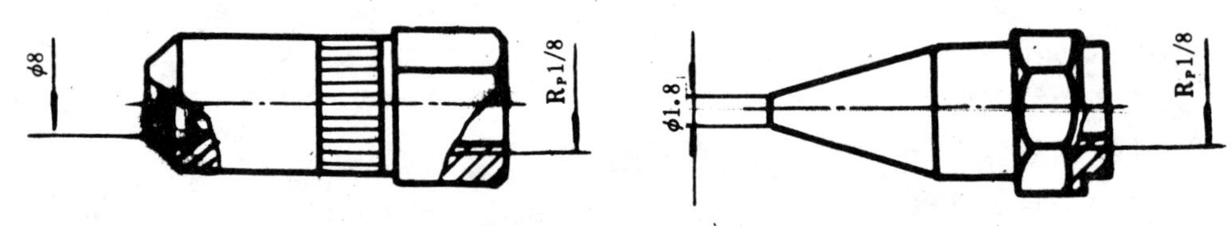

图 2 A型　　图 3 B型

注：① A 型仅用于 GB 1152、GB 1153 规定的油杯。

② $R_P\frac{1}{8}$尺寸允许采用 M10×1。

4 标记示例

储油量为 200 cm³、带 A 型注油嘴的压杆式油枪的标记：

油枪 A200 GB 1164

5 技术条件

技术条件按 GB 1166 的规定。

附加说明：

本标准由机械电子工业部提出。

本标准由机械电子工业部机械标准化研究所归口。

本标准由上海机电工业管理局科技情报所、机械电子工业部机械标准化研究所负责起草、如东黄油枪厂、杨浦电表厂参加起草。

本标准主要起草人陈华金、马玉成、张毓兴、管炎。

中华人民共和国国家标准

GB 1165—89

手推式油枪

代替 GB 1165—79

Rush type grease guns

1 主题内容与适用范围

本标准规定了手推式油枪的型式、参数与尺寸。

本标准适用于各种机械设备、汽车、拖拉机、船舶等压注润滑脂或机械油用的油枪。

2 引用标准

GB 1166 油枪技术条件

3 型式、参数与尺寸

3.1 油枪的型式、参数与尺寸按图 1 和下表的规定。

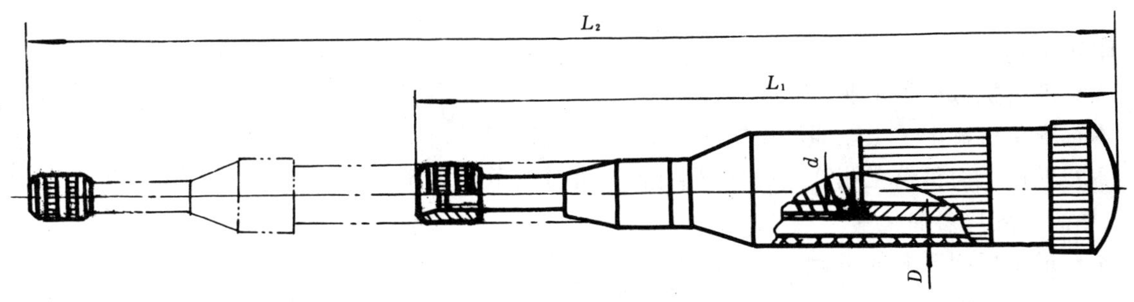

图 1

mm

储油量 cm^3	公称压力 MPa	出油量 cm^3	D	L_1	L_2	d
50	6.3	0.3	33	230	330	5
100		0.5				6

注：① 公称压力指压注润滑脂的给定压力。

② 表中 D、L_1、L_2、d 为推荐尺寸。

3.2 油嘴的型式

油嘴分为 A、B 两种型式：A 型见图 2，B 型见图 3。

中华人民共和国机械电子工业部 1989-02-10 批准　　　　1990-01-01 实施

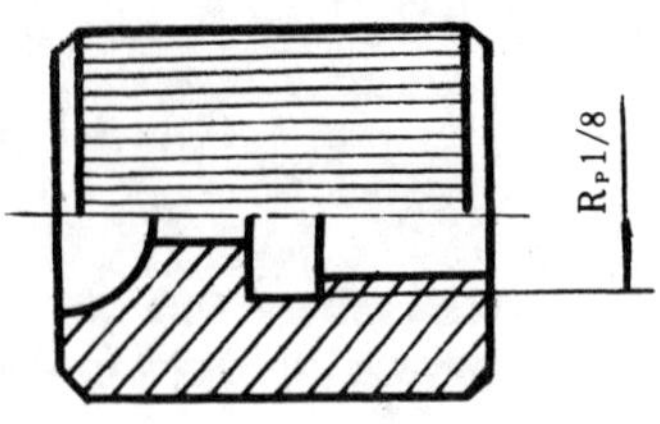

图 2　A 型

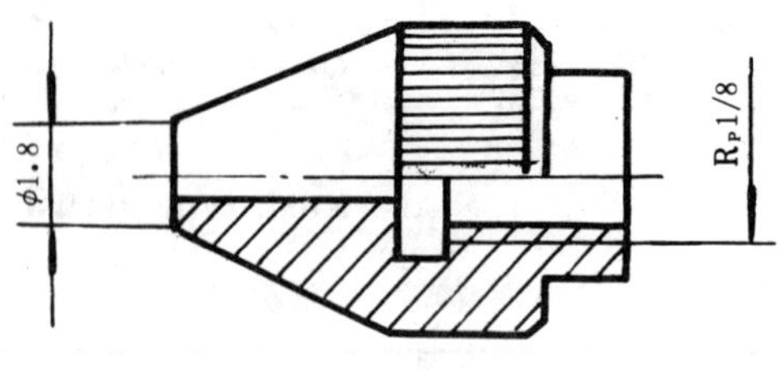

图 3　B 型

注：① A 型仅用于压注润滑脂。

② $R_P\ \frac{1}{8}$尺寸允许采用 M10×1 或 M8×1。

4　标记示例

储油量为 50 cm³、带 A 型注油嘴的手推式油枪的标记：

油枪 A50　GB 1165

5　技术条件

技术条件按 GB 1166 的规定。

附加说明：

本标准由机械电子工业部提出。

本标准由机械电子工业部机械标准化研究所归口。

本标准由上海机电工业管理局科技情报所、机械电子工业部机械标准化研究所负责起草、如东黄油枪厂、杨浦电表厂参加起草。

本标准主要起草人陈华金、马玉成、张毓兴、管炎。

前　　言

本标准是对JB/T 7943.1—95《润滑系统及元件　基本参数》的修订。修订时,对原标准作了编辑性修改,主要技术内容没有变化。

本标准自实施之日起代替JB/T 7943.1—95。

本标准的附录A是提示的附录。

本标准由机械工业冶金设备标准化技术委员会提出并归口。

本标准起草单位:太原润滑液压研究所。

本标准主要起草人:毛季萍、王炳华、李伟民、李树敏、史长碌。

本标准于1986年2月首次发布。

中华人民共和国机械行业标准

润滑系统及元件　基本参数

JB/T 7943.1—1999

General specification for lubrication systems and elements

代替 JB/T 7943.1—95

1　范围

本标准规定了润滑系统及元件的基本参数。

本标准适用于润滑系统及元件。

2　引用标准

下列标准所包含的条文，通过在本标准中引用而构成为本标准的条文。本标准出版时，所示版本均为有效。所有标准都会被修订，使用本标准的各方应探讨使用下列标准最新版本的可能性。

GB/T 321—1980　优先数和优先数系

GB/T 2822—1981　标准尺寸

GB/T 7306—1987　用螺纹密封的管螺纹

GB/T 7307—1987　非螺纹密封的管螺纹

GB/T 12716—1991　60°圆锥管螺纹

JB/T 3711.3—1999　集中润滑系统　技术量和单位

3　公称压力

3.1　润滑系统及元件的公称压力值应按表 1 的规定。

表 1　MPa

0.1	1.0	10	100
—	—	12.5	125
0.16	1.6	16	160
—	—	20	200
0.25	2.5	25	250
—	—	31.5	—
0.4	4.0	40	—
—	—	50	—
0.63	6.3	63	—
0.8	8	80	—

国家机械工业局 1999-06-28 批准　　2000-01-01 实施

3.2 低于 0.1 MPa 的公称压力值按 GB/T 321 中 R5 数系选用；高于 250MPa 的公称压力值按 GB/T 321中 R10 数系选用。

4 转速（或冲程频率）

4.1 旋转式润滑泵的转速和往复式润滑泵的冲程频率值应符合表 2 的规定。

表 2 r/min

6.3	63	630
—	80	800
10	100	1 000
—	125	1 250
—	—	1 500
16	160	1 600
—	200	2 000
25	250	—
—	315	—
40	400	—
—	500	—

4.2 带电动机传动的泵（无变速装置），其转速值允许采用相应电动机的转速。

4.3 转速的实际偏差量允许为表 2 中规定数值的－6.5%。

5 公称直径

5.1 润滑系统及元件中密封圆柱形运动副零件（活塞、柱塞和滑阀等）的公称直径应符合表 3 的规定。

表 3 mm

1.0	2.0	2.5	3.0	4.0	5.0	6.0	8.0	10
12	(14)	16	(18)	20	(22)	25	(28)	32
(36)	40	(45)	50					
注 1 括号内公称直径值为非优先选用值。 2 不适用于直径必须有精确计算值的零件。								

5.2 50 mm 以上的公称直径值按 GB/T 2822 中 Ra10 数系选用。

6 公称容积

6.1 油箱的公称容积应符合表 4 的规定。

表 4

L

—	1.0	10	100	1 000	10 000
—	—	—	125	1 250	12 500
—	1.6	16	160	1 600	16 000
—	—	—	200	2 000	20 000
—	2.5	25	250	2 500	25 000
—	—	—	315	3 150	31 500
0.4	4.0	40	400	4 000	40 000
—	—	—	500	5 000	50 000
0.63	6.3	63	630	6 300	63 000
—	—	—	800	8 000	80 000

注

1 公称容积在 1 000 L 以上的可用立方米(m^3)作单位。

2 不适用于内装式油箱。

6.2 低于 0.4 L 的公称容积值按 GB/T 321 中 R5 数系选用;高于 80 000 L 的公称容积值按GB/T 321 中 R10 数系选用。

7 连接螺纹

7.1 润滑元件与管路连接螺纹的尺寸应符合表 5 的规定。

表 5

M3	—	M4	M5	M6
M8×1	M10×1	M12×1.25	M14×1.5	M16×1.5
M18×1.5	M20×1.5	M22×1.5	M24×1.5	M27×2
M30×2	M33×2	M36×2	M39×2	M42×2
M45×2	M48×2	M52×2	M56×2	M60×2

注:不适用于法兰连接的紧固螺纹。

7.2 允许采用 GB/T 7306 中的圆锥管螺纹($\alpha=55°$)、GB/T 7307 中的圆柱管螺纹($\alpha=55°$)和 GB/T 12716中的 60°圆锥管螺纹。

8 公称排量

8.1 旋转式润滑泵每转的公称排量和往复式润滑泵每冲程的公称排量值应符合表 6 的规定。

8.2 低于 1.0 mL 的公称排量值按 GB/T 321 中 R10 数系选用;高于 2 800 mL 的公称排量值按 GB/T 321中 R20 数系选用,同时应优先选用 R10 数系中所包括的数值。

8.3 参数单位除 mL 外,还可采用 JB/T 3711.3 中所规定的相应单位。

8.4 公称排量的数值,对于表 6 中规定数值的实际偏差量:润滑油允许为－5%～＋10%,润滑脂允许为＋10%。

表 6

mL

1.0	10	100	1 000
—	(11.2)	(112)	(1 120)
1.25	12.5	125	1 250
—	(14)	(140)	(1 400)
1.6	16	160	1 600
—	(18)	(180)	(1 800)
2.0	20	200	2 000
—	(22.4)	(224)	(2 240)
2.5	25	250	2 500
—	(28)	(280)	(2 800)
3.15	31.5	315	—
—	(35.5)	355	—
4.0	40	400	—
—	(45)	(450)	—
5.0	50	500	—
—	(56)	(560)	—
6.3	63	630	—
—	(71)	(710)	—
8.0	80	800	—
—	(90)	(900)	—
注：括号中的数值为非优先选用值。			

9 公称流量

9.1 润滑系统及元件的公称流量值应符合表 7 的规定。

表 7

L/min

0.1	1.0	10	100	1 000
—	1.25	12.5	125	1 250
0.16	1.6	16	160	1 600
—	2.0	20	200	2 000
0.25	2.5	25	250	2 500
0.315	3.15	31.5	315	—
0.4	4.0	40	400	—
0.5	5.0	50	500	—
0.63	6.3	63	630	—
0.8	8.0	80	800	—

9.2 低于0.1 L/min的公称流量值按GB/T 321中R5数系选用；高于2 500 L/min的公称流量值按GB/T 321中R10数系选用。

9.3 参数单位除L/min外，还可采用JB/T 3711.3中所规定的相应单位。

10 公称通径

10.1 润滑系统及元件的公称通径应符合表8的规定。

表8

mm

1.0	10	100
—	12	125
1.6	16	160
2.0	20	200
2.5	25	250
3.0	32	320
4.0	40	400
5.0	50	—
6.0	63	—
8.0	80	—

10.2 低于1.0 mm和高于400 mm的公称通径按GB/T 2822中Ra10数系选用。

10.3 公称通径的实际内径范围见附录A(提示的附录)。

11 每循环每孔给油量

11.1 分配器的每循环每孔给油量应符合表9的规定。

表9

mL

0.1	1.0	10
—	1.25	12.5
0.16	1.6	16
—	2.0	20
0.25	2.5	—
—	3.15	—
0.4	4.0	—
—	5.0	—
0.63	6.3	—
—	8.0	—

11.2 低于0.1 mL的每循环每孔给油量按GB/T 321中R5数系选用；高于20 mL的每循环每孔给油量按GB/T 321中R10数系选用。

11.3 每循环每孔给油量的实际值与表9规定数值的偏差允许量为＋10％。

附　录　A
（提示的附录）
公称通径与实际内径对应表

A1　公称通径与实际内径对应表见表 A1。

表 A1　　mm

公　称　通　径	实际内径范围
1.0	≤1.3
1.6	1.3～1.8
2.0	1.8～2.3
2.5	2.3～2.8
3.0	2.8～3.6
4.0	3.6～4.5
5.0	4.5～5.7
6.0	5.7～7.2
8.0	7.2～9.0
10	9.0～11
12	11～14
16	14～18
20	18～22.5
25	22.5～28.5
32	28.5～36
40	36～45
50	45～57
63	57～72
80	72～90
100	90～113
125	113～143
160	143～180
200	180～225
250	225～285

前　言

本标准是对 JB/T 7943.2—95《润滑装置及元件　检查验收规则》的修订。修订时，对原标准作了编辑性修改，主要技术内容没有变化。

本标准自实施之日起代替 JB/T 7943.2—95。

本标准由机械工业冶金设备标准化技术委员会提出并归口。

本标准起草单位：太原润滑液压研究所。

本标准主要起草人：毛季萍、王炳华、李伟民、李树敏、史长碌。

本标准于 1989 年 3 月首次发布。

中华人民共和国机械行业标准

JB/T 7943.2—1999

代替 JB/T 7943.2—95

润滑装置及元件检查验收规则

Recommendation for inspection of lubrication systems and elements

1 范围

本标准规定了润滑装置及元件(以下简称润滑产品)产品质量的检查验收规则。

本标准适用于各种润滑装置及元件。

2 引用标准

下列标准所包含的条文,通过在本标准中引用而构成为本标准的条文。本标准出版时,所示版本均为有效。所有标准都会被修订,使用本标准的各方应探讨使用下列标准最新版本的可能性。

GB/T 2828—1987 逐批检查计数抽样程序及抽样表(适用于连续批的检查)

GB/T 2829—1987 周期检查计数抽样程序及抽样表(适用于生产过程稳定性的检查)

JB/T 4121—1993 润滑元件型号编制方法

3 一般规则

3.1 润滑产品的检查验收,应按照本标准的规定执行。

3.2 采用抽样法检查验收时,应按 GB/T 2828、GB/T 2829 或相应产品标准的规定执行。

3.3 在各类检查验收中,应检查产品的工作性能、密封性能和清洁度。

3.4 同一型号的系列产品,如主要零件的结构、材料及加工方法无明显差异时,可经有关部门统一分段选取具有代表性规格的产品进行检查验收(出厂检验除外)。

3.4.1 齿轮油泵装置类产品,可按同一模数齿轮的产品,选取较大规格的产品进行。

3.4.2 分配器类产品,可按给油量划分系列,选取较大规格的产品进行。

3.5 各类检查验收均应在制造厂负责组织进行,并均应编制检查(试验)记录。

3.6 在制造厂不具备检查验收条件时,可委托经国家认可的检测部门进行,但制造厂必须具备出厂检验的条件。

3.7 单件或小批一次性生产的润滑产品,在供需双方协商同意的情况下,允许只做出厂检验。

3.8 做过极限状态寿命检查验收试验或不符合检查验收要求的润滑产品,一律不得销售。

4 检查验收规则

润滑产品的检查验收,分为出厂检验、可靠性检验、型式检验和定期检验。

4.1 出厂检验

4.1.1 每台(件)润滑产品均应进行出厂检验,若相应产品标准有所规定时,允许采用抽样的方式进行。

4.1.2 出厂检验应由制造厂负责进行,属供需双方联合验收的产品,应在需方代表在场的情况下进行。

4.1.3 检验验收的项目和方法,按相应产品标准的规定和双方议定的方案进行。

国家机械工业局 1999-06-28 批准　　2000-01-01 实施

4.2 可靠性检验

4.2.1 产品定型的可靠性检验，由制造厂和技术负责单位共同进行，并可在使用现场进行。

4.2.2 进行可靠性检验的产品应不少于2台(件)，试制样机不少于3台(件)。检查验收的项目和方法，按相应产品标准的规定进行。

4.2.3 可靠性检验可同型式检验合并进行。

4.3 型式检验

4.3.1 首次试制的润滑产品应进行型式检验，检验应在制造厂、行业质检部门、技术负责单位(必要时可邀请用户)参加下进行，并可在使用现场进行。

4.3.2 做型式检验的产品，按规定不得少于3台(件)。检查验收的项目和方法，按相应产品标准的规定进行。

4.3.3 型式检验后，均应编制型式检验报告。型式检验报告应由制造厂的质检部门编制，或由被委托检验部门提供。

4.3.4 凡遇下列情况之一时，应重新进行型式检验：

a) 产品的结构和主要零件的材料及工艺变更，并可能影响到产品性能时；

b) 已定型的产品转厂生产时；

c) 定型产品停产两年以上重新生产时；

d) 出厂检验结果与型式检验结果有较大差异时。

4.4 定期检验

4.4.1 提交做定期检验的产品，应从经出厂检验合格的产品中抽样，抽检数量不得少于2台(件)。

4.4.2 检查验收的项目和方法应按相应产品标准的要求进行，在没有规定时应按本标准的要求进行。

4.4.3 定期检验的周期或产品产量的累积数，应视产品的大小及复杂程度而定，并应在表1规定的范围内选取。

表 1

产品类别	检验周期/年	产量累积数/台、件
往复式润滑泵	3	2 000
润滑阀		
分配器		10 000
润滑装置	4	1 000

注

1 表中产品类别是按JB/T 4121—1993中表1的规定划分的。

2 表中产品累积数，除分配器类是按系列累积外，其余均按规格累积。

4.4.4 定期检验可同型式检验合并进行。

5 产品鉴定

5.1 所有需定型的润滑产品必须经指定部门鉴定后，方可投入正式生产。

5.2 提交鉴定的润滑产品，应是按第4章的内容检查合格的产品，同一型号的系列产品，可选取具有代表性规格的产品(当规格较多时可分段)进行鉴定，但需征得主持鉴定部门的同意。

5.3 提交鉴定的润滑产品的图样、文件应贯彻现行的基础标准。

5.4 产品图样标题栏的图样标记栏内应按程序注明：

a) 样机试制图样标记代号“S”；

b) 小批试制图样标记代号“A”；

c) 正式生产图样标记代号“B”。

中华人民共和国机械行业标准

JB/T 8463—96

二位四通换向阀 40 MPa

1 范围

本标准规定了二位四通换向阀40 MPa(以下简称换向阀)的型号、基本参数与外形尺寸、技术要求、试验方法、检验规则和标志、标签、包装。

本标准适用于公称压力为40 MPa的双线干油集中润滑系统中的二位四通换向阀。

2 引用标准

下列标准所包含的条文,通过在本标准中引用而构成为本标准的条文。本标准出版时,所示版本均为有效。所有标准都会被修订,使用本标准的各方应探讨使用下列标准最新版本的可能性。

GB 498—87 石油产品及润滑剂的总分类

ZB J08 003—87 润滑装置及元件 标志、包装、运输、贮存规则

3 型号、基本参数与外形尺寸

3.1 型号

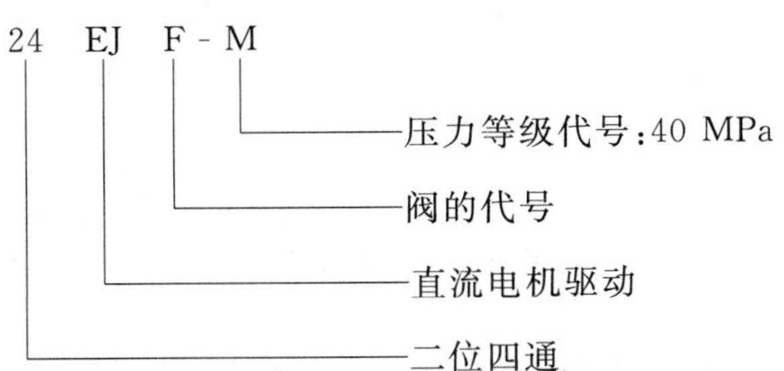

3.2 基本参数

换向阀的基本参数应符合表1的规定。

表 1

型　号	公称压力/MPa	适用介质	换向时间/s	电机功率/W	工作电压/V	适用环境温度/℃
24EJF-M	40	0#～2#润滑脂 GB 498	0.5	40	～220	－20～＋80

3.3 外形尺寸

换向阀的外形尺寸见图1。

中华人民共和国机械工业部1996-09-03批准　　　　1997-07-01实施

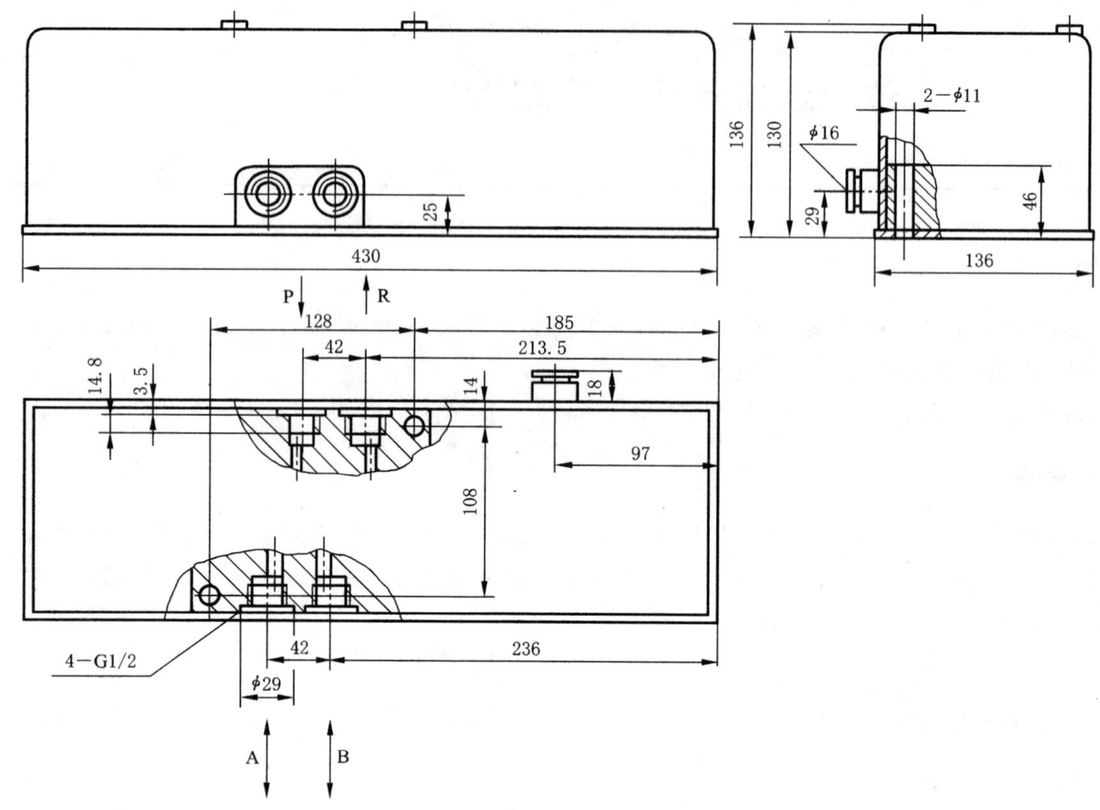

图 1　外形尺寸

4　技术要求

4.1　换向性能

换向阀在公称压力下换向应灵活，换向结束后，阀芯偏离原始位置不得大于 2 mm。

4.2　内密封

换向阀在公称压力下，1 min 的内泄漏量不得大于 6 mL。

4.3　外密封

换向阀在公称压力下，外部各密封处不得有渗漏现象。

4.4　清洁度

换向阀内部清洗出的杂质质量不得大于 100 mg。

4.5　寿命

换向阀使用寿命应不少于 40 000 次。在公称压力下，换向阀 1 min 的内泄漏量大于 12 mL 时，视为换向阀的使用寿命极限。

5　试验方法

5.1　试验介质

换向阀的试验介质为 N68 机械油(寿命试验除外)。

5.2　试验系统原理

换向阀的试验系统原理如图 2 所示。

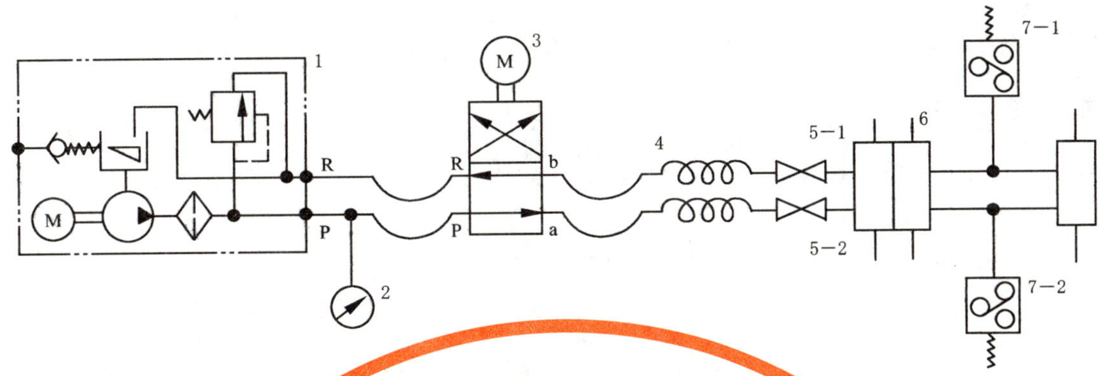

1—电动润滑泵；2—压力表；3—被试换向阀；4—盘形管(5 m)；
5—截止阀；6—双线分配器；7—压力开关

图 2 试验系统原理图

5.3 换向性能试验

将系统压力调至 40 MPa，以 1/10 Hz 频率换向，连续运行 15 min，换向阀应换向灵活。测量换向前后阀芯端面至阀体端面之间的尺寸，其差值应符合 4.1 的规定。

5.4 内密封试验

将换向阀置于 a 口出油位置，封堵 a、b 两口。将系统压力调至 40 MPa，测量 R 口 1 min 的泄漏量，其值应符合 4.2 的规定。

将换向阀置于 b 口出油位置，做同样试验。

5.5 外密封试验

封堵 a、b、R 口，将系统压力调至 40 MPa，运行 3 min，目视检查换向阀外部各密封处不得有渗漏现象。

5.6 清洁度检查

将换向阀解体，用经过过滤的石油醚冲洗所有零件的通油部位。将冲洗后的石油醚用已在温度为 120℃的烘箱内烘干 60 min 且已称重的中速定量过滤纸过滤，然后把过滤纸放入温度为 120℃的烘箱内烘干 60 min。取出烘干后的过滤纸再次称重。过滤纸过滤后的质量与过滤前的质量之差值即为杂质质量。其值应符合 4.4 的规定。

5.7 寿命试验

换向阀寿命试验应在模拟双线润滑系统工况的试验台上进行。试验介质为锥入度不大于 265 (25℃，150 g)L/10 mm 的润滑脂。换向阀以 1/60 Hz 频率换向。连续运行 40 000 次后，再按 5.4 的规定进行内密封试验，其 1 min 内的泄漏量不得大于 12 mL。

6 检验规则

6.1 出厂检验

换向阀出厂检验按 5.3、5.4 和 5.5 的规定进行。

6.2 型式检验

6.2.1 有下列情况之一时，应进行型式检验：

a) 首次试制、定型鉴定时；

b) 当结构、材料、工艺有较大改变，可能影响产品性能时；

c) 正常生产满 5 年时。

6.2.2 型式检验的产品应从已检验合格入库的成品中抽取，数量为每次 2 件。

6.2.3 型式检验按第5章的规定进行。

6.3 判定

型式检验若有项目不合格,应加倍抽检。若再有项目不合格,则判为不合格品。

7 标志、标签与包装

换向阀的标志、标签与包装应符合 ZB J08 003 的规定。

前　　言

本标准包括了德国代立蒙公司试验规范的全部技术要求和试验方法。另外，按照国内的实际情况，增加了清洁度、寿命等考核项目，并增加了相应的试验方法。

本标准由西安重型机械研究所提出并归口。

本标准起草单位：上海润滑设备厂。

本标准主要起草人：沈立忠。

中华人民共和国机械行业标准

递进分配器 16 MPa

JB/T 8464—96

1 范围

本标准规定了递进分配器16 MPa(以下简称分配器)的型号、基本参数与外形尺寸、技术要求、试验方法、检验规则和标志、标签、包装。

本标准适用于公称压力为16 MPa的单线递进式干油集中润滑系统中的递进分配器。

2 引用标准

下列标准所包含的条文,通过在本标准中引用而构成为本标准的条文。本标准出版时,所示版本均为有效。所有标准都会被修订,使用本标准的各方应探讨使用下列标准最新版本的可能性。

GB 498—87 石油产品及润滑剂的总分类

ZB J08 003—87 润滑装置及元件 标志、包装、运输、贮存规则

3 型号、基本参数与外形尺寸

3.1 型号

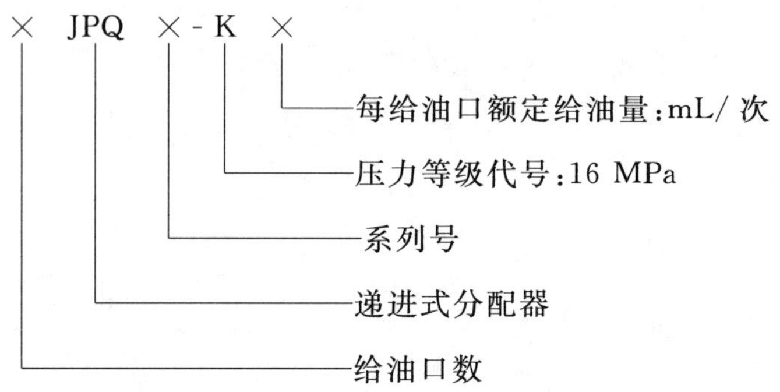

3.2 基本参数

分配器的基本参数应符合表1的规定。

表1

型 号	公称压力/MPa	适用介质	每给油口额定给油量/(mL/次)	组合片数	给油口数	适用环境温度/℃
×JPQ1-K×	16	0#~2# 润滑脂 GB 498	0.07,0.1,0.2,0.3	3~12	6~24	−20~+80
×JPQ2-K×			0.5,1.2,2.0			
×JPQ3-K×			0.07,0.1,0.2,0.3			
×JPQ4-K×			0.5,1.2,2.0	4~8	6~14	

3.3 外形尺寸

3.3.1 JPQ1型(无控制管路)、JPQ3型外形尺寸见图1和表2。

中华人民共和国机械工业部1996-09-03批准　　1997-07-01实施

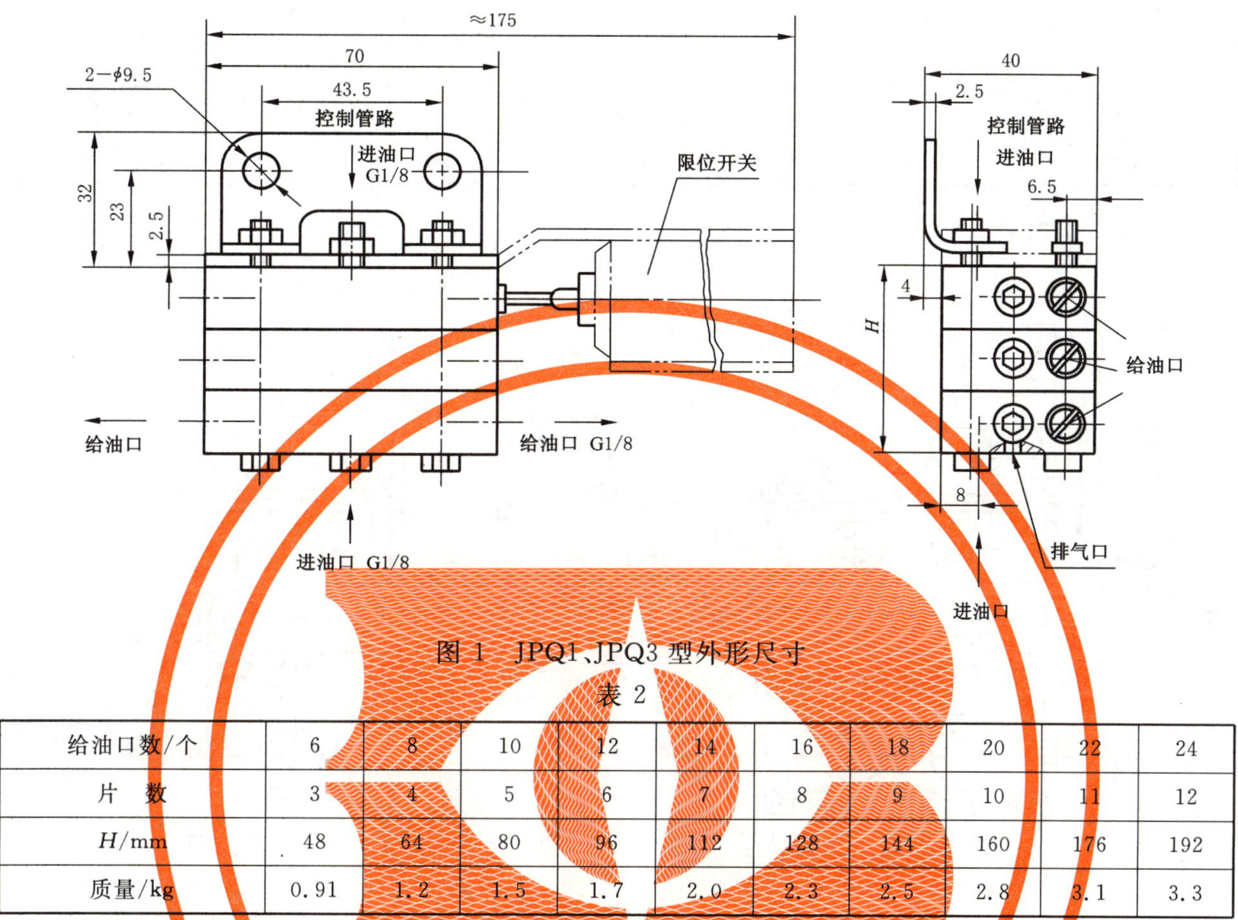

图 1 JPQ1、JPQ3 型外形尺寸

表 2

给油口数/个	6	8	10	12	14	16	18	20	22	24
片　数	3	4	5	6	7	8	9	10	11	12
H/mm	48	64	80	96	112	128	144	160	176	192
质量/kg	0.91	1.2	1.5	1.7	2.0	2.3	2.5	2.8	3.1	3.3

3.3.2 JPQ2 型外形尺寸见图 2 和表 3。

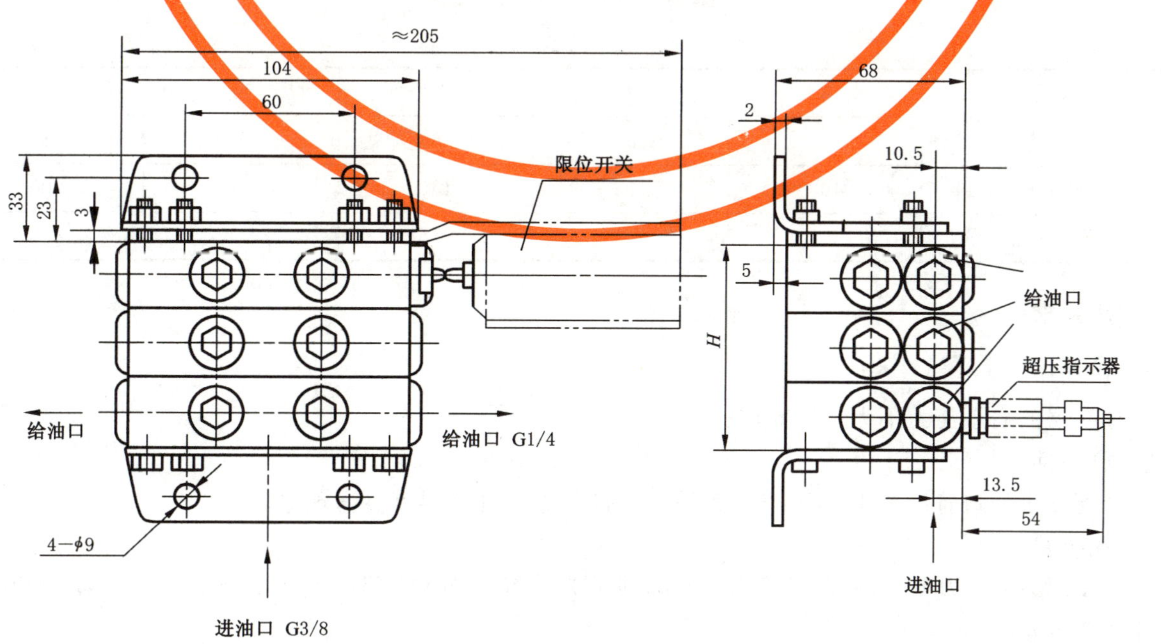

图 2 JPQ2 型外形尺寸

表 3

给油口数/个	6	8	10	12	14	16	18	20	22	24
片　数	3	4	5	6	7	8	9	10	11	12
H/mm	75	100	125	150	175	200	225	250	275	300
质量/kg	3.5	4.5	5.5	6.5	7.5	8.5	9.5	10.5	11.5	12.5

3.3.3　JPQ4 型外形尺寸见表 3 和图 4。

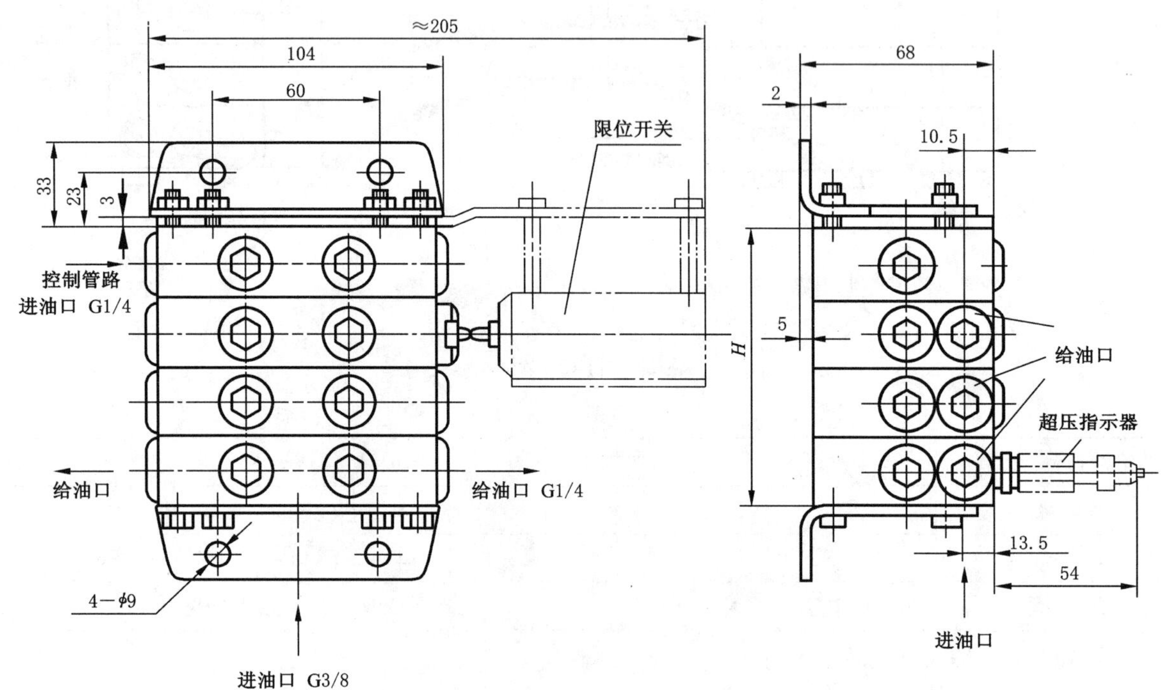

图 3　JPQ4 型外形尺寸

表 4

给油口数/个	8	10	12	14	16
片　数	4	5	6	7	8
H/mm	100	125	150	175	200
质量/kg	4.5	5.5	6.5	7.5	8.5

4　技术要求

4.1　启动压力

分配器的启动压力不大于 0.6 MPa。

4.2　密封性

分配器出油口背压为 10 MPa 时，其外部连接和密封处不得有渗漏现象。

4.3　漏损量

在 12 MPa 压力下，分配器每给油口的漏损量为：JPQ1、JPQ3 型不大于 1 mL/min，JPQ2、JPQ4 型不大于 1.5 mL/min。

4.4　给油量

分配器给油口背压为 10 MPa 和 3 MPa 时，其每给油口的给油量应符合表 5 的规定。

表 5

型　　号	额定给油量/(mL/次)	给油量/(mL/10 次)	
		标准给油口	指示杆侧给油口
×JPQ1-K× ×JPQ3-K×	0.07	0.45～0.9	0.35～0.8
	0.1	0.65～1.25	0.5～1.15
	0.2	1.33～2.5	1.1～2.25
	0.3	2.0～3.25	1.65～3.4
×JPQ2-K× ×JPQ4-K×	0.5	3.4～6.3	2.6～5.5
	1.2	8.1～15.0	7.3～14.2
	2.0	13.5～25.0	12.7～24.2

4.5　清洁度

每片分配器内部清洗出的杂质质量:JPQ1、JPQ3 型不大于 25 mg,JPQ2、JPQ4 型不大于 30 mg。

4.6　寿命

分配器的使用寿命不少于 150 000 个循环。当给油口的给油量下降至表 5 规定最小值的 80%以下时,视为分配器的使用寿命极限。

5　试验方法

5.1　试验介质

分配器的试验介质为 N68 机械油(寿命试验介质除外),供油量为 120 mL/min。

5.2　试验原理

分配器的试验系统原理如图 4 所示。

5.3　启动压力试验

启动油泵,分配器指示杆运动 20 次以后,松开活塞孔两端的螺塞,排出空气后,再拧紧螺塞。观察压力表,其示值应符合 4.1 的规定。

5.4　密封性试验

将分配器所有出油口背压调至 10 MPa,运行 3 min,目视检查分配器外部各密封处,不得有渗漏现象。

5.5　漏损量试验

封堵左侧全部给油口,将进油口压力调至 12 MPa 运行 3 min,测量右侧每个给油口的漏损量,其平均值应符合 4.3 的规定。

5.6　给油量试验

将单数片两侧给油口背压调至 10 MPa,双数片两侧给油口背压调至 3 MPa,测量每个给油口 10 次给油量。然后将单数片两侧给油口背压调至 3 MPa,双数片两侧给油口背压调至 10 MPa,再测量每给油口 10 次给油量。其值均应符合 4.4 的规定。

5.7　清洁度检查

将分配器解体,用经过过滤的石油醚冲洗所有零件的通油部位。将冲洗后的石油醚用已在温度为 120℃的烘箱内烘干 60 min 且已称重的中速定量过滤纸过滤,然后把过滤纸放入温度为 120℃的烘箱内烘干 60 min。取出烘干后的过滤纸再次称重。过滤纸过滤后的质量与过滤前的质量之差值即为杂质质量。其值应符合 4.5 的规定。

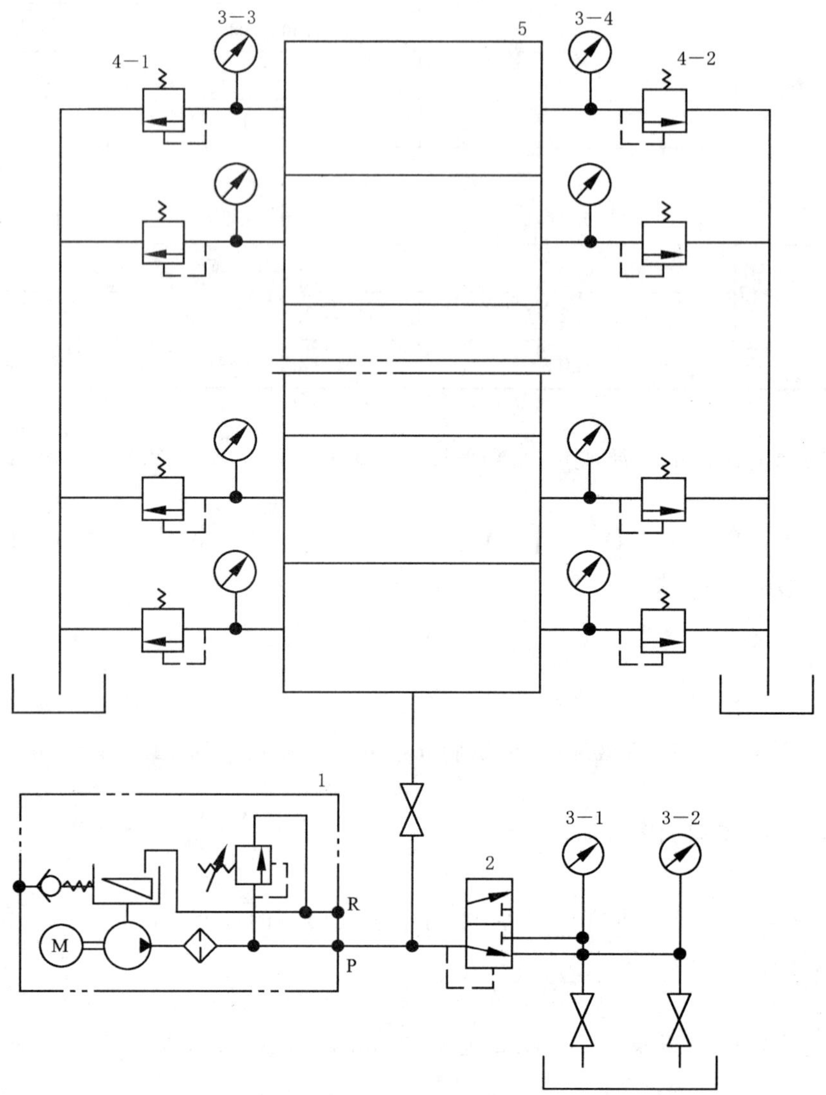

1—电动润滑泵；2—换向阀；3—压力表；4—溢流阀；5—被试递进分配器

图 4　试验系统原理图

5.8　寿命试验

分配器寿命试验应在模拟工况的试验台进行。试验介质为锥入度不低于 265(25℃，150 g)L/10 mm的润滑脂。将单数片两侧给油口背压调至 10 MPa，双数片两侧给油口背压调至 3 MPa，运行 150 000 个循环后，再按 5.6 的规定进行给油量试验，其值仍应符合 4.4 的规定。

6　检验规则

6.1　出厂检验

分配器出厂检验按 5.3、5.4 和 5.5 的规定进行。

6.2　型式检验

6.2.1　有下列情况之一时，应进行型式检验：

a) 首次试制、定型鉴定时；

b) 当结构、材料、工艺有较大改变，可能影响产品性能时；

c) 正常生产满 5 年时。

6.2.2 型式检验的产品应从已检验合格入库的成品中抽取，数量为每次2件。

6.2.3 型式检验按第5章的规定进行。

6.3 判定

型式检验若有项目不合格，应加倍抽检。若再有项目不合格，则判为不合格品。

7 标志、标签与包装

分配器的标志、标签与包装应符合ZB J08 003的规定。

前　言

本标准包括了德国代立蒙公司试验规范的全部技术要求和试验方法。另外,按照国内的实际情况,增加了清洁度、寿命等考核项目,并增加了相应的试验方法。

本标准由西安重型机械研究所提出并归口。

本标准起草单位:上海润滑设备厂。

本标准主要起草人:沈立忠。

中华人民共和国机械行业标准

JB/T 8465—96

压差开关 40 MPa

1 范围

本标准规定了压差开关 40 MPa(以下简称压差开关)的型号、基本参数与外形尺寸、技术要求、试验方法、检验规则和标志、标签、包装。

本标准适用于公称压力为 40 MPa 的双线干油集中润滑系统中的压差开关。

2 引用标准

下列标准所包含的条文,通过在本标准中引用而构成为本标准的条文。本标准出版时,所示版本均为有效。所有标准都会被修订,使用本标准的各方应探讨使用下列标准最新版本的可能性。

GB 498—87 石油产品及润滑剂的总分类

ZB J08 003—87 润滑装置及元件 标志、包装、运输、贮存规则

3 型号、基本参数与外形尺寸

3.1 型号

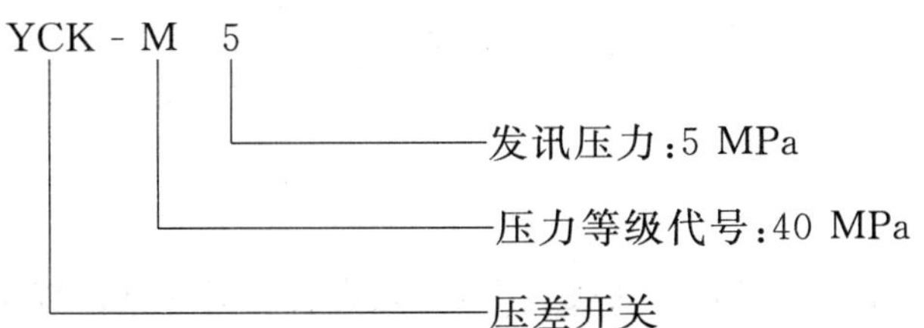

3.2 基本参数

压差开关的基本参数应符合表 1 的规定。

表 1

型 号	公称压力/MPa	适用介质	开关最大电压/V	开关最大电流/A	发讯压差/MPa	适用环境温度/℃
YCK-M5	40	0# ～2# 润滑脂 GB 498	～500	15	5	−20～80

3.3 外形尺寸

压差开关的外形尺寸见图 1。

中华人民共和国机械工业部 1996-09-03 批准　　　　1997-07-01 实施

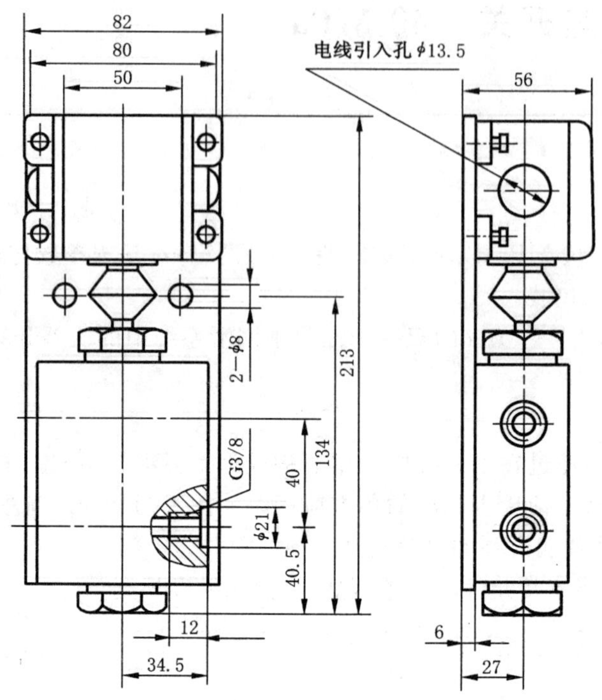

图 1 外形尺寸

4 技术要求

4.1 安装位置

压差开关的终端开关与开关体应固定在底板上，不允许有相对移动。终端开关的触桥应调整在上、下触点的中间位置。

4.2 发讯压差

压差开关应在 4.5～5.5 MPa 压力下发讯。

4.3 内密封

压差开关在 25 MPa 压力下，其 3 min 内泄漏量不得大于 2.5 mL。

4.4 外密封

压差开关在 40 MPa 压力下，外部各密封处不得有泄漏现象。

4.5 清洁度

压差开关内部清洗出的杂质质量不得大于 50 mg。

4.6 寿命

压差开关使用寿命应不少于 40 000 次。在 25 MPa 压力下，压差开关 3 min 内泄漏量大于 5 mL 时，视为压差开关的使用寿命极限。

5 试验方法

5.1 试验介质

压差开关试验介质为 N68 机械油(寿命试验介质除外)。

5.2 试验系统原理

压差开关试验系统原理如图 2 所示。

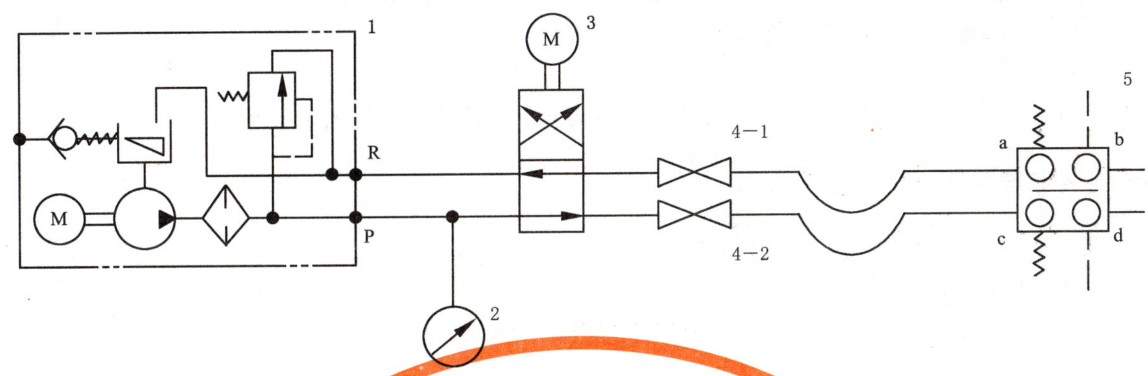

1—电动润滑泵；2—压力表；3—换向阀；4—截止阀；5—被试压差开关

图 2 试验系统原理图

5.3 安装位置检查

目视检查压差开关上终端开关与开关体相互位置，其要求应符合 4.1 的规定。

5.4 发讯压差试验

封堵压差开关 b 接口，在 a 接口处加压。当压力在 4.5～5.5 MPa 时，压差开关下触点应接通、发讯。然后打开 b 接口，封堵 d 接口，在 c 接口处加压。当压力升至 4.5～5.5 MPa 时，压差开关上触点应接通、发讯。

5.5 内密封试验

封堵压差开关的 b、d 接口，在 c 接口处加压。当压力升至 25 MPa 时，在 a 接口测量其 3 min 的泄漏量，其值应符合 4.3 的规定。

5.6 外密封试验

封堵 b 接口，在 a 接口处加压。当压力升至 40 MPa 时，运行 3 min，目视检查外部各密封处，不得有渗漏现象。然后打开 b 接口，封堵 d 接口，在 c 接口处加压，做同样试验。

5.7 清洁度检查

将压差开关解体，用经过过滤的石油醚冲洗所有零件通油部位。将冲洗后的石油醚用已在温度为 120℃的烘箱内烘干 60 min 且已称重的中速定量过滤纸过滤，然后把过滤纸放入温度为 120℃的烘箱内烘干 60 min。取出烘干后的过滤纸再次称重。过滤纸过滤后的质量与过滤前的质量之差值即为杂质质量。其值应符合 4.5 的规定。

5.8 寿命试验

压差开关寿命试验应在模拟双线润滑系统工况的试验台上进行。试验介质为锥入度不大于 265(25℃，150 g)L/10 mm 的润滑脂。压差开关以 1/60 Hz 的频率，发讯 40 000 次后，再按 5.5 的规定进行内密封试验，其 3 min 内泄漏量应不大于 8 mL。

6 检验规则

6.1 出厂检验

压差开关出厂检验按 5.3、5.4、5.5 和 5.6 的规定进行。

6.2 型式检验

6.2.1 有下列情况之一时，应进行型式检验：

a) 首次试制、定型鉴定时；

b) 当结构、材料、工艺有较大改变，可能影响产品性能时；

c) 正常生产满 5 年时。

6.2.2 型式检验的产品应从已检验合格入库的成品中抽取，数量为每次 2 件。

6.2.3 型式检验按第 5 章的规定进行。

6.3 判定

型式检验若有项目不合格，应加倍抽检。若再有项目不合格，则判为不合格品。

7 标志、标签与包装

压差开关的标志、标签与包装应符合 ZB J08 003 的规定。

ICS 21.260
J 21
备案号：47562—2014

中华人民共和国机械行业标准

JB/T 8522—2014
代替 JB/T 8522—1997

稀油润滑装置 型式、基本参数与尺寸

The oil lubrication equipment—The type，basic parameter and size

2014-07-09 发布 2014-11-01 实施

中华人民共和国工业和信息化部 发布

前　言

本标准按照GB/T 1.1—2009 给出的规则起草。

本标准代替JB/T 8522—1997《稀油润滑装置　型式、基本参数与尺寸》，与JB/T 8522—1997相比主要技术变化如下：

——更新了原标准第2章规范性引用文件的内容，增加了两项引用标准，并取消了一项引用标准；

——修改了表1进水温度值；

——修改了表2油箱容积、电动机功率、蒸汽管通径栏中的个别参数；

——在原标准4.2.3c）中的冷却器进水管路上增加了压力表；

——删掉了原标准的4.2.8.6，将其内容并入本标准的4.3；

——删掉了原标准的4.3.1e），并将4.3.1f）和4.3.1g）合并为本标准的4.3.1e），将原标准的4.3.1h）改为本标准4.3.1f）；

——增加了本标准的4.3.1g）；

——将原标准的4.3.3a）和4.3.3b）合并为本标准的4.3.3a），将原标准的4.3.3c）改为本标准的4.3.3b）；

——增加了本标准4.3.4c）的内容；

——将原标准5.3.2的5款合并及改写为本标准5.3.2的4款；

——删掉了原标准的5.6.3；

——删掉了原标准的5.6.4，将该条内容并入本标准的4.3.4中；

——在原标准的6.1.1a）中增加了关于进口管、出口管螺纹尺寸的规定；

——将原标准的表6中增加了f_1列，相应地在图10中增加了f_1尺寸线，并增加了注b。

本标准由中国机械工业联合会提出。

本标准由全国冶金设备标准化技术委员会（SAC/TC409）归口。

本标准起草单位：中国重型机械研究院股份公司。

本标准主要起草人：聂延红、祝懋田。

本标准所代替标准的历次版本发布情况为：

——JB/T 8522—1997。

稀油润滑装置　型式、基本参数与尺寸

1　范围

本标准规定了稀油润滑装置的基本参数、系统原理、主要元件与部件、控制要求、型式、尺寸与标记。

本标准适用于机械设备稀油循环润滑系统的稀油润滑装置（以下简称装置）。

2　规范性引用文件

下列文件对于本文件的应用是必不可少的。凡是注日期的引用文件，仅注日期的版本适用于本文件。凡是不注日期的引用文件，其最新版本（包括所有的修改单）适用于本文件。

GB/T 786.1—2009　流体传动系统及元件图形符号和回路图　第1部分：用于常规用途和数据处理的图形符号

GB/T 9119—2010　板式平焊钢制管法兰

GB/T 7307　55°非密封管螺纹

JB/T 3711.2—1999　集中润滑系统　图形符号

JB/T 4121—1993　润滑元件及装置　型号编制方法

3　基本参数

装置的基本参数应符合表1、表2的规定。

表1　装置的基本参数Ⅰ

<table>
<tr><th colspan="3">项　目</th><th>单　位</th><th>参数值</th><th>备　注</th></tr>
<tr><td colspan="3">公称压力</td><td>MPa</td><td>0.5</td><td></td></tr>
<tr><td colspan="3">介质黏度</td><td>m^2/s</td><td>2.2×10^{-5}~46×10^{-5}</td><td></td></tr>
<tr><td colspan="3">过滤精度</td><td>mm</td><td>0.08~0.13</td><td></td></tr>
<tr><td rowspan="4">冷却器</td><td colspan="2">进水温度</td><td>℃</td><td>≤33</td><td></td></tr>
<tr><td colspan="2">进水压力</td><td>MPa</td><td>0.4</td><td></td></tr>
<tr><td colspan="2">进油温度</td><td>℃</td><td>≤50</td><td></td></tr>
<tr><td colspan="2">油温降</td><td>℃</td><td>≥8</td><td></td></tr>
<tr><td rowspan="4">加热方式</td><td colspan="2">电加热</td><td>kW</td><td>见表2</td><td>用于Q≤800 L/min的装置</td></tr>
<tr><td rowspan="3">蒸汽加热</td><td>蒸汽温度</td><td>℃</td><td>≥133</td><td rowspan="3">用于Q≥1 000 L/min的装置</td></tr>
<tr><td>蒸汽压力</td><td>MPa</td><td>0.3</td></tr>
<tr><td>公称耗量</td><td>kg/h</td><td>见表2</td></tr>
<tr><td colspan="3">介质工作温度</td><td>℃</td><td>40±5</td><td></td></tr>
</table>

表 2 装置的基本参数 II

公称流量 L/min	油箱容积 m^3	电动机		过滤能力 L/min	换热面积 m^2	冷却水管通径 mm	冷却水耗量 m^3/h	电加热器功率 kW	压力罐容量 m^3	蒸汽耗量 kg/h	蒸汽管通径 mm	出油口通径 mm	回油口通径 mm	质量 kg
		极数 P	功率 kW											
6.3	0.25	4	0.75	110	1.3	15	0.6	3	—	—	—	15	32	375
10														400
16	0.5	4	1.1	110	3	25	1.5	6	—	—	—	25	50	500
25														530
40	1.25	2，4，6	2.2	270	6	32	3.6	12	—	—	—	32	65	1 000
63					7		3.8							1 050
100	2.5	4，6	5.5	680	13	50	6	18	—	—	—	50	80	1 650
125					15		7.5							1 700
160	4.0	2，4，6	7.5	680	19	65	9.6	24	—	—	—	65	125	2 050
200					23		12							2 100
250	6.3	2，4，6	11	1 300	30	65	15	36	—	—	—	80	150	2 950
315					37		19							3 000
400	10	2，6	15	1 300	55	65	24	48	—	—	—	80	200	3 800
500							30							3 850
630	16	2，4，6	18.5	2 300	70	80	38	48	—	—	—	100	250	5 700
800			22		90		48							5 750
1 000	25	2，4，6	30	2 800	120	150	90	—	3	180	50	125	250	
1 250			37	4 200			113		4	220				
1 600	40	2，4，6	45	6 800	160	200	144	—	5	260	65	150	300	
2 000			55	9 000	200		180		6.3	310		200	400	

注 1：过滤能力是在过滤精度 0.08 mm、介质黏度 46×10^{-5} m^2/s、滤油器压降Δp=0.02 MPa 条件下的过滤能力。

注 2：冷却器的冷却水如采用江河水，应经过滤沉淀。

注 3：对于 $Q\geqslant$1 000 L/min 的装置，标准只规定了型式和参数，具体结构根据用户要求进行设计。

4 系统原理、主要元件与部件

4.1 系统原理

4.1.1 $Q\leqslant$800 L/min 的装置

采用自力式温度调节阀装置的系统原理如图 1 所示（图 1～图 4 中的图形符号按 GB/T 786.1—2009 和 JB/T 3711.2—1999 的规定选用）；采用手动式温度调节阀装置的系统原理如图 2 所示。

4.1.2 $Q\geqslant$1 000 L/min 的装置

采用自力式温度调节阀装置的系统原理如图 3 所示；采用手动式温度调节阀装置的系统原理如图 4 所示。

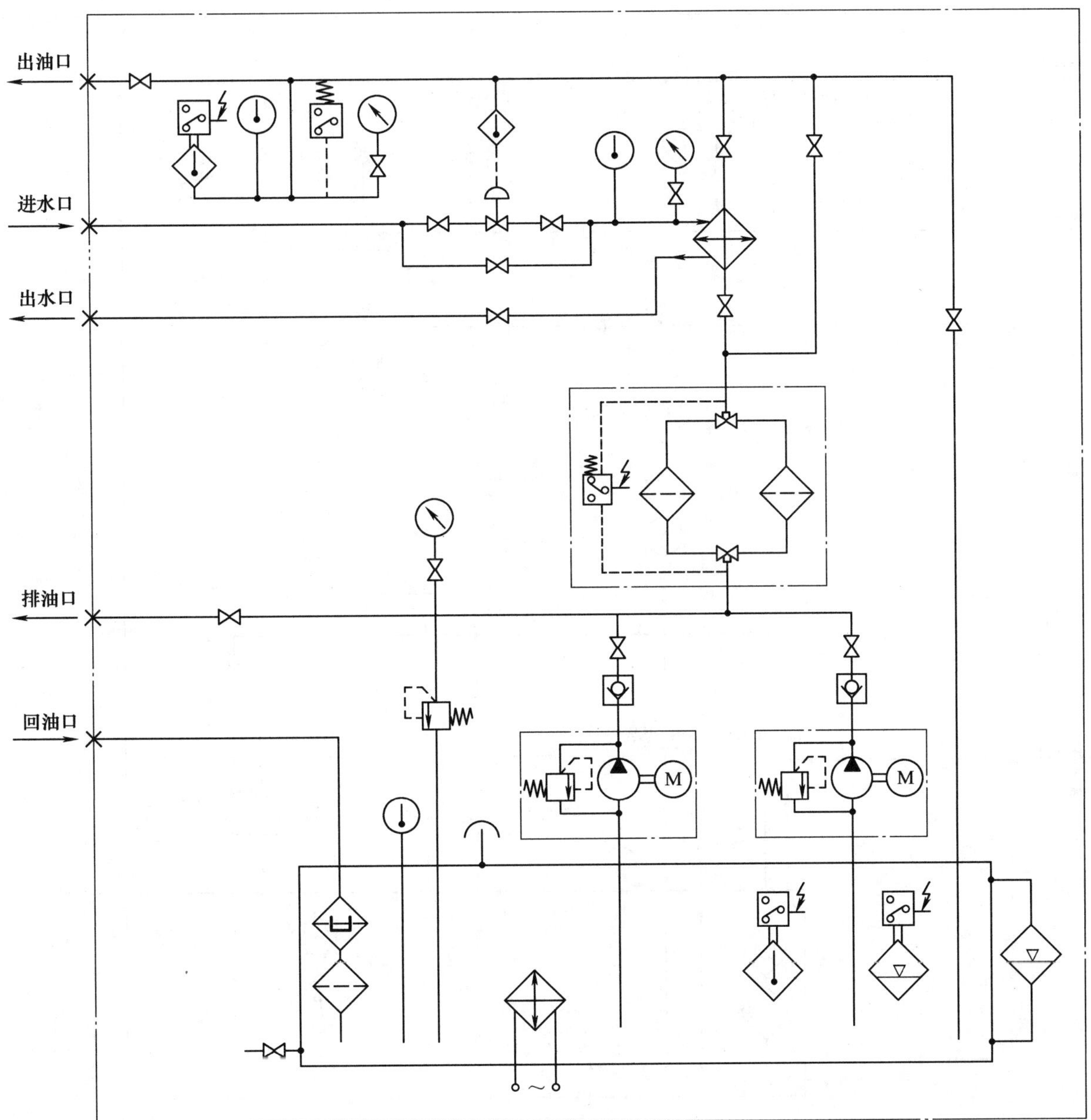

图 1　$Q \leqslant 800$ L/min、采用自力式温度调节阀的装置的系统原理

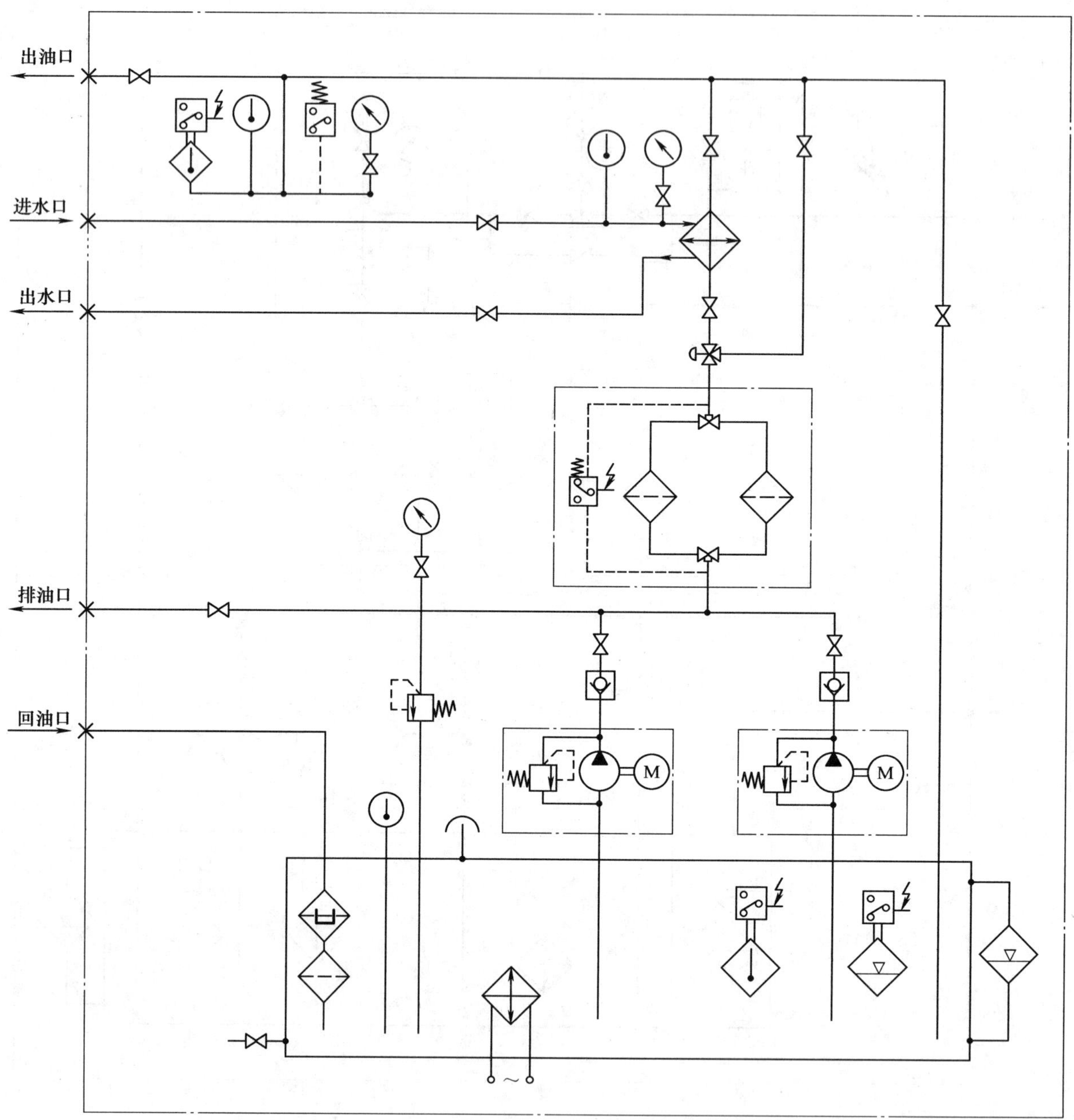

图 2 Q≤800 L/min、采用手动式温度调节阀的装置的系统原理

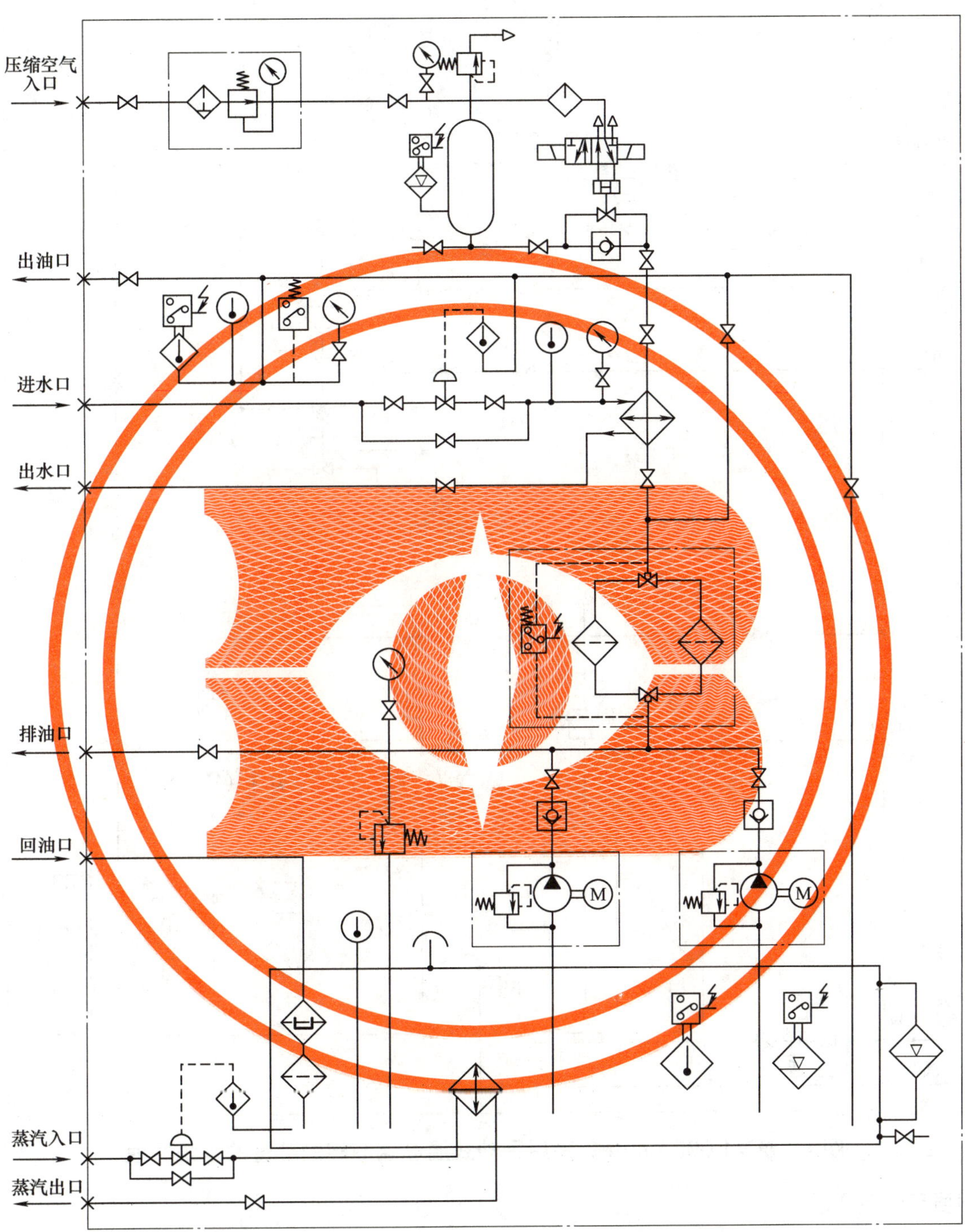

图 3 $Q \geqslant 1\,000$ L/min、采用自力式温度调节阀的装置的系统原理

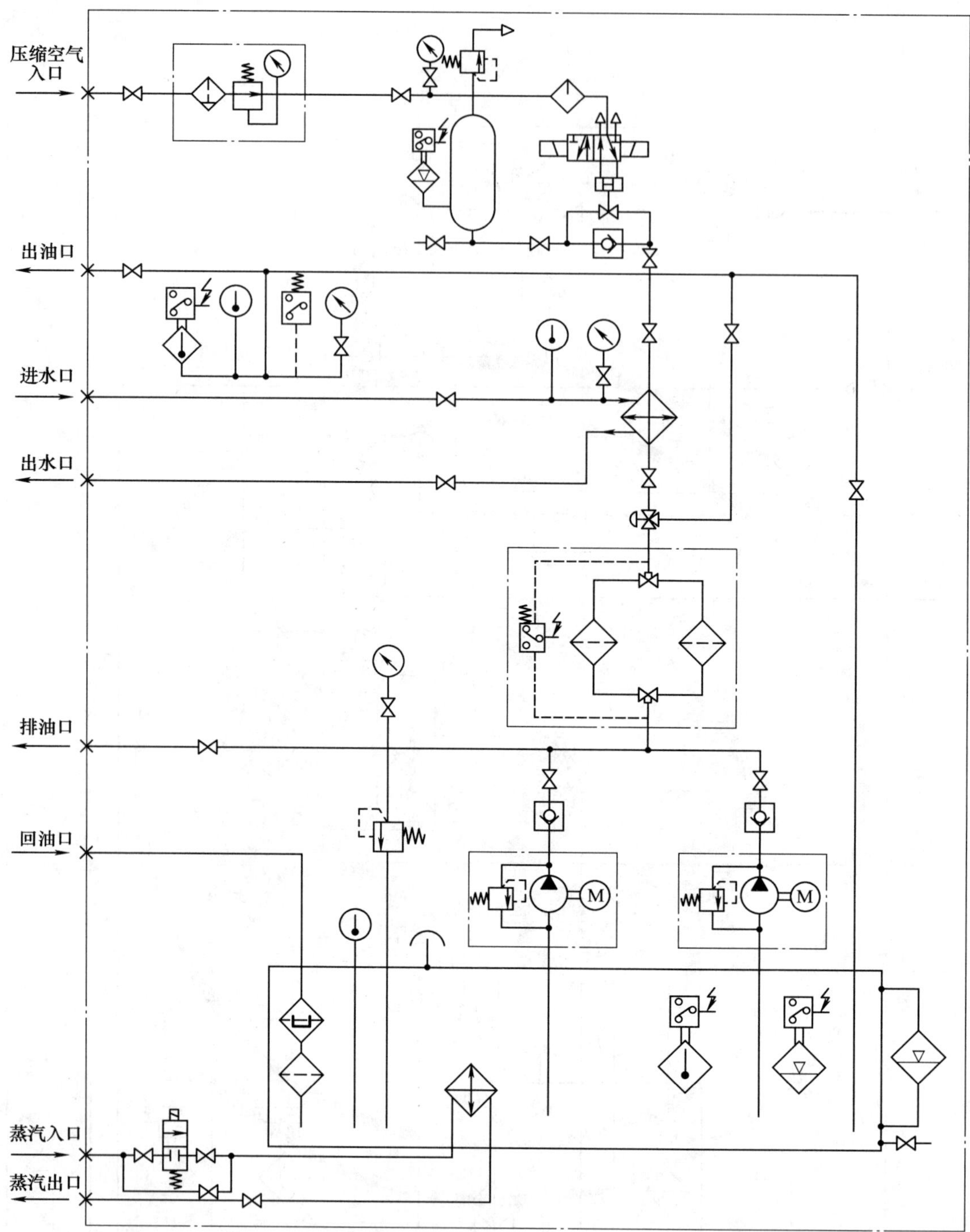

图 4　$Q \geqslant 1\ 000$ L/min、采用手动式温度调节阀的装置的系统原理

4.2　主要元件及要求

4.2.1　泵装置的基本要求如下：

a）泵装置应有两台，一台工作，一台备用；

b）泵应采用螺杆泵或人字齿轮泵，亦可采用摆线齿轮泵或斜齿轮泵。

4.2.2　过滤器的基本要求如下：

a）采用双筒网式过滤器；

b）过滤器应带有差压发讯器，当流经过滤器的压差$\Delta p \geqslant 0.05$ MPa 时，差压发讯器接通，发出电讯号。

4.2.3　冷却器的基本要求如下：

a）采用列管式油冷却器，亦可采用板式油冷却器；

b）使用介质黏度为 $1\times10^{-5}m^2/s$～46×10^{-5} m^2/s，工作环境温度 0℃～100℃，公称压力为 1.6 MPa，换热系数≥200 kcal/(m^2 • h • ℃)，压力损失：油侧≤0.1 MPa，水侧≤0.05 MPa；

c）在冷却器进水管上应装有直读式温度计和压力表，进水管、出水管上应装有开关阀。

4.2.4 出口油温度调节元件的基本要求如下：

a）油温调节采用自力式温度调节阀（反作用式），或手动式温度调节阀；

b）当自力式温度调节阀损坏时，应能切换到手动操作。

4.2.5 泵出口压力调节元件：采用膜片式溢流阀，亦可采用安全阀。

4.2.6 油箱中油温控制元件的基本要求如下：

a）Q≤800 L/min 的装置采用带保护套管的电加热器加热，由温度继电器控制；

b）Q≥1 000 L/min 的装置采用蒸汽加热，在蒸汽进口管路上安装自力式温度调节阀（正作用式），自力式温度调节阀出故障时，应能切换为手动操作；亦可采用在蒸汽进口管路上安装电磁阀，由温度继电器控制，电磁阀出故障时，应能切换为手动操作。

4.2.7 开关阀和止回阀的基本要求如下：

a）所有开关阀和止回阀的耐压等级均为 1.6 MPa；

b）Q≤63 L/min 的装置的开关阀采用球阀，止回阀采用润滑系统用单向阀或液压系统用低压单向阀；

c）Q≥100 L/min 的装置的开关阀采用蝶阀，止回阀采用对夹式止回阀，亦可采用 4.2.7b）中的单向阀。

4.2.8 检测和显示元件的基本要求如下：

a）压力表：

测量范围为 0～1.6 MPa，准确度等级为 1.5 级；

表盘直径为ϕ100 mm（Q≤63 L/min 时）和ϕ150 mm（Q≥100L/min 时）。

b）温度计：

测量范围为 0℃～100℃，准确度等级为 1.5 级；

表盘直径为ϕ100 mm（Q≤63 L/min 时）和ϕ150 mm（Q≥100 L/min 时）。

c）压力继电器：

应采用电子式压力继电器，测量范围为 0 MPa～1.6 MPa，发讯点为高、中、低三点。

d）温度继电器

应采用电子式温度继电器，测量范围为 0℃～100℃，发讯点为高、中、低三点。

e）液位计和液位继电器：

应采用直读式液位计和电子式液位继电器，电子式液位继电器的发讯点为高、中、低三点。

4.3 主要部件及要求

4.3.1 油箱的基本要求如下：

a）油箱应用隔板将回油区与吸油区分开，隔板中间部分用滤网使两区连通。在回油区应设置适量的、便于清洗的永久磁铁或棒式磁滤器。

b）油箱正面应设置有装置的标牌，靠两侧的位置应装有一直读式液位计。

c）油箱顶板上应装有液位继电器、空气滤清器。

d）油箱应设置有检查孔，其尺寸不小于 280 mm×380 mm，其位置和数量应满足维修和使用要求。

e）Q≤800 L/min 的装置在油箱正面靠近底部适当位置应装有电加热器；Q≥1 000 L/min 的装置在油箱靠近底部适当位置应装有蒸汽蛇形加热管，蒸汽蛇形加热管长度及蒸汽的进口、出口位置根据具体情况确定。

f）油箱底部最低处应装有放油球阀，其位置应设置在便于排放污油处。

g）Q≥1 000 L/min 的装置在油箱底部应装有积水报警器（图 1～图 4 未画出）。

4.3.2 压力罐的基本要求如下：

a）按照工况要求决定是否需要压力罐；

b）压力罐应与装置的出口管道并联，且其出口应安装有用于自动控制的气动阀，其上还应安装有液位显示和具有高、低两点发讯的液位继电器；

c）压力罐的气源压力：0.5MPa～0.6 MPa；

d）压力罐的容积应能保证突然断电时，装置能维持不少于 3 min～4 min 的供油量。

4.3.3 仪表盘的基本要求如下：

a）装置的仪表盘分上、下两排，所有温度计、压力表（除进水管的温度计、压力表外）均安装在上排，所有温度继电器、压力继电器均安装在下排；

b）Q≤800 L/min 的装置的仪表盘固定在油箱正面右上方（见图 7～图 9），Q≥1 000 L/min 的装置的仪表盘固定位置根据具体情况确定。

4.3.4 电控箱和接线箱的基本要求如下：

a）Q≤200 L/min 的装置的电控箱尺寸如图 5 所示，250 L/min≤Q≤800 L/min 的装置的电控箱尺寸如图 6 所示；

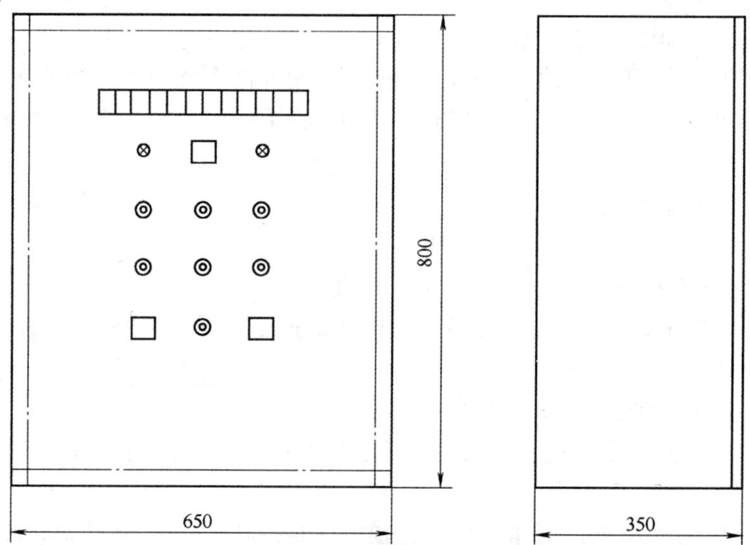

图 5 Q=6.3 L/min～200 L/min 的装置的电控箱

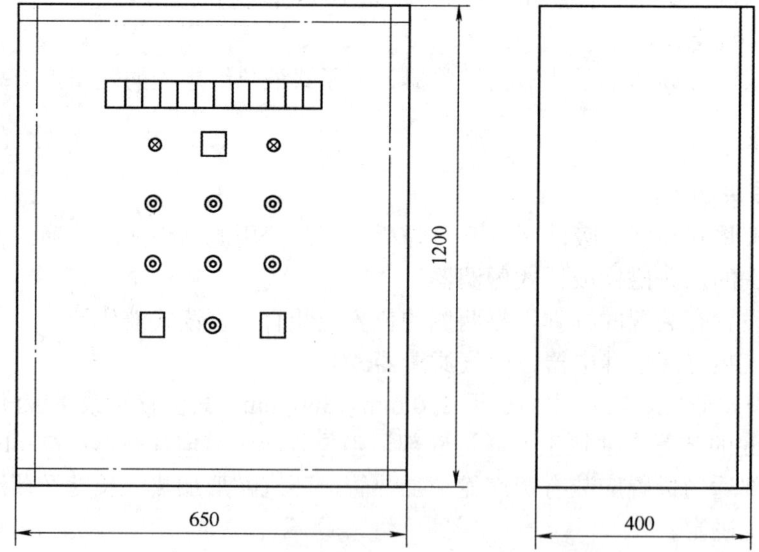

图 6 Q=250 L/min～800 L/min 的装置的电控箱

b）电控箱的安装位置根据具体情况确定；

c）Q≥1 000 L/min、电控箱不安装在油箱上的装置，应在油箱上安装有接线箱，其位置根据具体情况确定。

5 控制要求

5.1 泵的控制要求

两台泵装置互为备用，由压力继电器控制进行自动切换。采用手动起动、停止工作泵。

5.2 油箱液位的控制要求

油箱内的液位到达液位继电器设置的高、中、低三个发讯点时，均应显示报警。

5.3 油箱油温的控制要求

5.3.1 采用电加热器的控制要求如下：

a）油箱油温低于其温度继电器低温点时，发讯报警并自动接通电加热器，泵不得起动；

b）油箱油温达到或高于其温度继电器低温点时，允许泵起动；

c）油箱油温达到或高于其温度继电器高温点时，自动切断电加热器；

d）根据使用介质黏度不同，油箱温度继电器的高温点、低温点由使用者设定。

5.3.2 采用蒸汽加热器的控制要求如下：

a）油箱油温低于其温度继电器低温点时，发讯报警，自力式温度调节阀应自动打开蒸汽入口或自动打开蒸汽入口的电磁阀，泵不得起动；

b）油箱油温达到或高于其温度继电器低温点时，允许泵起动；

c）油箱油温达到或高于其温度继电器高温点时，自力式温度调节阀应自动关闭蒸汽入口或自动关闭蒸汽入口的电磁阀；

d）根据使用介质黏度不同，油箱温度继电器的高温点、低温点由使用者设定。

5.4 出口压力和油温控制

5.4.1 出口压力的控制要求如下：

a）出口油液压力达到压力继电器的高压点时，备用泵自动停止，电控箱的绿灯亮，联锁被润滑的主机可以起动；

b）出口油液压力达到压力继电器的中压点时，备用泵自动起动，电控箱的黄灯亮，联锁被润滑的主机可以起动；

c）出口油液压力降到压力继电器的低压点时，电控箱的红灯亮，联锁被润滑的主机停机、停泵；

d）出口压力继电器的高压点、中压点、低压点由使用者根据具体情况确定。

5.4.2 出口油温的控制要求如下：

a）出口油温低于出口温度继电器低温点时，发讯报警，被润滑的主机不得起动；

b）出口油温高于出口温度继电器低温点时，允许被润滑的主机起动；

c）出口油温低于出口温度继电器中温点时，发讯报警，自力式温度调节阀应自动关闭冷却水，或人工手动关闭冷却水；

d）出口油温高于出口温度继电器高温点时，发讯报警，自力式温度调节阀应自动打开冷却水，或人工手动打开冷却水；

e）出口温度继电器的高温点、中温点、低温点由使用者根据具体情况确定。

5.4.3 压力罐的控制要求如下：

a）泵起动前，压力罐出口的气动阀应处于关闭状态；

b）泵起动后，装置出口压力达到压力继电器的高压点时，气动阀自动打开，压力罐投入工作；

c）当罐中液位低于液位继电器的低压点时，液位继电器发讯报警，气动阀自动关闭；

d）当罐中液位高于液位继电器的高压点时，液位继电器发讯报警，需向罐内充气至工作压力；

e）装置停止工作时，罐出口处的气动阀自动关闭。

5.5 积水控制要求

装有积水报警器的装置，当油箱底部有积水时应自动发出声、光报警，通知排水。

5.6 电控系统要求

5.6.1 具有手动切换和自动切换两种方式。

5.6.2 电控系统采用可编程序控制器（PLC）控制或继电器、接触器控制两种形式。

6 型式、尺寸与标记

6.1 型式与尺寸

6.1.1 Q≤800 L/min 的装置整体组装出厂，具体型式与尺寸如下：

a）6.3 L/min～25 L/min 的装置的型式与尺寸见图 7 和表 3，其进口管、出口管螺纹应符合 GB/T 7307 的规定；

b）40 L/min～125 L/min 的装置的型式与尺寸见图 8 和表 4；

c）160 L/min～800 L/min 的装置的型式与尺寸见图 9 和表 5；

d）图 7～图 9 中，进口法兰、出口法兰应符合 GB/T 9119 中公称压力 PN 10 的板式平焊钢制管法兰的规定，其尺寸见图 10 和表 6。

6.1.2 Q≥1 000 L/min 的装置散件出厂，现场组装。具体结构尺寸根据用户要求确定。

6.2 型号与标记示例

6.2.1 型号按 JB/T 4121—1993 的规定表示如下：

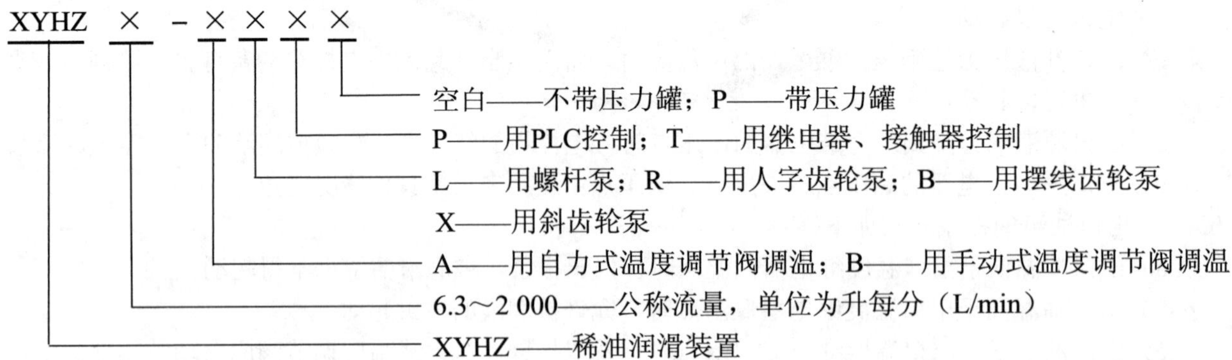

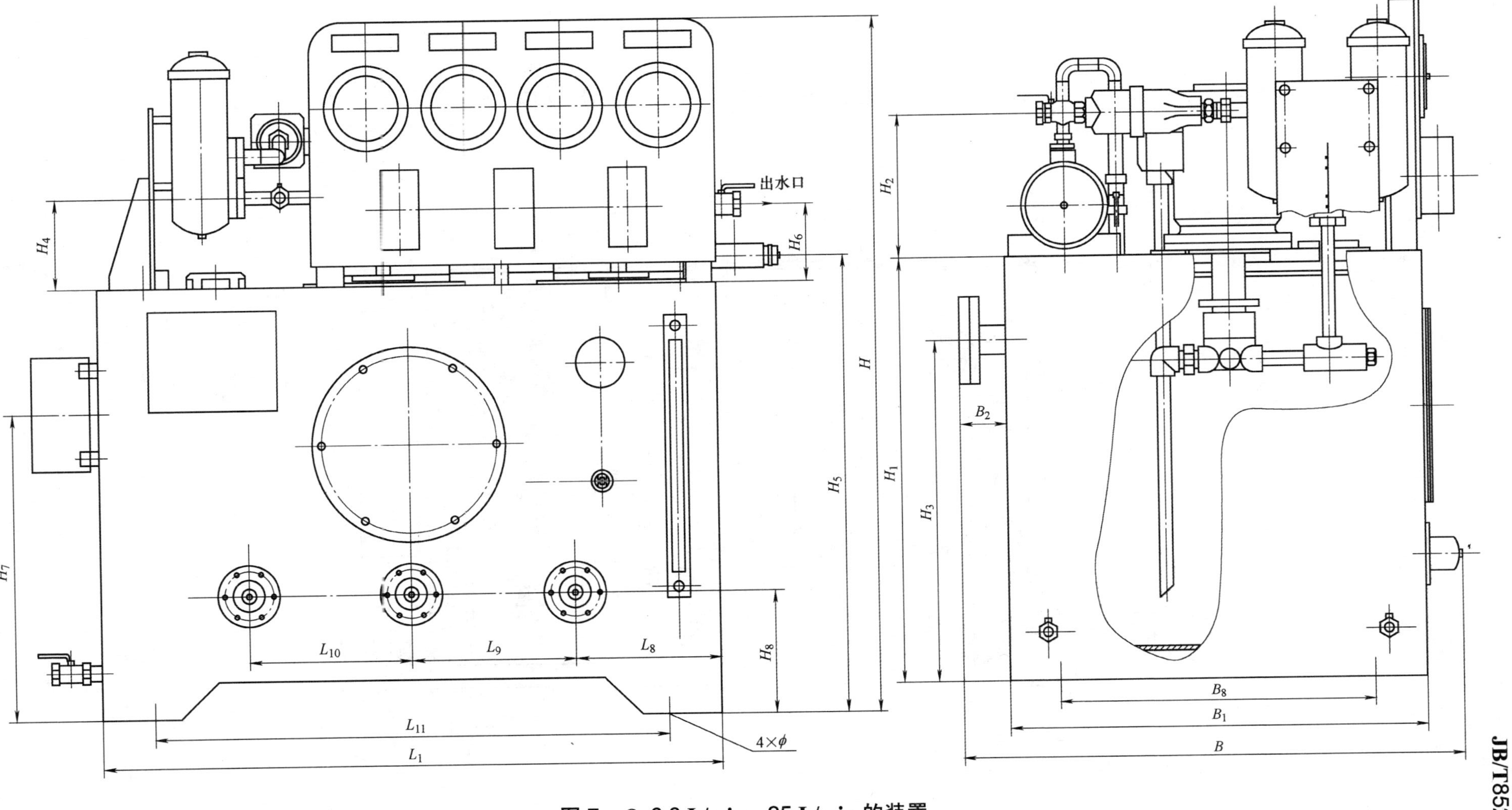

图7 Q=6.3 L/min～25 L/min 的装置

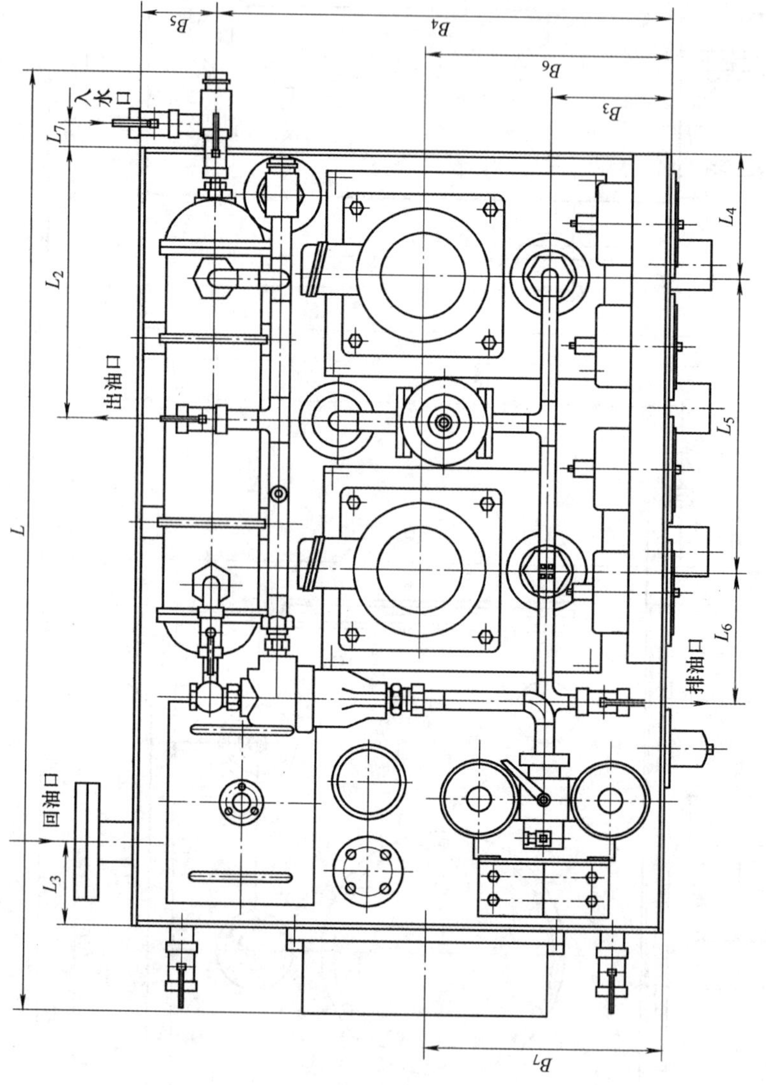

图 7 Q=6.3 L/min～25 L/min 的装置（续）

表 3　XYHZ 6.3～XYHZ 25 装置尺寸

单位为毫米

型号	L	B	H	L_1	B_1	H_1	接口尺寸			回油口	L_2	L_3	L_4	L_5	L_6	L_7	L_8
							出油口	排油口	出入水口								
XYHZ 6.3	1 160	810	1 060	950	650	660	G1/2	G1/2	G1/2	DN 32	330	100	150	360	160	30	225
XYHZ 10																	
XYHZ 16	1 650	994	1 315	1 300	800	820	G1	G1	G1	DN 50	650	75	200	300	200	60	240
XYHZ 25																	
型号	L_9	L_{10}	L_{11}	ϕ	B_2	B_3	B_4	B_5	B_6	B_7	B_8	H_2	H_3	H_4	H_5	H_6	H_7	H_8
XYHZ 6.3	250	250	790	15	70	145	562	93	300	290	490	222	530	136	700	118	470	190
XYHZ 10																		
XYHZ 16	410	410	1 180	15	100	160	700	100	520	225	680	380	600	495	720	78	630	240
XYHZ 25																		

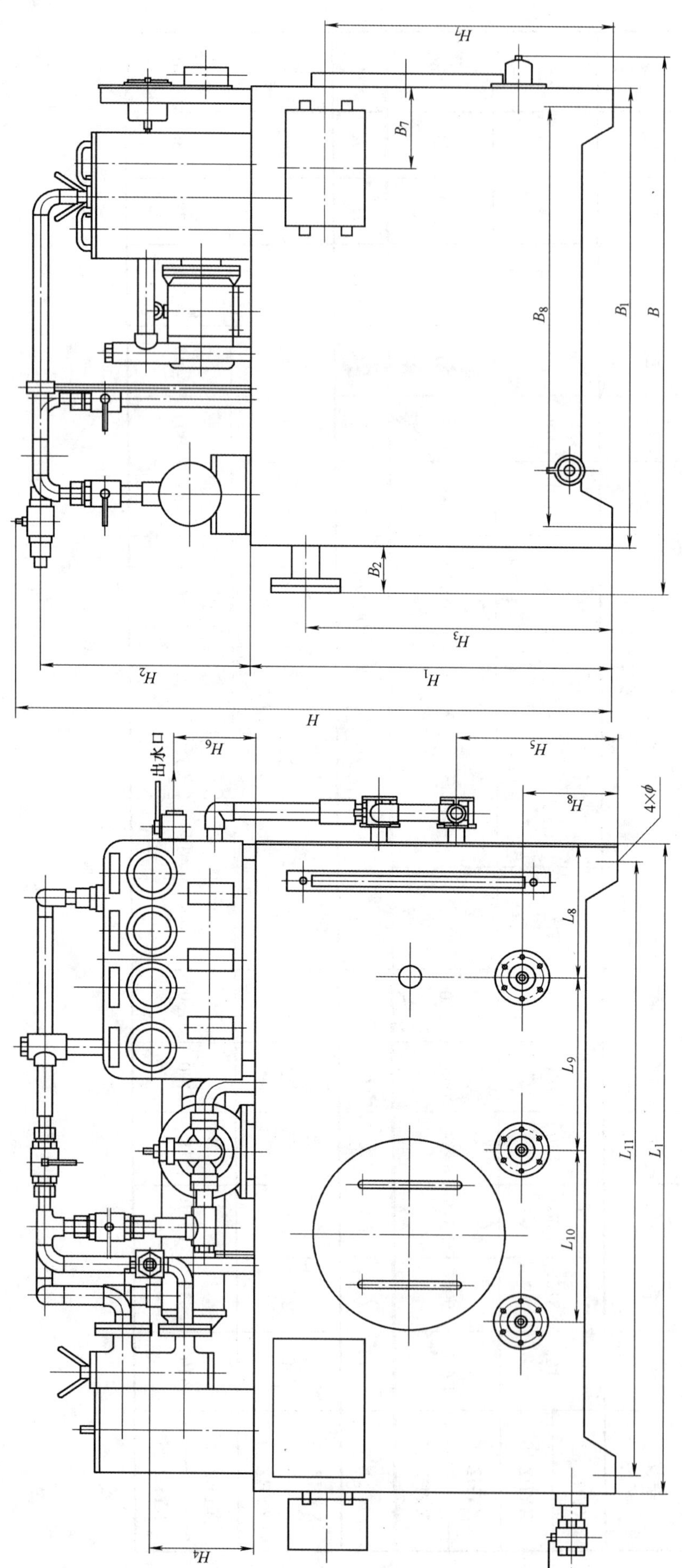

H7
B7
B8
B1
B
B2
H3
H2
H1
H
H6
出水口
H5
H8
4×ϕ
L8
L9
L11
L1
L10
H4

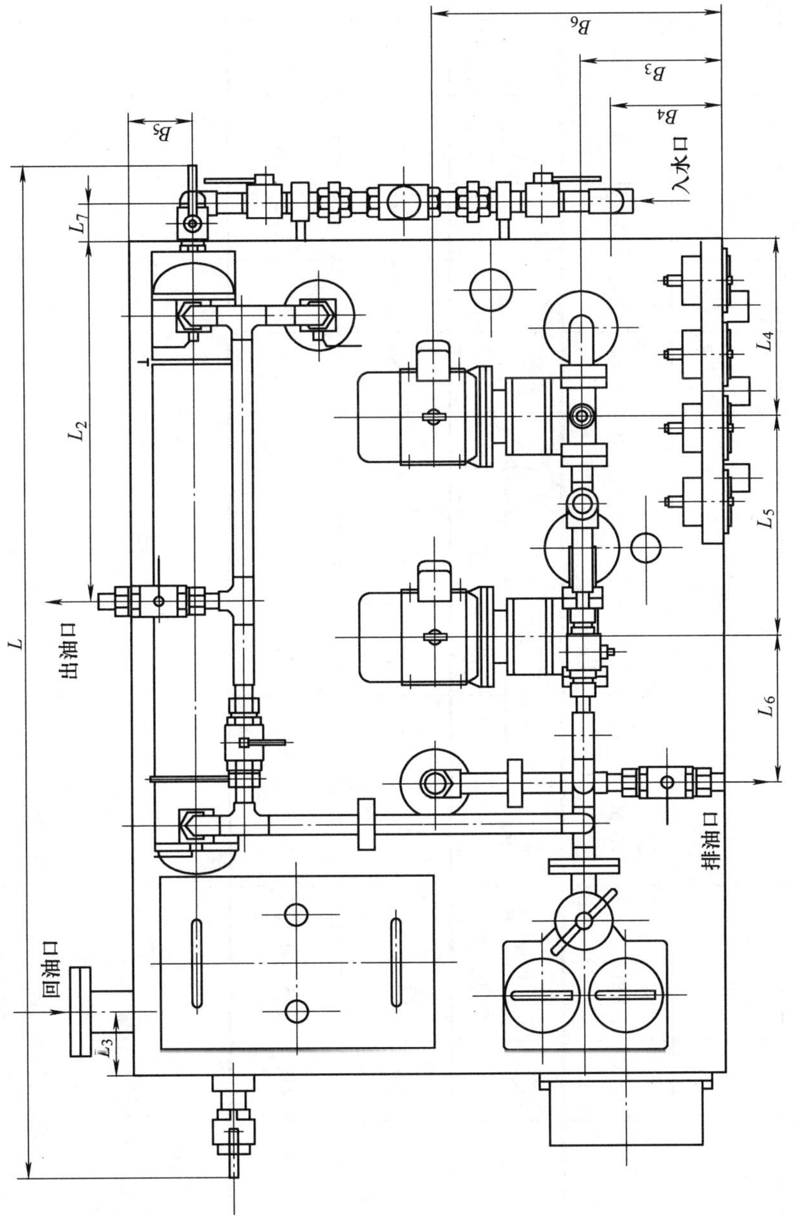

图 8 Q=40 L/min～125 L/min 的装置

表 4　XYHZ 40～XYHZ 125 装置尺寸

单位为毫米

型号	L	B	H	L_1	B_1	H_1	出油口	排油口	出入水口	回油口	L_2	L_3	L_4	L_5	L_6	L_7	L_8	L_9	L_{10}
XYHZ 40 XYHZ 63	2 000	1 350	1 530	1 700	1 200	950	DN 32	DN 32	DN 32	DN 65	730	130	360	400	900	80	400	450	450
XYHZ 100 XYHZ 125	2 820	1 660	1 820	2 500	1 400	1 000	DN 50	DN 50	DN 50	DN 80	800	200	500	700	600	120	400	300	1 100

型号	L_{11}	ϕ	B_2	B_3	B_4		B_5	B_6			B_7	B_8	H_2	H_3	H_4	H_5		H_6	H_7	H_8
					A 进	B 进		螺	齿	摆						A 进	B 进			
XYHZ 40 XYHZ 63	1 580	15	126	290	230	1 070	130	750	720	720	310	1 080	530	800	132	420	780	213	800	250
XYHZ 100 XYHZ 125	2 400	22	100	210	125	1 230	170	820	720	720	360	1 300	630	850	820	380	760	290	630	350

说明：

螺——采用螺杆泵的装置；

齿——采用人字齿轮泵或斜齿轮泵的装置；

摆——用摆线齿轮泵的装置；

A 进——采用自力式温度调节阀装置的进水管；

B 进——采用手动式温度调节阀装置的进水管。

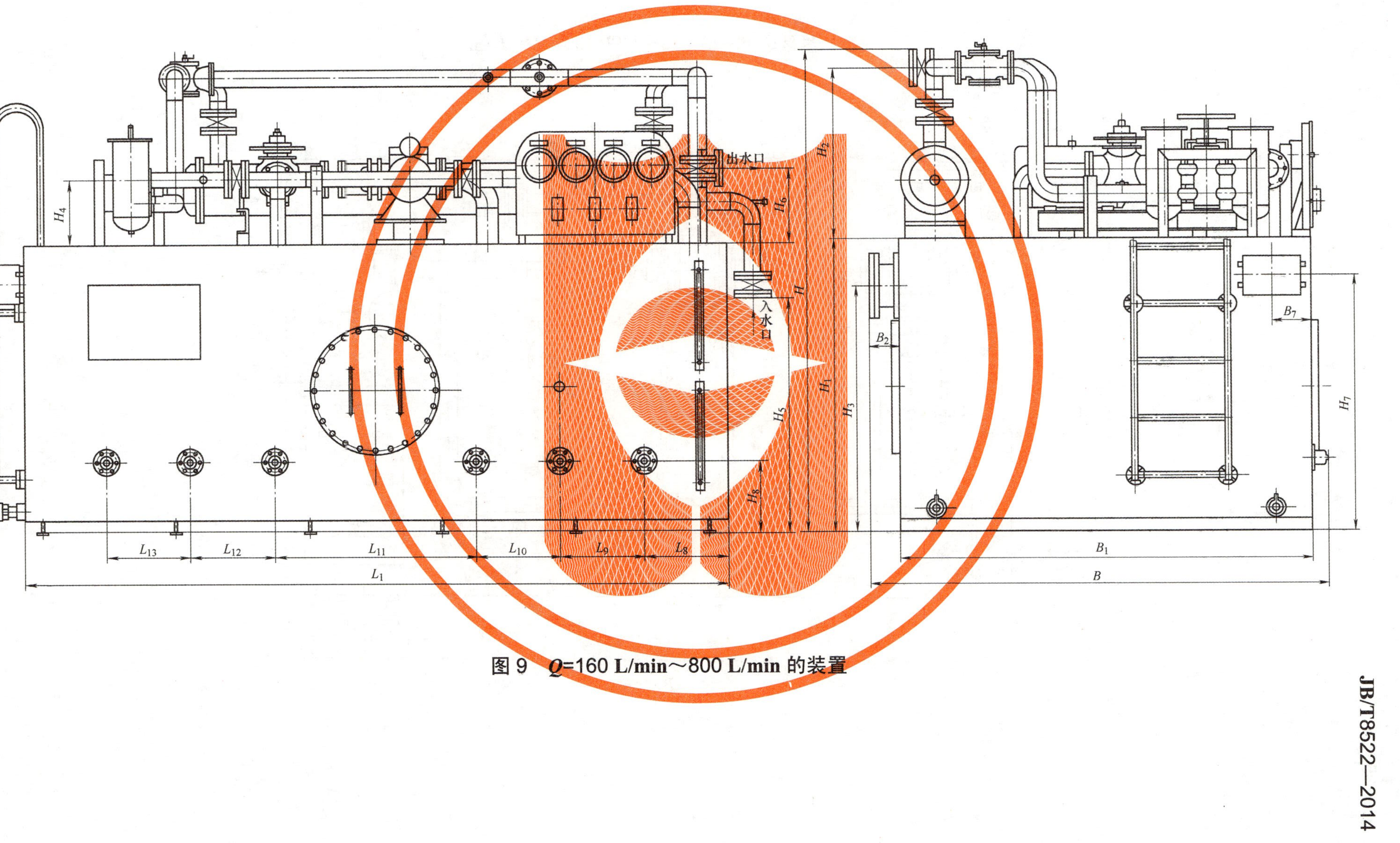

图 9 Q=160 L/min～800 L/min 的装置

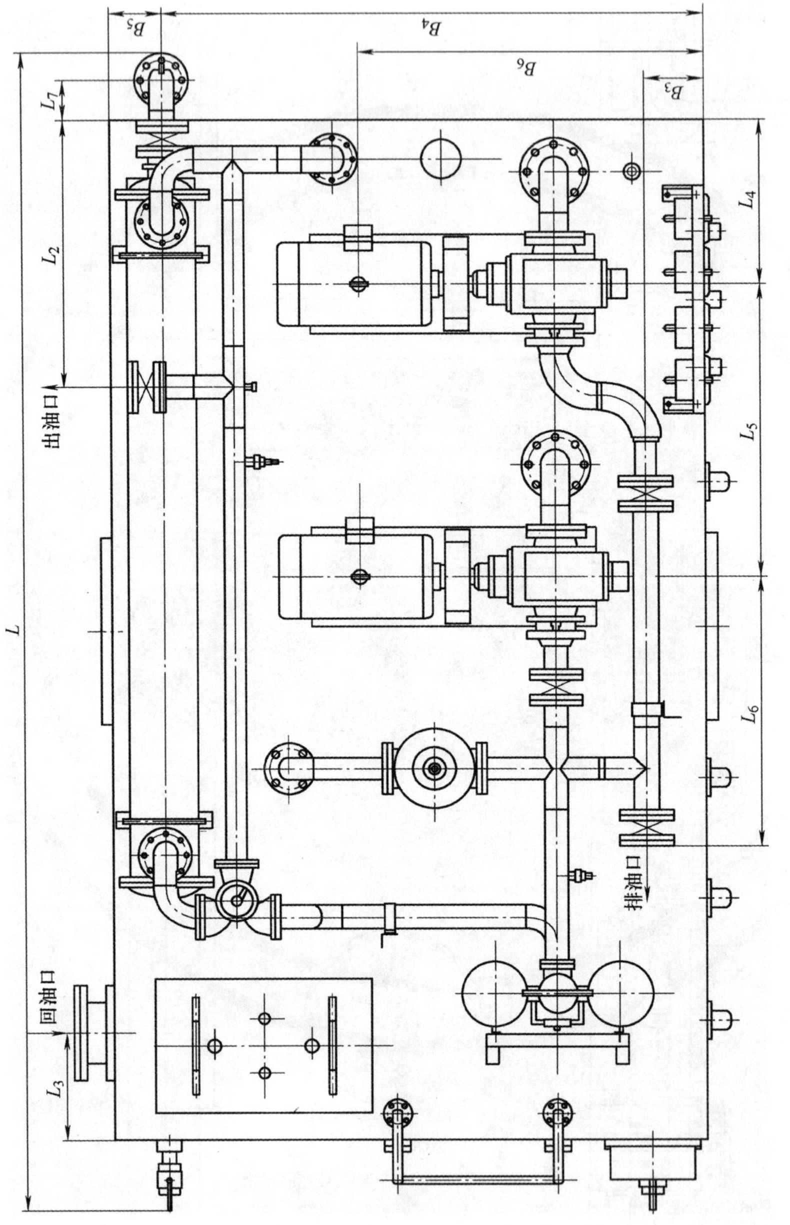

图 9 Q=160L/min～800 L/min 的装置（续）

单位为毫米

表 5　XYHZ 160～XYHZ 800 装置尺寸

型号	L	B	H	L_1	B_1	H_1	出油口	排油口	出入水口	回油口	L_2	L_3	L_4	L_5	L_6	L_7	L_8	L_9	L_{10}
XYHZ 160	3 720	2 050	2 000	3 000	1 800	1 200	DN 65	DN 65	DN 65	DN 125	950	250	675	775	1450	240	650	1500	500
XYHZ 200																			
XYHZ 250	3 800	2 400	2 150	3 300	2 200	1 300	DN 80	DN 80	DN 65	DN 150	1 200	250	650	1 000	1 100	160	480	390	390
XYHZ 315																			
XYHZ 400	4 300	2 400	2 510	3 800	2 200	1 550	DN 100	DN 100	DN 80	DN 200	1 000	400	750	1 100	920	140	450	450	450
XYHZ 500																			
XYHZ 630	5 700	2 840	2 600	5 200	2 600	1 550	DN 100	DN 100	DN 80	DN 250	1 300	400	1 200	1 300	950	150	900	450	450
XYHZ 800																			

型号	L_{11}	L_{12}	L_{13}	B_2	B_3	B_4		B_5	B_6		B_7	B_8	H_2	H_3	H_4	H_5		H_6	H_7	H_8
						A 进	B 进		螺	齿						A 进	B 进			
XYHZ 160	—	—	—	150	150	–25	950	200	950	1 000	460	—	780	1 050	290	930	930	–670	930	350
XYHZ 200																				
XYHZ 250	780	390	390	150	170	500	1 970	230	1 180	1 130	445	—	750	1 150	240	630	1 180	314	1 200	400
XYHZ 315																				
XYHZ 400	1 100	450	450	150	220	930	2 000	200	1 300	1 300	210	—	840	1 300	350	510	900	400	1 280	390
XYHZ 500																				
XYHZ 630	1 100	450	450	150	200	500	2 370	230	1 540	1 400	600	—	820	1 350	350	700	1 400	405	1 250	400
XYHZ 800																				

说明：

螺——采用螺杆泵的装置；

齿——采用人字齿轮泵或斜齿轮泵的装置（仅 Q=160 L/min～500 L/min 六个规格的装置采用斜齿轮泵）；

A 进——采用自力式温度调节阀装置的进水管；

B 进——采用手动式温度调节阀装置的进水管。

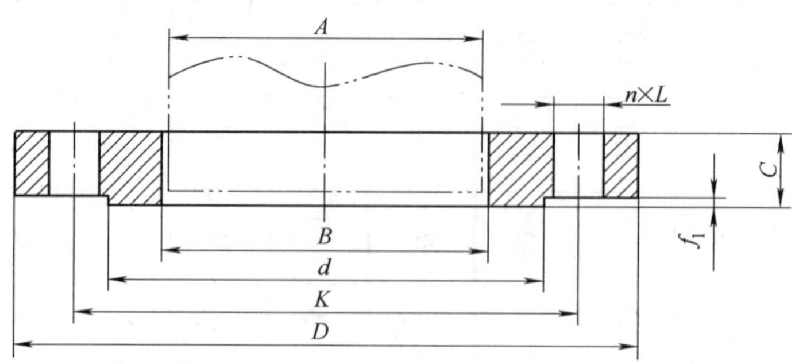

图 10　法兰

表 6　法兰尺寸[a]

单位为毫米

公称尺寸	A	D	K	d	C	f_1	B	$n \times L$
DN 32	42.4	140	100	78	18	2	43.5	4×18
DN 40	48.3	150	110	88	18	3	49.5	4×18
DN 50	60.3	165	125	102	20	3	61.5	4×18
DN 65	76.1	185	145	122	20	3	77.5	8[b]×18
DN 80	88.9	200	160	138	20	3	90.5	8×18
DN 100	114.3	220	180	158	22	3	116	8×18
DN 125	139.7	250	210	188	22	3	141.5	8×18
DN 150	168.3	285	240	212	24	3	170.5	8×22
DN 200	219.1	340	295	268	24	3	221.5	8×22
DN 250	273	395	350	320	26	3	276.5	12×22

[a] 本表尺寸符合 GB/T 9119—2010 表 4 中 PN10 的规定。

[b] 对于铸铁法兰和钢合金法兰，该规格的法兰可能是 4 个螺栓孔的，因此，当制造厂和用户协商同意后，与铸铁法兰和钢合金法兰配对使用的钢制法兰可以采用 4 个螺栓孔。

6.2.2　标记示例如下：

示例 1：

公称流量 25 L/min，采用手动式温度调节阀调温，摆线齿轮泵供油，继电器、接触器控制，不带压力罐的装置标记为：

XYHZ 25-BBT　JB/T 8522—2014

示例 2：

公称流量 315 L/min，采用自力式温度调节阀调温，人字齿轮泵供油，PLC 控制，不带压力罐的装置标记为：

XYHZ 315-ARP　JB/T 8522—2014

示例 3：

公称流量 1 000 L/min，采用自力式温度调节阀调温，螺杆泵供油，PLC 控制，带压力罐的装置标记为：

XYHZ 1000-ALPP　JB/T 8522—2014

前　言

本标准由机械工业冶金设备标准化技术委员会提出并归口。

本标准负责起草单位:上海润滑设备厂。

本标准主要起草人:沈立忠。

中华人民共和国机械行业标准

JB/T 8810.2—1998

单线润滑泵　31.5 MPa

Single-line lubrication pumps 31.5 MPa

1　范围

本标准规定了单线润滑泵 31.5 MPa 的型号、基本参数与外形尺寸、技术要求、试验方法、检验规则、标志、包装、运输和贮存。

本标准适用于向集中润滑系统供送润滑脂、油，公称压力为 31.5 MPa 的单线润滑泵(以下简称单线泵)。

2　引用标准

下列标准所包含的条文，通过在本标准中引用而构成为本标准的条文。本标准出版时，所示版本均为有效。所有标准都会被修订，使用本标准的各方应探讨使用下列标准最新版本的可能性。

GB/T 13384—92　机电产品包装　通用技术条件

3　型号、基本参数与外形尺寸

3.1　型号

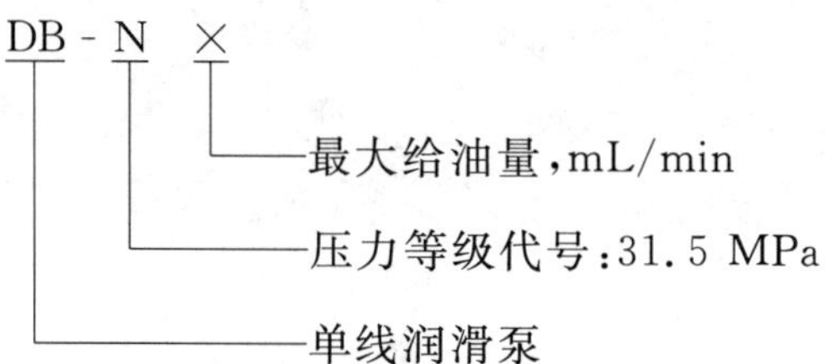

注：单线泵原用型号

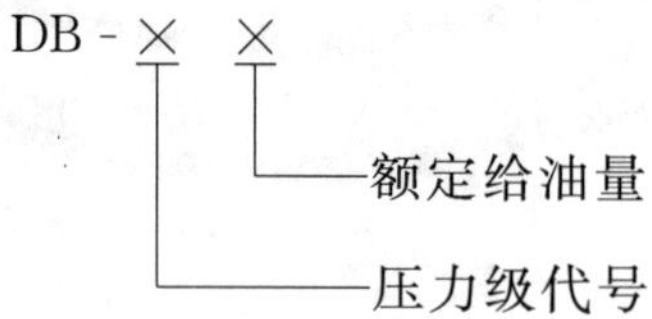

3.2　基本参数

单线泵的基本参数应符合表 1 的规定。

3.3　外形尺寸

单线泵的外形尺寸应符合图 1 的规定。

3.4　标记示例

公称压力为 31.5 MPa，额定给油量为 0～50 mL/min 的单线润滑泵：

DB-N50　单线泵　JB/T 8810.2—1998

国家机械工业局 1998-09-30 批准　　　　1998-12-01 实施

表 1

<table>
<tr><th rowspan="2">型　号</th><th rowspan="2">公称压力/MPa</th><th rowspan="2">额定给油量/(mL/min)</th><th rowspan="2">贮油桶容积/L</th><th colspan="2">电　机</th><th rowspan="2">适用介质</th><th rowspan="2">环境温度/℃</th><th rowspan="2">质量/kg</th></tr>
<tr><th>功率/kW</th><th>电压/V</th></tr>
<tr><td>DB-N25</td><td rowspan="4">31.5</td><td>0～25</td><td rowspan="4">30</td><td rowspan="4">0.37</td><td rowspan="4">380</td><td rowspan="4">锥入度 265 ～ 385 (25℃,150 g)L/10 mm 的润滑脂或黏度值不小于 61.2 mm²/s 的润滑油</td><td rowspan="4">−20～+80</td><td>37</td></tr>
<tr><td>DB-N45</td><td>0～45</td><td>39</td></tr>
<tr><td>DB-N50</td><td>0～50</td><td>37</td></tr>
<tr><td>DB-N90</td><td>0～90</td><td>39</td></tr>
</table>

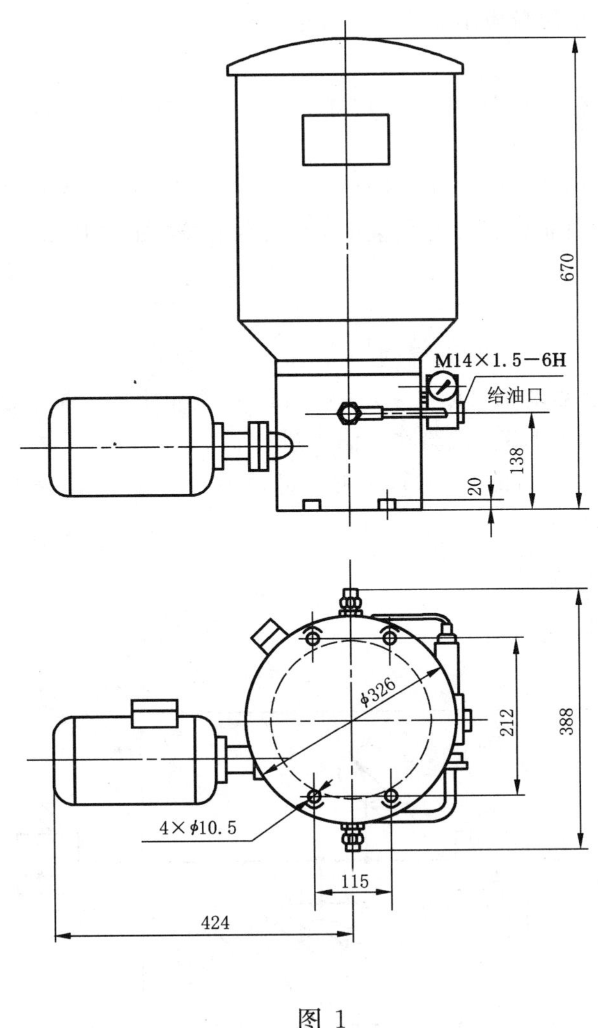

图 1

4 技术要求

4.1 耐压性

单线泵在公称压力的 1.15 倍压力下,应无零件损坏等异常现象。

4.2 密封性

单线泵在公称压力的 1.15 倍压力下,外部各连接处不得有渗漏现象。

4.3 给油量

单线泵给油口背压为公称压力时,给油口给油量在额定范围内应能任意调节,其最大给油量应不小于额定最大值。

4.4 调压和超压保护

单线泵的工作压力在公称压力内可以任意调节。

当单线泵给油口背压大于公称压力的5%时,调压阀应自动卸荷。

4.5 油位控制

单线泵贮油桶内油位报警装置在最高和最低极限油位时应能自动发讯报警。

4.6 噪声

单线泵在公称压力下运行时,其噪声值不得大于80 dB(A)。

4.7 清洁度

单线泵内部清洗出的杂质质量应不大于950 mg。

4.8 表面涂装

单线泵表面涂装应符合有关标准的规定。

4.9 寿命

在规定使用条件下,单线泵使用寿命应不少于2 000 h。当公称压力下的最大给油量低于额定最大给油量的70%或传动副等零件损坏而无法修复时,可视为单线泵的使用寿命极限。

5 试验方法

5.1 试验条件

单线泵出厂试验介质为粘度值41.4～50.6 mm^2/s 的润滑油,寿命试验介质为锥入度265～295(25℃,150g)L/10 mm的润滑脂。试验在室温下进行。

试验稳态压力偏差为试验压力的±10%,压力表量程为0～40 MPa,精度2.5级。

5.2 试验系统原理

单线泵试验系统原理如图2所示。

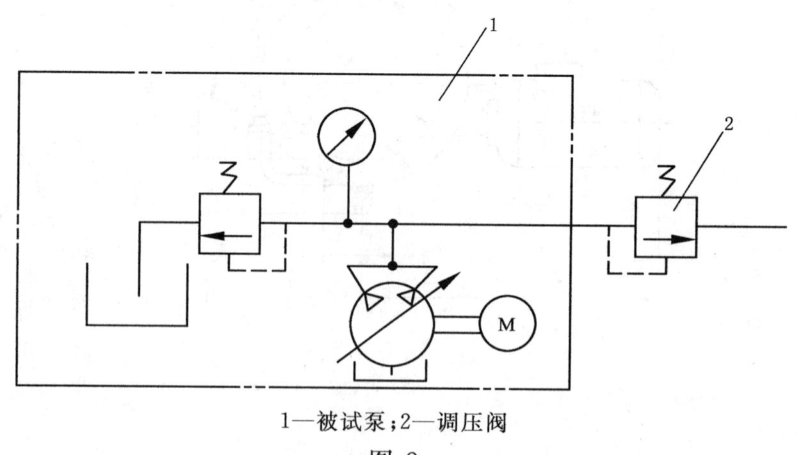

1—被试泵;2—调压阀

图 2

5.3 耐压性试验

启动单线泵,将给油口压力调至37 MPa运行2 min,其耐压性能应符合4.1的规定。

5.4 密封性试验

耐压试验结束后,目视检查外部各连接处,其密封性能应符合4.2的规定。

5.5 给油量试验

将给油口压力调至 31.5 MPa，给油量调至最大，测量给油口 3 min 给油量，其平均值应符合 4.3 的规定。调节给油量调节螺钉，观察给油量，应能任意变化。

5.6 调压和超压保护试验

将给油口调压阀和单线泵上的调压阀同时调整至 31.5 MPa，然后将单线泵上的调压阀压力调低，压力应能同步降低。将单线泵上调压阀调回至 31.5 MPa。然后调节给油口调压阀，在给油口压力不大于 33 MPa 时，单线泵超压保护性能应符合 4.4 的规定。

5.7 油位控制试验

将上、下油位限位开关与报警器接通，向贮油桶内加入润滑油。

当贮油桶内油位低于最低油位时，应发出低位报警；当贮油桶内油位高于最低油位、低于最高油位时，报警应停止；当贮油桶内油位高于最高油位时，应发出高位报警。

5.8 噪声试验

将单线泵置于离地 1 m 高处，在公称压力下运行时，距单线泵四面各 1 m 处，用普通声级计测量噪声值，其平均值应符合 4.6 的规定。

5.9 清洁度检查

将单线泵解体，用经过过滤的石油醚冲洗所有零件的通油部位（贮油桶部分除外）。将冲洗后的石油醚用已在温度为 120℃ 的烘箱内烘干 60 min 且已称重的中速定量过滤纸过滤，然后把过滤纸放入温度为 120℃ 的烘箱内烘干 60 min。取出烘干后的过滤纸再次称重。过滤纸过滤后的质量与过滤前的质量之差值即为杂质质量，其值应符合 4.7 的规定。

5.10 表面涂装检查

目视检查单线泵表面涂装，其质量应符合 4.8 的规定。

5.11 寿命试验

将单线泵给油口压力调至 31.5 MPa，给油量调至最大，运行 2 000 h 后，按 5.5 的规定测量给油量，其值应符合 4.9 的规定。

6 检验规则

6.1 出厂检验

单线泵出厂检验按 5.3、5.4、5.5 和 5.10 的规定进行。

6.2 型式检验

6.2.1 有下列情况之一时应进行型式检验：

a) 首次试制、鉴定时；

b) 当结构、材料或工艺有较大改变，可能影响产品性能时；

c) 正常生产满 5 年时。

6.2.2 型式检验产品应从已检验合格入库的成品中抽取，数量不少于 2 台。

6.2.3 型式检验按第 5 章的规定进行。

6.3 判定

型式检验若有项目不合格，应加倍抽检。若再有项目不合格，则判为不合格品。

7 标志、包装、运输及贮存

单线泵的标志、包装、运输与贮存应符合 GB/T 13384 的规定。

前　言

本标准由机械工业冶金设备标准化技术委员会提出并归口。

本标准负责起草单位:上海润滑设备厂。

本标准主要起草人:沈立忠。

中华人民共和国机械行业标准

JB/T 8811.1—1998

电动加油泵　4 MPa

Electrical oil or grease pumps 4 MPa

1　范围

本标准规定了电动加油泵 4 MPa 的型号、基本参数与外形尺寸、技术要求、试验方法、检验规则、标志、包装、运输和贮存。

本标准适用于给润滑泵加润滑脂、油，公称压力为 4 MPa 的电动加油泵（以下简称加油泵）。

2　引用标准

下列标准所包含的条文，通过在本标准中引用而构成为本标准的条文。本标准出版时，所示版本均为有效。所有标准都会被修订，使用本标准的各方应探讨使用下列标准最新版本的可能性。

GB/T 13384—92　机电产品包装　通用技术条件

3　型号、基本参数与外形尺寸

3.1　型号

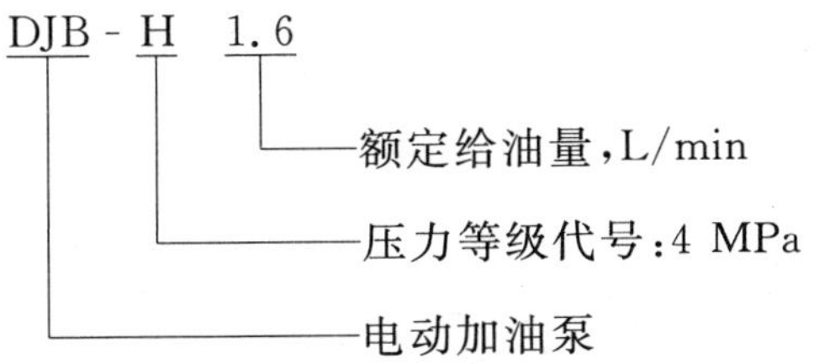

3.2　基本参数

加油泵的基本参数应符合表 1 的规定。

表 1

公称压力/MPa	适用介质	额定给油量/(L/min)	贮油桶容积/L	电机功率/kW	质量/kg
4	锥入度 220～385(25℃，150 g)L/10 mm 的润滑脂；黏度值不小于 61.2 mm^2/s 的润滑油	1.6	200	0.37	90

3.3　外形尺寸

加油泵的外形尺寸应符合图 1 的规定。

3.4　标记示例

公称压力为 4 MPa，额定给油量为 1.6 L/min 的电动加油泵：

DJB-H1.6　加油泵　JB/T 8811.1—1998

国家机械工业局 1998-09-30 批准　　　　1998-12-01 实施

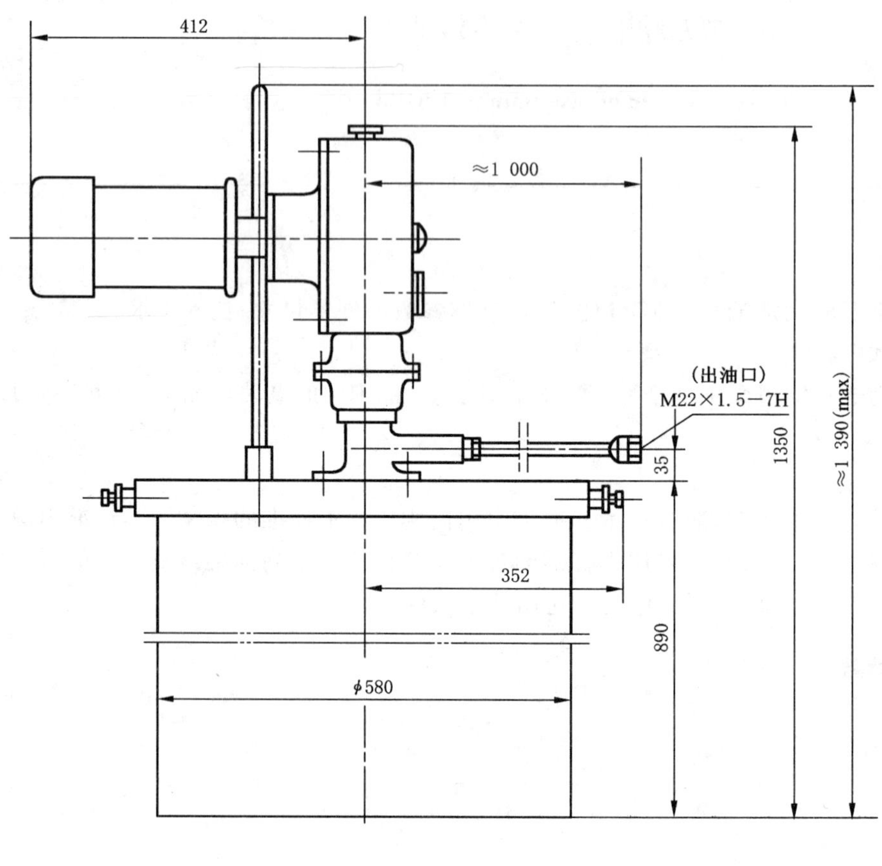

图 1

4 技术要求

4.1 运行性能

加油泵运转应稳定，无异常现象。

4.2 耐压性

加油泵在公称压力的 1.15 倍压力下，应无零件损坏等异常情况。

4.3 密封性

加油泵在公称压力的 1.15 倍压力下，各连接处不得有渗漏现象。

4.4 给油量

加油泵在公称压力下，给油量应不小于 1.6 L/min。

4.5 表面涂装

加油泵表面涂装应符合有关标准的规定。贮油桶表面应平整，不允许有碰凹等现象。

4.6 清洁度

加油泵内部清洗出的杂质质量应不大于 400 mg。

4.7 寿命

在规定使用条件下，加油泵使用寿命应不少于 500 h。当加油泵给油量低于额定值的 80%时，可视为加油泵的使用寿命极限。

5 试验方法

5.1 试验条件

加油泵出厂试验介质为黏度值 61.2～74.8 mm^2/s 的润滑油，寿命试验介质为锥入度 265～295(25℃,150 g)L/10 mm 的润滑脂，试验用压力表量程为 0～6 MPa，精度等级为 2.5 级。

5.2 试验系统原理如图 2 所示。

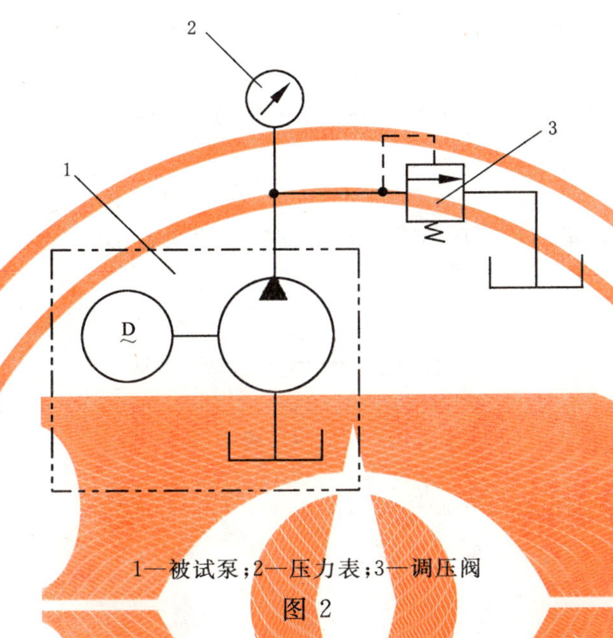

1—被试泵；2—压力表；3—调压阀

图 2

5.3 运行性能试验

将加油泵出油口压力调至 0 和 4 MPa，分别运行 5 min，其运行性能应符合 4.1 的规定。

5.4 耐压性试验

将加油泵出油口压力调至 4.6 MPa，运行 3 min，其耐压性能应符合 4.2 的规定。

5.5 密封性试验

耐压性试验后，目视检查各连接处，其密封性能应符合 4.3 的规定。

5.6 给油量试验

将加油泵出口压力调至 4 MPa，测量出油口 3 min 给油量，其平均值应符合 4.4 的规定。

5.7 表面涂装检查

目视检查加油泵表面涂装，其质量应符合 4.5 的规定。

5.8 清洁度检查

将加油泵泵体解体，用经过过滤的石油醚冲洗所有零件的通油部位(桶身部分除外)。将冲洗后的石油醚用已在温度为 120℃的烘箱内烘干 60 min 且已称重的中速定量过滤纸过滤，然后把过滤纸放入温度为 120℃的烘箱内烘干 60 min。取出烘干后的过滤纸再次称重。过滤纸过滤后的质量与过滤前的质量之差值即为杂质质量，其值应符合 4.6 的规定。

5.9 寿命试验

将加油泵出油口压力调至 4 MPa，运行 500 h 后，按 5.6 的规定测量出油口给油量，其值应符合 4.7 的规定。

6 检验规则

6.1 出厂检验

加油泵出厂检验按 5.3、5.4、5.5、5.6 和 5.7 的规定进行。

6.2 型式检验

6.2.1 有下列情况之一时应进行型式检验：

a）首次试制、鉴定时；

b）当结构、材料或工艺有较大改变，可能影响产品性能时；

c）正常生产满5年时。

6.2.2 型式检验产品应从已检验合格入库的成品中抽取，数量不少于2台。

6.2.3 型式检验按第5章的规定进行。

6.3 判定

型式检验若有项目不合格，应加倍抽检。若再有项目不合格，则判为不合格品。

7 标志、包装、运输及贮存

加油泵的标志、包装、运输与贮存应符合GB/T 13384的规定。

前　　言

本标准由机械工业冶金设备标准化技术委员会提出并归口。

本标准负责起草单位:上海润滑设备厂。

本标准主要起草人:沈立忠。

中华人民共和国机械行业标准

JB/T 8811.2—1998

手动加油泵 2.5 MPa

Handful oil or grease pumps 2.5 MPa

1 范围

本标准规定了手动加油泵 2.5 MPa 的型号、基本参数与外形尺寸、技术要求、试验方法、检验规则、标志、包装、运输和贮存。

本标准适用于给润滑泵加润滑脂、油，公称压力为 2.5 MPa 的手动加油泵(以下简称加油泵)。

2 引用标准

下列标准所包含的条文，通过在本标准中引用而构成为本标准的条文。本标准出版时，所示版本均为有效。所有标准都会被修订，使用本标准的各方应探讨使用下列标准最新版本的可能性。

GB/T 13384—92 机电产品包装 通用技术条件

3 型号、基本参数与外形尺寸

3.1 型号

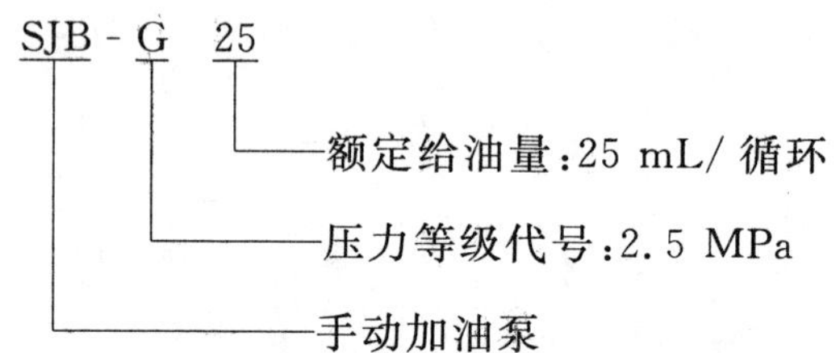

3.2 基本参数

加油泵的基本参数应符合表 1 的规定。

表 1

公称压力/MPa	适用介质	额定给油量/(mL/循环)	手柄力/N	贮油桶容积/L	质量/kg
2.5	锥入度 220～385(25℃，150 g)L/10 mm 的润滑脂；黏度值不小于 61.2 mm^2/s 的润滑油	25	≤140	20	20

3.3 外形尺寸

加油泵的外形尺寸应符合图 1 的规定。

国家机械工业局 1998-09-30 批准 1998-12-01 实施

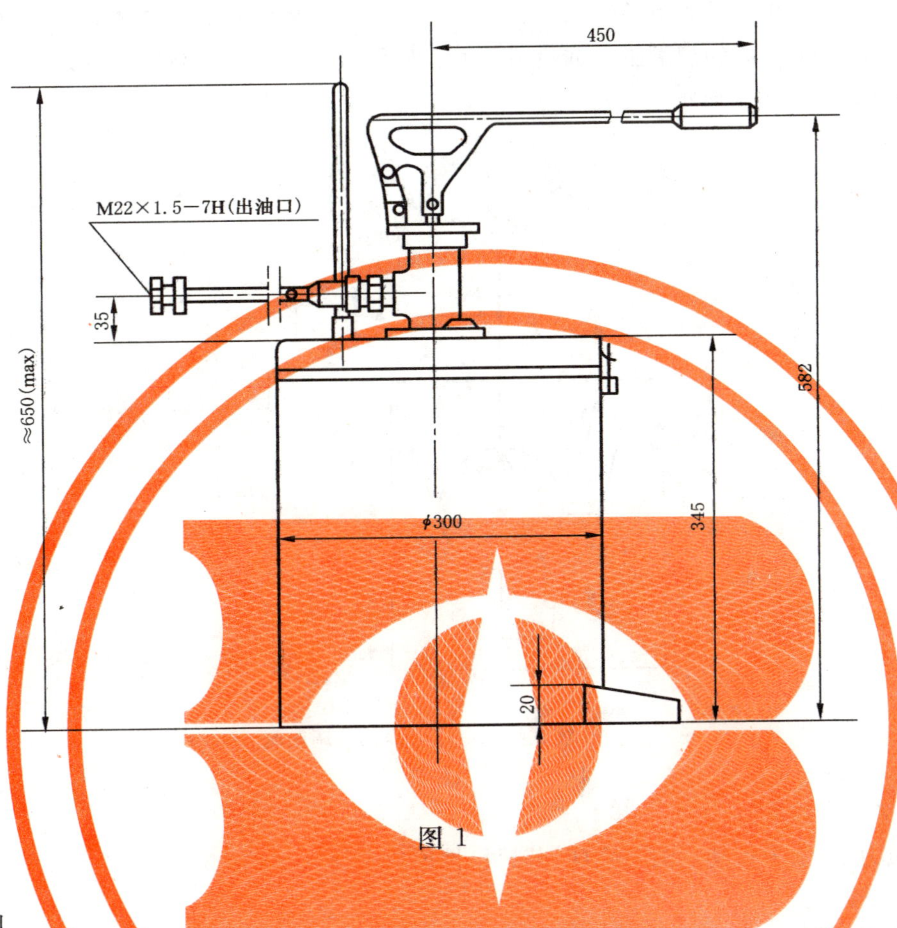

图 1

3.4　标记示例

公称压力为 2.5 MPa,额定给油量为 25 mL/循环的手动加油泵:

SJB-G25　加油泵　JB/T 8811.2—1998

4　技术要求

4.1　运行性能

加油泵手柄扳动应灵活,无异常阻力和卡滞现象。

4.2　密封性

加油泵在公称压力的 1.15 倍压力时,各连接处不得有渗漏现象。

4.3　给油量

加油泵在公称压力下,给油量应不小于 25 mL/循环。

4.4　手柄力

加油泵在公称压力下,作用于手柄上的力应不大于 140 N。

4.5　表面涂装

加油泵表面涂装应符合有关标准的规定。贮油桶表面应平整,不允许有碰凹现象。

4.6　清洁度

加油泵泵体内部清洗出的杂质质量应不大于 300 mg。

5 试验方法

5.1 试验条件

加油泵出厂试验介质为黏度值 61.2～74.8 mm²/s 的润滑油，型式试验介质为锥入度 265～295(25℃，150 g)L/10mm 的润滑脂。试验用压力表量程为 0～6 MPa，精度等级为 2.5 级。

5.2 试验系统原理如图 2 所示。

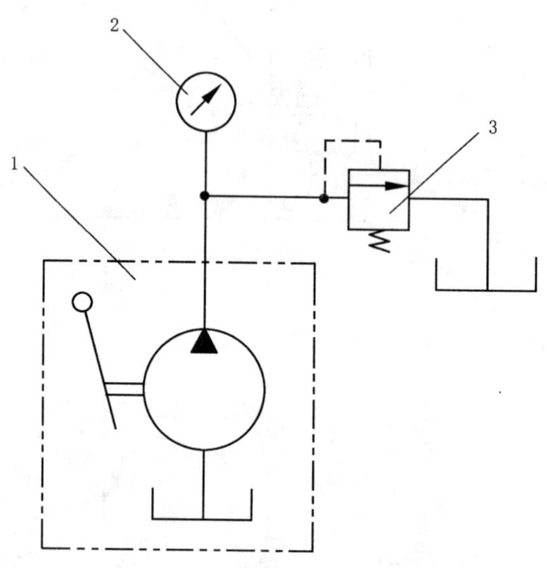

1—被试泵；2—压力表；3—调压阀

图 2

5.3 运行性能试验

在公称压力下，上下扳动加油泵手柄，其运行性能应符合 4.1 的规定。

5.4 密封性试验

将出油口压力调至 3 MPa，上下扳动手柄 10 次，其密封性能应符合 4.2 的规定。

5.5 给油量试验

将出油口压力调至 2.5 MPa，上下扳动手柄 10 次，测量出油口给油量，其平均值应符合 4.3 的规定。

5.6 手柄力试验

将出油口压力调至 2.5 MPa，把测力计钩住加油泵手柄握手处中部，向上拉动测力计至手柄最高处，向下拉动测力计至手柄最低处，测力计示值不得大于 4.4 的规定。测力计量程为 250 N。

5.7 表面涂装检查

目视检查加油泵表面涂装，其质量应符合 4.5 的规定。

5.8 清洁度检查

将加油泵泵体解体，用经过过滤的石油醚冲洗所有零件的通油部位(桶身部分除外)。将冲洗后的石油醚用已在温度为 120℃的烘箱内烘干 60 min 且已称重的中速定量过滤纸过滤，然后把过滤纸放入温度为 120℃的烘箱内烘干 60 min。取出烘干后的过滤纸再次称重。过滤纸过滤后的质量与过滤前的质量之差值即为杂质质量，其值应符合 4.6 的规定。

6 检验规则

6.1 出厂检验

加油泵出厂检验按 5.4、5.5、5.6 和 5.7 的规定进行。

6.2 型式检验

6.2.1 有下列情况之一时应进行型式检验：

a）首次试制、定型鉴定时；

b）当结构、材料或工艺有较大改变，可能影响产品性能时；

c）正常生产满 5 年时。

6.2.2 型式检验产品应从已检验合格入库的成品中抽取，数量不少于 2 台。

6.2.3 型式检验按第 5 章的规定进行。

6.3 判定

型式检验若有项目不合格，应加倍抽检。若再有项目不合格，则判为不合格品。

7 标志、包装、运输及贮存

加油泵的标志、包装、运输与贮存应符合 GB/T 13384 的规定。

密　　封

ICS 23.100.60;83.140.50
G 43

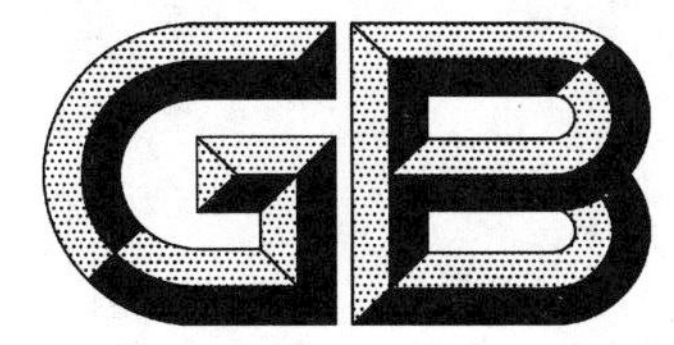

中华人民共和国国家标准

GB/T 3452.1—2005
代替 GB/T 3452.1—1992

液压气动用O形橡胶密封圈 第1部分:尺寸系列及公差

Fluid power systems—O-rings—Part 1:Inside diameters, cross-sections, tolerances and size identification code

(ISO 3601-1:2002,MOD)

2005-07-11 发布

2006-01-01 实施

中华人民共和国国家质量监督检验检疫总局
中国国家标准化管理委员会 发布

前　言

GB/T 3452《液压气动用O形橡胶密封圈》分为3个部分：

——第1部分：尺寸系列及公差；

——第2部分：O形橡胶密封圈外观质量检验标准；

——第3部分：沟槽尺寸。

本部分是GB/T 3452的第1部分。

本部分修改采用ISO 3601-1:2002《流体传动系统　O形圈　内径、截面、公差和尺寸标识代码》，是对GB/T 3452.1—1992《液压气动用O形橡胶密封圈尺寸系列及公差》的修订。

本部分代替GB/T 3452.1—1992《液压气动用O形橡胶密封圈尺寸系列及公差》。

本部分与ISO 3601-1:2002的主要差异如下：

——名称不同，仍采用GB/T 3452.1—1992的名称；

——保留GB/T 3452.1—1992多于ISO 3601-1:2002的尺寸规格：$d_2=(1.8\pm0.08)$ mm，$d_1=(34.5\sim50)$ mm，计6种规格；$d_2=(2.65\pm0.09)$ mm，$d_1=(10.6\sim13.2)$ mm，$d_1=(112\sim150)$ mm，计14种规格。见表2。

——删除参考文献。

本部分与GB/T 3452.1—1992的主要变化如下：

——标准名称按GB/T 1.1规范；

——删去截面直径d_2值的代号；

——取消GB/T 3452.1—1992中的第一种标记形式；

——内径尺寸公差分档更细。

本部分由中国机械工业联合会提出。

本部分由全国液压气动标准化技术委员会(SAC/TC3)归口。

本部分起草单位：中国农业机械化科学研究院液压技术研究所。

本部分主要起草人：李耀文、李鲲、宋一平。

本部分所代替标准的历次版本发布情况为：

GB/T 3452.1—1982，GB/T 3452.1—1992。

引　言

在流体传动系统中，功率是通过封闭回路中的受压流体来传递和控制的。系统中的各种元件、附件和管路均需要密封。O形橡胶密封圈(简称O形圈)是密封件中用途广、产量大的密封元件。正确选择O形圈的尺寸与公差是保证液压气动系统与元件正常可靠工作的关键环节。

液压气动用O形橡胶密封圈
第1部分:尺寸系列及公差

1 范围

GB/T 3452的本部分规定了用于液压气动的O形橡胶密封圈(下称O形圈)的内径、截面直径、公差和尺寸标识代号,适用于一般用途(G系列)和航空及类似的应用(A系列)。

如有适当的加工方法,本部分规定的尺寸和公差适合于任何一种合成橡胶材料。

注:通常采用的加工是根据70 IRHD NBR的收缩率。对于与该标准的NBR合成物不同收缩的材料,要保持名义尺寸和表列的公差极限,可能需要特殊的模具。

2 规范性引用文件

下列文件中的条款通过GB/T 3452的本部分的引用而成为本部分的条款。凡是注日期的引用文件,其随后所有的修改单(不包括勘误的内容)或修订版均不适用于本部分,然而,鼓励根据本部分达成协议的各方研究是否可使用这些文件的最新版本。凡是不注日期的引用文件,其最新版本适用于本部分。

GB/T 3452.2 O形橡胶密封圈外观质量检验标准(GB/T 3452.2—1987,neq ISO/DP 3601-3:1987)

GB/T 17446 流体传动系统及元件 术语(GB/T 17446—1998,idt ISO 5598:1985)

3 术语和定义

GB/T 17446中给出的术语和定义适用于本部分。

4 符号

本部分采用下列符号:

d_1——O形圈的内径;

d_2——O形圈的截面直径。

5 结构

O形圈的形状应为圆环形,如图1所示。

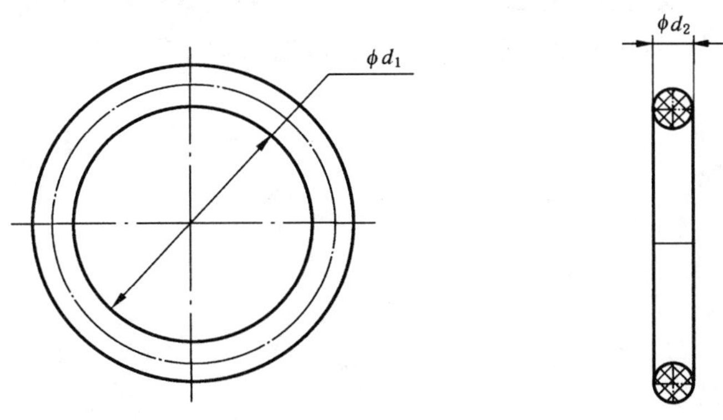

图1 典型的O形圈结构

6 内径 d_1、截面直径 d_2 和公差

一般用途的 O 形圈(G 系列)的内径 d_1、截面直径 d_2 和公差,应从表 2 中选取;对于航空和类似应用的 O 形圈(A 系列)的内径 d_1、截面直径 d_2 和公差,应从表 3 中选取,本部分推荐了较小的公差范围。

注:大多数内径尺寸是按优先数系列选取的。

G 系列 O 形圈内径 d_1 的公差用下式计算:

d_1 的公差$=\pm[(d_1^{0.95}\times 0.009)+0.11]$ mm

A 系列 O 形圈内径 d_1 的公差用下式计算:

d_1 的公差$=\pm[(d_1^{0.96}\times 0.007)+0.09]$ mm

计算结果应经四舍五入圆整,小数点后取两位有效数字。

7 尺寸标识代号

根据 GB/T 3452.2 和本部分,符合表 2 或表 3 的 O 形圈,尺寸标识代号应以内径 d_1、截面直径 d_2、系列代号(G 或 A)和等级代号(N 和 S)标明。示例见表 1。

表 1 O 形圈尺寸标识代号示例

内径 d_1/mm	截面直径 d_2/mm	系列代号(G 或 A)	等级代号(N 或 S)	O 形圈尺寸标识代号
7.5	1.8	G	S	O 形圈 7.5×1.8-G-S-GB/T 3452.1—2005
32.5	2.65	A	N	O 形圈 32.5×2.65-A-N-GB/T 3452.1—2005
167.5	3.55	A	S	O 形圈 167.5×3.55-A-S-GB/T 3452.1—2005
268	5.3	G	N	O 形圈 268×5.3-G-N-GB/T 3452.1—2005
515	7	G	N	O 形圈 515×7-G-N-GB/T 3452.1—2005
注:N、S 的定义见 GB/T 3452.2。				

8 标注说明(引用本部分)

当选择遵守本部分时,建议制造商在试验报告、产品样本和销售资料中使用以下说明:“O 形圈的尺寸和公差符合 GB/T 3452.1—2005《液压气动用 O 形橡胶密封圈 第 1 部分:尺寸系列及公差》”。

表 2　一般应用的 O 形圈内径、截面直径尺寸和公差(G 系列)　　单位为毫米

d_1		d_2				
尺寸	公差±	1.8±0.08	2.65±0.09	3.55±0.10	5.3±0.13	7±0.15
1.8	0.13	×				
2	0.13	×				
2.24	0.13	×				
2.5	0.13	×				
2.8	0.13	×				
3.15	0.14	×				
3.55	0.14	×				
3.75	0.14	×				
4	0.14	×				
4.5	0.15	×				
4.75	0.15	×				
4.87	0.15	×				
5	0.15	×				
5.15	0.15	×				
5.3	0.15	×				
5.6	0.16	×				
6	0.16	×				
6.3	0.16	×				
6.7	0.16	×				
6.9	0.16	×				
7.1	0.16	×				
7.5	0.17	×				
8	0.17	×				
8.5	0.17	×				
8.75	0.18	×				
9	0.18	×				
9.5	0.18	×				
9.75	0.18	×				
10	0.19	×				
10.6	0.19	×	×			
11.2	0.20	×	×			
11.6	0.20	×	×			
11.8	0.19	×	×			
12.1	0.21	×	×			
12.5	0.21	×	×			
12.8	0.21	×	×			
13.2	0.21	×	×			
14	0.22	×	×			
14.5	0.22	×	×			
15	0.22	×	×			
15.5	0.23	×	×			
16	0.23	×	×			
17	0.24	×	×			
18	0.25	×	×	×		
19	0.25	×	×	×		
20	0.26	×	×	×		
20.6	0.26	×	×	×		
21.2	0.27	×	×	×		
22.4	0.28	×	×	×		
23	0.29	×	×	×		
23.6	0.29	×	×	×		
24.3	0.30	×	×	×		
25	0.30	×	×	×		
25.8	0.31	×	×	×		
26.5	0.31	×	×	×		
27.3	0.32	×	×	×		
28	0.32	×	×	×		
29	0.33	×	×	×		
30	0.34	×	×	×		
31.5	0.35	×	×	×		
32.5	0.36	×	×	×		
33.5	0.36	×	×	×		
34.5	0.37	×	×	×		
35.5	0.38	×	×	×		
36.5	0.38	×	×	×		
37.5	0.39	×	×	×		
38.7	0.40	×	×	×		
40	0.41	×	×	×	×	
41.2	0.42	×	×	×	×	
42.5	0.43	×	×	×	×	
43.7	0.44	×	×	×	×	
45	0.44	×	×	×	×	
46.2	0.45	×	×	×	×	
47.5	0.46	×	×	×	×	
48.7	0.47	×	×	×	×	
50	0.48	×	×	×	×	
51.5	0.49		×	×	×	
53	0.50		×	×	×	
54.5	0.51		×	×	×	
56	0.52		×	×	×	
58	0.54		×	×	×	
60	0.55		×	×	×	
61.5	0.56		×	×	×	
63	0.57		×	×	×	
65	0.58		×	×	×	
67	0.60		×	×	×	

表 2(续)

单位为毫米

d_1		d_2				
尺寸	公差±	1.8±0.08	2.65±0.09	3.55±0.10	5.3±0.13	7±0.15
69	0.61		×	×	×	
71	0.63		×	×	×	
73	0.64		×	×	×	
75	0.65		×	×	×	
77.5	0.67		×	×	×	
80	0.69		×	×	×	
82.5	0.71		×	×	×	
85	0.72		×	×	×	
87.5	0.74		×	×	×	
90	0.76		×	×	×	
92.5	0.77		×	×	×	
95	0.79		×	×	×	
97.5	0.81		×	×	×	
100	0.82		×	×	×	
103	0.85		×	×	×	
106	0.87		×	×	×	
109	0.89		×	×	×	×
112	0.91		×	×	×	×
115	0.93		×	×	×	×
118	0.95		×	×	×	×
122	0.97		×	×	×	×
125	0.99		×	×	×	×
128	1.01		×	×	×	×
132	1.04		×	×	×	×
136	1.07		×	×	×	×
140	1.09		×	×	×	×
142.5	1.11		×	×	×	×
145	1.13		×	×	×	×
147.5	1.14		×	×	×	×
150	1.16		×	×	×	×
152.5	1.18			×	×	×
155	1.19			×	×	×
157.5	1.21			×	×	×
160	1.23			×	×	
162.5	1.24			×	×	×
165	1.26			×	×	×
167.5	1.28			×	×	×
170	1.29			×	×	×
172.5	1.31			×	×	×
175	1.33			×	×	×
177.5	1.34			×	×	×
180	1.36			×	×	×
182.5	1.38			×	×	×
185	1.39			×	×	×
187.5	1.41			×	×	×
190	1.43			×	×	×
195	1.46			×	×	×
200	1.49			×	×	×
203	1.51				×	×
206	1.53				×	×
212	1.57				×	×
218	1.61				×	×
224	1.65				×	×
227	1.67				×	×
230	1.69				×	×
236	1.73				×	×
239	1.75				×	×
243	1.77				×	×
250	1.82				×	×
254	1.84				×	×
258	1.87				×	×
261	1.89				×	×
265	1.91				×	×
268	1.92				×	×
272	1.96				×	×
276	1.98				×	×
280	2.01				×	×
283	2.03				×	×
286	2.05				×	×
290	2.08				×	×
295	2.11				×	×
300	2.14				×	×
303	2.16				×	×
307	2.19				×	×
311	2.21				×	×
315	2.24				×	×
320	2.27				×	×
325	2.30				×	×
330	2.33				×	×
335	2.36				×	×
340	2.40				×	×
345	2.43				×	×
350	2.46				×	×
355	2.49				×	×
360	2.52				×	×
365	2.56				×	×

表 2(续)

单位为毫米

d_1		d_2					d_1		d_2				
尺寸	公差±	1.8±0.08	2.65±0.09	3.55±0.10	5.3±0.13	7±0.15	尺寸	公差±	1.8±0.08	2.65±0.09	3.55±0.10	5.3±0.13	7±0.15
370	2.59				×	×	487	3.33					×
375	2.62				×	×	493	3.36					×
379	2.64				×	×	500	3.41					×
383	2.67				×	×	508	3.46					×
387	2.70				×	×	515	3.50					×
391	2.72				×	×	523	3.55					×
395	2.75				×	×	530	3.60					×
400	2.78				×	×	538	3.65					×
406	2.82					×	545	3.69					×
412	2.85					×	553	3.74					×
418	2.89					×	560	3.78					×
425	2.93					×	570	3.85					×
429	2.96					×	580	3.91					×
433	2.99					×	590	3.97					×
437	3.01					×	600	4.03					×
443	3.05					×	608	4.08					×
450	3.09					×	615	4.12					×
456	3.13					×	623	4.17					×
462	3.17					×	630	4.22					×
466	3.19					×	640	4.28					×
470	3.22					×	650	4.34					×
475	3.25					×	660	4.40					×
479	3.28					×	670	4.47					×
483	3.30					×	注：表中“×”表示包括的规格。						

表 3　航空及类似应用的 O 形圈内径、截面直径尺寸和公差(A 系列)

单位为毫米

d_1		d_2					d_1		d_2				
尺寸	公差±	1.8±0.08	2.65±0.09	3.55±0.10	5.3±0.13	7±0.15	尺寸	公差±	1.8±0.08	2.65±0.09	3.55±0.10	5.3±0.13	7±0.15
1.8	0.10	×					5.6	0.13	×				
2	0.10	×					6	0.13	×	×			
2.24	0.11	×					6.3	0.13	×				
2.5	0.11	×					6.7	0.13	×				
2.8	0.11	×					6.9	0.13	×	×			
3.15	0.11	×					7.1	0.14	×				
3.55	0.11	×					7.5	0.14	×				
3.75	0.11	×					8	0.14	×	×			
4	0.12	×					8.5	0.14	×				
4.5	0.12	×	×				8.75	0.15	×				
4.87	0.12	×					9	0.15	×	×			
5	0.12	×					9.5	0.15	×	×			
5.15	0.12	×					10	0.15	×	×			
5.3	0.12	×	×				10.6	0.16	×	×			

表 3(续)

单位为毫米

d_1		d_2					d_1		d_2				
尺寸	公差±	1.8±0.08	2.65±0.09	3.55±0.10	5.3±0.13	7±0.15	尺寸	公差±	1.8±0.08	2.65±0.09	3.55±0.10	5.3±0.13	7±0.15
11.2	0.16	×	×				63	0.46	×	×	×	×	
11.8	0.16	×	×				65	0.48		×	×	×	
12.5	0.17	×	×				67	0.49	×	×	×	×	
13.2	0.17	×	×				69	0.50		×	×	×	
14	0.18	×	×	×			71	0.51	×	×	×	×	
15	0.18	×	×	×			73	0.52		×	×	×	
16	0.19	×	×	×			75	0.53	×	×	×	×	
17	0.20	×	×	×			77.5	0.55			×	×	
18	0.20	×	×	×			80	0.56	×	×	×	×	
19	0.21	×	×	×			82.5	0.57			×	×	
20	0.21	×	×	×			85	0.59	×	×	×	×	
21.2	0.22	×	×	×			87.5	0.60			×	×	
22.4	0.23	×	×	×			90	0.62	×	×	×	×	
23.6	0.24	×	×	×			92.5	0.63			×	×	
25	0.24	×	×	×			95	0.64	×	×	×	×	
25.8	0.25		×	×			97.5	0.66			×	×	
26.5	0.25	×	×	×			100	0.67	×	×	×	×	
28	0.26	×	×	×			103	0.69			×	×	
30	0.27	×	×	×			106	0.71	×	×	×	×	
31.5	0.28	×	×	×			109	0.72			×	×	×
32.5	0.29	×	×	×			112	0.74	×	×	×	×	×
33.5	0.29	×	×	×			115	0.76			×	×	×
34.5	0.30	×	×	×			118	0.77	×	×	×	×	×
35.5	0.31	×	×	×			122	0.80			×	×	×
36.5	0.31	×	×	×			125	0.81	×	×	×	×	×
37.5	0.32	×	×	×	×		128	0.83			×	×	×
38.7	0.32	×	×	×	×		132	0.85		×	×	×	×
40	0.33	×	×	×	×		136	0.87			×	×	×
41.2	0.34	×	×	×	×		140	0.89		×	×	×	×
42.5	0.35	×	×	×	×		145	0.92		×	×	×	×
43.7	0.35	×	×	×	×		150	0.95		×	×	×	×
45	0.36	×	×	×	×		155	0.98		×	×	×	×
46.2	0.37		×	×	×		160	1.00		×	×	×	×
47.5	0.37	×	×	×	×		165	1.03		×	×	×	×
48.7	0.38		×	×	×		170	1.06		×	×	×	×
50	0.39	×	×	×	×		175	1.09		×	×	×	×
51.5	0.40		×	×	×		180	1.11		×	×	×	×
53	0.41	×	×	×	×		185	1.14		×	×	×	×
54.5	0.42		×	×	×		190	1.17		×	×	×	×
56	0.42	×	×	×	×		195	1.20		×	×	×	×
58	0.44		×	×	×		200	1.22		×	×	×	×
60	0.45	×	×	×	×		206	1.26				×	×
61.5	0.46		×	×	×		212	1.29		×		×	×

表 3(续)

单位为毫米

d_1		d_2					d_1		d_2				
尺寸	公差 ±	1.8±0.08	2.65±0.09	3.55±0.10	5.3±0.13	7±0.15	尺寸	公差 ±	1.8±0.08	2.65±0.09	3.55±0.10	5.3±0.13	7±0.15
218	1.32		×		×	×	300	1.76		×		×	×
224	1.35		×		×	×	307	1.80		×		×	×
230	1.39		×		×	×	31.5	1.84		×		×	×
236	1.42		×		×	×	325	1.90				×	×
243	1.46				×	×	335	1.95		×		×	×
250	1.49		×		×	×	345	2.00				×	×
258	1.54		×		×	×	355	2.05		×		×	×
26.5	1.57		×		×	×	365	2.11				×	×
272	1.61				×	×	375	2.16				×	×
280	1.65		×		×	×	387	2.22				×	×
290	1.71		×		×	×	400	2.29				×	×

注：表中“×”表示包括的规格。

ICS 23.040.80
G 43

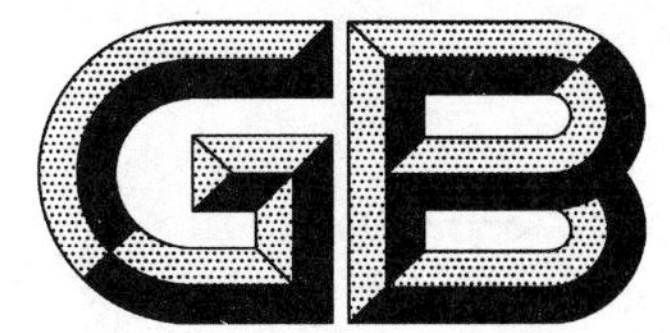

中华人民共和国国家标准

GB/T 3452.3—2005
代替 GB/T 3452.3—1988

液压气动用O形橡胶密封圈　沟槽尺寸

Housing dimensions for O-ring elastomer seals in hydraulic and pneumatic applications

2005-09-19 发布　　2006-04-01 实施

中华人民共和国国家质量监督检验检疫总局
中国国家标准化管理委员会　发布

前言

GB/T 3452《液压气动用O形橡胶密封圈》分为3个部分：

——第1部分：液压气动用O形橡胶密封圈　尺寸系列及公差；

——第2部分：O形橡胶密封圈外观质量检验标准；

——第3部分：液压气动用O形橡胶密封圈　沟槽尺寸。

本部分是GB/T 3452的第3部分。

本部分代替GB/T 3452.3—1988《液压气动用O形橡胶密封圈的沟槽尺寸和设计准则》。

本部分与GB/T 3452.3—1988相比，主要变化如下：

——表1中的"沟槽深度 t"值均小于GB/T 3452.3—1988的相应值，它是根据表6～表11中的相应参数计算得出；

——在5.2.2中，对于轴向密封沟槽外径 d_7 和内径 d_8 的计算公式，在GB/T 3452.3—1988中为：
d_7（基本尺寸）$=d_1$（基本尺寸）$+2d_2$（基本尺寸）；d_8（基本尺寸）$=d_1$（基本尺寸）；
在本部分中为：
d_7（基本尺寸）$\leqslant d_1$（基本尺寸）$+2d_2$（基本尺寸）；d_8（基本尺寸）$\geqslant d_1$（基本尺寸）；

——对 d_3、d_4、d_5、d_6、d_7、d_8、d_9、d_{10} 的沟槽尺寸公差，GB/T 3452.3—1988规定了具体公差值，本部分则规定了公差配合代号；对 h 的公差，GB/T 3452.3—1988规定为 $^{+0.10}_{0}$，本部分按O形圈的截面直径大小分别规定为 $^{+0.05}_{0}$ 和 $^{+0.10}_{0}$；

——本部分删除了GB/T 3452.3—1988的附录A、附录B；

——本部分增加了表6～表13；

——本部分将GB/T 3452.3—1988的"5　O形圈沟槽设计准则"的内容作为资料性附录。

本部分的附录A是资料性附录。

本部分由中国机械工业联合会提出。

本部分由全国液压气动标准化技术委员会(SAC/TC 3)归口。

本部分起草单位：中国农业机械化科学研究院液压技术研究所。

本部分主要起草人：李耀文、宋一平、李鲲。

本部分所代替标准的历次版本发布情况为：

——GB/T 3452.3—1988。

液压气动用O形橡胶密封圈　沟槽尺寸

1　范围

GB/T 3452的本部分规定了液压气动一般应用的O形橡胶密封圈(以下简称O形圈)的沟槽尺寸和公差。

GB/T 3452的本部分适用于GB/T 3452.1—2005《液压气动用O形橡胶密封圈　尺寸系列及公差》规定的O形圈。工作压力超过10 MPa时,需采用带挡圈的结构型式。

注:特殊应用的O形圈沟槽尺寸应由O形圈的制造商和使用者协商确定。

2　规范性引用文件

下列文件中的条款通过GB/T 3452本部分的引用而成为本部分的条款。凡是注日期的引用文件,其随后所有的修改单(不包括勘误的内容)或修订版均不适用于本部分,然而,鼓励根据本部分达成协议的各方研究是否可使用这些文件的最新版本。凡是不注日期的引用文件,其最新版本适用于本部分。

GB/T 3452.1—2005　液压气动用O形橡胶密封圈　尺寸系列及公差

GB/T 17446　流体传动系统和元件　术语(GB/T 17446—1998,idt ISO 5598:1985)

3　术语、定义和字母符号

GB/T 17446确定的术语和定义适用于本部分。

本部分采用下列字母符号:

d_1——O形圈内径;

d_2——O形圈截面直径;

d_3——活塞密封的沟槽槽底直径;

d_4——缸内径;

d_5——活塞杆直径;

d_6——活塞杆密封的沟槽槽底直径;

d_7——轴向密封的沟槽外径(受内压);

d_8——轴向密封的沟槽内径(受外压);

d_9——活塞直径(活塞密封);

d_{10}——活塞杆配合孔直径(活塞杆密封);

b——O形圈沟槽宽度(无挡圈);

b_1——加一个挡圈时的O形圈沟槽宽度;

b_2——加两个挡圈时的O形圈沟槽宽度;

h——轴向密封的O形圈沟槽深度;

t——径向密封的O形圈沟槽深度;

z——导角长度;

r_1——槽底圆角半径;

r_2——槽棱圆角半径;

g——单边径向间隙。

4　O形圈沟槽型式

根据O形圈压缩方向,O形圈沟槽型式分为径向密封和轴向密封两种。

4.1 径向密封

4.1.1 活塞密封沟槽

活塞密封沟槽型式应符合图1的规定。

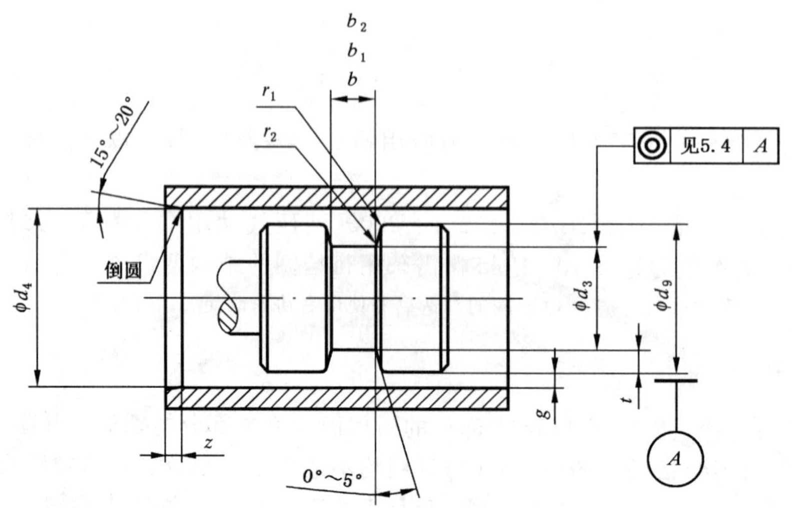

图1 径向密封的活塞密封沟槽型式

4.1.2 活塞杆密封沟槽

活塞杆密封沟槽型式应符合图2规定。

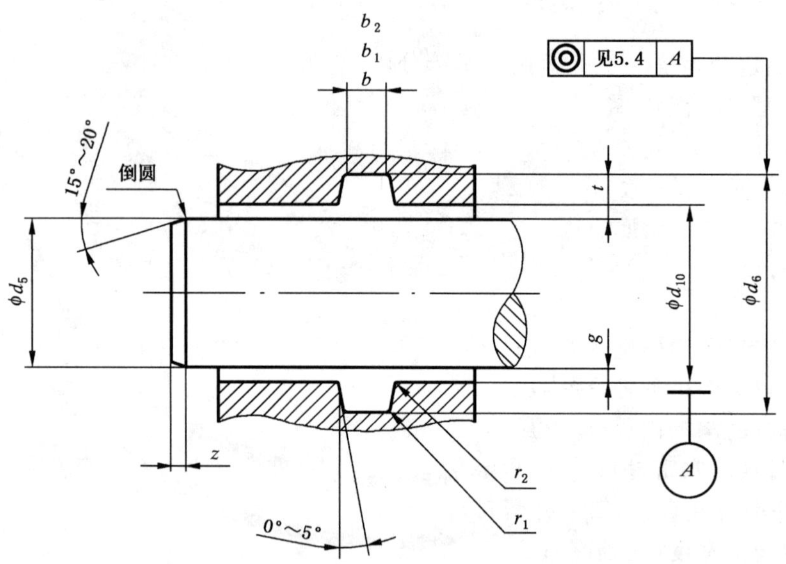

图2 径向密封的活塞杆密封沟槽型式

4.1.3 带挡圈的沟槽

带挡圈的沟槽型式应符合图3的规定。

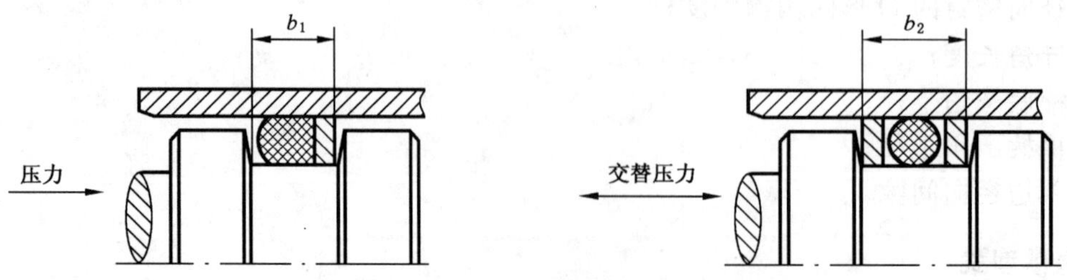

图3 径向密封带挡圈密封沟槽型式

4.2 轴向密封

4.2.1 受内部压力的沟槽

受内部压力的沟槽型式应符合图 4 的规定。

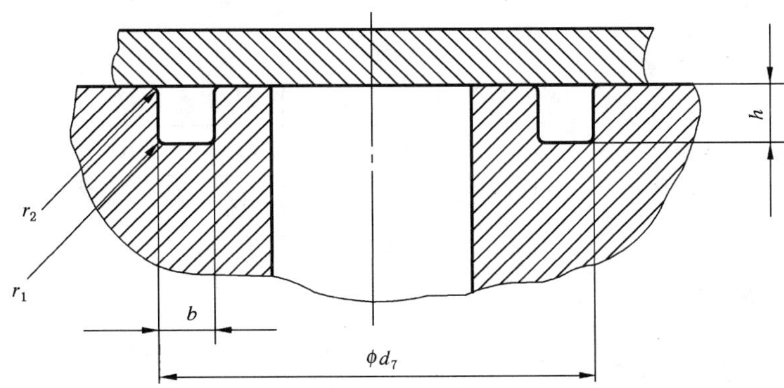

图 4 轴向密封受内部压力的沟槽型式

4.2.2 受外部压力的沟槽

受外部压力的沟槽型式应符合图 5 的规定。

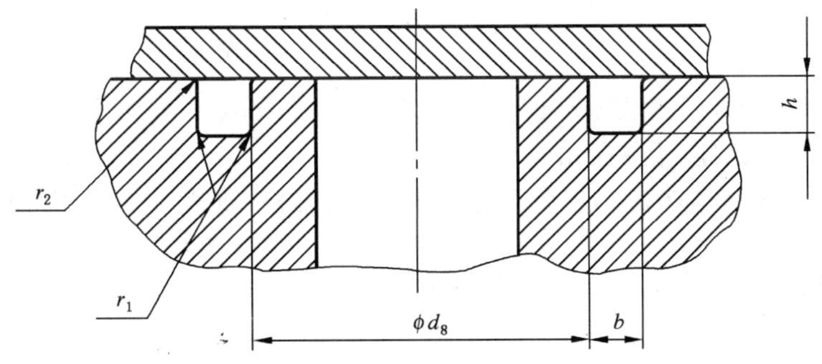

图 5 轴向密封受外部压力的沟槽型式

5 O 形圈沟槽尺寸与公差

5.1 径向密封

径向密封的沟槽型式见图 1～图 3。

5.1.1 径向密封的沟槽尺寸

径向密封的沟槽尺寸应符合表 1 的规定。

表 1 径向密封的沟槽尺寸

单位为毫米

O 形圈截面直径 d_2			1.80	2.65	3.55	5.30	7.00
沟槽宽度	气动动密封		2.2	3.4	4.6	6.9	9.3
	液压动密封或静密封	b	2.4	3.6	4.8	7.1	9.5
		b_1	3.8	5.0	6.2	9.0	12.3
		b_2	5.2	6.4	7.6	10.9	15.1

表 1（续） 单位为毫米

<table>
<tr><td colspan="3">O形圈截面直径 d_2</td><td>1.80</td><td>2.65</td><td>3.55</td><td>5.30</td><td>7.00</td></tr>
<tr><td rowspan="6">沟槽深度
t</td><td rowspan="3">活塞密封
（计算 d_3 用）</td><td>液压动密封</td><td>1.35</td><td>2.10</td><td>2.85</td><td>4.35</td><td>5.85</td></tr>
<tr><td>气动动密封</td><td>1.4</td><td>2.15</td><td>2.95</td><td>4.5</td><td>6.1</td></tr>
<tr><td>静密封</td><td>1.32</td><td>2.0</td><td>2.9</td><td>4.31</td><td>5.85</td></tr>
<tr><td rowspan="3">活塞杆密封
（计算 d_6 用）</td><td>液压动密封</td><td>1.35</td><td>2.10</td><td>2.85</td><td>4.35</td><td>5.85</td></tr>
<tr><td>气动动密封</td><td>1.4</td><td>2.15</td><td>2.95</td><td>4.5</td><td>6.1</td></tr>
<tr><td>静密封</td><td>1.32</td><td>2.0</td><td>2.9</td><td>4.31</td><td>5.85</td></tr>
<tr><td colspan="3">最小导角长度 z_{min}</td><td>1.1</td><td>1.5</td><td>1.8</td><td>2.7</td><td>3.6</td></tr>
<tr><td colspan="3">沟槽底圆角半径 r_1</td><td colspan="2">0.2～0.4</td><td colspan="2">0.4～0.8</td><td>0.8～1.2</td></tr>
<tr><td colspan="3">沟槽棱圆角半径 r_2</td><td colspan="5">0.1～0.3</td></tr>
<tr><td colspan="8">注：t 值考虑了O形橡胶密封圈的压缩率，允许活塞或活塞杆密封沟槽深度值按实际需要选定。</td></tr>
</table>

5.1.2 径向密封沟槽槽底直径

5.1.2.1 活塞密封沟槽

图1为活塞密封沟槽的型式。

按式(1)计算 d_3 的最大值：

$$d_{3max} = d_{4min} - 2t \qquad \cdots\cdots(1)$$

式中：

d_{3max}——d_3 的基本尺寸加上偏差，mm；

d_{4min}——d_4 的基本尺寸加下偏差，mm。

根据缸内径 d_4 的基本尺寸查表6，得到适用的O形圈规格；查表3，由缸内径公差来确定 d_{4min}，查表1确定 t，再按公式(1)计算 d_{3max}；查表3，由沟槽槽底直径公差确定 d_3 的基本尺寸及 d_{3min}。

5.1.2.2 活塞杆密封沟槽

图2为活塞杆密封的沟槽型式。

按式(2)计算 d_6 的最小直径：

$$d_{6min} = d_{5max} + 2t \qquad \cdots\cdots(2)$$

式中：

d_{6min}——d_6 的基本尺寸加下偏差，mm；

d_{5max}——d_5 的基本尺寸加上偏差，mm。

根据活塞杆直径 d_5 的基本尺寸查表9，得到适用的O形圈规格；查表3，由活塞杆直径公差来确定 d_{5max}，查表1确定 t，再按公式(2)计算 d_{6min}；查表3，由沟槽槽底直径公差确定 d_6 的基本尺寸及 d_{6max}。

5.2 轴向密封

轴向密封的沟槽型式见图4、图5。

5.2.1 轴向密封沟槽尺寸

轴向密封沟槽尺寸应符合表2的规定。

表 2 轴向密封沟槽尺寸 单位为毫米

<table>
<tr><td>O形圈截面直径 d_2</td><td>1.80</td><td>2.65</td><td>3.55</td><td>5.30</td><td>7.00</td></tr>
<tr><td>沟槽宽度 b</td><td>2.6</td><td>3.8</td><td>5.0</td><td>7.3</td><td>9.7</td></tr>
<tr><td>沟槽深度 h</td><td>1.28</td><td>1.97</td><td>2.75</td><td>4.24</td><td>5.72</td></tr>
<tr><td>沟槽底圆角半径 r_1</td><td colspan="2">0.2～0.4</td><td colspan="2">0.4～0.8</td><td>0.8～1.2</td></tr>
<tr><td>沟槽棱圆角半径 r_2</td><td colspan="5">0.1～0.3</td></tr>
</table>

5.2.2 轴向密封沟槽外径和沟槽内径

受内部压力的沟槽外径 d_7 的基本尺寸按式(3)确定：

$$d_7(\text{基本尺寸}) \leqslant d_1(\text{基本尺寸}) + 2d_2(\text{基本尺寸}) \quad \cdots\cdots(3)$$

受外部压力的沟槽外径 d_8 的基本尺寸按式(4)确定：

$$d_8(\text{基本尺寸}) \geqslant d_1(\text{基本尺寸}) \quad \cdots\cdots(4)$$

5.3 沟槽尺寸公差

沟槽尺寸公差应符合表 3 的规定。

5.4 沟槽的同轴度公差

直径 d_{10} 和 d_6，d_9 和 d_3 之间的同轴度公差应满足下列要求：

直径小于或等于 50 mm 时，不得大于 ϕ0.025 mm；直径大于 50 mm 时，不得大于 ϕ0.050 mm。

5.5 表面粗糙度

沟槽和配合偶件表面的表面粗糙度应符合表 4 的规定。

表 3 沟槽尺寸公差

单位为毫米

O 形圈截面直径 d_2	1.8	2.65	3.55	5.30	7.00
轴向密封时沟槽深度 h	$^{+0.05}_{0}$			$^{+0.10}_{0}$	
缸内径 d_4	H8				
沟槽槽底直径(活塞密封)d_3	h9				
活塞直径 d_9	f7				
活塞杆直径 d_5	f7				
沟槽槽底直径(活塞杆密封)d_6	H9				
活塞杆配合孔直径 d_{10}	H8				
轴向密封时沟槽外径 d_7	H11				
轴向密封时沟槽内径 d_8	H11				
O 形圈沟槽宽度 b、b_1、b_2	$^{+0.25}_{0}$				
注：为适应特殊应用需要，d_3、d_4、d_5、d_6 的公差范围可以改变。					

表 4 沟槽和配合偶件表面的表面粗糙度

单位为微米

表面	应用情况	压力状况	表面粗糙度	
			Ra	Ry
沟槽的底面和侧面	静密封	无交变、无脉冲	3.2(1.6)	12.5(6.3)
		交变或脉冲	1.6	6.3
	动密封		1.6(0.8)	6.3(3.2)
配合表面	静密封	无交变、无脉冲	1.6(0.8)	6.3(3.2)
		交变或脉冲	0.8	3.2
	动密封		0.4	1.6
导角表面			3.2	12.5
注：括号内的数值为要求精度较高的场合应用。				

6 O 形圈的应用选择和沟槽尺寸的确定

6.1 O 形圈的应用选择

在可以选用几种截面 O 形圈的情况下，应优先选用大截面的 O 形圈。

表 5 给出按 GB/T 3452.1 选择的 O 形圈对于径向静密封和动密封的适用范围。

表 5 径向静密封和动密封的适用范围

O 形圈规格范围/mm		应用					
		活塞密封			活塞杆密封		
d_2	d_1	液压动密封	气动动密封	静密封	液压动密封	气动动密封	静密封
1.80	1.8～4.87		▲	▲		▲	
	5.00～13.2	▲	▲	▲	▲	▲	▲
	14.0～32.5				▲		▲
2.65	14～40.0	▲	▲	▲	▲	▲	▲
	41.2～165				▲		▲
3.55	18.0～41.2	▲	▲	▲	▲	▲	▲
	42.5～200				▲		▲
5.30	40.0～115	▲	▲	▲	▲	▲	▲
	118～400				▲		▲
7.00	109～250	▲	▲	▲	▲	▲	▲
	258～670				▲		▲
注：“▲”为推荐使用的密封型式。							

6.2 O 形圈沟槽尺寸的确定

6.2.1 径向密封

对于液压应用，活塞动密封的 O 形圈沟槽尺寸及公差应依照表 1、表 3 和表 6 确定。

对于气动应用，活塞动密封的 O 形圈沟槽尺寸及公差应依照表 1、表 3 和表 7 确定。

对于液压、气动应用，活塞静密封的 O 形圈沟槽尺寸及公差应依照表 1、表 3 和表 8 确定。

对于液压应用，活塞杆动密封的 O 形圈沟槽尺寸及公差应依照表 1、表 3 和表 9 确定。

对于气动应用，活塞杆动密封的 O 形圈沟槽尺寸及公差应依照表 1、表 3 和表 10 确定。

对于液压、气动应用，活塞杆静密封的 O 形圈沟槽尺寸及公差应依照表 1、表 3 和表 11 确定。

6.2.2 轴向密封

受内部压力时，O 形圈沟槽尺寸及公差应依照表 2、表 3 和表 12 确定。

受外部压力时，O 形圈沟槽尺寸及公差应依照表 2、表 3、表 13 确定。

表 6　液压活塞动密封沟槽尺寸

单位为毫米

d_4 H8	d_9 f7	d_3 h9	d_1	d_4 H8	d_9 f7	d_3 h9	d_1	d_4 H8	d_9 f7	d_3 h9	d_1
$d_2=1.8$				$d_2=3.55$				$d_2=3.55$			
7		4.3	4	43		37.3	36.5	105		99.3	97.5
8		5.3	5	44		38.3	37.5	106		100.3	97.5
9		6.3	6	45		39.3	38.7	107		101.3	100
10		7.3	6.9	46		40.3	38.7	108		102.3	100
11		8.3	8	47		41.3	40	109		103.3	100
12		9.3	8.75	48		42.3	41.2	110		104.3	103
13		10.3	10	49		43.3	42.5	111		105.3	103
14		11.3	10.6	50		44.3	43.7	112		106.3	103
15		12.3	11.8	51		45.3	43.7	113		107.3	106
16		13.3	12.5	52		46.3	45	114		108.3	106
17		14.3	14	53		47.3	46.2	115		109.3	106
18		15.3	15	54		48.3	47.5	116		110.3	109
19		16.3	16	55		49.3	48.7	117		111.3	109
20		17.3	17	56		50.3	48.7	118		112.3	109
$d_2=2.65$				57		51.3	50	119		113.3	112
19		14.9	14.5	58		52.3	51.5	120		114.3	112
20		15.9	15.5	59		53.3	51.5	121		115.3	112
21		16.9	16	60		54.3	53	122		116.3	115
22		17.9	17	61		55.3	53	123		117.3	115
23		18.9	18	62		56.3	54.5	124		118.3	115
24		19.9	19	63		57.3	56	125		119.3	118
25		20.9	20	64		58.3	56	126		120.3	118
26		21.9	21.2	65		59.3	58	127		121.3	118
27		22.9	22.4	66		60.3	58	128		122.3	118
28		23.9	22.4	67		61.3	60	129		123.3	122
29		24.9	24.3	68		62.3	61.5	130		124.3	122
30		25.9	25	69		63.3	61.5	131		125.3	122
31		26.9	26.5	70		64.3	63	132		126.3	125
32		27.9	27.3	71		65.3	63	133		127.3	125
33		28.9	28	72		66.3	65	134		128.3	125
34		29.9	29	73		67.3	65	135		129.3	128
35		30.9	30	74		68.3	67	136		130.3	128
36		31.9	31.5	75		69.3	67	137		131.3	128
37		32.9	32.5	76		70.3	69	138		132.3	128
38		33.9	33.5	77		71.3	69	139		133.3	132
39		34.9	34.5	78		72.3	71	140		134.3	132
40		35.9	35.5	79		73.3	71	141		135.3	132
41		36.9	36.5	80		74.3	73	142		136.3	132
42		37.9	37.5	81		75.3	73	143		137.3	132
43		38.9	38.5	82		76.3	75	144		138.3	136
44		39.9	38.7	83		77.3	75	145		139.3	136
$d_2=3.55$				84		78.3	77.5	146		140.3	136
				85		79.3	77.5	147		141.3	140
24		18.3	18	86		80.3	77.5	148		142.3	140
25		19.3	19	87		81.3	80	149		143.3	140
26		20.3	20	88		82.3	80	150		144.3	142.5
27		21.3	20.6	89		83.3	82.5	151		145.3	142.5
28		22.3	21.2	90		84.3	82.5	152		146.3	145
29		23.3	22.4	91		85.3	82.5	153		147.3	145
30		24.3	23.6	92		86.3	85	154		148.3	147.5
31		25.3	25	93		87.3	85	155		149.3	147.5
32		26.3	25.8	94		88.3	87.5	156		150.3	147.5
33		27.3	26.5	95		89.3	87.5	157		151.3	150
34		28.3	27.3	96		90.3	87.5	158		152.3	150
35		29.3	28	97		91.3	90	159		153.3	152.5
36		30.3	30	98		92.3	90	160		154.3	152.5
37		31.3	30	99		93.3	92.5	161		155.3	152.5
38		32.3	31.5	100		94.3	92.5	162		156.3	155
39		33.3	32.5	101		95.3	92.5	163		157.3	155
40		34.3	33.5	102		96.3	95	164		158.3	157.5
41		35.3	34.5	103		97.3	95	165		159.3	157.5
42		36.3	35.5	104		98.3	97.5	166		160.3	157.5

表 6（续）

单位为毫米

d_4	d_9	d_3	d_1
H8	f7	h9	
$d_2=3.55$			
167		161.3	160
168		162.3	160
169		163.3	162.5
170		164.3	162.5
171		165.3	162.5
172		166.3	165
173		167.3	165
174		168.3	167.5
175		169.3	167.5
176		170.3	167.5
177		171.3	170
178		172.3	170
179		173.3	172.5
180		174.3	172.5
181		175.3	172.5
182		176.3	175
183		177.3	175
184		178.3	177.5
185		179.3	177.5
186		180.3	177.5
187		181.3	180
188		182.3	180
189		183.3	182.5
190		184.3	182.5
191		185.3	182.5
192		186.3	185
193		187.3	185
194		188.3	187.5
195		189.3	187.5
196		190.3	187.5
197		191.3	190
198		192.3	190
199		193.3	190
200		194.3	190
201		195.3	190
202		196.3	195
203		197.3	195
204		198.3	195
205		199.3	195
206		200.3	195
207		201.3	200
208		202.3	200
209		203.3	200
210		204.3	200
211		205.3	200
212		206.3	200
213		207.3	200
$d_2=5.3$			
50		41.3	40
51		42.3	41.2
52		43.3	42.5
53		44.3	43.7
54		45.3	43.7
55		46.3	45
56		47.3	46.2
57		48.3	47.5
58		49.3	48.7
59		50.3	48.7
60		51.3	50
61		52.3	51.5
62		53.3	51.5
63		54.3	53

d_4	d_9	d_3	d_1
H8	f7	h9	
$d_2=5.3$			
64		55.3	54.5
65		56.3	54.5
66		57.3	56
67		58.3	56
68		59.3	58
69		60.3	58
70		61.3	60
71		62.3	61.5
72		63.3	61.5
73		64.3	63
75		66.3	65
76		67.3	65
77		68.3	67
78		69.3	67
79		70.3	69
80		71.3	69
62		73.3	71
84		75.3	73
85		76.3	75
86		77.3	75
88		79.3	775
90		81.3	80
92		83.3	82.5
94		85.3	82.5
95		86.3	85
96		87.3	85
98		89.3	87.5
100		91.3	90
102		93.3	92.5
104		95.3	92.5
105		96.3	95
106		97.3	95
108		99.3	97.5
110		101.3	100
112		103.3	100
114		105.3	103
115		106.3	103
116		107.3	106
118		109.3	106
120		111.3	109
125		116.3	115
130		121.3	118
135		126.3	125
140		131.3	128
145		136.3	132
150		141.3	140
155		146.3	145
160		151.3	150
165		156.3	155
170		161.3	160
175		166.3	165
180		171.3	167.5
185		176.3	172.5
190		181.3	177.5
195		186.3	182.5
200		191.3	187.5
205		196.3	190
210		201.3	195

d_4	d_9	d_3	d_1
H8	f7	h9	
$d_2=5.3$			
215		206.3	203
220		211.3	206
225		216.3	212
230		221.3	218
240		226.3	224
245		236.3	230
250		241.3	236
255		246.3	243
260		251.3	243
265		256.3	254
$d_2=7$			
125		113.3	112
130		118.3	115
135		123.3	122
140		128.3	125
145		133.3	132
150		138.3	136
155		143.3	140
160		148.3	145
165		153.3	150
170		158.3	155
175		163.3	160
180		168.3	165
185		173.3	170
190		178.3	175
195		183.3	180
200		188.3	J85
205		193.3	190
210		198.3	195
215		203.3	200
220		208.3	206
230		218.3	212
240		228.3	224
250		238.3	236
260		248.3	243

表 7　气动活塞动密封沟槽尺寸

单位为毫米

d_4 H8 / d_9 f7	d_3 h9	d_1
d_2=1.8		
7	4.2	4
8	5.2	5
9	6.2	6
10	7.2	6.9
11	8.2	8
12	9.2	8.75
13	10.2	10
14	11.2	10.6
15	12.2	11.8
16	13.2	12.8
17	14.2	14
18	15.2	15
d_2=2.65		
19	14.7	14.5
20	15.7	15.5
21	16.7	16
22	17.7	17
23	18.7	18
24	19.7	19
25	20.7	20
26	21.7	21.2
27	22.7	22.4
28	23.7	22.4
29	24.7	23.6
30	25.7	25
31	26.7	25.8
32	27.7	27.3
33	28.7	28
34	29.7	28
35	30.7	30
36	31.7	30
37	32.7	31.5
38	33.7	32.5
39	34.7	33.5
40	35.7	34.5
41	36.7	35.5
42	37.7	36.5
43	38.7	37.5
44	39.7	38.7
d_2=3.55		
24	18.1	17
25	19.1	18
26	20.1	19
27	21.1	20
28	22.1	21.2
29	23.1	22.4
30	24.1	23.6
31	25.1	24.3
32	26.1	25.8
33	27.1	26.5
34	28.1	27.3
35	29.1	28
36	30.1	29
37	31.1	30
38	32.1	31.5
39	33.1	32.5
40	34.1	33.5
41	35.1	34.5
42	36.1	35.5

d_4 H8 / d_9 f7	d_3 h9	d_1
d_2=3.55		
43	37.1	36.5
44	38.1	37.5
45	39.1	38.7
46	40.1	38.7
47	41.1	40
48	42.1	41.2
49	43.1	42.5
50	44.1	43.7
51	45.1	43.7
52	46.1	45
53	47.1	46.2
54	48.1	47.5
55	49.1	47.5
56	50.1	48.7
57	51.1	50
58	52.1	51.5
59	53.1	51.5
60	54.1	53
61	55.1	54.5
62	56.1	54.5
63	57.1	56
64	58.1	56
65	59.1	58
66	60.1	58
67	61.1	60
68	62.1	61.5
69	63.1	61.5
70	64.1	63
71	65.1	63
72	66.1	65
73	67.1	65
74	68.1	67
75	69.1	67
76	70.1	69
77	71.1	69
78	72.1	71
79	73.1	71
80	74.1	73
81	75.1	73
82	76.1	75
83	77.1	75
84	78.1	77.5
85	79.1	77.5
86	80.1	77.5
87	81.1	80
88	82.1	80
89	83.1	80
90	84.1	82.5
91	85.1	82.5
92	86.1	85
93	87.1	85
94	88.1	85
95	89.1	87.5
96	90.1	87.5
97	91.1	90
98	92.1	90
99	93.1	90
100	94.1	92.5
101	95.1	92.5
102	96.1	95

d_4 H8 / d_9 f7	d_3 h9	d_1
d_2=3.55		
103	97.1	95
104	98.1	95
105	99.1	97.5
106	100.1	97.5
107	101.1	100
108	102.1	100
109	103.1	100
110	104.1	103
111	105.1	103
112	106.1	103
113	107.1	106
114	108.1	106
115	109.1	106
116	110.1	109
117	111.1	109
118	112.1	109
119	113.1	112
120	114.1	112
121	115.1	112
122	116.1	115
123	117.1	115
124	118.1	115
125	119.1	118
126	120.1	118
127	121.1	118
128	122.1	118
129	123.1	118
130	124.1	122
131	125.1	122
132	126.1	125
133	127.1	125
134	128.1	125
135	129.1	128
136	130.1	128
137	131.1	128
138	132.1	128
139	133.1	132
140	134.1	132
141	135.1	132
142	136.1	132
143	137.1	136
144	138.1	136
145	139.1	136
146	140.1	136
147	141.1	136
148	142.1	140
149	143.1	140
150	144.1	142.5
151	145.1	142.5
152	146.1	142.5
153	147.1	145
154	148.1	145
155	149.1	147.5
156	150.1	147.5
157	151.1	147.5
158	152.1	150
159	153.1	150
160	154.1	152.5
161	155.1	152.5
162	156.1	152.5

表 7（续）

单位为毫米

d_4 H8 / d_9 f7	d_3 h9	d_1
$d_2=3.55$		
163	157.1	155
164	158.1	155
165	159.1	157.5
166	160.1	157.5
167	161.1	157.5
168	162.1	160
169	163.1	160
170	164.1	162.5
171	165.1	162.5
172	166.1	162.5
173	167.1	165
174	168.1	165
175	169.1	167.5
176	170.1	167.5
177	171.1	167.5
178	172.1	170
179	173.1	170
180	174.1	170
181	175.1	172.5
182	176.1	172.5
183	177.1	175
184	178.1	175
185	179.1	177.5
186	180.1	177.5
187	181.1	177.5
188	182.1	180
189	183.1	180
190	184.1	182.5
191	185.1	182.5
192	186.1	182.5
193	187.1	185
194	188.1	185
195	189.1	187.5
196	190.1	187.5
197	191.1	187.5
198	192.1	190
199	193.1	190
200	194.1	190
$d_2=5.3$		
50	41	40
51	42	41.2
52	43	41.2
53	44	42.5
54	45	43.7
55	46	45
56	47	46.2
57	48	46.2
58	49	47.5
59	50	48.7
60	51	48.7
61	52	51.5
62	53	51.5
63	54	53
64	55	54.5
65	56	54.5
66	57	56
67	58	56
68	59	58
69	60	58
70	61	60
71	62	60
72	63	61.5
73	64	63
74	65	63
75	66	65
76	67	65
77	68	67
78	69	67
79	70	69
80	71	69
82	73	71
84	75	73
85	76	75
86	77	75
88	79	77.5
90	81	80
92	83	80
94	85	82.5
95	86	85
96	87	85
98	89	87.5
100	91	90
102	93	90
104	95	92.5
105	96	95
106	97	95
108	99	97.5
110	101	100
112	103	100
114	105	103
115	106	103
116	107	106
118	109	106
120	111	109
125	116	115
130	121	118
135	126	122
140	131	128
145	136	132
150	141	136
155	146	142.5
160	151	147.5
165	156	152.5
170	161	157.5
175	166	162.5
180	171	167.5
185	176	172.5
190	181	177.5
195	186	182.5
200	191	187.5
205	196	190
210	201	195
215	206	203
220	211	206
225	216	212
230	221	218
235	226	224
240	231	227
245	236	230
250	241	239
$d_2=7$		
125	112.8	109
130	117.8	115
135	122.8	118
140	127.8	125
145	132.8	128
150	137.8	136
155	142.8	140
160	147.8	145
165	152.8	150
170	157.8	155
175	162.8	160
180	167.8	165
185	172.8	170
190	177.8	175
195	182.8	180
200	187.8	185
205	192.8	190
210	197.8	195
215	202.8	200
220	207.8	206
225	212.8	206
230	217.8	212
235	222.8	216
240	227.8	224
245	232.8	230
250	237.8	236
255	242.8	239
260	247.8	243
265	252.8	250
270	257.8	254

表 8 液压、气动活塞静密封沟槽尺寸

单位为毫米

d_4 H8 / d_9 f7	d_3 h11	d_1
$d_2=1.8$		
6	3.4	3.15
7	4.4	4
8	5.4	5.15
9	6.4	6
10	7.4	7.1
11	8.4	8
12	9.4	9
13	10.4	10
14	11.4	11.2
15	12.4	12.1
16	13.4	13.2
17	14.4	14
18	15.4	15
19	16.4	16
20	17.4	17
$d_2=2.65$		
19	15	14.5
20	16	15.5
21	17	16
22	18	17
23	19	18
24	20	19
25	21	20
26	22	21.2
27	23	22.4
28	24	23.6
29	25	24.3
30	26	25
31	27	26.5
32	28	27.3
33	29	28
34	30	28
35	31	30
36	32	31.5
37	33	32.5
38	34	33.5
39	35	34.5
40	36	35.5
41	37	36.5
42	38	37.5
43	39	37.5
44	40	38.7
$d_2=3.55$		
24	18.6	18
25	19.6	19
26	20.6	20
27	21.6	21.2
28	22.6	21.2
29	23.6	22.4
30	24.6	23.6
31	25.6	25
32	26.6	25.8
33	27.6	27.3
34	28.6	28
35	29.6	28
36	30.6	30
37	31.6	30
38	32.6	31.5
39	33.6	32.5
40	34.6	33.5
41	35.6	34.5
42	36.6	35.5
43	37.6	36.5
44	38.6	36.5
45	39.6	38.7
46	40.6	40
47	41.6	41.2
48	42.6	41.2
49	43.6	42.5
50	44.6	43.7
51	45.6	45
52	46.6	45
53	47.6	46.2
54	48.6	47.5
55	49.6	48.7
56	50.6	50
57	51.6	50
58	52.6	51.5
59	53.6	53
60	54.6	53
61	55.6	54.5
62	56.6	56
63	57.6	56
64	58.6	58
65	59.6	58
66	60.6	58
67	61.6	60
68	62.6	60
69	63.6	61.5
70	64.6	63
71	65.6	63
72	66.6	65
73	67.6	65
74	68.6	67
75	69.6	69
76	70.6	69
77	71.6	69
78	72.6	71
79	73.6	71
80	74.6	73
81	75.6	73
82	76.6	75
83	77.6	75
84	78.6	77.5
85	79.6	77.5
86	80.6	77.5
87	81.6	80
88	82.6	80
89	83.6	82.5
90	84.6	82.5
91	85.6	82.5
92	86.6	85
93	87.6	85
94	88.6	87.5
95	89.6	87.5
96	90.6	87.5
97	91.6	90
98	92.6	90
99	93.6	92.5
$d_2=3.55$		
100	94.6	92.5
101	95.6	92.5
102	96.6	95
103	97.6	95
104	98.6	95
105	99.6	97.5
106	100.6	97.5
107	101.6	100
108	102.6	100
109	103.6	100
110	104.6	103
111	105.6	103
112	106.6	103
113	107.6	106
114	108.6	106
115	109.6	106
116	110.6	109
117	111.6	109
118	112.6	109
119	113.6	112
120	114.6	112
121	115.6	112
122	116.6	115
123	117.6	115
124	118.6	115
125	119.6	118
126	120.6	118
127	121.6	118
128	122.6	118
129	123.6	122
130	124.6	122
131	125.6	122
132	126.6	125
133	127.6	125
134	128.6	125
135	129.6	128
136	130.6	128
137	131.6	128
138	132.6	128
139	133.6	132
140	134.6	132
141	135.6	132
142	136.6	132
143	137.6	136
144	138.6	136
145	139.6	136
146	140.6	136
147	141.6	140
148	142.6	140
149	143.6	142.5
150	144.6	142.5
151	145.6	142.5
152	146.6	145
153	147.6	145
154	148.6	145
155	149.6	147.5
156	150.6	147.5
157	151.6	150
158	152.6	150
159	153.6	150

表 8（续）

单位为毫米

d_4 H8	d_9 f7	d_3 h11	d_1
$d_2=3.55$			
160		154.6	152.5
161		155.6	152.5
162		156.6	155
163		157.6	155
164		158.6	155
165		159.6	157.5
166		160.6	157.5
167		161.6	160
168		162.6	160
169		163.6	160
170		164.6	162.5
171		165.6	162.5
172		166.6	165
173		167.6	165
174		168.6	165
175		169.6	167.5
176		170.6	167.5
177		171.6	167.5
178		172.6	170
179		173.6	170
180		174.6	172.5
181		175.6	172.5
182		176.6	172.5
183		177.6	175
184		178.6	175
185		179.6	177.5
186		180.6	177.5
187		181.6	177.5
188		182.6	180
189		183.6	180
190		184.6	182.5
191		185.6	182.5
192		186.6	182.5
193		187.6	185
194		188.6	185
195		189.6	187.5
196		190.6	187.5
197		191.6	187.5
198		192.6	190
199		193.6	190
200		194.6	190
201		195.6	190
202		196.6	190
203		197.6	195
204		198.6	195
205		199.6	195
206		200.6	195
207		201.6	195
208		202.6	200
209		203.6	200
210		204.6	200
211		205.6	200
212		206.6	200
213		207.6	200

d_4 H8	d_9 f7	d_3 h11	d_1
$d_2=5.3$			
50		41.8	40
51		42.8	41.2
52		43.8	42.5
53		44.8	43
54		45.8	43.7
55		46.8	45
56		47.8	46.2
57		48.8	47.5
58		49.8	48.7
59		50.8	48.7
60		51.8	50
61		52.8	51.5
62		53.8	51.5
63		54.8	53
64		55.8	54.5
65		56.8	54.5
66		57.8	56
67		58.8	56
68		59.8	58
69		60.8	58
70		61.8	60
71		62.8	61.5
72		63.8	61.5
73		64.8	63
74		65.8	63
75		66.8	65
76		67.8	65
77		68.8	67
78		69.8	67
79		70.8	69
80		71.8	69
82		73.8	71
84		75.8	73
85		76.8	75
86		77.8	75
88		79.8	77.5
90		81.8	80
92		83.8	80
94		85.8	82.5
95		86.8	85
96		87.8	85
98		89.8	87.5
100		91.8	87.5
102		93.8	90
104		95.8	92.5
105		96.8	95
106		97.8	95
108		99.8	97.5
110		101.8	100
112		103.8	100
114		105.8	103
115		106.8	103
116		107.8	106
118		109.7	106
120		111.8	109
122		113.8	112
124		115.8	112
125		116.8	115
126		117.8	118
128		119.8	118

d_4 H8	d_9 f7	d_3 h11	d_1
$d_2=5.3$			
130		121.8	122
132		123.8	122
134		125.8	125
135		126.8	125
136		127.8	125
138		129.8	128
140		131.8	128
142		133.8	132
144		135.8	132
145		136.8	132
146		137.8	136
148		139.8	136
150		141.8	140
152		143.8	142.5
154		145.8	142.5
155		146.8	145
156		147.8	145
158		149.8	147.5
160		151.8	150
162		153.8	152.5
164		155.8	152.5
165		156.8	155
166		157.8	155
168		159.8	157.5
170		161.8	160
172		163.8	162.5
174		165.8	162.5
175		166.8	165
176		167.8	165
178		169.8	167.5
180		171.8	170
182		173.8	170
184		175.8	172.5
185		176.8	172.5
186		177.8	175
188		179.8	177.5
190		181.8	177.5
192		183.8	180
194		185.8	182.5
195		186.8	182.5
196		187.8	185
198		189.8	187.5
200		191.8	187.5
202		193.8	190
204		195.8	190
205		196.8	195
206		197.8	195
208		199.8	195
210		201.8	200
212		203.8	200
214		205.8	203
215		206.8	203
216		207.8	203
218		209.8	206
220		211.8	206
222		213.8	212
224		215.8	212
225		216.8	212
226		217.8	212
228		219.8	218
230		221.8	218

表 8（续）

单位为毫米

d_4 H8 / d_9 f7	d_3 h11	d_1
$d_2=5.3$		
232	223.8	218
234	225.8	224
235	226.8	224
236	227.8	224
238	229.8	227
240	231.8	227
242	233.8	230
244	235.8	230
245	236.8	230
246	237.8	230
248	239.8	236
250	241.8	239
252	243.8	239
254	245.8	243
255	246.8	243
256	247.8	243
258	249.8	243
260	251.8	243
262	253.8	250
264	255.8	250
265	256.8	254
266	257.8	254
268	259.8	254
270	261.8	258
272	263.8	258
274	265.8	261
275	266.8	261
276	267.8	265
278	269.8	265
280	271.8	268
282	273.8	268
284	275.8	272
285	276.8	272
286	277.8	272
288	279.8	276
290	281.8	276
292	283.8	280
294	285.8	283
295	286.8	283
296	287.8	283
298	289.8	286
300	291.8	286
302	293.8	290
304	295.8	290
305	296.8	290
306	297.8	295
308	299.8	295
310	301.8	295
312	303.8	300
314	305.8	303
315	306.8	303
316	307.8	303
318	309.8	307
320	311.8	307
322	313.8	311
324	315.8	311
325	316.8	311
326	317.8	315
328	319.8	315
330	321.8	315
332	323.8	320
$d_2=5.3$		
334	325.8	320
335	326.8	320
336	327.8	325
338	329.8	325
340	331.8	325
342	333.8	330
344	335.8	330
345	336.8	330
346	337.8	335
348	339.8	335
350	341.8	335
352	343.8	340
354	345.8	340
355	346.8	340
356	347.8	345
358	349.8	345
360	351.8	345
362	353.8	350
364	355.8	350
365	356.8	350
366	357.8	355
368	359.8	355
370	361.8	355
372	363.8	360
374	365.8	360
375	365.8	360
376	367.8	365
378	369.8	355
380	371.8	365
382	373.8	370
384	375.8	370
385	376.8	370
386	377.8	375
388	379.8	375
390	381.8	375
392	383.8	375
394	385.8	383
395	386.8	383
396	387.8	383
398	389.8	387
400	391.8	387
402	393.8	387
404	395.8	391
405	396.8	391
410	401.8	395
415	406.8	400
420	411.8	400
$d_2=7$		
122	111	109
124	113	109
125	114	112
126	115	112
128	117	115
130	119	115
132	121	118
134	123	118
135	124	122
136	125	122
138	127	122
140	129	125
142	131	128
$d_2=7$		
144	133	128
145	134	132
146	135	132
148	137	132
150	139	136
152	141	136
154	143	140
155	144	142.5
156	145	142.5
158	147	145
160	149	147.5
162	151	147.5
164	153	150
165	154	152.5
166	155	152.5
168	157	155
170	159	155
172	161	157.5
174	163	160
175	164	160
176	165	162.5
178	167	165
180	169	165
182	171	167.5
184	173	170
185	174	170
186	175	172.5
188	177	175
190	179	175
192	181	177.5
194	183	180
195	184	180
196	185	182.5
198	187	185
200	189	185
202	191	187.5
204	193	190
205	194	190
206	195	190
208	197	190
210	199	195
212	201	195
214	203	200
215	204	200
216	205	203
218	207	203
220	209	203
222	211	206
224	213	206
225	214	212
226	215	212
228	217	212
230	219	212
232	221	218
234	223	218
235	224	218
236	225	218
238	227	224
240	229	227
242	231	227
$d_2=7$		
244	233	230
245	234	230
246	235	230
248	237	230
250	239	236
252	241	236
254	243	239
255	244	239
256	245	239
258	247	243
260	249	243
262	251	243
264	253	250
265	254	250
266	255	250
268	257	250
270	259	250
272	261	258
274	263	258
275	264	261
276	265	261
278	267	261
280	269	265
282	271	268
284	273	268
285	274	268
286	275	272
288	277	272
290	279	276
292	281	276
294	283	280
295	284	280
296	285	280
298	287	283
300	289	286
302	291	286
304	293	290
305	294	290
306	295	290
308	297	290
310	299	295
312	301	295
314	303	300
315	304	300
316	305	300
318	307	303
320	309	303
322	311	307
324	313	307
325	314	311
326	315	311
328	317	311
330	319	315
332	321	315
334	323	320
335	324	320
336	325	320
338	327	320
340	329	325
342	331	325

表 8（续）

单位为毫米

d_4 H8 d_9 f7	d_3 h11	d_1	d_4 H8 d_9 f7	d_3 h11	d_1	d_4 H8 d_9 f7	d_3 h11	d_1	d_4 H8 d_9 f7	d_3 h11	d_1
$d_2=7$			$d_2=7$			$d_2=7$			$d_2=7$		
344	333	330	444	433	429	544	533	523	644	633	623
345	334	330	445	434	429	545	534	530	645	634	623
346	335	330	446	435	429	546	535	530	546	635	630
348	337	330	448	437	433	548	537	530	648	637	630
350	339	335	450	439	433	550	539	530	650	639	630
352	341	335	452	441	437	552	541	530	652	641	630
354	343	340	454	443	437	554	543	538	654	643	630
355	344	340	455	444	437	555	544	538	655	644	630
356	345	340	456	445	437	556	545	538	656	645	640
358	347	340	458	447	443	558	547	538	658	647	640
360	349	345	460	449	443	560	549	545	660	649	640
362	351	345	462	451	443	562	551	545	662	651	640
364	353	350	464	453	450	564	553	545	664	653	640
365	354	350	465	454	450	565	554	545	665	654	640
366	355	350	466	455	450	566	555	545	666	655	650
368	357	350	468	457	450	568	557	553	668	657	650
370	359	355	470	459	450	570	559	553	670	659	650
372	361	355	472	461	456	572	561	553	672	661	650
374	363	360	474	463	456	574	563	553	674	663	650
375	364	360	475	464	456	575	564	560	675	664	650
376	365	360	476	465	456	576	565	560	676	665	660
378	367	360	478	467	462	578	567	560	678	667	660
380	369	365	480	469	462	580	569	560	680	669	660
382	371	365	482	471	466	582	571	560	682	671	660
384	373	370	484	473	466	584	573	560	684	673	660
385	374	370	485	474	466	585	574	570	685	674	670
386	375	370	486	475	466	586	575	570	686	675	670
388	377	370	488	477	466	588	577	570	688	677	670
390	379	375	490	479	475	590	579	570	690	679	670
392	381	375	492	481	475	592	581	570			
394	383	379	494	483	475	594	583	570			
395	384	379	495	484	479	595	584	580			
396	385	379	496	485	479	596	585	580			
398	387	383	498	487	483	598	587	580			
400	389	383	500	489	483	600	589	580			
402	391	387	502	491	487	602	591	580			
404	393	387	504	493	487	604	593	580			
405	394	391	505	494	487	605	594	590			
406	395	391	506	495	487	606	595	590			
408	397	391	508	497	493	608	597	590			
410	399	395	510	499	493	610	599	590			
412	401	395	512	501	493	612	601	590			
414	403	400	514	503	493	614	603	590			
415	404	400	515	504	500	615	604	600			
416	405	400	516	505	500	616	605	600			
418	407	400	518	507	500	618	607	600			
420	409	406	520	509	500	620	609	600			
422	411	406	522	511	500	622	611	600			
424	413	406	524	513	508	624	613	608			
425	414	406	525	514	508	625	614	608			
426	415	412	526	515	508	626	615	608			
428	417	412	528	517	508	628	617	608			
430	419	412	530	519	515	630	619	608			
432	421	418	532	521	515	632	621	615			
434	423	418	534	523	515	634	623	615			
435	424	418	535	524	515	635	624	615			
436	425	418	536	525	515	636	625	615			
438	427	418	538	527	523	638	627	615			
440	429	425	540	529	523	640	629	623			
442	431	425	542	531	523	642	631	623			

表 9 液压活塞杆动密封沟槽尺寸

单位为毫米

d_5 f7 d_{10} H8	d_6 H9	d_1
$d_2=1.8$		
3	5.7	3.15
4	6.7	4
5	7.7	5.15
6	8.7	6
7	9.7	7.1
8	10.7	8
9	11.7	9
10	12.7	10
11	13.7	11.2
12	14.7	12.1
13	15.7	13.2
14	16.7	14
15	17.7	15
16	18.7	16
17	19.7	17
$d_2=2.65$		
14	18.1	14
15	19.1	15
16	20.1	16
17	21.1	17
18	22.1	18
19	23.1	19
20	24.1	20
21	25.1	21.2
22	26.1	22.4
23	27.1	23.6
24	28.1	24.3
25	29.1	25
26	30.1	26.5
27	31.1	27.3
28	32.1	28
29	33.1	30
30	34.1	30
31	35.1	31.5
32	36.1	32.5
33	37.1	33.5
34	38.1	34.5
35	39.1	35.5
36	40.1	36.5
37	41.1	37.5
38	42.1	38.7
$d_2=3.55$		
18	23.7	18
19	24.7	19
20	25.7	20.6
21	26.7	21.2
22	27.7	22.4
23	28.7	23.6
24	29.7	24.3
25	30.7	25

d_5 f7 d_{10} H8	d_6 H9	d_1
$d_2=3.55$		
26	31.7	26.5
27	32.7	27.3
28	33.7	28
29	34.7	30
30	35.7	31.5
31	36.7	31.5
32	37.7	32.5
33	38.7	33.5
34	39.7	34.5
35	40.7	35.5
36	41.7	36.5
37	42.7	37.5
38	43.7	38.7
39	44.7	40
40	45.7	41.2
41	46.7	42.5
42	47.7	42.5
43	48.7	43.7
44	49.7	45
45	50.7	46.2
46	51.7	47.5
47	52.7	48.7
48	53.7	48.7
49	54.7	50
50	55.7	51.5
51	56.7	53
52	57.7	53
53	58.7	54.5
54	59.7	56
55	60.7	56
56	61.7	58
57	62.7	58
58	63.7	60
59	64.7	60
60	65.7	61.5
61	66.7	61.5
62	67.7	63
63	68.7	65
64	69.7	65
65	70.7	67
66	71.7	67
67	72.7	69
68	73.7	69
69	74.7	71
70	75.7	71
71	76.7	73
72	77.7	73
73	78.7	75
74	79.7	75
75	80.7	77.5
76	81.7	77.5

d_5 f7 d_{10} H8	d_6 H9	d_1
$d_2=3.55$		
77	82.7	77.5
78	83.7	80
79	84.7	80
80	85.7	82.5
81	86.7	82.5
82	87.7	82.5
83	88.7	85
84	89.7	85
85	90.7	85
86	91.7	87.5
87	92.7	87.5
88	93.7	90
89	94.7	90
90	95.7	92
91	96.7	92
92	97.7	92.5
93	98.7	95
94	99.7	95
95	100.7	97.5
96	101.7	97.5
97	102.7	97.5
98	103.7	100
99	104.7	100
100	105.7	103
101	106.7	103
102	107.7	103
103	108.7	106
104	109.7	106
105	110.7	106
106	111.7	109
107	112.7	109
108	113.7	109
109	114.7	112
110	115.7	112
111	116.7	115
112	117.7	115
113	118.7	115
114	119.7	115
115	120.7	118
116	121.7	118
117	122.7	118
118	123.7	122
119	124.7	122
120	125.7	122
121	126.7	122
122	127.7	125
123	128.7	125
124	129.7	125
125	130.7	128

d_5 f7 d_{10} H8	d_6 H9	d_1
$d_2=5.3$		
39	47.7	40
40	48.7	41.2
41	49.7	41.2
42	50.7	42.5
43	51.7	43.7
44	52.7	45
45	53.7	45
46	54.7	46.2
47	55.7	47.5
48	56.7	48.7
49	57.7	50
50	58.7	51.5
51	59.7	51.5
52	60.7	53
53	61.7	53
54	62.7	54.5
55	63.7	56
56	64.7	58
57	65.7	58
58	66.7	60
59	67.7	60
60	68.7	61.5
61	69.7	61.5
62	70.7	63
63	71.7	65
64	72.7	65
65	73.7	67
66	74.7	67
67	75.7	69
68	76.7	69
69	77.7	71
70	78.7	71
71	7.9.7	73
72	80.7	73
73	81.7	75
74	82.7	75
75	83.7	77.5
76	84.7	77.5
77	85.7	77.5
78	86.7	80
79	87.7	80
80	88.7	82.5
82	90.7	82.5
84	92.7	85
85	93.7	87.5
86	94.7	87.5
88	96.7	90
90	98.7	92.5
92	100.7	95
94	102.7	95

d_5 f7 d_{10} H8	d_6 H9	d_1
$d_2=5.3$		
95	103.7	97.5
96	104.7	97.5
98	106.7	100
100	108.7	103
102	110.7	103
104	112.7	106
105	113.7	106
106	114.7	109
108	116.7	109
110	118.7	112
112	120.7	115
114	122.7	115
115	123.7	118
116	124.7	118
118	126.7	122
120	128.7	122
125	133.7	128
130	138.7	132
135	143.7	136
140	148.7	142.5
145	153.7	147.5
150	158.7	152.5
155	163.7	157.5
$d_2=7$		
105	116.7	106
110	121.7	112
115	126.7	118
120	131.7	122
125	136.7	128
130	141.7	132
135	146.7	136
140	151.7	142.5
145	156.7	147.5
150	161.7	152.5
155	166.7	157.5
160	171.7	162.5
165	176.7	167.5
170	181.7	172.5
175	186.7	177.5
180	191.7	182.5
185	196.7	187.5
190	201.7	195
195	206.7	200
200	211.7	203
205	216.7	206
210	221.7	212
215	226.7	218
220	231.7	224
225	236.7	227
230	241.7	236
235	246.7	236
240	251.7	243
245	256.7	250

表 10　气动活塞杆动密封沟槽尺寸

单位为毫米

d_5 f7	d_{10} H8	d_6 H9	d_1
$d_2=1.8$			
2		4.8	2
3		5.8	3.15
4		6.8	4
5		7.8	5
6		8.8	6
7		9.8	7.1
8		10.8	8
9		11.8	9
10		12.8	10
11		13.8	11.2
12		14.8	12.1
13		15.8	13.2
14		16.8	14
15		17.8	15
16		18.8	16
17		19.8	17
$d_2=2.65$			
14		18.3	14
15		19.3	15
16		20.3	16
17		21.3	17
18		22.3	18
19		23.3	19
20		24.3	20
21		25.3	21.2
22		26.3	22.4
23		27.3	23.6
24		28.3	25
25		29.3	25.8
26		30.3	26.5
27		31.3	28
28		32.3	28
29		33.3	30
30		34.3	30
31		35.3	31.5
32		36.3	32.5
33		37.3	33.5
34		38.3	34.5
35		39.3	35.5
36		40.3	36.5
37		41.3	37.5
38		42.3	38.7
$d_2=3.55$			
18		23.9	18
19		24.9	20
20		25.9	20
21		26.9	21.2
22		27.9	22.4
23		28.9	23.6
24		29.9	25

d_5 f7	d_{10} H8	d_6 H9	d_1
$d_2=3.55$			
25		30.9	25
26		31.9	26.5
27		32.9	28
28		33.9	28
29		34.9	30
30		35.9	30
31		36.9	31.5
32		37.9	32.5
33		38.9	33.5
34		39.9	34.5
35		40.9	35.5
36		41.9	36.5
37		42.9	37.5
38		43.9	38.7
39		44.9	40
40		45.9	40
41		46.9	41.2
42		47.9	42.5
43		48.9	43.7
44		49.9	45
45		50.9	45
46		51.9	46.2
47		52.9	47.5
48		53.9	50
49		54.9	50
50		55.9	51.5
51		56.9	53
52		57.9	53
53		58.9	54.5
54		59.9	56
55		60.9	56
56		61.9	58
57		62.9	58
58		63.9	60
59		64.9	60
60		65.9	61.5
61		66.9	63
62		67.9	63
63		68.9	65
64		69.9	65
65		70.9	67
66		71.9	67
67		72.9	69
68		73.9	69
69		74.9	71
70		75.9	71
71		76.9	73
72		77.9	73
73		78.9	75
74		79.9	75

d_5 f7	d_{10} H8	d_6 H9	d_1
$d_2=3.55$			
75		80.9	77.5
76		81.9	77.5
77		82.9	77.5
78		83.9	80
79		84.9	80
80		85.9	82.5
81		86.9	82.5
82		87.9	85
83		88.9	85
84		89.9	85
85		90.9	87.5
86		91.9	87.5
87		92.9	90
88		93.9	90
89		94.9	90
90		95.9	92.5
91		96.9	92.5
92		97.9	95
93		98.9	95
94		99.9	95
95		100.9	97.5
96		101.9	97.5
97		102.9	100
98		103.9	100
99		104.9	100
100		105.9	103
101		106.9	103
102		107.9	103
103		108.9	106
104		109.9	106
105		110.9	109
106		111.9	109
107		112.9	109
108		113.9	112
109		114.9	112
110		115.9	112
111		116.9	115
112		117.9	115
113		118.9	115
114		119.9	118
115		120.9	118
116		121.9	118
117		122.9	118
118		123.9	122
119		124.9	122
120		125.9	122
121		126.9	125
122		127.9	125
123		128.9	125
124		129.9	125
125		130.9	128

表 10（续）

单位为毫米

d_5 f7	d_{10} H8	d_6 H9	d_1	d_5 f7	d_{10} H8	d_6 H9	d_1
$d_2=5.3$				$d_2=5.3$			
39		48	40	95		104	97.5
40		49	41.2	96		105	97.5
41		50	42.5	98		107	100
42		51	42.5	100		109	103
43		52	43.7	102		111	103
44		53	45	104		113	106
45		54	45	105		114	106
46		55	46.2	106		115	109
47		56	48	108		117	109
48		57	50	110		119	112
49		58	50	112		121	114
50		59	51.5	114		123	115
51		60	53	115		124	118
52		61	53	116		125	118
53		62	54.5	118		127	122
54		63	56	120		129	125
55		64	56	125		134	128
56		65	58	130		139	132
57		66	58	135		144	136
58		67	60	$d_2=7$			
59		68	60	105		117.2	106
60		69	61.5	110		122.2	112
61		70	63	115		127.2	118
62		71	63	120		132.2	122
63		72	65	125		137.2	128
64		73	65	130		142.2	132
65		74	67	135		147.2	136
66		75	67	140		152.2	142.5
67		76	69	145		157.2	147.5
68		77	69	150		162.2	152.5
69		78	71	155		167.2	157.5
70		79	71	160		172.2	162.5
71		80	73	165		177.2	167.5
72		81	73	170		182.2	172.5
73		82	75	175		187.2	177.5
74		83	75	180		192.2	182.5
75		84	77.5	185		197.2	187.5
76		85	77.5	190		202.2	195
77		86	77.5	195		207.2	200
78		87	80	200		212.2	203
79		88	80	205		217.2	206
80		89	82.5	210		222.2	212
82		91	85	215		227.2	218
84		93	85	220		232.2	224
85		94	87.5	225		237.2	227
86		95	87.5	230		242.2	236
86		97	90	235		247.2	236
90		99	92.5	240		252.2	243
92		101	95	245		257.2	250
94		103	97.5	250		262.2	254

表 11　液压、气动活塞杆静密封沟槽尺寸

单位为毫米

d_5 f7 / d_{10} H8	d_6 H11	d_1
d_2=1.8		
3	5.6	3.15
4	6.6	4
5	7.6	5
6	8.6	6
7	9.6	7.1
8	10.6	8
9	11.6	9
10	12.6	10
11	13.6	11.2
12	14.6	12.1
13	15.6	13.1
14	16.6	14
15	17.6	15
16	18.6	16
17	19.6	17
d_2=2.65		
14	18	14
15	19	15
16	20	16
17	21	17
18	22	18
19	23	19
20	24	20
21	25	21.2
22	26	22.4
23	27	23.6
24	28	24.3
25	29	25
26	30	26.5
27	31	27.3
26	32	28
29	33	30
30	34	30
31	35	31.5
32	36	32.5
33	37	33.5
34	38	34.5
35	39	35.5
36	40	36.5
37	41	37.5
38	42	38.7
39	43	40
d_2=3.55		
18	23.4	18
19	24.4	19
20	25.4	20
21	26.4	21.2
22	27.4	22.4
23	28.4	23.6
24	29.4	24.3
25	30.4	25
26	31.4	26.5
27	32.4	27.3
28	33.4	28
29	34.4	3.0
30	35.4	30
31	36.4	31.5
32	37.4	32.5
33	38.4	33.5
34	39.4	34.5
35	40.4	35.5

d_5 f7 / d_{10} H8	d_6 H11	d_1
d_2=3.55		
36	41.4	36.5
37	42.4	37.5
38	43.4	38.7
39	44.4	40
40	45.4	41.2
41	46.4	41.2
42	47.4	42.5
43	48.4	43.7
44	49.4	45
45	50.4	45
46	51.4	46.2
47	52.4	47.5
48	53.4	48.7
49	54.4	50
50	55.4	50
51	56.4	51.5
52	57.4	53
53	58.4	53
54	59.4	54.5
55	60.4	56
56	61.4	56
57	62.4	58
58	63.4	58
59	64.4	60
60	65.4	60
61	66.4	61.5
62	67.4	63
63	68.4	63
64	69.4	65
65	70.4	65
66	71.4	67
67	72.4	67
68	73.4	69
69	74.4	69
70	75.4	71
71	76.4	71
72	77.4	73
73	78.4	73
74	79.4	75
75	80.4	75
76	81.4	77.5
77	82.4	77.5
78	83.4	80
79	84.4	80
80	85.4	80
81	86.4	82.5
82	87.4	82.5
83	88.4	85
84	89.4	85
85	90.4	87.5
86	91.4	87.5
87	92.4	87.5
88	93.4	90
89	94.4	90
90	95.4	92.5
91	96.4	92.5
92	97.4	92.5
93	98.4	95
94	99.4	95
95	100.4	97.5
96	101.4	97.5
97	102.4	100

d_5 f7 / d_{10} H8	d_6 H11	d_1
d_2=3.55		
98	103.4	100
99	104.4	100
100	105.4	103
101	106.4	103
102	107.4	103
103	108.4	106
104	109.4	106
105	110.4	106
106	111.4	109
107	112.4	109
108	113.4	109
109	114.4	112
110	115.4	112
111	116.4	112
112	117.4	115
113	118.4	115
114	119.4	115
115	120.4	115
116	121.4	118
117	122.4	118
118	123.4	122
119	124.4	122
120	125.4	122
121	126.4	125
122	127.4	125
123	128.4	125
124	129.4	125
125	130.4	125
126	131.4	128
127	132.4	128
128	133.4	128
129	134.4	132
130	135.4	132
131	136.4	132
132	137.4	132
133	138.4	136
134	139.4	136
135	140.4	136
136	141.4	136
137	142.4	140
138	143.4	140
139	144.4	140
140	145.4	140
141	146.4	142.5
142	147.4	145
143	148.4	145
144	149.4	145
145	150.4	147.5
146	151.4	147.5
147	152.4	150
148	153.4	150
149	154.4	150
150	155.4	152.5
151	156.4	152.5
152	157.4	155
153	158.4	155
154	159.4	155
155	160.4	157.5
156	161.4	157.5
157	162.4	160
158	163.4	160
159	164.4	160

表 11（续）

单位为毫米

d_5 f7 / d_{10} H8	d_6 H11	d_1
d_2=3.55		
160	165.4	162.5
161	166.4	162.6
162	167.4	165
163	168.4	165
164	169.4	165
165	170.4	167.5
166	171.4	167.5
167	172.4	170
168	173.4	170
169	174.4	170
170	175.4	172.5
171	176.4	172.5
172	177.4	175
173	178.4	175
174	179.4	175
175	180.4	177.5
176	181.4	177.5
177	182.4	180
178	183.4	180
179	184.4	180
180	185.4	182.5
181	186.4	185
182	187.4	185
183	188.4	185
184	189.4	185
185	190.4	187.5
186	191.4	190
187	192.4	190
188	193.4	190
189	194.4	190
190	195.4	195
191	196.4	195
192	197.4	195
193	198.4	195
194	199.4	195
195	200.4	200
196	201.4	200
197	202.4	200
198	203.4	200
d_2=5.3		
40	48.2	40
41	49.2	41.2
42	50.2	42.5
43	51.2	43.7
44	52.2	45
45	53.2	46.2
46	54.2	47.2
47	55.2	47.5
48	56.2	48.7
49	57.2	50
50	58.2	51.5
51	59.2	51.5
52	60.2	53
53	61.2	54.5
54	62.2	54.5
55	63.2	56
56	64.2	56
57	65.2	58
58	66.2	58
59	67.2	60
60	68.2	60

d_5 f7 / d_{10} H8	d_6 H11	d_1
d_2=5.3		
61	69.2	61.5
62	70.2	63
63	71.2	63
64	72.2	65
65	73.2	65
66	74.2	67
67	75.2	67
68	76.2	69
69	77.2	69
70	78.2	71
71	79.2	71
72	80.2	73
73	81.2	73
74	82.2	75
75	83.2	75
76	84.2	77.5
77	85.2	77.5
78	86.2	80
79	87.2	80
80	88.2	80
82	90.2	82.5
84	92.2	85
85	93.2	85
86	94.2	87.5
88	96.2	90
90	98.2	92.5
92	100.2	92.5
94	102.2	95
95	103.2	97.5
96	104.2	97.5
98	106.2	100
100	108.2	103
102	110.2	103
104	112.2	106
105	113.2	106
106	114.2	109
108	116.2	109
110	118.2	112
112	120.2	115
114	122.2	115
115	123.2	118
116	124.2	118
118	126.2	118
120	128.2	122
122	130.2	125
124	132.2	125
125	133.2	125
126	134.2	128
128	136.2	128
130	138.2	132
132	140.2	132
134	142.2	136
135	143.2	136
136	144.2	136
138	146.2	140
140	148.2	140
142	150.2	145
144	152.2	145
145	153.2	145
146	154.2	147.5
148	156.2	150
150	158.2	150

d_5 f7 / d_{10} H8	d_6 H11	d_1
d_2=5.3		
152	160.2	155
154	162.2	155
155	163.2	155
156	164.2	157.5
158	166.2	160
160	168.2	162.5
162	170.2	165
164	172.2	165
165	173.2	167.5
166	174.2	167.5
168	176.2	170
170	178.2	170
172	180.2	175
174	182.2	175
175	183.2	175
176	184.2	180
178	186.2	180
180	188.2	182.5
182	190.2	185
184	192.2	185
185	193.2	187.5
186	194.2	190
188	196.2	190
190	198.2	195
192	200.2	195
194	202.2	195
195	203.2	200
196	204.2	200
198	206.2	200
200	208.2	203
202	210.2	206
204	212.2	206
205	213.2	206
206	214.2	212
208	216.2	212
210	218.2	212
212	220.2	218
214	222.2	218
215	223.2	218
216	224.2	218
218	226.2	224
220	228.2	224
222	230.2	224
224	232.2	227
225	233.2	230
226	234.2	230
228	236.2	230
230	238.2	236
232	240.2	236
234	242.2	236
235	243.2	239
236	244.2	239
238	246.2	243
240	248.2	243
242	250.2	250
244	252.2	250
245	253.2	250
246	254.2	250
248	256.2	250
250	258.2	254
252	260.2	254
254	262.2	258

表 11（续）

单位为毫米

d_5 f7 / d_{10} H8	d_6 H11	d_1
$d_2=5.3$		
255	263.2	258
256	264.2	258
258	266.2	261
260	268.2	265
262	270.2	265
264	272.2	268
265	273.2	268
266	274.2	268
268	276.2	272
270	278.2	272
272	280.2	276
274	282.2	276
275	283.2	280
276	284.2	280
278	286.2	280
280	288.2	286
282	290.2	286
284	292.2	286
285	293.2	286
286	294.2	290
288	296.2	290
290	298.2	295
292	300.2	295
294	302.2	300
295	303.2	300
296	304.2	300
298	306.2	300
300	308.2	303
302	310.2	307
304	312.2	307
305	313.2	307
306	314.2	311
308	316.2	311
310	318.2	315
312	320.2	315
314	322.2	320
315	323.2	320
316	324.2	320
318	326.2	320
320	328.2	325
322	330.2	325
324	332.2	330
325	333.2	330
326	334.2	330
328	336.2	330
330	338.2	335
332	340.2	335
334	342.2	340
335	343.2	340
336	344.2	340
338	346.2	345
340	348.2	345
342	350.2	345
344	352.2	350
345	353.2	350
346	354.2	350
348	356.2	350
350	358.2	355
352	360.2	355
354	362.2	360
355	363.2	360
356	364.2	360

d_5 f7 / d_{10} H8	d_6 H11	d_1
$d_2=5.3$		
358	366.2	365
360	368.2	365
362	370.2	370
364	372.2	370
365	373.2	370
366	374.2	370
368	376.2	375
370	378.2	375
372	380.2	379
374	382.2	379
375	383.2	383
376	384.2	383
378	386.2	387
380	388.2	387
382	390.2	387
384	392.2	387
385	393.2	391
386	394.2	391
388	396.2	395
390	398.2	395
392	400.2	400
394	402.2	400
395	403.2	400
396	404.2	400
398	406.2	400
400	408.2	400
$d_2=7$		
106	117	109
108	119	109
110	121	112
112	123	115
114	125	115
115	126	118
116	127	118
118	129	122
120	131	122
122	133	125
124	135	125
125	136	128
126	137	128
128	139	132
130	141	132
132	143	136
134	145	136
135	146	136
136	147	140
138	149	140
140	151	142.5
142	153	145
144	155	145
145	156	147.5
146	157	147.5
148	159	150
150	161	152.5
152	163	155
154	165	155
155	166	157.5
156	167	157.5
158	169	160
160	171	162.5
162	173	165
164	175	167.5

d_5 f7 / d_{10} H8	d_6 H11	d_1
$d_2=7$		
165	176	167.5
166	177	167.5
168	179	170
170	181	172.5
172	183	175
174	185	177.5
175	186	177.5
176	187	180
178	189	180
180	191	182.5
182	193	185
184	195	187.5
185	196	187.5
186	197	190
188	199	190
190	201	195
192	203	195
194	205	195
195	206	200
196	207	200
198	209	200
200	211	203
202	213	206
204	215	206
205	216	212
206	217	212
208	219	212
210	221	212
212	223	218
214	225	218
215	226	218
216	227	218
218	229	224
220	231	224
222	233	224
224	235	227
225	236	230
226	237	230
228	239	230
230	241	236
232	243	236
234	245	236
235	246	239
236	247	239
238	249	243
240	251	243
242	253	250
244	255	250
245	256	250
246	257	250
248	259	250
250	261	254
252	263	254
254	265	258
255	266	258
256	267	258
258	269	261
260	271	265
262	273	265
264	275	268
265	276	268
266	277	268

表 11（续）

单位为毫米

d_5 / d_{10} f7 / H8	d_6 H11	d_1	d_5 / d_{10} f7 / H8	d_6 H11	d_1	d_5 / d_{10} f7 / H8	d_6 H11	d_1	d_5 / d_{10} f7 / H8	d_6 H11	d_1
$d_2=7$			$d_2=7$			$d_2=7$			$d_2=7$		
268	279	272	372	383	375	475	486	479	578	589	580
270	281	272	374	385	379	476	487	483	580	591	590
272	283	276	375	386	379	478	489	487	582	593	590
274	285	276	376	387	379	480	491	487	584	595	590
275	286	280	378	389	383	482	493	487	585	596	590
276	287	280	380	391	383	484	495	487	586	597	590
278	289	280	382	393	387	485	496	487	588	599	600
280	291	283	384	395	387	486	497	493	590	601	600
282	293	286	385	396	391	488	499	493	592	603	600
284	295	286	386	397	391	490	501	493	594	605	600
285	296	290	388	399	391	492	503	500	595	606	600
286	297	290	390	401	395	494	505	500	596	607	600
288	299	295	392	403	395	495	506	500	598	609	608
290	301	295	394	405	400	496	507	500	600	611	608
292	303	295	395	406	400	498	509	500	602	613	608
294	305	300	396	407	400	500	511	508	604	615	615
295	306	300	398	409	400	502	513	508	605	616	615
296	307	300	400	411	406	504	515	508	606	617	615
298	309	300	402	413	406	505	516	508	608	619	615
300	311	303	404	415	406	506	517	515	610	621	615
302	313	307	405	416	412	508	519	515	612	623	615
304	315	307	406	417	412	510	521	515	614	625	623
305	316	307	408	419	412	512	523	515	615	626	623
306	317	311	410	421	412	514	525	523	616	627	623
308	319	311	412	423	418	515	526	523	618	629	630
310	321	315	414	425	418	516	527	523	620	631	630
312	323	315	415	426	418	518	529	523	622	633	630
314	325	320	416	427	418	520	531	523	624	635	630
315	326	320	418	429	425	522	533	530	625	636	630
316	327	320	420	431	425	524	535	530	626	637	630
318	329	320	422	433	425	525	536	530	628	639	640
320	331	325	424	435	429	526	537	530	630	641	640
322	333	325	425	436	429	528	539	530	632	643	640
324	335	330	426	437	433	530	541	538	634	645	640
325	336	330	428	439	433	532	543	538	635	646	640
326	337	330	430	441	437	534	545	538	636	647	640
328	339	330	432	443	437	535	546	545	638	649	650
330	341	335	434	445	437	536	547	545	640	651	650
332	343	335	435	446	437	538	549	545	642	653	650
334	345	340	436	447	443	540	551	545	644	655	650
335	346	340	438	449	443	542	553	545	645	656	650
336	347	340	440	451	443	544	555	553	646	657	650
338	349	340	442	453	450	545	556	553	648	659	660
340	351	345	444	455	450	546	557	553	650	661	660
342	353	345	445	456	450	548	559	553	652	663	660
344	355	350	446	457	450	550	561	560	654	665	660
345	356	350	448	459	450	552	563	560	655	666	660
346	357	350	450	461	456	554	565	560	656	667	660
348	359	350	452	463	456	555	566	560	658	669	670
350	361	355	454	465	462	556	567	560	660	671	670
352	363	355	455	466	462	558	569	560			
354	365	360	456	467	462	560	571	570			
355	366	360	458	469	462	562	573	570			
356	367	360	460	471	462	564	575	570			
358	369	360	462	473	466	565	576	570			
360	371	365	464	475	466	566	577	570			
362	373	365	465	476	470	568	579	570			
364	375	370	466	477	470	570	581	580			
365	376	370	468	479	475	572	583	580			
366	377	370	470	481	475	574	585	580			
368	379	370	472	483	475	575	586	580			
370	381	375	474	485	479	576	587	580			

表 12　轴向密封沟槽尺寸(受内部压力)　　单位为毫米

d_7 H11	d_1
$d_2=1.8$	
7.9	4.5
8.2	5
8.6	5.15
8.7	5.3
9	5.6
9.4	6
9.7	6.3
10.1	6.7
10.3	6.9
10.5	7.1
10.9	7.5
11.4	8
11.9	8.5
12.2	8.75
12.4	9
12.9	9.5
13.4	10
14	10.6
14.6	11.2
15.2	11.8
15.9	12.5
16.6	13.2
17.3	14
18.4	15
19.4	16
20.4	17
$d_2=2.65$	
19	14
20	15
21	16
22	17
23	18
24	19
25	20
26.5	21.2
27.5	22.4
28.6	23.6
30	25
31	25.8
31.5	26.5
33	28
35	30
36.5	31.5
37.5	32.5
38.5	33.5
39.5	34.5
40.5	35.5
41.5	36.5
42.5	37.5
43.8	38.7

d_7 H11	d_1
$d_2=3.55$	
24	18
25	19
26	20
27	21.2
28	22.4
29.5	23.6
31	25
31.5	25.8
32.5	26.5
34	28
36	30
37.5	31.5
38.5	32.5
39.5	33.5
40.5	34.5
41.5	35.5
42.5	36.5
43.5	37.5
44.5	38.7
46.5	40
47.5	41.2
48.5	42.5
49.5	43.7
51	45
52	46.2
53.5	47.5
54.5	48.7
56	50
57.5	51.5
59	53
60.5	54.5
62	56
64	58
66	60
67	61.5
69	63
71	65
73	67
75	69
77	71
79	73
81	75
83	77.5
86	80
88	82.5
91	85
93	87.5
96	90
98.0	92.5

d_7 H11	d_1
$d_2=3.55$	
102	95
105	97.5
107	100
110	103
116	109
119	112
122	115
125	118
129	122
132	125
135	128
139	132
143	136
147	140
152	145
157	150
162	155
167	160
172	165
177	170
182	175
187	180
192	185
197	190
202	195
207	200
$d_2=5.3$	
50	40
51	41.2
53	42.5
54	43.7
55	45
56	46.2
58	47.5
59	48.7
60	50
62	51.5
63	53
64	54.5
65	56
68	58
70	60
72	61.5
73	63
75	65
77	67
79	69
81	71
83	73

d_7 H11	d_1
$d_2=5.3$	
85	75
88	77.5
90	80
93	82.5
95	85
98	87.5
100	90
103	92.5
105	95
108	97.5
110	100
113	103
116	106
119	109
122	112
125	115
128	118
132	122
135	125
138	128
142	132
145	136
150	140
155	145
160	150
165	155
170	160
175	165
180	170
185	175
190	180
195	185
200	190
205	195
210	200
215	206
220	212
227	218
232	224
240	230
245	236
253	243
260	250
267	258
275	265
280	272
290	280
300	290
310	300

d_7 H11	d_1
$d_2=5.3$	
315	307
325	315
335	325
345	335
355	345
365	355
375	365
385	375
395	387
410	400
$d_2=7$	
119	109
122	112
125	115
128	118
132	122
135	125
138	128
142	132
146	136
150	140
155	145
160	150
165	155
170	160
175	165
180	170
185	175
190	180
195	185
200	190
205	195
210	200
215	206
222	212
228	218
234	224
240	230
246	236
253	243
260	250
270	258
275	265
285	272
290	280
300	290
310	300
320	307
325	315

d_7 H11	d_1
$d_2=7$	
335	325
345	335
355	345
365	355
375	365
385	375
400	387
410	400
430	412
435	425
450	437
460	450
475	462
485	475
500	487
510	500
525	515
540	530
555	545
570	560
590	580
610	600
625	615
640	630

表 13　轴向密封沟槽尺寸(受外部压力)

单位为毫米

d_8 H11	d_1	d_8 H11	d_1	d_8 H11	d_1	d_8 H11	d_1	d_8 H11	d_1	d_8 H11	d_1
d_2=1.8		d_2=2.65		d_2=3.55		d_2=5.3		d_2=5.3		d_2=7	
2	1.8	34.7	34.5	87.8	87.5	80.3	80	356	355	413	412
2.2	2	35.7	35.5	90.3	90	82.8	82.5	366	365	426	425
2.4	2.24	36.7	36.5	92.8	92.5	85.3	85	376	375	438	437
3	2.8	37.7	37.5	95.3	95	87.8	87.5	388	387	451	450
3.3	3.15	38.9	38.7	97.8	97.5	90.3	90	401	400	463	462
3.7	3.55	d_2=3.55		100.3	100	92.8	92.5	d_2=7		476	475
3.9	3.75	18.2	18	103.5	103	95.3	95	110	109	488	487
4.7	4.5	19.2	19	115.5	115	97.8	97.5	113	112	502	500
5.2	5	20.2	20	118.5	118	100.5	100	116	115	517	515
5.3	5.15	21.4	21.2	122.5	122	103.5	103	119	118	531	530
5.5	5.3	22.6	22.4	125.5	125	106.5	106	123	122	547	545
5.8	5.6	23.8	23.6	128.5	128	109.5	109	126	125	562	560
6.2	6	25.2	25	132.5	132	112.5	112	129	128	581	580
6.5	6.3	26.2	25.8	136.5	136	115.5	115	133	132	602	600
6.9	6.7	26.7	26.5	140.5	140	118.5	118	137	136	617	615
7.1	6.9	28.2	28	145.5	145	122.5	122	141	140	632	630
7.3	7.1	30.2	30	150.5	150	125.5	125	146	145	652	650
7.7	7.5	31.7	31.5	155.5	155	128.5	128	151	150	672	670
8.2	8	32.7	32.5	160.5	160	132.5	132	156	155		
8.7	8.5	33.7	33.5	165.5	165	136.5	136	161	160		
8.9	8.75	34.7	34.5	170.5	170	140.5	140	166	165		
9.2	9	35.7	35.5	175.5	175	145.5	145	171	170		
9.7	9.5	36.7	36.5	180.5	180	150.5	150	176	175		
10.2	10	37.7	37.5	185.5	185	155.5	155	181	180		
10.8	10.6	38.9	38.7	190.5	190	160.5	160	186	185		
11.4	11.2	40.2	40	195.5	195	165.5	165	191	190		
12	11.8	41.5	41.2	200.5	200	170.5	170	196	195		
12.7	12.5	42.8	42.5	d_2=5.3		175.5	175	201	200		
13.4	13.2	44.0	43.7	40.3	40	180.5	180	207	206		
14.2	14	45.3	45	41.5	41.2	185.5	185	213	212		
15.2	15	46.5	46.2	42.8	42.5	190.5	190	219	218		
16.2	16	47.8	47.5	44	43.7	195.5	195	225	224		
17.2	17	49	48.7	45.3	45	201	200	231	230		
d_2=2.65		50.3	50	46.5	46.2	207	206	237	236		
14.2	14	51.8	51.5	47.8	47.5	213	212	243	243		
15.2	15	53.3	53	50	48.7	219	218	251	250		
16.2	16	54.8	54.5	50.3	50	225	224	259	258		
17.2	17	56.3	56	51.8	51.5	231	230	266	265		
18.2	18	58.3	58	53.3	53	237	236	273	272		
19.2	19	60.3	60	54.8	54.5	244	243	281	280		
20.2	20	61.8	61.5	56.3	56	251	250	291	290		
21.4	21.2	63.3	63	58.3	58	259	258	301	300		
22.6	22.4	65.3	65	60.3	60	266	265	308	307		
23.8	23.6	67.3	67	61.8	61.5	273	272	316	315		
25.2	25	69.3	69	63.3	63	281	280	326	325		
26	25.8	71.3	71	65.3	65	291	290	336	335		
26.7	26.5	73.3	73	67.3	67	301	300	346	345		
28.2	28	75.3	75	69.3	69	308	307	356	355		
30.2	30	77.8	77.5	71.3	71	316	315	366	365		
31.7	31.5	80.3	80	73.3	73	326	325	376	375		
32.7	32.5	82.8	82.5	75.3	75	336	335	388	387		
33.7	33.5	85.3	85	77.8	77.5	346	345	401	400		

附 录 A
（资料性附录）
O形圈沟槽设计准则

A.1 O形圈沟槽设计准则

O形圈沟槽尺寸应根据O形圈的预拉伸率 $y\%$、预压缩率 $k\%$、压缩率 $x\%$、O形圈截面减小、溶胀等因素进行设计。

A.1.1 O形圈的预拉伸率和预压缩率

A.1.1.1 活塞密封O形圈预拉伸率 $y\%$（见图1）

活塞密封时，所选用的O形圈内径 d_1 应小于或等于沟槽槽底直径 d_3，最大预拉伸率不得大于表A.1的规定值，最小预拉伸率应等于零。即：

$$y_{min}\% = \frac{d_{3min} - d_{1max}}{d_{1max}} \times 100\% = 0 \qquad \text{(A.1)}$$

或

$$d_{3min} = d_{1max} \qquad \text{(A.2)}$$

$$y_{max}\% = \frac{d_{3max} - d_{1min}}{d_{1min}} \times 100\% \qquad \text{(A.3)}$$

或

$$d_{3max} = d_{1min}\left(1 + \frac{y_{max}}{100}\right) \qquad \text{(A.4)}$$

式中 $y_{max}\%$ 应符合表A.1的规定。

表A.1 活塞密封O形圈预拉伸率

应用情况	O形圈内径 d_1/mm	y_{max}/%
动密封或静密封	4.87～13.20	8
	14.0～38.7	6
	40.0～97.5	5
	100～200	4
	206～250	3
	258～400	3
静密封	412～670	2

A.1.1.2 活塞杆密封O形圈预压缩率 k/%（见图2）

活塞杆密封时，所选用的O形圈外径（d_1+2d_2）应大于或等于沟槽槽底直径 d_6。最大预压缩率不得大于表A.2的规定值，最小预压缩率应等于零。即：

$$k_{min}\% = \frac{(d_{1min} + 2d_{2min}) - d_{6max}}{(d_{1min} + 2d_{2min})} \times 100\% = 0 \qquad \text{(A.5)}$$

或

$$d_{6max} = d_{1min} + 2d_{2min} \qquad \text{(A.6)}$$

$$k_{max}\% = \frac{(d_{1max} + 2d_{2max}) - d_{6min}}{(d_{1max} + 2d_{2max})} \times 100\% \qquad \text{(A.7)}$$

或

$$d_{6\min} = d_{1\max} + 2d_{2\max}\left(1 - \frac{k_{\max}}{100}\right) \qquad \text{(A.8)}$$

式中 $k_{\max}$%应符合表 A.2 的规定。

表 A.2　活塞杆密封 O 形圈预压缩率

应用情况	O 形圈内径 d_1/mm	$k_{\max}$/%
动密封或静密封	3.75～10.0	8
	10.6～25	6
	25.8～60	5
	61.5～125	4
	128～250	3
静密封	258～670	2

A.1.1.3　截面直径最大减小量 $a_{\max}$

O 形圈被拉伸时截面会减小，其截面直径的最大减小量 $a_{\max}$ 可按经验公式(A.9)计算。

$$a_{\max} = \frac{d_{2\min}}{10}\sqrt{6\,\frac{d_{3\max} - d_{1\min}}{d_{1\min}}} \qquad \text{(A.9)}$$

注：式(A.9)对于预拉伸率在 10%以下时，截面直径减小量的计算值比实际值稍微偏大一些。

预拉伸率为 4%时，可以近似假定截面直径减小量为 3%。

受拉伸后的 O 形圈最小截面直径可按公式(10)计算。

$$d'_2 = \frac{d_{2\min}(7d_{1\min} - 3d_{3\max})}{4d_{1\min}} \qquad \text{(A.10)}$$

A.1.2　O 形圈挤压

图 A.1、图 A.2、图 A.3、图 A.4 表示 O 形圈受挤压后的最大和最小压缩率 x%。根据压缩率 x%，按式(A.11)～式(A.14)来计算 O 形圈沟槽深度 t 或 h：

径向密封：

$$t_{\min} = d_{2\max}\left(1 - \frac{x_{\max}}{100}\right) \qquad \text{(A.11)}$$

$$t_{\max} = d_{2\min}\left(1 - \frac{x_{\min}}{100}\right) \qquad \text{(A.12)}$$

轴向密封：

$$h_{\min} = d_{2\max}\left(1 - \frac{x_{\max}}{100}\right) \qquad \text{(A.13)}$$

$$h_{\max} = d_{2\min}\left(1 - \frac{x_{\min}}{100}\right) \qquad \text{(A.14)}$$

压缩率数值可用于补偿拉伸引起的截面直径减小和沟槽加工误差，并保证在正常工作条件下有足够的密封性。

对于一些特殊应用情况，可通过修改沟槽深度，增加或减少压缩率，以达到合适的密封要求。此时应考虑拉伸引起的截面减小。

A.1.3　O 形圈溶胀

当 O 形圈和流体接触时，会吸收一定数量的流体，其溶胀性随不同流体而变化。O 形圈沟槽的体积应能适应 O 形圈溶胀以及由于温度升高而产生的 O 形圈膨胀。本标准以体积溶胀值为 15%来计算沟槽宽度尺寸“b”。对于静密封情况允许采用体积溶胀值为 15%的密封材料。对动密封情况，推荐使用低溶胀值的 O 形圈材料，但应始终避免负溶胀，即“收缩”现象出现。

当采用体积溶胀值超过 15%的 O 形圈材料时，沟槽宽度应适当增加。

A.1.4　沟槽深度

由O形圈截面压缩率数值确定径向密封沟槽深度及轴向密封沟槽深度。

一般应用的活塞密封、活塞杆密封沟槽深度的极限值及对应的压缩率变化范围应符合表A.3的规定。

表A.3　活塞密封、活塞杆密封沟槽深度的极限值及对应的压缩率　　单位为毫米

应用	截面直径 d_2	1.80±0.08		2.65±0.09		3.55±0.1		5.30±0.13		7.00±0.15	
		min	max	min	max	min	max	min	max	min	max
液压动密封	深度 t	1.34	1.49	2.08	2.27	2.81	3.12	4.32	4.70	5.75	6.23
	压缩率(%)	13.5	28.5	11.5	24.0	9.5	23.0	9.0	20.5	9.0	19.5
气动动密封	深度 t	1.40	1.56	2.14	2.34	2.92	3.23	4.51	4.89	6.04	6.51
	压缩率(%)	9.5	25.5	8.5	22.0	6.5	20.0	5.5	17.0	5.0	15.5
静密封	深度 t	1.31	1.49	1.97	2.23	2.80	3.07	4.30	4.63	5.83	6.16
	压缩率(%)	13.5	30.5	13.0	28.0	11.5	27.5	11.0	26.0	10.5	24.0
注：本表给出的是极限值，活塞杆密封沟槽深度值及对应的压缩率应根据实际需要选定。											

轴向密封沟槽深度的极限值及对应的压缩率变化范围应符合表A.4的规定。

表A.4　轴向密封沟槽深度的极限值及对应的压缩率　　单位为毫米

应用	截面直径 d_2	1.80±0.08		2.65±0.09		3.55±0.1		5.30±0.13		7.00±0.15	
		min	max	min	max	min	max	min	max	min	max
轴向密封	深度 h	1.23	1.33	1.92	2.02	2.70	2.79	4.13	4.34	5.65	5.82
	压缩率(%)	22.5	34.5	21.0	30.0	19.0	26.0	16.0	24.0	15.0	21.0

A.1.5　沟槽宽度

根据O形圈材料体积溶胀值为15%来计算沟槽宽度 b，即：

$$V_h = 1.15\ V_o \qquad \cdots\cdots(\text{A.15})$$

式中：

V_h——沟槽最小体积；

V_o——O形圈最大体积。

$$V_o = 2.4674(d_{1max} + d_{2max})(d_{2max})^2 \qquad \cdots\cdots(\text{A.16})$$

由密封沟槽圆角半径而减小的体积按式(17)、式(18)计算：

$$V_{r3} = 1.35\ d_{3max}(r_{1max})^2 \qquad \cdots\cdots(\text{A.17})$$

$$V_{r4} = 1.35\ d_{3min}(r_{1max})^2 \qquad \cdots\cdots(\text{A.18})$$

式中：

V_{r3}——由活塞密封沟槽圆角半径而减少的沟槽体积(近似值)；

V_{r4}——由活塞杆密封沟槽圆角半径而减少的沟槽体积(近似值)。

沟槽宽度 b 按式(A.19)、式(A.20)计算：

对活塞密封：

$$b = \frac{1.15V_o + V_{r3}}{0.7854(d_{4min}^2 - d_{3max}^2)} \qquad \cdots\cdots(\text{A.19})$$

对活塞密封杆：

$$b = \frac{1.15V_o + V_{r4}}{0.7854(d_{6min}^2 - d_{5max}^2)} \qquad \cdots\cdots(\text{A.20})$$

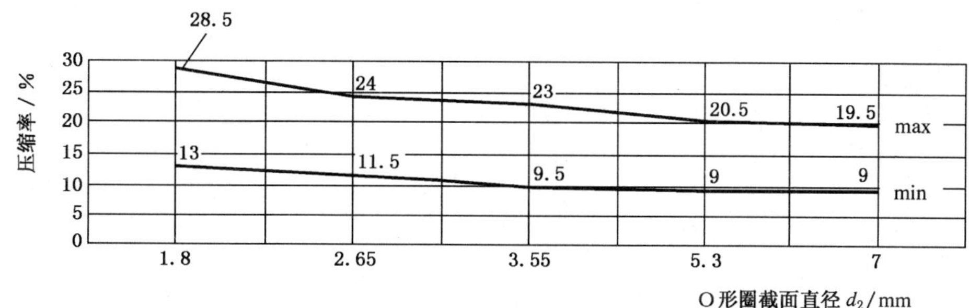

图 A.1 液压动密封

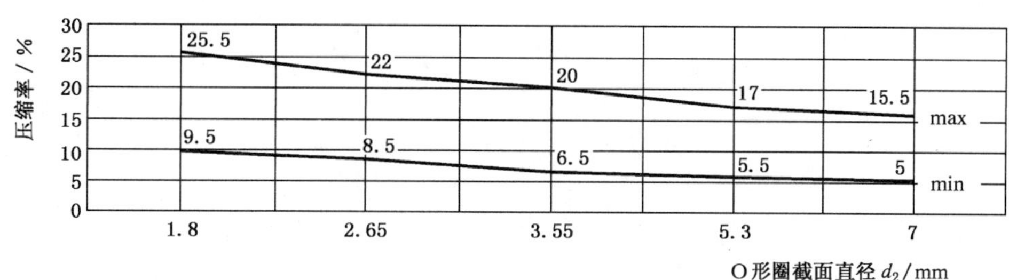

图 A.2 气动动密封

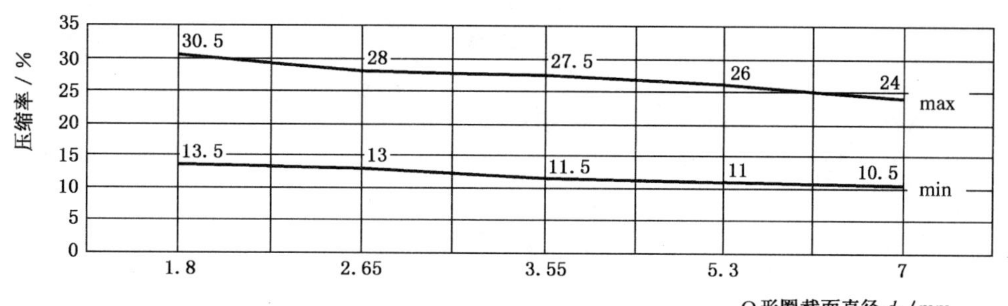

图 A.3 液压、气动静密封

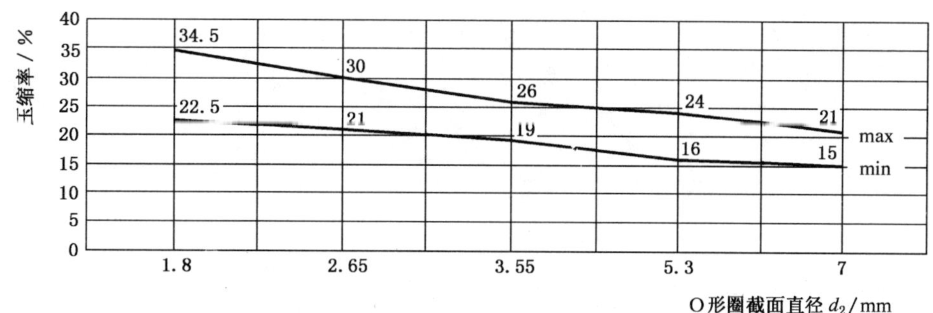

图 A.4 轴向密封

ICS 01.040.83;83.140.50;21.140
G 43

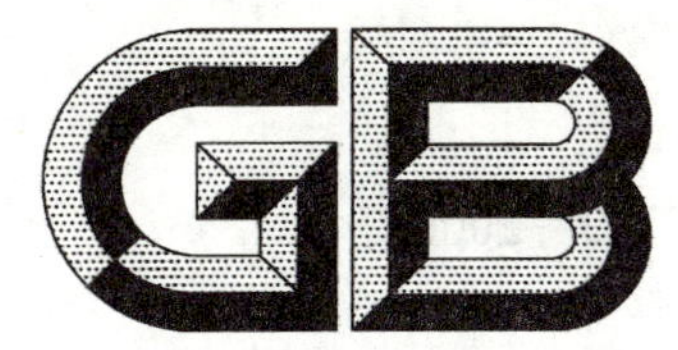

中华人民共和国国家标准

GB/T 5719—2006
代替 GB/T 5719—1995,GB/T 16593—1996

橡胶密封制品 词汇

Rubber sealing articles—Vocabulary

2006-08-24 发布　　2007-03-01 实施

中华人民共和国国家质量监督检验检疫总局
中国国家标准化管理委员会　发布

前言

本标准代替 GB/T 5719—1995《橡胶密封制品术语》和 GB/T 16593—1996《旋转轴唇形密封圈术语》。

本标准与 GB/T 5719—1995 和 GB/T 16593—1996 相比主要有以下变化：

——增加了汽车用密封条相关的术语和定义。

本标准由中国石油和化学工业协会提出。

本标准由全国橡胶与橡胶制品标准化技术委员会密封制品分技术委员会(SAC/TC 35/SC 3)归口。

本标准起草单位：西北橡胶塑料研究设计院、申雅密封件有限公司、中车集团南京七四二五工厂、北京万源金德汽车密封制品有限公司、重庆益丰汽车密封条有限公司、天津星光橡塑有限公司、贵航股份红阳密封件公司、厦门百吉工业有限公司、湖北诺克汽车密封条有限公司。

本标准主要起草人：高静茹、陈海燕、蔡学成、马俊礼、邓明香、郝杰、梁红、贺文兵、俞刚莉。

本标准所代替标准的历次版本发布情况为：

——GB/T 5719—1987、GB/T 5719—1995；

——GB/T 16593—1996。

橡胶密封制品　词汇

1　范围

本标准规定了表述液压气动用橡胶密封制品的类型、检验和装配时通常使用的术语和定义；表述汽车用密封条的类型时通常使用的术语和定义；以及表述旋转轴唇形密封圈的类型、部件、公差和配合、外观缺陷等通常使用的术语和定义。

本标准适用于液压气动用橡胶密封制品、汽车用密封条、旋转轴唇形密封圈生产和使用单位与有关部门制修订标准及编写技术文件、书刊时使用。

2　术语和定义

2.1　液压气动用橡胶密封制品

2.1.1

液压气动用橡胶密封制品　rubber sealing articles for fluid systems

用于防止流体从密封装置中泄漏，并防止外界灰尘、泥沙以及空气（对于高真空而言）进入密封装置内部的橡胶零部件。

2.1.2

O 形橡胶密封圈　rubber O ring

截面为 O 形的橡胶密封圈。

2.1.3

D 形橡胶密封圈　rubber D ring

截面为 D 形的橡胶密封圈。

2.1.4

X 形橡胶密封圈　rubber X ring

截面为 X 形的橡胶密封圈。

2.1.5

W 形橡胶密封圈　rubber W ring

截面为 W 形的橡胶密封圈。

2.1.6

U 形橡胶密封圈　rubber U ring

截面为 U 形的橡胶密封圈。

2.1.7

V 形橡胶密封圈　rubber V ring

截面为 V 形的橡胶密封圈。

2.1.8

Y 形橡胶密封圈　rubber Y ring

截面为 Y 形的橡胶密封圈。

2.1.9

L 形橡胶密封圈　rubber L ring

截面为 L 形的橡胶密封圈。

2.1.10

J形橡胶密封圈 rubber J ring

截面为J形的橡胶密封圈。

2.1.11

矩形橡胶密封圈 rubber rectangular ring

截面为矩形的橡胶密封圈。

2.1.12

橡胶防尘圈 rubber wiper

用于防止外界灰尘等污染物进入密封装置内部的橡胶密封圈。

2.1.13

蕾形橡胶密封圈 rubber bud-shaped ring

截面像花蕾形的橡胶密封圈。

2.1.14

鼓形橡胶密封圈 rubber drum-shaped ring

截面为鼓形的橡胶密封圈。

2.1.15

橡胶密封垫 rubber gasket

用于两个静止表面间的片状橡胶密封件。

2.1.16

印刷密封垫 printed gasket

在一种基材上,用印刷工艺生产的橡胶密封垫。

2.1.17

粘合密封件 adhesive seal

金属圈或金属板孔内侧粘着一定截面形状的橡胶而构成的静态密封件。

2.1.18

橡胶隔膜 rubber diaphragm

由橡胶或橡胶与织物等增强材料制成的密封元件或敏感元件。

2.1.19

橡胶皮碗 rubber cap

用于液压制动缸,起密封和传递压力作用的橡胶件。

2.1.20

异形橡胶密封件 rubber seal with special section

具有特殊截面形状的橡胶密封件。

2.1.21

错位 off register

由于密封圈截面分模面的横向位移使两半部分不重合。

2.1.22

固定尺寸 fixed dimension

模压制品中不受胶边厚度或上、下模之间错位的形变影响,由模型型腔尺寸及胶料收缩率所决定的密封件尺寸。

2.1.23

封模尺寸 closure dimension

模压制品中随胶边厚度或上、下模模芯之间错位的形变影响而变化的密封件尺寸。

2.1.24

腔体 housing

安装密封件的空间。

2.1.25

沟槽 groove

安装密封件(不包括相对配合面)的槽穴。

2.1.26

腔体高度 depth of housing

腔体内孔的轴向尺寸。

2.1.27

腔体宽度 width of housing

腔体内孔的径向尺寸。

2.1.28

压缩率 compression ratio

密封件装配后,其压缩变形尺寸与原始尺寸之比。

2.1.29

偏心量 offset

腔体的中心线偏离轴线的径向距离。

2.1.30

装配间隙 assembly clearance

密封件装配后,密封装置中配偶件之间的间隙。

2.2 汽车用密封条

2.2.1

密封条 sealing strip; weatherstrip

与接触物体表面产生接触压力起密封作用的条形密封件。密封条主要起防尘、防水、隔音、隔热、减震和装饰等作用。

2.2.2

橡胶密封条 rubber sealing strip; rubber weatherstrip

以橡胶为主要材料制成的密封条。

2.2.3

塑料密封条 plastic sealing strip; plastic weatherstrip

以塑料为主要材料制成的密封条。

2.2.4

橡塑密封条 rubber-plastic blends sealing strip; rubber-plastic blends weatherstrip

由橡胶和塑料共混改性材料制成的密封条。

2.2.5

植绒密封条 sealing strip with flocking; weatherstrip with flocking

表面有植绒的密封条。

2.2.6

涂层密封条 sealing strip with coating; weatherstrip with coating

表面有涂层的密封条。

2.2.7

金属骨架密封条　sealing strip with metal insert

有金属骨架支撑的密封条。作为金属骨架的材料通常有钢带、钢丝编织带和铝带等。

2.2.8

内侧密封条　inner belt weatherstrip；inner waistline seal

内水切　inner belt line seal

安装于车门玻璃窗框内下侧的密封条。

2.2.9

外侧密封条　outer belt weatherstrip；waistline seal

外水切　outer belt line seal

安装于车门玻璃窗框外下侧的密封条。

2.2.10

玻璃导槽密封条　glass run channel

安装于活动玻璃窗框周边起导向和密封作用的密封条。

2.2.11

门框密封条　secondary door seal；door opening；inner door seal

安装于车身门框周边的密封条。

2.2.12

头道密封条　primary door seal；door seal

安装于车门周边的密封条，与门框密封条配合共同对车门进行密封。

2.2.13

下侧密封条　lower seal

安装于车门下侧起防尘和密封作用的密封条。

2.2.14

发动机舱密封条　hood seal；hood to cowl；hood to radiator

安装于发动机舱内或盖周边起密封作用的密封条。

2.2.15

行李箱密封条　trunk seal；luggage seal；deck-lid seal

安装于行李箱周边起密封作用的密封条。

2.2.16

背门密封条　back seal

尾门密封条　tail-gate seal；lift-gate seal

安装于背门框或尾门框周边起密封作用的密封条。

2.2.17

中柱密封条　central pillar seal

在车身中柱与车门之间起密封作用的密封条。通常中柱密封条安装在车门上。

2.2.18

天窗密封条　sun-roof seal

安装于车身天窗窗框和玻璃周围起密封作用的密封条。

2.2.19

挡风玻璃密封条　windshield seal

风窗密封条　window screen strip

安装于挡风玻璃与窗框钣金之间起固定玻璃和密封作用的密封条。可分为前风窗密封条和后风窗密封条。

2.2.20

三角窗密封条　quarter glass trim molding；encapsulated quarterlight

安装于车身三角窗玻璃与窗框钣金之间起固定和密封作用的密封条。

2.2.21

侧窗密封条　side window strip

安装于车身侧窗玻璃与窗框钣金之间起固定玻璃和密封作用的密封条。

2.2.22

顶饰条　roof line；roof strip

安装于车身顶部起装饰作用的密封条。

2.2.23

滴水条　drip rail strip

流水条

导水条

安装于车顶边缘门框上部主要起疏水作用的密封条。

2.3　**旋转轴唇形密封圈**

2.3.1

旋转轴唇形密封圈　rotary shaft lip seal

具有可变形截面，通常有金属骨架支撑，靠密封刃口施加的径向力起防止流体泄漏的密封圈。

2.3.2

流体动力型旋转轴唇形密封圈　hydrodynamic aided rotary shaft lip seal

在密封唇的后表面上附加一种均匀的单向或双向螺旋形或漩涡形或其他形状的沟槽组成的密封装置，以改变密封圈与轴接触状态的方式来防止流体泄漏的密封圈。

2.3.3

内包骨架旋转轴唇形密封圈　rubber covered rotary shaft lip seal

骨架完全被弹性体材料包覆并粘合到弹性体材料上的密封圈[见图 1a)]。

2.3.4

外露骨架旋转轴唇形密封圈　metal cased rotary shaft lip seal

密封元件粘合到金属骨架上，但金属骨架的外表面未包覆弹性体材料的密封圈[见图 1b)]。

2.3.5

装配式旋转轴唇形密封圈　assembled rotary shaft lip seal

含有内、外金属骨架，密封唇粘合到其中一个金属内架上的密封圈[见图 1b)]。

2.3.6

带副唇的内包骨架旋转轴唇形密封圈　rubber covered rotary shaft lip seal with minor lip

带有副唇，骨架被包覆并粘合到弹性体材料上的密封圈[见图 1c)]。

2.3.7

带副唇的外露骨架旋转轴唇形密封圈　metal cased rotary shaft lip seal with minor lip

带有副唇，密封元件粘合到金属骨架上，但金属骨架的外表面未包覆弹性体材料的密封圈[见图 1b)]。

2.3.8

带副唇的装配式旋转轴唇形密封圈　assembled rotary shaft lip seal with minor lip

带有副唇和内、外两个金属骨架，密封唇粘合到其中一个金属骨架上的密封圈[见图 1d)]。

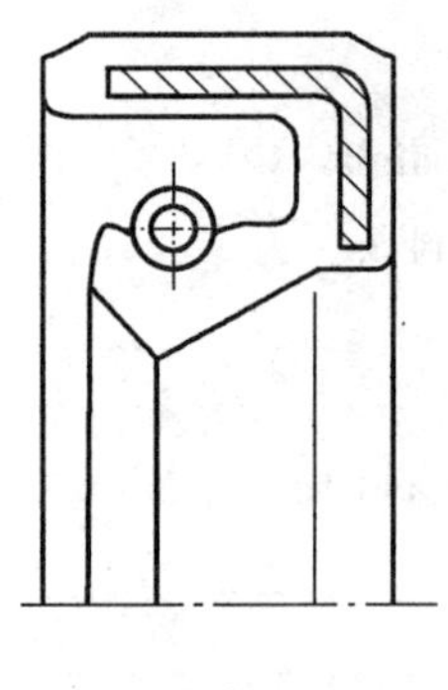

a)

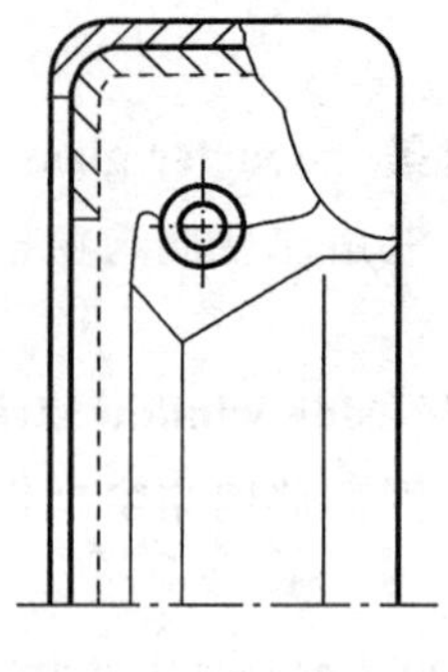

b)

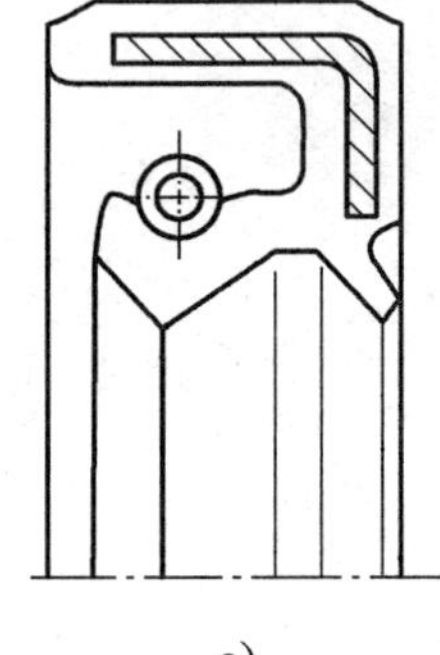

c)

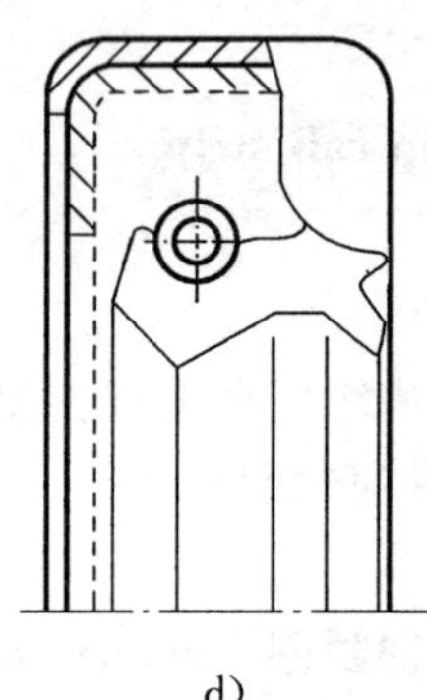

d)

图 1 密封圈的型式

2.3.9

唇前角 angle, front, lip

密封唇的前唇面与轴的夹角(见图 2 的 30)。

2.3.10

唇夹角 angle, lip included

密封唇的前唇面与后唇面间的夹角,该角的顶点在唇接触点上(见图 2 的 46)。

2.3.11

唇后角 angle, back, lip

密封圈的后唇面与轴的夹角(见图 2 的 25)。

2.3.12

背面 back side

靠近密封部位但不与被密封液体接触的区域(见图 2 的 20)。

2.3.13

腔体内孔 bore, housing

腔体内安放密封圈的空间(见图 2 的 42)。

2.3.14

骨架 case

密封圈的刚性部件,可用橡胶包覆(见图 2 的 1)。

2.3.15

内骨架 case, inner

安放在密封圈外骨架的内侧的一种杯形刚性部件(见图 2 的 2)。

2.3.16

外骨架 case, outer

包住密封圈内骨架的一种杯形刚性部件(见图 2 的 13)。

2.3.17

后倒角　chamfer, back

为了便于安装,位于密封圈后表面的外径上的外导角(见图 2 的 9)。

2.3.18

前倒角　chamfer, front

为了便于安装,位于密封圈前表面的外径上的外导角(见图 2 的 43)。

2.3.19

导入倒角　chamfer, lead-in

为了便于安装,设在腔体内或轴端的导角(见图 2 的 43)。

2.3.20

轴圆度　circularity, shaft

轴与真圆的偏差。

2.3.21

密封唇轴向间距　clearance, axial lip

骨架内表面与弹簧夹持唇前表面间的轴向距离(见图 2 的 35)。

2.3.22

腔体内孔深度　depth, housing bore

腔体内孔的轴向尺寸(见图 2 的 40)。

2.3.23

弹簧圈的螺旋直径　diameter, coil

紧箍弹簧螺旋形线圈的外径(见图 2 的 45)。

2.3.24

副唇直径　diameter, minor lip

在自由状态下副唇的内径(见图 2 的 32)。

2.3.25

腔体内孔直径　diameter, housing bore

(见图 2 的 44)。

2.3.26

内骨架内径　diameter, inside, inner case

(见图 2 的 36)。

2.3.27

外骨架内径　diameter, inside, outer case

(见图 2 的 34)。

2.3.28

密封圈外径　diameter, outside

装有骨架的密封圈外径,通常指压配合直径(见图 2 的 29)。

2.3.29

轴径　diameter, shaft

与密封唇接触的轴直径(见图 2 的 38)。

2.3.30

钢丝直径　diameter, wire

螺旋缠绕紧箍弹簧钢丝的直径。

2.3.31

带弹簧的唇内径　diameter，inside，lip，with spring

安装弹簧后，在自由状态下测得的密封唇内径(见图 2 的 31)。

2.3.32

无弹簧的唇内径　diameter inside，lip，without spring

未安装弹簧，在自由状态下测得的密封唇内径(见图 2 的 33)。

2.3.33

腔体内孔偏心量　eccentricity，housing bore

腔体内孔的几何中心偏离旋转轴线的径向距离。

2.3.34

轴偏心量　eccentricity，shaft

轴的几何中心偏离旋转线的径向距离。

2.3.35

密封刃口　edge，sealing

系密封唇的一部分，与密封接触区一起形成密封圈/轴接触面(见图 2 的 6)。

2.3.36

弹簧伸展长度　extended length，spring

同密封唇一起装配在轴上的紧箍弹簧的工作周长。

2.3.37

密封圈后表面　face，back

不与密封流体接触，垂直于轴线的密封圈表面(见图 2 的 10)。

2.3.38

密封圈前表面　face，front

面向密封流体的密封圈表面(见图 2 的 17)。

2.3.39

密封唇后表面　face，back，lip

密封唇斜截体的后表面，截体的最小直径终接在密封刃口处(见图 2 的 5)。

2.3.40

密封唇前表面　face，front，lip

密封唇斜截体的前表面，截体的最小直径终接在密封刃口处(见图 2 的 8)。

2.3.41

密封唇弯曲部　flex section

与密封唇唇冠部和唇根相连的部分，其主要作用是使密封唇与骨架间能有一定的相对运动(见图 2 的 4)。

2.3.42

弹簧自由长度　free length，spring

紧箍弹簧不计末端搭接部分的总长度。

2.3.43

密封圈前部　front side

靠近密封部位并与密封流体接触的部分(见图 2 的 24)。

2.3.44

弹簧沟槽　groove, spring

位于唇冠部的半圆形沟槽，用来容纳紧箍弹簧(见图2的15)。

2.3.45

唇冠部　head section

通常指由密封唇前、后表面及弹簧沟槽构成的唇形密封圈的那一部分(见图2的7)。

2.3.46

唇根部　heel

粘合到骨架上，与密封圈后表面和密封唇弯曲部相连的部分(见图2的3)。

2.3.47

密封刃口高度　height, sealing edge

从密封唇口到密封圈后表面的轴向距离(见图2的28)。

2.3.48

弹簧初始张力　initial tension, spring

在缠绕紧箍弹簧时，弹簧圈中已形成的"预负荷"。

2.3.49

金属嵌件　insert, metal

密封组件中被弹性体材料包覆的骨架(见图2的21)。

2.3.50

外径过盈量　interference, outside diameter

密封圈外径与腔体内孔内径之差。

2.3.51

密封圈过盈量　interference, seal

带弹簧的唇内径与唇接触处的轴径之差。

2.3.52

唇径过盈量　interference, lip

无弹簧的唇内径与唇接触处的轴径之差。

2.3.53

腔体倒角长度　length, housing chamfer

腔体倒角的轴向深度(见图2的41)。

2.3.54

副唇后侧　lip, back side, minor

面向密封圈后表面的防尘副唇的那一部分(见图2的11)。

2.3.55

防尘副唇　lip, minor

位于密封圈后表面，保护轴及防止污染物侵入的短唇(见图2的12)。

2.3.56

副唇前侧　lip, front side, minor

面向密封圈内侧的防尘副唇的那一部分(见图2的14)。

2.3.57

密封唇　lip, sealing

顶在轴上起密封作用的柔性弹性体元件(见图2的23)。

2.3.58

弹簧护唇　lip，spring retaining

位于唇冠部，从弹簧沟槽及密封唇前表面径向地向外延伸的唇部，起固定紧箍弹簧位置的作用(见图2的16)。

2.3.59

精磨加工痕迹　plunge ground finish

轴或耐磨轴套的表面纹理，是由磨削轮对旋转轴在没有轴向跳动情况下进行研磨而形成的加工痕迹。

2.3.60

腔体内孔倒圆　radius，housing bore

腔体内孔内拐角处的圆角(见图2的39)。

2.3.61

弹簧比率　rate，spring

把弹簧拉伸一单位距离所需的力，与初始张力无关。

2.3.62

表面粗糙度　roughness，surface

按ISO 3274和ISO 4288测得的表面轮廓不规则性。

2.3.63

轴跳动量　run-out，shaft

用FIM(指示器最大移动量)表示的双倍轴偏心度。

2.3.64

轴密封接触区　seal land

同密封唇接触的经精加工的那部分轴表面。

2.3.65

径向密封空间　space，radial，seal

轴外径与腔体内孔内径间的径向距离(见图2的47)。

2.3.66

紧箍弹簧　spring，garter

首尾连接成环的螺旋缠绕钢丝弹簧，用于保持密封唇与轴之间的径向密封力(见图2的22)。

2.3.67

弹簧相对位置　spring，position，relative

密封唇刃口与弹簧沟槽中心线之间的轴向距离(见图2的26)。

2.3.68

外表面　surface，outside

密封圈的外表面，一般指压配合表面(见图2的19)。

2.3.69

密封圈总宽度　width

密封圈总的轴向尺寸(见图2的27)。

2.3.70

径向宽度　width，radial

密封圈外表面与密封唇刃口间的径向距离(见图2的37)。

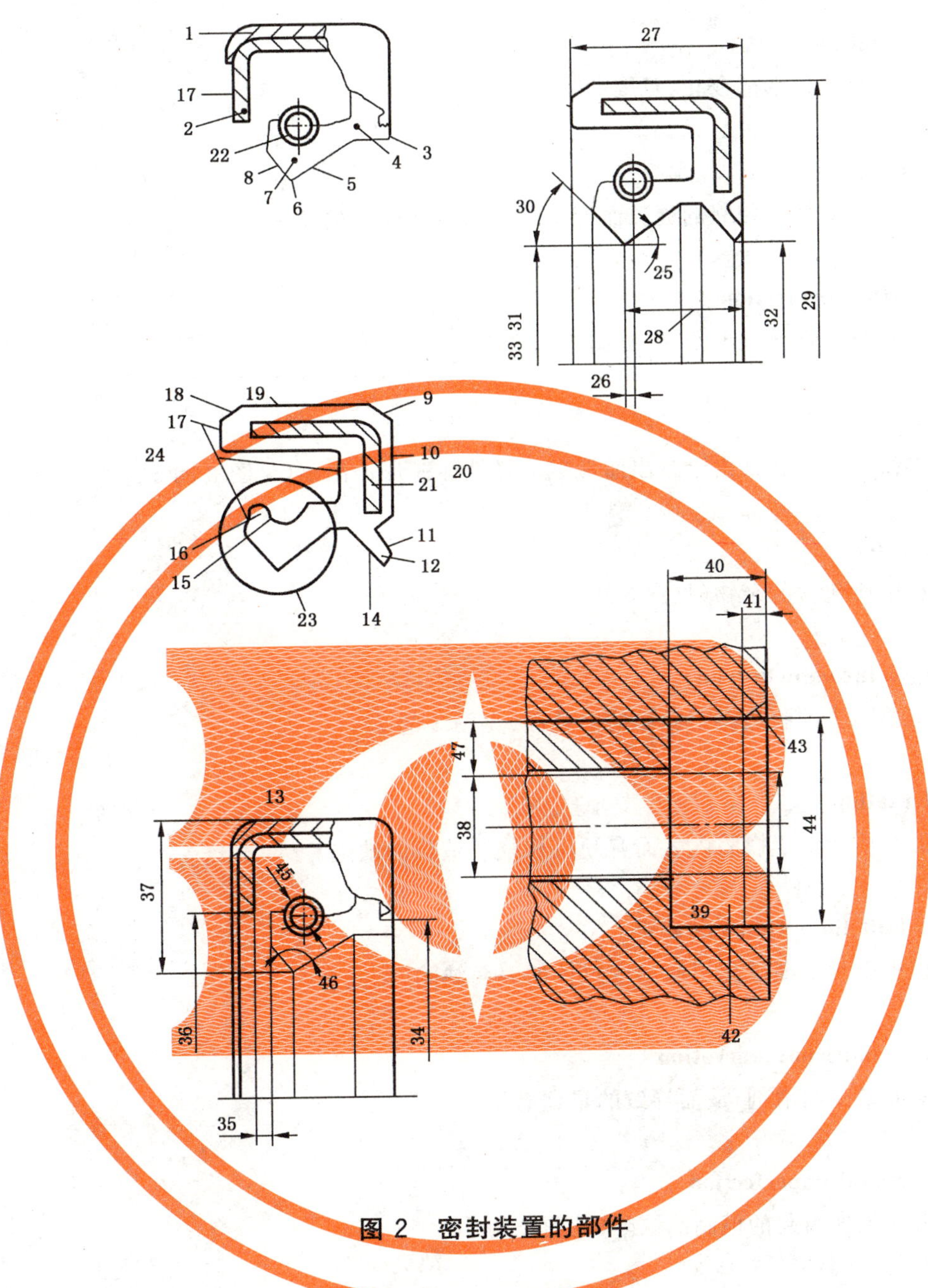

图 2 密封装置的部件

2.3.71

气泡 blister

空心的表面隆起物(见图 3 的 1)。

2.3.72

粘着失效 bond failure

弹性体和骨架材料之间粘合力不足(见图 3 的 12)。

2.3.73

龟裂 crack

在金属或弹性体中的明显的裂纹或裂缝(见图 3 的 22)。

2.3.74

割口 cut

由尖锐的工具在密封圈材料上造成的相对较深的不连续的、材料未切掉的切口(见图 3 的 23)。

2.3.75

形变　deformation

应力引起的形状或外形的变化(见图3的4)。

2.3.76

挤出　extrusion

密封圈某一部分被挤入相邻的缝隙而产生的永久的或暂时的位移。

2.3.77

填料凸出　filler projection

未分散的填料从弹性体表面凸起(见图3的24)。

2.3.78

胶边　flash

在模腔分模线或放气孔处由于挤出而形成的弹性体薄形伸出物(见图3的5)。

2.3.79

杂质　inclusion

密封圈材料中所包含的杂物(见图3的6)。

2.3.80

修边不完全　incomplete trim

没有把指定要除去的胶边完全除净的修整面(见图3的7)。

2.3.81

凹陷　indentation

因除去表面杂质或由于模腔内表面有硬沉积物所造成的缺陷。

2.3.82

流动痕迹　knit line; flow mark

在模制过程中由于早期硫化引起的密封件的表面缺陷(见图3的8)。

2.3.83

润滑剂不足　lubricant starvation

密封圈接触面缺少润滑剂,从而导致的早期磨损。

2.3.84

模压缺陷　mould imperfection

由于模型表面损伤引起的模制品缺陷(见图3的9)。

2.3.85

凹口　nick

模压后由于缺损而造成的材料局部缺少(见图3的10)。

2.3.86

缺胶　nonfill

由于胶料未完全充满模腔所引起的位置不定、形状不规则的表面凹陷(见图3的11)。

2.3.87

海绵体　porosity

橡胶中存在大量的微小孔洞(见图3的13)。

2.3.88

修边粗糙　rough trim

在最靠近接触线的密封唇内,外表面上,修整面不平整(见图3的14)。

2.3.89

凹边 scoop trim

凹进的修整面(见图 3 的 15)。

2.3.90

划痕 scratch

由于研磨物擦过表面而形成的浅而不连续的表面痕迹,但无材料迁移(见图 3 的 16)。

2.3.91

螺旋形修边 spiral trim

呈螺旋形花纹的修整面(见图 3 的 17)。

2.3.92

分裂 split

弹性体材料的拉伸破裂,常与流动痕迹有关(见图 3 的 2)。

2.3.93

阶梯形修边 step trim

在唇口接触线上,有阶梯形的修整面(见图 3 的 18)。

2.3.94

粘连的胶边 stuck flash

粘合到密封圈主体上的胶边(见图 3 的 3)。

2.3.95

表面杂质 surface contamination

在密封圈表面上的杂物(见图 3 的 19)。

2.3.96

撕裂 tear

弹性体材料上的剪切破裂,通常以局部分离的形式出现(见图 3 的 20)。

2.3.97

未粘合胶边 unbonded flash

预定要粘合而没有真正地粘合到相连材料上的胶边(见图 3 的 21)。

2.3.98

安装垂直度 installed squareness

密封圈径向平面垂直于旋转轴线的垂直度。

2.3.99

预润滑唇 prelubed llp

已用油或油脂等润滑好的密封唇。

2.3.100

使用寿命 service life

密封圈可有效使用的时间。

2.3.101

贮存寿命 shelf life

密封圈可安全存放的时间,并仍应符合规范要求和具有适宜的使用寿命。

2.3.102

试验机头 head, test

试验机上安放试验用密封圈的部件。

2.3.103

径向唇负荷　load, radial lip

由于唇过盈及紧箍弹簧张力的综合作用结果,由唇对轴施加的径向力。

2.3.104

动态跳动量　run-out dynamic

轴跳动量　run-out, shaft

轴的中心线偏离旋转中心而产生的双倍距离,用 TIR(指示器总读数)表示。

2.3.105

合格鉴定试验　test qualification

评定某种密封圈是否能满足使用规范要求而进行的试验。

2.3.106

唇口张开压力　lip open pressure

在气体压力下,唇口离开试验轴表面并产生泄露的气体压力。

2.3.107

泄露量　leakage ratio

密封装置中,被密封流体在规定条件下泄露的体积或质量。

2.3.108

摩擦扭矩　frictional torque

在转动条件下,轴和密封刃口接触带沿轴切线方向产生的摩擦力与轴半径之积。

2.3.109

刃口接触宽度　contacting width of edge

密封刃口与轴接触的轴向长度。

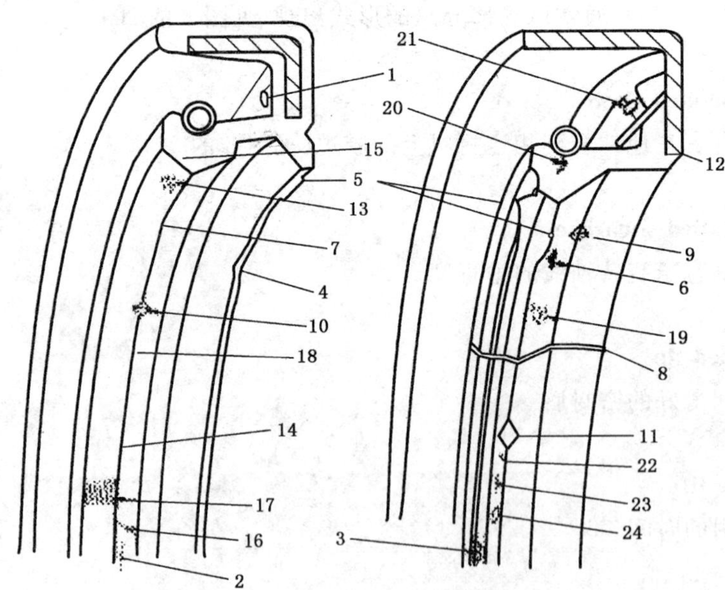

图 3　外观缺陷

中 文 索 引

英 文 索 引

A

B

C

D

S

T

前　　言

本标准是对GB/T 10708.1—1989《往复运动橡胶密封圈结构尺寸系列　第1部分:单向密封橡胶密封圈》进行修订编制而成。

本标准是首次对GB/T 10708.1—1989进行修订,修订后的内容主要有以下改变:

——对编排格式、符号规定和标记方法进行了修改;

——调整了尺寸和公差表的排列顺序,使结构合理,查寻更方便;

——将活塞用密封圈和活塞杆用密封圈的标记方法分别作了规定,以避免对规格相同而用途不同的密封圈因难以区分而出现的错误使用;

——修改了标准的英文名称。

本标准是GB/T 10708《往复运动橡胶密封圈结构尺寸系列》的第1部分。

GB/T 10708包括以下三个部分:

第1部分(即GB/T 10708.1):单向密封橡胶密封圈;

第2部分(即GB/T 10708.2):双向密封橡胶密封圈;

第3部分(即GB/T 10708.3):橡胶防尘密封圈。

本标准自实施之日起,代替GB/T 10708.1—1989。

本标准的附录A是标准的附录。

本标准由中华人民共和国原化学工业部提出。

本标准由全国橡胶与橡胶制品标准化技术委员会密封制品分技术委员会归口。

本标准起草单位:西北橡胶塑料研究设计院、浙江海门橡胶一厂、西安重型机械研究所。

本标准主要起草人:孙莉萍、曹元礼、董成杰、苏　静。

中华人民共和国国家标准

往复运动橡胶密封圈结构尺寸系列 第1部分:单向密封橡胶密封圈

GB/T 10708.1—2000

代替 GB/T 10708.1—1989

Reciprocating rubber seals—Types, dimensions and tolerances—Part 1: Rubber seals on one-way

1 范围

本标准规定了往复运动用单向密封橡胶密封圈及其压环和支撑环的结构型式、尺寸和公差。

本标准适用于安装在液压缸活塞和活塞杆上起单向密封作用的橡胶密封圈。

2 引用标准

下列标准所包含的条文,通过在本标准中引用而构成为本标准的条文。本标准出版时,所示版本均为有效。所有标准都会被修订,使用本标准的各方应探讨使用下列标准最新版本的可能性。

GB/T 2879—1986 液压缸活塞和活塞杆 动密封沟槽型式、尺寸和公差(neq ISO 5597:1981)

3 符号

Y——Y 形橡胶密封圈(以下简称为 Y 形圈);

L——蕾形橡胶密封圈(以下简称为蕾形圈);

V——V 形橡胶密封圈(以下简称为 V 形圈);

D——密封沟槽外径(或缸内径);

d——密封沟槽内径(或活塞杆直径);

f——间隙;

L_1——短型密封沟槽轴向长度;

L_2——中型密封沟槽轴向长度;

L_3——长型密封沟槽轴向长度;

D_1——密封圈唇部外径;

D_2——密封圈根部外径;

D_3——弹性圈外径;

S_1——密封圈唇部径向截面宽度;

S_2——密封圈根部径向截面宽度;

S_3——弹性圈径向截面宽度;

d_1——密封圈唇部内径;

d_2——密封圈根部内径;

h——密封圈高度;

h_1——V 形圈唇部高度;

h_2——压环高度;

国家质量技术监督局 2000-08-28 批准

2001-03-01 实施

h_3——弹性圈高度；

h_4——支撑环高度。

4 要求

4.1 L_1 密封沟槽用Y形圈

4.1.1 活塞 L_1 密封沟槽的密封结构型式及Y形圈见图1，尺寸和公差见表1。

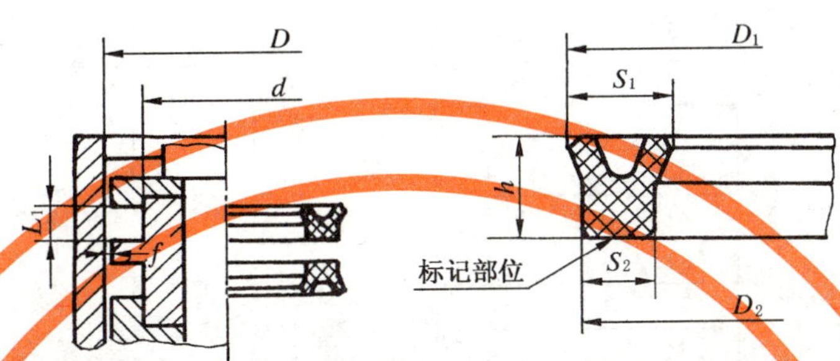

图1 活塞 L_1 密封沟槽的密封结构型式及Y形圈

4.1.2 活塞杆 L_1 密封沟槽的密封结构型式及Y形圈见图2，尺寸和公差见表2。

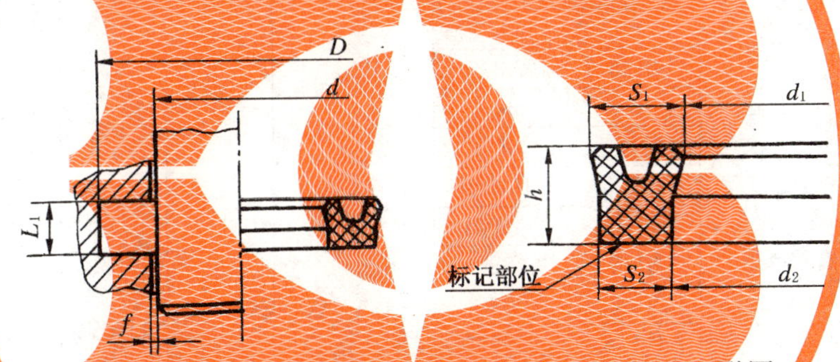

图2 活塞杆 L_1 密封沟槽的密封结构型式及Y形圈

4.2 L_2 密封沟槽用Y形圈、蕾形圈

4.2.1 活塞 L_2 密封沟槽的密封结构型式及Y形圈、蕾形圈见图3，尺寸和公差见表3。

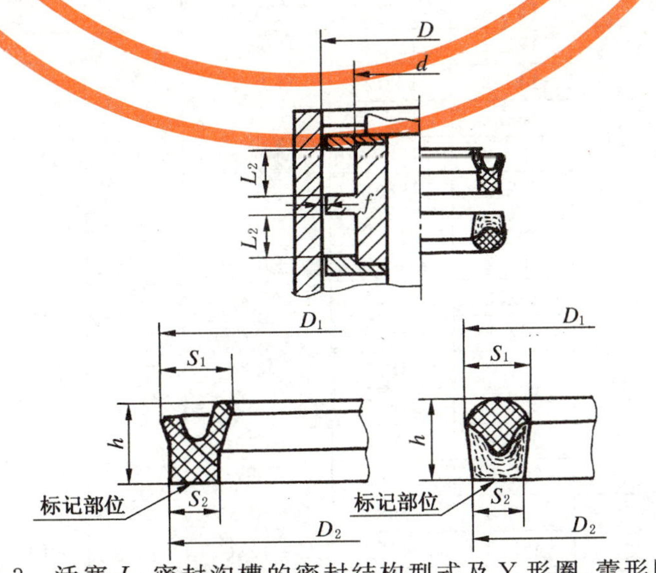

图3 活塞 L_2 密封沟槽的密封结构型式及Y形圈、蕾形圈

表 1　活塞 L_1 密封沟槽用 Y 形圈尺寸和公差　　　　mm

D	d	L_1	外径			宽度			高度	
			D_1	D_2	极限偏差	S_1	S_2	极限偏差	h	极限偏差
12	4	5	13	11.5	±0.20	5	3.5	±0.15	4.4	±0.20
16	8		17	15.5						
20	12		21.1	19.4	±0.25					
25	17		26.1	24.4						
32	24		33.1	31.4						
40	32		41.1	39.4						
20	10	6.3	21.2	19.4		6.2	4.4		5.6	
25	15		26.2	24.4						
32	22		33.2	31.4						
40	30		41.2	39.4						
50	40		51.2	49.4	±0.35					
56	46		57.5	55.4						
63	53		64.2	62.4						
50	35	9.5	51.5	49.2		9	6.7		8.5	
56	41		57.5	55.2						
63	48		64.5	62.2						
70	65		71.5	69.2						
80	65		81.5	79.2						
90	75		91.5	89.2						
100	85		101.5	99.2						
110	95		111.5	109.2						
70	50	12.5	71.8	69		11.8	9		11.3	
80	60		81.8	79						
90	70		91.8	89						
100	80		101.8	99						
110	90		111.8	109						
125	105		126.8	124	±0.45					
140	120		141.8	139						
160	140		161.8	159	±0.60					
180	160		181.8	179						
125	100	16	127.2	123.8	±0.45	14.7	11.3		14.8	
140	115		142.2	138.8						
160	135		162.2	158.8	±0.60					
180	155		182.2	178.8						
200	175		202.2	198.8						
220	195		222.2	218.8						
250	225		252.2	248.8						
200	170	20	202.8	198.5	±0.90	17.8	13.5	±0.20	18.5	±0.25
220	190		222.8	218.5						
250	220		252.8	248.5						
280	250		282.8	278.5						
320	290		322.8	318.5						
360	330		362.8	358.5						
400	360	25	403.5	398	±1.40	23.3	18		23	
450	410		453.5	448						
500	460		503.5	498						

表 2　活塞杆 L_1 密封沟槽用 Y 形圈尺寸和公差　　mm

d	D	L_1	内径 d_1	内径 d_2	内径 极限偏差	宽度 S_1	宽度 S_2	宽度 极限偏差	高度 h	高度 极限偏差
6	14	5	5	6.5	±0.20	5	3.5	±0.15	4.6	±0.20
8	16		7	8.5						
10	18		9	10.5						
12	20		11	12.5						
14	22		13	14.5						
16	24		15	16.5	±0.25					
18	26		17	18.5						
20	28		19	20.5						
22	30		21	22.5						
25	33		24	25.5						
28	38	6.3	26.8	28.6		6.2	4.4		5.6	
32	42		30.8	32.6						
36	46		34.8	36.6						
40	50		38.8	40.6						
45	55		43.8	45.6						
50	60		48.8	50.6						
56	71	9.5	54.5	56.8		9	6.7		8.5	
63	78		61.5	63.8						
70	85		68.5	70.8	±0.35					
80	95		78.5	80.8						
90	105		88.5	90.8						
100	120	12.5	98.2	101		11.8	9		11.3	
110	130		108.2	111	±0:45					
125	145		123.2	126						
140	160		138.2	141						
160	185	16	157.8	161.2		14.7	11.3		14.8	
180	205		177.8	181.2	±0.60					
200	225		197.8	201.2						
220	250	20	217.2	221.5		17.8	13.5		18.5	
250	280		247.2	251.5						
280	310		277.2	281.5	±0.90					
320	360	25	316.7	322		23.3	18	±0.20	23	±0.25
360	400		356.7	362						

表 3　活塞 L_2 密封沟槽用 Y 形圈、蕾形圈尺寸和公差　　mm

D	d	L_2	Y 形圈								蕾形圈							
			外　径			宽　度			高　度		外　径			宽　度			高　度	
			D_1	D_2	极限偏差	S_1	S_2	极限偏差	h	极限偏差	D_1	D_2	极限偏差	S_1	S_2	极限偏差	h	极限偏差
12	4	6.3	13	11.5	±0.20	5	3.5	±0.15	5.8	±0.20	12.7	11.5	±0.18	4.7	3.5	±0.15	5.6	±0.20
16	8		17	15.5							16.7	15.5						
20	12		21	19.5	±0.25						20.7	19.5	±0.22					
25	17		26	24.5							25.7	24.5						
32	24		33	31.5							32.7	31.5						
40	32		41	39.5							40.7	39.5						
20	10	8	21.2	19.4		6.2	4.4		7.3		20.8	19.4		5.8	4.4		7	
25	15		26.2	24.4							25.8	24.4						
32	22		33.2	31.4							32.8	31.4						
46	30		41.2	39.4							40.8	39.4						
50	40		51.2	49.4							50.8	49.4						
56	46		57.2	55.4							56.8	55.4						
63	53		64.2	62.4							63.8	62.4						
50	35	12.5	51.5	49.2		9	6.7		11.5		51	49.1		8.5	6.6		11.3	
56	41		57.5	55.2							57	55.1						
63	48		64.5	62.2							64	62.1						
70	55		71.5	69.2	±0.35						71	69.1	±0.28					
80	65		81.5	79.2							81	79.1						
90	75		91.5	89.2							91	89.1						
100	85		101.5	99.2							101	99.1						
110	95		111.5	109.2	±0.45						111	109.1	±0.35					
70	50	16	71.8	69	±0.35	11.8	9		15		71.2	68.6	±0.28	11.2	8.6		14.5	
80	60		81.8	79							81.2	78.6						
90	70		91.8	89							91.2	88.6						
100	80		101.8	99							101.2	98.6						
110	90		111.8	109	±0.45						111.2	108.6	±0.35					
125	105		126.8	124							126.2	123.6						
140	120		141.8	139							141.2	138.6						
160	140		161.8	159							161.2	158.6						
180	160		181.8	179	±0.60						181.2	178.6	±0.45					
125	100	20	127.2	123.8	±0.45	14.7	11.3		18.5		126.3	123.2	±0.35	13.8	10.7		18	
140	115		142.2	138.8							141.3	138.2						
160	135		162.2	158.8							161.3	158.2						
180	155		182.2	178.8	±0.60						181.3	178.2	±0.45					
200	175		202.2	198.8							201.3	198.2						
220	195		222.2	218.8							221.3	218.2						
250	225		252.2	248.8							251.3	248.2						
200	170	25	202.8	198.5		17.8	13.5	±0.20	23	±0.25	201.4	198		16.4	12.7	±0.20	22.5	±0.25
220	190		222.8	218.5							221.4	218						
250	220		252.8	248.5							251.4	248						
280	250		282.8	278.5	±0.90						281.4	278	±0.60					
320	290		322.8	318.5							321.4	318						
360	330		362.8	358.5							361.4	358						
400	360	32	403.3	398	±1.40	23.3	18		29		401.8	397	±0.90	21.8	17		28.5	
450	410		453.3	448							451.8	447						
500	460		503.3	498							501.8	497						

4.2.2 活塞杆 L_2 密封沟槽的密封结构型式及 Y 形圈、蕾形圈见图 4，尺寸和公差见表 4。

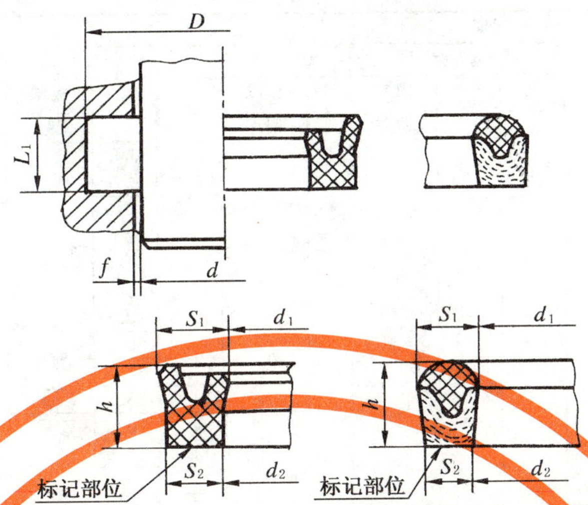

图 4 活塞杆 L_2 密封沟槽的密封结构型式及 Y 形圈、蕾形圈

4.3 L_3 密封沟槽用 V 形组合密封圈

4.3.1 活塞 L_3 密封沟槽用 V 形组合密封圈由 V 形圈、压环和弹性圈组合而成，密封结构型式及 V 形圈、压环和弹性圈见图 5，尺寸和公差见表 5。

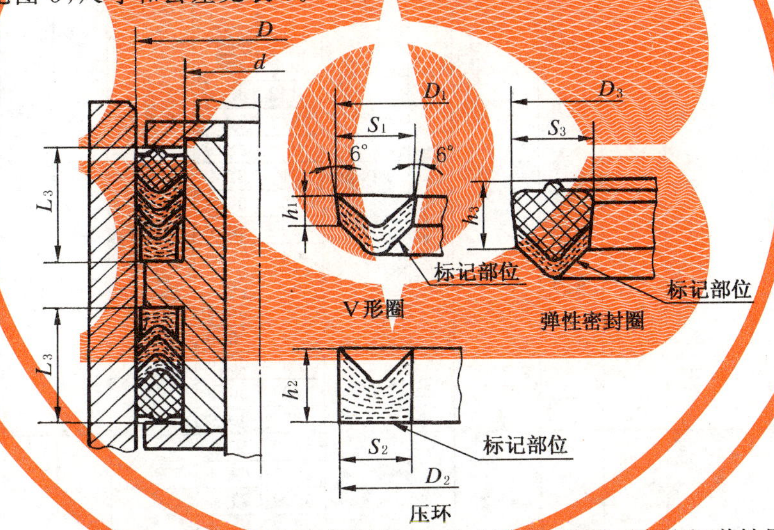

图 5 活塞 L_3 密封沟槽的密封结构型式及 V 形圈、压环和弹性圈

4.3.2 活塞杆 L_3 密封沟槽用 V 形组合密封圈，由 V 形圈、压环和塑料支撑环组成，密封结构型式及 V 形圈、压环、支撑环见图 6，尺寸和公差见表 6。

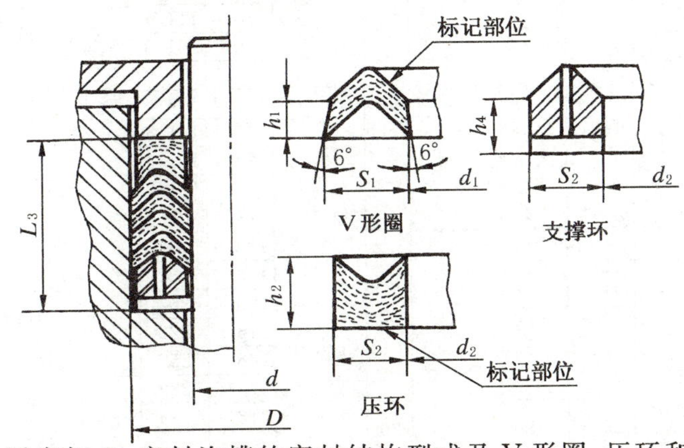

图 6 活塞杆 L_3 密封沟槽的密封结构型式及 V 形圈、压环和支撑环

表 4　活塞杆 L_2 密封沟槽用 Y 形圈、蕾形圈尺寸和公差

mm

d	D	L_2	Y 形圈								蕾形圈							
			内　径			宽　度			高　度		内　径			宽　度			高　度	
			d_1	d_2	极限偏差	S_1	S_2	极限偏差	h	极限偏差	d_1	d_2	极限偏差	S_1	S_2	极限偏差	h	极限偏差
6	14	6.3	5	6.5	±0.20	5	3.5	±0.15	5.8	±0.20	5.3	6.5	±0.18	4.7	3.5	±0.15	5.5	±0.20
8	16		7	8.5							7.3	8.5						
10	18		9	10.5							9.3	10.5						
12	20		11	12.5							11.3	12.5						
14	22		13	14.5							13.3	14.5						
16	24		15	16.5							15.3	16.5						
18	26		17	18.5							17.3	18.5						
20	28		19	20.5							19.3	20.5						
22	30		21	22.5	±0.25						21.3	22.5	±0.22					
25	33		24	25.5							24.3	25.5						
10	20	8	8.8	10.6	±0.20	6.2	4.4		7.3		9.2	10.6	±0.18	5.8	4.4		7	
12	22		10.8	12.6							11.2	12.6						
14	24		12.8	14.6							13.2	14.6						
16	26		14.8	16.6							15.2	16.6						
18	28		16.8	18.6							17.2	18.6						
20	30		18.8	20.6							19.2	20.6						
22	32		20.8	22.6	±0.25						21.2	22.6	±0.22					
25	35		23.8	25.6							24.2	25.6						
28	38		26.8	28.6							27.2	28.6						
32	42		30.8	32.6							31.2	32.6						
36	46		34.8	36.6							35.2	36.6						
40	50		38.8	40.6							39.2	40.6						
45	55		43.8	45.6							44.2	45.6						
50	60		48.8	50.6							49.2	50.6						
28	43	12.5	26.5	28.8		9	6.7		11.5		27	28.9		8.5	6.6		11.3	
32	47		30.5	32.8							31	32.9						
36	51		34.5	36.8							35	36.9						
40	55		38.5	40.8							39	40.9						
45	60		43.5	45.8							44	45.9						
50	65		48.5	50.8							49	50.9						
56	71		54.5	56.8							55	56.9						
63	78		61.5	63.8	±0.35						62	63.9	±0.28					
70	85		68.5	70.8							69	70.9						
80	95		78.5	80.8							79	80.9						
90	105		88.5	90.8							89	90.9						
56	76	16	54.2	57	±0.25	11.8	9		15		54.8	57.4	±0.22	11.2	8.6		14.5	
63	83		61.2	64							61.8	64.4						
70	90		68.2	71	±0.35						68.8	71.4	±0.28					
80	100		78.2	81							78.8	81.4						
90	110		88.2	91							88.8	91.4						
100	120		98.2	101							98.8	101.4						
110	130		108.2	111	±0.45						108.8	111.4	±0.35					
125	145		123.2	126							123.8	126.4						
140	160		138.2	141							138.8	141.4						
100	125	20	97.8	101.2		14.7	11.3		18.5		98.7	101.8		13.8	10.7		18	
110	135		107.8	111.2							108.7	111.8						
125	150		122.8	126.2							123.7	126.8						
140	165		137.8	141.2							138.7	141.8						
160	185		157.8	161.2							158.7	161.8						
180	205		177.8	181.2	±0.60						178.7	181.8	±0.45					
200	225		197.8	201.2							198.7	201.8						
160	190	25	157.2	161.5		18.5	13.5	±0.20	23	±0.25	158.6	162		16.4	13	±0.20	22.5	±0.25
180	210		177.2	181.5							178.6	182						
200	230		197.2	201.5							198.6	202						
220	250		217.2	221.5							218.6	222						
250	280		247.2	251.5							248.6	252						
280	310		277.2	281.5							278.6	282	±0.60					
320	360	32	317.7	322	±0.90	23.3	18		29		318.2	323		21.8	17		28.5	
360	400		357.7	362							358.2	363						

表 5　活塞 L_3 密封沟槽用 V 形圈、压环和弹性圈尺寸和公差　　mm

<table>
<tr><th rowspan="2">D</th><th rowspan="2">d</th><th rowspan="2">L_3</th><th colspan="4">外　径</th><th colspan="4">宽　度</th><th colspan="4">高　度</th><th rowspan="2">V 形圈数量</th></tr>
<tr><th>D_1</th><th>D_2</th><th>D_3</th><th>极限偏差</th><th>S_1</th><th>S_2</th><th>S_3</th><th>极限偏差</th><th>h_1</th><th>h_2</th><th>h_3</th><th>极限偏差</th></tr>
<tr><td>20</td><td>10</td><td rowspan="7">16</td><td>20.6</td><td>19.7</td><td>20.8</td><td rowspan="10">±0.22</td><td rowspan="7">5.6</td><td rowspan="7">4.7</td><td rowspan="7">5.8</td><td rowspan="37">±0.15</td><td rowspan="7">3</td><td rowspan="7">6</td><td rowspan="7">6.5</td><td rowspan="37">±0.20</td><td rowspan="7">1</td></tr>
<tr><td>25</td><td>15</td><td>25.6</td><td>24.7</td><td>25.8</td></tr>
<tr><td>32</td><td>22</td><td>32.6</td><td>31.7</td><td>32.8</td></tr>
<tr><td>40</td><td>30</td><td>40.6</td><td>39.7</td><td>40.8</td></tr>
<tr><td>50</td><td>40</td><td>50.6</td><td>49.7</td><td>50.8</td></tr>
<tr><td>56</td><td>46</td><td>56.6</td><td>55.7</td><td>56.8</td></tr>
<tr><td>63</td><td>53</td><td>63.6</td><td>62.7</td><td>63.8</td></tr>
<tr><td>50</td><td>35</td><td rowspan="8">25</td><td>50.7</td><td>49.5</td><td>51.1</td><td rowspan="8">8.2</td><td rowspan="8">7</td><td rowspan="8">8.6</td><td rowspan="8">4.5</td><td rowspan="8">7.5</td><td rowspan="8">8</td><td rowspan="24">2</td></tr>
<tr><td>56</td><td>41</td><td>56.7</td><td>55.5</td><td>57.1</td></tr>
<tr><td>63</td><td>48</td><td>63.7</td><td>62.5</td><td>64.1</td></tr>
<tr><td>70</td><td>55</td><td>70.7</td><td>69.5</td><td>71.1</td><td rowspan="9">±0.28</td></tr>
<tr><td>80</td><td>65</td><td>80.7</td><td>79.5</td><td>81.1</td></tr>
<tr><td>90</td><td>75</td><td>90.7</td><td>89.5</td><td>91.1</td></tr>
<tr><td>100</td><td>85</td><td>100.7</td><td>99.5</td><td>101.1</td></tr>
<tr><td>110</td><td>95</td><td>110.7</td><td>109.5</td><td>111.1</td></tr>
<tr><td>70</td><td>50</td><td rowspan="9">32</td><td>70.8</td><td>69.4</td><td>71.3</td><td rowspan="9">10.8</td><td rowspan="9">9.4</td><td rowspan="9">11.3</td><td rowspan="9">5</td><td rowspan="9">10</td><td rowspan="9">11</td></tr>
<tr><td>80</td><td>60</td><td>80.8</td><td>79.4</td><td>81.3</td></tr>
<tr><td>90</td><td>70</td><td>90.8</td><td>89.4</td><td>91.3</td></tr>
<tr><td>100</td><td>80</td><td>100.8</td><td>99.4</td><td>101.3</td></tr>
<tr><td>110</td><td>90</td><td>110.8</td><td>109.4</td><td>111.3</td><td rowspan="9">±0.35</td></tr>
<tr><td>125</td><td>105</td><td>125.8</td><td>124.4</td><td>126.3</td></tr>
<tr><td>140</td><td>120</td><td>140.8</td><td>139.4</td><td>141.3</td></tr>
<tr><td>160</td><td>140</td><td>160.8</td><td>159.4</td><td>161.3</td></tr>
<tr><td>180</td><td>160</td><td>180.8</td><td>179.4</td><td>181.3</td></tr>
<tr><td>125</td><td>100</td><td rowspan="7">40</td><td>126</td><td>124.4</td><td>126.6</td><td rowspan="7">13.5</td><td rowspan="7">11.9</td><td rowspan="7">14.1</td><td rowspan="7">6</td><td rowspan="13">12</td><td rowspan="7">15</td></tr>
<tr><td>140</td><td>115</td><td>141</td><td>139.4</td><td>141.6</td></tr>
<tr><td>160</td><td>135</td><td>161</td><td>169.4</td><td>161.6</td></tr>
<tr><td>180</td><td>155</td><td>181</td><td>179.4</td><td>181.6</td></tr>
<tr><td>200</td><td>175</td><td>201</td><td>199.4</td><td>201.6</td><td rowspan="5">±0.45</td></tr>
<tr><td>220</td><td>195</td><td>221</td><td>219.4</td><td>221.6</td></tr>
<tr><td>250</td><td>225</td><td>251</td><td>249.4</td><td>251.6</td></tr>
<tr><td>200</td><td>170</td><td rowspan="6">50</td><td>201.3</td><td>199.2</td><td>201.9</td><td rowspan="6">16.3</td><td rowspan="6">14.2</td><td rowspan="6">16.8</td><td rowspan="6">6.5</td><td rowspan="6">17.5</td><td rowspan="9">3</td></tr>
<tr><td>220</td><td>190</td><td>221.3</td><td>219.2</td><td>221.9</td></tr>
<tr><td>250</td><td>220</td><td>251.3</td><td>249.2</td><td>251.9</td></tr>
<tr><td>280</td><td>250</td><td>281.3</td><td>279.2</td><td>281.9</td><td rowspan="4">±0.60</td></tr>
<tr><td>320</td><td>290</td><td>321.3</td><td>319.2</td><td>321.9</td></tr>
<tr><td>360</td><td>330</td><td>361.3</td><td>359.2</td><td>361.9</td></tr>
<tr><td>400</td><td>360</td><td rowspan="3">63</td><td>401.6</td><td>399</td><td>402.1</td><td rowspan="3">±0.90</td><td rowspan="3">21.6</td><td rowspan="3">19</td><td rowspan="3">22.1</td><td rowspan="3">±0.20</td><td rowspan="3">7</td><td rowspan="3">14</td><td rowspan="3">26.5</td><td rowspan="3">±0.25</td></tr>
<tr><td>450</td><td>410</td><td>451.6</td><td>449</td><td>452.1</td></tr>
<tr><td>500</td><td>400</td><td>501.6</td><td>499</td><td>502.1</td></tr>
</table>

表 6 活塞杆 L_3 密封沟槽用 V 形圈、压环和支撑环尺寸和公差 mm

d	D	L_3	内径			宽度			高度				V 形圈数量
			d_1	d_2	极限偏差	S_1	S_2	极限偏差	h_1	h_2	h_4	极限偏差	
6	14	14.5	5.5	6.3	±0.18	4.5	3.7	±0.15	2.5	6	3	±0.20	2
8	16		7.5	8.3									
10	18		9.5	10.3									
12	20		11.5	12.3									
14	22		13.5	14.3									
16	24		15.5	16.3									
18	26		17.5	18.3	±0.22								
20	28		19.5	20.3									
22	30		21.5	22.3									
25	33		24.5	25.3									
10	20	16	9.4	10.3		5.6	4.7		3	6.5			
12	22		11.4	12.3									
14	24		13.4	14.3									
16	26		15.4	16.3									
18	28		17.4	18.3									
20	30		19.4	20.3									
22	32		21.4	22.3									
25	35		24.4	25.3									
28	38		27.4	28.3									
32	42		31.4	32.3									
36	46		35.4	36.3									
40	50		39.4	40.3									
45	55		44.4	45.3									
50	60		49.4	50.3									
28	43	25	27.3	28.5		8.2	7		4.5	8			3
32	47		31.3	32.5									
36	51		35.3	36.5									
40	55		39.3	40.5									
45	60		44.3	45.5									
50	65		49.3	50.5									
56	71		55.3	56.6									
63	78		62.3	63.6									
70	85		69.3	70.5	±0.28								
80	95		79.3	80.5									
90	105		89.3	90.5									
56	76	32	55.2	56.6	±0.22	10.8	9.4		6	10			
63	83		62.2	63.6									
70	90		69.2	70.6	±0.28								
80	100		79.2	80.6									
90	110		89.2	90.6									
100	120		99.2	100.6									
110	130		109.2	110.6									
125	145		124.2	125.6	±0.35								
140	160		139.2	140.6									
100	125	40	99	100.6		13.5	11.9			12			4
110	135		109	110.6									
125	150		124	125.6									
140	165		139	140.6									
160	185		159	160.6									
180	205		179	180.6	±0.45								
200	225		199	200.6									
160	190	50	158.8	160.8	±0.35	16.2	14.2	±0.20	6.5	14		±0.25	5
180	210		178.8	180.8	±0.45								
200	230		198.8	200.8									
220	250		218.8	220.8									
250	280		248.8	250.8									
280	310		278.8	280.8									
320	360	63	318.4	321	±0.60	21.6	19	±0.25	7	15.5	4		6
360	400		358.4	361									

5 标记

5.1 活塞用密封圈的标记方法以"密封圈代号、$D\times d\times L_1(L_2、L_3)$、制造厂代号"表示。

示例：密封沟槽外径(D)为 80 mm，密封沟槽内径(d)为 65 mm，密封沟槽轴向长度(L_1)为 9.5 mm 的活塞用 Y 形圈，标记为：

Y80×65×9.5　××

5.2 活塞杆用密封圈的标记方法以"密封圈代号、$d\times D\times L_1(L_2、L_3)$、制造厂代号"表示。

示例：密封沟槽内径(d)为 70 mm，密封沟槽外径(D)为 85 mm，密封沟槽轴向长度(L_1)为 9.5 mm 的活塞杆用 Y 形圈，标记为：

Y70×85×9.5　××

附　录　A
（标准的附录）
单向密封橡胶密封圈使用条件

单向密封橡胶密封圈使用条件见表A1。

表A1　单向密封橡胶密封圈使用条件

<table>
<tr><th>密封圈结构型式</th><th>往复运动速度
m/s</th><th>间隙 f
mm</th><th>工作压力范围
MPa</th></tr>
<tr><td rowspan="4">Y形橡胶密封圈</td><td rowspan="2">0.5</td><td>0.2</td><td>0～15</td></tr>
<tr><td>0.1</td><td rowspan="2">0～20</td></tr>
<tr><td rowspan="2">0.15</td><td>0.2</td></tr>
<tr><td>0.1</td><td rowspan="2">0～25</td></tr>
<tr><td rowspan="4">蕾形橡胶密封圈</td><td rowspan="2">0.5</td><td>0.3</td></tr>
<tr><td>0.1</td><td>0～45</td></tr>
<tr><td rowspan="2">0.15</td><td>0.3</td><td>0～30</td></tr>
<tr><td>0.1</td><td>0～50</td></tr>
<tr><td rowspan="4">V形组合密封圈</td><td rowspan="2">0.5</td><td>0.3</td><td>0～20</td></tr>
<tr><td>0.1</td><td>0～40</td></tr>
<tr><td rowspan="2">0.15</td><td>0.3</td><td>0～25</td></tr>
<tr><td>0.1</td><td>0～60</td></tr>
</table>

前　　言

本标准是对GB/T 10708.2—1989《往复运动橡胶密封圈结构尺寸系列　第2部分:双向密封橡胶密封圈》进行修订编制而成。

本标准是首次对GB/T 10708.2—1989进行修订。修订后的内容主要有以下改变:

——对编排格式、符号规定和标记方法进行了修改;

——调整了尺寸和公差表的排列顺序,使结构合理,查寻更方便;

——修改了标准的英文名称。

本标准是GB/T 10708《往复运动橡胶密封圈结构尺寸系列》的第2部分。

GB/T 10708包括以下三个部分:

第1部分(即GB/T 10708.1):单向密封橡胶密封圈;

第2部分(即GB/T 10708.2):双向密封橡胶密封圈;

第3部分(即GB/T 10708.3):橡胶防尘密封圈。

本标准从实施之日起,代替GB/T 10708.2—1989。

本标准的附录A是标准的附录。

本标准由中华人民共和国原化学工业部提出。

本标准由全国橡胶与橡胶制品标准化技术委员会密封制品分技术委员会归口。

本标准起草单位:西北橡胶塑料研究设计院、浙江海门橡胶一厂、西安重型机械研究所。

本标准主要起草人:孙莉萍、曹元礼、董成杰、苏　静。

中华人民共和国国家标准

往复运动橡胶密封圈结构尺寸系列 第2部分:双向密封橡胶密封圈

GB/T 10708.2—2000

代替 GB/T 10708.2—1989

Reciprocating rubber seals—Types, dimensions and tolerances—Part 2: Rubber seals on two-way

1 范围

本标准规定了往复运动用双向密封橡胶密封圈及其塑料支承环的结构型式、尺寸和公差。

本标准适用于安装在液压缸活塞上起双向密封作用的橡胶密封圈。

2 引用标准

下列标准所包含的条文,通过在本标准中引用而构成为本标准的条文。本标准出版时,所示版本均为有效。所有标准都会被修订,使用本标准的各方应探讨使用下列标准最新版本的可能性。

GB/T 6577—1986 液压缸活塞用带支承环密封沟槽型式、尺寸和公差(neq ISO 6547:1981)

3 符号

G——鼓形橡胶密封圈(以下简称为鼓形圈);

S——山形橡胶密封圈(以下简称为山形圈);

D——液压缸内径;

d——密封沟槽内径;

L——密封沟槽轴向长度;

D_1——橡胶密封圈外径;

S_1——橡胶密封圈截面宽度;

S_2——橡胶密封圈根部截面宽度;

h——橡胶密封圈高度;

D_0——塑料支承环外径;

S_0——塑料支承环截面宽度;

h_1——L形塑料支承环轴向高度;

h_2——L形或J形塑料支承环轴向厚度;

h_3——矩形塑料支承环轴向高度。

4 要求

4.1 密封结构型式

密封结构型式有二种。第1种由一个鼓形圈与二个L形支承环组成;第2种由一个山形圈与二个J形、二个矩形支承环组成。密封结构型式见图1。

国家质量技术监督局2000-08-28批准 2001-03-01实施

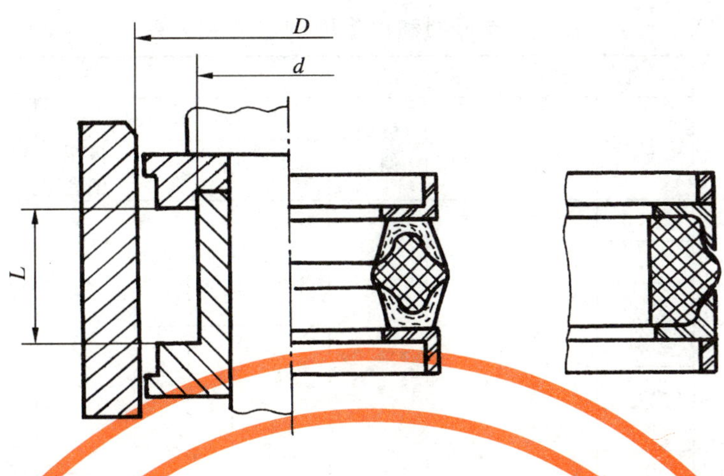

图 1 密封结构型式

4.2 橡胶密封圈

鼓形圈和山形圈的形状见图 2，尺寸和公差见表 1。

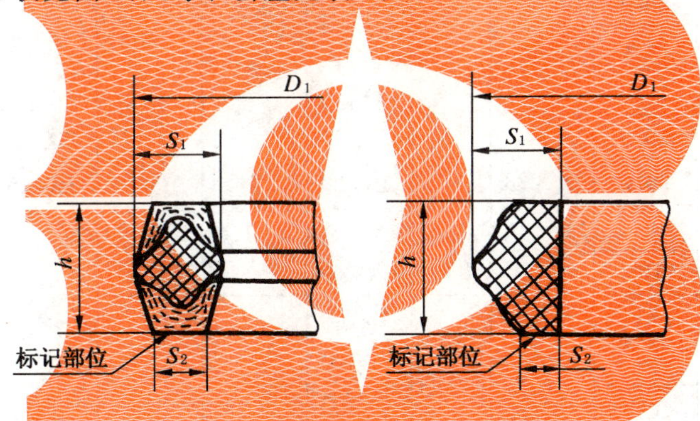

图 2 鼓形圈和山形圈

4.3 塑料支承环

塑料支承环的形状见图 3，尺寸和公差见表 2。

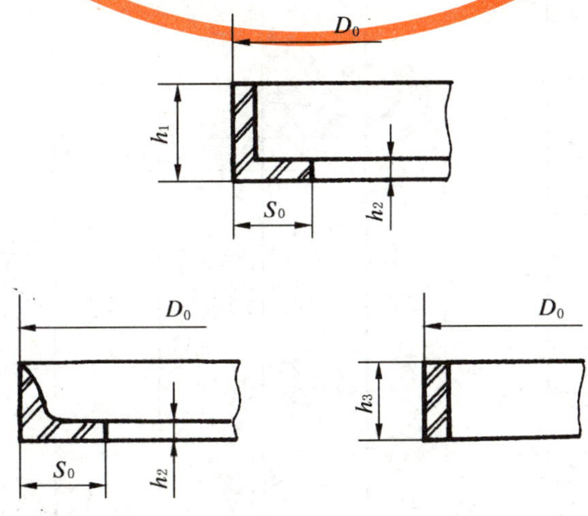

图 3 塑料支承环

表 1 鼓形圈和山形圈的尺寸和公差 mm

D	d	L	外径 D_1	外径 极限偏差	高度 h	高度 极限偏差	宽度 鼓形圈 S_1	鼓形圈 S_2	鼓形圈 极限偏差	山形圈 S_1	山形圈 S_2	山形圈 极限偏差
25	17	10	25.6	±0.22	6.5	±0.20	4.6	3.4	±0.15	4.7	2.5	±0.15
32	24		32.6									
40	32		40.6									
25	15	12.5	25.7		8.5		5.7	4.2		5.8	3.2	
32	22		32.7									
40	30		40.7									
50	40		50.7									
56	46		56.7									
63	53		63.7									
50	35	20	50.9	±0.28	14.5		8.4	6.5		8.5	4.5	
56	41		56.9									
63	48		63.9									
70	55		70.9									
80	65		80.9									
90	75		90.9									
100	85		100.9									
110	95		110.9									
80	60	25	81		18		11	8.7		11.2	5.5	
90	70		91									
100	80		101									
110	90		111	±0.35								
125	105		126									
140	120		141									
160	140		161									
180	160		181	±0.45								
125	100	32	126.3		24		13.7	10.8		13.9	7	
140	115		141.3									
160	135		161.3									
180	155		181.3									
200	170	36	201.5		28	±0.25	16.5	12.9	±0.20	16.7	8.6	±0.20
220	190		221.5									
250	220		251.5									
280	250		281.5	±0.60								
320	290		321.5									
360	330		361.5									
400	360	50	401.8	±0.90	40		21.8	17.5		22	12	
450	410		451.8									
500	460		501.8									

表 2　塑料支承环尺寸和公差　　mm

<table>
<tr><th rowspan="2">D</th><th rowspan="2">d</th><th rowspan="2">L</th><th colspan="2">外　径</th><th colspan="2">宽　度</th><th colspan="4">高　度</th></tr>
<tr><th>D_0</th><th>极限偏差</th><th>S_0</th><th>极限偏差</th><th>h_1</th><th>h_2</th><th>h_3</th><th>极限偏差</th></tr>
<tr><td>25</td><td>17</td><td rowspan="3">10</td><td>25</td><td rowspan="3">0
−0.15</td><td rowspan="3">4</td><td rowspan="29">0
−0.10</td><td rowspan="9">5.5</td><td rowspan="17">1.5</td><td rowspan="9">4</td><td rowspan="29">+0.10
0</td></tr>
<tr><td>32</td><td>24</td><td>32</td></tr>
<tr><td>40</td><td>32</td><td>40</td></tr>
<tr><td>25</td><td>15</td><td rowspan="6">12.5</td><td>25</td><td rowspan="6">0
−0.18</td><td rowspan="6">5</td></tr>
<tr><td>32</td><td>22</td><td>32</td></tr>
<tr><td>40</td><td>30</td><td>40</td></tr>
<tr><td>50</td><td>40</td><td>50</td></tr>
<tr><td>56</td><td>46</td><td>56</td></tr>
<tr><td>63</td><td>53</td><td>63</td></tr>
<tr><td>50</td><td>35</td><td rowspan="8">20</td><td>50</td><td rowspan="8">0
−0.22</td><td rowspan="8">7.5</td><td rowspan="8">6.5</td><td rowspan="8">5</td></tr>
<tr><td>56</td><td>41</td><td>56</td></tr>
<tr><td>63</td><td>48</td><td>63</td></tr>
<tr><td>70</td><td>55</td><td>70</td></tr>
<tr><td>80</td><td>65</td><td>80</td></tr>
<tr><td>90</td><td>75</td><td>90</td></tr>
<tr><td>100</td><td>85</td><td>100</td></tr>
<tr><td>110</td><td>95</td><td>110</td></tr>
<tr><td>80</td><td>60</td><td rowspan="8">25</td><td>80</td><td rowspan="12">0
−0.26</td><td rowspan="8">10</td><td rowspan="8">8.3</td><td rowspan="8">2</td><td rowspan="8">6.3</td></tr>
<tr><td>90</td><td>70</td><td>90</td></tr>
<tr><td>100</td><td>80</td><td>100</td></tr>
<tr><td>110</td><td>90</td><td>110</td></tr>
<tr><td>125</td><td>105</td><td>125</td></tr>
<tr><td>140</td><td>120</td><td>140</td></tr>
<tr><td>160</td><td>140</td><td>160</td></tr>
<tr><td>180</td><td>160</td><td>180</td></tr>
<tr><td>125</td><td>110</td><td rowspan="4">32</td><td>125</td><td rowspan="4">12.5</td><td rowspan="4">13</td><td rowspan="10">3</td><td rowspan="4">10</td></tr>
<tr><td>140</td><td>115</td><td>140</td></tr>
<tr><td>160</td><td>135</td><td>160</td></tr>
<tr><td>180</td><td>155</td><td>180</td></tr>
<tr><td>200</td><td>170</td><td rowspan="6">36</td><td>200</td><td rowspan="6">0
−0.35</td><td rowspan="6">15</td><td rowspan="6">0
−0.12</td><td rowspan="6">15.5</td><td rowspan="6">12.5</td><td rowspan="6">+0.12
0</td></tr>
<tr><td>220</td><td>190</td><td>220</td></tr>
<tr><td>250</td><td>220</td><td>250</td></tr>
<tr><td>280</td><td>250</td><td>280</td></tr>
<tr><td>320</td><td>290</td><td>320</td></tr>
<tr><td>360</td><td>330</td><td>360</td></tr>
<tr><td>400</td><td>360</td><td rowspan="3">50</td><td>400</td><td rowspan="3">0
−0.50</td><td rowspan="3">20</td><td rowspan="3">0
−0.15</td><td rowspan="3">20</td><td rowspan="3">4</td><td rowspan="3">16</td><td rowspan="3">+0.15
0</td></tr>
<tr><td>450</td><td>410</td><td>450</td></tr>
<tr><td>500</td><td>450</td><td>500</td></tr>
</table>

5 标记

橡胶密封圈的标记方法以“密封圈代号、$D\times d\times L$、制造厂代号”表示。

示例：液压缸内径(D)为 100 mm，密封沟槽内径(d)为 85 mm，密封沟槽轴向长度(L)为 20 mm 的鼓形圈，标记为：

G100×85×20　　××

附 录 A
（标准的附录）
双向密封橡胶密封圈使用条件

双向密封橡胶密封圈使用条件见表A1。

表A1 双向密封橡胶密封圈使用条件

密封圈结构型式	往复运动速度 m/s	工作压力范围 MPa
鼓形橡胶密封圈	0.5	0.10～40
	0.15	0.10～70
山形橡胶密封圈	0.5	0～20
	0.15	0～35

前　　言

本标准是对 GB/T 10708.3—1989《往复运动橡胶密封圈结构尺寸系列　第 3 部分：橡胶防尘密封圈》进行修订而编制成。

本标准是首次对 GB/T 10708.3—1989 进行修订，修订后的内容主要有以下改变：

——B 型密封圈的尺寸系列与公差中，增加了活塞杆直径为 56 mm 时的尺寸与公差。

——C 型密封圈的尺寸系列与公差中，增加了活塞杆直径为 6 mm、8 mm、10 mm、16 mm、20 mm、25 mm、32 mm、40 mm、50 mm、60 mm、63 mm、80 mm、100 mm、125 mm、160 mm、180 mm、200 mm、250 mm、280 mm、320 mm、360 mm 时的尺寸与公差。

——对编排格式、符号规定和标记方法进行了修改。

本标准是 GB/T 10708《往复运动橡胶密封圈结构尺寸系列》的第 3 部分。

GB/T 10708 包括以下三个部分：

第 1 部分（即 GB/T 10708.1）：单向密封橡胶密封圈

第 2 部分（即 GB/T 10708.2）：双向密封橡胶密封圈

第 3 部分（即 GB/T 10708.3）：橡胶防尘密封圈

本标准自实施之日起，代替 GB/T 10708.3—1989。

本标准由中华人民共和国原化学工业部提出。

本标准由全国橡胶与橡胶制品标准化技术委员会密封制品分技术委员会归口。

本标准起草单位：西北橡胶塑料研究设计院、浙江海门橡胶一厂、西安重型机械研究所。

本标准主要起草人：郝富森、董成杰、苏　静、王宝永。

中华人民共和国国家标准

往复运动橡胶密封圈结构尺寸系列 第3部分：橡胶防尘密封圈

GB/T 10708.3—2000

代替 GB/T 10708.3—1989

Reciprocating rubber seals—Types, dimensions and tolerances—Part 3: Rubber dust seals

1 范围

本标准规定了往复运动用橡胶防尘密封圈的类型、尺寸和公差。

本标准适用于安装在往复运动液压缸活塞杆导向套上起防尘和密封作用的橡胶防尘密封圈(以下简称为防尘圈)。

2 引用标准

下列标准所包含的条文，通过在本标准中引用而构成为本标准的条文。本标准出版时，所示版本均为有效。所有标准都会被修订，使用本标准的各方应探讨使用下列标准最新版本的可能性。

GB/T 6578—1986 液压缸活塞杆用防尘圈沟槽型式、尺寸和公差

3 分类与符号

3.1 分类

本标准规定的防尘圈按其结构和用途分三种基本类型。

——A 型防尘圈，是一种单唇无骨架橡胶密封圈，适于在 A 型密封结构型式内安装，起防尘作用。如图 1 所示。

——B 型防尘圈，是一种单唇带骨架橡胶密封圈，适于在 B 型密封结构型式内安装，起防尘作用。如图 2 所示。

——C 型防尘圈，是一种双唇橡胶密封圈，适于在 C 型密封结构型式内安装，起防尘和辅助密封作用。如图 3 所示。

3.2 符号

本标准所用符号规定如下：

FA——A 型防尘圈；

FB——B 型防尘圈；

FC——C 型防尘圈；

d——活塞杆直径；

D——密封沟槽外径；

L_1——A 型密封结构型式的密封沟槽轴向长度；

L_2——B 型密封结构型式的密封沟槽轴向长度；

L_3——C 型密封结构型式的密封沟槽轴向长度；

d_1——防尘圈的防尘唇内径；

d_2——防尘圈的密封唇内径；

D_1——A 型防尘圈外径；

国家质量技术监督局 2000-08-28 批准 2001-03-01 实施

D_2——B 型防尘圈外径；

D_3——C 型防尘圈外径；

S_1——A 型防尘圈根部径向宽度；

S_2——B 型防尘圈根部径向宽度；

S_3——C 型防尘圈密封唇部径向宽度；

h_1——A 型防尘圈根部高度；

h_2——B 型防尘圈根部高度；

h_3——C 型防尘圈根部高度。

4 要求

4.1 A 型防尘圈的形状如图 1 所示，尺寸和公差应符合表 1 的规定。

4.2 B 型防尘圈的形状如图 2 所示，尺寸和公差应符合表 2 的规定。

4.3 C 型防尘圈的形状如图 3 所示，尺寸和公差应符合表 3 的规定。

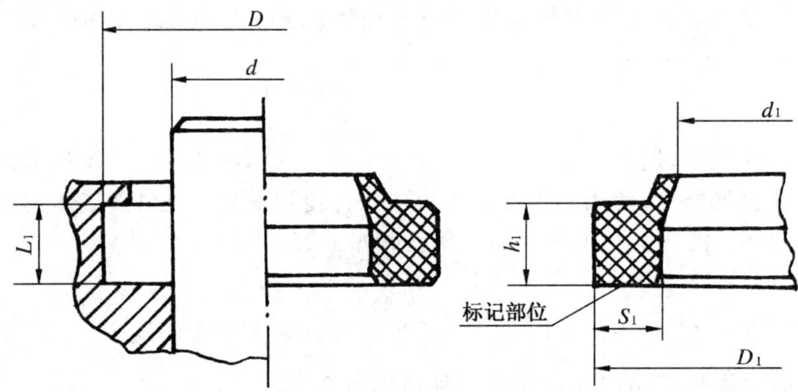

图 1　A 型密封结构型式及 A 型防尘圈

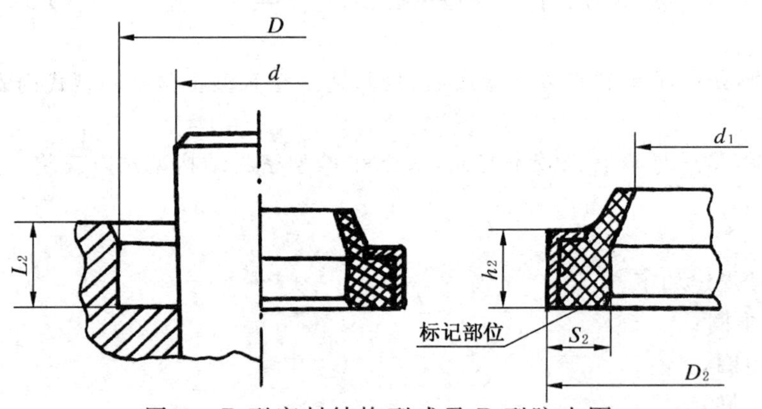

图 2　B 型密封结构型式及 B 型防尘圈

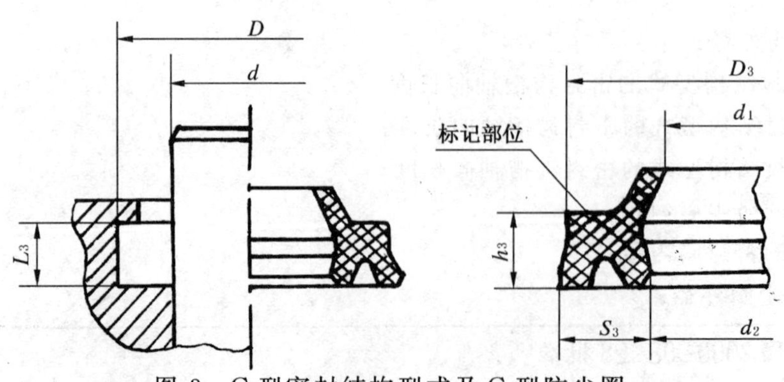

图 3　C 型密封结构型式及 C 型防尘圈

表 1　A 型防尘圈的尺寸及公差　　mm

d	D	L_1	d_1		D_1		S_1		h_1	
			基本尺寸	极限偏差	基本尺寸	极限偏差	基本尺寸	极限偏差	基本尺寸	极限偏差
6	14	5	4.6	±0.15	14	±0.15	3.5	±0.15	5	$^{0}_{-0.30}$
8	16		6.6		16					
10	18		8.6		18					
12	20		10.6		20					
14	22		12.5	±0.25	22					
16	24		14.5		24					
18	26		16.5		26					
20	28		18.5		28					
22	30		20.5		30					
25	33		23.5		33					
28	36		26.5		36					
32	40		30.5		40					
36	44		34.5		44					
40	48		38.5		48					
45	53		43.5		53					
50	58		48.5		58					
56	66	6.3	54		66	±0.35	4.3		6.3	
60	70		58		70					
63	73		61		73					
70	80		68	±0.35	80					
80	90		78		90					
90	100		88		100					
100	115	9.5	97.5	±0.45	115	±0.45	6.5		9.5	
110	125		107.5		125					
125	140		122.5		140					
140	155		137.5		155					
160	175		157.5		175					
180	195		167.5	±0.60	195	±0.60				
200	215		197.5		215					
220	240	12.5	217		240		8.7		12.5	
250	270		247		270					
280	300		277	±0.90	300	±0.90				
320	340		317		340					
360	380		357		380					

表 2 B型防尘圈的尺寸及公差 mm

d	D	L_2	d_1		D_2		S_2		h_2	
			基本尺寸	极限偏差	基本尺寸	极限偏差	基本尺寸	极限偏差	基本尺寸	极限偏差
6	14		4.6		14					
8	16	5	6.6	±0.15	16		3.5		5	
10	18		8.6		18					
12	22		10.5		22					
14	24		12.5		24					
16	26		14.5		26					
18	28		16.5		28					
20	30		18.5		30					
22	32		20.5		32					
25	35		23.5		35					
28	38		26.5	±0.25	38					$_{-0.30}^{0}$
32	42		30		42					
36	46	7	34		46		4.3		7	
40	50		38		50					
45	55		43		55					
50	60		48		60					
56	66		54		66	S_7		±0.15		
60	70		58		70					
63	73		61		73					
70	80		68		80					
80	90		78	±0.35	90					
90	100		88		100					
100	115		97.5		115					
110	125		107.5		125					
125	140		122.5	±0.45	140					
140	155	9	137.5		155		6.5		9	$_{-0.35}^{0}$
160	175		157.5		175					
180	195		177.5		195					
200	215		197.5	±0.60	215					
220	240		217		240					
250	270		247		270					
280	300	12	277		300		8.7		12	$_{-0.40}^{0}$
320	340		317	±0.90	340					
360	380		357		380					

表 3 C 型防尘圈的尺寸及公差 mm

d	D	L_3	d_1 和 d_2			D_3		S_3		h_3	
			d_1	d_2	d_1,d_2 极限偏差	基本尺寸	极限偏差	基本尺寸	极限偏差	基本尺寸	极限偏差
6	12	4	4.8	5.2	±0.20	12	+0.10 −0.25	4.2	±0.15	4	−0.30 0
8	14		6.8	7.2		14					
10	16		8.8	9.2		16					
12	18		10.8	11.2		18					
14	20		12.8	13.2		20					
16	22		14.8	15.2		22					
18	24		16.8	17.2		24					
20	26		18.8	19.2		26					
22	28		20.8	21.2		28					
25	33	5	23.5	24	±0.25	33	+0.10 −0.35	5.5		5	
28	36		26.5	27		36					
32	40		30.5	31		40					
36	44		34.5	35		44					
40	48		38.5	39		48					
45	53		43.5	44		53					
50	58		48.5	49		58					
56	66	6	54.2	54.8		66		6.8		6	
60	70		58.2	58.8		70					
63	73		61.2	61.8		73					
70	80		68.2	68.8	±0.35	80	+0.10 −0.40				
80	90		78.2	78.8		90					
90	100		88.2	88.8		100					
100	115	8.5	97.8	98.4	±0.45	115	+0.10 −0.50	9.8		8.5	
110	125		107.8	108.4		125					
125	140		122.8	123.4		140					
140	155		137.8	138.4		155					
160	175		157.8	158.4		175					
180	195		177.8	178.4	±0.60	195	+0.10 −0.65				
200	215		197.8	198.4		215					
220	240	11	217.4	218.2		240		13.2		11	
250	270		247.4	248.2		270					
280	300		277.4	278.2	±0.90	300	+0.20 −0.90				
320	340		317.4	318.2		340					
360	380		357.4	358.2		380					

5 标记

标记方式以“防尘圈类型符号、$d \times D \times L_1$（L_2、L_3）、制造厂代号”表示。

示 例：活塞杆直径（d）为 100 mm，密封沟槽外径（D）为 115 mm，A 型密封沟槽轴向长度（L_1）为 9.5 mm的 A 型防尘圈，标记为：FA 100×115×9.5　　××

中华人民共和国国家标准

液压缸活塞和活塞杆动密封装置用同轴密封件尺寸系列和公差

GB/T 15242.1—94

Hydraulic fluid power—Cylinder rod and piston seals for reciprocating applications of co-axial seals—Dimensions and tolerances

1 主题内容与适用范围

本标准规定了液压缸活塞和活塞杆动密封装置用方形和阶梯形两种同轴密封件的型式、尺寸系列和公差。

本标准适用于以液压油为工作介质、压力≤40 MPa、速度≤5 m/s、温度范围为－40～＋200℃的往复运动液压缸活塞和活塞杆(柱塞)的密封。

本标准适用于以O形橡胶密封圈为弹性体的同轴密封件，亦适用于其他截面型式的橡胶或橡塑密封圈为弹性体的同轴密封件。

2 引用标准

GB 2348 液压气动系统及元件 缸内径及活塞杆外径

GB 3452.1 液压气动用O形橡胶密封圈尺寸系列及公差

GB 15242.3 液压缸活塞和活塞杆动密封装置用同轴密封件安装沟槽尺寸系列和公差

3 术语与代号

3.1 术语

3.1.1 方形同轴密封件

截面为矩形的塑料环与O形橡胶密封圈组合的同轴密封件。

3.1.2 阶梯形同轴密封件

截面为阶梯形的塑料环与O形橡胶密封圈组合的同轴密封件。

3.2 代号

D_1——同轴密封件的公称外径；

d_1——同轴密封件的公称内径；

D——液压缸内径(活塞杆密封沟槽底径)；

d——活塞杆直径(或活塞密封沟槽底径)；

d_2——O形橡胶密封圈截面直径；

b——同轴密封件的宽度；

TF——方形同轴密封件；

TJ——阶梯形同轴密封件。

国家技术监督局1994-10-17批准 1995-10-01实施

4 型式、尺寸系列和公差

4.1 方形同轴密封件的型式、尺寸系列和公差

4.1.1 方型同轴密封件适用于活塞密封，其型式如图1所示。

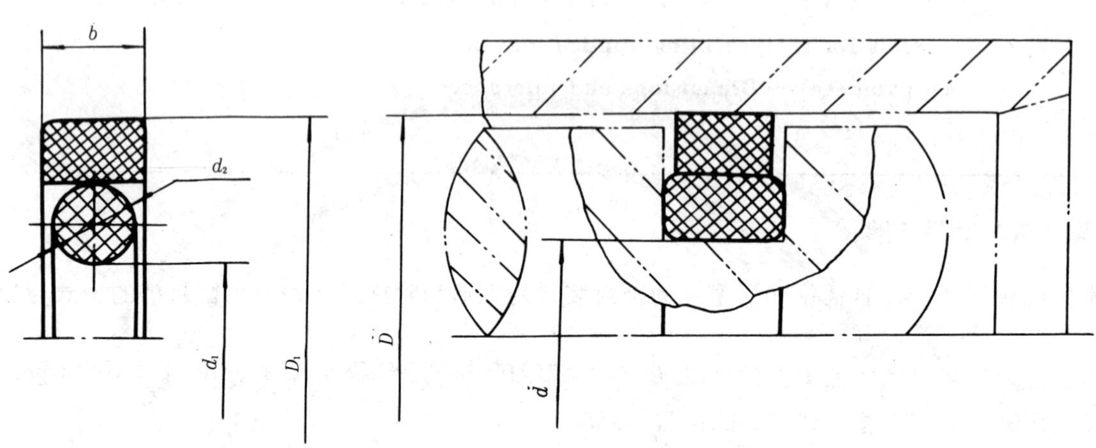

图 1

4.1.2 方形同轴密封件尺寸系列和公差应符合表1规定。

表 1

mm

<table>
<tr><th rowspan="2">规格代号</th><th rowspan="2">D
H9</th><th rowspan="2">d
h9</th><th colspan="2">D_1</th><th rowspan="2">d_1</th><th rowspan="2">$b_{-0.20}^{0}$</th><th rowspan="2">d_2</th></tr>
<tr><th>公称尺寸</th><th>公差</th></tr>
<tr><td>0160</td><td rowspan="2">16</td><td>11</td><td rowspan="2">16</td><td rowspan="10">+0.30
+0.20</td><td>11</td><td>2</td><td>1.80</td></tr>
<tr><td>0160 B</td><td>8.5</td><td>8.5</td><td>3</td><td>2.65</td></tr>
<tr><td>0200</td><td rowspan="2">20</td><td>15</td><td rowspan="2">20</td><td>15</td><td>2</td><td>1.80</td></tr>
<tr><td>0200 B</td><td>12.5</td><td>12.5</td><td>3</td><td>2.65</td></tr>
<tr><td>0250</td><td rowspan="3">25</td><td>17.5</td><td rowspan="3">25</td><td>17.5</td><td>3</td><td>2.65</td></tr>
<tr><td>0250 B</td><td>14</td><td>14</td><td>4</td><td>3.55</td></tr>
<tr><td>0250 C</td><td>15</td><td>15</td><td>4.8</td><td>3.55</td></tr>
<tr><td>0320</td><td rowspan="3">32</td><td>24.5</td><td rowspan="3">32</td><td>24.5</td><td>3</td><td>2.65</td></tr>
<tr><td>0320 B</td><td>21</td><td>21</td><td>4</td><td>3.55</td></tr>
<tr><td>0320 C</td><td>22</td><td>22</td><td>4.8</td><td>3.55</td></tr>
</table>

续表 1　　　　mm

规格代号	D H9	d h9	D_1 公称尺寸	D_1 公差	d_1	$b_{-0.20}^{0}$	d_2
0400	40	32.5	40	$^{+0.40}_{+0.30}$	32.5	3	2.65
0400 B		29			29	4	3.55
0400 C		30			30	4.8	3.55
0500	50	39	50		39	4	3.55
0500 B		34.5			34.5	6	5.30
0500 C		35			35	7.2	700
0560	56[1)]	45	56		45	4	3.55
0560 B		40.5			40.5	6	5.30
0560 C		41			41	7.2	700
0630	63	52	63		52	4	3.55
0630 B		47.5			47.5	6	5.30
0630 C		48			48	7.2	7.00
0700	70[1)]	59	70		59	4	3.55
0700 B		54.5			54.5	6	5.30
0700 C		55			55	7.2	7.00
0800	80	69	80	$^{+0.50}_{+0.40}$	69	4	3.55
0800 B		64.5			64.5	6	5.30
0800 C		60			60	9.8	△
0900	(90)	79	90		79	4	3.55
0900 B		74.5			74.5	6	5.30
0900 C		70			70	9.8	△
1000	100	89	100		89	4	3.55
1000 B		84.5			84.5	6	5.30
1000 C		80			80	9.8	△

续表 1

mm

规格代号	D H9	d h9	D_1		d_1	$b_{-0.20}^{0}$	d_2
			公称尺寸	公差			
1100	(110)	99	110	+0.50 +0.40	99	4	3.55
1100 B		94.5			94.5	6	5.30
1100 C		90			90	9.8	△
1250	125	109.5	125		109.5	6	5.30
1250 B		104			104	7.8	7.00
1250 C		105			105	9.8	△
1400	(140)	124.5	140	+0.60 +0.50	124.5	6	5.30
1400 B		119			119	7.8	7.00
1400 C		120			120	9.8	△
1600	160	144.5	160		144.5	6	5.30
1600 B		139			139	7.8	7.00
1600 C		135			135	12.3	△
1800	(180)	164.5	180		164.5	6	5.30
1800 B		159			159	7.8	7.00
1800 C		155			155	12.3	△
2000	200	184.5	200		184.5	6	5.30
2000 B		179			179	7.8	7.00
2000 C		175			175	12.3	△
2200	(220)	204.5	220		204.5	6	5.30
2200 B		199			199	7.8	7.00
2200 C		195			195	12.3	△
2500	250	229	250		229	7.8	7.00
2500 B		225.5			225.5	7.8	7.00
2500 C		220			220	14.8	△

续表 1

mm

规格代号	D H9	d h9	D_1 公称尺寸	D_1 公差	d_1	$b_{-0.20}^{0}$	d_2
2800	(280)	259	280	+0.60 +0.50	259	7.8	7.00
2800 B		255.5			225.5	7.8	7.00
2800 C		250			250	14.8	△
3200	320	299	320		299	7.8	7.00
3200 B		295.5			295.5	7.8	7.00
3200 C		290			290	14.8	△
3600	(360)	339	360		339	7.8	7.00
3600 B		335.5			335.5	7.8	7.00
3600 C		330			330	14.8	△
4000	400	375.5	400	+0.80 +0.70	375.5	7.8	7.00
4000 B		370			370	12.3	△
4000 C		360			360	19.8	△
4500	450	425.5	450		425.5	7.8	7.00
4500 B		420			420	12.3	△
4500 C		410			410	19.8	△
5000	500	475.5	500	+0.80 +0.70	475.5	7.8	7.00
5000 B		470			470	12.3	△
5000 C		460			460	19.8	△

注：① 带“( )”的缸内径为非优先选用。

② “Δ”表示所用弹性体结构尺寸由用户与生产厂协商而定。

1) 仅限于老产品或维修配件使用。

4.2 阶梯形同轴密封件的型式、尺寸系列和公差

4.2.1 阶梯形同轴密封件适用于活塞杆(柱塞)密封，其型式如图 2 所示。

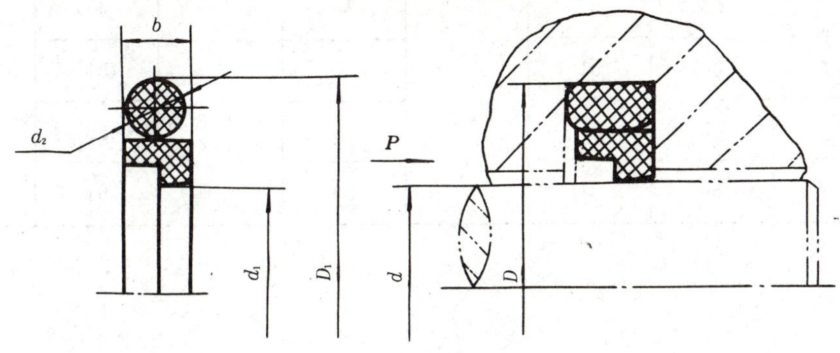

图 2

4.2.2 阶梯形同轴密封件尺寸系列和公差应符合表 2 规定。

表 2

mm

规格代号	d f8	D		d_1		D_1	$b_{-0.2}^{0}$	d_2
		公称尺寸	公差	公称尺寸	公差			
0060	6	11		6	−0.15 −0.25	11		
0080	8	13		8		13	2	1.80
0100	10	15		10		15		
0120	12	17		12		17		
0120 B		19.5			−0.20 −0.30	19.5	3	2.65
0140	14	19		14		19	2	1.80
0140 B		21.5				21.5		
0160	16	23.5		16		23.5	3	2.65
0180	18	25.5		18		25.5		
0200	20	27.5	H9	20		27.5		
0200 B		31				31	4	3.55
0220	22	29.5		22		29.5	3	2.65
0220 B		33				33	4	3.55
0250	25	32.5		25	−0.25 −0.35	32.5	3	2.65
0250 B		36				36		
0280	28	39		28		39		
0320	32	43		32		43		
0360	36	47		36		47	4	3.55
0400	40	51		40		51		
0450	45	56		45	−0.30 −0.40	56		
0500	50	61		50		61		

续表 2

mm

规格代号	d f8	D		d_1		D_1	$b_{-0.2}^{0}$	d_2
		公称尺寸	公差	公称尺寸	公差			
0560	56	67	H9	56	−0.30 −0.40	67	4	3.55
0560 B		71.5				71.5	6	5.30
0600	(60)	71		60		71	4	3.55
0600 B		75.5				75.5	6	5.30
0630	63	74		63		74	4	3.55
0630 B		78.5				78.5	6	5.30
0700	70	85.5		70		85.5		
0800	80	95.5		80	−0.40 −0.50	95.5	6	5.30
0900	90	105.5		90		105.5		
1000	100	115.5		100		115.5		
1100	110	125.5	H8	110		125.5		
1250	125	140.5		125		140.5		
1400	140	155.5		140	−0.50 −0.60	155.5		
1600	160	175.5		160		175.5		
1600		181				181	7.8	7.00
1800	180	195.5		180		195.5	6	5.30
1800 B		201				201	7.8	7.00
2000	200	221		200	−0.55 −0.70	221		
2200	220	241		220		241		
2500	250	271		250		271		
2800	280	304.5		280	−0.65 −0.80	304.5		
3200	320	344.5		320		344.5		
3600	360	384.5		360		384.5		

注：带“( )”的杆径为非优先选用。

5 标记

5.1 方形同轴密封件的标记方法

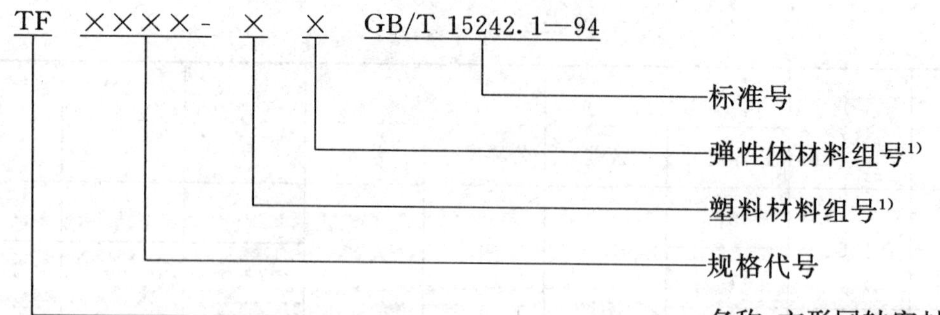

例:缸内径为100 mm的方形同轴密封件,宽度b为6 mm,塑料材料选用第Ⅰ组PTFE,弹形体材料选用第Ⅰ组,其标记为:

方形同轴密封件:TF 1000B-Ⅱ GB/T 15242.1—94

注:1) 材料组号由用户与生产厂协商而定。

5.2 阶梯形同轴密封件的标记方法

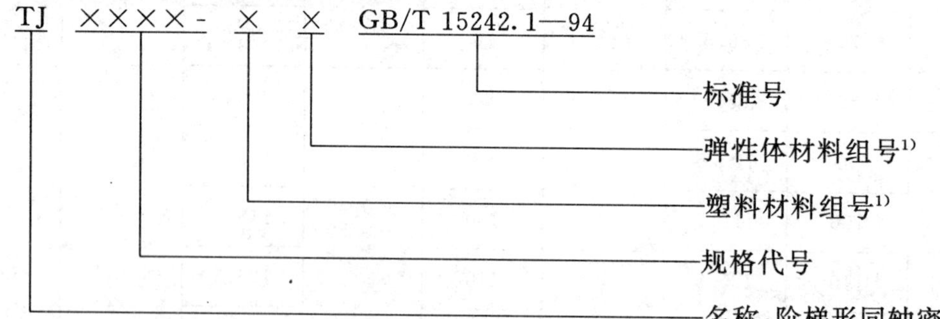

例:活塞杆直径为50 mm的阶梯形同轴密封件,塑料材料选用第Ⅰ组PTFE,弹性体材料选用第Ⅰ组,其标记为:

阶梯形同轴密封件:TJ0500-Ⅱ GB/T 15242.1—94

注:1) 材料组号由用户与生产厂协商而定。

附加说明:

本标准由中华人民共和国机械工业部提出。

本标准由全国液压气动标准化技术委员会归口。

本标准由机械工业部广州机床研究所、机械工业部天津工程机械研究所负责起草。

本标准主要起草人梁钜修、叶脉、金振邦。

中华人民共和国国家标准

液压缸活塞和活塞杆动密封装置用支承环尺寸系列和公差

GB/T 15242.2—94

Hydraulic fluid power—Cylinder rod and piston seals for reciprocating applications of bearing rings—Dimensions and tolerances

1 主题内容与适用范围

本标准规定了液压缸活塞和活塞杆动密封装置用支承环的尺寸系列和公差。

本标准适用于温度范围为－40～＋200℃的往复运动液压缸活塞和活塞杆起支承及导向作用的支承环。

2 引用标准

GB 2348 液压气动系统及元件 缸内径及活塞杆外径

GB/T 15242.4 液压缸活塞和活塞杆动密封装置用支承环安装沟槽尺寸系列和公差

3 代号

D_1——活塞用支承环的外径；

d_1——活塞杆用支承环的内径；

D——液压缸内径；

d——活塞杆直径；

δ——支承环的截面厚度；

b——支承环的宽度；

Z——支承环的切口宽度；

SD——活塞用支承环；

GD——活塞杆用支承环。

4 型式、尺寸系列和公差

4.1 活塞用支承环型式、尺寸系列和公差

4.1.1 活塞用支承环型式如图 1 所示。

4.1.2 活塞用支承环尺寸系列和公差应符合表 1 规定。

国家技术监督局1994-10-17批准 1995-10-01实施

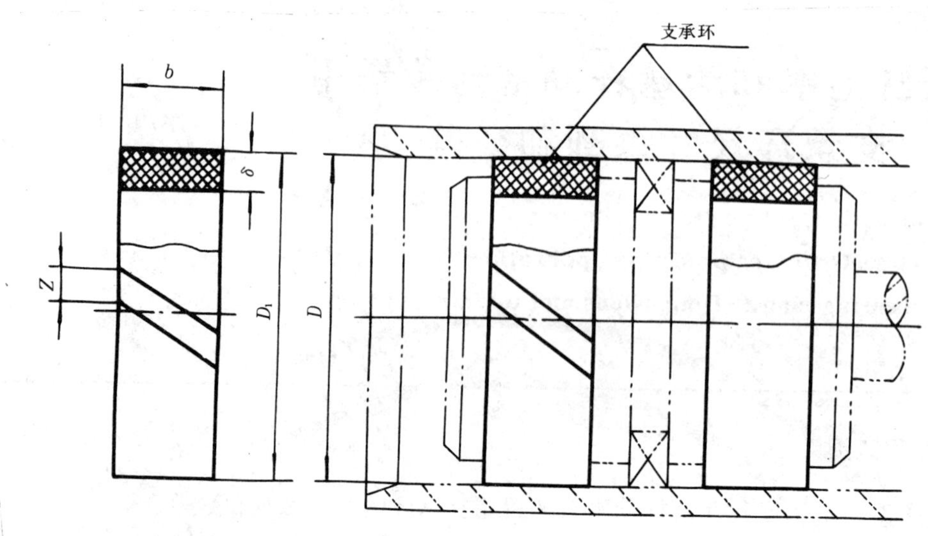

图 1

表 1

mm

规格代号	D H9	D_1	$b_{-0.15}^{\ 0}$	$\delta_{-0.05}^{\ 0}$	Z
0160	16	16	3.0	1.5	1.0～1.5
0200	20	20	4.0	1.5、2.5	
0250	25	25	4.0		
0250 B			6.1		
0320	32	32	4.0		1.5～2.0
0320			6.1		
0400	40	40	4.0	2.5	
0400 B			6.1		
0400 C			7.9		
0500	50	50	6.1		2.0～3.5
0500 B			7.9		
0500 C			9.5		
0560	56[1)]	56	6.1		
0560 B			7.9		
0560 C			9.5		
0630	63	63	6.1		
0630 B			7.9		
0630 C			9.5		
0700	70[1)]	70	6.1		
0700 B			7.9		
0700 C			9.5		
0800	80	80	6.1		
0800 B			7.9		
0800 C			9.5		
0900	(90)	90	7.9		3.5～5.0
0900 B			9.5		
1000	100	100	7.9		
1000 B			9.5		
1100	(110)	110	7.9		
1100 B			9.5		

续表 1 mm

规格代号	D H9	D_1	$b_{-0.15}^{\ 0}$	$\delta_{-0.05}^{\ 0}$	Z
1250	125	125	7.9	2.5	3.5～5.0
1250 B			9.5		
1250 C			14.8		
1400	(140)	140	7.9		
1400 B			9.5		
1400 C			14.8		
1600.	160	160	7.9		
1600 B			9.5		
1600 C			14.8		
1800	(180)	180	7.9		
1800 B			9.5		
1800 C			14.8		
2000	200	200	7.9		
2000 B			9.5		
2000 C			14.8		
2200	(220)	220	7.9		
2200 B			9.5		
2200 C			14.8		
2500	250	250	7.9		
2500 B			9.5		
2500 C			14.8		
2800	(280)	280	7.9		5.0～6.0
2800 B			14.8		
2800 C			19.5		
3200	320	320	14.8		
3200 B			19.5		
3200 C			24.5		
3600	(360)	360	19.5		6.0～8.0
3600 B			24.5		
3600 C			29.5		
4000	400	400	19.5		
4000 B			24.5		
4000 C			29.5		
4500	(450)	450	19.5		
4500 B			24.5		
4500 C			29.5		
5000	500	500	19.5		
5000 B			24.5		
5000 C			29.5		

注：带“( )”的缸内径为非优先选用。

1) 仅限于老产品或维修配件使用。

4.2 活塞杆用支承环型式、尺寸系列和公差

4.2.1 活塞杆用支承环型式如图 2 所示。

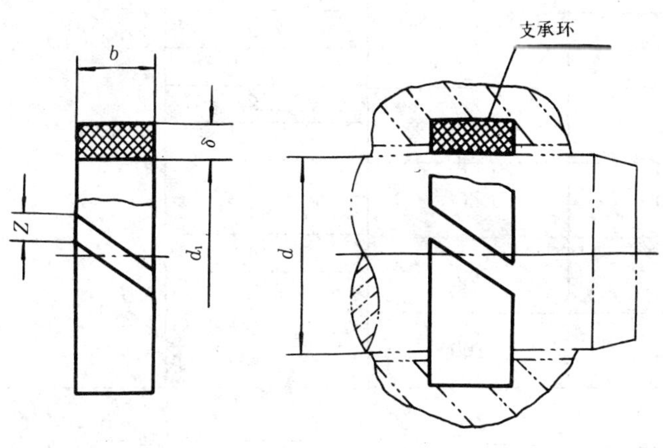

图 2

4.2.2 活塞杆用支承环尺寸系列和公差应符合表2规定。

表 2

mm

规格代号	d f8	d_1	$b_{-0.15}^{0}$	$\delta_{-0.05}^{0}$	Z
0060	6	6	3.0	1.5	1.0～1.5
0080	8	8			
0100	10	10			
0120	12	12			
0140	14	14			
0160	16	16	3.0		
0160 B			4.0		
0180	18	18	3.0		
0180 B			4.0		
0200	20	20	3.0		
0200 B			4.0		
0220	22	22	4.0	2.5	1.5～2.0
0220 B			6.1		
0250	25	25	4.0		
0250 B			6.1		
0280	28	28	4.0		
0280 B			6.1		
0320	32	32	4.0		
0320 B			6.1		
0360	36	36	4.0		2.0～3.5
0360 B			6.1		
0400	40	40	7.9		
0400 B			9.5		
0450	45	45	7.9		
0450 B			9.5		
0500	50	50	7.9		
0500 B			9.5		
0560	56	56	7.9		
0560 B			9.5		
0600	(60)	60	7.9		
0600 B			9.5		
0630	63	63	7.9		
0630 B			9.5		
0700	70	70	7.9		
0700 B			9.5		
0800	80	80	7.9		3.5～5.0
0800 B			9.5		
0900	90	90	7.9		
0900 B			9.5		
1000	100	100	7.9		
1000 B			9.5		

续表 2 mm

规格代号	d f8	d_1	$b_{-0.15}^{0}$	$\delta_{-0.05}^{0}$	Z
1100	110	110	7.9	2.5	3.5～5.0
1100 B			9.5		
1250	125	125	7.9		
1250 B			9.5		
1250 C			14.8		
1400	140	140	7.9		
1400 B			9.5		
1400 C			14.8		
1600	160	160	7.9		
1600 B			9.5		
1600 C			14.8		
1800	180	180	7.9		
1800 B			9.5		
1800 C			14.8		
2000	200	200	7.9		
2000 B			9.5		
2000 C			14.8		
2000 D			19.5		
2200	220	220	7.9		
2200 B			9.5		
2200 C			14.8		
2200 D			19.5		
2500	250	250	7.9		
2500 B			9.5		
2500 C			14.8		
2500D			19.5		
2800	280	280	7.9		5.0～6.0
2800 B			9.5		
2800 C			14.8		
2800 D			19.5		
3200	320	320	14.8		
3200 B			19.5		
3200 C			24.5		
3600	360	360	14.8		
3600 B			19.5		
3600 C			24.5		

注：带“( )”的杆径为非优先选用。

5 标记

5.1 活塞用支承环的标记方法

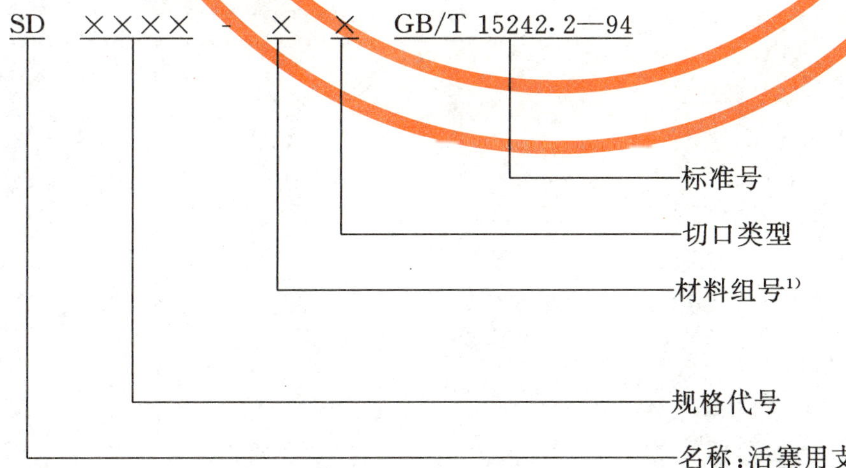

例：缸内径为 160 mm 的支承环，宽度 b 为 9.5 mm，材料选用第Ⅱ组 PTFE，切口类型为 A，其标记为：

活塞用支承环：SD 1600 B-Ⅱ A GB/T 15242.2—94

注：1) 材料组号由用户与生产厂协商而定。

5.2 活塞杆用支承环的标记方法

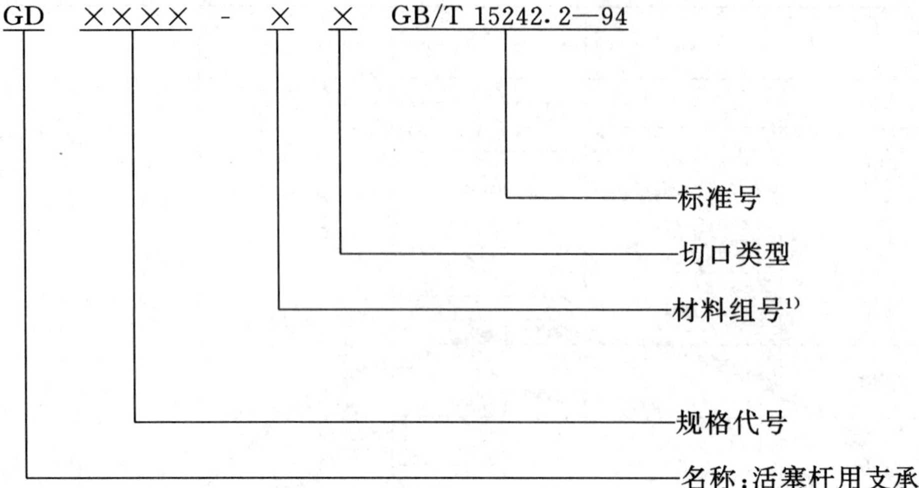

例：活塞杆直径为 50 mm 的支承环，宽度 *b* 为 9.5 mm，材料选用第Ⅱ组 PTFE，切口类型为 A，其标记为：

活塞杆用支承环:GD 0500 B-ⅡA GB/T 15242.2—94

注：1）材料组号由用户与生产厂协商而定。

附 录 A
支承环的切口类型及切割长度的计算
（参考件）

A1 支承环的切口类型

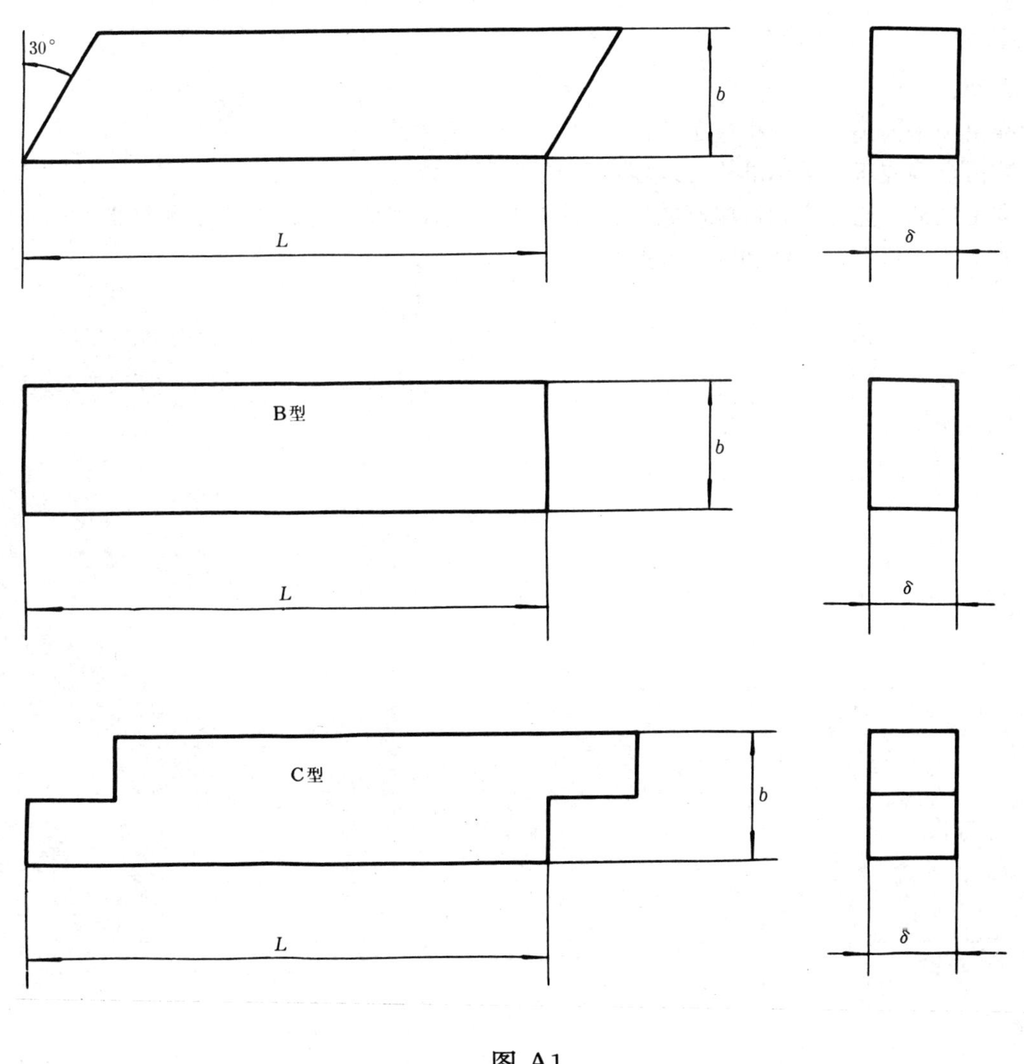

图 A1

A2 支承环切割长度 L 的计算

A2.1 活塞用支承环切割长度 L 的计算

$$L = \pi(D - \delta) - Z$$

A2.2 活塞杆用支承环切割长度 L 的计算

$$L = \pi(d + \delta) - Z$$

附加说明：

本标准由中华人民共和国机械工业部提出。

本标准由全国液压气动标准化技术委员会归口。

本标准由机械工业部广州机床研究所、机械工业部天津工程机械研究所负责起草。

本标准主要起草人梁钜修、叶脉、金振邦。

中华人民共和国第一机械工业部

部　标　准

JB 982—77

代替 JB 982—67

组合密封垫圈

本标准仅规定焊接、卡套、扩口管接头及螺塞密封用组合垫圈，公称压力 400 kgf/cm^2，工作温度 −25～80℃。

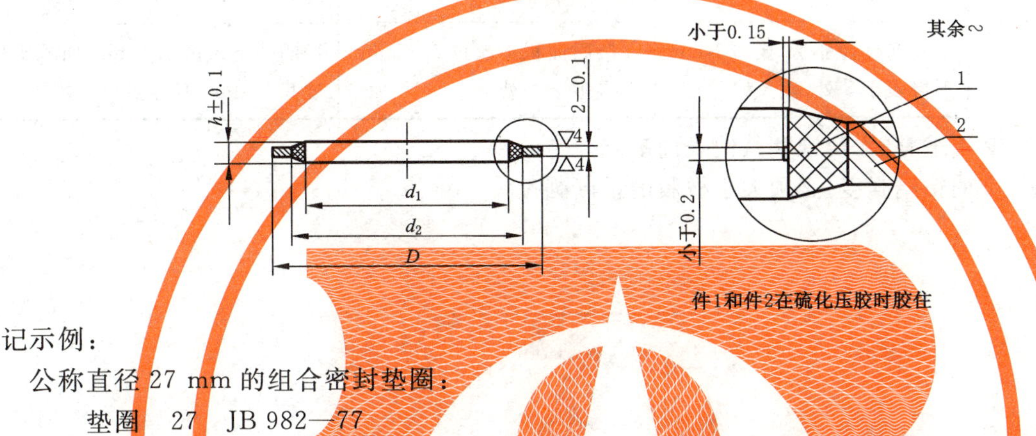

标记示例：

公称直径 27 mm 的组合密封垫圈：

垫圈　27　JB 982—77

表 1

mm

公称直径	d_1		d_2		D		h	孔 d_2 允许偏心	适用螺纹尺寸
	尺寸	公差	尺寸	公差	尺寸	公差			
8	8.4	±0.12	10	+0.24	14	−0.24	2.7	0.1	M8
10	10.4		12		16				M10(G1/8″)
12	12.4		14		18				M12
14	14.4		16		20	−0.28			M14(G1/4″)
16	16.4		18	+0.28	22				M16
18	18.4		20		25				M18(G3/8″)
20	20.5	±0.14	23		28				M20
22	22.5		25		30				M22(G1/2″)
24	24.5		27		32	−0.34		0.15	M24
27	27.5		30	+0.34	35				M27(G3/4″)
30	30.5		33		38				M30
33	33.5	±0.17	36		42				M33(G1)
36	36.6		40		46		2.9		M36
39	39.6		43		50				M39
42	42.6		46		53	−0.40			M42(G1 1/4″)
45	45.6		49		56				M45
48	48.7		52	+0.40	60				M48
52	52.7	±0.20	56		66				M52
60	60.7		64		75				M60(G2″)

材料：件 1——耐油橡胶 Ⅰ—4；件 2——A2。

中华人民共和国第一机械工业部　发布　　　1977 年 5 月 1 日　实施

第一机械工业部标准化研究所　提出　　　济南铸造锻压机械研究所等　起草

技 术 条 件

1．耐油橡胶Ⅰ—4的物理机械性能应符合GB 1235—76规定。

2．件1尖缘处必须保持完整的锋口，在尖缘附近两侧各0.5 mm内的外表面不允许有气泡、杂质及凹凸缺陷，其他表面处的允许缺陷按表2规定。

表 2

公称直径	气 泡	杂 质	凹 凸 缺 陷
8～18	气泡直径不大于0.3 mm不得多于2处	杂质表面不超过0.3 mm^2不得多于2处	凹凸不超过0.3 mm，面积不超过0.6 mm^2不得多于2处
＞18	气泡直径不大于0.3 mm不得多于3处	杂质面积不超过0.3 mm^2不得多于3处	凹凸不超过0.4 mm，面积不超过0.7 mm^2不得多于2处

3．件2表面必须平整、无锈蚀和其他表面缺陷。

4．件1和件2的粘结强度，必须大于橡胶的扯断强度。

前　言

本标准是对 JB 2001.4—84 的修订,修订时作了编辑性修改,主要技术内容没有变化。

本标准自实施之日起同时代替 JB 2001.4—84。

本标准由冶金设备标准化技术委员会提出并归口。

本标准起草单位:西安重型机械研究所。

本标准主要起草人:成先飚、张建华、荆云海、陈嘉襄、郭振杰。

中华人民共和国机械行业标准

JB/T 2001.4—1999

代替 JB 2004—84

水系统　U 形夹织物橡胶密封支承环　型式与尺寸

Water system—U-fabric laminated rubber seal—Back up ring—Type and size

1　范围

本标准规定了 U 形夹织物橡胶密封圈用支承环的型式与尺寸。

本标准适用于 HG4-336-66《U 形夹织物橡胶密封圈》所用支承环。

2　型式与尺寸

2.1　型式应符合图 1 的规定。

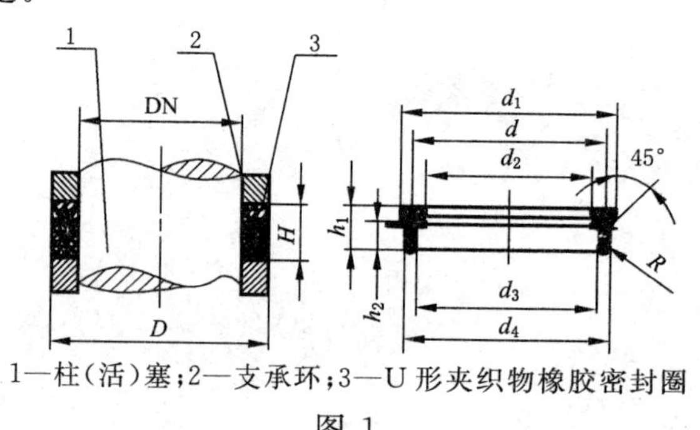

1—柱(活)塞;2—支承环;3—U 形夹织物橡胶密封圈

图 1

2.2　尺寸应符合图 1、表 1 的规定。

表 1

代　号	DN	D	d	d_1	d_2	d_3	d_4	H	h_1	h_2	R	质量/kg
	mm											
JB/T 2001.4.1	(8)	24	16	22	9	13	19	16	11.5	6	1.5	0.021
JB/T 2001.4.2	10	26	18	24	11	15	21					0.024
JB/T 2001.4.3	12	28	20	26	13	17	23					0.027
JB/T 2001.4.4	16	32	24	30	17	21	27					0.033
JB/T 2001.4.5	18	34	26	32	19	23	29					0.035
JB/T 2001.4.6	20	36	28	34	21	25	31					0.041
JB/T 2001.4.7	(22)	42	32	40	23	28	36	20	14.5	8	2	0.07
JB/T 2001.4.8	25	45	35	43	26	31	39					0.078
JB/T 2001.4.9	28	48	38	46	29	34	42					0.085
JB/T 2001.4.11	30	50	40	48	31	36	44					0.089

国家机械工业局 1999-06-28 批准　　2000-01-01 实施

表 1(完)

代　号	DN	D	d	d_1	d_2	d_3	d_4	H	h_1	h_2	R	质量/kg
	mm											
JB/T 2001.4.12	32	52	42	50	33	38	46	20	14.5	8	2	0.094
JB/T 2001.4.13	35	55	45	53	36	41	49					0.101
JB/T 2001.4.14	40	60	50	58	41	46	54					0.115
JB/T 2001.4.15	45	65	55	63	46	51	59					0.124
JB/T 2001.4.16	50	75	62.5	72	51	58	67	24	17.5	10.5	2.25	0.199
JB/T 2001.4.17	55	80	67.5	77	56	63	72					0.205
JB/T 2001.4.18	60	85	72.5	82	61	68	77					0.229
JB/T 2001.4.19	65	90	77.5	87	66	73	82					0.242
JB/T 2001.4.21	70	95	82.5	92	71	78	87					0.259
JB/T 2001.4.22	75	100	87.5	97	76	83	92					0.275
JB/T 2001.4.23	80	105	92.5	102	81	88	97					0.29
JB/T 2001.4.24	85	110	97.5	107	86	93	102					0.307
JB/T 2001.4.25	90	115	102.5	112	91	98	107					0.322
JB/T 2001.4.26	(95)	120	107.5	117	96	103	112					0.339
JB/T 2001.4.27	100	125	112.5	122	101	108	117					0.355
JB/T 2001.4.28	110	140	125	137	112	120	130	30	22.5	12.5	2.5	0.607
JB/T 2001.4.29	120	150	135	147	122	130	140					0.656
JB/T 2001.4.31	130	160	145	157	132	140	150					0.705
JB/T 2001.4.32	140	170	155	167	142	150	160					0.755
JB/T 2001.4.33	150	180	165	177	152	160	170					0.804
JB/T 2001.4.34	160	190	175	187	162	170	180					0.853
JB/T 2001.4.35	170	200	185	197	172	180	190					0.902
JB/T 2001.4.36	180	210	195	207	182	190	200					0.905
JB/T 2001.4.37	200	230	215	227	202	210	220					1.050
JB/T 2001.4.38	220	250	235	247	222	230	240					1.149
JB/T 2001.4.39	230	260	245	257	232	240	250					1.242
JB/T 2001.4.41	260	290	275	287	262	270	280					1.347
JB/T 2001.4.42	(280)	310	295	307	282	290	300					1.446
JB/T 2001.4.43	300	330	315	327	302	310	320					1.544
JB/T 2001.4.44	320	360	340	355	323	334	346	40	30	18	3	2.674
JB/T 2001.4.45	360	400	380	395	363	374	386					3.000
JB/T 2001.4.46	(380)	420	400	415	383	394	406					3.148
JB/T 2001.4.47	400	440	420	435	403	414	426					3.307
JB/T 2001.4.48	450	490	470	485	453	464	476					3.788
JB/T 2001.4.49	520	560	540	555	523	534	546					4.367
JB/T 2001.4.51	580	620	600	615	583	594	606					4.876

注：括号内数值不推荐采用。

3 标记示例

DN＝10 mm，U形夹织物橡胶密封圈支承环：

支承环 10 JB/T 2001.4—1999

中华人民共和国机械行业标准

JB/T 6657—93

气缸用密封圈尺寸系列和公差

1 主题内容与适用范围

本标准规定了气缸用 QY 型、C 型、CK 型、J 型、ZHM 型聚氨脂橡胶密封圈及 QH 型外露骨架橡胶缓冲密封圈的基本结构、尺寸系列及公差。

本标准适用于以压缩空气为介质、介质温度为－20～＋80℃、工作压力不超过 1.6 MPa 的气缸用密封圈。其中 QY 型用于气缸活塞和活塞杆上起单向密封作用；C 型和 CK 型适用于无油润滑气缸的活塞和活塞杆上起双向密封作用；J 型为活塞杆防尘用；ZHM 型用于活塞杆的防尘密封；GH 型为缓冲用密封圈。

2 引用标准

GB 5719 橡胶密封件术语

3 代号

D——被密封孔公称直径；

d——被密封轴公称直径；

D_0——密封圈根部外径；

d_0——密封圈根部内径；

D_1——密封圈唇部外径；

D_2——密封圈唇部内径；

d_1——密封圈防尘唇内径；

s_1——密封圈根部径向截面宽度；

l——密封圈高度；

l_1——密封圈装入沟槽部位高度。

4 型式和尺寸

4.1 QY 型密封圈

4.1.1 活塞密封用 QY 型聚氨脂橡胶密封圈

4.1.1.1 活塞密封用 QY 型聚氨脂橡胶密封圈的型式如图 1 所示。

中华人民共和国机械工业部 1993-05-07 批准　　　　1994-01-01 实施

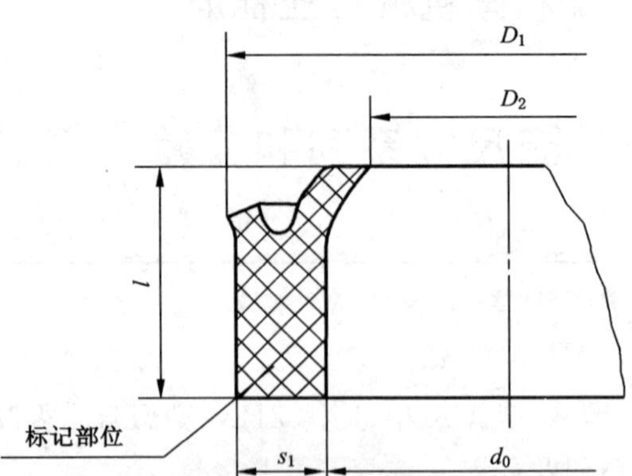

图 1 活塞密封用 QY 型聚氨脂橡胶密封圈的型式

4.1.1.2 活塞密封用 QY 型聚氨脂橡胶密封圈的尺寸和公差应符合表 1 的规定。

表 1 活塞密封用 QY 型聚氨脂橡胶密封圈的尺寸系列和公差 mm

<table>
<tr><th rowspan="2">D</th><th colspan="2">d_0</th><th colspan="2">s_1</th><th colspan="2">D_1</th><th colspan="2">D_2</th><th colspan="2">l</th></tr>
<tr><th>基本尺寸</th><th>极限偏差</th><th>基本尺寸</th><th>极限偏差</th><th>基本尺寸</th><th>极限偏差</th><th>基本尺寸</th><th>极限偏差</th><th>基本尺寸</th><th>极限偏差</th></tr>
<tr><td>12</td><td>5.5</td><td rowspan="6">+0.05
−0.20</td><td rowspan="6">3</td><td rowspan="15">−0.05
−0.30</td><td>12.8</td><td rowspan="9">+0.30
0</td><td>5</td><td rowspan="9">0
−0.30</td><td rowspan="6">6</td><td rowspan="15">+0.20
−0.10</td></tr>
<tr><td>16</td><td>9.5</td><td>16.8</td><td>9</td></tr>
<tr><td>(18)</td><td>11.5</td><td>18.8</td><td>11</td></tr>
<tr><td>20</td><td>13.5</td><td>20.8</td><td>13</td></tr>
<tr><td>(22)</td><td>15.5</td><td>22.8</td><td>15</td></tr>
<tr><td>25</td><td>18.5</td><td>25.8</td><td>18</td></tr>
<tr><td>(28)</td><td>19</td><td rowspan="9">+0.10
−0.30</td><td rowspan="9">4</td><td>29.2</td><td>18</td><td rowspan="9">8</td></tr>
<tr><td>(30)</td><td>21</td><td>31.2</td><td>20</td></tr>
<tr><td>32</td><td>23</td><td>33.2</td><td>22</td></tr>
<tr><td>(35)</td><td>26</td><td>36.2</td><td rowspan="6">+0.40
0</td><td>25</td><td rowspan="6">0
−0.40</td></tr>
<tr><td>(36)</td><td>27</td><td>37.2</td><td>26</td></tr>
<tr><td>40</td><td>31</td><td>41.2</td><td>30</td></tr>
<tr><td>(45)</td><td>36</td><td>46.2</td><td>35</td></tr>
<tr><td>50</td><td>41</td><td>51.2</td><td>40</td></tr>
<tr><td>(55)</td><td>46</td><td>56.2</td><td>45</td></tr>
<tr><td>(56)</td><td>47</td><td>57.2</td><td>46</td></tr>
<tr><td rowspan="2">63</td><td>52</td><td rowspan="8">+0.20
−0.50</td><td>5</td><td rowspan="8">−0.08
−0.38</td><td>64.4</td><td rowspan="8">+0.50
0</td><td>51</td><td rowspan="8">0
−0.50</td><td rowspan="8">12</td><td rowspan="8">−0.30
−0.15</td></tr>
<tr><td>50</td><td>6</td><td>64.4</td><td>49</td></tr>
<tr><td rowspan="2">(70)</td><td>59</td><td>5</td><td>71.4</td><td>58</td></tr>
<tr><td>57</td><td>6</td><td>71.4</td><td>56</td></tr>
<tr><td rowspan="2">80</td><td>69</td><td>5</td><td>81.4</td><td>68</td></tr>
<tr><td>67</td><td>6</td><td>81.4</td><td>66</td></tr>
<tr><td rowspan="2">(90)</td><td>79</td><td>5</td><td>91.4</td><td>78</td></tr>
<tr><td>77</td><td>6</td><td>91.4</td><td>76</td></tr>
</table>

续表 1

mm

D	d_0		s_1		D_1		D_2		l	
	基本尺寸	极限偏差	基本尺寸	极限偏差	基本尺寸	极限偏差	基本尺寸	极限偏差	基本尺寸	极限偏差
100	89	+0.20 −0.50	5	−0.08 −0.30	101.4	+0.50 0	88	0 −0.50	12	+0.30 −0.15
	87		6		101.4		86			
(110)	99		5		111.4		98			
	97		6		111.4		96			
(120)	109		5		121.4	+0.60 0	108			
	107		6		121.4		106			
125	114		5		126.4		113			
	112		6		126.4		111			
(130)	119		5		131.4		118			
	117		6		131.4		116			
(140)	129		5		141.4		128			
	127		6		141.4		126			
(150)	139		5		151.4		138			
	137		6		151.4		136			
160	149		5		161.4		148			
	147		6		161.4		146			
(170)	154	+0.20 −0.30	7.5	−0.10 −0.30	171.6	+0.70 0	152	0 −0.70	16	+0.40 −0.20
	153		8		171.6		151			
(180)	164		7.5		181.6		162			
	163		8		181.6		161			
(190)	174		7.5		191.6		172			
	173		8		191.6		171			
200	184		7.5		201.6		182			
	183		8		201.6		181			
(210)	194		7.5		211.6		192			
	193		8		211.6		191			
(220)	204		7.5		221.6		202			
	203		8		221.6		201			
(240)	224		7.5		241.6		222			
	223		8		241.6		221			
250	234		7.5		251.6		232			
	233		8		251.6		231			
(260)	264		7.5		281.6		262			
	263		8		281.6		261			

续表 1

mm

D	d_0		s_1		D_1		D_2		l	
	基本尺寸	极限偏差	基本尺寸	极限偏差	基本尺寸	极限偏差	基本尺寸	极限偏差	基本尺寸	极限偏差
(300)	284	+0.20 −0.30	7.5	−0.10 −0.30	301.6	+0.70 0	282	0 −0.70	16	+0.40 −0.20
	283		8		301.6		281			
320	304		7.5		321.6		302			
	303		8		321.6		301			
(340)	319	+0.20 −1.20	10	−0.12 −0.36	342	+0.30 0	317	0 −0.80	20	+0.60 −0.20
(360)	339				362		337			
(380)	359				382		357			
400	379				402		377			
(420)	399				422		397			
(450)	429				452		427			
(480)	459				482		457			
500	479				502		477			
(560)	539				562		537			
(600)	579				602		577			
630	609				632		607			
(650)	629				652		627			

4.1.2 活塞杆密封用 QY 型聚氨酯橡胶密封圈

4.1.2.1 活塞杆密封用 QY 型聚氨酯橡胶密封圈的型式如图 2 所示。

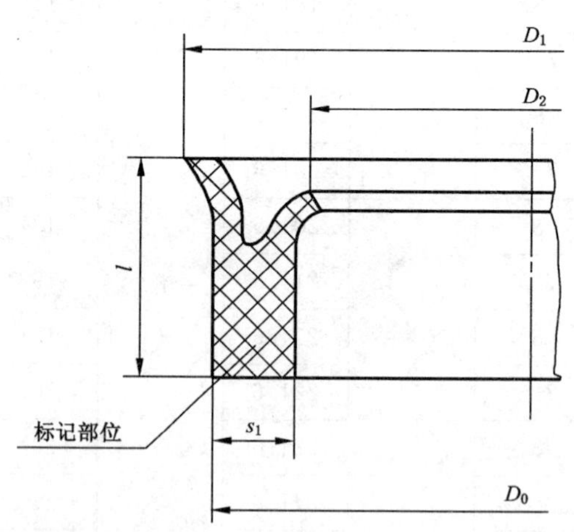

图 2 活塞杆密封用 QY 型聚氨酯橡胶密封圈的型式

4.1.2.2 活塞杆密封用 QY 型聚氨酯橡胶密封圈的尺寸系列和公差应符合表 2 的规定。

表 2　活塞杆密封用 QY 型聚氨酯橡胶密封圈的尺寸系列和公差　　mm

d	D_0		s_1		D_1		D_2		l	
	基本尺寸	极限偏差	基本尺寸	极限偏差	基本尺寸	极限偏差	基本尺寸	极限偏差	基本尺寸	极限偏差
6	12.1	+0.20 0	3	−0.06 −0.21	13.3	+0.30 0	5.2	0 −0.30	6	+0.20 −0.10
8	14.1				15.3		7.2			
10	16.1				17.3		9.2			
12	18.1				19.3		11.2			
(14)	20.1				21.3		13.2			
16	22.1				23.3		15.2			
(18)	24.1				25.3		17.2			
20	26.1				27.3		19.2			
(22)	28.1				29.3		21.2			
25	31.1				32.3		24.2			
(28)	36.1	+0.30 0	4		37.3	+0.40 0	26.8	0 −0.40	8	
(30)	38.1				39.3		28.8			
32	40.1				41.3		30.8			
(35)	43.1				44.3		33.8			
(36)	44.1				45.3		34.8			
40	48.1				49.3		38.8			
(45)	53.1				54.3		43.8			
50	60.2	+0.50 0	5	−0.08 −0.30	61.6	+0.50 0	48.6	0 −0.50	12	+0.30 −0.15
	62.2		6		63.6		48.6			
(55)	65.2		5		66.6		53.6			
	67.2		6		68.6		53.6			
(56)	66.2		5		67.6		54.6			
	68.2		6		69.6		54.6			
(60)	70.2		5		71.6		58.6			
	72.2		6		73.6		58.6			
(63)	73.2		5		74.6		61.6			
	75.2		6		76.6		61.6			
(70)	80.2		5		81.6		68.6			
	82.2		6		83.6		68.6			
80	90.2		5		91.6		78.6			
	92.2		6		93.6		78.6			
(90)	100.2		5		101.6		88.6			
	102.2		6		103.6		88.6			

续表 2

mm

d	D_0		s_1		D_1		D_2		l	
	基本尺寸	极限偏差	基本尺寸	极限偏差	基本尺寸	极限偏差	基本尺寸	极限偏差	基本尺寸	极限偏差
100	110.2	+0.50 0	5	−0.08 −0.30	111.6	+0.50 0	98.6	0 −0.50	12	+0.30 −0.15
	112.2		6		113.6		98.6			
(110)	120.2		5		121.6		108.6			
	122.2		6		123.6		108.6			
(120)	130.2		5		131.6		118.6			
	132.2		6		133.6		118.6			
125	135.2		5		136.6		123.6			
	137.2		6		138.6		123.6			
(130)	140.2		5		141.6		128.6			
	142.2		6		143.6		128.6			
(140)	150.2		5		151.6		138.6			
	152.2		6		153.6		138.6			
(150)	160.2		5		161.6		148.6			
	162.2		6		163.6		148.6			
160	175.2	+0.80 0	7.5	−0.10 −0.30	176.8	+0.70 0	158.4	0 −0.70	16	+0.40 −0.20
	176.2		8		178		158.4			
(170)	185.2		7.5		186.8		168.4			
	186.2		8		188		168			
(180)	195.2		7.5		196.8		178.4			
	196.2		8		198		178			
(190)	205.2		7.5		206.8		188.4			
	206.2		8		208		188			
200	215.2		7.5		216.8		198.4			
	216.2		8		218		198			
(210)	225.2		7.5		226.8		208.4			
	226.2		8		228		208			
(220)	235.2		7.5		236.8		218.4			
	236.2		8		238		218			
(240)	255.2		7.5		256.8		238.4			
	256.2		8		258		238			
250	265.2		7.5		266.8		248.4			
	266.2		8		268		248			
(280)	295.2		7.5		296.8		278.4			
	296.2		8		298		278			

续表 2

mm

d	D_0		s_1		D_1		D_2		l	
	基本尺寸	极限偏差	基本尺寸	极限偏差	基本尺寸	极限偏差	基本尺寸	极限偏差	基本尺寸	极限偏差
(300)	315.2	+0.80 0	7.5	−0.10 −0.30	316.8	+0.70 0	298.4	0 −0.70	16	+0.40 −0.20
	316.2		8		318		298			
320	335.2		7.5		336.8		318.4			
	336.2		8		338		318			
(340)	360.3	+1.20 0	10	−0.12 −0.36	362.3	+0.80 0	338	0 −0.80	20	+0.60 −0.20
(360)	380.3				382.3		358			
(380)	400.3				402.3		378			
400	420.3				422.3		398			
(450)	470.3				472.3		448			
(480)	500.3				502.3		478			
500	520.3				522.3		498			
(560)	580.3				582.3		558			
(600)	620.3				622.3		598			
630	650.3				652.3		628			
(650)	670.3				672.3		648			

4.2 C 型和 CK 型密封圈

4.2.1 C 型无给油润滑聚氨酯密封圈

4.2.1.1 C 型无给油润滑聚氨酯密封圈的型式如图 3 所示。

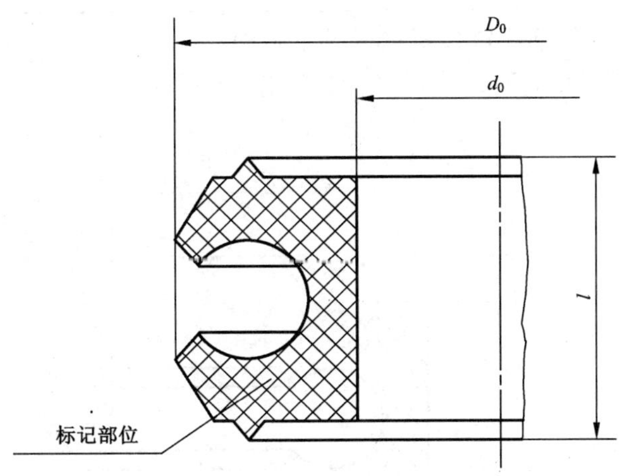

图 3 活塞密封用 C 型无给油润滑聚氨酯橡胶密封圈的型式

4.2.1.2 C型无给油润滑聚氨酯橡胶密封圈的尺寸系列和公差应符合表3的规定。

表3 活塞封用C型无给油润滑聚氨酯橡胶密封圈的尺寸系列和公差 mm

D	d_0		D_0		l	
	基本尺寸	极限偏差	基本尺寸	极限偏差	基本尺寸	极限偏差
20	1.4.5	+0.10 −0.20	20.5	+0.20 −0.10	4	+0.10 −0.25
25	19.5		25.5			
(30)	23.5		30.5		4.5	
32	25.5		32.5			
40	31.5		40.5		5.7	
50	41.5		50.5			
63	52.5		63.5		7	
(75)	64.5		75.5			
80	69.5		80.5			
100	89.5		100.5			
125	109.5		125.5		10	
160	144.5		160.5			
(180)	164.5		180.5			
200	184.5		200.5		13	+0.20 −0.30
250	234.5		250.5			
300	279.5		300.5			
320	299.5		320.5			
350	329.5		350.5			

4.2.2 活塞杆密封用CK型无给油润滑聚氨酯橡胶密封圈

4.2.2.1 CK型无给油润滑聚氨酯橡胶密封圈的型式如图4所示。

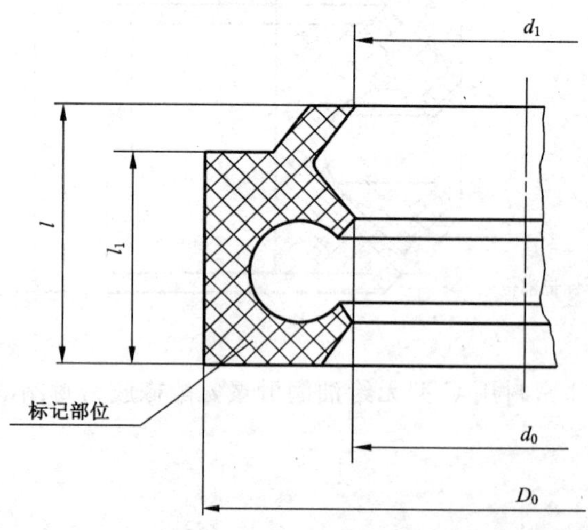

图4 活塞杆密封用CK型无给油润滑聚氨酯橡胶密封圈的型式

4.2.2.2 CK 型无给油润滑聚氨酯橡胶密封圈的尺寸系列和公差应符合表 4 的规定。

表 4 活塞杆密封用 CK 型无给油润滑聚氨酯橡胶密封圈的尺寸系列和公差 mm

d	D_0		d_0		d_1		l		l_1	
	基本尺寸	极限偏差	基本尺寸	极限偏差	基本尺寸	极限偏差	基本尺寸	极限偏差	基本尺寸	极限偏差
8	14.6		7.8		7.8					
10	16.6		9.8		9.8					
12	18.6		11.8		11.8					
(14)	20.6		13.8		13.8					+0.10 −0.20
16	22.6		15.8		15.8		6		5	
(18)	24.6		17.8		17.8					
20	26.6		19.8		19.8					
(22)	28.6	+0.10 −0.20	21.8	0 −0.20	21.8	0 −0.20		±0.20		
25	31.8		24.8		24.8					
(28)	36.8		27.8		27.8					
(30)	38.8		29.8		29.8					
32	40.8		31.8		31.8					+0.20 −0.25
(35)	43.8		34.8		34.8		7		6	
(36)	44.8		35.8		35.8					
40	48.8		39.8		39.8					
(45)	53.8		44.8		44.8					

4.3 活塞杆密封用 J 型防尘聚氨酯橡胶密封圈

4.3.1 J 型防尘聚氨酯橡胶密封圈的型式如图 5 所示。

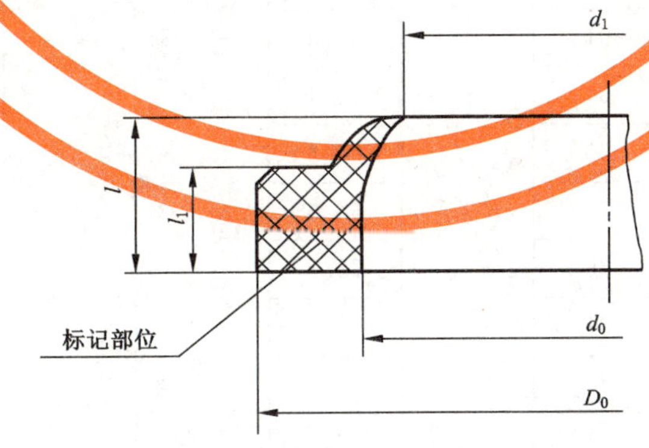

图 5 活塞杆密封用 J 型防尘聚氨酯橡胶密封圈的型式

4.3.2 J 型防尘聚氨酯橡胶密封圈的尺寸系列和公差应符合表 5 的规定。

表 5　活塞杆密封用 J 型防尘聚氨酯橡胶密封圈的尺寸系列和公差　　mm

<table>
<tr><th rowspan="2">d</th><th colspan="2">D_0</th><th colspan="2">d_0</th><th colspan="2">d_1</th><th colspan="2">l</th><th colspan="2">l_1</th></tr>
<tr><th>基本尺寸</th><th>极限偏差</th><th>基本尺寸</th><th>极限偏差</th><th>基本尺寸</th><th>极限偏差</th><th>基本尺寸</th><th>极限偏差</th><th>基本尺寸</th><th>极限偏差</th></tr>
<tr><td>6</td><td>14.5</td><td rowspan="18">+0.30
0</td><td>7</td><td rowspan="33">±0.30</td><td>5.4</td><td rowspan="33">0
−0.50</td><td rowspan="5">7</td><td rowspan="33">±0.40</td><td rowspan="5">4</td><td rowspan="33">0
−0.20</td></tr>
<tr><td>8</td><td>16.5</td><td>9</td><td>7.4</td></tr>
<tr><td>10</td><td>18.5</td><td>11</td><td>9.4</td></tr>
<tr><td>12</td><td>20.5</td><td>13</td><td>11.4</td></tr>
<tr><td>(14)</td><td>22.5</td><td>15</td><td>13.4</td></tr>
<tr><td>16</td><td>26.5</td><td>17</td><td>15.4</td><td rowspan="7">9</td><td rowspan="7">5</td></tr>
<tr><td>(18)</td><td>28.5</td><td>19</td><td>17.4</td></tr>
<tr><td>20</td><td>30.5</td><td>21</td><td>19.4</td></tr>
<tr><td>(22)</td><td>32.5</td><td>23</td><td>21.4</td></tr>
<tr><td>25</td><td>35.5</td><td>26</td><td>24.4</td></tr>
<tr><td>(28)</td><td>38.5</td><td>29</td><td>27.4</td></tr>
<tr><td>(30)</td><td>40.5</td><td>31</td><td>29.4</td></tr>
<tr><td>32</td><td>42.5</td><td>33</td><td>31</td><td rowspan="6">10</td><td rowspan="6">6</td></tr>
<tr><td>(35)</td><td>45.5</td><td>36</td><td>34</td></tr>
<tr><td>(36)</td><td>46.5</td><td>37</td><td>35</td></tr>
<tr><td>40</td><td>50.5</td><td>41</td><td>39</td></tr>
<tr><td>(45)</td><td>55.5</td><td>46</td><td>44</td></tr>
<tr><td>50</td><td>60.5</td><td>51</td><td>49</td></tr>
<tr><td>(55)</td><td>67.5</td><td rowspan="11">+0.40
0</td><td>56</td><td>53.5</td><td rowspan="11">11</td><td rowspan="11">7</td></tr>
<tr><td>(56)</td><td>68.5</td><td>57</td><td>54.5</td></tr>
<tr><td>(60)</td><td>72.5</td><td>61</td><td>58.5</td></tr>
<tr><td>63</td><td>75.5</td><td>64</td><td>61.4</td></tr>
<tr><td>(65)</td><td>77.5</td><td>66</td><td>64.5</td></tr>
<tr><td>(70)</td><td>82.5</td><td>71</td><td>68.5</td></tr>
<tr><td>(75)</td><td>87.5</td><td>76</td><td>73.5</td></tr>
<tr><td>80</td><td>92.5</td><td>81</td><td>78.5</td></tr>
<tr><td>(85)</td><td>97.5</td><td>86</td><td>83.5</td></tr>
<tr><td>(90)</td><td>102.5</td><td>91</td><td>88.3</td></tr>
<tr><td>100</td><td>112.5</td><td>101</td><td>98.3</td></tr>
<tr><td>(105)</td><td>119.5</td><td rowspan="4">+0.50
0</td><td>106</td><td>103.3</td><td rowspan="3">12</td><td rowspan="3">8</td></tr>
<tr><td>(110)</td><td>124.5</td><td>111</td><td>108.3</td></tr>
<tr><td>125</td><td>139.5</td><td>126</td><td>123.3</td></tr>
<tr><td>(140)</td><td>158.5</td><td>141</td><td>128.3</td><td>14</td><td>9</td></tr>
</table>

表 5(完) mm

d	D_0 基本尺寸	D_0 极限偏差	d_0 基本尺寸	d_0 极限偏差	d_1 基本尺寸	d_1 极限偏差	l 基本尺寸	l 极限偏差	l_1 基本尺寸	l_1 极限偏差
(150)	163.5	+0.50 0	151	0.30	148.3	0 −0.50	14	±0.4	9	0 −0.20
160	178.5		161		158.3					
(180)	198.5		181		178.3					
200	218.5		201		198.3					

4.4 活塞杆密封用 ZHM 型组合防尘聚氨酯橡胶密封圈

4.4.1 ZHM 型组合防尘聚氨酯橡胶密封圈的型式如图 6 所示。

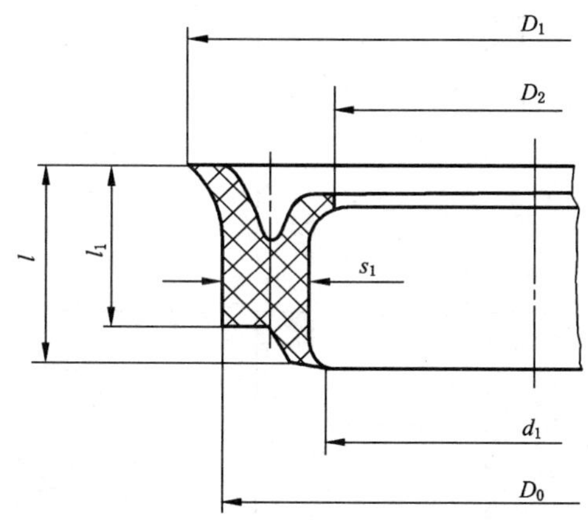

图 6 活塞杆密封用 ZHM 型组合防尘聚氨酯橡胶密封圈的型式

4.4.2 ZHM 型组合防尘聚氨酯橡胶密封圈的尺寸系列和公差应符合表 6 的规定。

表 6 活塞杆密封用 ZHM 型组合防尘聚氨酯橡胶密封圈的尺寸系列和公差 mm

d	D_0 基本尺寸	D_0 极限偏差	s_1 基本尺寸	s_1 极限偏差	D_1 基本尺寸	D_1 极限偏差	D_2 基本尺寸	D_2 极限偏差	d_1 基本尺寸	d_1 极限偏差	l 基本尺寸	l 极限偏差	l_1 基本尺寸	l_1 极限偏差
16	12	+0.20 0	3	−0.10 −0.20	13.2	+0.30 0	5	0 −0.20	5.4	0 −0.20	9	±0.40	7	0 −0.20
8	14				15.2		7		7.4					
10	16				17.2		9		9.4					
12	18				19.2		11		11.4					
(14)	20				21.3		13		13.4					
16	22				23.2		15		15.4					
(18)	24				25.2		17		17.4					
20	28		4		29.2		18.6	0 −0.30	19.4		11		8	
(22)	30				31.4		20.6		21.4					
25	33				34.4		23.6		24.4					

表 6(完) mm

d	D_0		s_1		D_1		D_2		d_1		l		l_1	
	基本尺寸	极限偏差	基本尺寸	极限偏差	基本尺寸	极限偏差	基本尺寸	极限偏差	基本尺寸	极限偏差	基本尺寸	极限偏差	基本尺寸	极限偏差
(28)	26	+0.20 0	4	−0.10 −0.20	37.4	+0.30 0	26.6	0 −0.30	27.4	0 −0.20	11	±0.40	8	0 −0.20
(30)	38				39.4		28.6		29.4					
32	40				41.4		30.6		31					
(35)	43				44.4		33.6		34					
(36)	44				45.4		34.6		35					
40	48				49.4		38.6		39					
(45)	57	+0.40 0	6	−0.20 −0.30	58.6	+0.50 0	43	0 −0.40	44		15		11	
50	62				63.6		48		49					
(55)	67				68.6		53		53.5					
(56)	68				69.6		54		54.5					
(60)	72				73.6		58		58.5					
63	75				76.6		61		61.5					
(65)	77				78.6		63		63.5					
(70)	82				83.6		68		68.5					
(75)	87				88.6		73		73.5					
80	92				93.6		78		78.5					
(85)	97				98.6		83		83.5					
(90)	102				103.6		88		88.5					
100	112				113.6		98		98.5					

4.5 QH 型外露骨架橡胶缓冲密封圈

4.5.1 QH 型外露骨架橡胶缓冲密封圈的型式如图 7 所示。

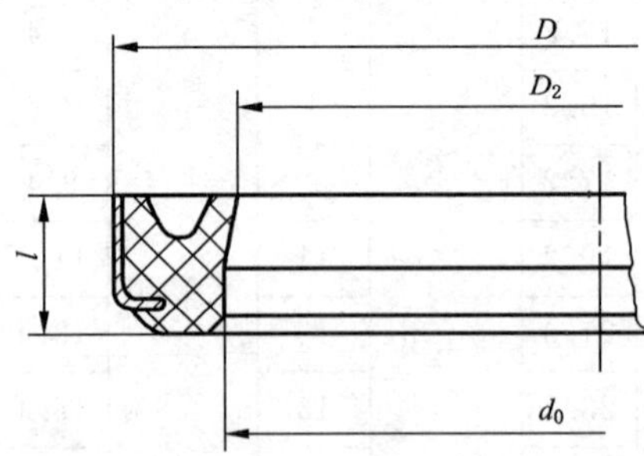

图 7 QH 型外露骨架橡胶缓冲密封圈的型式

4.5.2 QH 型外露骨架橡胶缓冲密封圈的尺寸系列和公差应符合表 7 的规定。

表 7　气缸用 QH 型外露骨架橡胶缓冲密封圈的尺寸系列和公差　　mm

d	D		D_2		d_0		l	
	基本尺寸	极限偏差	基本尺寸	极限偏差	基本尺寸	极限偏差	基本尺寸	极限偏差
16	24	$^{+0.10}_{+0.05}$	15.5	$^{0}_{-0.50}$	16.6	$^{+0.10}_{0}$	5	±0.50
18	26		17.5		18.6			
20	28		19.5		20.6			
22	30		21.5		22.6			
24	32		23.5		24.6			
28	36		27.5		28.6			
30	40		29.5		30.8		6	
35	45		34.5		35.8			
38	48		37.5		38.8			
40	50		39.1		40.8			
45	55		44.1		45.8			
50	62		49.1		51		7	
55	67		54.1		56			
65	77		64.1		66			

5　标记

密封圈的标记由密封圈的型式代号、结构尺寸和标准号组成。

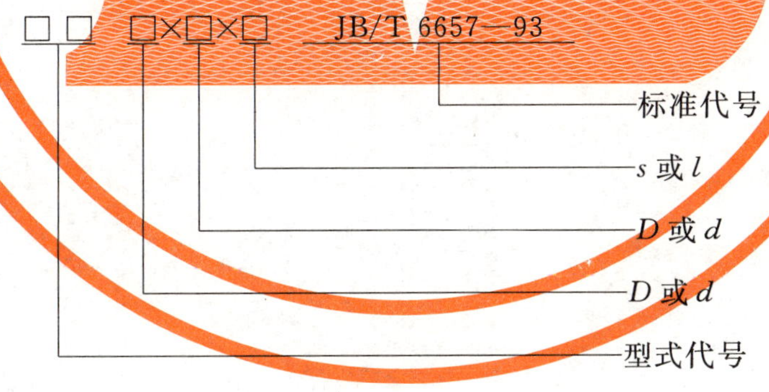

附加说明：

本标准由无锡气动技术研究所提出并归口。

本标准由无锡气动技术研究所、沈阳皮革装具厂负责起草。

本标准主要起草人张茂林、黄咏梅、马毅。

ICS 21.140
J 22
备案号：20272—2007

中华人民共和国机械行业标准

JB/T 6994—2007
代替 JB/T 6994—1993

V_D 形橡胶密封圈

V_D shape rubber seal ring

2007-03-06 发布 2007-09-01 实施

中华人民共和国国家发展和改革委员会 发布

前 言

本标准代替 JB/T 6994—1993《V_D 形橡胶密封圈》。

本标准与 JB/T 6994—1993 相比，主要变化如下：

——增加了规范性引用文件、技术要求、检验规则、试验方法、标记、包装和贮运等章节内容；

——增加采用了橡胶制品的公差、胶料性能检验等国家标准和行业标准。

本标准由中国机械工业联合会提出。

本标准由机械工业冶金设备标准化技术委员会归口。

本标准起草单位：中信重型机械公司。

本标准主要起草人：黄丽达、张升奇、杨现利、郭明、王亚东。

本标准所代替标准的历次版本发布情况为：

——JB/T 6994—1993。

V_D 形橡胶密封圈

1 范围

本标准规定了 V_D 形橡胶密封圈的型式和尺寸、技术要求、检验规则、试验方法、标志、标签、包装和贮运。

本标准适用于工作介质为油、水、空气，回转轴圆周速度不大于 19 m/s 的机械设备，起端面密封和防尘作用的 V_D 形橡胶密封圈。

2 规范性引用文件

下列文件中的条款通过本标准的引用而成为本标准的条款。凡是注日期的引用文件，其随后所有的修改单(不包括勘误的内容)或修订版均不适用于本标准，然而，鼓励根据本标准达成协议的各方研究是否可使用这些文件的最新版本。凡是不注日期的引用文件，其最新版本适用于本标准。

GB/T 528　硫化橡胶或热塑性橡胶　拉伸应力应变性能的测定(GB/T 528—1998,eqv ISO 37:1994)

GB/T 531　橡胶袖珍硬度计压入硬度试验方法(GB/T 531—1999,idt ISO 7619:1986)

GB/T 1682　硫化橡胶低温脆性的测定　单试样法(GB/T 1682—1994,eqv ISO 812:1991)

GB/T 1690　硫化橡胶耐液体试验方法

GB/T 3512　硫化橡胶或热塑性橡胶　热空气加速老化和耐热试验(GB/T 3512—2001,eqv ISO 188:1998)

GB/T 3672.1　橡胶制品的公差　第1部分:尺寸公差(GB/T 3672.1—2002,ISO 3302-1:1996,IDT)

GB/T 3672.2　橡胶制品的公差　第2部分:几何公差(GB/T 3672.2—2002,ISO 3301-2:1998,IDT)

GB/T 7759　硫化橡胶、热塑性橡胶　常温、高温和低温下压缩永久变形的测定(GB/T 7759—1996,eqv ISO 815:1991)

HG/T 2811—1996　旋转轴唇形密封圈橡胶材料

3 型式和尺寸

3.1　V_D 形橡胶密封圈的型式分为 S 型和 A 型，见图 1 和图 2。

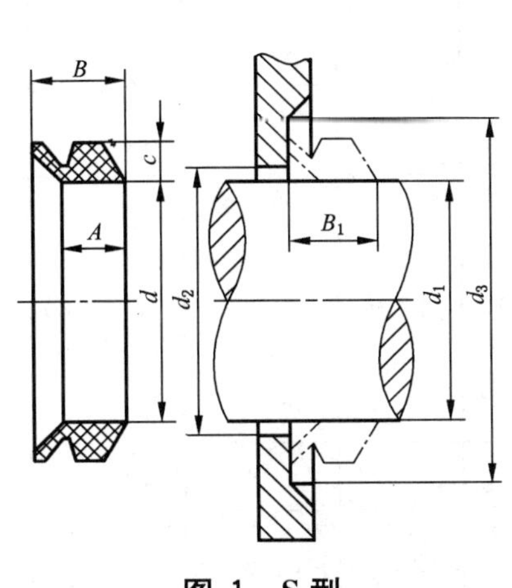

图 1　S 型

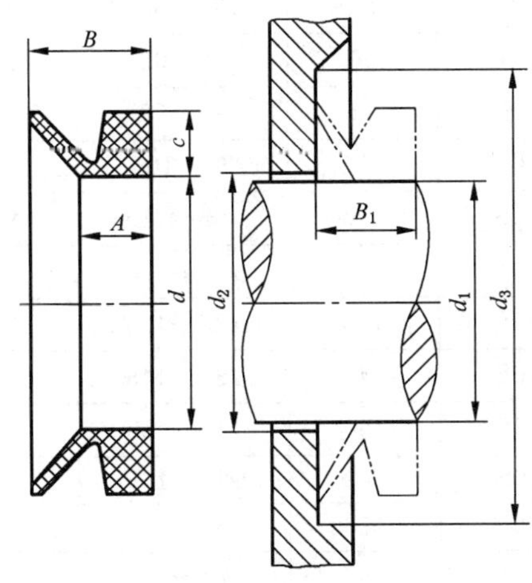

图 2　A 型

3.2　S 型密封圈尺寸应符合表 1 的规定；A 型密封圈尺寸应符合表 2 的规定。

表 1　S型密封圈主要尺寸

mm

<table>
<tr><th>密封圈代号</th><th>公称轴径</th><th>轴径
d_1</th><th>d</th><th>c</th><th>A</th><th>B</th><th>d_{2max}</th><th>d_{3min}</th><th>安装宽度
B_1</th></tr>
<tr><td>V_D5S</td><td>5</td><td>4.5～5.5</td><td>4</td><td rowspan="4">2</td><td rowspan="4">3.9</td><td rowspan="4">5.2</td><td rowspan="4">d_1+1</td><td rowspan="4">d_1+6</td><td rowspan="4">4.5±0.4</td></tr>
<tr><td>V_D6S</td><td>6</td><td>5.5～6.5</td><td>5</td></tr>
<tr><td>V_D7S</td><td>7</td><td>6.5～8.0</td><td>6</td></tr>
<tr><td>V_D8S</td><td>8</td><td>8.0～9.5</td><td>7</td></tr>
<tr><td>V_D10S</td><td>10</td><td>9.5～11.5</td><td>9</td><td rowspan="5">3</td><td rowspan="5">5.6</td><td rowspan="5">7.7</td><td rowspan="8">d_1+2</td><td rowspan="5">d_1+9</td><td rowspan="5">6.7±0.6</td></tr>
<tr><td>V_D12S</td><td>12</td><td>11.5～13.5</td><td>10.5</td></tr>
<tr><td>V_D14S</td><td>14</td><td>13.5～15.5</td><td>12.5</td></tr>
<tr><td>V_D16S</td><td>16</td><td>15.5～17.5</td><td>14</td></tr>
<tr><td>V_D18S</td><td>18</td><td>17.5～19.0</td><td>16</td></tr>
<tr><td>V_D20S</td><td>20</td><td>19～21</td><td>18</td><td rowspan="8">4</td><td rowspan="8">7.9</td><td rowspan="8">10.5</td><td rowspan="8">d_1+12</td><td rowspan="8">9.0±0.8</td></tr>
<tr><td>V_D22S</td><td>22</td><td>21～24</td><td>20</td></tr>
<tr><td>V_D25S</td><td>25</td><td>24～27</td><td>22</td></tr>
<tr><td>V_D28S</td><td>28</td><td>27～29</td><td>25</td><td rowspan="11">d_1+3</td></tr>
<tr><td>V_D30S</td><td>30</td><td>29～31</td><td>27</td></tr>
<tr><td>V_D32S</td><td>32</td><td>31～33</td><td>29</td></tr>
<tr><td>V_D36S</td><td>36</td><td>33～36</td><td>31</td></tr>
<tr><td>V_D38S</td><td>38</td><td>36～38</td><td>34</td></tr>
<tr><td>V_D40S</td><td>40</td><td>38～43</td><td>36</td><td rowspan="6">5</td><td rowspan="6">9.5</td><td rowspan="6">13.0</td><td rowspan="6">d_1+15</td><td rowspan="6">11.0±1.0</td></tr>
<tr><td>V_D45S</td><td>45</td><td>43～48</td><td>40</td></tr>
<tr><td>V_D50S</td><td>50</td><td>48～53</td><td>45</td></tr>
<tr><td>V_D56S</td><td>56</td><td>53～58</td><td>49</td></tr>
<tr><td>V_D60S</td><td>60</td><td>58～63</td><td>54</td></tr>
<tr><td>V_D63S</td><td>63</td><td>63～68</td><td>58</td></tr>
<tr><td>V_D71S</td><td>71</td><td>68～73</td><td>63</td><td rowspan="7">6</td><td rowspan="7">11.3</td><td rowspan="7">15.5</td><td rowspan="12">d_1+4</td><td rowspan="7">d_1+18</td><td rowspan="7">13.5±1.2</td></tr>
<tr><td>V_D75S</td><td>75</td><td>73～78</td><td>67</td></tr>
<tr><td>V_D80S</td><td>80</td><td>78～83</td><td>72</td></tr>
<tr><td>V_D85S</td><td>85</td><td>83～88</td><td>76</td></tr>
<tr><td>V_D90S</td><td>90</td><td>88～93</td><td>81</td></tr>
<tr><td>V_D95S</td><td>95</td><td>93～98</td><td>85</td></tr>
<tr><td>V_D100S</td><td>100</td><td>98～105</td><td>90</td></tr>
<tr><td>V_D110S</td><td>110</td><td>105～115</td><td>99</td><td rowspan="5">7</td><td rowspan="5">13.1</td><td rowspan="5">18.0</td><td rowspan="5">d_1+21</td><td rowspan="5">15.5±1.5</td></tr>
<tr><td>V_D120S</td><td>120</td><td>115～125</td><td>108</td></tr>
<tr><td>V_D130S</td><td>130</td><td>125～135</td><td>117</td></tr>
<tr><td>V_D140S</td><td>140</td><td>135～145</td><td>126</td></tr>
<tr><td>V_D150S</td><td>150</td><td>145～155</td><td>135</td></tr>
<tr><td>V_D160S</td><td>160</td><td>155～165</td><td>144</td><td rowspan="5">8</td><td rowspan="5">15.0</td><td rowspan="5">20.5</td><td rowspan="5">d_1+5</td><td rowspan="5">d_1+24</td><td rowspan="5">18.0±1.8</td></tr>
<tr><td>V_D170S</td><td>170</td><td>165～175</td><td>153</td></tr>
<tr><td>V_D180S</td><td>180</td><td>175～185</td><td>162</td></tr>
<tr><td>V_D190S</td><td>190</td><td>185～195</td><td>171</td></tr>
<tr><td>V_D200S</td><td>200</td><td>195～210</td><td>180</td></tr>
</table>

表 2　A 型密封圈主要尺寸

mm

<table>
<tr><th>密封圈代号</th><th>公称轴径</th><th>轴径
d_1</th><th>d</th><th>c</th><th>A</th><th>B</th><th>$d_{2\max}$</th><th>$d_{3\min}$</th><th>安装宽度
B_1</th></tr>
<tr><td>V_D3A</td><td>3</td><td>2.7～3.5</td><td>2.5</td><td>1.5</td><td>2.1</td><td>3.0</td><td rowspan="6">d_1+1</td><td>d_1+4</td><td>2.5±0.3</td></tr>
<tr><td>V_D4A</td><td>4</td><td>3.5～4.5</td><td>3.2</td><td rowspan="5">2</td><td rowspan="5">2.4</td><td rowspan="5">3.7</td><td rowspan="5">d_1+6</td><td rowspan="5">3.0±0.4</td></tr>
<tr><td>V_D5A</td><td>5</td><td>4.5～5.5</td><td>4</td></tr>
<tr><td>V_D6A</td><td>6</td><td>5.5～6.5</td><td>5</td></tr>
<tr><td>V_D7A</td><td>7</td><td>6.5～8.0</td><td>6</td></tr>
<tr><td>V_D8A</td><td>8</td><td>8.0～9.5</td><td>7</td></tr>
<tr><td>V_D10A</td><td>10</td><td>9.5～11.5</td><td>9</td><td rowspan="6">3</td><td rowspan="6">3.4</td><td rowspan="6">5.5</td><td rowspan="8">d_1+2</td><td rowspan="6">d_1+9</td><td rowspan="6">4.5±0.6</td></tr>
<tr><td>V_D12A</td><td>12</td><td>11.5～12.5</td><td>10.5</td></tr>
<tr><td>V_D13A</td><td>13</td><td>12.5～13.5</td><td>11.7</td></tr>
<tr><td>V_D14A</td><td>14</td><td>13.5～15.5</td><td>12.5</td></tr>
<tr><td>V_D16A</td><td>16</td><td>15.5～17.5</td><td>14</td></tr>
<tr><td>V_D18A</td><td>18</td><td>17.5～19</td><td>16</td></tr>
<tr><td>V_D20A</td><td>20</td><td>19～21</td><td>18</td><td rowspan="10">4</td><td rowspan="10">4.7</td><td rowspan="10">7.5</td><td rowspan="10">d_1+12</td><td rowspan="10">6.0±0.8</td></tr>
<tr><td>V_D22A</td><td>22</td><td>21～24</td><td>20</td></tr>
<tr><td>V_D25A</td><td>25</td><td>24～27</td><td>22</td></tr>
<tr><td>V_D28A</td><td>28</td><td>27～29</td><td>25</td><td rowspan="11">d_1+3</td></tr>
<tr><td>V_D30A</td><td>30</td><td>29～31</td><td>27</td></tr>
<tr><td>V_D32A</td><td>32</td><td>31～33</td><td>29</td></tr>
<tr><td>V_D36A</td><td>36</td><td>33～36</td><td>31</td></tr>
<tr><td>V_D38A</td><td>38</td><td>36～38</td><td>34</td></tr>
<tr><td>V_D40A</td><td>40</td><td>38～43</td><td>36</td><td rowspan="6">5</td><td rowspan="6">5.5</td><td rowspan="6">9.0</td><td rowspan="6">d_1+15</td><td rowspan="6">7.0±1.0</td></tr>
<tr><td>V_D45A</td><td>45</td><td>43～48</td><td>40</td></tr>
<tr><td>V_D50A</td><td>50</td><td>48～53</td><td>45</td></tr>
<tr><td>V_D56A</td><td>56</td><td>53～58</td><td>49</td></tr>
<tr><td>V_D60A</td><td>60</td><td>58～63</td><td>54</td></tr>
<tr><td>V_D63A</td><td>63</td><td>63～68</td><td>58</td></tr>
<tr><td>V_D71A</td><td>71</td><td>68～73</td><td>63</td><td rowspan="7">6</td><td rowspan="7">6.8</td><td rowspan="7">11.0</td><td rowspan="12">d_1+4</td><td rowspan="7">d_1+18</td><td rowspan="7">9.0±1.2</td></tr>
<tr><td>V_D75A</td><td>75</td><td>73～78</td><td>67</td></tr>
<tr><td>V_D80A</td><td>80</td><td>78～83</td><td>72</td></tr>
<tr><td>V_D85A</td><td>85</td><td>83～88</td><td>76</td></tr>
<tr><td>V_D90A</td><td>90</td><td>88～93</td><td>81</td></tr>
<tr><td>V_D95A</td><td>95</td><td>93～98</td><td>85</td></tr>
<tr><td>V_D100A</td><td>100</td><td>98～105</td><td>90</td></tr>
<tr><td>V_D110A</td><td>110</td><td>105～115</td><td>99</td><td rowspan="5">7</td><td rowspan="5">7.9</td><td rowspan="5">12.8</td><td rowspan="5">d_1+21</td><td rowspan="5">10.5±1.5</td></tr>
<tr><td>V_D120A</td><td>120</td><td>115～125</td><td>108</td></tr>
<tr><td>V_D130A</td><td>130</td><td>125～135</td><td>117</td></tr>
<tr><td>V_D140A</td><td>140</td><td>135～145</td><td>126</td></tr>
<tr><td>V_D150A</td><td>150</td><td>145～155</td><td>135</td></tr>
<tr><td>V_D160A</td><td>160</td><td>155～165</td><td>144</td><td rowspan="4">8</td><td rowspan="4">9.0</td><td rowspan="4">14.5</td><td rowspan="4">d_1+5</td><td rowspan="4">d_1+24</td><td rowspan="4">12.0±1.8</td></tr>
<tr><td>V_D170A</td><td>170</td><td>165～175</td><td>153</td></tr>
<tr><td>V_D180A</td><td>180</td><td>175～185</td><td>162</td></tr>
<tr><td>V_D190A</td><td>190</td><td>185～195</td><td>171</td></tr>
</table>

表 2（续）

mm

密封圈代号	公称轴径	轴径 d_1	d	c	A	B	d_{2max}	d_{3min}	安装宽度 B_1
V_D200A	200	195～210	180	15	14.3	25	d_1+10	d_1+45	20.0±4.0
V_D224A	224	210～235	198						
V_D250A	250	235～265	225						
V_D280A	280	265～290	247						
V_D300A	300	290～310	270						
V_D320A	320	310～335	292						
V_D355A	355	335～365	315						
V_D375A	375	365～390	337						
V_D400A	400	390～430	360						
V_D450A	450	430～480	405						
V_D500A	500	480～530	450						
V_D560A	560	530～580	495						
V_D600A	600	580～630	540						
V_D630A	630	630～665	600						
V_D670A	670	665～705	630						
V_D710A	710	705～745	670						
V_D750A	750	745～785	705						
V_D800A	800	785～830	745						
V_D850A	850	830～875	785						
V_D900A	900	875～920	825						
V_D950A	950	920～965	865						
V_D1000A	1 000	965～1 015	910						
V_D1060A	1 060	1 015～1 065	955						
V_D1100A	(1 100)	1 065～1 115	1 000						
V_D1120A	1 120	1 115～1 165	1 045						
V_D1200A	(1 200)	1 165～1 215	1 090						
V_D1250A	1 250	1 215～1 270	1 135						
V_D1320A	1 320	1 270～1 320	1 180						
V_D1350A	(1 350)	1 320～1 370	1 225						
V_D1400A	1 400	1 370～1 420	1 270						
V_D1450A	(1 450)	1 420～1 470	1 315						
V_D1500A	1 500	1 470～1 520	1 360						
V_D1550A	(1 550)	1 520～1 570	1 405						
V_D1600A	1 600	1 570～1 620	1 450						
V_D1650A	(1 650)	1 620～1 670	1 495						
V_D1700A	1 700	1 670～1 720	1 540						
V_D1750A	(1 750)	1 720～1 770	1 585						
V_D1800A	1 800	1 770～1 820	1 630						
V_D1850A	(1 850)	1 820～1 870	1 675						
V_D1900A	1 900	1 870～1 920	1 720						
V_D1950A	(1 950)	1 920～1 970	1 765						
V_D2000A	2 000	1 970～2 020	1 810						
注：带括弧的尺寸为非标准尺寸，尽量不采用。									

3.3 标记示例：

示例 1：公称轴径为 110 mm，密封圈内径 d=99 mm 的 S 型密封圈：

密封圈 V_D110S JB/T 6994—2007

示例 2：公称轴径为 120 mm，密封圈内径 d=108 mm 的 A 型密封圈：

密封圈 V_D120A JB/T 6994—2007

4 技术要求

4.1 橡胶材料

当工作温度为－40 ℃～＋100 ℃时，密封圈材料应采用 HG/T 2811—1996 中 A 类丁腈橡胶，胶料代号为 XA 7453；当工作温度大于＋100 ℃～＋200 ℃时，密封圈材料应采用 HG/T 2811—1996 中 D 类氟橡胶，胶料代号为 XD 7433。

4.2 胶料特性与工作条件

胶料特性与工作条件应符合表 3 的规定。

表 3 胶料特性与工作条件

胶料名称代号	胶料特性	圆周速度 m/s	工作温度 ℃	工作介质
丁腈橡胶 XA 7453	耐油	<19	－40～＋100	油、水、空气
氟橡胶 XD 7433	耐油 耐高温		－25～＋200	

4.3 密封圈的物理性能

密封圈的物理性能应符合表 4 规定。

表 4 密封圈的物理性能

序号	项目		单位	丁腈橡胶 XA 7453	氟橡胶 XD 7433
1	邵氏硬度(A)		HSD	70±5	70±5
2	扯断强度	min	MPa	11	10
3	扯断伸长率	min	%	250	150
4	压缩永久变形 B 型试样	max	%	(100 ℃×70 h)，50	(200 ℃×70 h)，50
5	热空气老化：			(100 ℃×70 h)	
	硬度变化[IRHD 或邵氏硬度(A)]	max	度	0～＋15	(200 ℃×70 h)，0～＋10
	扯断强度变化	max	%	－20	(200 ℃×70 h)，－20
	扯断伸长率变化	max	%	－50	(200 ℃×70 h)，－30
6	耐液体(丁腈橡胶 100 ℃×70 h；氟橡胶 150 ℃×70 h)：				
	1 号标准油，体积变化		%	－10～＋5	－3～＋5
	3 号标准油，体积变化		%	0～＋25	0～＋15
7	脆性温度	不高于	℃	－40	－25

4.4 密封圈质量要求

4.4.1 密封圈唇口应填料充实，平整光滑。不允许有气泡、夹杂、凹凸不平等缺陷。

4.4.2 密封圈制造工艺应当遵照有关技术规范的要求。密封圈表面粗糙度 Ra 值为 3.2 μm，与密封圈唇口接触的金属件表面粗糙度 Ra 值为 1.6 μm。

4.4.3 密封圈的尺寸公差、几何公差分别按 GB/T 3672.1、GB/T 3672.2 有关规定。

5 检测规则

5.1 密封圈应由制造厂的技术检查部门检查验收。

5.2 密封圈尺寸按表1和表2进行抽检，抽检个数不小于2%（每种规格不少于5件），检验结果如不合格，应取双倍试样进行复检。复检后仍有一项不合格，则应逐件进行检查。

5.3 密封圈所用胶料的物理性能，应按第6章的试验方法，对表4所规定的项目进行检验（以半个月所压胶料为一批进行检验；胶料数量不多时，可一个月抽检一次）。如果检验结果不合格，应再取双倍试样对不合格项目进行复检，复检后仍不合格，则该批胶料另行处理。

5.4 老化系数、耐油检验可定期进行，但每月不得少于一次，脆性温度检验每季度不少于一次。

6 试验方法

6.1 密封圈尺寸测定按有关部门提出的检验方法及测定工具进行测定。

6.2 密封圈的外观质量用目测方法检验。

6.3 胶料的物理机械性能试验，按下法进行：

6.3.1 扯断强度、扯断伸长率、压缩永久变形按GB/T 528规定进行试验。

6.3.2 恒定形变压缩永久变形按GB/T 7759规定进行试验。

6.3.3 硬度（邵尔A型）按GB/T 531规定进行试验。

6.3.4 热空气老化按GB/T 3512规定进行试验。

6.3.5 低温脆性按GB/T 1682规定进行试验。

6.3.6 耐液体按GB/T 1690规定进行试验。

7 标志、标签、包装和贮运

7.1 密封圈应根据类型、规格进行包装。包装材料采用塑料袋、纸盒或纸袋。

7.2 每件包装外部应有明显的标志，标明胶料名称或代号、产品名称、制造日期、规格数量、承制方名称。此外，应有防晒、防潮及严禁与腐蚀物质接触的标志。

7.3 每个内包装中应附有标签，标签上应标明产品名称、胶料名称或代号、制造日期及承制方名称。

7.4 每件包装应附有检验合格证，并注明产品名称、制造日期、检验员代号。

7.5 贮存时环境温度应保持在－15 ℃～＋35 ℃之间，相对湿度应保持在50%～80%之间。

7.6 密封圈在运输和贮存中应保持清洁，避免阳光直射、雨雪浸淋，禁止与酸、碱、油类、有机油剂等影响胶料质量的物资接触，并距离火源1 m以外，距离地面不小于0.5 m。

7.7 在遵守7.5、7.6规定的情况下，制造厂应保证产品自制造日期起，贮存两年内可以使用。

ICS 21.140
J 22
备案号：20274—2007

中华人民共和国机械行业标准

JB/T 6997—2007
代替 JB/T 6997—1993

U形内骨架橡胶密封圈

Rubber coverd U shape seals

2007-03-06 发布 2007-09-01 实施

中华人民共和国国家发展和改革委员会 发布

前　言

本标准代替 JB/T 6997—1993《U 形内骨架橡胶密封圈》。

本标准与 JB/T 6997—1993 相比，主要变化如下：

——去掉了原标准中的附录 B、附录 C；

——对标准补充了法兰密封凸台的相关尺寸。

本标准的附录 A 为规范性附录。

本标准由中国机械工业联合会提出。

本标准由机械工业冶金设备标准化技术委员会归口。

本标准起草单位：西安重型机械研究所。

本标准主要起草人：毕鹏。

本标准所代替标准的历次版本发布情况为：

——JB/T 6997—1993。

U 形内骨架橡胶密封圈

1 范围

本标准规定了 U 形内骨架橡胶密封圈(以下简称密封圈)的型式参数和主要尺寸，技术要求，试验方法，检验规则，标志、包装、运输和贮存。

本标准适用于公称通径 DN25～DN300，工作压力 PN≤4 MPa 管路系统法兰连接结构中的密封。

2 规范性引用文件

下列文件中的条款，通过本标准的引用而成为本标准的条款。凡是注日期的引用文件，其随后所有的修改单(不包括勘误的内容)或修订版均不适用于本标准，然而，鼓励根据本标准达成协议的各方研究是否可使用这些文件的最新版本。凡是不注日期的引用文件，其最新版本适用于本标准。

GB/T 5721　橡胶密封制品标志、包装、运输的一般规定

GB/T 9124　钢制管法兰　技术条件

HG/T 2811—1996　旋转轴唇形密封圈橡胶材料

3 型式参数和主要尺寸

3.1　密封圈的型式参数和主要尺寸应符合图 1 和表 1 的规定。

表 1

mm

<table>
<tr><th rowspan="2">型式代号</th><th rowspan="2">公称通径</th><th colspan="2">d</th><th colspan="2">D</th><th colspan="2">b</th><th colspan="2">B</th><th rowspan="2">质量/(kg/100 件)</th></tr>
<tr><th>基本尺寸</th><th>极限偏差</th><th>基本尺寸</th><th>极限偏差</th><th>基本尺寸</th><th>极限偏差</th><th>基本尺寸</th><th>极限偏差</th></tr>
<tr><td>UN25</td><td>25</td><td>25</td><td rowspan="5">+0.30
+0.10</td><td>50</td><td>+0.30
+0.15</td><td rowspan="5">9.5</td><td rowspan="5">0
−0.20</td><td rowspan="5">14.5</td><td rowspan="5">0
−0.30</td><td>2.7</td></tr>
<tr><td>UN32</td><td>32</td><td>32</td><td>57</td><td rowspan="4">+0.35
+0.20</td><td>3.0</td></tr>
<tr><td>UN40</td><td>40</td><td>40</td><td>65</td><td>3.5</td></tr>
<tr><td>UN50</td><td>50</td><td>50</td><td>75</td><td>4.1</td></tr>
<tr><td>UN65</td><td>65</td><td>65</td><td>90</td><td>4.9</td></tr>
<tr><td>UN80</td><td>80</td><td>80</td><td rowspan="5">+0.40
+0.15</td><td>105</td><td>+0.30
+0.15</td><td rowspan="9">9.5</td><td rowspan="9">0
−0.20</td><td rowspan="9">14.5</td><td rowspan="9">0
−0.30</td><td>7.6</td></tr>
<tr><td>UN100</td><td>100</td><td>100</td><td>125</td><td rowspan="6">+0.45
+0.25</td><td>9.2</td></tr>
<tr><td>UN125</td><td>125</td><td>125</td><td>150</td><td>11.1</td></tr>
<tr><td>UN150</td><td>150</td><td>150</td><td>175</td><td>13.1</td></tr>
<tr><td>UN175</td><td>175</td><td>175</td><td>200</td><td>15.0</td></tr>
<tr><td>UN200</td><td>200</td><td>200</td><td rowspan="4">+0.50
+0.20</td><td>225</td><td>17.0</td></tr>
<tr><td>UN225</td><td>225</td><td>225</td><td>250</td><td>18.9</td></tr>
<tr><td>UN250</td><td>250</td><td>250</td><td>275</td><td rowspan="2">+0.55
+0.30</td><td>20.9</td></tr>
<tr><td>UN300</td><td>300</td><td>300</td><td>325</td><td>24.8</td></tr>
</table>

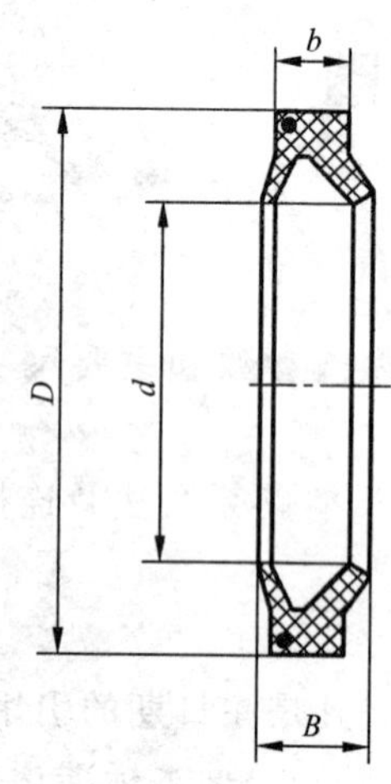

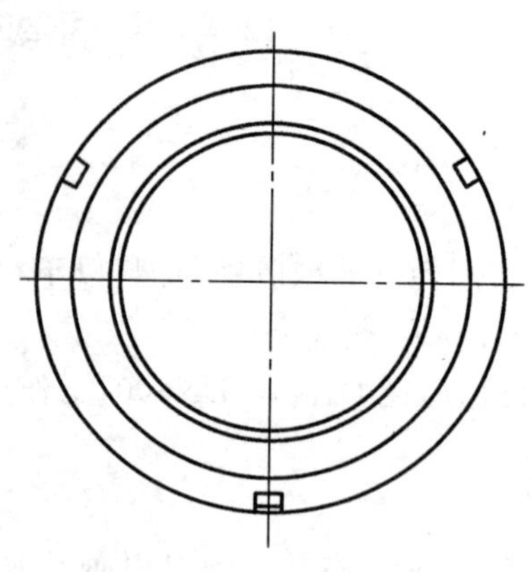

图 1

3.2 型号与标记

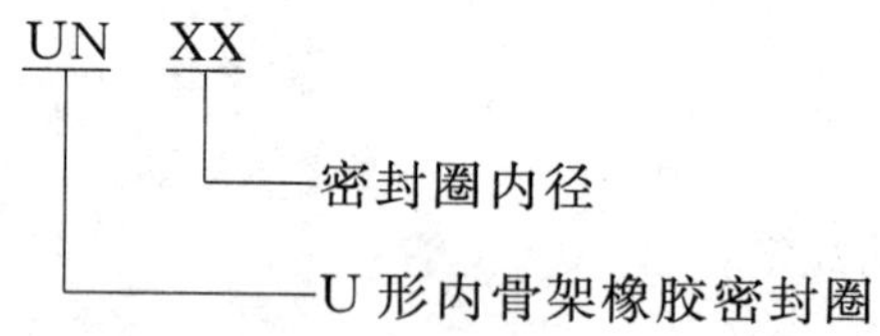

标记示例：

示例 1：内径 d=25 mm，材质为 XA7453 橡胶的 U 形内骨架橡胶密封圈，标记方法为：

密封圈 UN25 XA7453 JB/T 6997—2007

示例 2：内径 d=100 mm，材质为 XD7433 橡胶的 U 形内骨架橡胶密封圈，标记方法为：

密封圈 UN100 XD7433 JB/T 6997—2007

4 技术要求

4.1 密封圈用胶料为丁腈橡胶和氟橡胶。不同胶料的特性与工作条件应符合表 2 的规定。若需方选用其他胶料，可与供方另行商定。

表 2

胶料材质	胶料特性	工作压力 MPa	工作温度 ℃	工作介质
XA7453	耐油	≤4	−40～+100	矿物油、水-乙二醇、空气、水
XD7433	耐油、耐高温		−25～+200	空气、水、矿物油

4.2 密封圈胶料的物理性能应符合表 3 的规定。

4.3 密封圈性能要求

在符合 4.2 工作条件下，密封处不应有泄漏。

4.4 外观质量

4.4.1 密封圈外表不应有缺胶、气泡、杂质和其他机械损伤，唇口部分应保持尖锐，不得有任何缺陷，密封圈整体应平整。

4.4.2 骨架外露部分不得有生锈现象。

4.4.3 密封圈的圆度公差值不大于尺寸公差值的一半。

5 试验方法

5.1 密封圈外观质量用目测法检验。

表 3

物理性能		单位	性能指标	
			XA7453	XD7433
硬度 IRHD 或邵氏硬度(A)		度	70±5	70±5
扯断强度	min	MPa	11	10
扯断伸长率	min	%	250	150
压缩永久变形 热空气(100 ℃×70 h) 压缩率 20% 热空气(200 ℃×70 h) 压缩率 20%	 max max	% %	50 —	— 50
热空气老化(100 ℃×70 h) 硬度变化 扯断强度变化 扯断伸长率变化	 max max max	 度 % %	 0～+15 −20 −50	—
热空气老化(200 ℃×70 h) 硬度变化 扯断强度变化 扯断伸长率变化	 max max max	 度 % %	—	 0～+10 −20 −30
耐液体(100 ℃×70 h) 1 号标准油,体积变化 3 号标准油,体积变化耐液体(150 ℃×70 h) 1 号标准油,体积变化 3 号标准油,体积变化		 % % % %	 −10～+5 0～+25 —	 — −3～+5 0～+15
脆性温度	不高于	℃	−40	−25

5.2 密封圈的物理性能应按 HG/T 2811—1996 中 3.2 规定。

5.3 耐压试验:试验压力为公称压力的 1.5 倍,保压 10 min,不得泄露;冲击试验:以公称压力,30 次/min～60 次/min 的频率冲击 10×10^4 次,不得泄露及无其他异常现象。

6 检验规则

6.1 产品应由制造厂的技术检查部门按本标准和国家标准有关规定进行检查。产品应附有产品质量合格证。

6.2 批量投产的密封件,每一批产品均应按 5.2 进行检查。

6.3 外形尺寸的检查,在正常生产情况下,每一种规格产品,抽检其数量的 2%(每种规格数量不少于五件)。

7 标志、包装、运输和贮存

7.1 密封圈的标志、包装、运输应符合 GB/T 5721 的有关规定。

7.2 贮存

7.2.1 贮存的环温度为－15 ℃～＋35 ℃，相对湿度不大于 80％，距热源大于 1 m。

7.2.2 产品禁止与酸、碱、油类和有机溶剂等有害物质接触，不得受重压或碰伤。

7.2.3 在上述保管条件下，制造厂应保证产品自制造日期起，贮存 1.5 年内可以使用。

附 录 A
（规范性附录）
U 形内骨架橡胶密封圈的安装及沟槽尺寸

A.1 U 形内骨架橡胶密封圈在对焊法兰中的安装示例及沟槽尺寸见图 A.1 和表 A.1。

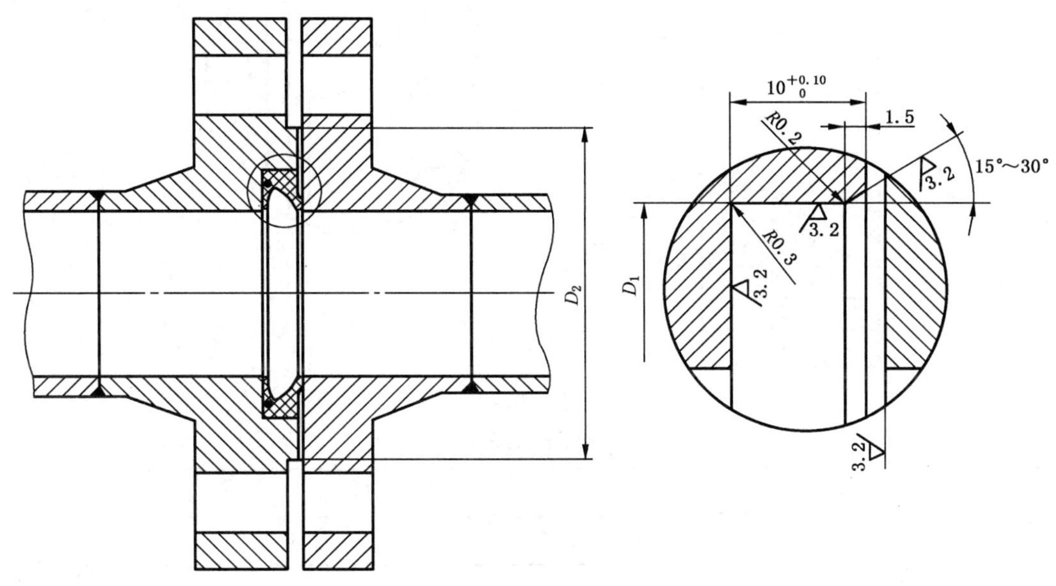

图 A.1

表 A.1

mm

型式代号	公称通径	D_1(H8)		D_2
		基本尺寸	极限偏差	
UN25	25	50	$^{+0.039}_{0}$	65
UN32	32	57	$^{+0.046}_{0}$	76
UN40	40	65		84
UN50	50	75		99
UN65	65	90	$^{+0.054}_{0}$	118
UN80	80	105		132
UN100	100	125	$^{+0.063}_{0}$	156
UN125	125	150		184
UN150	150	175		211
UN200	200	225	$^{+0.072}_{0}$	284
UN250	250	275		345
UN300	300	325	$^{+0.089}_{0}$	409

A.2 U形内骨架橡胶密封圈在平焊法兰中的安装，根据法兰通径和凸台 D_2 尺寸选择大一档的密封圈，见图 A.2 和表 A.2。

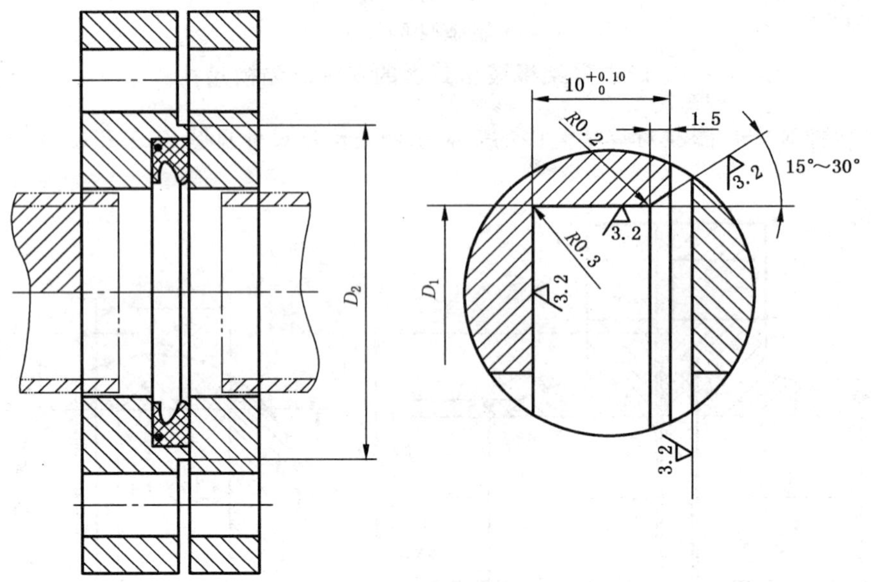

图 A.2

表 A.2

mm

型式代号	公称通径	D_1(H8)		D_2
		基本尺寸	极限偏差	
UN50	40	65	$^{+0.046}_{0}$	84
UN65	50	75		99
UN80	65	90	$^{+0.054}_{0}$	118
UN100	80	105		132
UN125	100	125	$^{+0.063}_{0}$	156
UN150	125	150		184
UN175	150	175		211
UN225	200	225	$^{+0.072}_{0}$	284
UN300	250	275		345